作用素環論入門

戸松玲治 著

INTRODUCTION
TO
THEORY OF
OPERATOR
ALGEBRAS

共立出版

まえがき

作用素環論はJ. von Neumannにより1929年に創始された．簡単にいえば作用素環は完備な位相をもつ$\mathbb{C}$代数のことであり，C*環とvon Neumann環の2種類に大別される．von Neumann環はその名のとおりvon Neumannが研究を始めたものであり[1]，もう一方の主人公であるC*環はI. Gelfandによってvon Neumann環よりも少し遅れて1943年に導入された．作用素環の研究は1960年以降とくに大きく進展し，エルゴード理論，結び目理論（Jones多項式の理論など），量子群，テンソル圏，非可換幾何学，数理物理（代数的場の量子論，量子統計物理学，物性物理学），自由確率論，ランダム行列，量子情報など多くの分野と密接に関わりながら現在に至っている．

本書は作用素環論の初学者が重要事項を効率的かつ自己充足的に学べるように，基礎的な結果をまとめたものである．大まかには，C*環の導入から既約表現まではG. Murphyの本[Mur90]，C*環の具体例はK. Davidsonの本[Dav96]，von Neumann環論は竹崎正道の本[Tak02]，冨田–竹崎理論は竹崎，梅垣壽春–大矢雅則–日合文雄，O. Bratteli–D. Robinsonの本[竹崎83, 梅大日03, BR87]，そしてCP写像，核型C*環の理論はN. Brown–小澤登高の本[BO08]を参照した．これらの香りも残っているはずである．本書の構成を述べる．

- 第1章：代数学と関数解析学の記号と用語の準備．
- 第2章：Banach環のスペクトル理論．可換Banach環のGelfandスペクトラムとGelfand変換を紹介する．
- 第3章：C*環の基礎理論．可換C*環は局所コンパクトHausdorff空間上の連続関数環に同型であること（Gelfand–Naimarkの定理），連続関数カルキュラス，閉イデアル，正値線型汎関数などを論じる．
- 第4章：C*環の表現を論じる．Hilbert空間$\mathcal{H}$とその上の有界線型作用

[1] 命名はJ. Dixmierによる．

素のなす C* 環 $\mathbf{B}(\mathcal{H})$ の基礎を学ぶ．ノルム位相の他，重要な 6 種類の局所凸位相を紹介し，von Neumann 環を導入する．二重可換子定理，Kaplansky の稠密性定理，Kadison の推移性定理などを証明する．また正値線型汎関数に付随する GNS 表現と純粋状態について論じる．

- 第 5 章：C* 環の間の完全正値な線型写像と作用素システムの基本的性質を調べる．Stinespring のダイレーション定理，Kadison 不等式，作用素システムの単射性と濱名の定理などを紹介する．
- 第 6 章：C* 環の非自明な具体例として，AF 環，無理数回転環 A_θ，Cuntz 環 $\mathcal{O}_n$，離散群から作られる群 C* 環を取り上げる．AF 環の K 理論による分類や，局所 AF 性との同値性などは扱わない．Bratteli 図の説明と描き方，UHF 環の分類を紹介する．AF 環の説明は A. Ocneanu の流儀に影響を受けている．
- 第 7 章：第 4 章で導入した von Neumann 環の基礎を構築する．射影の性質，線型汎関数の正規性と σ 弱連続性が同値であること，条件付き期待値に関する富山の定理，境による W* 環の特徴付け，前双対 Banach 空間の一意性，von Neumann 環のテンソル積などを紹介する．
- 第 8 章：冨田–竹崎理論を紹介する．この章の場所に von Neumann 環の型による分類を置くのが通例であるが，こうすることで可換子環を扱いやすくなる．冨田の主定理，標準双加群，KMS 条件，A. Connes の Radon–Nikodym コサイクル，von Neumann 環の同型不変量である T 集合，竹崎の条件付き期待値定理を紹介する．荷重は扱わず σ 有限な場合のみ考える．S 集合，標準双加群の正錐などは扱わない．
- 第 9 章：von Neumann 環を I 型，II 型，III 型に大別する．有限 von Neumann 環上の正規トレース状態の存在，F. Murray–von Neumann による AFD II_1 型因子環の一意性定理，Powers 因子環 R_λ と荒木–Woods 因子環 R_∞ の T 集合による分類を行う．
- 第 10 章：核型 C* 環の性質を学ぶ．最小ノルムについての竹崎の定理，核型性と完全正値近似性 (CPAP) の同値性を示す．離散群の従順性，群 C* 環の核型性，群 von Neumann 環の単射性が同値であることを示す．従順性は作用素環論の最重要概念である．
- 付録：参考文献を見つけにくいと思われるいくつかの結果をまとめた．

作用素環論的に興味深い具体例が若干遅めの第6章で紹介されるのは，具体例の構成と解析にも作用素環論の基礎を用いるためであり，その点はご容赦頂きたい．接合積の理論，C*環の K 理論，冨田–竹崎理論の荷重版，Arveson スペクトラム，部分因子環論などは紙数の都合で割愛した．文献案内を参考にして必要に応じて学んでほしい．

本書を読むための予備知識は，代数学，複素解析学の初歩的な知識と，学部4年次に学習する程度の関数解析学である．具体的には Banach 空間，Hilbert 空間，有界線型作用素，開写像定理，閉グラフ定理，一様有界性原理，弱位相，汎弱位相，Banach–Alaoglu の定理，局所凸位相ベクトル空間，Hahn–Banach の拡張定理・分離定理，有向点列の使い方，自己共役作用素のスペクトル分解などである．これらをすべて習得した上で読み始めるよりは本書を読み進めながら，不足している知識をその都度補うようにした方が効率的だろう．例えば局所凸位相ベクトル空間には親しんでいないが，ノルムの完備性を知っている読者ならば，第2章から読み始めても理解できる部分は多いはずである．本書で必要となる関数解析学の結果は泉正己，日合–柳研二郎の本 [泉 21, 日柳 21] にほぼ網羅されている．

多くの作用素環論研究者の方々の励ましのおかげでこの本を完成することができた．とくに植田好道氏，鈴木悠平氏，縄田紀夫氏，松本健吾氏，山上滋氏からは多くの貴重なご助言を頂いた．共立出版の髙橋萌子氏にも終始大変お世話になった．沢山の誤植を指摘してくださった佐藤昭希氏と楢橋皇真氏にも感謝したい．また，テンソル圏を愛でる会早稲田支部，作用素環麦酒朋友会，雑司ヶ谷のブルワリーの方々にも大変お世話になった．みなさまありがとうございました．

2024年8月

戸松 玲治

目　　次

第1章

準備

1.1 用語と記号

本書で用いる事柄の定義や記号などをまとめておく．

- 自然数は 1 以上の整数を意味する．自然数，整数，有理数，実数，複素数の集合を，それぞれ $\mathbb{N}, \mathbb{Z}, \mathbb{Q}, \mathbb{R}, \mathbb{C}$ と書く．虚数 $\sqrt{-1}$ は i とも書く．0 以上の実数の集合を $\mathbb{R}_+$，0 より真に大きい実数の集合を $\mathbb{R}_+^*$ と書く．
- 集合 A 上の関数の等式 $f(x) = g(x)$ がすべての $x \in A$ に対して成り立つことを，「$f(x) = g(x),\ x \in A$」や「$\forall x \in A,\ f(x) = g(x)$」のように書く．不等式なども同様である．「$A := B$」や「$A :\overset{\mathrm{d}}{\Leftrightarrow} B$」は A を B で定義することを意味する．$\forall, \exists$ をしばしば使用する．
- $B \Subset A$ によって，B は A の有限部分集合であることを表す．
- $\delta_{i,j}$ は Kronecker のデルタを表す．
- 点列は $(x_n)_{n\in\mathbb{N}}$，$(x_n)_n$，あるいは誤解の恐れがなければ単に x_n と書く．ネット（有向点列）も同様に $(x_\lambda)_{\lambda\in\Lambda}$，$(x_\lambda)_\lambda$，$x_\lambda$ のように書く．ネットについては付録 A.1 節を参照せよ．
- 集合 J の有限部分集合のなす集合族 $\mathscr{F}$ は，包含順序 $F_1 \leqq F_2 :\overset{\mathrm{d}}{\Leftrightarrow} F_1 \subset F_2$ により有向集合である．集合 X 上のネット $x\colon \mathscr{F} \to X$ については常にこの順序を考え，極限がある場合は $\lim_F x_F$ のように書く．
- J を集合とし，無限大値も許す非負関数 $f\colon J \to [0, \infty]$ が与えられたとき，$\sum_{j\in J} f(j)$ を，J に個数測度 μ を入れたときの積分値 $\int_J f(j)\, d\mu(j)$ として定義する．これは $\lim_F \sum_{j\in F} f(j) = \sup_F \sum_{j\in F} f(j) \leqq \infty$ に一

致する．ここで上限はあらゆる $F \Subset J$ について取る．J に可算性は要求しないが，もし $\sum_{j\in J} f(j) < \infty$ ならば $\{\, j \in J \mid f(j) > 0 \,\}$ は高々可算集合である．位相ベクトル空間 X 値の関数 $f\colon J \to X$ の $\sum_{j\in J} f(j)$ は，極限 $\lim_F \sum_{j\in F} f(j)$ を意味する．

- 集合 X の部分集合 A に付随する定義関数を 1_A と書く．すなわち $x \in A$ ならば $1_A(x) = 1$ であり，$x \in X \setminus A$ ならば $1_A(x) = 0$ である．
- 集合 X 上の実数値関数 f, g に対して，$(f \vee g)(x) := \max\{f(x), g(x)\}$, $(f \wedge g)(x) := \min\{f(x), g(x)\}$, $x \in X$ と表す．
- 選択公理を認める．したがって Zorn の補題，Tychonoff の定理，Hahn-Banach の定理を使用する．
- 位相空間のコンパクト性に Hausdorff 性を要求しない．例えば「Hausdorff」を省略せずに，「局所コンパクト Hausdorff 空間」のように言及する．しかし位相群については，コンパクト群や局所コンパクト群に Hausdorff 性を要求する慣例に従う．
- $\mathbb{T}$ によって $\{\, z \in \mathbb{C} \mid |z| = 1 \,\}$ を表す．$\mathbb{C}$ の通常の位相と掛け算によって $\mathbb{T}$ はコンパクト可換群である．
- 位相空間 Ω の開集合族が生成する σ 加法族を $\mathscr{B}(\Omega)$ で表して，Ω の Borel 集合族という．
- 位相空間 Ω の部分集合 S の閉包を $\overline{S}$ と書く．位相を特定した方がよい場合は，$\overline{S}^{\tau}$ のように位相を表す記号（この場合は τ）を書く．
- $\mathbb{C}$ 上のベクトル空間を単にベクトル空間とよぶ．$\mathbb{R}$ 上のものは実ベクトル空間と言及する．
- ベクトル空間 X, Y の間の線型作用素 $T\colon X \to Y$ について，T の核を $\ker T := \{\, x \in X \mid Tx = 0 \,\}$，値域を $\operatorname{ran} T := \{\, Tx \mid x \in X \,\}$ と書く．X から Y への線型作用素たちのなすベクトル空間を $\mathbf{L}(X, Y)$ と書く．写像 $S\colon X \to Y$ が $S(x + y) = Sx + Sy$, $S(\alpha x) = \overline{\alpha} Sx$, $x, y \in X$, $\alpha \in \mathbb{C}$ をみたすとき，S は共役線型であるという．
- ベクトル空間 X の部分集合 S に対して，S が生成する部分空間を $\operatorname{span} S$ と書く（$\operatorname{span} \emptyset = \{0\}$ である）．各 $x \in \operatorname{span} S$ は $x = \sum_{k=1}^{n} \alpha_k y_k$ のように表される．ここで $\alpha_k \in \mathbb{C}$, $y_k \in S$, $k = 1, \ldots, n$．$\mathbb{Q}$ や $\mathbb{R}$ 上で生成する部分空間はそれぞれ $\operatorname{span}_{\mathbb{Q}} S$, $\operatorname{span}_{\mathbb{R}} S$ と書く．S の有限個の元の非負実

数係数による線型結合の集まりを $\mathrm{span}_{\mathbb{R}_+} S$ と書く．$\mathrm{span}_{\mathbb{R}_+} S$ は S を含む最小の凸錐である．ここで，$C \subset X$ が**凸錐**であるとは，任意の $x, y \in C$ と $\lambda \in \mathbb{R}_+$ に対して $x + y$, $\lambda x \in C$ のときにいう．

- X, Y, Z をベクトル空間とする．$\varphi\colon X \times Y \to Z$ が**双線型写像**であるとは，各 $x \in X$ に対して $Y \ni y \mapsto \varphi(x, y) \in Z$ が線型かつ，各 $y \in Y$ に対して $X \ni x \mapsto \varphi(x, y) \in Z$ が線型であるときにいう．$Z = \mathbb{C}$ のときは，**双線型形式**ともよぶ．
- X, Y, Z をベクトル空間とする．$\varphi\colon X \times Y \to Z$ が**半双線型写像**であるとは，各 $x \in X$ に対して $Y \ni y \mapsto \varphi(x, y) \in Z$ が共役線型，各 $y \in Y$ に対して $X \ni x \mapsto \varphi(x, y) \in Z$ が線型であるときにいう．$Z = \mathbb{C}$ のとき**半双線型形式**ともいう．$X \times X$ 上の半双線型写像 $\varphi\colon X \times X \to Z$ について，次の**極化等式**が成り立つ：

$$\varphi(x, y) = \frac{1}{4} \sum_{k=0}^{3} i^k \varphi(x + i^k y, x + i^k y), \quad x, y \in X. \tag{1.1}$$

  とくに半双線型写像は対角線 $\{(x, x)\}_{x \in X}$ 上の値で決まる．半双線型形式 $\varphi\colon X \times X \to \mathbb{C}$ が $\varphi(x, x) \geqq 0$, $x \in X$ をみたすとき，φ を**半内積**とよび，さらに非退化 ($\{\, x \in X \mid \varphi(x, x) = 0 \,\} = \{0\}$) であるとき，**内積**とよぶ．内積は $\varphi(x, y)$ の代わりに，$\langle x, y \rangle$ と書く．半内積 φ は Cauchy–Schwarz 不等式 $|\varphi(x, y)| \leqq \varphi(x, x)^{1/2} \varphi(y, y)^{1/2}$, $x, y \in X$ をみたす．
- ベクトル空間 X, Y の $\mathbb{C}$ 上のテンソル積を**代数的テンソル積**とよび，$X \otimes_{\mathrm{alg}} Y$ と書く．$X \otimes_{\mathrm{alg}} Y = \mathrm{span}\,\{\, x \otimes y \mid x \in X,\ y \in Y \,\}$ である．

1.2 環

1.2.1 環，準同型

本書では，**環**は複素数体 $\mathbb{C}$ 上の多元環を意味する．すなわち環 A には，和 $A \times A \ni (a, b) \mapsto a + b \in A$，スカラー倍 $\mathbb{C} \times A \ni (\lambda, a) \mapsto \lambda a \in A$，積 $A \times A \ni (a, b) \mapsto ab \in A$ とよばれる演算と零ベクトル 0 が与えられている．A はベクトル空間であり，その積は結合的かつ双線型である．環 A が乗法単位元をもつとき**単位的**という．本書では零環 $\{0\}$ を単位的環とみなさない．乗法単位元は 1_A，または $\mathbb{C} \subset A$ とみなして単に 1 と表すことも多い．

単位的環 A の元 a が $ab = 1_A = ba$ となる $b \in A$ を有するとき，a は**可逆**といわれる．可逆元たちのなす集合を $\mathrm{GL}(A)$ と表す．これは乗法について群をなす．$A \setminus \{0\} = \mathrm{GL}(A)$ であるとき，A を**可除環**という．

環 A, B に対し，写像 $\pi\colon A \to B$ が線型かつ $\pi(ab) = \pi(a)\pi(b)$, $a, b \in A$ をみたすとき，π を**環準同型**あるいは単に**準同型**とよぶ．もし準同型 π が全単射ならば，π は**環同型**あるいは単に**同型**とよばれる．A, B が単位的であり $\pi(1_A) = 1_B$ であるとき，π を**単位的準同型**という．$u \in \mathrm{GL}(A)$ に対して $\mathrm{Ad}\, u\colon A \to A$ を $\mathrm{Ad}\, u(x) \coloneqq uxu^{-1}$, $x \in A$ と定めると，$\mathrm{Ad}\, u$ は同型である．これを A の**内部自己同型**とよぶ．

1.2.2　線型汎関数

ベクトル空間 X に対して，$X^*_{\mathrm{alg}} \coloneqq \mathbf{L}(X, \mathbb{C})$ の元を**線型汎関数**という．またベクトル空間 X^*_{alg} を X の**代数的双対空間**または**代数的共役空間**とよぶ．環 A に対して，A^*_{alg} は次のような両側 A 加群の構造をもつ：

$$A \times A^*_{\mathrm{alg}} \ni (a, \varphi) \mapsto a\varphi \in A^*_{\mathrm{alg}},\ A^*_{\mathrm{alg}} \times A \ni (\varphi, b) \mapsto \varphi b \in A^*_{\mathrm{alg}}.$$

ここで $(a\varphi)(x) \coloneqq \varphi(xa)$, $(\varphi b)(x) \coloneqq \varphi(bx)$, $a, b, x \in A$ である．

1.2.3　イデアル

環 A の部分集合 I が次の性質をもつとき，I は**左イデアル**とよばれる：

- I は A の部分空間である．
- 任意の $a \in A$ と $x \in I$ に対して，$ax \in I$.

同様に**右イデアル**も定義される．左イデアルでありかつ右イデアルであるものを**両側イデアル**，あるいは単に**イデアル** (ideal) という．

環 A の左イデアル I に付随する同値関係 $a \sim b :\overset{\mathrm{d}}{\Leftrightarrow} a - b \in I$ からできる商ベクトル空間を A/I と書く．元 $a \in A$ の定める A/I の元を $a + I$ と書く．I がイデアルのとき A/I は，標準全射 $Q\colon A \ni a \mapsto a + I \in A/I$ が環準同型となるような環構造をもち，A の I による**商環**とよばれる．

1.2.4 行列環

有限集合 I, J と環 A に付随する行列の空間を

$$M_{I,J}(A) \coloneqq \{\, a \mid a\colon I \times J \to A \,\}$$

と定める．$a \in M_{I,J}(A)$ の $(i,j) \in I \times J$ での値 $a(i,j)$ を a_{ij} と書き，$a = [a_{ij}]_{i,j}$ や単に $a = [a_{ij}]$ と表示することも多い．成分ごとの和，スカラー倍によって $M_{I,J}(A)$ はベクトル空間となる．有限集合 I, J, K に対して積 $M_{I,J}(A) \times M_{J,K}(A) \ni (a,b) \mapsto ab \in M_{I,K}(A)$ を $(ab)_{ik} \coloneqq \sum_j a_{ij}b_{jk}$ によって定める．とくに環 $M_{I,I}(A)$ を行列環とよび，$M_I(A)$ と書く．$n \in \mathbb{N}$ に対して，$I = \{1, \ldots, n\}$ ならば $M_I(A)$ を単に $M_n(A)$ と書く．

$i, j \in I$ に対して，$e_{ij} \in M_I(\mathbb{C})$ を $e_{ij}(k,\ell) \coloneqq \delta_{i,k}\delta_{j,\ell}$ と定める．族 $\{e_{ij}\}_{i,j\in I}$ を $M_I(\mathbb{C})$ の行列単位系，各 e_{ij} を行列単位とよぶ．行列単位たちは $e_{ij}e_{k\ell} = \delta_{j,k}e_{i\ell}$, $\sum_{i\in I} e_{ii} = 1_I$ をみたす．ここで 1_I は単位行列である $(1_I(i,j) = \delta_{i,j})$．$a \in M_I(\mathbb{C})$ の随伴行列 a^* を $a^*(i,j) \coloneqq \overline{a(j,i)}$ と定めれば，$e_{ij}^* = e_{ji}$ となる．

線型写像 $\varphi\colon A \to B$ に対して，線型写像 $\varphi_n\colon M_n(A) \to M_n(B)$ を $\varphi_n([a_{ij}]) \coloneqq [\varphi(a_{ij})]$ と定める．もし φ が準同型ならば，φ_n もそうである．

1.2.5 テンソル積環

環 A, B に対して，$A \otimes_{\mathrm{alg}} B$ は $(\sum_i a_i \otimes b_i)\cdot(\sum_j c_j \otimes d_j) \coloneqq \sum_{i,j} a_i c_j \otimes b_i d_j$ を積とする環となる．これを代数的テンソル積環とよぶ．有限集合 I に対して，写像 $M_I(\mathbb{C}) \otimes_{\mathrm{alg}} A \ni \sum_{i,j\in I} e_{ij} \otimes a_{ij} \mapsto [a_{ij}]_{i,j} \in M_I(A)$ は環同型を与える．本書では $M_I(\mathbb{C}) \otimes_{\mathrm{alg}} A = M_I(A)$ と同一視することが多い．

1.3 Banach 空間，局所凸位相ベクトル空間

1.3.1 有界線型作用素

完備ノルム空間を **Banach** 空間，完備内積空間を **Hilbert** 空間とよぶ．Hilbert 空間については 4.1 節を参照せよ．本書では主に $\mathbb{C}$ 上のものを扱う．

ノルム空間 X のノルム関数を $\|\cdot\|_X$，あるいは単に $\|\cdot\|$ と書く．ノルム閉単位球を $\mathrm{Ball}(X)$ で表す．すなわち $\mathrm{Ball}(X) = \{\, x \in X \mid \|x\| \leqq 1 \,\}$ である．

部分集合 $S \subset X$ に関しては $\mathrm{Ball}(S) := S \cap \mathrm{Ball}(X)$ と定める．

X, Y がノルム空間のとき，$T \in \mathbf{L}(X, Y)$ に対して，作用素ノルムを

$$\|T\| := \sup \{ \|Tx\| \mid x \in \mathrm{Ball}(X) \} \in \mathbb{R}_+ \cup \{\infty\}$$

と定める．$\|T\| < \infty$ のとき，T は有界線型作用素とよばれる．有界性とノルム連続性は同値な性質である．もし $\|Tx\| = \|x\|, x \in X$ ならば，T を等長作用素といい，等長かつ全射な T を等長同型という．等長同型が存在するような Banach 空間 X, Y は等長同型であるという．

$\mathbf{B}(X, Y) := \{ T \in \mathbf{L}(X, Y) \mid \|T\| < \infty \}$ は $\mathbf{L}(X, Y)$ の部分空間であり，作用素ノルムによってノルム空間となる．$S \in \mathbf{L}(Y, Z)$ と $T \in \mathbf{L}(X, Y)$ の積は合成写像 ST を意味する．また，劣乗法性 $\|ST\| \leqq \|S\|\|T\|$ が成り立つ．

もし Y が Banach 空間であれば，$\mathbf{B}(X, Y)$ は Banach 空間である．$X = Y$ のとき，$\mathbf{B}(X, X)$ の代わりに $\mathbf{B}(X)$ と表す．また $\mathbf{B}(X, \mathbb{C})$ を X^* と書き，X の双対空間，あるいは共役空間とよぶ．$x \in X$ での $\varphi \in X^*$ の値を通常 $\varphi(x) \in \mathbb{C}$ と書くが，X と X^* をベクトル空間として対等に扱いたいときは，$\varphi(x) = \langle \varphi, x \rangle$ あるいは $\langle x, \varphi \rangle$ という記法を用いる．

写像 $\iota_X \colon X \to X^{**}$ を $\langle \iota_X(x), \varphi \rangle := \langle x, \varphi \rangle, x \in X, \varphi \in X^*$ と定める．これを標準的な埋め込みという．Hahn-Banach の拡張定理から ι_X は等長作用素である．ι_X が全射であるとき，X は**反射的 Banach 空間**とよばれる．

1.3.2　局所凸位相，弱位相，汎弱位相

ベクトル空間 V で半ノルムの族 $\{p_\lambda\}_{\lambda \in \Lambda}$ が与えられているものを局所凸位相ベクトル空間という（詳しくは [泉 21, 第 5 章] を参照のこと）．この位相 σ の原点 $0 \in V$ での凸な基本開近傍系として，次の形のものを取れる：

$$U(F, \varepsilon) := \{ v \in V \mid p_\lambda(v) < \varepsilon, \ \lambda \in F \}, \quad F \Subset \Lambda, \ \varepsilon > 0.$$

これらを平行移動すれば任意の点の基本開近傍系を得られる．ここでベクトル空間 V の部分集合 C が凸であるとは，任意の $x, y \in C$ と任意の $t \in \mathbb{R}$ で $0 < t < 1$ なるものに対して，$tx + (1-t)y \in C$ が成り立つときにいう．

局所凸位相 σ が Hausdorff であるのは，半ノルムの族 $\{p_\lambda\}_{\lambda \in \Lambda}$ が V の元を分離するとき，すなわち $\{ x \in V \mid p_\lambda(x) = 0, \ \lambda \in \Lambda \} = \{0\}$ となるときであ

る．本書では局所凸位相はすべて **Hausdorff** とする．したがって収束ネットの極限は一意的に定まる．ネット $x_i \in V$ が $x \in V$ に σ で収束することは，$\lim_i p_\lambda(x_i - x) = 0,\ \lambda \in \Lambda$ を意味する．このとき，$x_i \xrightarrow{\sigma} x$ のように矢印の上に使用している位相を記すことも多い．

ベクトル空間 X, Y と双線型形式（ペアリングという）$\alpha\colon X \times Y \to \mathbb{C}$ があるとき，X 上の半ノルムの族 $\{p_y\}_{y \in Y}$ が $p_y(x) := |\alpha(x, y)|,\ x \in X$ によって与えられる．これに付随する X の局所凸位相を $\sigma(X, Y)$ と書く（α は省略してしまうことが多い）．

ノルム空間 X の**弱位相**は $\sigma(X, X^*)$ のことを，共役空間 X^* の**汎弱位相**は $\sigma(X^*, X)$ のことを指す．ここで X と X^* のペアリングには $X \times X^* \ni (x, \varphi) \mapsto \varphi(x) \in \mathbb{C}$ を用いる．弱位相，汎弱位相によるネットの収束は，それぞれ $x_i \xrightarrow{w} x$, $\varphi_j \xrightarrow{w^*} \varphi$ のように書く．「弱位相」という言葉は様々な文脈で使われるため，注意が必要である．例えば $\mathcal{H}$ が Hilbert 空間の場合，$\mathbf{B}(\mathcal{H})$ の弱位相といえば，通常は弱作用素位相を指す（4.1.8 項を見よ）．汎弱位相に関して，次の結果が重要である．

定理 1.3.1 (S. Banach–L. Alaoglu)**.** X をノルム空間とすると，$\mathrm{Ball}(X^*)$ は汎弱コンパクトである．

証明． 写像 $F\colon \mathrm{Ball}(X^*) \ni \varphi \mapsto (\varphi(x))_x \in \prod_{x \in X} K_x$ を考える．ここで $K_x := \{\, z \in \mathbb{C} \mid |z| \leqq \|x\| \,\},\ x \in X$ である．$|\varphi(x)| \leqq \|x\|$ より F は定義可能である．F の単射性は明らか．像が直積位相で閉であることを示す．収束ネット $F(\varphi_\lambda) \to (\alpha_x)_x$ があれば，$\alpha_x = \lim_\lambda \varphi_\lambda(x),\ x \in X$ だから，$\varphi\colon X \ni x \mapsto \alpha_x \in \mathbb{C}$ は線型かつ $|\varphi(x)| \leqq \|x\|,\ x \in X$．よって $\varphi \in \mathrm{Ball}(X^*)$ であり，$F(\varphi) = (\alpha_x)_x$．したがって F の像は閉である．Tychonoff の定理（系 A.2.6）から $\prod_x K_x$ はコンパクトゆえ，F の像もコンパクトである．F が像への同相であれば定理の主張が従う．これは次のことからわかる（例 A.1.7 も見よ）：

$$\varphi_\lambda \xrightarrow{w^*} \varphi \iff \forall x \in X,\ \varphi_\lambda(x) \to \varphi(x) \iff F(\varphi_\lambda) \to F(\varphi). \qquad \square$$

ノルム空間 X が無限次元であることと，$\mathrm{Ball}(X)$ がノルム位相で非コンパクトであることは同値である．ノルム位相よりも弱い汎弱位相であれば，

$\mathrm{Ball}(X^*)$ のコンパクト性が導かれることが重要である．なお，汎弱位相とは異なり，弱位相で $\mathrm{Ball}(X)$ はいつもコンパクトとは限らない．$\mathrm{Ball}(X)$ が弱位相でコンパクトであることと，X が反射的 Banach 空間であることは同値である（[泉 21, 定理 5.3.5]）．

X が可分ノルム空間ならば $B := \mathrm{Ball}(X^*)$ の汎弱位相は可分完備距離付け可能である．実際に $(x_n)_{n\in\mathbb{N}}$ を X のノルム稠密列とし，定理 1.3.1 の証明に出てきた写像 F と射影 $P\colon \prod_{x\in X} K_x \to \prod_{n\in\mathbb{N}} K_{x_n}$ を考えれば，x_n の稠密性から $P\circ F$ は単射である．よって $P\circ F\colon B \to P(F(B))$ は汎弱コンパクト空間から Hausdorff 空間への連続な全単射であるから同相である．$\prod_{n\in\mathbb{N}} K_{x_n}$ は可分完備距離付け可能だから，閉集合 $P(F(B))$ もそうである．

1.3.3　凸集合

ベクトル空間 X とその局所凸位相 σ について連続な X 上の線型汎関数たちのなす集合を X_σ^* と書く．$X_\sigma^* \subset X_{\mathrm{alg}}^*$ は部分空間である．

定理 1.3.2.　ベクトル空間 X 上の局所凸位相 σ,τ が $X_\sigma^* = X_\tau^*$ をみたすならば，任意の凸集合 $C \subset X$ について $\overline{C}^\sigma = \overline{C}^\tau$ である．

証明.　$x \in X \setminus \overline{C}^\sigma$ とする．Hahn-Banach の分離定理から $\varphi \in X_\sigma^*$ と $t \in \mathbb{R}$ が存在して $\mathrm{Re}\,\varphi(x) < t \leqq \mathrm{Re}\,\varphi(y)$, $y \in C$．仮定から $\varphi \in X_\tau^*$ より $\mathrm{Re}\,\varphi(x) < t \leqq \mathrm{Re}\,\varphi(y)$, $y \in \overline{C}^\tau$．よって $x \in X \setminus \overline{C}^\tau$ である．以上から $X \setminus \overline{C}^\sigma \subset X \setminus \overline{C}^\tau$ が従う．同様に逆の包含も成り立つ．□

■**例 1.3.3.**　ベクトル空間 X, Y のペアリング $\alpha\colon X\times Y \to \mathbb{C}$ を考える場合，$X_{\sigma(X,Y)}^* = \{\,\alpha(\cdot,y) \mid y \in Y\,\}$ である（[泉 21, 定理 5.2.3]）．とくにノルム空間 X に関して $X_{\sigma(X,X^*)}^* = \{\,\langle\cdot,\varphi\rangle \mid \varphi \in X^*\,\} = X^*$ である．よって定理 1.3.2 から，ノルム空間 X の凸集合 C について $\overline{C}^{\|\cdot\|} = \overline{C}^{\sigma(X,X^*)}$ となる．すなわち C がノルム位相で閉であることと $\sigma(X,X^*)$ で閉であることは同値であるが，本書ではなるべく考えている位相を明記して，「ノルム閉凸集合」とか「弱閉凸集合」のように述べる．部分空間に関しては，閉部分空間はノルム閉部分空間を意味するという慣例に従う（命題 4.3.10 も見よ）．

C をベクトル空間 X の凸集合とする．点 $x \in C$ が C の端点とは，もし

$0 < t < 1$ と $y, z \in C$ が $x = ty + (1-t)z$ をみたすならば，$y = x = z$ となるときにいう．C の端点の集合を $\mathrm{ex}(C)$ と書く．C の空でない凸部分集合 F が**面**とは，もし $0 < t < 1$ と $y, z \in C$ が $ty + (1-t)z \in F$ をみたすならば，$y, z \in F$ となるときにいう．面 F の端点は C の端点である．また $x \in \mathrm{ex}(C)$ であることと $\{x\}$ が面であることは同値である．

部分集合 $S \subset X$ に対して，S を含む最小の凸集合が存在する．これを $\mathrm{co}(S)$ と書き，S の**凸包**という．各元 $x \in \mathrm{co}(S)$ は，$x = \sum_{k=1}^{n} t_k y_k$ と表せる．ここで $y_k \in S$, $t_k \in \mathbb{R}_+$ かつ $\sum_{k=1}^{n} t_k = 1$ である．X が局所凸位相 σ をもつ場合，$\overline{\mathrm{co}(S)}^{\sigma}$ を $\overline{\mathrm{co}}^{\sigma}(S)$ や単に $\overline{\mathrm{co}}(S)$ と書き，S の**閉凸包**という．

本書では Krein-Milman の定理を用いて純粋状態の存在を示す（命題 4.4.43）．証明は [泉 21, 定理 5.3.11], [日柳 21, 定理 A.3.3, A.3.4] を見よ．

定理 1.3.4. X を局所凸位相ベクトル空間，$C \subset X$ を空でないコンパクト凸集合とすると，次のことが成り立つ：

(1) （Krein-Milman の定理）$\mathrm{ex}(C) \neq \emptyset$ であり，$C = \overline{\mathrm{co}}(\mathrm{ex}(C))$.

(2) （Milman の逆）もし $S \subset C$ が $\overline{\mathrm{co}}(S) = C$ をみたせば，$\mathrm{ex}(C) \subset \overline{S}$.

1.3.4 Banach 空間の前双対

ノルム空間 X, Y, Z と（半）双線型写像 $\alpha\colon X \times Y \to Z$ に対して，

$$\|\alpha\| := \sup\{\, \|\alpha(x,y)\| \mid (x,y) \in \mathrm{Ball}(X) \times \mathrm{Ball}(Y) \,\} \in \mathbb{R}_+ \cup \{\infty\} \tag{1.2}$$

と定める．$\|\alpha\| < \infty$ のとき，α は**有界**であるという．

α が有界双線型のとき，各 $x \in X$, $y \in Y$ は，それぞれ $\alpha(x, \cdot) \in \mathbf{B}(Y, Z)$, $\alpha(\cdot, y) \in \mathbf{B}(X, Z)$ を定める．Banach 空間 X, Y に対して，ある有界双線型形式 $\alpha\colon X \times Y \to \mathbb{C}$ が存在して，$X \ni x \mapsto \alpha(x, \cdot) \in Y^*$ が等長同型であるとき，Y は X の**前双対**という．このとき自動的に $Y \ni y \mapsto \alpha(\cdot, y) \in X^*$ は（全射とは限らない）等長線型写像である．

Banach 空間には前双対が存在するとは限らず，また存在しても一般には一意でない．しかし後述するように von Neumann 環は唯一の前双対をもつ Banach 空間である（定理 7.6.2）．重要な事実であるから，前双対の唯一性の定義も正確に述べておく．前双対をもつ Banach 空間 X の任意の前双対 Y, Z

が次の意味で $Y = Z$ であるとき，X は唯一の前双対をもつという：「付随する有界双線型形式 $\alpha\colon X \times Y \to \mathbb{C}$ と $\beta\colon X \times Z \to \mathbb{C}$ に対して，等長埋め込み $Y \ni y \mapsto \alpha(\cdot, y) \in X^*$ と $Z \ni z \mapsto \beta(\cdot, z) \in X^*$ の像が等しい.」

1.3.5　各点収束位相

この項の内容は 5.5.3, 10.2.2 項で用いる.

定義 1.3.5.　X をベクトル空間，Y を半ノルムの族 $\{p_i\}_{i\in I}$ に付随する位相 σ をもつ局所凸位相ベクトル空間とする．各 $x \in X$ と $i \in I$ に対して $\mathbf{L}(X,Y)$ 上に半ノルム $q_{x,i}$ を $q_{x,i}(T) := p_i(Tx)$, $T \in \mathbf{L}(X,Y)$ によって定める．族 $\{q_{x,i}\}_{(x,i)\in X\times I}$ に付随する局所凸位相を**各点 $\boldsymbol{\sigma}$ 位相**という.

本書では各点収束位相をある部分空間 $B \subset \mathbf{L}(X,Y)$ に制限して考える．例えば Banach 空間 X, Y に付随する $\mathbf{B}(X,Y) \subset \mathbf{L}(X,Y)$ などである．このとき Y の局所凸位相として，Y のノルム位相や弱位相 $\sigma(Y, Y^*)$，または Y が前双対 Y_* をもつ場合には汎弱位相 $\sigma(Y, Y_*)$ などを考える.

補題 1.3.6.　X, Y をベクトル空間とする．σ, τ を Y 上の局所凸位相で $Y_\sigma^* = Y_\tau^*$ となるものとする．このとき，任意の部分空間 $B \subset \mathbf{L}(X,Y)$ に対して，$B^*_{\text{pt-}\sigma} = B^*_{\text{pt-}\tau}$ である．ここで $B^*_{\text{pt-}\sigma}$, $B^*_{\text{pt-}\tau}$ はそれぞれ各点 σ, τ 位相で連続な B 上の線型汎関数のなす空間を表す．とくに凸集合 $C \subset B$ に対して，B 内での閉包の等式 $\overline{C}^{\text{pt-}\sigma} = \overline{C}^{\text{pt-}\tau}$ が成り立つ.

証明.　σ を与える Y の半ノルム族を $\{p_i\}_{i\in I}$ とする．$\varphi \in B^*_{\text{pt-}\sigma}$ とする．このとき，ある $c_k > 0$, $(x_k, i_k) \in X \times I$, $k = 1, \ldots, m$ が存在して

$$|\varphi(T)| \leqq \sum_{k=1}^{m} c_k p_{i_k}(Tx_k), \quad T \in B \tag{1.3}$$

となる（[泉 21, 定理 5.2.1]）.

直和ベクトル空間 $Y^{\oplus m}$ の部分空間 $Z := \operatorname{span}\{\,(Tx_k)_k \mid T \in B\,\}$ を考えて，線型汎関数 $\psi_0\colon Z \to \mathbb{C}$ を $\psi_0((Tx_k)_k) := \varphi(T)$, $T \in B$ と定める．これは (1.3) より定義可能である．$Y^{\oplus m}$ 上の半ノルム $\widetilde{p}$ を $\widetilde{p}((y_k)_k) := \sum_k c_k p_{i_k}(y_k)$, $(y_k)_k \in Y^{\oplus m}$ と定めると，(1.3) は $|\psi_0(z)| \leqq \widetilde{p}(z)$, $z \in Z$ を意味する.

Hahn-Banach の拡張定理により $\psi \in (Y^{\oplus m})^*_{\mathrm{alg}}$ が存在して，$\psi_0 = \psi|_Z$ かつ $|\psi(y)| \leqq \widetilde{p}(y)$, $y \in Y^{\oplus m}$ となる．各 $k = 1, \ldots, m$ に対して $\iota_k \colon Y \to Y^{\oplus m}$ を k 番目の直和成分への埋め込みとすると，$|\psi \circ \iota_k(y)| \leqq c_k p_{i_k}(y)$, $y \in Y$. よって $\psi \circ \iota_k \in Y^*_\sigma = Y^*_\tau$ である．各 $T \in B$ に対して $\varphi(T) = \psi((Tx_k)_k) = \sum_k (\psi \circ \iota_k)(Tx_k)$ だから，φ は各点 τ 位相で連続である．以上から $B^*_{\text{pt-}\sigma} \subset B^*_{\text{pt-}\tau}$ となる．逆の包含も同様に示される． □

補題 1.3.7. X, Y を Banach 空間とし，Y は前双対 Banach 空間 Y_* をもつとする．このとき $\mathrm{Ball}(\mathbf{B}(X, Y))$ は各点汎弱位相でコンパクトである．

証明. $\mathbf{B}(X, Y)$ は射影テンソル積 Banach 空間 $X \otimes_p Y_*$ の双対であることを使えば，Banach-Alaoglu の定理の帰結である．もしくは写像

$$F \colon \mathrm{Ball}(\mathbf{B}(X, Y)) \ni T \mapsto (\varphi(Tx))_{(x,\varphi)} \in \prod_{(x,\varphi) \in X \times Y_*} K_{(x,\varphi)}$$

の像は閉であり，F は像への同相写像であることを示してもよい．ここで $K_{(x,\varphi)} := \{ z \in \mathbb{C} \mid |z| \leqq \|x\| \|\varphi\| \}$. 証明は定理 1.3.1 と同様である． □

第2章

Banach 環のスペクトル理論

作用素環論では C* 環と von Neumann 環を研究する．これらは両方とも $*$ 演算と位相の入った環である[1]．本章ではその準備として，まず $*$ 演算を考えずに，完備ノルムの入った環（Banach 環）の基礎を学ぶ．

2.1 Banach 環

定義 2.1.1. 環 A にノルム $\|\cdot\|\colon A \to \mathbb{R}_+$ が与えられており，**劣乗法性** $\|ab\| \leqq \|a\|\|b\|,\ a,b \in A$ が成り立つとき，A は**ノルム環**とよばれる．さらに，このノルムが完備であるとき，A は **Banach 環**とよばれる．

コメント 2.1.2. 次のことは定義からすぐに従う：

(1) 三角不等式と劣乗法性から，不等式 $\|ab-cd\| \leqq \|a-c\|\|b\| + \|c\|\|b-d\|$ が従う．よって積 $A \times A \ni (a,b) \mapsto ab \in A$ は連続写像である．
(2) ノルム環 A をノルム完備化した Banach 空間 $\overline{A}$ には，点列の収束を利用することで自然に積を導入できて，$\overline{A}$ は Banach 環となる．
(3) Banach 環のノルム閉な部分環（**閉部分環**とよぶ）は Banach 環である．

■**例 2.1.3.** S を集合とし，$\ell^\infty(S) := \{f \mid f\colon S \to \mathbb{C}\ 有界\}$ とおく．S の各点での和，スカラー倍，積によって $\ell^\infty(S)$ は環となる．ノルムを $\|f\|_\infty :=$

[1] この本に登場する作用素環の関係：von Neumann 環 $\Rightarrow$ C* 環 $\Rightarrow$ Banach* 環 $\Rightarrow$ Banach 環 $\Rightarrow$ ノルム環.

$\sup\{\,|f(x)| \mid x \in S\,\}$ によって定めれば，$\ell^\infty(S)$ は 1_S を乗法単位元とする単位的可換 Banach 環になる．ここで $1_S(x) := 1,\ x \in S$ である．

■例 2.1.4. Ω を局所コンパクト Hausdorff 空間とする．$C_b(\Omega)$, $C_0(\Omega)$ によってそれぞれ，Ω 上の有界連続関数たちの集合，無限遠点で消える連続関数たちの集合を表す．連続関数 $f\colon \Omega \to \mathbb{C}$ が無限遠点で消えるとは，任意の $\varepsilon > 0$ に対して，あるコンパクト集合 $K \subset \Omega$ が存在して $|f(x)| < \varepsilon,\ x \in \Omega \setminus K$ となることを意味する．すると $C_0(\Omega) \subset C_b(\Omega) \subset \ell^\infty(\Omega)$ であり，これらは $\ell^\infty(\Omega)$ の閉部分環，とくに可換 Banach 環である．$C_b(\Omega)$ は 1_Ω を常に含む．$C_0(\Omega)$ が単位的となるのは，Ω がコンパクトであるときに限る．

■例 2.1.5. $(\Omega, \mathscr{B}, \mu)$ を測度空間とする．すなわち Ω は集合，$\mathscr{B}$ は Ω 上の σ 加法族，μ は $\mathscr{B}$ 上の測度である．本質的有界な $\mathscr{B}$ 可測関数たちのなす集合 $L^\infty(\Omega, \mu)$ は，Ω の各点での和，スカラー倍，積，1_Ω によって単位的可換環となる（ほとんど至る所一致する関数は同一視する）．また本質的上限ノルムにより $L^\infty(\Omega, \mu)$ は単位的可換 Banach 環となる．

■例 2.1.6. X をノルム空間とする．X 上の有界線型作用素のなすベクトル空間 $\mathbf{B}(X)$ は，作用素の合成を積とする単位的ノルム環である．さらに X が Banach 空間ならば，$\mathbf{B}(X)$ は単位的 Banach 環である．

以上の具体例では単位元のノルムは 1 であるが，一般にはそうとも限らない．実際に，劣乗法的ノルムの λ 倍も劣乗法的である（$\lambda \geqq 1$）．単位的ノルム環 A の定義からは，単位元 1_A について $\|1_A\| = \|1_A^2\| \leqq \|1_A\|^2$ より，$\|1_A\| \geqq 1$ が従う．$\|1_A\| > 1$ の場合でも同値な劣乗法的ノルムに取り換えることで，1_A のノルムを 1 にできることを示す．そのためにノルム環 A の元 a に対して，$L_a \in \mathbf{B}(A)$ を $L_a x := ax,\ x \in A$ と定める．

補題 2.1.7. A を $\|\cdot\|$ をノルムとする単位的ノルム環とする．このとき次のことが成り立つ：

(1) $L\colon A \ni a \mapsto L_a \in \mathbf{B}(A)$ は単射かつ縮小的な単位的準同型である．

(2) A 上のノルム $\|\cdot\|_L$ を，$\|a\|_L := \|L_a\|,\ a \in A$ と定める．このとき $\|\cdot\|_L$ も劣乗法的であり，$\|\cdot\|$ と $\|\cdot\|_L$ は同値である．また $\|1_A\|_L = 1$ である．

証明. (1). L の単射性は等式 $L_a 1_A = a,\ a \in A$ からわかる．他の性質は明らかである．

(2). L は環準同型だから $\|\cdot\|_L$ は劣乗法的ノルムであり，$\|1_A\|_L = \|L_{1_A}\| = \|\mathrm{id}_A\| = 1$ である．また $a \in A$ に対して，$\|a\|_L = \|L_a\| \leqq \|a\|$ である．次に $x := \|1_A\|^{-1} 1_A \in \mathrm{Ball}(A)$ とおけば $\|1_A\|^{-1}\|a\| = \|L_a x\| \leqq \|L_a\| = \|a\|_L$ を得る．よってノルムの同値性が示された． □

単位的とは限らない環 A を単位的な環に埋め込む方法を紹介する．直和ベクトル空間 $\widetilde{A} := A \oplus \mathbb{C}$ に，積を $(a, \lambda) \cdot (b, \mu) := (ab + \mu a + \lambda b, \lambda\mu)$, $a, b \in A$, $\lambda, \mu \in \mathbb{C}$ と定めることで，$\widetilde{A}$ は単位的環となる（乗法単位元は $1_{\widetilde{A}} := (0, 1)$ である）．この $\widetilde{A}$ を A の単位化とよぶ．

写像 $\iota_A \colon A \ni a \mapsto (a, 0) \in \widetilde{A}$ は単射準同型であり，その像 $\iota_A(A)$ は $\widetilde{A}$ のイデアルである．この対応 $A \mapsto \widetilde{A}$ は関手的であることも重要である．すなわち環 A, B と準同型 $\pi \colon A \to B$ が与えられると，唯一の単位的準同型 $\widetilde{\pi} \colon \widetilde{A} \to \widetilde{B}$ が存在して，$\iota_B \circ \pi = \widetilde{\pi} \circ \iota_A$ が成り立つ．しばしば $A \subset \widetilde{A}$ とみなして，(a, λ) を単に $a + \lambda 1_{\widetilde{A}}$ と書く．A が単位的ならば，$\widetilde{A}$ と直和環 $A \oplus \mathbb{C}$ との同型が $A \oplus \mathbb{C} \ni (a, \lambda) \mapsto (a - \lambda 1_A, \lambda) \in \widetilde{A}$ で得られる．

命題 2.1.8. A を Banach 環とすると，ノルム $\|(a, \lambda)\| := \|a\| + |\lambda|$, $(a, \lambda) \in \widetilde{A}$ により $\widetilde{A}$ は単位的 Banach 環であり，$\iota_A \colon A \to \widetilde{A}$ は等長である．

証明. 完備性や ι_A の等長性は明らかであるから，劣乗法性を確かめる．任意の $a, b \in A$ と $\lambda, \mu \in \mathbb{C}$ に対して，

$$
\begin{aligned}
\|(a, \lambda) \cdot (b, \mu)\| &= \|ab + \mu a + \lambda b\| + |\lambda\mu| \\
&\leqq \|a\|\|b\| + |\mu|\|a\| + |\lambda|\|b\| + |\lambda||\mu| \\
&= \|(a, \lambda)\|\|(b, \mu)\|.
\end{aligned}
$$
□

2.2　Banach 環の閉イデアルと商 Banach 環

Ω をコンパクト Hausdorff 空間とし，単位的可換 Banach 環 $C(\Omega)$ を考える（例 2.1.4）．各点 $\omega \in \Omega$ に対して，$\mathfrak{m}_\omega := \{ f \in C(\Omega) \mid f(\omega) = 0 \}$ と定めれ

ば，$\mathfrak{m}_\omega$ は $C(\Omega)$ の極大イデアルである．逆に $C(\Omega)$ の任意の極大イデアル $\mathfrak{m}$ に対して Ω の点 ω が唯一つ定まり，$\mathfrak{m} = \mathfrak{m}_\omega$ となることが知られている[2]．これは集合 Ω を $C(\Omega)$ の環構造から復元できることを意味する．

Gelfand のスペクトル理論ではこの性質を可換 Banach 環 A に対して考察する．すなわち，極大イデアルたちの空間（正確には指標の空間）$\Omega(A)$ に位相を導入して局所コンパクト Hausdorff 空間（Gelfand スペクトラム）とし，さらに A から $C_0(\Omega(A))$ への準同型（Gelfand 変換）を構成する．

ノルム環 A のノルム閉な左イデアルを**閉左イデアル**という．閉（右）イデアルも同様である．I が A の閉イデアルであるとき，$I \lhd A$ と書く．

> **補題 2.2.1.** A を Banach 環，$I \lhd A$ とする．商環 A/I は商ノルム $\|\cdot\|_{A/I}$ により Banach 環である．

証明. 商ノルム $\|a+I\|_{A/I} := \inf\{\, \|a+x\| \mid x \in I\,\}$ により，A/I は Banach 空間である．商ノルムの劣乗法性を示す．任意の $a, b \in A$ と $x, y \in I$ に対して，A のノルムの劣乗法性より，次の不等式を得る：

$$\|ab + ay + xb + xy\| = \|(a+x)(b+y)\| \leqq \|a+x\|\|b+y\|.$$

$ay+xb+xy \in I$ より，最左辺は下から $\|ab+I\|_{A/I}$ で抑えられる．$x, y \in I$ について下限を取れば，不等式 $\|ab+I\|_{A/I} \leqq \|a+I\|_{A/I}\|b+I\|_{A/I}$ を得る．□

問題 2.2.2. 補題 2.2.1 の状況下で，A が単位的で $\|1_A\| = 1$ かつ $A/I \neq \{0\}$ ならば，$\|1_A + I\|_{A/I} = 1$ であることを示せ

> **定義 2.2.3.** 環 A の左イデアル $\mathfrak{m}$ は次の性質をもつとき，**極大左イデアル**とよばれる：
>
> - $\mathfrak{m} \neq A$.
> - もし A の左イデアル I が $\mathfrak{m} \subset I \subset A$ をみたせば，$\mathfrak{m} = I$，または $I = A$ である．

---

[2] このことは命題 3.3.7 で Gelfand-Naimark の定理を応用した証明を与えるが，位相空間論の知識だけで証明することもできる．

注意 2.2.4. 定義から零環には極大左イデアルは存在しない.

補題 2.2.5. A を単位的環とし, I を $I \neq A$ なる左イデアルとする. このとき極大左イデアル $\mathfrak{m}$ が存在して $I \subset \mathfrak{m}$ となる.

証明. $\mathcal{J}$ を $I \subset J \subsetneq A$ であるような左イデアル J たちのなす集合とする. $\mathcal{J} \ni I$ だから $\mathcal{J} \neq \emptyset$ である. 包含順序により, $\mathcal{J}$ は順序集合となる. もし $\mathcal{J}$ が帰納的であれば, Zorn の補題により $\mathcal{J}$ は極大元をもつ. これは極大左イデアルである. 以下 $\mathcal{J}$ が帰納的であることを示す.

$\mathcal{L}$ を $\mathcal{J}$ の全順序部分集合とすれば, 合併集合 $J_{\mathcal{L}} := \bigcup_{K \in \mathcal{L}} K$ は, A の左イデアルかつ $I \subset J_{\mathcal{L}}$ である. また各 $K \in \mathcal{L}$ は, $K \neq A$ ゆえ $1_A \notin K$. よって $J_{\mathcal{L}} \subsetneq A$ となる. つまり $J_{\mathcal{L}} \in \mathcal{J}$ であり, その作り方から $J_{\mathcal{L}}$ は $\mathcal{L}$ の上界である. よって順序集合 $\mathcal{J}$ は帰納的である. □

ノルム環 A の左イデアル I があれば, その閉包 $\overline{I}$ もまた左イデアルである. 実際 $x \in \overline{I}$ に対して, $x = \lim_n x_n$ となる点列 $x_n \in I$ を取れば, 積の連続性により $ax = \lim_n ax_n \in \overline{I}$, $a \in A$ がいえる. とくに極大左イデアル $\mathfrak{m}$ については, $\overline{\mathfrak{m}} = \mathfrak{m}$ か $\overline{\mathfrak{m}} = A$ のどちらかである. 以下で, 単位的 Banach 環の場合は前者が常に成立することを示す.

命題 2.2.6 (C. Neumann). A を単位的 Banach 環, $a \in A$ とする. もし $\|a\| < 1$ ならば, $1_A - a \in \mathrm{GL}(A)$ であり, 次の等式が成り立つ ($a^0 := 1_A$):

$$(1_A - a)^{-1} = \sum_{n=0}^{\infty} a^n = 1_A + a + a^2 + \cdots .$$

さらに $\|1_A\| = 1$ のとき, $\|(1_A - a)^{-1}\| \leqq (1 - \|a\|)^{-1}$ が成り立つ[3].

証明. $\|a^n\| \leqq \|a\|^n$ により点列 $b_m := \sum_{n=0}^{m} a^n$ は極限 $b \in A$ に絶対収束する. また $(1_A - a)b_m = 1_A - a^{m+1} = b_m(1_A - a)$ かつ $\lim_m \|a^m\| = 0$ より $(1_A - a)b = 1_A = b(1_A - a)$. よって $b = (1_A - a)^{-1}$ である. また $\|1_A\| = 1$ のとき, ノルムの連続性と三角不等式から次の評価を得る:

---

[3] 一般には $\|(1_A - a)^{-1}\| \leqq (1 - \|a\|)^{-1} + \|1_A\| - 1$ が成り立つ.

$$\|(1_A - a)^{-1}\| = \lim_m \|b_m\| \leqq \sum_{n=0}^{\infty} \|a\|^n = (1 - \|a\|)^{-1}. \qquad \square$$

前命題の級数を **Neumann** 級数という.

補題 2.2.7. 単位的 Banach 環の極大左イデアルはノルム閉である.

証明. $\mathfrak{m}$ を単位的 Banach 環 A の極大左イデアルとすれば, $\overline{\mathfrak{m}} = \mathfrak{m}$ または $\overline{\mathfrak{m}} = A$ のいずれかが成り立つ. 後者が成り立つならば $\|1_A - x\| < 1$ となる $x \in \mathfrak{m}$ を取れる. 命題 2.2.6 により $x = 1_A - (1_A - x) \in \mathrm{GL}(A)$. とくに $1_A = x^{-1}x \in \mathfrak{m}$ となり $\mathfrak{m} = A$ がいえて, 矛盾が生じる. $\square$

2.3　スペクトル理論

補題 2.3.1. 単位的 Banach 環 A に対して, 次のことが成り立つ:

(1) $\mathrm{GL}(A)$ はノルム開集合である.

(2) 写像 $\mathrm{GL}(A) \ni a \mapsto a^{-1} \in \mathrm{GL}(A)$ はノルム連続である.

証明. (1). $\mathrm{GL}(A)$ の元 a を取る. 開球 $\{x \in A \mid \|x - a\| < \|a^{-1}\|^{-1}\}$ が $\mathrm{GL}(A)$ に含まれることを示す. $b \in A$ を $\|b - a\| < \|a^{-1}\|^{-1}$ なるものとする. すると $\|1_A - a^{-1}b\| \leqq \|a^{-1}(a - b)\| \leqq \|a^{-1}\|\|a - b\| < 1$ であり, 命題 2.2.6 より $a^{-1}b \in \mathrm{GL}(A)$. $b = a \cdot a^{-1}b$ であることと, $\mathrm{GL}(A)$ が群であることから $b \in \mathrm{GL}(A)$ がいえる.

(2). (1) の b を用いると, $b^{-1} - a^{-1} = (b^{-1}a - 1_A)a^{-1}$. ここで $b^{-1}a = (a^{-1}b)^{-1} = (1_A - a^{-1}(a - b))^{-1}$ と変形して Neumann 級数を使うと

$$\begin{aligned}\|b^{-1}a - 1_A\| &= \left\| \sum_{n=1}^{\infty} (a^{-1}(a - b))^n \right\| \leqq \sum_{n=1}^{\infty} \|a^{-1}(a - b)\|^n \\ &\leqq \sum_{n=1}^{\infty} \|a^{-1}\|^n \|a - b\|^n = \frac{\|a^{-1}\|\|a - b\|}{1 - \|a^{-1}\|\|a - b\|}.\end{aligned}$$

以上より $\|b^{-1} - a^{-1}\| \leqq \|a^{-1}\|^2\|a - b\|/(1 - \|a^{-1}\|\|a - b\|)$ を得る. これか

ら (2) の写像の連続性が従う（$b \to a$ ならば $b^{-1} \to a^{-1}$ ということ）． □

定義 2.3.2. 単位的環 A と $a \in A$ に対して，次の $\mathbb{C}$ の部分集合を定める：

- $\rho_A(a) \coloneqq \{\, \lambda \in \mathbb{C} \mid \lambda 1_A - a \in \mathrm{GL}(A) \,\}$,
- $\mathrm{Sp}_A(a) \coloneqq \mathbb{C} \setminus \rho_A(a)$.

$\rho_A(a)$, $\mathrm{Sp}_A(a)$ をそれぞれ a のレゾルベント集合，スペクトラムとよび，写像 $R\colon \rho_A(a) \ni \lambda \mapsto (\lambda 1_A - a)^{-1} \in \mathrm{GL}(A)$ をレゾルベント関数とよぶ．

非単位的環 A の場合は，$a \in A$ を $\widetilde{A}$ の元とみなして，レゾルベント集合 $\rho_A(a)$ とスペクトラム $\mathrm{Sp}_A(a)$ を定義する．すなわち，$\rho_A(a) \coloneqq \rho_{\widetilde{A}}(a)$, $\mathrm{Sp}_A(a) \coloneqq \mathrm{Sp}_{\widetilde{A}}(a)$ と定める．

$\rho_A(a)$ と $\mathrm{Sp}_A(a)$ は A の代数構造から決まることに注意しよう．定義から $\mathrm{Sp}_A(0) = \{0\}$ である．非単位的環 A については $0 \in \mathrm{Sp}_A(a)$, $a \in A$ である．

■**例 2.3.3.** $a \in M_n(\mathbb{C})$ について，$\mathrm{Sp}_{M_n(\mathbb{C})}(a)$ は a の固有値の集合である．

■**例 2.3.4.** Ω を局所コンパクト Hausdorff 空間とし，可換 Banach 環 $A \coloneqq C_0(\Omega)$ を考える．各 $f \in C_0(\Omega)$ に対して $\mathrm{Sp}_A(f) = \overline{f(\Omega)}$ である（命題 3.3.7 も見よ）．実際 Ω がコンパクトならば，A は単位的であり

$$\lambda \in \rho_A(a) \iff \exists g \in A,\ g(\lambda 1_\Omega - f) = 1_\Omega \iff \lambda \notin f(\Omega).$$

次に Ω が非コンパクトのときを考える．単位化環 $\widetilde{A}$ は 1 点コンパクト化 $\widetilde{\Omega} \coloneqq \Omega \cup \{\infty\}$ 上の連続関数環と同型（全単射準同型）である：

$$\widetilde{A} \ni f + \lambda 1_{\widetilde{A}} \mapsto \widetilde{f} + \lambda 1_{\widetilde{\Omega}} \in C(\widetilde{\Omega}).$$

ここで $\widetilde{f}$ は f の拡張で $f(\infty) = 0$ としたものである．よって

$$\mathrm{Sp}_A(f) = \mathrm{Sp}_{C(\widetilde{\Omega})}(\widetilde{f}) = \widetilde{f}(\widetilde{\Omega}) = f(\Omega) \cup \{0\} = \overline{f(\Omega)}.$$

補題 2.3.5. A を単位的環，$a \in A$ を $\mathrm{Sp}_A(a) \neq \emptyset$ なるものとする．このとき任意の $\mathbb{C}$ 係数多項式 $p(X) \in \mathbb{C}[X]$ に対して，

$$\mathrm{Sp}_A(p(a)) = \{\, p(\lambda) \mid \lambda \in \mathrm{Sp}_A(a) \,\}.$$

証明. 多項式 $p(X)$ の次数を $n \geqq 1$ とする．$\mu \in \mathbb{C}$ に対して $p(X) - \mu = c(X - \alpha_1) \cdots (X - \alpha_n)$ と分解すると $(c \in \mathbb{C} \setminus \{0\},\ \alpha_1, \ldots, \alpha_n \in \mathbb{C})$，$p(a) - \mu 1_A = c(a - \alpha_1 1_A) \cdots (a - \alpha_n 1_A)$ となる．$\{a - \alpha_k 1_A\}_k$ は互いに可換だから，$\mu \in \mathrm{Sp}_A(p(a)) \Leftrightarrow \exists k, \alpha_k \in \mathrm{Sp}_A(a) \Leftrightarrow \mu \in p(\mathrm{Sp}_A(a))$ である． □

■**例 2.3.6.** 環 A の元 p は $p^2 = p$ をみたすとき冪等元といわれる．補題 2.3.5 を多項式 $X^2 - X$ に適用すれば，$\mathrm{Sp}_A(p) \subset \{0, 1\}$ を得る．

補題 2.3.7. Banach 環 A と $a \in A$ に対し，$\mathrm{Sp}_A(a)$ は $\{ z \in \mathbb{C} \mid |z| \leqq \|a\| \}$ に含まれるコンパクト集合である．また $\rho_A(a)$ は開集合である．

証明. 必要ならば単位化環を考えることで，A は単位的として示せばよい．写像 $f \colon \mathbb{C} \ni \lambda \mapsto \lambda 1_A - a \in A$ は連続である．またレゾルベント集合 $\rho_A(a)$ は逆像 $f^{-1}(\mathrm{GL}(A))$ に等しい．$\mathrm{GL}(A)$ は開集合であるから（補題 2.3.1），$\rho_A(a)$ は開，すなわち $\mathrm{Sp}_A(a)$ は閉である．

次に $\lambda \in \mathbb{C}$ が $|\lambda| > \|a\|$ をみたせば，$\|\lambda^{-1} a\| < 1$ であり，命題 2.2.6 により $\lambda 1_A - a = \lambda(1_A - \lambda^{-1} a) \in \mathrm{GL}(A)$ となる．よって $\lambda \in \rho_A(a)$ である． □

補題 2.3.8. 単位的 Banach 環 A と $a \in A$ に対し，次のことが成り立つ：

(1) 任意の $\lambda, \mu \in \rho_A(a)$ に対して，$R(\lambda) := (\lambda 1_A - a)^{-1}$ は次式をみたす：

$$R(\lambda) - R(\mu) = -(\lambda - \mu) R(\lambda) R(\mu).$$

(2) 任意の $\mu \in \rho_A(a)$ に対して，

$$\lim_{\lambda \to \mu, \lambda \neq \mu} \frac{R(\lambda) - R(\mu)}{\lambda - \mu} = -R(\mu)^2.$$

とくに $R(\lambda)$ は Banach 空間値の正則関数である．

(3) $\|1_A\| = 1$ のとき，$\|R(\lambda)\| \leqq (|\lambda| - \|a\|)^{-1},\ \lambda \in \mathbb{C},\ |\lambda| > \|a\|$ が成り立つ[4]．

証明. (1). $R(\lambda) - R(\mu) = R(\lambda)((\mu 1_A - a) - (\lambda 1_A - a)) R(\mu)$ から従う．

(2). 補題 2.3.1 より，$R(\lambda)$ は $\lambda \in \rho_A(a)$ に関してノルム連続である．この

[4] 一般には $\|R(\lambda)\| \leqq (|\lambda| - \|a\|)^{-1} + |\lambda|^{-1}(\|1_A\| - 1),\ \lambda \in \mathbb{C},\ |\lambda| > \|a\|$ が成り立つ．

ことと (1) から，(2) の等式がいえる．

(3)．補題 2.3.7 より $\lambda \in \rho_A(a)$ であることに注意して，命題 2.2.6 を $R(\lambda) = \lambda^{-1}(1_A - \lambda^{-1}a)^{-1}$ に用いればよい． □

定理 2.3.9 (Gelfand)**.** Banach 環 A と $a \in A$ に対し，$\mathrm{Sp}_A(a) \neq \emptyset$.

証明. A が非単位的ならば $0 \in \mathrm{Sp}_A(a)$ だから，単位的な A で $\|1_A\| = 1$ の場合を考える（補題 2.1.7)．$\mathrm{Sp}_A(a) = \emptyset$ と仮定する．補題 2.3.8 (2) から任意の $\varphi \in A^*$ に対して $\varphi(R(\lambda))$ は $\mathbb{C}$ 上の正則関数である．さらに $|\varphi(R(\lambda))| \leqq \|\varphi\|\|R(\lambda)\|$ であることと命題 2.3.8 (3) より，$\varphi(R(\lambda))$ は有界である．Liouville の定理から $\varphi(R(\lambda))$ は定数である．命題 2.3.8 (3) より $\varphi(R(\lambda)) = 0, \lambda \in \mathbb{C}, \varphi \in A^*$．よって $R(\lambda) = 0$ ゆえ，$0 \in \mathrm{GL}(A)$ となり矛盾が生じる． □

系 2.3.10 (Gelfand–S. Mazur)**.** 単位的 Banach 環 A が可除環ならば，$A = \mathbb{C}1_A$ である．

証明. $a \in A$ とする．定理 2.3.9 により，ある $\lambda \in \mathrm{Sp}_A(a)$ を取れる．すると $\lambda 1_A - a \notin \mathrm{GL}(A)$ である．ここで A は可除環だから，$\lambda 1_A - a = 0$ でなくてはならない．すなわち $a = \lambda 1_A \in \mathbb{C}1_A$ である． □

定義 2.3.11. Banach 環 A の元 $a \in A$ について，a のスペクトル半径を $r_A(a) := \sup\{\,|\lambda| \mid \lambda \in \mathrm{Sp}_A(a)\,\}$ と定める．

$\mathrm{Sp}_A(a)$ は $\mathbb{C}$ のコンパクト集合だから，定義 2.3.11 の上限値は実際には最大値である．また補題 2.3.7 により $r_A(a) \leq \|a\|$ である．スペクトル半径は A の代数的な構造から決まる量である．定理 2.3.12 の等式の右辺は，同値な劣乗法的ノルムによる取り換えに依存しないことに注意しよう．

定理 2.3.12 (A. Beurling, Gelfand)**.** Banach 環 A と $a \in A$ に対して，次の等式が成り立つ：

$$r_A(a) = \inf_{n \geqq 1} \|a^n\|^{1/n} = \lim_{n\to\infty} \|a^n\|^{1/n}.$$

証明. 必要ならば単位化することで A が単位的な場合に示せばよい．もし $\lambda \in \mathrm{Sp}_A(a)$ であれば，補題 2.3.5 により，$\lambda^n \in \mathrm{Sp}_A(a^n)$, $n \in \mathbb{N}$．補題 2.3.7

により，$|\lambda|^n \leqq \|a^n\|, n \in \mathbb{N}$ となる．よって $r_A(a) \leqq \inf_n \|a^n\|^{1/n}$ である．

領域 $D := \{z \in \mathbb{C} \mid |z| > r_A(a)\}$, $E := \{z \in \mathbb{C} \mid |z| > \|a\|\}$ の上で関数 $f_\varphi(z) := \varphi((z1_A - a)^{-1})$, $\varphi \in A^*$ を考える（補題 2.3.7 より $E \subset D$ である）．補題 2.3.8 (2) より f_φ は D 上で正則である．命題 2.2.6 から $f_\varphi(z) = \sum_{n=0}^\infty \varphi(a^n)/z^{n+1}$, $z \in E$ と展開されるが，D 上と E 上の Laurent 展開の係数は一致するから，この級数は実際には D 上で収束する．とくに $\lim_n |\varphi(a^n/z^n)| = 0$, $z \in D$, $\varphi \in A^*$ だから，点列 a^n/z^n は 0 に弱収束する．一様有界性原理より，ある $C_z > 0$ が存在して $\|a^n/z^n\| \leqq C_z$, $n \in \mathbb{N}$, $z \in D$．よって $\overline{\lim}_n \|a^n\|^{1/n} \leqq \overline{\lim}_n C_z^{1/n}|z| = |z|$, $z \in D$．次に $|z| \to r_A(a)$ とすれば，$\overline{\lim}_n \|a^n\|^{1/n} \leqq r_A(a)$ を得る．以上より $\overline{\lim}_n \|a^n\|^{1/n} \leqq r_A(a) \leqq \inf_n \|a^n\|^{1/n}$ となり，示したい等式を得る．□

補題 2.3.13. A を Banach 環とし，$a, b \in A$ とすれば，$\mathrm{Sp}_A(ab) \cup \{0\} = \mathrm{Sp}_A(ba) \cup \{0\}$．とくに $r_A(ab) = r_A(ba)$ である．

証明. A は単位的であるとしてよい．$\lambda \notin \mathrm{Sp}_A(ab) \cup \{0\}$ とし，$c := (\lambda 1_A - ab)^{-1}$ とおく．すると $1_A = c(\lambda 1_A - ab) = (\lambda 1_A - ab)c$ ゆえ $cab = abc = \lambda c - 1_A$．左から b，右から a をかけると $bca \cdot ba = ba \cdot bca = \lambda bca - ba$．よって $bca(\lambda 1_A - ba) = ba = (\lambda 1_A - ba)bca$ となり，$(bca + 1_A)(\lambda 1_A - ba) = \lambda 1_A = (\lambda 1_A - ba)(bca + 1_A)$ が従う．$\lambda \neq 0$ より $\lambda \notin \mathrm{Sp}_A(ba)$ である．以上より $\mathrm{Sp}_A(ab) \cup \{0\} \subset \mathrm{Sp}_A(ba) \cup \{0\}$ となる．逆の包含は対称性から従う．□

問題 2.3.14. 単位的 Banach 環 A には，交換関係 $ab - ba = 1_A$ をみたす $a, b \in A$ は存在しないことを示せ．

2.4　単位的可換 Banach 環の Gelfand スペクトラム

定義 2.4.1. A を環とする．非零準同型 $A \to \mathbb{C}$ を指標とよぶ．A の指標たちの集合を $\Omega(A)$ と書き，A の **Gelfand** スペクトラムとよぶ．

単位的環 A の準同型 $\varphi\colon A \to \mathbb{C}$ に関して，$\varphi(1_A)^2 = \varphi(1_A^2) = \varphi(1_A)$ より $\varphi(1_A) \in \{0, 1\}$ である．よって $\varphi \in \Omega(A) \iff \varphi(1_A) = 1$ が成り立つ．

問題 2.4.2.　$n \geq 2$ のとき $\Omega(M_n(\mathbb{C})) = \emptyset$ を示せ.

単位的可換 Banach 環 A の極大イデアルたちの集合を $\mathscr{M}(A)$ と書き極大イデアル空間とよぶ. 各 $\mathfrak{m} \in \mathscr{M}(A)$ は閉イデアルだから（補題 2.2.7）, $A/\mathfrak{m}$ は単位的可換 Banach 環である（補題 2.2.1）. $A/\mathfrak{m}$ は極大イデアルによる可換商環だから可除環である. よって Gelfand–Mazur の定理（系 2.3.10）より $A/\mathfrak{m} = \mathbb{C}(1_A + \mathfrak{m})$ となる. そこで写像 $\varphi_\mathfrak{m} \colon A \to \mathbb{C}$ を $a + \mathfrak{m} = \varphi_\mathfrak{m}(a)1_A + \mathfrak{m}$, $a \in A$ で定義すれば $\varphi_\mathfrak{m}$ は単位的準同型であり, $\ker \varphi_\mathfrak{m} = \mathfrak{m}$ である. 以上のことから, 次の写像を得る：

$$\mathscr{M}(A) \ni \mathfrak{m} \mapsto \varphi_\mathfrak{m} \in \Omega(A). \tag{2.1}$$

補題 2.2.5 より $\mathscr{M}(A) \neq \emptyset$ だから, とくに $\Omega(A) \neq \emptyset$ であることがわかる.

補題 2.4.3.　(2.1) の写像は全単射である.

証明.（単射性）2 点 $\mathfrak{m}, \mathfrak{n} \in \mathscr{M}(A)$ を取り, $\varphi_\mathfrak{m} = \varphi_\mathfrak{n}$ と仮定する. このとき $\mathfrak{m} = \ker \varphi_\mathfrak{m} = \ker \varphi_\mathfrak{n} = \mathfrak{n}$ となる. よって (2.1) は単射である.

（全射性）$\varphi \in \Omega(A)$ とする. $\mathfrak{m} := \ker \varphi$ は A のイデアルであり, $A/\mathfrak{m} \ni a + \ker \varphi \mapsto \varphi(a) \in \mathbb{C}$ は環同型であるから, $\mathfrak{m}$ は極大イデアルである. 任意の $a \in A$ に対して, $a - \varphi(a)1_A \in \mathfrak{m}$ であることから, $a + \mathfrak{m} = \varphi(a)1_A + \mathfrak{m}$ となる. よって $\varphi_\mathfrak{m}(a) = \varphi(a)$ となり, (2.1) の全射性がいえた. □

注意 2.4.4.　非単位的可換 Banach 環 A の Gelfand スペクトラム $\Omega(A)$ は, A が零環でなくても空集合になりうる. 例えば, Banach 空間 A に積を $ab := 0$, $a, b \in A$ によって入れると, A は可換 Banach 環であるが, $\Omega(A) = \emptyset$ である. 実際 $\varphi \in \Omega(A)$ が存在すれば, $a \in A$ であって $\varphi(a) \neq 0$ となるものを取れるが, $\varphi(a)^2 = \varphi(a^2) = 0$ となり矛盾する. このような現象は（非零）可換 C* 環については起こらない（補題 3.3.5）.

2.5　元のスペクトラムと Gelfand スペクトラムの関係

補題 2.5.1.　A, B を単位的環, $\pi \colon A \to B$ を単位的準同型とする. このとき任意の $a \in A$ に対して, $\mathrm{Sp}_B(\pi(a)) \subset \mathrm{Sp}_A(a)$ となる.

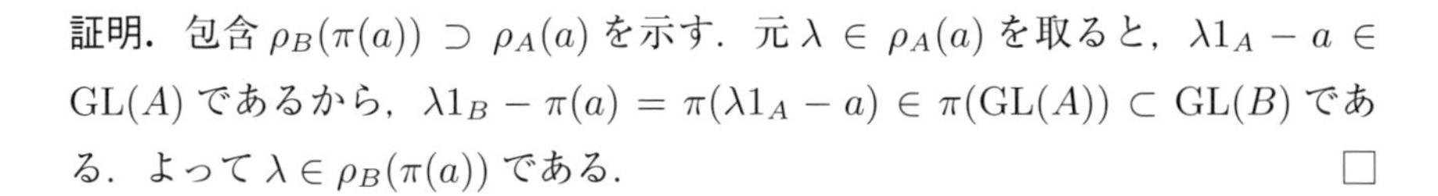

証明. 包含 $\rho_B(\pi(a)) \supset \rho_A(a)$ を示す．元 $\lambda \in \rho_A(a)$ を取ると，$\lambda 1_A - a \in \mathrm{GL}(A)$ であるから，$\lambda 1_B - \pi(a) = \pi(\lambda 1_A - a) \in \pi(\mathrm{GL}(A)) \subset \mathrm{GL}(B)$ である．よって $\lambda \in \rho_B(\pi(a))$ である． □

定理 2.5.2. 可換 Banach 環 A と $a \in A$ に対して，次のことが成り立つ：

(1) A が単位的であるとき，$\mathrm{Sp}_A(a) = \{ \varphi(a) \mid \varphi \in \Omega(A) \}$.
(2) A が非単位的であるとき，$\mathrm{Sp}_A(a) = \{ \varphi(a) \mid \varphi \in \Omega(A) \} \cup \{0\}$.

証明. (1). $\supset$ は補題 2.5.1 を $\varphi\colon A \to \mathbb{C}$, $\varphi \in \Omega(A)$ に適用すればよい．$\subset$ を示す．元 $\lambda \in \mathrm{Sp}_A(a)$ を取り，$I := \{ (\lambda 1_A - a)x \mid x \in A \}$ とおく．すると I は A のイデアルであり，$(\lambda 1_A - a) \notin \mathrm{GL}(A)$ より $1_A \notin I$．補題 2.2.5 より，$\mathfrak{m} \in \mathscr{M}(A)$ が存在して $I \subset \mathfrak{m}$ となる．このとき $a + \mathfrak{m} = \lambda 1_A + \mathfrak{m} \in A/\mathfrak{m}$ により，$\lambda = \varphi_{\mathfrak{m}}(a)$ となる．よって $\subset$ が示された．

(2). $\supset$ は補題 2.5.1 と $\mathrm{Sp}_A(a) = \mathrm{Sp}_{\widetilde{A}}(a) \ni 0$ より明らか（$\varphi \in \Omega(A)$ は $\widetilde{\varphi}(1_{\widetilde{A}}) = 1$ として $\widetilde{\varphi} \in \Omega(\widetilde{A})$ に拡張する）．$\subset$ を示す．非零な $\lambda \in \mathrm{Sp}_A(a) = \mathrm{Sp}_{\widetilde{A}}(a)$ があれば，(1) から指標 $\varphi\colon \widetilde{A} \to \mathbb{C}$ であって $\varphi(a) = \lambda \neq 0$ となるものが存在する．よって $\varphi|_A \in \Omega(A)$ であり，$\subset$ が示された． □

指標は代数的に定義されているが，実際には連続であることを示そう（補題 2.3.7 と定理 2.5.2 からも従う）．

命題 2.5.3. A を Banach 環，$\varphi\colon A \to \mathbb{C}$ を準同型とすれば，任意の $a \in A$ に対して，不等式 $|\varphi(a)| \leqq \|a\|$ が成り立つ．とくに $\varphi \in A^*$ である．

証明. 必要ならば単位化 Banach 環 $\widetilde{A}$ の上への φ の拡張 $\widetilde{\varphi}\colon \widetilde{A} \ni a + \lambda 1_{\widetilde{A}} \mapsto \varphi(a) + \lambda \in \mathbb{C}$ を考えることで，A は単位的かつ $\varphi(1_A) = 1$ と仮定してよい．

さて $|\varphi(a)| > \|a\|$ となる $a \in A$ が存在するならば，$\|\varphi(a)^{-1}a\| < 1$ だから，補題 2.2.6 より $1_A - \varphi(a)^{-1}a \in \mathrm{GL}(A)$．すると $0 = \varphi(1_A - \varphi(a)^{-1}a) \in \varphi(\mathrm{GL}(A)) \subset \mathrm{GL}(\mathbb{C})$ となり矛盾が生じる． □

2.6 Gelfand スペクトラムの位相と Gelfand 変換

A を可換 Banach 環とする．命題 2.5.3 から $\Omega(A) \subset \mathrm{Ball}(A^*)$ が従う．定

理 1.3.1 により $\mathrm{Ball}(A^*)$ は汎弱位相 $\sigma(A^*, A)$ に関してコンパクト Hausdorff 空間であり，相対位相により $\Omega(A)$ は Hausdorff である．

補題 2.6.1. A を可換 Banach 環とすると，$\Omega(A)$ は局所コンパクト Hausdorff 空間となる．さらに A が単位的ならば，$\Omega(A)$ は $\mathrm{Ball}(A^*)$ の汎弱閉集合であり，とくに $\Omega(A)$ は汎弱コンパクトである．

証明. 合併集合 $E := \Omega(A) \cup \{0\}$ が $\mathrm{Ball}(A^*)$ の中で汎弱閉であることを示す．E 内のネット φ_λ が $\varphi \in \mathrm{Ball}(A^*)$ に汎弱収束しているとする．任意の $a, b \in A$ と $\lambda \in \Lambda$ に対して $\varphi_\lambda(ab) = \varphi_\lambda(a)\varphi_\lambda(b)$ である．λ で極限を取れば，$\varphi(ab) = \varphi(a)\varphi(b)$ となり，$\varphi \in E$ である．よって E は汎弱コンパクトであり，$\Omega(A) = E \setminus \{0\}$ は E の開集合である．とくに $\Omega(A)$ は局所コンパクトである．

A が単位的であるとき，上の議論を $\varphi_\lambda \in \Omega(A)$ に対して行えば，$\varphi_\lambda(1_A) = 1, \lambda \in \Lambda$ より $\varphi(1_A) = 1$ がいえる．よって $\varphi \in \Omega(A)$ となる．すなわち $\Omega(A)$ は $\mathrm{Ball}(A^*)$ 内の汎弱閉集合である．□

$a \in A$ に対して関数 $\hat{a} \colon \Omega(A) \to \mathbb{C}$ を $\hat{a}(\varphi) := \varphi(a), \varphi \in \Omega(A)$ と定める．

補題 2.6.2. 任意の $a \in A$ に対して，関数 $\hat{a}$ は $C_0(\Omega(A))$ に属する．

証明. まず $\hat{a}$ は $\Omega(A)$ 上連続であることを確かめよう．$\Omega(A)$ での収束ネット $\varphi_\lambda \to \varphi$ に対して，$\hat{a}(\varphi_\lambda) = \varphi_\lambda(a) \in \mathbb{C}$ は汎弱位相の定義によって $\hat{a}(\varphi) = \varphi(a) \in \mathbb{C}$ に収束する．よって $\hat{a}$ は連続関数である．

任意の $\varepsilon > 0$ に対して，$K_\varepsilon := \{\varphi \in \Omega(A) \mid |\hat{a}(\varphi)| \geqq \varepsilon\}$ は汎弱コンパクト集合 $\Omega(A) \cup \{0\}$ の閉部分集合だから，K_ε も汎弱コンパクトである．□

定義 2.6.3. 可換 Banach 環 A に対して，写像 $\Gamma \colon A \ni a \mapsto \hat{a} \in C_0(\Omega(A))$ を **Gelfand 変換**とよぶ．

定理 2.6.4. Gelfand 変換は縮小準同型である．

証明. 可換 Banach 環 A について，$\Gamma \colon A \to C_0(\Omega(A))$ は準同型であることを示そう．任意の $a, b \in A$ と $\varphi \in \Omega(A)$ に対して，和については，

$$\Gamma(a+b)(\varphi) = \varphi(a+b) = \varphi(a) + \varphi(b) = \hat{a}(\varphi) + \hat{b}(\varphi) = (\Gamma(a) + \Gamma(b))(\varphi).$$

スカラー倍を保つことも容易に示される．積については，

$$\Gamma(ab)(\varphi) = \varphi(ab) = \varphi(a)\varphi(b) = \hat{a}(\varphi) \cdot \hat{b}(\varphi) = (\Gamma(a)\Gamma(b))(\varphi)$$

と確かめられる．Γ の縮小性を示す．任意の $a \in A$ に対して，命題 2.5.3 により，$|\hat{a}(\varphi)| = |\varphi(a)| \leqq \|a\|$, $\varphi \in \Omega(A)$．よって $\|\Gamma(a)\|_\infty \leqq \|a\|$ となる． □

■**例 2.6.5.** G を局所コンパクト可換群，$\widehat{G}$ をその双対群とする．Haar 測度に関する可積分関数の空間 $L^1(G)$ に積 $f * g(s) = \int_G f(t)g(t^{-1}s)\,dt$, $f, g \in L^1(G)$ を入れると，$A := L^1(G)$ は可換 Banach 環である．また $\varphi\colon \widehat{G} \ni \chi \mapsto \varphi_\chi \in \Omega(A)$ を $\varphi_\chi(f) := \int_G f(t)\overline{\langle \chi, t \rangle}\,dt =: \widehat{f}(\chi)$, $f \in L^1(G)$ によって定める．ここで $\widehat{f}$ は f の Fourier 変換である．このとき φ は同相写像であることが知られている．Banach 環の等長同型 $C_0(\Omega(A)) \ni h \mapsto h \circ \varphi \in C_0(\widehat{G})$ を使えば，Gelfand 変換 $\Gamma\colon A \to C_0(\Omega(A))$ は Fourier 変換 $L^1(G) \ni f \mapsto \widehat{f} \in C_0(\widehat{G})$ に他ならないことがわかる．詳細は [Ped89, Example 4.2.8] を見よ．

問題 2.6.6. G が可換離散群の場合に例 2.6.5 の φ が同相であることを示せ．

第 2 章について

この章の主張と証明は [Mur90] を参照した．可換 Banach 環のスペクトル理論については [Dou98] も詳しい．

第3章

C*環

本章では C* 環の基礎，とくに可換 C* 環についての Gelfand–Naimark の定理，∗ 準同型，連続関数カルキュラス，正元，閉イデアル，正値線型汎関数などについて学ぶ．

3.1 C*環の定義と具体例

定義 3.1.1. A を環とする．次の性質をもつ写像 $*\colon A \to A$ を対合，あるいは ∗ 演算という：

(1) 写像 $*\colon A \ni a \mapsto a^* \in A$ は共役線型である．
(2) 任意の $a \in A$ に対して，$(a^*)^* = a$.
(3) 任意の $a, b \in A$ に対して，$(ab)^* = b^*a^*$.

対合を備えた環のことを ∗ 環という（スター環と読む）．

コメント **3.1.2.** A を ∗ 環とする．

(1) 対合 $*\colon A \to A$ は全単射である．A が単位的 ∗ 環であれば 1_A^* も単位元の性質をもつため，単位元の一意性から $1_A^* = 1_A$ である．また，$b \in \mathrm{GL}(A) \Leftrightarrow b^* \in \mathrm{GL}(A)$ であり，$(b^*)^{-1} = (b^{-1})^*$ が成り立つ．
(2) $a^* = a$ なる元は**自己共役**といわれる．A の自己共役元たちのなす集合を A_{sa} と表し，A の**自己共役部分**という．A_{sa} は A の実部分空間である．任意の $a \in A$ は，自己共役元 $b := (a + a^*)/2$, $c := (a - a^*)/(2i)$ によって $a = b + ic$ と表せる．複素数の場合と同様，この表示は一意的である．

すなわち $x, y \in A_{\mathrm{sa}}$ かつ $a = x + iy$ ならば $x = b$, $y = c$ となる．この b, c を，それぞれ a の実部，虚部とよび，$\mathrm{Re}\, a$, $\mathrm{Im}\, a$ と書く．

(3) 双対 Banach 空間 X^* についている $*$ と $*$ 演算とは別物である．部分集合 $S \subset A$ の $*$ 演算による像集合を S^* と表す場合は注意が必要である．

定義 3.1.3. A を劣乗法的ノルム $\|\cdot\|$ をもつ $*$ 環とする．

- 等式 $\|a^*\| = \|a\|$, $a \in A$ が成り立つとき，A を前 Banach $*$ 環という．$\|\cdot\|$ が完備であるとき，A を **Banach $*$ 環**という．
- 等式 $\|a^*a\| = \|a\|^2$, $a \in A$ が成り立つとき，A を前 C* 環という．$\|\cdot\|$ が完備であるとき，A を **C*環**という．

等式 $\|a^*a\| = \|a\|^2$ を **C*恒等式**とよぶ．C* 恒等式をみたす $*$ 環上の劣乗法的（半）ノルムを **C***（半）ノルムという．Banach $*$ 環であれば $\|a^*a\| \leqq \|a\|^2$ が成り立つから，C* 恒等式はさらに強い条件といえる．

コメント 3.1.4. 定義からすぐに従う性質をいくつか述べておく．

(1) $*$ 環の劣乗法的ノルムが等式 $\|a^*\| = \|a\|$，あるいは $\|a^*a\| = \|a\|^2$ をみたす場合は，完備化すれば，それぞれ Banach $*$ 環，C* 環となる．

(2) C* 環 A は Banach $*$ 環である．実際，C* 恒等式と劣乗法性から，$\|a\|^2 = \|a^*a\| \leqq \|a^*\|\|a\|$ であるから，$\|a\| \leqq \|a^*\|$, $a \in A$ が従う．a の任意性から a を a^* とすれば逆側の不等式が成り立ち，$\|a^*\| = \|a\|$ となる．このことから等式 $\|aa^*\| = \|a\|^2$, $a \in A$ を C* 恒等式と称してもよい．とくに $\|a^*a\| = \|a\|^2 = \|aa^*\|$ が成り立つ．

(3) 不等式 $\|a\|^2 \leqq \|a^*a\|$, $a \in A$ も C* 恒等式を導く．実際，劣乗法性より $\|a\| \leqq \|a^*\|$, $a \in A$ がいえるから，$\|a\| = \|a^*\|$ である．再び劣乗法性から，$\|a\|^2 \leqq \|a^*a\| \leqq \|a\|^2$ がいえる．

(4) A が Banach $*$ 環であるとき，三角不等式により任意の $a \in A$ に対して $\max\{\|\mathrm{Re}\, a\|, \|\mathrm{Im}\, a\|\} \leqq \|a\| \leqq \|\mathrm{Re}\, a\| + \|\mathrm{Im}\, a\|$ である．

(5) A が C* 環のとき，左掛け算による環準同型 $L\colon A \ni a \mapsto L_a \in \mathbf{B}(A)$ は等長的である．ここで $L_a b := ab$, $a, b \in A$. 実際，劣乗法性より $\|L_a\| \leqq \|a\|$ である．また $a \neq 0$ として，$b := \|a\|^{-1}a^*$ とおけば，$\|b\| = 1$ かつ

$\|L_a b\| = \|a\|^{-1}\|aa^*\| = \|a\|$ であるから，$\|a\| \leqq \|L_a\|$ がいえる．

(6) 単位的 C* 環 A について $\|1_A\|^2 = \|1_A^* 1_A\| = \|1_A\|$ だから $\|1_A\| = 1$ となる．つまり一般の単位的 Banach 環の場合とは異なり，C* 環では単位元のノルムは自動的に 1 である．A が非単位的の場合でも，(5) より補題 2.1.7 の手順で構成されるノルムは元のノルムと一致する．

(7) C* 環 A がノルム位相で可分なとき，**可分 C*環**とよばれる．

(8) A が C* 環のとき，$p \in A$ が**射影**とは $p^2 = p = p^*$ をみたす元のことをいう．射影 $p \in A$ に関して $\|p\|^2 = \|p^*p\| = \|p^2\| = \|p\|$ により，$p \neq 0$ ならば $\|p\| = 1$ である．

(9) A が単位的 C* 環のとき，$u \in A$ が**等長作用素**とは $u^*u = 1_A$ をみたす元のことをいう．このとき，$1 = \|1_A\| = \|u^*u\| = \|u\|^2$ により $\|u\| = 1$．また，$u \in A$ が $u^*u = 1_A = uu^*$ をみたすとき，u を**ユニタリ**という．

記号 3.1.5.　A を C* 環とする．A^{P}, A^{U} によってそれぞれ A の射影，ユニタリのなす集合を表す．A^{U} は $\mathrm{GL}(A)$ の部分群である．

定義 3.1.6.　$*$ 環 A の部分環 B が $*$ 演算で閉じているとき，すなわち $a \in B$ ならば $a^* \in B$ であるとき，B を **$*$ 部分環**という．C* 環 A の $*$ 部分環 B がノルム閉であるとき，B は **C*部分環**という．

C* 環 A の C* 部分環 B は C* 環である．A, B が単位的であっても，1_A と 1_B が等しいとは限らない．

■**例 3.1.7.**　C* 環 A と射影 $p \in A$ に対して $pAp := \{ pxp \mid x \in A \}$ と定めると，pAp は A の C* 部分環である．実際 pAp が $*$ 部分環であることは明らかであり，ノルム閉であることは収束点列 $x_n \in pAp$ の極限 $y \in A$ について，$pyp = \lim_n px_np = \lim_n x_n = y$ からわかる．pAp を射影 p による**縮小部分環**，または単に**縮小環**，**コーナー**などともよぶ．

定義 3.1.8.　A, B を $*$ 環とする．環準同型 $\pi\colon A \to B$ が $\pi(a^*) = \pi(a)^*$, $a \in A$ をみたすとき，π を **$*$ 準同型**という．全単射 $*$ 準同型を **$*$ 同型**，あるいは単に**同型**とよぶ．$*$ 同型をもつ $*$ 環 A と B は**同型である**といわれる．このとき $A \cong B$ と表す．

コメント 3.1.9.　C* 環の間の $*$ 準同型 $\pi\colon A \to B$ はノルム縮小的であり，像 $\pi(A)$ は C* 部分環であることが従う（定理 3.3.6, 3.6.3）.

以下で，C* 環の具体例をいくつかあげておく．C* 環の構成には一般論をある程度準備する必要があるため，あとで正確に理解してほしい．

■**例 3.1.10.**　S を集合とし，単位的可換 Banach 環 $\ell^\infty(S)$ を考える（例 2.1.3）．対合 $*\colon \ell^\infty(S) \to \ell^\infty(S)$ を $f^*(x) := \overline{f(x)}$, $x \in S$ と定めれば $\ell^\infty(S)$ は単位的可換 C* 環である．Ω を局所コンパクト Hausdorff 空間とすると，$C_b(\Omega)$ や $C_0(\Omega)$ は $\ell^\infty(\Omega)$ の C* 部分環である．

■**例 3.1.11.**　$\mathcal{H}$ を Hilbert 空間とする．作用素環論では，$\mathcal{H}$ のベクトルを ξ, η, ζ のようにギリシャ小文字で，有界線型作用素を a, b, c のように英小文字で表すことが多い．対合 $*\colon \mathbf{B}(\mathcal{H}) \ni a \mapsto a^* \in \mathbf{B}(\mathcal{H})$ によって，（$\mathcal{H}$ が非零ならば）$\mathbf{B}(\mathcal{H})$ は単位的 $*$ 環となる（4.1 節）．単位元は恒等作用素 $1_\mathcal{H}\colon \mathcal{H} \ni \xi \mapsto \xi \in \mathcal{H}$ である．また作用素ノルム $\|a\| := \sup\{\, \|a\xi\| \mid \xi \in \mathrm{Ball}(\mathcal{H}) \,\}$ によって $\mathbf{B}(\mathcal{H})$ は単位的 C* 環である（補題 4.1.2）．とくに $\mathbf{B}(\mathcal{H})$ のノルム閉 $*$ 部分環は C* 環となる．この種の C* 環を**具体的 C*環**とよび，定義 3.1.3 の C* 環を**抽象的 C*環**とよぶ．実際には抽象的 C* 環はある具体的 C* 環に同型であるから（定理 4.4.13），両者を区別する必要はない．

■**例 3.1.12.**　いくつかの C* 環から新しく C* 環を構成する方法として，直和，帰納極限（UHF 環，AF 環など．6.2 節），テンソル積（10.1 節），自由積，融合積などが知られている．直和は以下の **ℓ^∞ 直和**，**c_0 直和**の 2 つが重要である．$\{A_i\}_{i\in I}$ を C* 環の族とし，$A := \{\,(a_i) \in \prod_i A_i \mid \sup_i \|a_i\| < \infty\,\}$ とおく．A は成分ごとの演算により $*$ 環であり，上限ノルム $\|(a_i)\| := \sup_i \|a_i\|$ により C* 環である（ℓ^∞ 直和 C* 環）．また，$B := \{(a_i) \in A \mid \lim_i \|a_i\| = 0\}$ とおくと，B は A の C* 部分環である（c_0 直和 C* 環）．ここで $\lim_i \|a_i\| = 0$ は，任意の $\varepsilon > 0$ に対して，ある $F \Subset I$ が存在して $\|a_i\| < \varepsilon$, $i \in I \setminus F$ が成り立つことを意味する．

$*$ 環の表現による C* 環の構成法も重要である．

定義 3.1.13.　$\mathcal{A}$ を $*$ 環，$\mathcal{H}$ を Hilbert 空間とするとき，$*$ 準同型 $\pi\colon \mathcal{A} \to$

$\mathbf{B}(\mathcal{H})$ を $\mathcal{A}$ の表現，$\mathcal{H}$ を π の表現空間という．もし π が単射であれば，π は忠実であるといわれる．

任意の $*$ 環が $\mathbf{B}(\mathcal{H})$ に非零表現をもつとは限らない．たとえば $x^*x = 1_{\mathcal{A}} + xx^*$ という $x \in \mathcal{A} \setminus \{0\}$ をもつ $*$ 環 $\mathcal{A}$ は忠実表現をもたない．

■**例 3.1.14.**　忠実な表現をもつ $*$ 環から構成される例として，非可換トーラス A_θ, $\theta \in \mathbb{R} \setminus \mathbb{Q}$ と Cuntz 環 $\mathcal{O}_n$, $n \geqq 2$ を扱う（6.4, 6.6 節）．

■**例 3.1.15.**　局所コンパクト群 G に対して群 C* 環 $C^*(G)$, $C^*_{\mathrm{red}}(G)$ を構成できる．例 4.4.12 と 6.7.1 項で G が離散群のときに考察する．

3.2　C*環の単位化

A を $*$ 環とし，$\widetilde{A} = A \oplus \mathbb{C}$ を単位化環とする（2.1 節）．対合を $(a + \lambda 1_{\widetilde{A}})^* := a^* + \overline{\lambda} 1_{\widetilde{A}}$, $a \in A$, $\lambda \in \mathbb{C}$ と定めることで $\widetilde{A}$ は $*$ 環となる．A が C* 環のとき，$\widetilde{A}$ に C* ノルムを導入する．まず A が単位的な場合は，ℓ^∞ 直和 C* 環 $A \oplus \mathbb{C}$ との同型 $\widetilde{A} \ni a + \lambda 1_{\widetilde{A}} \mapsto (a + \lambda 1_A, \lambda) \in A \oplus \mathbb{C}$ を通じて $\widetilde{A}$ に C* ノルムを入れる．

次に非単位的な場合を考える．命題 2.1.8 のノルムは C* 恒等式をみたさないので工夫する必要がある．補題 2.1.7 のように，環準同型 $L\colon \widetilde{A} \ni x \mapsto L_x \in \mathbf{B}(A)$ を，$L_{a+\lambda 1_{\widetilde{A}}} b := ab + \lambda b$, $a, b \in A$, $\lambda \in \mathbb{C}$ によって定める．

命題 3.2.1.　A が非単位的 C* 環であるとき，$L\colon \widetilde{A} \to \mathbf{B}(A)$ は単射な環準同型であり，ノルム $\|x\| := \|L_x\|$, $x \in \widetilde{A}$ によって $\widetilde{A}$ は単位的 C* 環となる．

証明.　ノルムの劣乗法性は L が準同型であることからわかる．L の単射性を示す．$a + \lambda 1_{\widetilde{A}} \in \ker L$ とすれば，任意の $b \in A$ に対して，$ab + \lambda b = 0$ である．もし $\lambda \neq 0$ であれば，$c := -\lambda^{-1} a$ が $cb = b$, $b \in A$ をみたす．両辺の対合を取る議論によって，$bc^* = b$, $b \in A$ もいえる．左単位元と右単位元が存在するから，A は単位的となり矛盾が生じる．したがって $\lambda = 0$ でなくてはならない．さらに条件 $ab = 0$, $b \in A$ は $a \in \ker L$ を意味し，$L\colon A \to \mathbf{B}(A)$ の等長性から $a = 0$ である（コメント 3.1.4 (5)）．

次にノルムの完備性を示す．まず $*$ 準同型 $\iota\colon A \ni a \mapsto a \in \widetilde{A}$ は等長的であ

る．よって $\iota(A)$ は完備であり，$\mathbb{C}1_{\widetilde{A}}$ は有限次元であるから，$\widetilde{A}=\iota(A)+\mathbb{C}1_{\widetilde{A}}$ は完備である（[日柳 21, 命題 1.2.8] を見よ）．

最後に C* 恒等式を確認する．元 $x\in\widetilde{A}$ と $b\in\mathrm{Ball}(A)$ に対して，

$$\begin{aligned}\|L_x b\|^2 &= \|L_x(b)^* L_x(b)\| = \|b^* x^* x b\| \\ &= \|b^* L_{x^*x}(b)\| \leqq \|b^*\|\|L_{x^*x}(b)\| \leqq \|L_{x^*x}\|\end{aligned}$$

元 $b\in\mathrm{Ball}(A)$ について上限を取れば，$\|L_x\|^2\leqq\|L_{x^*x}\|$ が従う． □

3.3 可換 C*環の Gelfand 変換

可換 Banach 環の Gelfand 変換（2.6 節）は全射とも単射とも限らないが，可換 C* 環については常に同型であることが導かれる．

定理 3.3.1 (Gelfand–M. Naimark)**.** A を可換 C* 環，$\Omega(A)$ をA の Gelfand スペクトラムとする．このとき，Gelfand 変換 $\Gamma\colon A\to C_0(\Omega(A))$ は等長 * 同型である．

証明にあたっていくつか準備をする．

補題 3.3.2. C* 環 A に対し，任意の指標 $\varphi\colon A\to\mathbb{C}$ は * 準同型である．

証明. 必要ならば単位化 C* 環 $\widetilde{A}$ と拡張指標 $\widetilde{\varphi}\colon\widetilde{A}\to\mathbb{C}$（命題 2.5.3 の証明）を考えることで，$A$ が単位的な場合に示せば十分である．

まず $a\in A_{\mathrm{sa}}$ に対して，$\varphi(a)\in\mathbb{R}$ であることを示す．$x,y\in\mathbb{R}$ により，$\varphi(a)=x+iy$ と分解する．任意の $t\in\mathbb{R}$ に対して $\varphi(a+it1_A)=x+i(t+y)$ が成り立つ．このとき命題 2.5.3 と C* 恒等式より，

$$\begin{aligned}|x+i(t+y)|^2 &= |\varphi(a+it1_A)|^2 \leqq \|a+it1_A\|^2 \\ &= \|(a+it1_A)^*(a+it1_A)\| = \|a^2+t^2 1_A\| \leqq \|a\|^2+t^2.\end{aligned}$$

ところで $|x+i(t+y)|^2=x^2+(t+y)^2$ だから，$x^2+2ty+y^2\leqq\|a\|^2, t\in\mathbb{R}$ が成り立つ．t は任意であるから $y=0$ である．以上から $\varphi(A_{\mathrm{sa}})\subset\mathbb{R}$ となる．

次に一般の $a\in A$ については，$b,c\in A_{\mathrm{sa}}$ によって $a=b+ic$ と分解すれば，$\varphi(b),\varphi(c)\in\mathbb{R}$ だから $\overline{\varphi(a)}=\overline{\varphi(b)+i\varphi(c)}=\varphi(b)-i\varphi(c)=\varphi(a^*)$ とな

る．よって φ は $*$ 準同型である． □

定義 3.3.3.　C* 環 A の元 $a \in A$ が**正規**:$\overset{\mathrm{d}}{\Leftrightarrow}$ $a^*a = aa^*$ をみたす．

たとえば自己共役元やユニタリは正規である．

補題 3.3.4.　A を C* 環，$a \in A$ を正規元とすると，$r_A(a) = \|a\|$.

証明.　C* 恒等式と正規性より

$$\|a^2\|^2 = \|(a^2)^*a^2\| = \|(a^*a)^2\| = \|(a^*a)^*(a^*a)\| = \|a^*a\|^2 = \|a\|^4.$$

よって $\|a^2\|^{1/2} = \|a\|$．a^{2^n} も正規だから帰納的に $\|a^{2^n}\|^{1/2^n} = \|a\|, n \in \mathbb{N}$ が従う．定理 2.3.12 より $r_A(a) = \|a\|$ が導かれる． □

補題 3.3.5.　非零可換 C* 環 A について，$\Omega(A) \neq \emptyset$.

証明.　A が可換であるから，任意の A の元は正規である．すると非零元 $a \in A$ について，補題 3.3.4 より $r_A(a) = \|a\| > 0$．とくに $\mathrm{Sp}_A(a) \neq \{0\}$．よって定理 2.5.2 から $\Omega(A) \neq \emptyset$ がわかる． □

定理 3.3.1 の証明.　A が零環であれば $\Omega(A) = \emptyset$ だから何も示すことはない．A が非零ならば補題 3.3.5 より $\Omega(A) \neq \emptyset$ である．任意の $a \in A$, $\varphi \in \Omega(A)$ に対して，補題 3.3.2 より $\widehat{a^*}(\varphi) = \varphi(a^*) = \overline{\varphi(a)} = \overline{\hat{a}(\varphi)}$．よって $\Gamma(a^*) = \Gamma(a)^*$ となり，Γ は $*$ 準同型である．

次に $*$ 部分環 $\operatorname{ran}\Gamma$ が $C_0(\Omega(A))$ の中で稠密であることを示す．任意の点 $\varphi \in \Omega(A)$ は非零であるから，$\varphi(a) \neq 0$ となる $a \in A$ を取れる，すなわち $\hat{a}(\varphi) \neq 0$ である．また，異なる 2 点 $\varphi_1, \varphi_2 \in \Omega(A)$ に対して，$\varphi_1(b) \neq \varphi_2(b)$ となる $b \in A$ が存在する．つまり $\hat{b}(\varphi_1) \neq \hat{b}(\varphi_2)$ である．Stone–Weierstrass の定理（[泉 21, 定理 A.4.4, A.4.7] を参照せよ）により，$\operatorname{ran}\Gamma$ は $C_0(\Omega(A))$ で稠密である．

最後に Γ の等長性を示す．これを示せば $\operatorname{ran}\Gamma$ はノルム閉であり[1)]，上で示した稠密性から $\operatorname{ran}\Gamma = C_0(\Omega(A))$ がいえる．任意の $a \in A$ に対して，

[1)] X, Y を Banach 空間とし，$T \in \mathbf{B}(X, Y)$ は下に有界（$c > 0$ が存在して $\|Tx\| \geqq c\|x\|$, $x \in X$）ならば，$\operatorname{ran} T \subset Y$ は閉部分空間である（[泉 21, 補題 6.2.1] を見よ）．

$$\|\hat{a}\|_\infty = \sup_{\varphi \in \Omega(A)} |\hat{a}(\varphi)| = \sup_{\varphi \in \Omega(A)} |\varphi(a)| = \sup_{\lambda \in \mathrm{Sp}_A(a)} |\lambda| = r_A(a)$$

となる（定理 2.5.2 より）．A は可換だから任意の元は正規であり，補題 3.3.4 から $r_A(a) = \|a\|$ である．以上より $\|\Gamma(a)\|_\infty = \|a\|$ が従う． □

定理 3.3.6. A を Banach $*$ 環，B を C* 環とし，$\pi\colon A \to B$ を $*$ 準同型とすると，π は縮小的である．とくに π はノルム連続である．

証明. 必要ならば単位化環への拡張を考えることで，A, B と π が単位的であるときに示せばよい．$a \in A$ とする．補題 2.5.1 により，$\mathrm{Sp}_B(\pi(a^*a)) \subset \mathrm{Sp}_A(a^*a)$ である．とくに $r_B(\pi(a^*a)) \leqq r_A(a^*a)$．左辺について，$\pi(a^*a) \in B_{\mathrm{sa}}$ かつ B は C* 環であるから，補題 3.3.4 より，$r_B(\pi(a^*a)) = \|\pi(a^*a)\| = \|\pi(a)\|^2$ となる．右辺については $r_A(a^*a) \leqq \|a^*a\| \leqq \|a\|^2$ である．以上より $\|\pi(a)\| \leqq \|a\|$ となる． □

命題 3.3.7. X を局所コンパクト Hausdorff 空間，$A := C_0(X)$ とすると，$\Phi\colon X \ni x \mapsto \varphi_x \in \Omega(A)$ は同相写像である．ここで $\varphi_x(f) := f(x)$, $f \in C_0(X)$．また各 $f \in A$ に対して $\mathrm{Sp}_A(f) = \overline{f(X)}$ である．

証明. Φ が定義可能な単射連続写像であることは明らか．X がコンパクトのときを考える．$\Omega(A)$ は Hausdorff ゆえ，Φ の全射性を示せば Φ が同相であることが従う．$\Phi(X)$ はコンパクトだから，もし $\Omega(A) \setminus \Phi(X) \neq \emptyset$ ならば，Urysohn の補題により，ある非零な $g \in C(\Omega(A))$ であって $g(\Phi(x)) = 0$, $x \in X$ となるものを取れる．Gelfand 変換 $\Gamma\colon A \to C(\Omega(A))$ を使って $f := \Gamma^{-1}(g) \in A$ とおけば，

$$f(x) = \varphi_x(f) = \Gamma(f)(\varphi_x) = g(\varphi_x) = 0, \quad x \in X$$

となり，$f \neq 0$ であることに反する．よって Φ は全射である．

X が非コンパクトのとき．$\widetilde{A}$ と $B := C(X \cup \{\infty\})$ を例 2.3.4 の $*$ 同型で同一視する．すると前半の議論により $\Psi\colon X \cup \{\infty\} \ni x \mapsto \varphi_x \in \Omega(\widetilde{A})$ は同相写像である．よって制限写像 $\Psi|_X\colon X \to \Omega(\widetilde{A}) \setminus \{\varphi_\infty\}$ も同相写像である．ところで $\Theta\colon \Omega(\widetilde{A}) \setminus \{\varphi_\infty\} \ni \psi \mapsto \psi|_A \in \Omega(A)$ は定義可能な写像である．実際 $\psi = \varphi_\infty \Leftrightarrow \psi|_A = 0$ である．Θ の単射性は $\widetilde{A} = A + \mathbb{C}1_{\widetilde{A}}$ の分解から明らか．

全射性は命題 2.5.3 の証明の拡張を考えればわかる．Θ が同相写像であることを示そう．$\Omega(\widetilde{A}) \setminus \{\varphi_\infty\}$ のネット ψ_λ と ψ に対して，$\psi_\lambda(1_{\widetilde{A}}) = 1 = \psi(1_{\widetilde{A}})$ だから，$\widetilde{A}^*$ の汎弱位相で $\psi_\lambda \to \psi$ であることは $\psi_\lambda(a) \to \psi(a),\, a \in A$ であることと同値である．よって Θ は同相であり，$\Phi = \Theta \circ \Psi|_X$ もそうである．後半の主張は定理 2.5.2 より従う（例 2.3.4 も見よ）． □

問題 3.3.8.　X, Y を局所コンパクト Hausdorff 空間，$f\colon X \to Y$ を連続写像とする．このとき，$*$ 準同型 $\pi\colon C_0(Y) \ni a \mapsto a \circ f \in C_b(X)$ の値域が $C_0(X)$ に含まれることと f が固有写像であることは同値であることを示せ（ここで f が固有写像 $:\overset{\mathrm{d}}{\Leftrightarrow}$ 任意のコンパクトな $K \subset Y$ に対して $f^{-1}(K) \subset X$ はコンパクト）．

問題 3.3.9.　Ω を局所コンパクト Hausdorff 空間とする．次のことを示せ：$C_0(\Omega)$ が有限次元 $\iff$ Ω が有限集合.

3.4　Gelfand–Naimark の定理の応用

C* 環 A と部分集合 $S \subset A$ に対して，

$$\mathrm{Pol}_*(S) := \mathrm{span}\,\{\, x_1 x_2 \cdots x_n \mid x_1, \ldots, x_n \in S \cup S^*,\ n \in \mathbb{N} \,\}$$

とおく[2]．ここでは $S^* := \{\, x^* \mid x \in S \,\}$ である．$\mathrm{Pol}_*(S)$ は A の $*$ 部分環である．ノルム閉包 $\overline{\mathrm{Pol}_*(S)}$ を $\mathrm{C}^*(S)$ と書き，S によって**生成される C* 部分環**という．$\mathrm{C}^*(S)$ は S を含むような A の C* 部分環のうちで包含順序について最小のものである．n 点集合 $S = \{a_1, \ldots, a_n\}$ に対しては $\mathrm{C}^*(S)$ を $\mathrm{C}^*(a_1, \ldots, a_n)$ と書く．$a \in A$ が正規ならば，$\mathrm{C}^*(a)$ は可換である．

さて，単位元を共有する環の包含 $B \subset A$ と $b \in B$ について $\mathrm{Sp}_A(b) \subset \mathrm{Sp}_B(b)$ がいえる．C* 環 A, B については等号が成り立つことを示そう．

定理 3.4.1.　A を単位的 C* 環，B を A の単位的 C* 部分環であって $1_B = 1_A$ であるとする．このとき次のことが成り立つ：

(1) $\mathrm{GL}(B) = \mathrm{GL}(A) \cap B$.
(2) 任意の $b \in B$ について，$\mathrm{Sp}_B(b) = \mathrm{Sp}_A(b)$.

---

[2] Pol は多項式 (polynomial) を意味する．

証明. (1). $\subset$ は明らか. $\supset$ を示す. まず $\mathrm{GL}(A) \cap B_{\mathrm{sa}} \subset \mathrm{GL}(B)$ を示す. $b \in \mathrm{GL}(A) \cap B_{\mathrm{sa}}$ とし, $a := b^{-1} \in A$ とおく. すると $a^* = a$ であり, $D := \mathrm{C}^*(1_A, a, b)$ は単位的可換 C* 環である. Gelfand-Naimark の定理により, Gelfand 変換 $\Gamma\colon D \to C(\Omega(D))$ は等長 * 同型である. ここで $\varphi \in \Omega(D)$ に対し, $\varphi(a) = \varphi(b)^{-1}$ ゆえ, φ は b の値で決まる. つまり, $\Gamma(\mathrm{C}^*(1_A, b))$ はコンパクト Hausdorff 空間 $\Omega(D)$ の点を分離する. よって Stone-Weierstrass の定理と Γ の等長性から, $\Gamma(\mathrm{C}^*(1_A, b)) = C(\Omega(D))$ であることがわかる. これを Γ^{-1} で戻せば, $\mathrm{C}^*(1_A, b) = \mathrm{C}^*(1_A, a, b)$, とくに $a \in \mathrm{C}^*(1_A, b) \subset B$ である. よって $\mathrm{GL}(A) \cap B_{\mathrm{sa}} \subset \mathrm{GL}(B)$ が従う.

次に一般の $b \in \mathrm{GL}(A) \cap B$ については, $b^*b \in \mathrm{GL}(A) \cap B_{\mathrm{sa}}$ だから, 上の議論から $c := (b^*b)^{-1} \in B$ である. すると $cb^*b = 1_B$ より, b は B 内で左逆元をもつ. 同様の議論を bb^* について行えば, b は B 内で右逆元をもつことがわかる. よって $b \in \mathrm{GL}(B)$ である.

(2). (1) とスペクトラムの定義 (定義 2.3.2) より明らか. □

系 3.4.2. A を C* 環, B を A の C* 部分環とすると, 任意の $b \in B$ に対し $\mathrm{Sp}_B(b) \cup \{0\} = \mathrm{Sp}_A(b) \cup \{0\}$. とくに $\mathrm{Sp}_B(b) \setminus \{0\} = \mathrm{Sp}_A(b) \setminus \{0\}$.

証明. 以下のように場合を分けて考える.

(1) A, B ともに単位的かつ $1_A = 1_B$ のとき.
(2) A, B ともに単位的かつ $1_A \neq 1_B$ のとき.
(3) A は単位的で B は非単位的であるとき.
(4) A は非単位的で B は単位的であるとき.
(5) A, B ともに非単位的であるとき.

(1). 定理 3.4.1 (1) より $\mathrm{Sp}_A(b) = \mathrm{Sp}_B(b)$ である.

(2). $\rho_A(b) = \rho_B(b) \setminus \{0\}$ を示す. $\lambda \in \rho_A(b)$ とし, $x := (\lambda 1_A - b)^{-1}$ とおく. $(\lambda 1_A - b)x = 1_A = x(\lambda 1_A - b)$ の両辺に 1_B を左右からかけると, $(\lambda 1_B - b) \cdot (1_B x 1_B) = 1_B = (1_B x 1_B)(\lambda 1_B - b)$ となり $\lambda 1_B - b \in \mathrm{GL}(1_B A 1_B) \cap B$ が従う. 定理 3.4.1 (1) より $\lambda \in \rho_B(b)$ である. もし $\lambda = 0$ ならば $-bx = 1_A = -xb$ となり $1_B = 1_B 1_A = (-1_B b)x = -bx = 1_A$ となり, (2) の仮定に矛盾する.

逆に $\lambda \in \rho_B(b) \setminus \{0\}$ とすると, $y := (\lambda 1_B - b)^{-1} + \lambda^{-1}(1_A - 1_B)$ が $\lambda 1_A - b$

の逆元を与える．よって $\lambda \in \rho_A(b)$ である．

(3). 単位化 $\widetilde{B}$ と $B + \mathbb{C}1_A$ は自然に環同型である．よって，$\mathrm{Sp}_B(b) = \mathrm{Sp}_{B+\mathbb{C}1_A}(b) = \mathrm{Sp}_A(a)$．2つ目の等号は (1) を用いた．

(4). $1_{\widetilde{A}} \neq 1_B$ であるから，(2) より $\mathrm{Sp}_B(b) \cup \{0\} = \mathrm{Sp}_{\widetilde{A}}(b) = \mathrm{Sp}_A(b)$．

(5). $\widetilde{B}$ と $B + \mathbb{C}1_{\widetilde{A}}$ は自然に同型である．よって $\mathrm{Sp}_B(b) = \mathrm{Sp}_{B+\mathbb{C}1_{\widetilde{A}}}(b) = \mathrm{Sp}_{\widetilde{A}}(b) = \mathrm{Sp}_A(b)$．2つ目の等号は (1) を用いた．□

$a \in A$ が与えられたとき，a を含む C* 部分環の取り方次第で a のスペクトラムが $\{0\}$ の分だけ変わりうるが，$\mathrm{Sp}_A(a) \cup \{0\}$ や $\mathrm{Sp}_A(a) \setminus \{0\}$ は部分環の取り方によらずに定まることが重要である．

系 3.4.3.　C* 環 A に対して次のことが成り立つ：

(1) 任意の $a \in A_{\mathrm{sa}}$ に対して，$\mathrm{Sp}_A(a) \subset \mathbb{R}$.
(2) A が単位的であるとき，任意の $u \in A^{\mathrm{U}}$ に対して，$\mathrm{Sp}_A(u) \subset \mathbb{T}$.

証明. (1)．可換 C* 部分環 $B := \mathrm{C}^*(a) \subset A$ に対して定理 2.5.2 を用いれば，各 $\varphi \in \Omega(B)$ は $*$ 準同型（補題 3.3.2）かつ $a = a^*$ ゆえ，$\varphi(a) \in \mathbb{R}$ である．よって $\mathrm{Sp}_B(a) \subset \mathbb{R}$ となる．系 3.4.2 より，$\mathrm{Sp}_A(a) \subset \mathbb{R}$ である．

(2)．可換 C* 部分環 $D := \mathrm{C}^*(1_A, u) \subset A$ に対して定理 2.5.2 を用いれば，$u^*u = 1_A = uu^*$ により，各 $\varphi \in \Omega(D)$ について $\overline{\varphi(u)}\varphi(u) = 1$，つまり $\mathrm{Sp}_D(u) \subset \mathbb{T}$ である．定理 3.4.1 (2) より，$\mathrm{Sp}_A(u) \subset \mathbb{T}$ が従う．□

補題 3.4.4.　A を C* 環，$a \in A$ を正規元，$B := \mathrm{C}^*(a)$ とすると，次のことが成り立つ：

(1) B が単位的であるとき，$\mu\colon \Omega(B) \ni \varphi \mapsto \varphi(a) \in \mathrm{Sp}_B(a)$ は同相写像である．また $0 \notin \mathrm{Sp}_B(a)$ かつ $a \in \mathrm{GL}(B)$ である．
(2) B が非単位的であるとき，$\mu\colon \Omega(B) \ni \varphi \mapsto \varphi(a) \in \mathrm{Sp}_B(a) \setminus \{0\}$ は同相写像である．また $0 \in \mathrm{Sp}_B(a)$ かつ $0 \in \overline{\mathrm{Sp}_B(a) \setminus \{0\}}$ である．

証明. (1)．定理 2.5.2 により μ は全射連続写像である．もし $\varphi, \psi \in \Omega(B)$ が $\mu(\varphi) = \mu(\psi)$ をみたせば，$\mathrm{Pol}_*(a)$ 上で $\varphi = \psi$．それらの連続性から B 上で $\varphi = \psi$ となり，μ の単射性が従う．$\Omega(B)$ はコンパクトだから μ は同相写像で

ある．また，ある $\varphi \in \Omega(B)$ で $\varphi(a) = 0$ ならば，B 上で $\varphi = 0$ となり指標の定義に矛盾する．よって $0 \notin \mathrm{Sp}_B(a)$ である．

(2)．(1) と同じく μ は全単射連続写像である．ネット $\varphi_\lambda \in \Omega(B)$ と $\varphi \in \Omega(B)$ に対して，$\mu(\varphi_\lambda) \to \mu(\varphi)$ ならば，B のノルム稠密部分空間 $\mathrm{Pol}_*(a)$ 上で $\varphi_\lambda \to \varphi$ である．さらに $\|\varphi_\lambda\| \leqq 1$ と $\|\varphi\| \leqq 1$ より汎弱位相で $\varphi_\lambda \to \varphi$ がいえる．よって μ は同相写像である．B は非単位的だから $0 \in \mathrm{Sp}_B(a)$ である．もし 0 が $\mathrm{Sp}_B(a)$ で孤立点ならば，$\mathrm{Sp}_B(a) \setminus \{0\}$ はコンパクトである．すると $\Omega(B)$ はコンパクトゆえ，B が単位的となり，(2) の仮定に矛盾する． □

前補題 (2) の場合，$\mathrm{Sp}_B(a)$ は $\mathrm{Sp}_B(a) \setminus \{0\}$ の 1 点コンパクト化とみなせるから，自然な同一視

$$C_0(\mathrm{Sp}_B(a) \setminus \{0\}) = \{\, f \in C(\mathrm{Sp}_B(a)) \mid f(0) = 0 \,\}$$

を得る．(1) の場合は $C_0(\mathrm{Sp}_B(a) \setminus \{0\}) = C(\mathrm{Sp}_B(a))$ である．また系 3.4.2 で述べたとおり $\mathrm{Sp}_A(a) \setminus \{0\} = \mathrm{Sp}_B(a) \setminus \{0\}$ にも注意しておこう．

次に示される**連続関数カルキュラス**は作用素環論の基本的な道具である．以下では関数 $z \colon \mathbb{C} \to \mathbb{C}$ は恒等関数 $z(\lambda) = \lambda$, $\lambda \in \mathbb{C}$ を意味する．

定理 3.4.5 (連続関数カルキュラス 1)**．** A を C^* 環，$a \in A$ を正規元とすると，等長 $*$ 準同型 $\theta \colon C_0(\mathrm{Sp}_A(a) \setminus \{0\}) \to A$ であって，$\theta(z) = a$ となるものが唯一つ存在する．また $\mathrm{ran}\,\theta = \mathrm{C}^*(a)$ である．

証明． $B := \mathrm{C}^*(a)$ とおく．補題 3.4.4 より，等長同型 $\mu^t \colon C_0(\mathrm{Sp}_B(a) \setminus \{0\}) \ni f \mapsto f \circ \mu \in C_0(\Omega(B))$ を得る．これと等長同型 $\Gamma \colon B \to C_0(\Omega(B))$ を用いて $\theta := \Gamma^{-1} \circ \mu^t$ とおけばよい．実際，次の計算から従う：

$$\mu^t(z)(\varphi) = z(\mu(\varphi)) = z(\varphi(a)) = \varphi(a) = \Gamma(a)(\varphi), \quad \varphi \in \Omega(B).$$

一意性は，Stone-Weierstrass の定理により，z が $C_0(\mathrm{Sp}_A(a) \setminus \{0\})$ を生成することからわかる． □

定理 3.4.6 (連続関数カルキュラス 2)**．** A を単位的 C^* 環，$a \in A$ を正規元とすると，単位的等長 $*$ 準同型 $\theta \colon C(\mathrm{Sp}_A(a)) \to A$ であって，$\theta(z) = a$ となるものが唯一つ存在する．また $\mathrm{ran}\,\theta = \mathrm{C}^*(1_A, a)$ である．

証明. 可換 C* 部分環 $B := C^*(1_A, a)$ を考える．補題 3.4.4 により $\mu\colon \Omega(B) \ni \varphi \mapsto \varphi(a) \in \mathrm{Sp}_B(a) = \mathrm{Sp}_A(a)$ は同相写像である．あとは定理 3.4.5 と同様に示される（$1, z$ が $C(\mathrm{Sp}_A(a))$ を生成する）． □

コメント 3.4.7. 定理 3.4.5, 3.4.6 の設定で以下のことが成り立つ．

(1) 連続関数カルキュラス $\theta\colon C(\mathrm{Sp}_A(a)) \to A$ は，$z, \bar{z}$ の多項式 $p(z)$ を $p(a)$ に写す．これに倣って，一般の $f \in C(\mathrm{Sp}_A(a))$ についても $\theta(f)$ を $f(a)$ と表記する．θ はノルム連続写像だから，$C(\mathrm{Sp}_A(a))$ で $\lim_n \|f_n - f\|_\infty = 0$ のとき $\lim_n \|f_n(a) - f(a)\| = 0$ である．

(2) A 内のノルム収束列 $a_n \to a$ とコンパクト集合 $K \subset \mathbb{C}$ で $\mathrm{Sp}_A(a_n) \cup \mathrm{Sp}_A(a) \subset K$, $n \in \mathbb{N}$ となるものを考える．このとき任意の $f \in C_0(K \setminus \{0\})$ に対して $\|f(a_n) - f(a)\| \to 0$ である．実際 $\varepsilon > 0$ に対して，K 上で $\|p - f\|_\infty < \varepsilon$ となる $z, \bar{z}$ の多項式 $p(z)$ を取ると，

$$
\begin{aligned}
\|f(a_n) - f(a)\| &\leqq \|f(a_n) - p(a_n)\| + \|p(a_n) - p(a)\| + \|p(a) - f(a)\| \\
&\leqq 2\|p - f\|_\infty + \|p(a_n) - p(a)\| \\
&< 2\varepsilon + \|p(a_n) - p(a)\|.
\end{aligned}
$$

よって $\overline{\lim}_n \|f(a_n) - f(a)\| \leqq 2\varepsilon$ を得る．

(3) $\pi\colon A \to B$ が C* 環の間の $*$ 準同型ならば $\pi(f(a)) = f(\pi(a))$, $f \in C_0(\mathrm{Sp}_A(a)\setminus\{0\})$ である．これは f の多項式近似と π の連続性，補題 2.5.1, 系 3.4.2 より従う．

次の結果は補題 2.3.5 の一般化である．

定理 3.4.8（スペクトル写像定理）**.** A を単位的 C* 環，$a \in A$ を正規元とする．このとき任意の $f \in C(\mathrm{Sp}_A(a))$ に対して，

$$
\mathrm{Sp}_A(f(a)) = \{\, f(\lambda) \mid \lambda \in \mathrm{Sp}_A(a) \,\}.
$$

証明. $B := C^*(1_A, a)$ とおくと $f(a) \in B$ だから，定理 3.4.1 より $\mathrm{Sp}_A(a) = \mathrm{Sp}_B(a)$ と $\mathrm{Sp}_A(f(a)) = \mathrm{Sp}_B(f(a))$ がいえる．連続関数カルキュラスによる同型 $B \cong C(\mathrm{Sp}_B(a))$ で $f(a)$ は f に対応するから，命題 3.3.7 より $\mathrm{Sp}_A(f(a)) = f(\mathrm{Sp}_A(a))$ である． □

定理 3.4.9. C* 環の間の単射 $*$ 準同型は等長である.

証明. A, B を C* 環, $\pi \colon A \to B$ を単射 $*$ 準同型とする. 必要ならば単位化を考えることで, A, B は単位的 C* 環, π は単位的としてよい. $x \in A$ に対して, $\|\pi(x)\|^2 = \|\pi(x^*x)\|$ であるから, 各 $a \in A_{\mathrm{sa}}$ に対して, $\|\pi(a)\| = \|a\|$ を示せばよい. π を制限することで $A = \mathrm{C}^*(1_A, a)$, $B = \mathrm{C}^*(1_B, b)$ としてよい. ここで $b := \pi(a)$ である. a, b は自己共役ゆえ, A, B は可換である.

さて Gelfand スペクトラムの間の写像 $F \colon \Omega(B) \ni \varphi \mapsto \varphi \circ \pi \in \Omega(A)$ は明らかに連続写像である. 全射であることがいえれば, 次のように等長性が従う：定理 2.5.2, 補題 3.3.4 により

$$\|\pi(a)\| = \sup_{\varphi \in \Omega(B)} |\varphi(\pi(a))| = \sup_{\varphi \in \Omega(B)} |F(\varphi)(a)| = \sup_{\psi \in \Omega(A)} |\psi(a)| = \|a\|.$$

写像 F が全射でないと仮定し, 点 $\psi \in \Omega(A) \setminus F(\Omega(B))$ を取る. $F(\Omega(B))$ はコンパクトゆえ, Urysohn の補題から連続関数 $f \colon \Omega(A) \to [0, 1]$ であって, $f(\psi) = 1$ かつ $f(F(\varphi)) = 0$, $\varphi \in \Omega(B)$ となるものを取れる. Gelfand 変換 $\Gamma \colon A \to C(\Omega(A))$ によって $c := \Gamma^{-1}(f)$ とおけば $c \neq 0$ である. 一方, 任意の $\varphi \in \Omega(B)$ に対して, $\varphi(\pi(c)) = F(\varphi)(c) = f(F(\varphi)) = 0$. よって $\pi(c) = 0$ である. π の単射性により $c = 0$ となり矛盾が生じる. □

系 3.4.10. A を $*$ 環とし, A は C* ノルム $\|\cdot\|_\alpha, \|\cdot\|_\beta$ をもつとする. もし A が $\|\cdot\|_\alpha$ で完備ならば, $\|\cdot\|_\alpha = \|\cdot\|_\beta$ である.

証明. A の $\|\cdot\|_\beta$ による完備化 C* 環を B と書き, 付随する埋め込みを $\iota \colon A \to B$ と書く. このとき $\iota \colon A \to B$ は C* 環 $(A, \|\cdot\|_\alpha)$ から C* 環 $(B, \|\cdot\|_\beta)$ への単射 $*$ 準同型であるから, 定理 3.4.9 より等長である. □

この結果では $\|\cdot\|_\alpha$ の完備化を考えるのではなく, 完備性がすでに仮定されていることが重要である. 一般の $*$ 環は沢山の C* ノルムをもちうる.

補題 3.4.11. A を C* 環, $A_1, \ldots, A_n \subset A$ を C* 部分環とする. もしこれらが直交するならば, ℓ^∞ 直和 $\bigoplus_k A_k$ と $A_1 + \cdots + A_n$ は自然に同型である. ここで $i \neq j$ に対して A_i と A_j が直交するとは, $xy = 0$, $x \in A_i$, $y \in A_j$ を意味する. とくに $x_i \in A_i$, $i = 1, \ldots, n$ に対して $\|\sum_k x_k\| = \max_k \|x_k\|$.

証明. 仮定から $\pi\colon \bigoplus_k A_k \ni (x_k) \mapsto \sum_k x_k \in A$ は $*$ 準同型である．もし $(x_k) \in \ker \pi$ ならば，$0 = x_i^* \pi((x_k)) = x_i^* \sum_k x_k = x_i^* x_i$ により $x_i = 0$, $i = 1, \ldots, n$ となる．よって π は単射ゆえ定理 3.4.9 により等長である．とくに $\operatorname{ran} \pi = A_1 + \cdots + A_n$ は A の C* 部分環であり，$\pi\colon \bigoplus_k A_k \to \operatorname{ran} \pi$ は同型である． □

3.5　C*環の正元

3.5.1　正元，正錐

定義 3.5.1. C* 環 A の元 a が $a = a^*$ かつ $\mathrm{Sp}_A(a) \subset \mathbb{R}_+$ をみたすとき，a は正であるという．C* 環 A の正元の集合を A_+ と書き，A の**正錐**とよぶ．

コメント **3.5.2.** A を C* 環とする．

(1) C* 部分環 $B \subset A$ に対して，系 3.4.2 より $B_+ = B \cap A_+$．よって $a \in A_{\mathrm{sa}}$ が正であることは，a を含む C* 部分環の取り方に依存しない．

(2) $\pi\colon A \to B$ を $*$ 準同型とすれば，$\pi(A_+) \subset B_+$．これは A, B を単位化し，π も単位的 $*$ 準同型に拡張してから補題 2.5.1 を使えばわかる．

(3) $f \in C_0(\Omega)_+ \Leftrightarrow \forall \omega \in \Omega,\ f(\omega) \geqq 0$．ここで Ω は局所コンパクト Hausdorff 空間である．命題 3.3.7 を見よ．

(4) $\mathbb{R}$ 上の $\mathbb{R}_+$ 値連続関数 f_+, f_- を $f_+(t) := t \vee 0$, $f_-(t) := -(t \wedge 0)$, $t \in \mathbb{R}$ と定める．$a \in A_{\mathrm{sa}}$ に対して，$a_+ := f_+(a)$, $a_- := f_-(a)$ と定めると，定理 3.4.8 より，$\mathrm{Sp}_A(a_\pm) \subset \mathbb{R}_+$．よって $a_\pm \in A_+$．一方で $t = f_+(t) - f_-(t)$ かつ $f_+(t) f_-(t) = 0$ ゆえ，$a = a_+ - a_-$ と $a_+ a_- = 0$ が従う．

補題 3.5.3. A を単位的 C* 環，$a \in A_{\mathrm{sa}}$ とすると，次の条件は同値である：

(1) $a \in A_+$.

(2) $\| \|a\| 1_A - a \| \leqq \|a\|$.

(3) ある $\lambda \geqq 0$ に対して $\|\lambda 1_A - a\| \leqq \lambda$.

証明. $a \in A_{\mathrm{sa}}$ に対して，連続関数カルキュラス $C(\mathrm{Sp}_A(a)) \to \mathrm{C}^*(1_A, a)$ によって，a を関数 $f(t) = t$, $t \in \mathrm{Sp}_A(a)$ とみなしておく．連続関数カルキュラスは等長だから $\|\|a\|1_A - a\| = \|\|a\| - f\|_\infty$ である．

(1) ⇒ (2)．もし $a \in A_+$ ならば $0 \leqq f(t) \leqq \|a\|$, $t \in \mathrm{Sp}_A(a)$ であるから $\|\|a\| - f\|_\infty \leqq \|a\|$ となる．

(2) ⇒ (3)．自明である．

(3) ⇒ (1)．(3) の条件をみたすような $\lambda \geqq 0$ を取る．やはり連続関数カルキュラスにより，$\|\lambda - f\|_\infty \leqq \lambda$ となる．ここで $t_0 := \inf \mathrm{Sp}_A(a)$ とすれば，$\lambda - t_0 \leqq |\lambda - f(t_0)| \leqq \lambda$ より $t_0 \geqq 0$ である．□

定理 3.5.4. C* 環 A の正錐 A_+ について，次のことが成り立つ：

(1) A_+ はノルム閉凸錐である．

(2) $A_{\mathrm{sa}} = A_+ - A_+$.

(3) $A_+ \cap (-A_+) = \{0\}$.

証明. (1)．必要ならば $\widetilde{A}$ を考えることで，A は単位的としてよい．点列 $a_n \in A_+$ が $a \in A$ にノルム収束しているとする．各 $n \in \mathbb{N}$ に対して，補題 3.5.3 により $\|\|a_n\|1_A - a_n\| \leqq \|a_n\|$ であり，$n \to \infty$ とすれば $\|\|a\|1_A - a\| \leqq \|a\|$ を得る．再び補題 3.5.3 から $a \in A_+$ となる．よって A_+ はノルム閉である．

次に A_+ が凸錐であることを示そう．任意の $\lambda \in \mathbb{R}_+$ と $a \in A_+$ に対して $\lambda a \in A_{\mathrm{sa}}$．補題 2.3.5 より $\mathrm{Sp}_A(\lambda a) = \{\, \lambda t \mid t \in \mathrm{Sp}_A(a) \,\} \subset \mathbb{R}_+$ ゆえ $\lambda a \in A_+$．また $a, b \in A_+$ に対して，次の評価を得る：

$$\big\|(\|a\| + \|b\|)1_A - (a+b)\big\| \leqq \|\|a\|1_A - a\| + \|\|b\|1_A - b\| \leqq \|a\| + \|b\|.$$

ここで 2 番目の不等号で補題 3.5.3 を a, b について用いた．再び補題 3.5.3 より $a + b \in A_+$ がいえる．以上から A_+ はノルム閉凸錐である．

(2)．$a = a_+ - a_-$ を用いればよい（コメント 3.5.2 (4) 参照）．

(3)．$a \in A_+ \cap (-A_+)$ ならば $\mathrm{Sp}_A(a) \subset \mathbb{R}_+ \cap (-\mathbb{R}_+) = \{0\}$ だから，補題 3.3.4 より $0 = r_A(a) = \|a\|$ である．よって $a = 0$ である．□

次の結果は補題 3.5.3 の類似である．

補題 3.5.5.　A を単位的 C* 環とすると，次のことが成り立つ：

$$\mathrm{Ball}(A_+) = \{\, a \in A \mid \|a + z(1_A - a)\| \leqq 1,\ z \in \mathbb{T} \,\}.$$

証明.　$\subset$ を示す．$a \in \mathrm{Ball}(A_+)$ を位相空間 Ω 上の実数値連続関数とみなすことで $|a(\omega)+z(1-a(\omega))| \leqq 1, \omega \in \Omega, z \in \mathbb{T}$ を得る．よって $\|a+z(1_A-a)\| \leqq 1, z \in \mathbb{T}$ が成り立つ．

$\supset$ を示す．不等式 $\|a + z(1_A - a)\| \leqq 1,\ z \in \mathbb{T}$ をみたす $a \in A$ を取る．これを変形して $\|a - f(z)1_A\| \leqq |f(z)|$ を得る．ここで $f(z) := z/(z-1)$ であり，f は $\mathbb{T} \setminus \{1\}$ から $\{\, w \in \mathbb{C} \mid \mathrm{Re}\, w = 1/2 \,\}$ への全単射である．よって $\|a - (1/2 + it)1_A\| \leqq |1/2 + it|, t \in \mathbb{R}$ を得る．

そこで $b = \mathrm{Re}\, a,\ c = \mathrm{Im}\, a$ とおけば，$\mathrm{Im}(a - (1/2 + it)1_A) = c - t1_A$ だから，$\|c - t1_A\| \leqq |1/2 + it|, t \in \mathbb{R}$ となる．c を位相空間 Ω' 上の実数値連続関数とみなして，$|c(x) - t| \leqq (1/4 + t^2)^{1/2},\ x \in \Omega',\ t \in \mathbb{R}$ を得るが，これは $c(x) = 0, x \in \Omega'$ を導く．よって $c = 0$，すなわち $a = b \in A_{\mathrm{sa}}$ である．

次に $a \in A_{\mathrm{sa}}$ を位相空間 Ω'' 上の実数値連続関数とみなせば，$|a(y) - (1/2 + it)1| \leqq (1/4 + t^2)^{1/2}, y \in \Omega'', t \in \mathbb{R}$ を得る．これから $0 \leqq a(y) \leqq 1, y \in \Omega''$ となり $a \in \mathrm{Ball}(A_+)$ が従う．　□

補題 3.5.6.　A を C* 環とする．任意の $a \in A_+$ に対して，$b \in A_+$ であって $a = b^2$ となるものが唯一つ存在する．

証明.（存在性）連続関数カルキュラスによって，$b := \sqrt{a}$ とおけばよい．

（一意性）$c \in A_+$ を $a = c^2$ なるものとする．このとき $ca = c^3 = ac$ だから，$B := \mathrm{C}^*(a, c)$ は可換 C* 環ゆえ $B \cong C_0(\Omega(B))$．これによって $\sqrt{a}$ と c は，$\Omega(B)$ 上の $\mathbb{R}_+$ 値連続関数に写る．さらに $\sqrt{a}^2 = a = c^2$ により，$\sqrt{a}$ と c に対応する関数は等しい．よって $\sqrt{a} = c$ である．　□

命題 3.5.7.　A を C* 環とする．$a \in A$ に対して次の条件は同値である：

(1) $a \in A_+$.
(2) ある $b \in A_{\mathrm{sa}}$ が存在して，$a = b^2$.
(3) ある $b \in A$ が存在して，$a = b^*b$.

証明. (1) ⇒ (2) は補題 3.5.6 より従う.

(2) ⇒ (3) は明らか.

(3) ⇒ (1). $b \in A$ を $a = b^*b$ なるものとすれば, 明らかに $a \in A_{\mathrm{sa}}$ である. すると $(ba_-)^*(ba_-) = a_-b^*ba_- = -(a_-)^3 \in -A_+$ である. したがって $x \in A$ に対して, $x^*x \in -A_+$ であれば $x = 0$ であることを示せばよい. $c, d \in A_{\mathrm{sa}}$ で $x = c + id$ と分解すれば $xx^* = 2c^2 + 2d^2 - x^*x \in A_+$ である. ところが $\mathrm{Sp}_A(xx^*) \cup \{0\} = \mathrm{Sp}_A(x^*x) \cup \{0\} \subset -\mathbb{R}_+$ だから (補題 2.3.13), $xx^* \in -A_+$. よって $xx^* \in A_+ \cap (-A_+) = \{0\}$ ゆえ $x = 0$ を得る. □

定義 3.5.8. C* 環の元 a に対して, $|a| := (a^*a)^{1/2}$ を a の**絶対値**とよぶ.

一般に C* 環内では極分解を行えないが, 可逆元については可能である.

補題 3.5.9 (可逆元の極分解). A を単位的 C* 環, $a \in \mathrm{GL}(A)$ とする. このとき $u \in A^{\mathrm{U}}$ であって $a = u|a|$ となるものが唯一つ存在する.

証明. 仮定から $a^*a \in \mathrm{GL}(A)$. $a^*a = |a|^2$ だから $|a| \in \mathrm{GL}(A)$. $u := a|a|^{-1}$ とおけば, $u^*u = |a|^{-1}a^*a|a|^{-1} = |a|^{-1}|a|^2|a|^{-1} = 1_A$, $uu^* = a|a|^{-2}a^* = a(a^*a)^{-1}a^* = aa^{-1}(a^*)^{-1}a^* = 1_A$ より $u \in A^{\mathrm{U}}$. u の一意性は明らか. □

次の命題は C* 環における極分解の代用としてしばしば役に立つ.

命題 3.5.10. A を C* 環とする. 任意の $a \in A$ と $0 < \alpha < 1$ に対して, ある $b \in A$ が存在して, $a = b|a|^\alpha$ かつ $\|b\| \leqq \|a\|^{1-\alpha}$ となる.

証明. $\varepsilon > 0$ に対して $b_\varepsilon := a(|a|^\alpha + \varepsilon 1_{\widetilde{A}})^{-1}$ を考える. ここで $b_\varepsilon \in A$ に注意しておく ($A \lhd \widetilde{A}$ である). b_ε が $\varepsilon \to 0$ で収束することを示そう.

連続関数 $g_\varepsilon(t) := t(t^\alpha + \varepsilon)^{-1}$ を閉区間 $[0, \|a\|]$ 上で考えると, $\varepsilon \downarrow 0$ のとき g_ε は各点で単調増加かつ連続関数 $t^{1-\alpha}$ に収束する. Dini の定理から, この収束は一様である. 次に $0 < \varepsilon < \delta$ に対して,

$$\begin{aligned}\|b_\varepsilon - b_\delta\|^2 &= \|(b_\varepsilon - b_\delta)^*(b_\varepsilon - b_\delta)\| \\ &= \left\||a|^2\big((|a|^\alpha + \varepsilon 1_{\widetilde{A}})^{-1} - (|a|^\alpha + \delta 1_{\widetilde{A}})^{-1}\big)^2\right\| \\ &= \sup_{t \in \mathrm{Sp}_{\widetilde{A}}(|a|)} |g_\varepsilon(t) - g_\delta(t)|^2.\end{aligned}$$

よって b_ε は極限 $b \in A$ にノルム収束する．また $\|b_\varepsilon\| \leqq \sup_{t\in \mathrm{Sp}_A(|a|)} g_\varepsilon(t) \leqq \|a\|^{1-\alpha}$ より，$\|b\| \leqq \|a\|^{1-\alpha}$ となる．分解 $a = b_\varepsilon \cdot (|a|^\alpha + \varepsilon 1_{\tilde{A}})$ で $\varepsilon \to 0$ とすれば，$a = b|a|^\alpha$ を得る． □

系 3.5.11.　C* 環の閉イデアルは C* 部分環である．

証明.　A を C* 環とし，$I \lhd A$ とする．I が対合で閉じることを示せばよい．補題 3.5.10 より $x \in I$ は $b \in A$ を用いて $x = b|x|^{1/2}$ と書ける．$x^*x \in I$ ゆえ $|x|^{1/2} \in \mathrm{C}^*(x^*x) \subset I$．すると，$x^* = |x|^{1/2}b^*$ より $x^* \in I$ である． □

問題 3.5.12.　$J \lhd I$ かつ $I \lhd A$ ならば，$J \lhd A$ であることを示せ．

次の結果は頻繁に用いられる．

命題 3.5.13.　A を単位的 C* 環とすると，$\mathrm{Ball}(A_{\mathrm{sa}})$ の元は 2 つのユニタリの平均で表せる．とくに $A = \operatorname{span} A^{\mathrm{U}}$ である．

証明.　$a \in \mathrm{Ball}(A_{\mathrm{sa}})$ に対して $u_\pm := a \pm i(1_A - a^2)^{1/2}$ とおけば $u_\pm \in A^{\mathrm{U}}$ であり（$\cos\theta + i\sin\theta \in \mathbb{T}, \theta \in \mathbb{R}$ の類似），$a = (u_+ + u_-)/2$ と表せる． □

補題 3.5.14.　A を単位的 C* 環とする．任意の $x \in A$, $\|x\| < 1$ と $u \in A^{\mathrm{U}}$ に対して，ある $v_1, v_2 \in A^{\mathrm{U}}$ が存在して $x + u = v_1 + v_2$ となる．

証明.　$\|(x+u) - u\| = \|x\| < 1$ より，命題 2.2.6 または補題 2.3.1 により，$x + u \in \mathrm{GL}(A)$．よって $x + u = v|x+u|$ を極分解とすれば，$v \in A^{\mathrm{U}}$．次に $|x+u|/2 \in \mathrm{Ball}(A_{\mathrm{sa}})$ だから，命題 3.5.13 より $|x+u|/2 = (w_1 + w_2)/2$ となる $w_1, w_2 \in A^{\mathrm{U}}$ が存在する．よって $x + u = vw_1 + vw_2$ である． □

ここで $y \in A$ は $\|y\| < 1$ なるものとすると，前補題から，$2y + 1_A = y + (y + 1_A) = y + v_1 + v_2$ と分解される $(v_1, v_2 \in A^{\mathrm{U}})$．$y + v_1$ に対しても同様にして $2y + 1_A = w_1 + w_2 + v_2$ と変形できる $(w_1, w_2 \in A^{\mathrm{U}})$．帰納的に各 $k \in \mathbb{N}$ に対して $w_1, \dots, w_{k+1} \in A^{\mathrm{U}}$ が存在して $ky + 1_A = \sum_{i=1}^{k+1} w_i$ と表せる．以下で，この考察をまとめよう．

定理 3.5.15 (B. Russo–H. Dye). A を単位的 C* 環, $n \in \mathbb{N}$ を $n \geqq 3$ なるものとする. このとき任意の $x \in A$ であって $\|x\| < 1 - 2/n$ をみたすものに対して, ある $u_1, \ldots, u_n \in A^{\mathrm{U}}$ が存在して $x = (u_1 + \cdots + u_n)/n$ となる.

証明. $y := (nx - 1_A)/(n-1)$ とおけば, $\|y\| \leqq (n\|x\| + 1)/(n-1) < 1$ かつ $nx = (n-1)y + 1_A$ である. よって $u_1, \ldots, u_n \in A^{\mathrm{U}}$ が存在して, $nx = u_1 + \cdots + u_n$ となる. □

これから次の 2 つの結果が従う. $\mathrm{Ball}_{\circ}(A) := \{ x \in A \mid \|x\| < 1 \}$ と書く.

系 3.5.16. A を単位的 C* 環とすると, 次のことが成り立つ：

$$\mathrm{Ball}_{\circ}(A) \subset \mathrm{co}(A^{\mathrm{U}}), \quad \mathrm{Ball}(A) = \overline{\mathrm{co}}^{\|\cdot\|}(A^{\mathrm{U}}).$$

系 3.5.17. A を単位的 C* 環, X を Banach 空間, $\varphi \in \mathbf{B}(A, X)$ とすると, $\|\varphi\| = \sup_{u \in A^{\mathrm{U}}} \|\varphi(u)\|$ となる. とくに $\|\varphi\| = \sup_B \|\varphi|_B\|$, ここで上限は A の単位的可換 C* 部分環 B で $1_A \in B$ であるものについて取る.

3.5.2 正錐から定まる順序

実ベクトル空間 A_{sa} の 2 元 a, b に対して, $b - a \in A_+$ のとき $a \leqq b$ と書く. 定理 3.5.4 により $\leqq$ は順序である.

命題 3.5.18. C* 環 A に対して, 次のことが成り立つ：

(1) $A_+ = \{ a^*a \mid a \in A \}$.

(2) $x, y \in A_{\mathrm{sa}}$ が $x \leqq y$ であれば, 任意の $a \in A$ に対して, $a^*xa \leqq a^*ya$.

(3) A が単位的ならば, 任意の $x \in A_{\mathrm{sa}}$ に対し, $-\|x\|1_A \leqq x \leqq \|x\|1_A$.

(4) $x, y \in A_+$ が $0 \leqq x \leqq y$ をみたせば, $\|x\| \leqq \|y\|$.

(5) A が単位的であるとき, $x \in A_+$ が可逆であることと, ある $c > 0$ が存在して $x \geqq c1_A$ であることは同値である. このとき $\mathrm{Sp}_A(x) \subset [c, \|x\|]$.

(6) A が単位的であるとする. $x, y \in A_+$ が $0 \leqq x \leqq y$ をみたし, かつ x が可逆ならば, y も可逆であり, $0 \leqq y^{-1} \leqq x^{-1}$ が成り立つ.

証明. (1). 命題 3.5.7 で証明済みである.

(2). 命題 3.5.7 より，元 $b \in A$ を $y - x = b^*b$ となるように取れる．すると $a^*ya - a^*xa = a^*b^*ba = (ba)^*ba \geqq 0$ である.

(3). $\mathrm{Sp}_A(x) \subset [-\|x\|, \|x\|]$ と連続関数カルキュラスからわかる.

(4). A は単位的であるとして示せばよい．(3) より $y \leqq \|y\|1_A$ であるから，$0 \leqq x \leqq \|y\|1_A$ である．連続関数カルキュラスにより $\|x\| \leqq \|y\|$ となる.

(5). 同型 $B := \mathrm{C}^*(1_A, x) \cong C(\Omega(B))$ を通じて x を $\Omega(B)$ 上の連続関数とみなせばよい．定理 3.4.1 (1) にも注意されたい.

(6). $0 \leqq x \leqq y$ の両辺に $x^{-1/2}$ を左右からかけると，(2) より $1_A \leqq x^{-1/2}yx^{-1/2}$ となり，(5) より $y \in \mathrm{GL}(A)$ が従う．また $x^{-1/2}yx^{-1/2}$ をコンパクト Hausdorff 空間上の連続関数とみなせば最小値は 1 以上であり，その逆元 $x^{1/2}y^{-1}x^{1/2}$ の最大値は 1 以下である．よって $x^{1/2}y^{-1}x^{1/2} \leqq 1_A$．両辺に $x^{-1/2}$ を左右からかければ $y^{-1} \leqq x^{-1}$ が従う. □

問題 3.5.19. 作用素の絶対値は一般に三角不等式をみたさないことを示せ.

命題 3.5.20 (K. Löwner, E. Heinz)**.** $0 < p \leqq 1$ とする．C* 環 A の正錐 A_+ において $0 \leqq x \leqq y$ ならば $x^p \leqq y^p$.

証明. A が単位的なときに示せばよい．まず x が可逆元である場合を考える．このときは $c1_A \leqq x$ となる $c > 0$ が存在し，$c1_A \leqq x \leqq y$ から y も可逆である．そこで $I := \{p \in [0,1] \mid x^p \leqq y^p\}$ とおき，$I = [0,1]$ を示す．関数 $[0,1] \ni p \mapsto y^p - x^p \in A$ はノルム連続であるから（コメント 3.4.7 (1) を見よ），I が $[0,1]$ で稠密であることを示せばよい．明らかに $0, 1 \in I$ である．$p, q \in I$ のとき $(p+q)/2 \in I$ であることがいえれば，2 進展開の議論から I の稠密性が従う．$p, q \in I$ とすれば $x^p \leqq y^p$ かつ $x^q \leqq y^q$．前者の不等式で $y^{-p/2}$ を両側からかければ，$y^{-p/2}x^py^{-p/2} \leqq 1_A$．よって $\|x^{p/2}y^{-p/2}\| \leqq \|y^{-p/2}x^py^{-p/2}\|^{1/2} \leqq 1$. 同様に $\|x^{q/2}y^{-q/2}\| \leqq 1$. 補題 2.3.13, 3.3.4 より，次の評価を得る：

$$
\begin{aligned}
1 &\geqq \|(x^{p/2}y^{-p/2})^*(x^{q/2}y^{-q/2})\| = \|y^{-p/2}x^{(p+q)/2}y^{-q/2}\| \\
&\geqq r(y^{-p/2}x^{(p+q)/2}y^{-q/2}) = r(y^{(q-p)/4} \cdot y^{-(p+q)/4}x^{(p+q)/2}y^{-q/2}) \\
&= r(y^{-(p+q)/4}x^{(p+q)/2}y^{-q/2} \cdot y^{(q-p)/4}) = r(y^{-(p+q)/4}x^{(p+q)/2}y^{-(p+q)/4}) \\
&= \|y^{-(p+q)/4}x^{(p+q)/2}y^{-(p+q)/4}\|.
\end{aligned}
$$

よって $y^{-(p+q)/4}x^{(p+q)/2}y^{-(p+q)/4} \leqq 1_A$ ゆえ $x^{(p+q)/2} \leqq y^{(p+q)/2}$．つまり $(p+q)/2 \in I$ である．以上から $I = [0,1]$ となる．

一般の $0 \leqq x \leqq y$ に関しては，任意の $\varepsilon > 0$ に対して $\varepsilon 1_A \leqq x + \varepsilon 1_A \leqq y + \varepsilon 1_A$ であり，前半の議論から $(x+\varepsilon 1_A)^p \leqq (y+\varepsilon 1_A)^p$, $p \in (0,1]$ となる．$\varepsilon \to 0$ のとき，$(x+\varepsilon 1_A)^p \to x^p$, $(y+\varepsilon 1_A)^p \to y^p$ だから（コメント 3.4.7 (2) を見よ）$x^p \leqq y^p$ である．□

定義 3.5.21. $\mathbb{R}$ のある区間 I で定義された実連続関数 $f(t)$ が**作用素単調** $:\overset{\mathrm{d}}{\Leftrightarrow}$ 任意の C* 環 A と，任意の $x, y \in A_{\mathrm{sa}}$ で $\mathrm{Sp}_A(x), \mathrm{Sp}_A(y) \subset I$ かつ $x \leqq y$ をみたすものに対して，$f(x) \leqq f(y)$ が成り立つ．

Löwner-Heinz 不等式より t^p は $0 < p \leqq 1$ のとき作用素単調である．作用素単調関数の特徴付けについては [日柳 21, 第 5 章] を参照せよ．

問題 3.5.22. t^p は $p > 1$ のとき作用素単調ではないことを示せ．

問題 3.5.23. $\log t$ は $(0,\infty)$ で作用素単調であることを示せ．［ヒント：$\log t = \int_0^\infty ((1+\lambda)^{-1} - (t+\lambda)^{-1})\,d\lambda$.］

3.5.3　C*環の近似単位元

定義 3.5.24. A を C* 環とする．ネット $(u_\lambda)_{\lambda\in\Lambda} \subset \mathrm{Ball}(A_+)$ が次の性質をもつとき**近似単位元**という：

- 写像 $\Lambda \ni \lambda \mapsto u_\lambda \in A_+$ は順序写像である：$\lambda \leqq \mu$ であれば，$u_\lambda \leqq u_\mu$.
- 任意の $x \in A$ に対して，$\lim_\lambda \|u_\lambda x - x\| = 0$.

2 番目の条件で対合を取れば，$\lim_\lambda \|x u_\lambda - x\| = 0$, $x \in A$ も従う．

定理 3.5.25.　任意の C* 環は近似単位元をもつ.

証明. $\Lambda := \{x \in A_+ \mid \|x\| < 1\}$ に A_+ の順序を制限する．写像 $F\colon A_+ \ni a \mapsto a(1_{\widetilde{A}} + a)^{-1} \in \Lambda$ が順序同型であることを示せば，A_+ は有向集合だから $(a, b \in A_+ \Rightarrow a, b \leqq a + b \in A_+)$，$\Lambda$ も有向集合であることが従う．F が定義できていることは連続関数カルキュラスを用いればわかる．逆写像 G は $G\colon \Lambda \ni b \mapsto b(1_{\widetilde{A}} - b)^{-1} \in A_+$ で与えられる．次に $a, b \in A_+$ に対して $F(b) - F(a) = (1_{\widetilde{A}} + a)^{-1} - (1_{\widetilde{A}} + b)^{-1}$ である．命題 3.5.18 より，$a \leqq b \Leftrightarrow F(a) \leqq F(b)$ が成り立つ．以上より F は順序同型である.

ネット $u\colon \Lambda \ni \lambda \mapsto \lambda \in \mathrm{Ball}(A_+)$ を考える．各 $x \in A$ と $\varepsilon > 0$ に対し，$\lambda_0 := F(\varepsilon^{-1}x^*x)$ とおく．任意の $\lambda \in \Lambda$, $\lambda \geqq \lambda_0$ に対して，

$$\begin{aligned}(x - xu_\lambda)(x - xu_\lambda)^* &= x(1_{\widetilde{A}} - u_\lambda)^2 x^* \leqq x(1_{\widetilde{A}} - u_\lambda)x^* \\ &\leqq x(1_{\widetilde{A}} - u_{\lambda_0})x^* = \varepsilon x(x^*x + \varepsilon 1_{\widetilde{A}})^{-1}x^* \\ &= \varepsilon xx^*(xx^* + \varepsilon 1_{\widetilde{A}})^{-1} \leqq \varepsilon 1_{\widetilde{A}}.\end{aligned}$$

ここで $(x^*x + \varepsilon 1_{\widetilde{A}})^{-1}x^* = x^*(xx^* + \varepsilon 1_{\widetilde{A}})^{-1}$ に注意する．よって $\lim_\lambda \|x - xu_\lambda\| = 0$ である. □

問題 3.5.26.　$x \in A$ と $f \in C(\mathrm{Sp}_A(x^*x))$ に対して，$xf(x^*x) = f(xx^*)x$ を示せ.

コメント 3.5.27.　$f\colon [0,1] \to \mathbb{R}_+$ は連続関数で $f(0) = 0$, $f(1) = 1$ をみたすとする．A の近似単位元 u_λ に対して $\lim_\lambda f(u_\lambda)x = x$, $x \in A$ である．これはコメント 3.4.7 (2) のように f を多項式近似すればわかる．さらに f が作用素単調ならば $f(u_\lambda)$ は近似単位元である.

定義 3.5.28.　C* 環 A が列からなる近似単位元をもつとき，A は **σ 単位的**とよばれる.

補題 3.5.29.　A を C* 環とすると，次のことが成り立つ：

(1) A が可分ならば σ 単位的である.

(2) A が σ 単位的ならば，$a \in \mathrm{Ball}(A_+)$ が存在して，$(a^{1/n})_{n\in\mathbb{N}}$ が A の近似単位元となる.

証明. (1). $(x_n)_{n\in\mathbb{N}}$ を A でノルム稠密な点列とし，$(u_\lambda)_{\lambda\in\Lambda}$ を近似単位元とする．順序写像 $f\colon \mathbb{N}\to\Lambda$ を $\|u_{f(n)}x_k - x_k\| < 1/n$, $k=1,\ldots,n$ となるように帰納的に取れば，点列 $(u_{f(n)})_{n\in\mathbb{N}}$ は近似単位元である．

(2). $(u_k)_{k\in\mathbb{N}}$ を A の近似単位元とし，$a := \sum_k 2^{-k}u_k \in \mathrm{Ball}(A_+)$ とおく．$a^{1/m}$ が m に関して単調増加であることはよい．次に $\lim_m \|u_k - u_k a^{1/m}\| = 0$, $k\in\mathbb{N}$ であることが次の評価から従う：任意の $k,m\in\mathbb{N}$ に対して

$$\begin{aligned}\|u_k^{1/2} - u_k^{1/2}a^{1/m}\|^2 &= \|(1_{\widetilde{A}} - a^{1/m})u_k(1_{\widetilde{A}} - a^{1/m})\|\\ &\leqq 2^k\|(1_{\widetilde{A}} - a^{1/m})a(1_{\widetilde{A}} - a^{1/m})\|\\ &\leqq 2^k \sup_{t\in[0,1]} t(1-t^{1/m})^2 = \frac{2^{k+2}m^m}{(m+2)^{m+2}}.\end{aligned}$$

すると任意の $x\in A$ と $k,m\in\mathbb{N}$ に対して

$$\begin{aligned}\|x - xa^{1/m}\| &\leqq \|x - xu_k\| + \|xu_k - xu_ka^{1/m}\| + \|xu_ka^{1/m} - xa^{1/m}\|\\ &\leqq \|x - xu_k\| + \|xu_k^{1/2}\|\|u_k^{1/2} - u_k^{1/2}a^{1/m}\| + \|xu_k - x\|\\ &\leqq 2\|x - xu_k\| + \|x\|\|u_k - u_ka^{1/m}\|.\end{aligned}$$

よって $\overline{\lim}_m \|x - xa^{1/m}\| \leqq 2\|x - xu_k\|$ ゆえ $\overline{\lim}_m \|x - xa^{1/m}\| = 0$. □

問題 3.5.30. Ω を局所コンパクト Hausdorff 空間とする．次のことを示せ：$C_0(\Omega)$ が可分（σ 単位的）$\iff$ Ω が第二可算（σ コンパクト）．

補題 3.5.31. 非単位的 C* 環 A とその近似単位元 $(u_\lambda)_{\lambda\in\Lambda}$ に対して，$\|x\|_{\widetilde{A}} = \lim_\lambda \|xu_\lambda\|_A$, $x\in\widetilde{A}$. とくに $\|a + s1_{\widetilde{A}}\|_{\widetilde{A}} = \lim_\lambda \|a + su_\lambda\|_A$, $a\in A$, $s\in\mathbb{C}$ となる．

証明. 命題 3.2.1 の記号を用いる．$x\in\widetilde{A}$ と λ に対して，$\|xu_\lambda\| = \|L_xu_\lambda\| \leqq \|L_x\| = \|x\|$ より，$\overline{\lim}_\lambda \|xu_\lambda\| \leqq \|x\|$ となる．

次に $\varepsilon > 0$ に対して，$b\in\mathrm{Ball}(A)$ を $\|x\| - \varepsilon < \|L_xb\|$ となるように取る．$\lim_\lambda \|u_\lambda b - b\| = 0$ より，ある $\lambda_0\in\Lambda$ が存在して，$\|x\| - \varepsilon < \|xu_\lambda b\|$, $\lambda \geqq \lambda_0$. よって $\|x\| - \varepsilon < \|xu_\lambda\|$, $\lambda\geqq\lambda_0$ ゆえ $\|x\| - \varepsilon \leqq \underline{\lim}_\lambda \|xu_\lambda\|$ となる．$\varepsilon\to 0$ とすれば，$\|x\| \leqq \underline{\lim}_\lambda \|xu_\lambda\|$ を得る．

以上より $\overline{\lim}_\lambda \|xu_\lambda\| \leqq \|x\| \leqq \underline{\lim}_\lambda \|xu_\lambda\|$ となり，主張の等式が従う．最

後の主張は $\|au_\lambda - a\| \to 0,\ a \in A$ であることからわかる． □

3.5.4 射影，Murray–von Neumann 同値

本項では射影の順序や Murray–von Neumann 同値関係について調べる．C* 環 A の射影は正元であるから（$p \in A^{\mathrm{P}}$ ならば $p = p^*p$ または $\mathrm{Sp}_A(p) \subset \{0,1\}$ より），$A^{\mathrm{P}} \subset A_+$ である（記号 3.1.5 も見よ）．

命題 3.5.32. A を C* 環，$p, q \in A^{\mathrm{P}}$ とすると，次の条件は同値である：

(1) $p \leqq q$　(2) $pq = p$　(3) $qp = p$　(4) $p = pqp$　(5) $p = qpq$.

証明. A は単位的であるとしてよい．(1) ⇒ (2)．命題 3.5.18 (2) から $0 \leqq (1_A - q)p(1_A - q) \leqq (1_A - q)q(1_A - q) = 0$ である．よって $(1_A - q)p(1_A - q) = 0$ であり，$(1_A - q)p(1_A - q) = (p(1_A - q))^* p(1_A - q)$ だから $p(1_A - q) = 0$.

(2) ⇒ (3). 対合を取ればよい．

(3) ⇒ (4). 左から p をかければよい．

(4) ⇒ (2). 等式 $0 = p - pqp = p(1_A - q)p = p(1_A - q)(p(1_A - q))^*$ より，$p = pq$ が従う．以上より (1) ⇒ (2) ⇔ (3) ⇔ (4) である．

(2) ⇒ (5). (2), (3) より $qpq = qp = p$ である．

(5) ⇒ (1). $q - p = q(1_A - p)q = q(1_A - p)(q(1_A - p))^* \geqq 0$ となる． □

命題 3.5.32 の同値な条件が成り立つとき，p は q の部分射影とよばれる．

A が単位的 C* 環のとき，$p \in A^{\mathrm{P}}$ に対して $p^\perp := 1_A - p \in A^{\mathrm{P}}$ と書く．$p, q \in A^{\mathrm{P}}$ が $pq = 0$ をみたすとき，p, q は直交するといい，$p \perp q$ と表す．これは $pq^\perp = p$ を意味するから $p \leqq q^\perp$，あるいは $q \leqq p^\perp$ と同値である．

補題 3.5.33. 射影たち $p_1, \ldots, p_n \in A$ の和 $\sum_k p_k$ が射影であることと，$\{p_1, \ldots, p_n\}$ が互いに直交することは同値である．

証明. $p := \sum_k p_k$ が射影ならば，$p_k \leqq p$, $k = 1, \ldots, n$ だから $p_k = p_k p p_k$. 右辺は $\sum_\ell p_k p_\ell p_k = p_k + \sum_{\ell \neq k} p_k p_\ell p_k$ ゆえ $\sum_{\ell \neq k} p_k p_\ell p_k = 0$. 各 ℓ について $p_k p_\ell p_k \geqq 0$ より $p_k p_\ell p_k = 0$. よって $p_k p_\ell = 0$, $\ell \neq k$. 逆の主張は明らか． □

定義 3.5.34.　C* 環 A の元 v が $v = vv^*v$ をみたすとき，**部分等長作用素**とよぶ．A の部分等長作用素たちのなす集合を A^{PI} と書く．

命題 3.5.35.　A を C* 環，$v \in A$ とすると，次の条件は同値である：

$$(1)\ \ v \in A^{\mathrm{PI}} \quad (2)\ \ v^* \in A^{\mathrm{PI}} \quad (3)\ \ v^*v \in A^{\mathrm{P}} \quad (4)\ \ vv^* \in A^{\mathrm{P}}.$$

証明.　(1) ⇔ (2). $v = vv^*v$ の対合を取れば $v^* = v^*vv^*$ を得る．逆も同様.

(1) ⇒ (3). 等式 $v = vv^*v$ に左から v^* をかければ，$v^*v = (v^*v)^2$ を得る．

(3) ⇒ (1). v^*v は射影，つまり $v^*v = (v^*v)^2$ をみたすから，

$$(v - vv^*v)^*(v - vv^*v) = v^*v - 2(v^*v)^2 + (v^*v)^3 = 0$$

を得る．よって $v = vv^*v$ である．

(2) ⇔ (4). 以上の議論で v を v^* に取り換えればよい．□

定義 3.5.36.　A を C* 環，$p, q \in A^{\mathrm{P}}$ とする．

- A が単位的であるとする．$u \in A^{\mathrm{U}}$ であって，$upu^* = q$ となるようなものが存在するならば，p と q は A 内で**ユニタリ同値**であるという．このとき $p \overset{A^{\mathrm{U}}}{\sim} q$，または単に $p \overset{u}{\sim} q$ と書く．
- もしある $v \in A^{\mathrm{PI}}$ が存在して $p = v^*v,\ q = vv^*$ となるならば，p と q は A 内で **Murray–von Neumann 同値**，あるいは単に**同値**であるという．このとき $p \overset{A}{\sim} q$，または単に $p \sim q$ と書く．
- ある $e \in A^{\mathrm{P}}$ があって，$p \sim e$ かつ $e \leqq q$ となるとき，$p \precsim q$ と書く．

$\overset{u}{\sim}$ は同値関係である（A^{U} は群である）．

補題 3.5.37.　単位的 C* 環 A と $p, q \in A^{\mathrm{P}}$ に対して，$p \overset{u}{\sim} q \iff p \sim q$ かつ $p^{\perp} \sim q^{\perp}$．

証明.　⇒ を示す．$u \in A^{\mathrm{U}}$ を $upu^* = q$ なるものとすれば，$up, up^{\perp} \in A^{\mathrm{PI}}$ がそれぞれ $p \sim q,\ p^{\perp} \sim q^{\perp}$ を与える．

⇐ を示す．$v, w \in A^{\mathrm{PI}}$ を $p = v^*v,\ q = vv^*,\ p^{\perp} = w^*w,\ q^{\perp} = ww^*$ となるものとすれば，$u := v + w$ はユニタリであり，$up = qu$ が成り立つ．□

問題 3.5.38.　A を単位的 C* 環，$e \in A$ を冪等元とする．このとき，ある $p \in A^{\mathrm{P}}$ が存在して e と p が相似，すなわち $\exists v \in \mathrm{GL}(A)$, $e = vpv^{-1}$ であることを示せ．［ヒント：$p := ee^*(1_A + |e - e^*|^2)^{-1}$ を調べてみよ．］

補題 3.5.39.　A を C* 環とすると，次のことが成り立つ：

(1) A^{P} 上の関係 $\sim$ は同値関係である．

(2) A^{P} 上の関係 $\precsim$ は前順序関係である．

証明. (1). 反射律，対称律は明らか．推移律を示す．A^{P} において $p \sim q$ かつ $q \sim r$ であるとする．$v, w \in A$ を $p = v^*v$, $vv^* = q = w^*w$, $r = ww^*$ となるように取ると，$(wv)^*(wv) = v^*w^*wv = v^*qv = v^*v = p$, $(wv)(wv)^* = wvv^*w^* = wqw^* = ww^* = r$. よって $p \sim r$ である．

(2). A^{P} において $p \precsim q$ かつ $q \precsim r$ であるとき，$v, w \in A^{\mathrm{PI}}$ を $p = v^*v$, $vv^* \leqq q$, $q = w^*w$, $ww^* \leqq r$ となるように取ると，次のことから $p \precsim r$ を得られる：

$$(wv)^*(wv) = v^*w^*wv = v^*qv = v^*q(vv^*)v = v^*(vv^*)v = v^*v = p,$$
$$(wv)(wv)^* = wvv^*w^* \leqq ww^* \leqq r.$$
□

補題 3.5.40.　A を C* 環，$p, q \in A^{\mathrm{P}}$ とするとき，次のことが成り立つ：

(1) $p \precsim q$ であるとき，$v \in A^{\mathrm{PI}}$ を $p = v^*v$, $vv^* \leqq q$ なるものとすれば，縮小環の間の写像 $pAp \ni x \mapsto vxv^* \in qAq$ は単射 $*$ 準同型である．

(2) $p \sim q$ であるとき，$v \in A^{\mathrm{PI}}$ を $p = v^*v$, $vv^* = q$ なるものとすれば，写像 $pAp \ni x \mapsto vxv^* \in qAq$ は同型である．

証明. (1). $v^*v = p$ より $*$ 準同型であることは容易にわかる．単射性は $v^* \cdot vxv^* \cdot v = pxp = x$, $x \in pAp$ からわかる．

(2). $qAq \ni y \mapsto v^*yv \in pAp$ が (2) の写像の逆写像を与える．□

3.6 閉イデアル，遺伝的 C*部分環

3.6.1 閉イデアル，商 C*環

系 3.5.11 により C* 環の閉イデアルは C* 部分環であり，近似単位元をもつ．

命題 3.6.1. A を C* 環，I を A の閉イデアルとする．u_λ を I の近似単位元とすれば，A/I の商ノルムについて次の等式が成り立つ：

$$\|a+I\| = \lim_\lambda \|a - u_\lambda a\|, \quad a \in A.$$

証明. $a \in A, \varepsilon > 0$ とする．$y \in I$ を $\|a-y\| < \|a+I\| + \varepsilon$ となるように取る．このとき任意の λ に対して，

$$\begin{aligned}\|a+I\| &\leqq \|a-u_\lambda a\| \leqq \|(1_{\tilde{A}} - u_\lambda)(a-y)\| + \|y - u_\lambda y\| \\ &\leqq \|a-y\| + \|y-u_\lambda y\| \leqq \|a+I\| + \varepsilon + \|y - u_\lambda y\|\end{aligned}$$

である．よって次の不等式を得る：

$$\|a+I\| \leqq \varliminf_\lambda \|a-u_\lambda a\| \leqq \varlimsup_\lambda \|a - u_\lambda a\| \leqq \|a+I\| + \varepsilon. \qquad \square$$

系 3.6.2. A を C* 環，I を A の閉イデアルとする．このとき商 $*$ 環 A/I は商ノルムによって C* 環となる．

証明. $a \in A$ とする．I の近似単位元 u_λ に対して，

$$\begin{aligned}\|a - au_\lambda\|^2 &= \|(a-au_\lambda)^*(a-au_\lambda)\| \\ &= \|(1_{\tilde{A}} - u_\lambda)(a^*a - a^*au_\lambda)\| \leqq \|a^*a - a^*au_\lambda\|.\end{aligned}$$

両辺で $\lim_\lambda$ を取れば，命題 3.6.1 より $\|a+I\|^2 \leqq \|a^*a + I\|$ となる． $\square$

定理 3.6.3. A, B を C* 環，$\pi\colon A \to B$ を $*$ 準同型とすると，$\pi(A)$ は B の C* 部分環である．

証明. 像 $\pi(A)$ が B の $*$ 部分環であることは明らか．ノルム閉であることを示す．$*$ 準同型は連続ゆえ（定理 3.3.6），$\ker\pi$ は A の閉イデアルである．系 3.6.2 より $A/\ker\pi$ は C* 環である．単射 $*$ 準同型 $\rho\colon A/\ker\pi \ni a + \ker\pi \mapsto$

$\pi(a) \in B$ は定理 3.4.9 より等長である．よって像 $\rho(A/\ker\pi) = \pi(A)$ はノルム閉である． □

命題 3.6.4. A を C* 環，B を A の C* 部分環，I を A の閉イデアルとする．このとき $B+I := \{b+x \mid b \in B,\ x \in I\}$ は A の C* 部分環であり，$*$ 準同型 $B/B\cap I \ni b+B\cap I \mapsto b+I \in (B+I)/I$ は同型である．

証明. $B+I$ が A の $*$ 部分環であることは明らか．また後半の主張は同型定理より従う．よって $B+I$ がノルム閉であることのみを示す．商 $*$ 準同型 $Q\colon A \ni a \mapsto a+I \in A/I$ を考える．定理 3.6.3 により $Q(B)$ は A/I でノルム閉である．よって逆像 $Q^{-1}(Q(B)) = B+I$ もノルム閉である． □

3.6.2 遺伝的 C* 部分環

定義 3.6.5. A を C* 環，$B \subset A$ を $*$ 部分環とする．B が遺伝的であるとは，$x \in A_+$ と $y \in B\cap A_+$ が $x \leqq y$ をみたせば，$x \in B\cap A_+$ であることをいう．

補題 3.6.6. A を C* 環，$B \subset A$ を遺伝的 $*$ 部分環とする．このとき次のことが成り立つ：

(1) 任意の $a \in A,\ x,y \in B$ について $xay \in B$.

(2) $\Lambda := \{\lambda \in B\cap A_+ \mid \|\lambda\| < 1\}$ は上方有向的かつ，$u_\lambda := \lambda \in B\cap A_+$, $\lambda \in \Lambda$ は B の近似単位元である，すなわち $\lim_\lambda \|u_\lambda x - x\| = 0,\ x \in B$ が成り立つ．

証明. (1). x,y についての極化等式[3] と $A = \operatorname{span} A_+$ から，$a \in A_+,\ x = y^*$ のときに示せばよい．このとき $0 \leqq xax^* \leqq \|a\|xx^*$ かつ $xx^* \in B\cap A_+$ だから $xax^* \in B$ がいえる．

(2). 写像 $F\colon B\cap A_+ \ni b \mapsto b(1_{\widetilde{A}}+b)^{-1} \in \Lambda$ を考える．F は定義可能である．実際 $b \in B\cap A_+$ ならば $F(b) \leqq b$ であり，遺伝性から $F(b) \in B$ が従う．同様に逆写像 $G\colon \Lambda \ni c \mapsto c(1_{\widetilde{A}}-c)^{-1} \in B\cap A_+$ についても $G(c) \leqq (1-\|c\|)^{-1}c$ より $G(c) \in B$. よって G も定義可能である．定理 3.5.25 の証明

[3] $xay^* = 4^{-1}\sum_{k=0}^{3} i^k(x+i^ky)a(x+i^ky)^*$.

と同様に F が順序同型であること，Λ は上方有向的であること，u_λ が近似単位元であることが従う． □

補題 3.6.7. C* 環の閉イデアルは遺伝的 C* 部分環である．

証明. A を C* 環，$I \lhd A$ とする．$a \in A_+$, $b \in I_+$ が $a \leqq b$ をみたせば，I の近似単位元 u_λ に対し $(1_{\widetilde{A}} - u_\lambda)a(1_{\widetilde{A}} - u_\lambda) \leqq (1_{\widetilde{A}} - u_\lambda)b(1_{\widetilde{A}} - u_\lambda)$ ゆえ

$$\|a^{1/2} - a^{1/2}u_\lambda\|^2 = \|(1_{\widetilde{A}} - u_\lambda)a(1_{\widetilde{A}} - u_\lambda)\| \leqq \|(1_{\widetilde{A}} - u_\lambda)b(1_{\widetilde{A}} - u_\lambda)\| \to 0.$$

よって $a = \lim_\lambda u_\lambda a u_\lambda \in I$ である． □

補題 3.6.8. C* 環 A と $a \in A$ に対し，$\overline{aAa^*}$ は A の遺伝的 C* 部分環である．A が可分ならば A の任意の遺伝的 C* 部分環はこのように表せる．

証明. $B := \overline{aAa^*}$ と書く．B が C* 部分環であることは容易にわかる．また任意の $y, z \in B$ に対して $yAz \subset B$ であることも近似の議論から従う．ここで，$u_n := n|a^*|(n|a^*| + 1_{\widetilde{A}})^{-1}$, $n \in \mathbb{N}$ とおけば，連続関数カルキュラスから $u_n \in \mathrm{C}^*(aa^*) \subset \overline{aAa^*}$ かつ $\lim_n \|u_n aa^* - aa^*\| = 0$ がわかる．よって

$$\begin{aligned}\|u_n a - a\|^2 &= \|(u_n a - a)(u_n a - a)^*\| = \|(u_n aa^* - aa^*)(u_n - 1_{\widetilde{A}})\| \\ &\leqq \|u_n aa^* - aa^*\| \to 0.\end{aligned}$$

したがって任意の $y \in B$ に対して，$\lim_n u_n y = y = \lim_n y u_n$ である．B の遺伝性は補題 3.6.7 と同様に示される．

後半の主張を示す．A を可分とし $B \subset A$ を改めて遺伝的 C* 部分環とする．B も可分であるから，補題 3.5.29 より $a \in \mathrm{Ball}(B_+)$ を $(a^{1/m})_{m\in\mathbb{N}}$ が B の近似単位元であるように取れる．B は遺伝的であるから $aAa \subset B$ である．$B \subset \overline{aAa}$ を示す．$b \in B_+$ を取ると，$b = \lim_m a^{1/m} b a^{1/m}$．ここで，$a^{1/m} \in \mathrm{C}^*(a) = \mathrm{C}^*(a^2) \subset \overline{aAa}$ より $b \in \overline{aAa}$ となる． □

次の定理では，$L^* = \{ x^* \mid x \in L \}$ である（共役空間ではない）．

定理 3.6.9. A を C* 環とすると，A の遺伝的 C* 部分環たちのなす集合 $\mathscr{H}(A)$ と A の閉左イデアルたちのなす集合 $\mathscr{L}(A)$ の間の次の写像は，互いに逆写像である：

$$F\colon \mathscr{H}(A) \ni B \mapsto \{\, x \in A \mid x^*x \in B \,\} \in \mathscr{L}(A),$$
$$G\colon \mathscr{L}(A) \ni L \mapsto L \cap L^* \in \mathscr{H}(A).$$

証明. $B \in \mathscr{H}(A)$ ならば $L := F(B) \in \mathscr{L}(A)$ であることを示す．L がノルム閉であること，スカラー倍で閉じていることは明らかである．$x, y \in L$ に対して $(x+y)^*(x+y) \leqq (x+y)^*(x+y) + (x-y)^*(x-y) = 2x^*x + 2y^*y$ となり，$x^*x, y^*y \in B$ かつ B は遺伝的だから $(x+y)^*(x+y) \in B$ が従う．よって L は加法について閉じている．次に $a \in A$ かつ $x^*x \in B$ とすれば $(ax)^*(ax) \leqq \|a\|^2 x^*x$．$B$ の遺伝性から $(ax)^*ax \in B$．つまり $ax \in L$ であり，L は左イデアルである．

次に $L \in \mathscr{L}(A)$ ならば $G(L) \in \mathscr{H}(A)$ であることを示す．$B := G(L)$ が C* 部分環であることはよい．B の近似単位元 u_λ に対して，$\lim_\lambda \|x - xu_\lambda\| = 0$, $x \in L$ である．実際 $\|x - xu_\lambda\|^2 = \|(1_{\tilde{A}} - u_\lambda)x^*x(1_{\tilde{A}} - u_\lambda)\| \to 0$ である．ここで $x^*x \in B$ に注意する．そこで $a \in A_+, b \in B_+$ かつ $a \leqq b$ とすれば，補題 3.6.7 の証明と同様にして $\lim_\lambda u_\lambda a u_\lambda = a$ となる．$u_\lambda \in B = L \cap L^*$ ゆえ $u_\lambda a u_\lambda \in B$ であるから $a \in B$ が従う．よって B は遺伝的である．

次に F と G が互いに逆写像であることを示す．$B \in \mathscr{H}(A)$ とし，$L := F(B)$ とおく．$B = G(L) = L \cap L^*$ を示す．$x \in (L \cap L^*)_+$ とすれば $x^{1/2} \in L \cap L^* \subset L$ だから，$x = (x^{1/2})^* \cdot x^{1/2} \in B$．よって $L \cap L^* \subset B$．逆に $y \in B_+$ とすれば，$(y^{1/2})^* y^{1/2} = y \in B$ だから $y^{1/2} = (y^{1/2})^* \in L \cap L^*$．よって $y \in L \cap L^*$．以上より $G \circ F = \mathrm{id}$ である．

改めて $L \in \mathscr{L}(A)$ とし，$B := G(L)$ とおく．$L = \{x \in A \,|\, x^*x \in B\}$ を示す．$\subset$ は明らかである．$x \in A$ が $x^*x \in L \cap L^*$ をみたすとすれば，$|x| \in L \cap L^*$．そこで $x = y|x|^{1/2}$ となる $y \in A$ を取れば，$|x|^{1/2} \in L \cap L^* \subset L$ ゆえ $x \in L$．よって $\supset$ もいえる．以上から $F \circ G = \mathrm{id}$ である．　□

問題 3.6.10（安藤浩志–U. Haagerup）**.** 定理 3.6.9 の記号を用いる．$L \in \mathscr{L}(A)$ に対して，$B := L \cap L^*$, $M := \{\, x \in A \mid xB, Bx \subset B \,\}$ とおく．このとき M は A の C* 部分環であり，$LM \subset L$, $ML^* \subset L^*$, $M \cap L = B$, $M \cap (L + L^*) = B$ が成り立つことを示せ．［ヒント：定理 3.6.9 を用いる．最後の等号については $M \cap (L + L^*) = M \cap L + M \cap L^*$ を示してみよ．］

3.7 ＊環の正値線型汎関数

定義 3.7.1. ＊環 A 上の $\varphi \in A_{\mathrm{alg}}^*$ が正値または正:$\overset{\mathrm{d}}{\Leftrightarrow}$ $\forall a \in A$, $\varphi(a^*a) \geqq 0$. さらに $\{\, a \in A \mid \varphi(a^*a) = 0 \,\} = \{0\}$ であるとき φ は忠実であるという.

コメント 3.7.2. C* 環 A 上の $\varphi \in A_{\mathrm{alg}}^*$ を考える.

(1) 命題 3.5.18 により, φ が正値 $\iff$ $\varphi(A_+) \subset \mathbb{R}_+$.

(2) $A_{\mathrm{sa}} = A_+ - A_+$ より, φ が正値ならば $\varphi(A_{\mathrm{sa}}) \subset \mathbb{R}$. とくに $\varphi(a^*) = \overline{\varphi(a)}$, $a \in A$. また $a, b \in A_{\mathrm{sa}}$ が $a \leqq b$ ならば $\varphi(a) \leqq \varphi(b)$.

(3) φ が正値のとき, 写像 $A \times A \ni (a,b) \mapsto \varphi(b^*a) \in \mathbb{C}$ は半内積であり, Cauchy–Schwarz 不等式 $|\varphi(b^*a)| \leqq \varphi(b^*b)^{1/2}\varphi(a^*a)^{1/2}$ をみたす.

補題 3.7.3. A を C* 環とする. $\varphi \in A_{\mathrm{alg}}^*$ が $\mathrm{Ball}(A_+)$ 上有界ならば $\varphi \in A^*$.

証明. $C := \sup\{\, |\varphi(a)| \mid a \in \mathrm{Ball}(A_+) \,\} < \infty$ と書く. $a \in A_{\mathrm{sa}}$ のとき $a = a_+ - a_-$ と分解すれば $|\varphi(a)| \leqq |\varphi(a_+)| + |\varphi(a_-)| \leqq C\|a_+\| + C\|a_-\| \leqq 2C\|a\|$. 次に任意の $a \in A$ に対して $a = x + iy$, $x, y \in A_{\mathrm{sa}}$ とすれば $|\varphi(a)| \leqq |\varphi(x)| + |\varphi(y)| \leqq 2C\|x\| + 2C\|y\| \leqq 4C\|a\|$. よって $\|\varphi\| \leqq 4C$. □

次の結果は命題 2.5.3, 補題 3.3.2 の一般化である.

補題 3.7.4. A を C* 環とする. このとき $\varphi \in A_{\mathrm{alg}}^*$ が正値ならば $\varphi \in A^*$ であり, $\|\varphi\| = \sup\{\, \varphi(a) \mid a \in \mathrm{Ball}(A_+) \,\} < \infty$ が成り立つ.

証明. $C \in [0, \infty]$ を主張にある上限値とする. もし $C = \infty$ であれば, 点列 $a_n \in \mathrm{Ball}(A_+)$ を $\varphi(a_n) > 2^n$ となるように取れる. そこで $a := \sum_n 2^{-n} a_n$ とおけば (ノルム絶対収束する), $a \in \mathrm{Ball}(A_+)$ である. 任意の $N \in \mathbb{N}$ に対して, $a \geqq \sum_{n=1}^N 2^{-n} a_n$ より $\varphi(a) > N$ が従い矛盾が生じる. よって $C < \infty$ だから前補題より $\|\varphi\| < \infty$. 次に $a \in \mathrm{Ball}(A_{\mathrm{sa}})$ に対しても $|\varphi(a)| \leqq C$ が成り立つことを示す. 実際, 分解 $a = a_+ - a_-$ によって

$$-C \leqq -\varphi(a_-) \leqq \varphi(a) \leqq \varphi(a_+) \leqq C$$

を得る. 最後に一般の $a \in \mathrm{Ball}(A)$ に対しても, $|\varphi(a)| \leqq C$ であることを示

す．実数 $\theta \in \mathbb{R}$ を $\varphi(a) = |\varphi(a)|e^{i\theta}$ となるように取れば，$|\varphi(a)| = \varphi(e^{-i\theta}a)$ である．元 b を $e^{-i\theta}a$ の実部とすれば，φ が対合を保つことから $|\varphi(a)| = \varphi(b)$ である．$b \in \mathrm{Ball}(A_{\mathrm{sa}})$ より，$|\varphi(a)| \leqq C$ が従う．□

記号 3.7.5.　C* 環 A に対して，以下の記号を導入する：

- $A^*_+ := \{\varphi \in A^* \mid \varphi(A_+) \subset \mathbb{R}_+\} = \{\varphi \in A^* \mid \varphi$ は正値$\}$.
- $A^*_{\mathrm{sa}} := \{\varphi \in A^* \mid \varphi(A_{\mathrm{sa}}) \subset \mathbb{R}\}$.

A^*_{sa} は A^* の実 Banach 部分空間であり A^*_+ は A^*_{sa} のノルム閉正凸錐である．またどちらも A^* で汎弱閉である．

定理 3.7.6.　C* 環 A と $\varphi \in A^*$ に対して，次の条件は同値である：

(1) $\varphi \in A^*_+$.
(2) 任意の近似単位元 $(u_\lambda)_{\lambda\in\Lambda}$ に対して，$\|\varphi\| = \lim_\lambda \varphi(u_\lambda)$.
(3) ある近似単位元 $(u_\lambda)_{\lambda\in\Lambda}$ に対して，$\|\varphi\| = \lim_\lambda \varphi(u_\lambda)$.

証明. (1) ⇒ (2)．$\varphi \in A^*_+$ とし，u_λ を近似単位元とする．単調増加ネット $\varphi(u_\lambda) \in \mathbb{R}_+$ の極限を α と書く．$u_\lambda \in \mathrm{Ball}(A)$ だから，$\alpha \leqq \|\varphi\|$．また任意の $x \in A$ に対して，Cauchy–Schwarz 不等式より $|\varphi(u_\lambda x)|^2 \leqq \varphi(u_\lambda^2)\varphi(x^*x) \leqq \varphi(u_\lambda)\|\varphi\|\|x^*x\|$ となる．ここで，λ について極限を取れば $|\varphi(x)|^2 \leqq \alpha\|\varphi\|\|x\|^2$ ゆえ，$\|\varphi\| \leqq \alpha$ を得る．したがって $\alpha = \|\varphi\|$ である．

(2) ⇒ (3)．自明．

(3) ⇒ (1)．$\|\varphi\| = 1$ としてよい．(3) のような近似単位元 $(u_\lambda)_{\lambda\in\Lambda}$ を取る．$\psi \in \mathbf{L}(\widetilde{A}, \mathbb{C})$ を $\psi(a + w1_{\widetilde{A}}) := \varphi(a) + w,\ a \in A,\ w \in \mathbb{C}$ と定めると，

$$|\psi(a + w1_{\widetilde{A}})| = \lim_\lambda |\varphi(a + wu_\lambda)| \leqq \varlimsup_\lambda \|a + wu_\lambda\| = \|a + w1_{\widetilde{A}}\|.$$

ここで最後の等号は補題 3.5.31 による．よって $\|\psi\| \leqq 1$ である．実際には $\psi(1_{\widetilde{A}}) = 1$ より $\|\psi\| = 1$ である．次に $b \in \mathrm{Ball}(\widetilde{A}_+)$ と $z \in \mathbb{T}$ に対して，

$$|\psi(b) + z(1 - \psi(b))| = |\psi(b + z(1_{\widetilde{A}} - b))| \leqq \|b + z(1_{\widetilde{A}} - b)\| \leqq 1$$

である．ここで 2 番目の不等号は補題 3.5.5 による．よって $0 \leqq \psi(b) \leqq 1$ が

従う（再び補題 3.5.5 を見よ）．以上から ψ は正値である．□

問題 3.7.7.　$\varphi, \psi \in A_+^*$ に対して，$\|\varphi + \psi\| = \|\varphi\| + \|\psi\|$ であることを示せ．

問題 3.7.8.　次の主張を示せ：ネット $b_j \in \mathrm{Ball}(A_+)$ が $\lim_j \|b_j a - a\| = 0,\ a \in A$ をみたせば，任意の $\varphi \in A_+^*$ に対して，$\lim_j \varphi(b_j) = \|\varphi\|$ である．

系 3.7.9.　単位的 C* 環 A と $\varphi \in A^*$ に対し，$\varphi \in A_+^* \iff \|\varphi\| = \varphi(1_A)$．

系 3.7.9 に関連した次の結果もしばしば使われる．

補題 3.7.10.　A を C* 環，$\varphi \in A^*$ とする．ある $a \in \mathrm{Ball}(A_+)$ が存在して $\varphi(a) = \|\varphi\|$ ならば，$\varphi \in A_+^*$ である．

証明.　必要ならば単位化環に φ を等長拡張することで，A は単位的としてよい．さらに $\|\varphi\| = 1$ としてよい．$\alpha := \varphi(1_A)$ とおく．すると

$$|1 + z(\alpha - 1)| = |\varphi(a + z(1_A - a))| \leqq \|a + z(1_A - a)\| \leqq 1, \quad z \in \mathbb{T}.$$

ここで 2 番目の不等号は補題 3.5.5 による．簡単な不等式評価から $\alpha = 1$ がわかる．系 3.7.9 により φ は正値である．□

系 3.7.11.　A を C* 環とし，$\varphi \in A_+^*$ とする．このとき $\psi \in \widetilde{A}_+^*$ であって，$\psi(a) = \varphi(a),\ a \in A$ かつ $\|\psi\| = \|\varphi\|$ となるものが唯一つ存在する．

証明.　定理 3.7.6 の (3) ⇒ (1) の証明を見よ．□

定義 3.7.12.　A を C* 環とする．$\|\varphi\| = 1$ である $\varphi \in A_+^*$ を A 上の状態とよぶ．A 上の状態の集合を $\mathrm{S}(A)$ と書く．

任意の $\psi \in A_+^* \setminus \{0\}$ に対して，$\varphi := \|\psi\|^{-1}\psi \in \mathrm{S}(A)$ であり $\psi = \|\psi\|\varphi$ となる．とくに $A_+^* = \mathrm{span}_{\mathbb{R}_+} \mathrm{S}(A)$ である．

系 3.7.13.　A を C* 環，$B \subset A$ を C* 部分環，$\varphi \in B_+^*$ とすると，φ の任意の等長拡張 $\psi \in A^*$ は正値である．

証明.　等長拡張の存在は Hahn–Banach の拡張定理により保証される．$\|\varphi\| = 1$ として示せばよい．まず $A = \widetilde{B}$ のときに考える．$\alpha := \psi(1_{\widetilde{B}})$ とおくと，$|\alpha| \leqq \|\psi\| = 1$ である．また u_λ を B の近似単位元とすれば，$\|1_{\widetilde{B}} - 2u_\lambda\| \leqq 1$

より（連続関数カルキュラスを考えよ），$|\alpha - 2\varphi(u_\lambda)| = |\psi(1_{\widetilde{B}} - 2u_\lambda)| \leqq 1$ である．よって $|\alpha - 2| = \lim_\lambda |\alpha - 2\varphi(u_\lambda)| \leqq 1$ となる．以上より $\alpha = 1$ となり，系 3.7.9 より ψ の正値性が従う．

次に一般の包含 $B \subset A$ を考える．自然に $\widetilde{B} \subset \widetilde{A}$ とみなし（$1_{\widetilde{B}} = 1_{\widetilde{A}}$），$\psi \in A^*$ の等長拡張 $\chi\colon \widetilde{A} \to \mathbb{C}$ を考える．また $\theta := \chi|_{\widetilde{B}}$ とおく．このとき $\theta|_B = \varphi$ かつ

$$1 = \|\varphi\| \leqq \|\theta\| \leqq \|\chi\| = \|\psi\| = \|\varphi\| = 1$$

だから，$\theta\colon \widetilde{B} \to \mathbb{C}$ は φ の等長拡張である．

前半の議論から θ は正値であり，$\theta(1_{\widetilde{B}}) = 1$ となる．とくに $\chi(1_{\widetilde{A}}) = \theta(1_{\widetilde{B}}) = 1$ であり，系 3.7.9 より χ は正値である．よって $\psi = \chi|_A$ も正値である．□

問題 3.7.14. A を単位的 C* 環とする．もし単調増加ネット $a_\lambda \in A_{\mathrm{sa}}$ が $a \in A_{\mathrm{sa}}$ に $\sigma(A, A^*)$ で収束しているならば，ネット a_λ は a にノルム収束していることを示せ．［ヒント：$\mathrm{S}(A)$ の汎弱コンパクト性を認めて（補題 3.7.19），Dini の定理を用いよ．］

系 3.7.15. C* 環 A の正規元 $a \in A$ に対して，$\|a\| = \sup_{\varphi \in \mathrm{S}(A)} |\varphi(a)| = \max_{\varphi \in \mathrm{S}(A)} |\varphi(a)|$ となる．とくに状態たちは A の元を分離する．すなわち，$\{\, a \in A \mid \varphi(a) = 0,\ \varphi \in \mathrm{S}(A) \,\} = \{0\}$ である．

証明. $a \in A$ を正規元とし，$B := \mathrm{C}^*(a) \subset A$ とする．Gelfand-Naimark の定理から，$\varphi \in \Omega(B)$ が存在して $|\varphi(a)| = \|a\|$ となる．指標は状態ゆえ A 上の状態に拡張する．後半の主張は実部と虚部への分解を考えればよい．□

補題 3.7.16. C* 環 A について $A_+ = \{\, x \in A \mid \varphi(x) \geqq 0,\ \varphi \in A^*_+ \,\}$.

証明. $\subset$ はよいので，$\supset$ を示す．右辺の集合の元 $x \in \mathrm{Ball}(A)$ に対して $x \in A_+$ を示せばよい．また A は単位的としてよい．仮定と系 3.7.15 により $\mathrm{Im}\, x = 0$ である．よって $x \in A_{\mathrm{sa}}$ である．任意の $\varphi \in \mathrm{S}(A)$ と $z \in \mathbb{T}$ に対して，$0 \leqq \varphi(x) \leqq 1$ だから $|\varphi(x + z(1_A - x))| = |\varphi(x) + z(1_A - \varphi(x))| \leqq 1$ である．$\varphi \in \mathrm{S}(A)$ で上限を取れば，系 3.7.15 より $\|x + z(1_A - x)\| \leqq 1, z \in \mathbb{T}$ となる．補題 3.5.5 により $x \in A_+$ が従う．□

次の結果は系 3.7.11 の一般化である．

命題 3.7.17. A を C^* 環，$B \subset A$ を遺伝的 C^* 部分環とする．任意の $\varphi \in B_+^*$ に対して，ある $\psi \in A_+^*$ が一意的に存在して $\varphi = \psi|_A$ かつ $\|\varphi\| = \|\psi\|$ となる．また，この ψ は $\psi(a) = \lim_\lambda \varphi(u_\lambda a u_\lambda)$, $a \in A$ と与えられる．ここで u_λ は B の任意の近似単位元である．

証明. 系 3.7.13 により，$\varphi \in B_+^*$ の等長拡張 $\psi \in A_+^*$ の存在は保証される．一意性を示す．ψ をさらに $\widetilde{A}$ 上の正値線型汎関数に等長拡張しておく．これも $\psi \in \widetilde{A}_+^*$ と書く．u_λ を B の近似単位元とし，$v_\lambda := 1_{\widetilde{A}} - u_\lambda$ とおけば，$\psi(v_\lambda) = \|\psi\| - \varphi(u_\lambda) = \|\varphi\| - \varphi(u_\lambda) \to 0$ となる．任意の λ と $a \in A$ に対して，Cauchy–Schwarz 不等式より

$$
\begin{aligned}
|\psi(a) - \varphi(u_\lambda a u_\lambda)| &\leqq |\psi(a v_\lambda)| + |\psi(v_\lambda a u_\lambda)| \\
&\leqq \psi(a v_\lambda a^*)^{1/2} \psi(v_\lambda)^{1/2} + \psi(v_\lambda)^{1/2} \psi(u_\lambda a^* v_\lambda a u_\lambda)^{1/2} \\
&\leqq 2\|\psi\|^{1/2} \|a\| \psi(v_\lambda)^{1/2}.
\end{aligned}
$$

よって $\psi(a) = \lim_\lambda \varphi(u_\lambda a u_\lambda)$ を得る．□

補題 3.7.18. 可分 C^* 環は忠実状態をもつ．

証明. $\mathrm{S}(A)$ は汎弱第 2 可算ゆえ，状態の汎弱稠密列 $\{\varphi_n\}_{n\in\mathbb{N}}$ を取れる．そこで $\varphi := \sum_{n\in\mathbb{N}} 2^{-n}\varphi_n$ とおけば，$\varphi \in \mathrm{S}(A)$ である．また $a \in A$ が $\varphi(a^*a) = 0$ をみたせば，$\varphi_n(a^*a) = 0$, $n \in \mathbb{N}$. 稠密性により $\psi(a^*a) = 0$, $\psi \in \mathrm{S}(A)$ ゆえ系 3.7.15 より $a = 0$ となる．よって φ は忠実である．□

補題 3.7.19. C^* 環 A に対して次のことが成り立つ：

(1) $\mathrm{S}(A) \subset \mathrm{Ball}(A^*)$ は凸集合である．

(2) A が単位的ならば，$\mathrm{S}(A) \subset \mathrm{Ball}(A_+^*)$ は汎弱コンパクトである．さらに A が可分ならば $\mathrm{S}(A)$ の汎弱位相は可分完備距離付け可能である．

(3) A が非単位的ならば，$\overline{\mathrm{S}(A)}^{w^*} = \mathrm{Ball}(A_+^*)$ である．

証明. (1). A の近似単位元 u_λ を取る．定理 3.7.6 により，$\varphi \in \mathrm{Ball}(A^*)$ が $\varphi \in \mathrm{S}(A)$ であることと $1 = \lim_\lambda \varphi(u_\lambda)$ であることは同値である．これから

$\mathrm{S}(A)$ の凸性がわかる．

(2)．Banach–Alaoglu の定理より $\mathrm{Ball}(A^*)$ は汎弱コンパクトであるから，$\mathrm{S}(A) \subset \mathrm{Ball}(A^*)$ が汎弱閉であることを示せばよい．ネット $\varphi_\lambda \in \mathrm{S}(A)$ が $\varphi \in \mathrm{Ball}(A^*)$ に汎弱収束しているとする．このとき $\varphi(1_A) = \lim_\lambda \varphi_\lambda(1_A) = 1$．定理 3.7.6 から $\varphi \in \mathrm{S}(A)$ である．後半の主張は $\mathrm{Ball}(A^*)$ の汎弱位相が可分完備距離付け可能であることから従う（1.3.2 項を見よ）．

(3)．$\subset$ は $\mathrm{Ball}(A^*_+)$ が汎弱閉であることから明らか．$\supset$ を示す．$\overline{\mathrm{S}(A)}^{w^*}$ は凸集合だから $0 \in \overline{\mathrm{S}(A)}^{w^*}$ を示せばよい．実際このとき非零な $\psi \in \mathrm{Ball}(A^*_+)$ は $\psi = (1 - \|\psi\|) \cdot 0 + \|\psi\| \cdot (\psi/\|\psi\|)$ となり $\psi \in \overline{\mathrm{S}(A)}^{w^*}$ がいえる．背理法で示す．$0 \notin \overline{\mathrm{S}(A)}^{w^*}$ と仮定する．Hahn–Banach の分離定理により，ある $a \in A$ と $t \in \mathbb{R}$ であって $0 < t \leqq \mathrm{Re}\,\psi(a)$, $\psi \in \mathrm{S}(A)$ となるものが存在する．a の実部を $b \in A_{\mathrm{sa}}$ と書けば，$0 < t \leqq \psi(b)$, $\psi \in \mathrm{S}(A)$ となる．

補題 3.7.16 より $b \in A_+$ である．そこで $B := \mathrm{C}^*(b)$ とすれば，系 3.7.13 により $t \leqq \psi(b)$, $\psi \in \mathrm{S}(B)$. Gelfand–Naimark の定理を通じて $B = C_0(\Omega)$ とみなして，ψ として指標（局所コンパクト Hausdorff 空間 Ω の点での値）を考えれば，$0 < t \leqq b(\omega)$, $\omega \in \Omega$. とくに Ω はコンパクトであり，B は単位的である．

A は非単位的だから，射影 $p := 1_{\widetilde{A}} - 1_B$ による A の遺伝的 C* 部分環 pAp は非零である（$pA, Ap \subset A$ に注意）．状態 $\chi \in \mathrm{S}(pAp)$ を任意に取り，$\widetilde{\chi} := \chi(p \cdot p) \in A^*_+$ とおく．A の近似単位元 u_λ に対して $pu_\lambda p$ は pAp の近似単位元であるから，定理 3.7.6 により $\widetilde{\chi} \in \mathrm{S}(A)$. すると $0 < t \leqq \widetilde{\chi}(b)$ であるが，$pbp = 0$ ゆえ $\widetilde{\chi}(b) = 0$ であり，矛盾が生じる．以上より $0 \in \overline{\mathrm{S}(A)}^{w^*}$ である． □

問題 3.7.20.　C* 環 A に対して，$\mathrm{S}(\widetilde{A}) \ni \psi \mapsto \psi|_A \in \mathrm{Ball}(A^*_+)$ は汎弱同相であることを示せ.

線型汎関数の正値性は C* 環の間の線型写像の正値性に一般化される．

定義 3.7.21.　C* 環 A, B に対して，$\varphi \in \mathbf{L}(A, B)$ が正値 $:\overset{\mathrm{d}}{\Leftrightarrow} \varphi(A_+) \subset B_+$. さらに $\{a \in A \mid \varphi(a^*a) = 0\} = \{0\}$ であるとき，φ は忠実であるという．

線型汎関数の場合（補題 3.7.4）と同様，正値線型写像は有界である．

補題 3.7.22. A, B を C^* 環とすると，正値線型写像 $\varphi\colon A \to B$ は有界である．さらに u_λ を A の近似単位元とすれば，$\|\varphi\| \leqq 2\lim_\lambda \|\varphi(u_\lambda)\|$.

証明. φ が閉作用素であることを示す．点列 $x_n \in A$, $x \in A$, $y \in B$ が $\lim_n \|x_n - x\| = 0$, $\lim_n \|\varphi(x_n) - y\| = 0$ をみたすとする．任意の $\omega \in B_+^*$ に対して，$\|\omega(\varphi(x_n)) - \omega(y)\| \to 0$. 一方で $\omega \circ \varphi$ は A 上の正値線型汎関数ゆえ有界であるから，$\|\omega(\varphi(x_n)) - \omega(\varphi(x))\| \to 0$. よって $\omega(y) = \omega(\varphi(x))$ を得る．B_+^* は B の元を分離するから（系 3.7.15），$y = \varphi(x)$ である．よって φ は閉作用素であり，閉グラフ定理から φ の有界性が従う．

$\varphi(u_\lambda) \in B_+$ は単調増加ネットであり，極限 $\alpha_\varphi := \lim_\lambda \|\varphi(u_\lambda)\| \leqq \|\varphi\|$ が存在する．$x \in A_{\mathrm{sa}}$ に対して，$-\|x\|1_{\widetilde{A}} \leqq x \leqq \|x\|1_{\widetilde{A}}$ だから，$-\|x\|u_\lambda \leqq u_\lambda^{1/2} x u_\lambda^{1/2} \leqq \|x\|u_\lambda$. よって $-\|x\|\varphi(u_\lambda) \leqq \varphi(u_\lambda^{1/2} x u_\lambda^{1/2}) \leqq \|x\|\varphi(u_\lambda)$ ゆえ $\|\varphi(u_\lambda^{1/2} x u_\lambda^{1/2})\| \leqq \|\varphi(u_\lambda)\|\|x\|$. λ で極限を取れば，$\|\varphi(x)\| \leqq \alpha_\varphi \|x\|$ を得る．つまり $\|\varphi|_{A_{\mathrm{sa}}}\| \leqq \alpha_\varphi$. 次に $a = x + iy \in A$, $x, y \in A_{\mathrm{sa}}$ に対し

$$\|\varphi(a)\| \leqq \|\varphi(x)\| + \|\varphi(y)\| \leq \alpha_\varphi \|x\| + \alpha_\varphi \|y\| \leqq 2\alpha_\varphi \|a\|. \qquad \square$$

定理 5.2.5 で実際には $\|\varphi\| = \alpha_\varphi = \lim_\lambda \|\varphi(u_\lambda)\|$ が成り立つことを示す．

補題 3.7.23. A, B を C^* 環，u_λ を A の近似単位元，$\psi \in \mathbf{L}(\widetilde{A}, \widetilde{B})$ を $\psi(1_{\widetilde{A}}) \in \mathbb{C}1_{\widetilde{B}}$ をみたすものとすると，次のことは同値である：

(1) ψ は正値である．
(2) $\varphi := \psi|_A\colon A \to \widetilde{B}$ は正値かつ $\psi(1_{\widetilde{A}}) \in \{ s1_{\widetilde{B}} \mid s \in \mathbb{R}_+,\ \alpha_\varphi \leqq s \}$. ここで $\alpha_\varphi = \lim_\lambda \|\varphi(u_\lambda)\|$ である．

証明. $\psi(1_{\widetilde{A}}) = s1_{\widetilde{B}}$ となる $s \in \mathbb{C}$ を取る．

(1) ⇒ (2). ψ は正値だから $s \in \mathbb{R}_+$ である．u_λ を A の近似単位元とすると，$0 \leqq u_\lambda \leqq 1_{\widetilde{A}}$ より $0 \leqq \varphi(u_\lambda) \leqq s1_{\widetilde{B}}$. よって $\alpha_\varphi \leqq s$ を得る．

(2) ⇒ (1). $a \in A$ と $t \in \mathbb{C}$ に対して，$a + t1_{\widetilde{A}} \in \widetilde{A}_+$ とする．このとき $t \in \mathbb{R}_+$ かつ $a \in A_{\mathrm{sa}}$ である．よって $0 \leqq u_\lambda^{1/2}(a + t1_{\widetilde{A}})u_\lambda^{1/2} = u_\lambda^{1/2} a u_\lambda^{1/2} + tu_\lambda$ であり，$0 \leqq \varphi(u_\lambda^{1/2} a u_\lambda^{1/2}) + t\varphi(u_\lambda) \leqq \varphi(u_\lambda^{1/2} a u_\lambda^{1/2}) + t\|\varphi(u_\lambda)\|1_{\widetilde{B}}$. λ で極限を取れば，$0 \leqq \varphi(a) + t\alpha_\varphi 1_{\widetilde{B}} \leqq \varphi(a) + ts1_{\widetilde{B}} = \psi(a + t1_{\widetilde{A}})$ を得る．よって ψ

は正値である. □

3.8　C*環の共役空間の正錐

A をC*環とする. $\varphi \in A^*$ に対して $\varphi^*(x) \coloneqq \overline{\varphi(x^*)}$ と定めれば, $\varphi^* \in A^*$ であり, 写像 $A^* \ni \varphi \mapsto \varphi^* \in A^*$ は共役線型である. $\varphi^* = \varphi$ となる $\varphi \in A^*$ は自己共役とよばれる. 自己共役性は $\varphi\colon A \to \mathbb{C}$ が $*$ 演算を保つこと: $\varphi(x^*) = \overline{\varphi(x)}$, $x \in A$ を意味する. 記号3.7.5で導入した A^*_{sa} は自己共役な $\varphi \in A^*$ のなす集合と一致する.

各 $\varphi \in A^*$ は $\varphi_1, \varphi_2 \in A^*_{\mathrm{sa}}$ によって $\varphi = \varphi_1 + i\varphi_2$ と一意的に分解される. 実際 $\varphi_1 = (\varphi + \varphi^*)/2$, $\varphi_2 = (\varphi - \varphi^*)/(2i)$ である. これらをそれぞれ φ の実部, 虚部とよぶ. また, 実Banach空間 A_{sa} の実双対空間を $(A_{\mathrm{sa}})^*_{\mathbb{R}}$ と書く.

補題 3.8.1.　C*環 A に対して次のことが成り立つ:

(1) 実線型写像 $A^*_{\mathrm{sa}} \ni \varphi \mapsto \varphi|_{A_{\mathrm{sa}}} \in (A_{\mathrm{sa}})^*_{\mathbb{R}}$ は等長同型である.
(2) B を A のC*部分環とし, $\psi \in B^*_{\mathrm{sa}}$ とすると, ある $\varphi \in A^*_{\mathrm{sa}}$ であって, $\varphi|_B = \psi$ かつ $\|\varphi\| = \|\psi\|$ となるものが存在する.

証明. (1). 明らかに $\|\varphi|_{A_{\mathrm{sa}}}\| \leqq \|\varphi\|$ である. $\varepsilon > 0$ に対して, $x \in \mathrm{Ball}(A)$ を $\|\varphi\| - \varepsilon \leqq |\varphi(x)|$ となるように取る. $\varphi(x) = \omega|\varphi(x)|$ を $\mathbb{C}$ での極分解として $a \coloneqq \mathrm{Re}(\overline{\omega}x)$ とおく. すると $a \in \mathrm{Ball}(A_{\mathrm{sa}})$ であり, φ の自己共役性から $\varphi(a) = \mathrm{Re}\,\varphi(\overline{\omega}x) = \mathrm{Re}\,|\varphi(x)| = |\varphi(x)|$ である. よって $\|\varphi\| - \varepsilon \leqq \varphi(a) \leqq \|\varphi|_{A_{\mathrm{sa}}}\|$ となるから, $\|\varphi\| \leqq \|\varphi|_{A_{\mathrm{sa}}}\|$ を得る.

(2). $\psi \in B^*_{\mathrm{sa}}$ の等長拡張 $\chi \in A^*$ を取る. $\varphi \coloneqq \mathrm{Re}\,\chi \in A^*_{\mathrm{sa}}$ は $\|\varphi\| \leqq \|\chi\| = \|\psi\|$ かつ $\varphi|_B = \psi$ ゆえ $\|\psi\| \leqq \|\varphi\|$. よって $\|\psi\| = \|\varphi\|$ である. □

補題 3.8.2.　正錐 $A^*_+ \subset A^*_{\mathrm{sa}}$ について次のことが成り立つ:

(1) $A^*_+ \cap (-A^*_+) = \{0\}$.
(2) 任意の $\varphi \in A^*_{\mathrm{sa}}$ に対して, $\psi_1, \psi_2 \in A^*_+$ が存在して $\varphi = \psi_1 - \psi_2$ かつ $\|\varphi\| = \|\psi_1\| + \|\psi_2\|$. とくに $A^*_{\mathrm{sa}} = A^*_+ - A^*_+$, $A^* = \mathrm{span}\,A^*_+$ である.

証明. (1). $\varphi \in A^*_+ \cap (-A^*_+)$ とすれば, 任意の $a \in A_+$ に対して $\varphi(a) = 0$ と

なる．$\operatorname{span} A_+ = A$ であるから $\varphi = 0$ である．

(2). まず A が単位的であるときに示す．$\|\varphi\| = 1$ としてよい．凸集合 $K :=$ $\operatorname{co}(\mathrm{S}(A) \cup -\mathrm{S}(A)) = \{t\psi - (1-t)\chi \mid \psi, \chi \in \mathrm{S}(A),\ 0 \leqq t \leqq 1\}$ は，連続写像 $[0,1] \times \mathrm{S}(A) \times \mathrm{S}(A) \ni (t, \psi, \chi) \mapsto t\psi - (1-t)\chi \in K$ の像であるから，汎弱コンパクトである（補題 3.7.19）．もし $\varphi \notin \operatorname{co}(\mathrm{S}(A) \cup -\mathrm{S}(A))$ ならば，Hahn-Banach の分離定理により $x \in A$ と $t \in \mathbb{R}$ が存在して，$\operatorname{Re}\phi(x) \leqq t <$ $\operatorname{Re}\varphi(x)$, $\phi \in K$ となる．$a = (x + x^*)/2$ とおけば，汎関数の自己共役性から $\phi(a) \leqq t < \varphi(a)$, $\phi \in K$ となる．ここで系 3.7.15 を使えば，$\psi \in \mathrm{S}(A)$ を $\psi(a) = \|a\|$ または $\psi(a) = -\|a\|$ と取れるから，$\|a\| \leqq t < \varphi(a)$．しかし $|\varphi(a)| \leqq \|\varphi\|\|a\| \leqq \|a\|$ だから矛盾する．よって $\varphi \in \operatorname{co}(\mathrm{S}(A) \cup -\mathrm{S}(A))$ であり，$\varphi = t\psi - (1-t)\chi$ となる $\psi, \chi \in \mathrm{S}(A)$ と $0 \leqq t \leqq 1$ を取れる．このとき $\|\varphi\| = 1 = \|t\psi\| + \|(1-t)\chi\|$ である．以上で単位的な A については示された．

一般の A については，単位化環 $\widetilde{A}$ について補題 3.8.1 (2) を適用して，$\widetilde{\varphi} \in$ $(\widetilde{A}^*)_{\mathrm{sa}}$ を $\|\varphi\| = \|\widetilde{\varphi}\|$ となるように取る．前半の議論から $\psi_1, \psi_2 \in \widetilde{A}^*_+$ を $\widetilde{\varphi} =$ $\psi_1 - \psi_2$ かつ $\|\widetilde{\varphi}\| = \|\psi_1\| + \|\psi_2\|$ となるように取れる．このとき $\phi_k = \psi_k|_A \in$ A^*_+, $k = 1, 2$ とおけば，$\varphi = \phi_1 - \phi_2$ かつ

$$\|\varphi\| \leqq \|\phi_1\| + \|\phi_2\| \leqq \|\psi_1\| + \|\psi_2\| = \|\widetilde{\varphi}\| = \|\varphi\|. \qquad \square$$

コメント 3.8.3. 補題 3.8.2 (2) の正値線型汎関数への分解 $\varphi = \psi_1 - \psi_2$ は，$\|\varphi\| = \|\psi_1\| + \|\psi_2\|$ の条件のもとで一意的であることが示される（定理 7.4.10）．これを φ の **Jordan 分解**という．

補題 3.8.2 より A^*_{sa} に正錐 A^*_+ から定まる順序が入る：$\varphi \leqq \psi :\overset{\mathrm{d}}{\Leftrightarrow} \psi - \varphi \in$ A^*_+．A^*_+ は元々 A_+ を用いて定めたが，A_+ も A^*_+ から定まる正錐であることに注意せよ（補題 3.7.16）．つまり A_+ と A^*_+ は双対錐の関係にある．

記号 3.8.4. $\varphi \in A^*_+$ と $x \in A$ に対して，$\|x\|_\varphi := \varphi(x^*x)^{1/2}$ と書く（コメント 3.7.2 (3) も見よ）．φ が忠実ならば，$\|\cdot\|_\varphi$ はノルムである．

命題 3.8.5. A を C* 環，$a, b \in A$, $\varphi \in A^*_+$ とする．このとき

$$\|a\varphi b\| \leqq \|a\|_\varphi \|b^*\|_\varphi, \quad \|a\|_\varphi \leqq \|a\|^{1/2} \|a\varphi\|^{1/2}.$$

証明. $x \in A$ とする．Cauchy–Schwarz 不等式から左側の不等式が従う：

$$|a\varphi b(x)| = |\varphi(bxa)| \leqq \varphi(bxx^*b^*)^{1/2}\varphi(a^*a)^{1/2} \leqq \|x\|\|b^*\|_\varphi\|a\|_\varphi.$$

2 番目の不等号は $\|a\|_\varphi^2 = \varphi(a^*a) = (a\varphi)(a^*) \leqq \|a\varphi\|\|a\|$ からわかる．□

上記に加えて，$\|a\varphi\| \leqq \|\varphi\|^{1/2}\|a\|_\varphi$, $\|\varphi b\| \leqq \|\varphi\|^{1/2}\|b^*\|_\varphi$ が成り立つことにも注意しておこう．

補題 3.8.6. $\varphi \in A_+^*$ のとき，$\{a \in A \mid \|a\|_\varphi = 0\} \subset \ker\varphi$ である．

証明. u_λ を A の近似単位元とすると，$|\varphi(u_\lambda a)| \leqq \|u_\lambda\|_\varphi\|a\|_\varphi$ である．λ で極限を取れば，$|\varphi(a)| \leqq \|\varphi\|^{1/2}\|a\|_\varphi$ が従う．□

補題 3.8.7. A を C* 環とする．任意の $\varphi \in A^*$ と近似単位元 u_λ に対して，$\lim_\lambda \|u_\lambda\varphi - \varphi\| = 0 = \lim_\lambda \|\varphi u_\lambda - \varphi\|$ が成り立つ．

証明. 補題 3.8.2 より $\varphi \in \mathrm{Ball}(A_+^*)$ について示せばよい．系 3.7.11 のように φ を $\psi \in \widetilde{A}_+^*$ に拡張すると，命題 3.8.5 より

$$\begin{aligned}\|u_\lambda\varphi - \varphi\| &\leqq \|u_\lambda - 1_{\widetilde{A}}\|_\psi = \psi((1_{\widetilde{A}} - u_\lambda)^2)^{1/2} \\ &\leqq \psi(1_{\widetilde{A}} - u_\lambda)^{1/2} = (\|\varphi\| - \varphi(u_\lambda))^{1/2}.\end{aligned}$$

よって $\lim_\lambda \|u_\lambda\varphi - \varphi\| = 0$. $*$ を取れば $\lim_\lambda \|\varphi - \varphi u_\lambda\| = 0$ も得る．□

最後に，トレース状態を導入して本節を終える．

定義 3.8.8. C* 環 A 上の正値線型汎関数 $\tau \in A_+^*$ がトレース的 $:\overset{\mathrm{d}}{\Leftrightarrow} \tau(x^*x) = \tau(xx^*)$, $x \in A$. トレース的な状態をトレース状態という．

補題 3.8.9. 単位的 C* 環 A と $\tau \in A_+^*$ に対し，次のことは同値である：

(1) τ はトレース的である．

(2) $\tau(xy) = \tau(yx)$, $x, y \in A$.

(3) $u\tau u^* = \tau$, $u \in A^{\mathrm{U}}$.

証明. (1) $\Leftrightarrow$ (2). 極化等式からわかる（A が単位的でなくともよい）.

(2) $\Rightarrow$ (3). $u \in A^{\mathrm{U}}$, $x \in A$ に対して $\tau(u^*xu) = \tau(u \cdot u^*x) = \tau(x)$.

(3) ⇒ (2)．$u \in A^{\mathrm{U}}$, $x \in A$ に対して $\tau(ux) = \tau(u^* \cdot ux \cdot u) = \tau(xu)$. $A = \operatorname{span} A^{\mathrm{U}}$ だから (2) が従う． □

第 3 章について

この章の主張と証明も [Mur90] を参考にした．C* 環 A の単位化の一つである**乗法子環** $M(A)$ について少しだけ触れておく．集合 $M(A)$ を次のように定める：

$$M(A) := \{\, S \in \mathbf{B}(A) \mid \exists T \in \mathbf{B}(A),\ b^*S(a) = (T(b))^*a,\ a, b \in A \,\} \tag{3.1}$$

このような組 (S, T) について，$T \in M(A)$ であるから $S^* := T$ と定めれば，$M(A)$ は id_A を単位元とする C* 環であり，コメント 3.1.4 (5) の L は A から $M(A)$ への単射な $*$ 準同型を与えることがわかる．さらに $S \in M(A)$ は右 A 加群写像，すなわち $S(ab) = S(a)b$, $a, b \in A$ となる．このことから L を通じて A は $M(A)$ の閉イデアルであることがわかる．

Ω が局所コンパクト Hausdorff 空間のとき，$C_0(\Omega)$ の乗法子環は自然に $C_b(\Omega) \cong C(\beta\Omega)$ と同型であることがいえる（$\beta\Omega$ は Ω の Stone–Čech コンパクト化）．このことから $\widetilde{A}$ は（非可換）1 点コンパクト化に，$M(A)$ は A の（非可換）Stone–Čech コンパクト化に対応すると考えられる．$M(A)$ のさらなる性質については [Mur90, Ped18, WO93] を参考にせよ．

Hilbert C* 加群の観点からは，A 自身を Hilbert A 加群とみなした場合の対合可能な有界線型作用素たちのなす集合が，(3.1) の右辺に他ならない．Hilbert C* 加群については [生中 07, Lan95] を参考にせよ．

第4章

C*環と Hilbert 空間

C* 環 A の表現 $\pi\colon A \to \mathbf{B}(\mathcal{H})$ が与えられているとき，各 $\xi \in \mathcal{H}$ に付随する線型汎関数 $A \ni x \mapsto \langle \pi(x)\xi, \xi\rangle \in \mathbb{C}$ は正値である．本章ではこの逆の操作である GNS 構成法を紹介する．他に，von Neumann 環と二重可換子定理，Kaplansky の稠密性定理，既約表現，純粋状態，Kadison の推移性定理，など C* 環の表現の基礎事項を学ぶ.

4.1　Hilbert 空間の基礎事項

本節では $\mathcal{H}, \mathcal{K}$ は Hilbert 空間を表す.

4.1.1　Hilbert 空間

ベクトル空間 $\mathcal{H}$ に内積 $\langle\cdot,\cdot\rangle$ が与えられており，ノルム $\|\xi\| = \langle\xi,\xi\rangle^{1/2}, \xi \in \mathcal{H}$ が完備であるとき，$\mathcal{H}$ を Hilbert 空間という．内積とノルムの関係で，次の**極化等式**（**偏極等式**）は重要である（等式 (1.1)も見よ）:

$$\langle\xi,\eta\rangle = \frac{1}{4}\sum_{k=0}^{3} i^k \|\xi + i^k\eta\|^2, \quad \xi,\eta \in \mathcal{H}. \tag{4.1}$$

Hilbert 空間の具体例として測度空間 (Ω,μ) 上の 2 乗可積分関数の空間 $L^2(\Omega,\mu)$ がある．測度 μ が数え上げ測度の場合，これを $\ell^2(\Omega)$ と書く．Hilbert 空間 $\mathcal{H}$ に対し，$\ell^2(\Omega,\mathcal{H}) := \{f \mid f\colon \Omega \to \mathcal{H}, \sum_\omega \|f(\omega)\|^2 < \infty\}$ と定める．加法とスカラー倍は Ω の各点ごとに行い，内積を $\langle f,g\rangle := \sum_\omega \langle f(\omega), g(\omega)\rangle$ とすると，$\ell^2(\Omega,\mathcal{H})$ は Hilbert 空間である．また $\ell^2(\mathcal{H}) := \ell^2(\mathbb{N},\mathcal{H})$，$\ell^2 :=$

$\ell^2(\mathbb{N}, \mathbb{C})$ と書く．$\ell^2(\mathcal{H})$ の元は関数表示 $f\colon \mathbb{N} \to \mathcal{H}$ の他に，$\xi = (\xi_n)_n = (\xi_1, \xi_2, \ldots)$ のように表示することも多い．

一般に Hilbert 空間たち $\mathcal{H}_i$, $i \in I$ に対して，その直和 Hilbert 空間を

$$\bigoplus_{i\in I} \mathcal{H}_i := \left\{ (\xi_i)_i \;\middle|\; \xi_i \in \mathcal{H}_i,\ \sum_{i\in I} \|\xi_i\|^2 < \infty \right\}$$

と定める．内積は $\langle (\xi_i)_i, (\eta_i)_i \rangle := \sum_i \langle \xi_i, \eta_i \rangle$ で与えられる．$\ell^2(\Omega, \mathcal{H})$ は $\bigoplus_{\omega\in\Omega} \mathcal{H}$ に他ならない．$\mathcal{H}$ の k 個の直和 Hilbert 空間は $\mathcal{H}^{\oplus k}$ と表す $(k \in \mathbb{N})$.

4.1.2 $\mathbf{B}(\mathcal{H})$

Hilbert 空間 $\mathcal{H}, \mathcal{K}$ に対して，$\mathbf{BS}(\mathcal{H}, \mathcal{K})$ によって $\mathcal{H} \times \mathcal{K}$ 上の有界半双線型形式たちのなす集合を表す．これは (1.2) のノルムで Banach 空間である．次の結果は Riesz の補題による（[泉 21, 補題 2.4.1] を見よ）．

命題 4.1.1. 写像 $f\colon \mathbf{B}(\mathcal{H}, \mathcal{K}) \ni a \mapsto f_a \in \mathbf{BS}(\mathcal{H}, \mathcal{K})$ を $f_a(\xi, \eta) := \langle a\xi, \eta \rangle$, $(\xi, \eta) \in \mathcal{H} \times \mathcal{K}$ と定めると，f は Banach 空間の間の等長同型である．

各 $a \in \mathbf{B}(\mathcal{H}, \mathcal{K})$ に対して，$g_a(\eta, \xi) := \langle \eta, a\xi \rangle$, $(\eta, \xi) \in \mathcal{K} \times \mathcal{H}$ と定めれば，$g_a \in \mathbf{BS}(\mathcal{K}, \mathcal{H})$ である．命題 4.1.1 により，ある $a^* \in \mathbf{B}(\mathcal{K}, \mathcal{H})$ が一意的に存在して $\langle a^*\eta, \xi \rangle = \langle \eta, a\xi \rangle$, $(\eta, \xi) \in \mathcal{K} \times \mathcal{H}$ となる．こうして定まる $*$ 演算 $\mathbf{B}(\mathcal{H}, \mathcal{K}) \ni a \mapsto a^* \in \mathbf{B}(\mathcal{K}, \mathcal{H})$ は共役線型であり，有界線型作用素 a, b に対して $(a^*)^* = a$, $(ab)^* = b^*a^*$ をみたす．

補題 4.1.2. $a \in \mathbf{B}(\mathcal{H}, \mathcal{K})$ に対して，$\|a^*a\| = \|a\|^2$ が成り立つ．

証明. $a \in \mathbf{B}(\mathcal{H}, \mathcal{K})$ と $\xi \in \mathcal{H}$ に対して，

$$\|a\xi\|^2 = \langle a^*a\xi, \xi \rangle \leqq \|a^*a\xi\|\|\xi\| \leqq \|a^*a\|\|\xi\|^2$$

により，$\|a\|^2 \leqq \|a^*a\|$ である．逆の不等号はコメント 3.1.4 (3) を見よ． □

補題 4.1.3. $\mathbf{B}(\mathcal{H})$ は単位的 C* 環である．

証明. Hilbert 空間 $\mathcal{H}$ は完備であるから，$\mathbf{B}(\mathcal{H})$ は作用素ノルムで Banach 空

間である．乗法単位元は恒等作用素 $1_{\mathcal{H}}\colon \mathcal{H} \ni \xi \mapsto \xi \in \mathcal{H}$ であり，補題 4.1.2 より $\mathbf{B}(\mathcal{H})$ は単位的 C* 環である． □

次の結果は基本的である（[泉 21, 命題 2.4.4, 定理 6.4.2] 参照）．

補題 4.1.4. $a \in \mathbf{B}(\mathcal{H})$ に対して，次のことが成り立つ：

(1) $a \in \mathbf{B}(\mathcal{H})_{\mathrm{sa}} \iff \forall \xi \in \mathcal{H},\ \langle a\xi, \xi \rangle \in \mathbb{R}$.

(2) $a \in \mathbf{B}(\mathcal{H})_{+} \iff \forall \xi \in \mathcal{H},\ \langle a\xi, \xi \rangle \in \mathbb{R}_{+}$.

4.1.3　中線定理，凸集合，射影

Hilbert 空間 $\mathcal{H}$ のノルムは次の中線定理をみたす：

$$\|\xi + \eta\|^2 + \|\xi - \eta\|^2 = 2\|\xi\|^2 + 2\|\eta\|^2, \quad \xi, \eta \in \mathcal{H}.$$

逆に中線定理をみたすノルム空間には (4.1) によって内積が定まる（**von Neumann-Jordan** の定理[1)]）．次の定理は中線定理の重要な帰結である．

定理 4.1.5（射影定理）**.** $C \subset \mathcal{H}$ をノルム閉凸集合，$\xi \in \mathcal{H}$ とする．このとき関数 $C \ni \eta \mapsto \|\xi - \eta\| \in \mathbb{R}_{+}$ は最小値をもち，最小点 $\zeta \in C$ は一意的に定まる．この ζ を ξ の C への射影という．

閉部分空間 $\mathcal{K} \subset \mathcal{H}$ はノルム閉凸であるから，各 $\xi \in \mathcal{H}$ に対して $\mathcal{K}$ への射影 $p_{\mathcal{K}}\xi \in \mathcal{K}$ が存在する．写像 $p_{\mathcal{K}}\colon \mathcal{H} \ni \xi \mapsto p_{\mathcal{K}}\xi \in \mathcal{K}$ は $\mathbf{B}(\mathcal{H})$ の元であって $p_{\mathcal{K}}^2 = p_{\mathcal{K}} = p_{\mathcal{K}}^*$ をみたす．すなわち C* 環 $\mathbf{B}(\mathcal{H})$ の射影である．逆に $p \in \mathbf{B}(\mathcal{H})$ が射影であれば，$p\mathcal{H}$ は閉部分空間である．これらの対応 $\mathcal{K} \mapsto p_{\mathcal{K}}$, $p \mapsto p\mathcal{H}$ は互いに逆写像である．

部分集合 $S \subset \mathcal{H}$ に対して，$S^{\perp} := \{\xi \in \mathcal{H} \mid \langle \xi, \eta \rangle = 0,\ \eta \in S\}$ はその直交補空間とよばれる閉部分空間である．$S^{\perp} = (\overline{\operatorname{span} S})^{\perp}$ であり，$S^{\perp\perp} = \overline{\operatorname{span} S}$ が成り立つ．S が閉部分空間 $\mathcal{K}$ のとき，$\mathcal{K}^{\perp}$ への射影は $1_{\mathcal{H}} - p_{\mathcal{K}}$ で与えられ，直交分解 $\mathcal{H} = \mathcal{K} + \mathcal{K}^{\perp}$ を得る．

---

1) 証明は，例えば [前田 07, 定理 6.4]，[宮寺 18, 定理 2.2] などを見よ．

4.1.4 完全正規直交系

Hilbert 空間 $\mathcal{H}$ の元たち $\{\varepsilon_i\}_{i\in I}$ が正規直交系 (**ONS**[2]) とは，$\langle \varepsilon_i, \varepsilon_j\rangle = \delta_{ij}$ であるときにいう．このとき **Bessel 不等式** $\|\xi\|^2 \geqq \sum_{i\in I} |\langle \xi, \varepsilon_i\rangle|^2$, $\xi \in \mathcal{H}$ が成り立つ．すべての $\xi \in \mathcal{H}$ について等号が成り立つとき，$\{\varepsilon_i\}_{i\in I}$ を完全正規直交系 (**CONS**[3]) という．任意の Hilbert 空間には CONS $\{\varepsilon_i\}_{i\in I}$ が存在し，その濃度 $|I|$ は CONS の取り方によらない．これを Hilbert 空間の次元といい，$\dim \mathcal{H}$ で表す．ONS $\{\varepsilon_i\}_{i\in I}$ について次の条件は同値である：

- ONS $\{\varepsilon_i\}_{i\in I}$ は完全正規直交系である．
- $\mathrm{span}\{\, \varepsilon_i \mid i \in I \,\} \subset \mathcal{H}$ はノルム稠密な部分空間である．
- 任意の $\xi \in \mathcal{H}$ に対して，$\xi = \sum_{i\in I} \langle \xi, \varepsilon_i\rangle \varepsilon_i$ （ノルム収束）．
- $\{\, \varepsilon_i \mid i \in I \,\}^{\perp} = \{0\}$.

4.1.5 等長作用素，ユニタリ作用素

Hilbert 空間 $\mathcal{H}, \mathcal{K}$ 間の等長作用素 $v\colon \mathcal{H} \to \mathcal{K}$ は極化等式 (4.1) により内積を保存する：$\langle v\xi, v\eta\rangle = \langle \xi, \eta\rangle$, $\xi, \eta \in \mathcal{H}$．$*$ 演算の定義と内積の非退化性から $v^*v = 1_{\mathcal{H}}$ がいえる．逆に等式 $v^*v = 1_{\mathcal{H}}$ は等長性を導く．もし線型作用素 $v\colon \mathcal{H} \to \mathcal{K}$ が等長かつ全射ならば，v をユニタリという．ユニタリは全単射線型写像であるから $vw = 1_{\mathcal{K}}$ となる逆写像 $w\colon \mathcal{K} \to \mathcal{H}$ が存在するが，左から v^* をかければ $v^*v = 1_{\mathcal{H}}$ ゆえ $w = v^*$．つまり $v \in \mathbf{B}(\mathcal{H}, \mathcal{K})$ がユニタリであることと $v^*v = 1_{\mathcal{H}}$, $vv^* = 1_{\mathcal{K}}$ をみたすことは同値である．

$\mathcal{H}$ が有限次元ならば等長な $v \in \mathbf{B}(\mathcal{H})$ はユニタリであるが，無限次元の場合はそうとも限らない．片側シフト $S\colon \ell^2 \to \ell^2$ を $(Sf)(n) \coloneqq f(n-1)$, $n \in \mathbb{N}$ と定める．ただし $f(0) \coloneqq 0$ とする．成分表示では $S(z_1, z_2, \ldots) = (0, z_1, z_2, \ldots)$ となる．このとき S は等長だがユニタリではない．

ユニタリ $\mathcal{H} \to \mathcal{K}$ が存在することと $\dim \mathcal{H} = \dim \mathcal{K}$ であることは同値である．$\mathcal{H}$ が無限次元のときは CONS の濃度が無限だから，自然に $\mathcal{H}$ と高々可算個の直和 Hilbert 空間 $\mathcal{H} \oplus \mathcal{H} \oplus \cdots$ がユニタリ同型となる．そこで，n 個の直和 Hilbert 空間 $\mathcal{K} \coloneqq \mathcal{H} \oplus \cdots \oplus \mathcal{H}$ から $\mathcal{H}$ へのユニタリ $U\colon \mathcal{K} \to \mathcal{H}$ を与えて

---

[2] orthonormal system.

[3] complete orthonormal system.

おき，i 番目の直和成分への埋め込み等長作用素を $v_i\colon \mathcal{H} \to \mathcal{K}$ と書けば，等長作用素 $S_i := Uv_i \in \mathbf{B}(\mathcal{H})$ は $\sum_{i=1}^n S_i S_i^* = 1_{\mathcal{H}}$ をみたす．

一般に n 個 $(n \geqq 2)$ の等長作用素たち $T_1, \ldots, T_n \in \mathbf{B}(\mathcal{H})$ が $\sum_{i=1}^n T_i T_i^* = 1_{\mathcal{H}}$ をみたすとき，各 T_i を **Cuntz 等長作用素**とよぶ．このとき $T_j^* T_i = \delta_{i,j} 1_{\mathcal{H}}$ であることもわかる（補題 3.5.33 も参照のこと）．

補題 4.1.6. $\mathbf{B}(\mathcal{H})^{\mathrm{P}}$ での正作用素の順序，Murray–von Neumann 同値，ユニタリ同値について次のことが成り立つ：$p, q \in \mathbf{B}(\mathcal{H})^{\mathrm{P}}$ に対して，

(1) $p \leqq q \iff p\mathcal{H} \subset q\mathcal{H}$

(2) $p \precsim q \iff \dim p\mathcal{H} \leqq \dim q\mathcal{H}$.

(3) $p \sim q \iff \dim p\mathcal{H} = \dim q\mathcal{H}$.

(4) $p \overset{u}{\sim} q \iff \dim p\mathcal{H} = \dim q\mathcal{H},\ \dim p^{\perp}\mathcal{H} = \dim q^{\perp}\mathcal{H}$.

(5) $\dim \mathcal{H} < \infty$ のとき，$p \sim q \iff p \overset{u}{\sim} q$.

証明． (1)．$p\mathcal{H} \subset q\mathcal{H} \Leftrightarrow p = qp$ であり，命題 3.5.32 より主張が従う．

(2)．$\Rightarrow$ を示す．$v \in \mathbf{B}(\mathcal{H})^{\mathrm{PI}}$ を $p = v^*v,\ vv^* \leqq q$ となるものとすれば，$v\colon p\mathcal{H} \ni \xi \mapsto v\xi \in q\mathcal{H}$ は等長作用素である．よって $\dim p\mathcal{H} \leqq \dim q\mathcal{H}$ がいえる．これを逆にたどれば $\Leftarrow$ が示される．

(3)．(2) と同様である．

(4)．(3) と補題 3.5.37 による．

(5)．$\Rightarrow$ のみ示せばよい．$p \sim q$ ならば $\dim p^{\perp}\mathcal{H} = \dim \mathcal{H} - \dim p\mathcal{H} = \dim \mathcal{H} - \dim q\mathcal{H} = \dim q^{\perp}\mathcal{H}$ であり，(4) より $p \overset{u}{\sim} q$ となる．□

問題 4.1.7. 実 Hilbert 空間 $\mathcal{H}, \mathcal{K}$ の間の写像 $f\colon \mathcal{H} \to \mathcal{K}$ が $f(0) = 0$ かつ距離空間の意味で等長的 $(\forall \xi, \eta \in \mathcal{H},\ \|f(\xi) - f(\eta)\| = \|\xi - \eta\|)$ ならば，f は実線型であることを示せ．

4.1.6　共役 Hilbert 空間

$\mathbb{C}$ に内積 $\langle z, w \rangle := \overline{w}z,\ z, w \in \mathbb{C}$ を入れて 1 次元 Hilbert 空間とみなす．各 $\xi \in \mathcal{H}$ に対して，$\ell(\xi) \in \mathbf{B}(\mathbb{C}, \mathcal{H})$ を $\ell(\xi)z := z\xi,\ z \in \mathbb{C}$ と定めると，$\ell(\xi)^* \in \mathbf{B}(\mathcal{H}, \mathbb{C}) = \mathcal{H}^*$ は $\ell(\xi)^*\eta = \langle \eta, \xi \rangle,\ \eta \in \mathcal{H}$ と与えられる．Riesz の表現定理より $\mathcal{H}^* = \{\, \ell(\xi)^* \mid \xi \in \mathcal{H} \,\}$ となる．よって弱位相 $\sigma(\mathcal{H}, \mathcal{H}^*)$ によるネットの収

束について，$\xi_\lambda \xrightarrow{w} \xi \Leftrightarrow \forall \eta \in \mathcal{H}, \langle \xi_\lambda, \eta \rangle \to \langle \xi, \eta \rangle$.

$\mathcal{H}^*$ の作用素ノルムについて，$\|\ell(\xi)^*\| = \sup_{\eta \in \mathrm{Ball}(\mathcal{H})} |\ell(\xi)^* \eta| = \|\xi\|$, $\xi \in \mathcal{H}$ を得る．$\mathcal{H}$ のノルムは中線定理をみたすので，$\mathcal{H}^*$ のノルムもそうであり，$\langle \ell(\xi)^*, \ell(\eta)^* \rangle := 4^{-1} \sum_{k=0}^{3} i^k \|\ell(\xi)^* + i^k \ell(\eta)^*\|^2$, $\xi, \eta \in \mathcal{H}$ は内積を定める (von Neumann–Jordan の定理)．実際に $\ell(\xi)^* + i^k \ell(\eta)^* = \ell(\xi + \overline{i}^k \eta)^*$ ゆえ $\langle \ell(\xi)^*, \ell(\eta)^* \rangle = \langle \eta, \xi \rangle$ となり，確かに内積である．こうして $\mathcal{H}^*$ は自然に Hilbert 空間の構造を有する．

Hilbert 空間 $\mathcal{H}$ に対してその**共役 Hilbert 空間** $\overline{\mathcal{H}}$ を，加法群としては $\mathcal{H}$, 新しいスカラー倍を $\lambda \cdot \xi := \overline{\lambda} \xi$, 新しい内積を $\langle \xi, \eta \rangle_{\overline{\mathcal{H}}} := \langle \eta, \xi \rangle_{\mathcal{H}}$ として定める．これは記法上の混乱を招きやすいので，$\xi \in \mathcal{H}$ に対応する $\overline{\mathcal{H}}$ の元を $\overline{\xi}$ と書く．すると，写像 $\mathcal{H} \ni \xi \mapsto \overline{\xi} \in \overline{\mathcal{H}}$ はユニタリ共役線型写像である．すなわち $\overline{\mathcal{H}} = \{\overline{\xi} \mid \xi \in \mathcal{H}\}$ であって，計算規則は $\lambda, \mu \in \mathbb{C}$, $\xi, \eta \in \mathcal{H}$ に対して，$\overline{\lambda \xi + \mu \eta} = \overline{\lambda}\,\overline{\xi} + \overline{\mu}\,\overline{\eta}$ かつ $\langle \overline{\xi}, \overline{\eta} \rangle_{\overline{\mathcal{H}}} = \langle \eta, \xi \rangle_{\mathcal{H}}$ で与えられる．このとき $\overline{\mathcal{H}} \ni \overline{\xi} \mapsto \ell(\xi)^* \in \mathcal{H}^*$ はユニタリ（線型）同型を与える．

$\mathcal{H}^*$ は Hilbert 空間であるから，Riesz の表現定理により各 $\varphi \in \mathcal{H}^{**}$ に対して，$\xi_\varphi \in \mathcal{H}$ が一意的に存在して $\varphi(\ell(\eta)^*) = \langle \ell(\eta)^*, \ell(\xi_\varphi)^* \rangle_{\mathcal{H}^*} = \langle \xi_\varphi, \eta \rangle = \ell(\eta)^* \xi_\varphi$, $\eta \in \mathcal{H}$ となる．これは等長埋め込み $\iota_{\mathcal{H}} \colon \mathcal{H} \to \mathcal{H}^{**}$ の全射性を示している ($\iota_{\mathcal{H}}(\xi_\varphi) = \varphi$)．すなわち Hilbert 空間は反射的 Banach 空間である．とくに $\mathrm{Ball}(\mathcal{H})$ は $\sigma(\mathcal{H}, \mathcal{H}^*)$ でコンパクトである．

4.1.7 テンソル積 Hilbert 空間

代数的テンソル積ベクトル空間 $\mathcal{H} \otimes_{\mathrm{alg}} \mathcal{K}$ は次のような内積をもつ：

$$\langle \xi \otimes \eta, \zeta \otimes \nu \rangle := \langle \xi, \zeta \rangle \langle \eta, \nu \rangle, \quad \xi, \zeta \in \mathcal{H},\ \eta, \nu \in \mathcal{K}.$$

この内積で完備化してできる Hilbert 空間を**テンソル積 Hilbert 空間**とよび，$\mathcal{H} \otimes \mathcal{K}$ と書く．このとき $\|\xi \otimes \eta\| = \|\xi\| \|\eta\|$, $\xi \in \mathcal{H}$, $\eta \in \mathcal{K}$ である．もし $\{e_i\}_{i \in I}$ と $\{f_j\}_{j \in J}$ がそれぞれ $\mathcal{H}$ と $\mathcal{K}$ の CONS ならば，$\{e_i \otimes f_j\}_{(i,j) \in I \times J}$ は $\mathcal{H} \otimes \mathcal{K}$ の CONS である．

テンソル積 Hilbert 空間 $\mathcal{H} \otimes \ell^2$ は $\ell^2(\mathcal{H})$ とユニタリ同型である．実際，双線型写像 $\mathcal{H} \times \ell^2 \ni (\xi, f) \mapsto g \in \ell^2(\mathcal{H})$ を $g(n) := f(n)\xi$ によって定めると，付随する線型写像 $\mathcal{H} \otimes_{\mathrm{alg}} \ell^2 \to \ell^2(\mathcal{H})$ は等長である．これを拡張して等長作用

素 $\mathcal{H}\otimes\ell^2\to\ell^2(\mathcal{H})$ を得る．逆写像は $\ell^2(\mathcal{H})\ni(\xi_n)_n\mapsto\sum_n\xi_n\otimes\delta_n\in\mathcal{H}\otimes\ell^2$ で与えられる $(\delta_n(m):=\delta_{n,m},\ m,n\in\mathbb{N})$.

さて，各 $x\in\mathbf{B}(\mathcal{H})$ と $y\in\mathbf{B}(\mathcal{K})$ に対して，線型作用素 $x\otimes y\colon\mathcal{H}\otimes_{\mathrm{alg}}\mathcal{K}\to\mathcal{H}\otimes_{\mathrm{alg}}\mathcal{K}$ を $(x\otimes y)(\xi\otimes\eta)=x\xi\otimes y\eta,\ \xi\otimes\eta\in\mathcal{H}\otimes\mathcal{K}$ と定める．

補題 4.1.8. $x\in\mathbf{B}(\mathcal{H}),\ y\in\mathbf{B}(\mathcal{K})$ に対して，$x\otimes y$ は $\mathcal{H}\otimes_{\mathrm{alg}}\mathcal{K}$ 上で作用素ノルム $\|x\otimes y\|=\|x\|\|y\|$ をもつ．とくに $x\otimes y$ は $\mathcal{H}\otimes\mathcal{K}$ 上の有界線型作用素に拡張する．この拡張も $x\otimes y$ と書く．

証明. $\xi\in\mathcal{H}\otimes_{\mathrm{alg}}\mathcal{K}$ を $\xi=\sum_{k=1}^n\eta_k\otimes\zeta_k$ と分解する．さらに $\mathrm{span}\{\eta_k\}_k$ の CONS で η_k を分解することで，η_k たちははじめから ONS であるとしてよい．次に $\mathrm{span}\{y\zeta_k\}_k$ の CONS $\{e_i\}_{i\in I}$ を取る（I は有限集合）．すると

$$
\begin{aligned}
\|(x\otimes y)\xi\|^2&=\sum_{k,\ell=1}^n\langle x\eta_k\otimes y\zeta_k,x\eta_\ell\otimes y\zeta_\ell\rangle=\sum_{k,\ell=1}^n\langle x\eta_k,x\eta_\ell\rangle\langle y\zeta_k,y\zeta_\ell\rangle\\
&=\sum_{k,\ell=1}^n\sum_{i\in I}\langle x\eta_k,x\eta_\ell\rangle\langle y\zeta_k,e_i\rangle\langle e_i,y\zeta_\ell\rangle\\
&=\sum_{i\in I}\left\|\sum_k\langle y\zeta_k,e_i\rangle x\eta_k\right\|^2\leqq\sum_{i\in I}\|x\|^2\left\|\sum_k\langle y\zeta_k,e_i\rangle\eta_k\right\|^2\\
&=\|x\|^2\sum_k\sum_{i\in I}|\langle y\zeta_k,e_i\rangle|^2=\|x\|^2\sum_k\|y\zeta_k\|^2\\
&\leqq\|x\|^2\sum_k\|y\|^2\|\zeta_k\|^2=\|x\|^2\|y\|^2\|\xi\|^2.
\end{aligned}
$$

以上より $\|x\otimes y\|\leqq\|x\|\|y\|$. 基本テンソル元 $\xi=\eta\otimes\zeta$ を考えればわかるように $\|x\|\|y\|\leqq\|x\otimes y\|$. 以上より $\|x\otimes y\|=\|x\|\|y\|$ が成り立つ． □

$*$ 環 A,B に対し，代数的テンソル環 $A\otimes_{\mathrm{alg}}B$ に $*$ 演算を $(a\otimes b)^*:=a^*\otimes b^*$, $a\in A,\ b\in B$ と定めることで，$A\otimes_{\mathrm{alg}}B$ は $*$ 環となる．

補題 4.1.9. $\pi\colon\mathbf{B}(\mathcal{H})\otimes_{\mathrm{alg}}\mathbf{B}(\mathcal{K})\ni\sum_i x_i\otimes y_i\mapsto\sum_i x_i\otimes y_i\in\mathbf{B}(\mathcal{H}\otimes\mathcal{K})$ は $*$ 環 $\mathbf{B}(\mathcal{H})\otimes_{\mathrm{alg}}\mathbf{B}(\mathcal{K})$ の単位的な忠実表現である．

証明. π が単位的表現であることは明らか．忠実性を示す．$\sum_{i=1}^n x_i\otimes y_i\in\ker\pi$ とする．y_i たちは線型独立としてよい．任意の $\xi_k\in\mathcal{H},\eta_k\in\mathcal{K},\ k=1,2$

に対して

$$0 = \sum_{i=1}^{n} \langle (x_i \otimes y_i)(\xi_1 \otimes \eta_1), (\xi_2 \otimes \eta_2) \rangle = \sum_{i=1}^{n} \big\langle \langle x_i \xi_1, \xi_2 \rangle y_i \eta_1, \eta_2 \big\rangle.$$

η_k の任意性から $\sum_{i=1}^{n} \langle x_i \xi_1, \xi_2 \rangle y_i = 0$. y_i たちは線型独立だから $\langle x_i \xi_1, \xi_2 \rangle = 0$, $i = 1, \ldots, n$. ξ_k の任意性により $x_i = 0$. よって π は忠実である. □

以後この忠実表現によって $\mathbf{B}(\mathcal{H}) \otimes_{\mathrm{alg}} \mathbf{B}(\mathcal{K}) \subset \mathbf{B}(\mathcal{H} \otimes \mathcal{K})$ とみなす.

定義 4.1.10. C* 環 A の表現 $\pi \colon A \to \mathbf{B}(\mathcal{H})$ に対して, $\mathcal{K}$ に付随する増幅表現を $A \ni x \mapsto \pi(x) \otimes 1_{\mathcal{K}} \in \mathbf{B}(\mathcal{H} \otimes \mathcal{K})$ と定める. これを $\pi \otimes 1_{\mathcal{K}}$ や π_{amp} などと表す.

4.1.8 弱作用素位相, 強作用素位相

$\mathbf{B}(\mathcal{H})$ には作用素ノルム位相の他に沢山の局所凸位相が入る. これらの性質については 4.3.1 項で詳述する. ここでは弱位相と強位相を紹介する.

- **弱位相.** 各 $\xi, \eta \in \mathcal{H}$ に対して $\mathbf{B}(\mathcal{H})$ 上の半ノルムを次のように与える:

$$\mathbf{B}(\mathcal{H}) \ni x \mapsto |\langle x\xi, \eta \rangle| \in \mathbb{R}_+.$$

  これらに付随する局所凸位相を弱位相, あるいは**弱作用素位相**ともいう. 弱位相でのネットの収束を $x_\lambda \xrightarrow{w} x$ や $x = \text{w-lim}_\lambda x_\lambda$ のように書く. これは $\langle (x_\lambda - x)\xi, \eta \rangle \to 0$, $\xi, \eta \in \mathcal{H}$ を意味する. $*$ 演算は弱位相で連続である.

- **強位相.** 各 $\xi \in \mathcal{H}$ に対して $\mathbf{B}(\mathcal{H})$ 上の半ノルムを次のように与える:

$$\mathbf{B}(\mathcal{H}) \ni x \mapsto \|x\xi\| \in \mathbb{R}_+.$$

  これらに付随する局所凸位相を強位相, あるいは**強作用素位相**ともいう. 強位相でのネットの収束を $x_\lambda \xrightarrow{s} x$ や $x = \text{s-lim}_\lambda x_\lambda$ のように書く. これは $\|(x_\lambda - x)\xi\| \to 0$, $\xi \in \mathcal{H}$ を意味する. 極化等式により $x_\lambda \xrightarrow{s} x \Leftrightarrow (x_\lambda - x)^*(x_\lambda - x) \xrightarrow{w} 0$ である. また $\mathcal{H}$ が無限次元のとき $*$ 演算は強位相で不連続である (命題 9.3.28 を参照せよ).

通常 $\mathbf{B}(\mathcal{H})$ の弱位相，強位相といえば弱作用素位相，強作用素位相を指す．弱作用素位相は $\sigma(\mathbf{B}(\mathcal{H}), \mathbf{B}(\mathcal{H})^*)$ よりも（$\mathcal{H}$ が無限次元ならば真に）弱い位相であるから注意が必要である．次の 2 つの結果は頻繁に用いられる．

命題 4.1.11. ノルム有界集合 $S \subset \mathbf{B}(\mathcal{H})$ に対して，積 $S \times S \ni (x, y) \mapsto xy \in \mathbf{B}(\mathcal{H})$ は強位相に関して連続である．

証明. $C := \sup\{\|x\| \mid x \in S\} < \infty$ とおく．積の連続性は次の不等式から従う：$x, y, a, b \in S$ と $\xi \in \mathcal{H}$ に対して，

$$\|(xy - ab)\xi\| \leqq \|x\|\|(y-b)\xi\| + \|(x-a)b\xi\| \leqq C\|(y-b)\xi\| + \|(x-a)b\xi\|.$$

□

命題 4.1.12. 次のことが成り立つ：

(1) $\mathbf{B}(\mathcal{H})_{\mathrm{sa}}$ の任意のノルム有界単調増加（減少）ネット $(a_\lambda)_{\lambda \in \Lambda}$ は強収束極限 $a := \text{s-lim}_\lambda a_\lambda \in \mathbf{B}(\mathcal{H})_{\mathrm{sa}}$ をもつ．

(2) (1) の強極限 a は集合 $\{a_\lambda \mid \lambda \in \Lambda\} \subset \mathbf{B}(\mathcal{H})_{\mathrm{sa}}$ の上限（下限）である．

証明. 単調増加の場合のみ示す．(1)．命題 4.1.1 の等長写像 $f\colon \mathbf{B}(\mathcal{H}) \ni x \mapsto f_x \in \mathbf{BS}(\mathcal{H}, \mathcal{H})$ を用いる．各 $\xi \in \mathcal{H}$ に対して，$f_{a_\lambda}(\xi, \xi)$ は $\mathbb{R}$ の有界単調増加ネットであり，$\mathbb{R}$ の完備性により収束する．極化等式により任意の $\xi, \eta \in \mathcal{H}$ で極限 $g(\xi, \eta) := \lim_\lambda f_{a_\lambda}(\xi, \eta) \in \mathbb{C}$ が存在する．明らかに g は半双線型形式である．また $C := \sup_\lambda \|a_\lambda\|$ とおけば，$|g(\xi, \eta)| \leqq C\|\xi\|\|\eta\|$ だから $\|g\| \leqq C$ である．命題 4.1.1 により，ある $a \in \mathbf{B}(\mathcal{H})$ が存在して $g = f_a$ かつ $\|a\| \leqq C$．したがって $a_\lambda \xrightarrow{w} a$．とくに $a \in \mathbf{B}(\mathcal{H})_{\mathrm{sa}}$．強収束 $a_\lambda \xrightarrow{s} a$ を示す．各 $\lambda \in \Lambda$ について $f_{a_\lambda}(\xi, \xi) \leqq f_a(\xi, \xi)$, $\xi \in \mathcal{H}$ だから $a_\lambda \leqq a$ である．よって $(a - a_\lambda)^2 \leqq \|a - a_\lambda\|(a - a_\lambda) \leqq 2C(a - a_\lambda)$．各 $\xi \in \mathcal{H}$ に対して $\|a_\lambda \xi - a\xi\|^2 = \langle (a - a_\lambda)^2 \xi, \xi \rangle \leqq 2C\langle (a - a_\lambda)\xi, \xi \rangle$ であり，$\lim_\lambda \|a_\lambda \xi - a\xi\| = 0$ がいえる．

(2)．(1) の証明から a が $I := \{a_\lambda \mid \lambda \in \Lambda\}$ の上界であることはよい．次に $b \in \mathbf{B}(\mathcal{H})_{\mathrm{sa}}$ を I の上界とすれば，任意の $\lambda \in \Lambda$ で $a_\lambda \leqq b$．$\xi \in \mathcal{H}$ とし $f_{a_\lambda}(\xi, \xi) \leqq f_b(\xi, \xi)$ で極限を取れば，$a \leqq b$ であることがわかる．□

定義 4.1.13. C* 環 A が単調完備である $:\overset{\mathrm{d}}{\Leftrightarrow}$ A_{sa} 内の任意のノルム有界単調増加ネットが A_{sa} 内に上限をもつ.

コメント 4.1.14.

(1) $\mathbf{B}(\mathcal{H})$ や，強位相で閉である $*$ 部分環 $M \subset \mathbf{B}(\mathcal{H})$ は単調完備である.

(2) 単調完備 C* 環 A のノルム有界単調増加ネット $a_\lambda \in \mathrm{Ball}(A_+)$ の上限を a とすれば，$a \in \mathrm{Ball}(A_+)$ である．実際に任意の λ に対して，$a_\lambda \leqq a_\lambda^{1/2} \leqq a^{1/2}$ であり，$a^{1/2}$ は a_λ たちの上界である．よって a の最小性から $a \leqq a^{1/2}$ がいえる．これは $\|a\| \leqq 1$ を導く.

(3) コンパクト Hausdorff 空間 Ω について，$C(\Omega)$ が単調完備であることと Ω が **Stone 空間**[4] であることは同値である（[Tak02, Proposition III.1.7]）.

命題 4.1.15. 単調完備な非零 C* 環は単位的である.

証明. 単調完備な C* 環 A の近似単位元 u_λ を取る．単調完備性から u_λ たちの上限 $e \in \mathrm{Ball}(A_+)$ が存在する（コメント 4.1.14 (2)）．任意の $x \in A$ に対して，$xu_\lambda x^* \leqq xex^* \leqq xx^*$ である．$\lim_\lambda xu_\lambda x^* = xx^*$ より，$xx^* = xex^*$，すなわち $x(1_{\widetilde{A}} - e)x^* = 0$ となる．よって $x = xe, x \in A$ である．$*$ を取れば，$ex = x, x \in A$ も従う. □

例 4.1.16. p_λ を $\mathbf{B}(\mathcal{H})^{\mathrm{P}}$ の単調増加ネットとすれば，命題 4.1.12 により強極限 $p := \lim_\lambda p_\lambda \in \mathbf{B}(\mathcal{H})_+$ が存在する．p は射影である．実際に命題 4.1.11 により $p^2 = \text{s-lim}_\lambda p_\lambda^2 = \text{s-lim}_\lambda p_\lambda = p$.

問題 4.1.17. ネット $a_i \in \mathbf{B}(\mathcal{H})$ が $\|a_i\| \leqq 1$ かつ $\text{w-lim}_i a_i = 1_{\mathcal{H}}$ をみたすならば，任意の $x \in \mathbf{B}(\mathcal{H})$ に対して $\|x\| = \lim_i \|a_i x\| = \lim_i \|xa_i\|$ であることを示せ．$\text{s-lim}_i a_i = 1_{\mathcal{H}}$ の場合は $\|x\| = \lim_i \|a_i x a_i\|$ もいえる．［ヒント：$\|y\| = \sup_{\xi,\eta \in \mathrm{Ball}(\mathcal{H})} |\langle y\xi, \eta\rangle|$ より，作用素ノルムは弱位相に関して下半連続である.］

---

[4] 任意の開集合 $U \subset \Omega$ の閉包 $\overline{U}$ が開かつ閉集合であるようなコンパクト Hausdorff 空間のこと.

4.2 コンパクト作用素

4.2.1 Schatten 形式

$\mathbf{B}(\mathcal{H})$ の元の行列表示や有限階作用素の表示に便利な Schatten 形式を導入する．元 $\xi \in \mathcal{H}$ に対して，4.1.6 項でも触れた写像 $\ell(\xi)\colon \mathbb{C} \ni z \mapsto z\xi \in \mathcal{H}$ を考える．元 $\xi \in \mathcal{K}$ と $\eta \in \mathcal{H}$ の **Schatten 形式**を $\xi \odot \eta := \ell(\xi)\ell(\eta)^* \in \mathbf{B}(\mathcal{H}, \mathcal{K})$ と定める．$\eta \neq 0$ であれば $\mathrm{ran}(\xi \odot \eta) = \mathbb{C}\xi$ である．

Schatten 形式の主な性質をまとめておく．いずれも等式 $\ell(\xi)^*\ell(\eta) = \langle \eta, \xi \rangle \in \mathbf{B}(\mathbb{C}) = \mathbb{C}$ などを使って示せる．Hilbert 空間を共通に取っているが，別の Hilbert 空間へ写す Schatten 形式を考えても同様である．

補題 4.2.1.　$\xi, \eta, \zeta, \nu \in \mathcal{H}$, $x, y \in \mathbf{B}(\mathcal{H})$ とすると，次のことが成り立つ：

(1) $\mathcal{H} \times \mathcal{H} \ni (\xi, \eta) \mapsto \xi \odot \eta \in \mathbf{B}(\mathcal{H})$ は半双線型写像である．
(2) $(\xi \odot \eta)^* = \eta \odot \xi$.
(3) $(\xi \odot \eta)(\zeta \odot \nu) = \langle \zeta, \eta \rangle \xi \odot \nu$.
(4) $x(\xi \odot \eta)y = (x\xi) \odot (y^*\eta)$.
(5) $\|\xi \odot \eta\| = \|\xi\|\|\eta\|$.

さて $\{\varepsilon_i\}_{i \in I}$ を $\mathcal{H}$ の CONS とし，$e_{ij} := \ell(\varepsilon_i)\ell(\varepsilon_j)^* \in \mathbf{B}(\mathcal{H})$ とおく．e_{ij} を $\mathbf{B}(\mathcal{H})$ の $\{\varepsilon_i\}_{i \in I}$ に付随する行列単位，$\{e_{ij}\}_{i,j \in I}$ を行列単位系とよぶ（一般には定義 7.2.23 を参照せよ）．定義から $e_{ij}\varepsilon_k = \delta_{j,k}\varepsilon_i$, $i, j, k \in I$ である．

補題 4.2.2.　次のことが成り立つ：$k, \ell, m, n \in I$ に対して，

(1) $e_{k\ell}e_{mn} = \delta_{\ell,m}e_{kn}$, $e_{mn}^* = e_{nm}$.
(2) $e_{nn}\mathcal{H} = \mathbb{C}\varepsilon_n$.
(3) $\sum_{i \in I} e_{ii} = 1_{\mathcal{H}}$（強収束）.

証明. (1), (2). 補題 4.2.1 より明らか.

(3). 有限集合 $F \Subset I$ に対して $p_F := \sum_{i \in F} e_{ii}$ とおくと，p_F は射影かつ F に関して単調増加であり，強極限 $p := \text{s-lim}_F\, p_F$ は射影である（例 4.1.16）．各 $i \in I$ に対して $F \Subset I$ を $i \in F$ のように取れば，$p_F\varepsilon_i = \varepsilon_i$ ゆえ $p\varepsilon_i = \varepsilon_i$. よって $p = 1_{\mathcal{H}}$ である． □

次の補題の収束は，I の有限部分集合族 $\{F \mid F \Subset I\}$ によるネットの収束 $\lim_F \sum_{i,j\in F} x_{ij}e_{ij}$ を意味する．

補題 4.2.3. 任意の $x \in \mathbf{B}(\mathcal{H})$ に対して，強収束で $x = \sum_{i,j\in I} x_{ij}e_{ij}$ が成り立つ．ここで $x_{ij} := \langle x\varepsilon_j, \varepsilon_i\rangle \in \mathbb{C}$ である．

証明. 各 $F \Subset I$ に対して $p_F := \sum_{i\in F} e_{ii}$ とおくと，補題 4.2.2 より $p_F \xrightarrow{s} 1_{\mathcal{H}}$．したがって命題 4.1.11 により $p_F x p_F \xrightarrow{s} x$．ここで

$$
\begin{aligned}
p_F x p_F &= \sum_{i,j\in F} e_{ii}xe_{jj} = \sum_{i,j\in F} (\varepsilon_i \odot \varepsilon_i)x(\varepsilon_j \odot \varepsilon_j) \\
&= \sum_{i,j\in F} \langle x\varepsilon_j, \varepsilon_i\rangle \varepsilon_i \odot \varepsilon_j = \sum_{i,j\in F} x_{ij}e_{ij}.
\end{aligned}
$$
□

この結果をテンソル積 Hilbert 空間 $\mathcal{H} \otimes \mathcal{K}$ に一般化しておく．同じ記号だが $\{\varepsilon_i\}_{i\in I}$ を改めて，$\mathcal{K}$ の CONS とする．

補題 4.2.4. $x \in \mathbf{B}(\mathcal{H} \otimes \mathcal{K})$ に対して，$x_{ij} := (1_{\mathcal{H}} \otimes \ell(\varepsilon_i)^*)x(1_{\mathcal{H}} \otimes \ell(\varepsilon_j)) \in \mathbf{B}(\mathcal{H} \otimes \mathbb{C}) = \mathbf{B}(\mathcal{H})$, $i, j \in I$ とおけば，強収束で $x = \sum_{i,j\in I} x_{ij} \otimes e_{ij}$ が成り立つ．この分解は次の意味で一意的である：もしある $a_{ij} \in \mathbf{B}(\mathcal{H})$, $i, j \in I$ に対して $x = \sum_{i,j\in I} a_{ij} \otimes e_{ij}$ であれば，$a_{ij} = x_{ij}$, $i, j \in I$ である．

証明. 各 $F \Subset I$ に対して，$p_F := \sum_{i\in F} 1_{\mathcal{H}} \otimes e_{ii}$ とおけば，射影の単調増加ネットであるから，p_F はある射影 p に $\mathbf{B}(\mathcal{H} \otimes \mathcal{K})$ で強収束する．補題 4.2.2 の証明を参考にすれば $p = 1_{\mathcal{H}} \otimes 1_{\mathcal{K}}$ であることがいえる．したがって，強収束 $x = \lim_F p_F x p_F$ を得る．これから示したい第 1 の等式が得られる．次に分解の一意性を示す．もしそのような分解があれば，各 $k, \ell \in I$ について，$(1_{\mathcal{H}} \otimes e_{kk})x(1_{\mathcal{H}} \otimes e_{\ell\ell}) = a_{k\ell} \otimes e_{k\ell}$ となる．左辺はもちろん $x_{k\ell} \otimes e_{k\ell}$ であるから，$x_{k\ell} = a_{k\ell}$ である． □

4.2.2 コンパクト作用素

定義 4.2.5. $a \in \mathbf{B}(\mathcal{H}, \mathcal{K})$ とする．

- $\operatorname{ran} a$ が有限次元であるとき，a を有限階作用素とよぶ．$\mathcal{H}$ から $\mathcal{K}$ への有限階作用素の集合を $\mathbf{F}(\mathcal{H}, \mathcal{K})$ と書く．$\mathbf{F}(\mathcal{H}, \mathcal{H})$ を単に $\mathbf{F}(\mathcal{H})$ と書く．

- a による像 $a(\mathrm{Ball}(\mathcal{H}))$ のノルム閉包がノルム位相でコンパクト集合であるとき，a はコンパクト作用素とよばれる．$\mathcal{H}$ から $\mathcal{K}$ へのコンパクト作用素の集合を $\mathbf{K}(\mathcal{H},\mathcal{K})$ と表す．$\mathbf{K}(\mathcal{H},\mathcal{H})$ を単に $\mathbf{K}(\mathcal{H})$ と書く．

コメント 4.2.6.

(1) 有限次元ノルム空間の有界閉集合はコンパクトであるから，$\mathbf{F}(\mathcal{H},\mathcal{K}) \subset \mathbf{K}(\mathcal{H},\mathcal{K})$ である．

(2) 各 $a \in \mathbf{B}(\mathcal{H},\mathcal{K})$ の像 $a(\mathrm{Ball}(\mathcal{H}))$ は常にノルム閉であり，定義 4.2.5 において閉包を取る必要はない（Banach 空間の間のコンパクト作用素の定義に準拠した形にしてある）．まず a は $\sigma(\mathcal{H},\mathcal{H}^*)$ と $\sigma(\mathcal{K},\mathcal{K}^*)$ に関して連続写像であることに注意する．実際 $\mathcal{H}$ の弱収束ネット $\xi_\lambda \xrightarrow{w} \xi$ と任意の $\eta \in \mathcal{K}$ に対して，$\langle a\xi_\lambda - a\xi, \eta\rangle = \langle \xi_\lambda - \xi, a^*\eta\rangle \to 0$．よって a による弱コンパクト集合 $\mathrm{Ball}(\mathcal{H})$ の像 $a(\mathrm{Ball}(\mathcal{H}))$ は $\mathcal{K}$ で弱コンパクトである．とくに弱閉であるからノルム閉である．

補題 4.2.7.　$\mathbf{F}(\mathcal{H},\mathcal{K}) = \mathrm{span}\,\{\xi \odot \eta \mid \xi \in \mathcal{K},\ \eta \in \mathcal{H}\}$．とくに $\mathbf{F}(\mathcal{H})$ は $*$ 演算で閉じた $\mathbf{B}(\mathcal{H})$ の（必ずしもノルム閉でない）両側イデアルである．

証明. $\supset$ は明らか．$\subset$ を示す．$a \in \mathbf{F}(\mathcal{H},\mathcal{K})$ とする．有限次元部分空間 $\mathrm{ran}\, a$ の CONS $\{e_k\}_{k=1}^n$ を取ると，$p := \sum_k e_k \odot e_k$ は $\mathcal{K}$ から $\mathrm{ran}\, a$ への射影である．よって $a = pa = \sum_k (e_k \odot e_k)a = \sum_k e_k \odot a^* e_k$．両側イデアルであることは補題 4.2.1 (4) からわかる．□

$\mathcal{H}$ または $\mathcal{K}$ が有限次元の場合，$\mathbf{F}(\mathcal{H},\mathcal{K}) = \mathbf{K}(\mathcal{H},\mathcal{K}) = \mathbf{B}(\mathcal{H},\mathcal{K})$ であるから次の定理は自明である．

定理 4.2.8.　$\mathcal{H},\mathcal{K}$ を Hilbert 空間とし，$a \in \mathbf{B}(\mathcal{H},\mathcal{K})$ とする．このとき次の条件は同値である：

(1) $a \in \mathbf{K}(\mathcal{H},\mathcal{K})$.

(2) $\mathcal{H}$ の任意の弱収束列 $\xi_n \xrightarrow{w} \xi$ に対して $a\xi_n \xrightarrow{\|\cdot\|} a\xi$.

(3) $\mathcal{H}$ の任意の ONS $\{e_n\}_{n\in\mathbb{N}}$ に対して $\lim_n \|ae_n\| = 0$.

(4) 任意の単調減少射影列 $p_n \in \mathbf{B}(\mathcal{H})$ であって $p_n \xrightarrow{s} 0$ となるものに対し

て $\lim_n \|ap_n\| = 0$.

(5) ある点列 $a_n \in \mathbf{F}(\mathcal{H}, \mathcal{K})$ によって，$\lim_n \|a_n - a\| = 0$.

(6) $a^* \in \mathbf{K}(\mathcal{K}, \mathcal{H})$.

証明. (1) ⇒ (2). $\mathcal{H}$ で点列の収束 $\xi_n \xrightarrow{w} \xi$ があれば，a は $\sigma(\mathcal{H}, \mathcal{H}^*)$ 連続だから，$a\xi_n \xrightarrow{w} a\xi$ である．ここで一様有界性原理から $\sup_n \|\xi_n\| < \infty$ である．a はコンパクトだから，点列 $a\xi_n$ はノルム収束部分列をもつ．$a\xi_n \xrightarrow{w} a\xi$ ゆえ任意のノルム収束部分列 $a\xi_{n_k}$ の極限は $a\xi$ に等しい．よって $\|a\xi_n - a\xi\| \to 0$ である．

(2) ⇒ (1). 点列 $\eta_n \in a(\mathrm{Ball}(\mathcal{H}))$ に対し，$\eta_n = a\xi_n$ となる $\xi_n \in \mathrm{Ball}(\mathcal{H})$ を取る．$\mathrm{Ball}(\mathcal{H})$ は弱コンパクトゆえ，ある部分列 ξ_{n_k} は $\xi \in \mathrm{Ball}(\mathcal{H})$ に弱収束する．(2) より $\lim_k \|a\xi_{n_k} - a\xi\| = 0$. よって $a(\mathrm{Ball}(\mathcal{H}))$ はノルム（相対）コンパクトである（コメント 4.2.6 (2) も参照のこと）.

(2) ⇒ (3). もし $\{e_n\}_{n\in\mathbb{N}}$ が $\mathcal{H}$ の ONS ならば $e_n \xrightarrow{w} 0$ だから，(2) より $\lim_n \|ae_n\| = 0$.

(3) ⇒ (4). 仮定より $\|ap_n\|$ は単調に減少する．そこで $\alpha := \inf_n \|ap_n\| > 0$ と仮定する．単位ベクトル $e_1 \in \operatorname{ran} p_1$ を $\|ae_1\| > \alpha/2$ となるように取る．以下 $\{e_k\}_{k\in\mathbb{N}}$ を，$\mathcal{H}$ の ONS かつ $\|ae_k\| \geqq \alpha/3$, $k \in \mathbb{N}$ となるように帰納的に構成する．すると (3) より矛盾を導ける．

$\{e_1, \ldots, e_n\}$ まで構成できているとする．各 $m \geq n$ に対して，単位ベクトル $\xi_m \in \operatorname{ran} p_m$ を $\|a\xi_m\| > \alpha/2$ となるように選んでおく．すると ξ_m は 0 に弱収束する．実際，$|\langle \xi_m, \eta\rangle| = |\langle \xi_m, p_m\eta\rangle| \leqq \|p_m\eta\|$, $\eta \in \mathcal{H}$ からわかる．よって射影 $q_n := \sum_{k=1}^n e_k \odot e_k$ に対して，$q_n\xi_m = \sum_{k=1}^n \langle \xi_m, e_k\rangle e_k$ は $m \to \infty$ で 0 にノルム収束する．そこで $\eta_m := (\xi_m - q_n\xi_m)/\|\xi_m - q_n\xi_m\|$ とおけば，η_m は十分大きな m に対して定義できる単位ベクトルであり，$\eta_m \in \{e_1, \ldots, e_n\}^\perp$ である．また $\lim_m \|q_n\xi_m\| = 0$ かつ $\lim_m \|\xi_m - q_n\xi_m\| = 1$ だから，$\underline{\lim}_m \|a\eta_m\| = \underline{\lim}_m \|a\xi_m\| \geqq \alpha/2$ となる．よって十分大きな $m_0 \geqq n$ を $\|a\eta_{m_0}\| > \alpha/3$ となるように取り，$e_{n+1} := \eta_{m_0}$ とおけばよい．

(4) ⇒ (3). $\{e_n\}_{n\in\mathbb{N}}$ が $\mathcal{H}$ の ONS ならば，$p_n := \sum_{k=n}^\infty e_k \odot e_k \xrightarrow{s} 0$. よって $\|ae_n\| \leqq \|ap_n\| \to 0$.

(3) ⇒ (5). 直交分解 $\mathcal{H} = \ker a + (\ker a)^\perp$ を考えたとき，閉部分空間

$\mathcal{L} := (\ker a)^{\perp}$ は可分であることを示す．$\mathcal{L}$ の CONS $\{e_\lambda\}_{\lambda\in\Lambda}$ を取る．各 $n \in \mathbb{N}$ に対して，$\Lambda_n := \{\lambda \in \Lambda \mid \|ae_\lambda\| \geqq 1/n\}$ と定めれば，(3) より Λ_n は有限集合である．一方で任意の $\lambda \in \Lambda$ に対して $ae_\lambda \neq 0$ ゆえ $\Lambda = \bigcup_n \Lambda_n$．よって Λ は高々可算集合である．もし $\mathcal{L}$ が有限次元ならば，a は有限階作用素であるから示すことは何もない．よって $\mathcal{L}$ が無限次元の場合を考える．以下 $\Lambda = \mathbb{N}$ とみなす．$\mathcal{H}$ から $\mathcal{L}$ への射影を $p_{\mathcal{L}}$ と書く．各 $n \in \Lambda$ に対して，$q_n := \sum_{k=1}^{n} e_k \odot e_k$，$p_n := p_{\mathcal{L}} - q_n$ とおくと，p_n は $\mathcal{H}$ から $\mathcal{L} \cap \{e_1, \ldots, e_n\}^{\perp}$ への射影である．$\{e_k\}_{k\in\mathbb{N}}$ は $\mathcal{L}$ の CONS であるから，p_n は単調減少かつ $p_n \xrightarrow{s} 0$ である．よって (4) より $\lim_n \|ap_n\| = 0$ である．そこで $a_n := aq_n \in \mathbf{F}(\mathcal{H})$ とおけば，$a = aq_{\mathcal{L}}$ だから $\lim_n \|a_n - a\| = \lim_n \|aq_n - aq_{\mathcal{L}}\| = \lim_n \|ap_n\| = 0$.

(5) ⇒ (2)．$\mathcal{H}$ の弱収束列 $\xi_n \xrightarrow{w} 0$ を任意に取る．一様有界性原理から $C := \sup_n \|\xi_n\| < \infty$ である．(5) より各 $\varepsilon > 0$ に対して $b \in \mathbf{F}(\mathcal{H})$ を $\|a - b\| < \varepsilon$ となるように取れる．すると

$$\|a\xi_n\| \leqq \|(a-b)\xi_n\| + \|b\xi_n\| \leqq C\varepsilon + \|b\xi_n\|, \quad n \in \mathbb{N}$$

となる．また b の Schatten 形式の和による計算，あるいは b のコンパクト性から (2) を使えて，$\lim_n \|b\xi_n\| = 0$ となる．よって $\overline{\lim}_n \|a\xi_n\| \leqq C\varepsilon$.

(1) ⇒ (6)．a について (5) の条件を使うと，ある点列 $a_n \in \mathbf{F}(\mathcal{H}, \mathcal{K})$ が存在して $\lim_n \|a_n - a\| = 0$. すると $a_n^* \in \mathbf{F}(\mathcal{K}, \mathcal{H})$ かつ $\lim_n \|a_n^* - a^*\| = 0$ だから $a^* \in \mathbf{K}(\mathcal{K}, \mathcal{H})$ である．(6) ⇒ (1) も同様である．　□

次の結果は定理 4.2.8 (5) の近似を用いれば容易に示せる．

系 4.2.9.　$a \in \mathbf{K}(\mathcal{H}, \mathcal{K})$ とすると，次のことが成り立つ：

(1) $\mathcal{H}$ のノルム有界弱収束ネット $\xi_\lambda \xrightarrow{w} \xi$ に対して $\lim_\lambda \|a\xi_\lambda - a\xi\| = 0$.
(2) $x_\lambda \xrightarrow{s} x$，$y_\lambda \xrightarrow{s} y$ をそれぞれ $\mathbf{B}(\mathcal{K})$, $\mathbf{B}(\mathcal{H})$ のノルム有界強収束ネットとすると，$\lim_\lambda \|x_\lambda a - xa\| = 0$, $\lim_\lambda \|ay_\lambda^* - ay^*\| = 0$.

系 4.2.10.　次のことが成り立つ：

(1) $\mathbf{K}(\mathcal{H}, \mathcal{K})$ は $\mathbf{B}(\mathcal{H}, \mathcal{K})$ の中でノルム閉部分空間である．また，$\mathbf{F}(\mathcal{H}, \mathcal{K})$ は $\mathbf{K}(\mathcal{H}, \mathcal{K})$ の中でノルム稠密である．

(2) コンパクト作用素と有界線型作用素の積はコンパクト作用素である．とくに $\mathbf{K}(\mathcal{H})$ は $\mathbf{B}(\mathcal{H})$ のノルム閉イデアルである．

証明. (1), (2). 補題 4.2.1 と定理 4.2.8 (5) による． □

系 **4.2.11.** $\mathcal{H}$ を Hilbert 空間とする．次の条件は同値である：

(1) $\mathcal{H}$ は有限次元である．(2) $1_{\mathcal{H}} \in \mathbf{K}(\mathcal{H})$．(3) $\mathbf{K}(\mathcal{H}) = \mathbf{B}(\mathcal{H})$．

証明. (1) $\Rightarrow$ (2) はコンパクト作用素の定義によって，そして (2) $\Leftrightarrow$ (3) も $\mathbf{K}(\mathcal{H})$ が $\mathbf{B}(\mathcal{H})$ のイデアルだから明らかである．(2) $\Rightarrow$ (1) を示す．このとき $1_{\mathcal{H}}(\mathrm{Ball}(\mathcal{H})) = \mathrm{Ball}(\mathcal{H})$ はノルム位相でコンパクトである．Banach 空間の一般論（[泉 21, 定理 1.3.8]），あるいは定理 4.2.8 (3) から $\dim \mathcal{H} < \infty$． □

定理 **4.2.12.** Hilbert 空間 $\mathcal{H}$ に対して次のことが成り立つ：

(1) $\mathbf{K}(\mathcal{H})$ は単純 C* 環である．とくに行列環 $M_n(\mathbb{C})$, $n \in \mathbb{N}$ は単純である．
(2) $\mathcal{H}$ が可分ならば，$\mathbf{B}(\mathcal{H})$ のノルム閉イデアルは $\{0\}$, $\mathbf{K}(\mathcal{H})$, $\mathbf{B}(\mathcal{H})$ のいずれかである．

証明. (1). $\{0\} \neq I \lhd \mathbf{K}(\mathcal{H})$ とする．非零元 $x \in I$ を取ると，$\zeta_1, \zeta_2 \in \mathcal{H}$ であって $\langle x\zeta_1, \zeta_2 \rangle \neq 0$ となるものを取れる．任意の $\xi, \eta \in \mathcal{H}$ に対して，

$$(\xi \odot \zeta_2)x(\zeta_1 \odot \eta) = \langle x\zeta_1, \zeta_2 \rangle \xi \odot \eta$$

だから $\xi \odot \eta \in I$ となる．補題 4.2.7 により $\mathbf{F}(\mathcal{H}) \subset I$ がいえる．さらにノルム閉包を取れば $\mathbf{K}(\mathcal{H}) \subset I$ も従う．よって $I = \mathbf{K}(\mathcal{H})$．

(2). $\{0\} \neq I \lhd \mathbf{B}(\mathcal{H})$ とする．(1) の議論と同様にして $\mathbf{K}(\mathcal{H}) \subset I$ がいえる．$\dim \mathcal{H} < \infty$ ならば $I = \mathbf{K}(\mathcal{H}) = \mathbf{B}(\mathcal{H})$. $\mathcal{H}$ が無限次元かつ $I \subsetneq \mathbf{B}(\mathcal{H})$ ならば $I \subset \mathbf{K}(\mathcal{H})$ を示す．$I_+ \subset \mathbf{K}(\mathcal{H})$ を示せばよい．$a \in I_+$ に付随するスペクトル測度を $E \colon \mathscr{B}(\mathbb{R}) \to \mathbf{B}(\mathcal{H})$ とする．各 $n \in \mathbb{N}$ に対して，$p_n := E([1/n, \infty))$ とおけば $n^{-1}p_n \leqq a$．$I \lhd \mathbf{B}(\mathcal{H})$ は遺伝的だから $p_n \in I$ である．

もしある $n \in \mathbb{N}$ について $\operatorname{ran} p_n$ が無限次元ならば，$\dim \operatorname{ran} p_n = |\mathbb{N}| = \dim \mathcal{H}$ だから，$v \in \mathbf{B}(\mathcal{H})$ が存在して $v^*v = 1_{\mathcal{H}}$ かつ $vv^* = p_n$ となる（補題 4.1.6 (3) による）．すると $1_{\mathcal{H}} = v^*p_nv \in I$ となり，$I \subsetneq \mathbf{B}(\mathcal{H})$ に矛盾する．

よって $\forall n \in \mathbb{N}$ で $p_n \in \mathbf{F}(\mathcal{H})$ であり，$\|a - ap_n\| = \|aE([0, 1/n))\| \leqq 1/n$ より $\lim_n \|a - ap_n\| = 0$. それゆえ $a \in \mathbf{K}(\mathcal{H})$ である． □

本項の最後にコンパクト作用素のスペクトラムについて述べておく．

補題 4.2.13. $a \in \mathbf{K}(\mathcal{H})$ と $\lambda \in \mathbb{C} \setminus \{0\}$ に対して，次のことが成り立つ：

(1) $\mathrm{ran}(a - \lambda 1_{\mathcal{H}}) = \mathcal{H}$ ならば $\ker(a - \lambda 1_{\mathcal{H}}) = \{0\}$.

(2) ある $c > 0$ が存在して，$\|(a - \lambda 1_{\mathcal{H}})\xi\| \geqq c\|\xi\|, \xi \in \ker(a - \lambda 1_{\mathcal{H}})^{\perp}$.

(3) $\mathrm{ran}(a - \lambda 1_{\mathcal{H}})$ は閉部分空間である．

証明. $b := a - \lambda 1_{\mathcal{H}}$ とおく．(1). $\mathcal{K}_n := \ker b^n$ とおけば $\mathcal{K}_1 \subset \mathcal{K}_2 \subset \cdots$ である．$\mathcal{K}_1 \neq \{0\}$ と仮定し，$\xi_1 \in \mathcal{K}_1 \setminus \{0\}$ を取る．$\mathrm{ran}\, b = \mathcal{H}$ だから $0 \neq \xi_1 = b\xi_2$ となる $\xi_2 \in \mathcal{H}$ を取れる．$b^2\xi_2 = b\xi_1 = 0$ より $\xi_2 \in \mathcal{K}_2 \setminus \mathcal{K}_1$ である．この論法を繰り返して $\mathcal{K}_1 \subsetneq \mathcal{K}_2 \subsetneq \cdots$ となる．よって ONS $\{\varepsilon_n\}_n$ を $\varepsilon_1 \in \mathcal{K}_1$, $\varepsilon_n \in \mathcal{K}_n \cap \mathcal{K}_{n-1}^{\perp}$ となるように取れる．ここで，$a\varepsilon_n = b\varepsilon_n + \lambda\varepsilon_n$ において $b\varepsilon_n \in \mathcal{K}_{n-1}$ だから $b\varepsilon_n \perp \varepsilon_n$. よって

$$\|a\varepsilon_n\|^2 = \|b\varepsilon_n\|^2 + |\lambda|^2 \geqq |\lambda|^2 > 0, \quad n \in \mathbb{N}$$

であるが，これは定理 4.2.8 (3) に矛盾する．よって $\mathcal{K}_1 = \{0\}$.

(2). (2) を否定すると，ある単位ベクトル列 $\xi_n \in (\ker b)^{\perp}$ を $\|b\xi_n\| \to 0$ となるように取れる．a はコンパクトだから，適当に部分列を取ることで $a\xi_n$ があるベクトル $\eta \in \mathcal{H}$ にノルム収束すると仮定してよい．このとき $\lambda\xi_n = a\xi_n - b\xi_n$ より $\|\lambda\xi_n - \eta\| \to 0$ となる．よって $\eta \in (\ker b)^{\perp}$ である．b の有界性により $\|\lambda b\xi_n - b\eta\| \to 0$ ゆえ $b\eta = 0$. すなわち $\eta \in \ker b$ となる．以上から $\eta = 0$ を得る．しかし $|\lambda| = \|\lambda\xi_n\| \to 0$ は $\lambda \neq 0$ に矛盾する．

(3). (2) より $b \colon (\ker b)^{\perp} \to \mathcal{H}$ は下に有界であるから $\mathrm{ran}\, b = b((\ker b)^{\perp})$ は閉である（[泉 21, 補題 6.2.1]）． □

さて $\mathcal{H}$ が有限次元のときは $\mathbf{K}(\mathcal{H}) = \mathbf{B}(\mathcal{H})$ である．また $\mathcal{H}$ が無限次元ならば，$\mathbf{K}(\mathcal{H}) + \mathbb{C}1_{\mathcal{H}}$ を $\mathbf{K}(\mathcal{H})$ の単位化環とみなせる．いずれの場合も $\mathrm{Sp}_{\mathbf{K}(\mathcal{H})}(a) = \mathrm{Sp}_{\mathbf{B}(\mathcal{H})}(a) =: \mathrm{Sp}(a)$, $a \in \mathbf{K}(\mathcal{H})$ である（定理 3.4.1 も見よ）．

定理 4.2.14. $\mathcal{H}$ を Hilbert 空間とする．非零な $a \in \mathbf{K}(\mathcal{H})$ に対して次のことが成り立つ：

(1) $\mathcal{H}$ が無限次元であれば，$0 \in \mathrm{Sp}(a)$ である．
(2) 各 $\lambda \in \mathrm{Sp}(a) \setminus \{0\}$ は a の固有値であり，その固有空間 $\ker(a - \lambda 1_{\mathcal{H}})$ は有限次元である．
(3) $\mathrm{Sp}(a) \setminus \{0\}$ は $\mathbb{C}$ の中で孤立点集合である．$\mathrm{Sp}(a)$ が無限集合ならば，その集積点は 0 のみである．
(4) a が正規であるとき，次の意味で a は対角化可能である：有限列もしくは $\lambda_n \to 0$ となる点列 $\lambda_n \in \mathbb{C} \setminus \{0\}$ と正規直交系 $\{e_n\}_n$ が存在して，ノルム収束で $a = \sum_n \lambda_n e_n \odot e_n$.

証明. (1). 単位化環 $\mathbf{K}(\mathcal{H}) + \mathbb{C}1_{\mathcal{H}}$ でのスペクトラムは 0 を含むことから従う．

(2). $\lambda \in \mathrm{Sp}(a) \setminus \{0\}$ を取り，$b := \lambda 1_{\mathcal{H}} - a$ とおく．$\ker b = \{0\}$ と仮定して矛盾を導く．このとき $\mathcal{H} = (\ker b)^{\perp} = \overline{\mathrm{ran}}\, b^*$ である．$a^* \in \mathbf{K}(\mathcal{H})$ に注意して補題 4.2.13 (3) を $b^* = \overline{\lambda} 1_{\mathcal{H}} - a^*$ に適用すれば $\mathcal{H} = \mathrm{ran}\, b^*$．すると補題 4.2.13 (1) から $\ker b^* = \{0\}$ となる．よって b^* は全単射ゆえ，Banach の逆写像定理により b^*，それゆえ b も可逆である．これは $\lambda \in \mathrm{Sp}(a)$ に反する．

$\ker(a - \lambda 1_{\mathcal{H}})$ が無限次元であれば，$\ker(a - \lambda 1_{\mathcal{H}})$ の ONS $\{e_n\}_{n \in \mathbb{N}}$ を取れる．すると $ae_n = \lambda e_n$ だが，定理 4.2.8 により $|\lambda| = \|ae_n\| \to 0$ となり $\lambda \neq 0$ に矛盾する．

(3). $\lambda \in \mathrm{Sp}(a) \setminus \{0\}$ が $\mathrm{Sp}(a) \setminus \{0\}$ の集積点であったとする．すると点列 $\lambda_n \in \mathrm{Sp}(a) \setminus \{0, \lambda\}$ であって，$m \neq n$ のとき $\lambda_m \neq \lambda_n$ かつ $\lim_n \lambda_n = \lambda$ となるものを取れる．各 $n \in \mathbb{N}$ に対して，単位ベクトル $\xi_n \in \ker(a - \lambda_n 1_{\mathcal{H}})$ を取る．a はコンパクト作用素だから必要ならば部分列を取り，$a\xi_n = \lambda_n \xi_n$ はノルム収束列としておく．$\xi_n = \lambda_n^{-1} \cdot \lambda_n \xi_n$ と分解すれば，$\lambda \neq 0$ だから ξ_n がノルム収束列であることがわかる．

そこで $\mathcal{K}_n = \mathrm{span}\{\xi_1, \ldots, \xi_n\}$ とする．固有値 λ_n たちは互いに異なるから，$\{\xi_n\}_n$ は線型独立である．とくに $\mathcal{K}_1 \subsetneq \mathcal{K}_2 \subsetneq \cdots$ である．また $a\mathcal{K}_n \subset \mathcal{K}_n$ である．ONS $\{e_n\}_{n \in \mathbb{N}}$ を $e_n \in \mathcal{K}_n \cap \mathcal{K}_{n-1}^{\perp}$ となるように取る．ここで $\mathcal{K}_0 := \{0\}$ である．

各 n に対して，$e_n = \eta_{n-1} + \mu_n \xi_n$ となる $\eta_{n-1} \in \mathcal{K}_{n-1}$ と $\mu_n \in \mathbb{C} \setminus \{0\}$ を取

れる．このとき $\zeta_n := ae_n - \lambda_n e_n$ とおくと，$\zeta_n = a\eta_{n-1} - \lambda_n\eta_{n-1} \in \mathcal{K}_{n-1}$ である．とくに $\zeta_n \perp e_n$．$ae_n = \zeta_n + \lambda_n e_n$ ゆえ $\|ae_n\|^2 = \|\zeta_n\|^2 + |\lambda_n|^2 \geqq |\lambda_n|^2$ であるが，定理 4.2.8 より $\lim_n \|ae_n\| = 0$ だから $0 = \lim_n \lambda_n = \lambda$ が従い，$\lambda \neq 0$ に矛盾する．

(4). (1) から (3) までの主張と a の連続関数カルキュラスからわかる ([日柳 21, 定理 4.1.13] も見よ)．　□

コメント 4.2.15.　定理 4.2.14 (2) の証明は **Fredholm** の択一定理を示している．すなわち，$a \in \mathbf{K}(\mathcal{H})$ と $\lambda \in \mathbb{C} \setminus \{0\}$ について，次のいずれかが成り立つ：(i) $\lambda 1_{\mathcal{H}} - a$ は可逆である．(ii) $\ker(\lambda 1_{\mathcal{H}} - a) \neq \{0\}$．

4.2.3　標準トレース荷重

Hilbert 空間 $\mathcal{H}$ の CONS $\{e_i\}_{i\in I}$ を取り，写像 $\mathrm{Tr}\colon \mathbf{B}(\mathcal{H})_+ \to [0,\infty]$ を

$$\mathrm{Tr}(a) := \sum_{i\in I}\langle ae_i, e_i\rangle, \quad a \in \mathbf{B}(\mathcal{H})_+$$

と定める．これを $\mathbf{B}(\mathcal{H})$ の**標準トレース荷重**あるいは単に $\mathbf{B}(\mathcal{H})$ の**トレース**とよぶ．Tr は次の意味で $\mathbb{R}_+$ 線型である：

$$\mathrm{Tr}(a+b) = \mathrm{Tr}(a) + \mathrm{Tr}(b), \quad \mathrm{Tr}(\lambda a) = \lambda\,\mathrm{Tr}(a), \quad a, b \in \mathbf{B}(\mathcal{H})_+,\ \lambda \in \mathbb{R}_+.$$

補題 4.2.16.　次のことが成り立つ：

(1) トレース Tr は CONS の取り方によらずに定まる．

(2) Tr はトレース条件をみたす：$\mathrm{Tr}(x^*x) = \mathrm{Tr}(xx^*)$, $x \in \mathbf{B}(\mathcal{H})$.

(3) $\mathrm{Tr}\colon \mathbf{B}(\mathcal{H})_+ \to [0,\infty]$ は順序を保つ．

(4) トレースは $\mathbf{B}(\mathcal{H})_+$ 上で弱位相に関して下半連続である．

(5) ネット $x_\lambda \in \mathbf{B}(\mathcal{H})_+$ が，単調増加かつ強収束で $\lim_\lambda x_\lambda = x$ ならば，$\lim_\lambda \mathrm{Tr}(x_\lambda) = \mathrm{Tr}(x)$.

(6) 射影 $p \in \mathbf{B}(\mathcal{H})$ に対して，$\mathrm{Tr}(p) < \infty$ であることと $p \in \mathbf{F}(\mathcal{H})$ であることは同値である．また，このとき $\mathrm{Tr}(p) = \dim p\mathcal{H}$ である．

証明． (1), (2). $\{e_i\}_{i\in I}$ と $\{f_j\}_{j\in J}$ を $\mathcal{H}$ の CONS とする．任意の $x \in \mathbf{B}(\mathcal{H})$ と $F \Subset I$ に対して，

$$\begin{aligned}\sum_{i\in F}\langle x^*xe_i,e_i\rangle &= \sum_{i\in F}\langle xe_i,xe_i\rangle = \sum_{i\in F}\sum_{j\in J}\langle xe_i,f_j\rangle\langle f_j,xe_i\rangle \\ &= \sum_{j\in J}\sum_{i\in F}\langle e_i,x^*f_j\rangle\langle x^*f_j,e_i\rangle = \sum_{j\in J}\sum_{i\in F}\langle x^*f_j,e_i\rangle\langle e_i,x^*f_j\rangle \\ &\leqq \sum_{j\in J}\langle x^*f_j,x^*f_j\rangle = \sum_{j\in J}\langle xx^*f_j,f_j\rangle.\end{aligned}$$

F について上限を取れば，$\sum_{i\in I}\langle x^*xe_i,e_i\rangle \leqq \sum_{j\in J}\langle xx^*f_j,f_j\rangle$．逆側の不等式も同様に示せるから，$\sum_{i\in I}\langle x^*xe_i,e_i\rangle = \sum_{j\in J}\langle xx^*f_j,f_j\rangle$ が従う．

(3)．$0\leqq x\leqq y$ ならば，$z:=y-x\in\mathbf{B}(\mathcal{H})_+$ であるから $\mathrm{Tr}(y)=\mathrm{Tr}(x+z)$ $=\mathrm{Tr}(x)+\mathrm{Tr}(z)\geqq\mathrm{Tr}(x)$．

(4)．$x\in\mathbf{B}(\mathcal{H})_+$ に対して，$\mathrm{Tr}(x)$ は実数値弱連続線型汎関数 $\sum_{i\in F}\langle xe_i,e_i\rangle$ の $F\Subset I$ についての上限であるから，弱位相で下半連続である．

(5)．$0\leqq x_\lambda\leqq x$ と (3) より，$\lim_\lambda\mathrm{Tr}(x_\lambda)\leqq\mathrm{Tr}(x)$．また (4) より，逆向きの不等式 $\mathrm{Tr}(x)\leqq\underline{\lim}_\lambda\mathrm{Tr}(x_\lambda)=\lim_\lambda\mathrm{Tr}(x_\lambda)$ がいえる．

(6)．$\mathcal{H}$ の CONS $\{e_i\}_{i\in I}$ を，ある $J\subset I$ について $\{e_j\}_{j\in J}$ が $p\mathcal{H}$ の CONS となるように取ると，$\mathrm{Tr}(p)=\sum_{i\in I}\langle pe_i,e_i\rangle=\sum_{j\in J}\langle pe_j,e_j\rangle=\sum_{j\in J}1$．よって $\mathrm{Tr}(p)<\infty$ であることと $p\in\mathbf{F}(\mathcal{H})$ であることは同値であり，$\mathrm{Tr}(p)=\dim p\mathcal{H}$ が従う． □

次に Tr の定義域について考察する．状況を少し一般化して考えよう．

定義 4.2.17. A を C* 環とする．写像 $\varphi\colon A_+\to[0,\infty]$ が次の (1) をみたすとき荷重，(1), (2) をみたすとき忠実荷重，(1), (3) をみたすときトレース荷重とよぶ：

(1) $\varphi(a+b)=\varphi(a)+\varphi(b)$, $\varphi(\lambda a)=\lambda\varphi(a)$, $a,b\in A_+$, $\lambda\in\mathbb{R}_+$.
(2) $\{\,a\in A\mid\varphi(a^*a)=0\,\}=\{0\}$.
(3) $\varphi(x^*x)=\varphi(xx^*)$, $x\in A$.

ここで，荷重 $\varphi\colon A_+\to[0,\infty]$ は順序写像であることに注意しよう（補題 4.2.16 (3) の証明と同様）．φ に対して，次の集合を定める：

$$\mathfrak{n}_\varphi := \{\, x \in A \mid \varphi(x^*x) < \infty \,\},$$
$$\mathfrak{m}_\varphi := \operatorname{span}\{\, x^*y \mid x, y \in n_\varphi \,\},$$
$$\mathfrak{p}_\varphi := \{\, x \in A_+ \mid \varphi(x) < \infty \,\}.$$

以下 $\mathfrak{n}_\varphi^* := \{\, x^* \mid x \in \mathfrak{n}_\varphi \,\}$ と書く.

補題 4.2.18. 荷重 $\varphi\colon A_+ \to [0,\infty]$ に対して，次のことが成り立つ：

(1) $\mathfrak{n}_\varphi$ は A の左イデアル，$\mathfrak{m}_\varphi$ は A の $*$ 部分環，$\mathfrak{p}_\varphi$ は A_+ の凸錐である.
(2) $\mathfrak{m}_\varphi = \mathfrak{p}_\varphi - \mathfrak{p}_\varphi + i\mathfrak{p}_\varphi - i\mathfrak{p}_\varphi$. また $\mathfrak{m}_\varphi \subset \mathfrak{n}_\varphi \cap \mathfrak{n}_\varphi^*$ である.
(3) $\mathfrak{p}_\varphi = \mathfrak{m}_\varphi \cap A_+$. とくに $\mathfrak{m}_\varphi$ は A の遺伝的 $*$ 部分環である.
(4) 写像 $\varphi\colon \mathfrak{p}_\varphi \to \mathbb{R}_+$ は，線型写像 $\varphi\colon \mathfrak{m}_\varphi \to \mathbb{C}$ に一意的に拡張する.
(5) 写像 $\mathfrak{n}_\varphi \times \mathfrak{n}_\varphi \ni (x,y) \mapsto \varphi(y^*x) \in \mathbb{C}$ は半内積である．もし φ が忠実ならば内積である.
(6) もし φ がトレースであれば，$\mathfrak{n}_\varphi$ と $\mathfrak{m}_\varphi$ は A の $*$ 演算で閉じた両側イデアルである.

証明. (1). $\mathfrak{n}_\varphi$ がスカラー倍で閉じることは簡単である．$x, y \in \mathfrak{n}_\varphi$ とすれば，$(x+y)^*(x+y) \leqq (x+y)^*(x+y) + (x-y)^*(x-y) = 2x^*x + 2y^*y$ より $x+y \in \mathfrak{n}_\varphi$. 次に $a \in A$, $x \in \mathfrak{n}_\varphi$ に対して $(ax)^*(ax) = x^*a^*ax \leqq \|a\|^2 x^*x$ だから $ax \in \mathfrak{n}_\varphi$. よって $\mathfrak{n}_\varphi$ は左イデアルである．また $\mathfrak{n}_\varphi^*$ は右イデアルだから，$\mathfrak{m}_\varphi$ は $*$ 部分環である．$\mathfrak{p}_\varphi$ が凸錐であることは明らか.

(2). $\subset$ を示す．右辺はベクトル空間ゆえ，各 $x, y \in n_\varphi$ に対して，y^*x が右辺に含まれればよい．これは極化等式 $y^*x = 4^{-1}\sum_{k=0}^{3}(x+i^ky)^*(x+i^ky)$ からわかる．$\supset$ を示すためには，$\mathfrak{p}_\varphi \subset \mathfrak{m}_\varphi$ をいえばよい．$x \in \mathfrak{p}_\varphi$ とすれば，$x^{1/2} \in \mathfrak{n}_\varphi$ だから $x = x^{1/2}x^{1/2} \in \mathfrak{m}_\varphi$ である．後半の主張は $\mathfrak{n}_\varphi, \mathfrak{n}_\varphi^*$ がそれぞれ左，右イデアルであることから従う（$\mathfrak{n}_\varphi \cap \mathfrak{n}_\varphi^*$ は A の $*$ 部分環であることにも注意しておく）.

(3). $\subset$ は明らか．$\supset$ を示す．(2) により $x \in m_\varphi \cap A_+$ は，$a, b, c, d \in p_\varphi$ により，$x = a - b + ic - id$ と表せるが，$x = x^*$ だから $x = a - b$ となる．すると $0 \leqq x \leqq a + b$ だから，$\varphi(x) \leqq \varphi(a) + \varphi(b) < \infty$ となる.

遺伝性を確かめる．$a \in A_+$ と $b \in \mathfrak{m}_\varphi \cap A_+ = \mathfrak{p}_\varphi$ が $a \leqq b$ ならば $\varphi(a) \leqq$

$\varphi(b) < \infty$. よって $a \in \mathfrak{p}_\varphi$.

(4). $x \in m_\varphi$ の 2 通りの分解 $x = a_1 - b_1 + ic_1 - id_1 = a_2 - b_2 + ic_2 - id_2$, $a_j, b_j, c_j, d_j \in \mathfrak{p}_\varphi$, $j = 1, 2$ が与えられたとする．このとき実部虚部を比較すれば，$a_1 - b_1 = a_2 - b_2$, $c_1 - d_1 = c_2 - d_2$ を得る．前者について $a_1 + b_2 = a_2 + b_1$ と変形してから，φ を施せば $\varphi(a_1) + \varphi(b_2) = \varphi(a_2) + \varphi(b_1)$ を得る．よって $\varphi(a_1) - \varphi(b_1) = \varphi(a_2) - \varphi(b_2)$. 同様に $\varphi(c_1) - \varphi(d_1) = \varphi(c_2) - \varphi(d_2)$. 以上から $\varphi\colon \mathfrak{p}_\varphi \to \mathbb{R}_+$ は $\mathfrak{m}_\varphi$ 上に線型に拡張する．

(5). (4) の拡張 $\varphi\colon \mathfrak{m}_\varphi \to \mathbb{C}$ から，半内積 $\mathfrak{n}_\varphi \times \mathfrak{n}_\varphi \ni (x, y) \mapsto \varphi(y^*x) \in \mathbb{C}$ が定義される．忠実性が非退化性を導くことは自明である．

(6). $x \in \mathfrak{n}_\varphi$ について，$\varphi((x^*)^*x^*) = \varphi(xx^*) = \varphi(x^*x) < \infty$ だから $x^* \in \mathfrak{n}_\varphi$ である．よって $\mathfrak{n}_\varphi$ は $*$ 演算で閉じる．$*$ 演算で閉じた左イデアルは右イデアルであるから，$\mathfrak{n}_\varphi$ は両側イデアルである．また $\mathfrak{m}_\varphi$ の定義式から，$\mathfrak{m}_\varphi$ も両側イデアルである． □

4.2.4 トレースクラス作用素，Hilbert-Schmidt 作用素

定義 4.2.19. $x \in \mathbf{B}(\mathcal{H})$ が

- トレースクラス作用素 $:\overset{\mathrm{d}}{\Leftrightarrow} \mathrm{Tr}(|x|) < \infty$. トレースクラス作用素の集合を $\mathbf{B}(\mathcal{H})_{\mathrm{Tr}}$ と書く．
- **Hilbert-Schmidt** 作用素 $:\overset{\mathrm{d}}{\Leftrightarrow} \mathrm{Tr}(|x|^2) < \infty$. Hilbert-Schmidt 作用素の集合を $\mathbf{B}(\mathcal{H})_{\mathrm{HS}}$ と書く．

コメント 4.2.20. Schatten *p* クラス作用素たちのなす集合を

$$L^p(\mathcal{H}) \coloneqq \{\, x \in \mathbf{B}(\mathcal{H}) \mid \mathrm{Tr}(|x|^p) < \infty \,\}, \quad 1 \leqq p < \infty$$

と定める．$p = \infty$ に関しては $L^\infty(\mathcal{H}) \coloneqq \mathbf{B}(\mathcal{H})$ とする．もちろん $\mathbf{B}(\mathcal{H})_{\mathrm{Tr}} = L^1(\mathcal{H})$, $\mathbf{B}(\mathcal{H})_{\mathrm{HS}} = L^2(\mathcal{H})$ である．$L^p(\mathcal{H})$ は **Schatten *p* ノルム** $\|x\|_p \coloneqq \mathrm{Tr}(|x|^p)^{1/p}$ によって Banach 空間であり，$1/p + 1/q = 1$ かつ $1 \leqq p < \infty$ であるときに等長同型 $L^p(\mathcal{H})^* \cong L^q(\mathcal{H})$ が成り立つ．本書では $p = 1, 2$ の場合にこれを示す（補題 4.2.28, 定理 4.2.30, [日柳 21, 定理 4.2.11] を見よ）.

補題 4.2.21.　$\mathbf{B}(\mathcal{H})_{\mathrm{Tr}}, \mathbf{B}(\mathcal{H})_{\mathrm{HS}}$ について，次のことが成り立つ：

(1) $\mathbf{B}(\mathcal{H})_{\mathrm{Tr}} = \mathfrak{m}_{\mathrm{Tr}}$, $\mathbf{B}(\mathcal{H})_{\mathrm{HS}} = \mathfrak{n}_{\mathrm{Tr}}$ であり，これらは $*$ 演算で閉じた $\mathbf{B}(\mathcal{H})$ のイデアルである．

(2) $\mathbf{F}(\mathcal{H}) \subset \mathbf{B}(\mathcal{H})_{\mathrm{Tr}} \cap \mathbf{B}(\mathcal{H})_{\mathrm{HS}}$ であり，$\xi, \eta \in \mathcal{H}$ に対して $\mathrm{Tr}(\xi \odot \eta) = \langle \xi, \eta \rangle$.

証明. (1). $\mathbf{B}(\mathcal{H})_{\mathrm{Tr}} = \mathfrak{m}_{\mathrm{Tr}}$ を確認すればよい．$\subset$ を示す．$x \in \mathbf{B}(\mathcal{H})_{\mathrm{Tr}}$ とし $x = v|x|$ と極分解する．$|x|^{1/2} \in \mathfrak{n}_{\mathrm{Tr}}$ であり，補題 4.2.18 (6) より $\mathfrak{n}_{\mathrm{Tr}}$ はイデアルだから $|x|^{1/2}v^* \in \mathfrak{n}_{\mathrm{Tr}}$．よって $x = (|x|^{1/2}v^*)^*|x|^{1/2} \in \mathfrak{m}_{\mathrm{Tr}}$．次に $\supset$ を示す．$x \in \mathfrak{m}_{\mathrm{Tr}}$ とし $x = v|x|$ を極分解とすると，補題 4.2.18 (6) より $\mathfrak{m}_{\mathrm{Tr}}$ はイデアルだから $|x| = v^*x \in \mathfrak{m}_{\mathrm{Tr}} \cap \mathbf{B}(\mathcal{H})_+ = \mathfrak{p}_{\mathrm{Tr}}$．よって $x \in \mathbf{B}(\mathcal{H})_{\mathrm{Tr}}$．

(2). $x \in \mathbf{F}(\mathcal{H})$ とすれば，ある有限階射影 $p \in \mathbf{B}(\mathcal{H})$ によって $px = x$ となる．補題 4.2.16 (6) より $p \in \mathbf{B}(\mathcal{H})_{\mathrm{Tr}} \cap \mathbf{B}(\mathcal{H})_{\mathrm{HS}}$ であり，イデアルの性質から $x \in \mathbf{B}(\mathcal{H})_{\mathrm{Tr}} \cap \mathbf{B}(\mathcal{H})_{\mathrm{HS}}$ が従う．また $\xi \in \mathcal{H}$ に対して

$$\mathrm{Tr}(\xi \odot \xi) = \sum_{i \in I} \langle (\xi \odot \xi) e_i, e_i \rangle = \sum_{i \in I} \langle \xi, e_i \rangle \langle e_i, \xi \rangle = \langle \xi, \xi \rangle.$$

極化等式より $\mathrm{Tr}(\xi \odot \eta) = \langle \xi, \eta \rangle$, $\xi, \eta \in \mathcal{H}$ が従う．　□

補題 4.2.22.　線型汎関数 $\mathrm{Tr}\colon \mathbf{B}(\mathcal{H})_{\mathrm{Tr}} \to \mathbb{C}$ について次のことが成り立つ：

(1) $x, y \in \mathbf{B}(\mathcal{H})_{\mathrm{HS}}$ に対して，$xy, yx \in \mathbf{B}(\mathcal{H})_{\mathrm{Tr}}$ かつ $\mathrm{Tr}(xy) = \mathrm{Tr}(yx)$.

(2) $x \in \mathbf{B}(\mathcal{H})$, $y \in \mathbf{B}(\mathcal{H})_{\mathrm{Tr}}$ に対して，$xy, yx \in \mathbf{B}(\mathcal{H})_{\mathrm{Tr}}$ かつ $\mathrm{Tr}(xy) = \mathrm{Tr}(yx)$.

証明. (1). 補題 4.2.21 より $xy, yx \in \mathbf{B}(\mathcal{H})_{\mathrm{Tr}}$．次の極化等式とトレース条件から $\mathrm{Tr}(xy) = \mathrm{Tr}(yx)$ を得る：

$$xy = \frac{1}{4} \sum_{k=0}^{3} i^k (y + i^k x^*)^* (y + i^k x^*), \quad yx = \frac{1}{4} \sum_{k=0}^{3} i^k (y + i^k x^*)(y + i^k x^*)^*.$$

(2). $\mathbf{B}(\mathcal{H})_{\mathrm{Tr}}$ は $\mathbf{B}(\mathcal{H})$ のイデアルであるから，$xy, yx \in \mathbf{B}(\mathcal{H})_{\mathrm{Tr}}$．$y = v|y|$ を極分解とすれば $|y|^{1/2} \in \mathbf{B}(\mathcal{H})_{\mathrm{HS}}$ だから，(1) より

$$\begin{aligned}\mathrm{Tr}(xy) &= \mathrm{Tr}(xv|y|^{1/2}\cdot|y|^{1/2})\\ &= \mathrm{Tr}(|y|^{1/2}\cdot xv|y|^{1/2}) \quad (xv|y|^{1/2}\in\mathbf{B}(\mathcal{H})_{\mathrm{HS}}\text{ と (1) より})\\ &= \mathrm{Tr}(v|y|^{1/2}\cdot|y|^{1/2}x) \quad (v|y|^{1/2}, |y|^{1/2}x\in\mathbf{B}(\mathcal{H})_{\mathrm{HS}}\text{ と (1) より})\\ &= \mathrm{Tr}(yx).\end{aligned}$$ □

Tr は忠実だから，$\mathbf{B}(\mathcal{H})_{\mathrm{HS}}$ 上に定まる $\langle x,y\rangle_{\mathrm{HS}} := \mathrm{Tr}(y^*x)$ は内積である．これを **Hilbert–Schmidt** 内積とよび，付随するノルムを $\|\cdot\|_{\mathrm{HS}}$ と書く．

補題 4.2.23. Hilbert–Schmidt 内積について，次のことが成り立つ：

(1) 等式 $\langle x^*,y^*\rangle_{\mathrm{HS}} = \langle y,x\rangle_{\mathrm{HS}}$，$x,y\in\mathbf{B}(\mathcal{H})_{\mathrm{HS}}$ が成り立つ．とくに写像 $J\colon \mathbf{B}(\mathcal{H})_{\mathrm{HS}}\ni x\mapsto x^*\in\mathbf{B}(\mathcal{H})_{\mathrm{HS}}$ は共役線型ユニタリである．
(2) $\mathbf{B}(\mathcal{H})_{\mathrm{HS}}$ は次の意味で両側 $\mathbf{B}(\mathcal{H})$ 加群である：任意の $x,y\in\mathbf{B}(\mathcal{H})$ と $a\in\mathbf{B}(\mathcal{H})_{\mathrm{HS}}$ について，$\|xay\|_{\mathrm{HS}}\leqq\|x\|\|a\|_{\mathrm{HS}}\|y\|$.
(3) 任意の $x\in\mathbf{B}(\mathcal{H})_{\mathrm{HS}}$ に対して，$\|x\|\leqq\|x\|_{\mathrm{HS}}$.

証明. (1). $x,y\in\mathbf{B}(\mathcal{H})_{\mathrm{HS}}$ に対して，

$$\langle x^*,y^*\rangle_{\mathrm{HS}} = \mathrm{Tr}(yx^*) = \mathrm{Tr}(x^*y) = \langle y,x\rangle_{\mathrm{HS}}.$$

(2). $x,y\in\mathbf{B}(\mathcal{H})$ と $a\in\mathbf{B}(\mathcal{H})_{\mathrm{HS}}$ に対して，

$$\begin{aligned}\|xay\|_{\mathrm{HS}}^2 &= \mathrm{Tr}(y^*a^*x^*xay)\leqq\|x^*x\|\,\mathrm{Tr}(y^*a^*ay) = \|x^*x\|\,\mathrm{Tr}(ayy^*a^*)\\ &\leqq\|x^*x\|\|y^*y\|\,\mathrm{Tr}(aa^*) = \|x\|^2\|y\|^2\|a\|_{\mathrm{HS}}^2.\end{aligned}$$

(3). 単位ベクトル $\xi\in\mathcal{H}$ を取り，ξ を含む CONS $\{e_i\}_{i\in I}$ を取れば，

$$\|x\xi\|^2 = \langle x^*x\xi,\xi\rangle\leqq\sum_{i\in I}\langle x^*xe_i,e_i\rangle = \mathrm{Tr}(x^*x) = \|x\|_{\mathrm{HS}}^2$$

となる．ξ について上限を取れば $\|x\|\leqq\|x\|_{\mathrm{HS}}$ を得る． □

補題 4.2.24. $x\in\mathbf{B}(\mathcal{H})_{\mathrm{Tr}}$ に対して $\mathrm{Tr}(x) = \sum_{i\in I}\langle xe_i,e_i\rangle$ は絶対収束する．ここで $\{e_i\}_{i\in I}$ は $\mathcal{H}$ の CONS である．また $|\mathrm{Tr}(x)|\leqq\mathrm{Tr}(|x|)$ が成り立つ．

証明. $x \in \mathbf{B}(\mathcal{H})_{\mathrm{Tr}}$ とする．Tr: $\mathbf{B}(\mathcal{H})_{\mathrm{Tr}} \to \mathbb{C}$ は $\mathfrak{p}_{\mathrm{Tr}}$ からの線型拡張で得られるから $\mathrm{Tr}(x) = \sum_{i\in I}\langle xe_i, e_i\rangle$ である．さて，極分解 $x = v|x|$ に対して Cauchy–Schwarz 不等式を 2 回使えば，

$$\begin{aligned}\sum_{i\in I}|\langle xe_i, e_i\rangle| &= \sum_{i\in I}|\langle v|x|e_i, e_i\rangle| = \sum_{i\in I}|\langle |x|^{1/2}e_i, |x|^{1/2}v^*e_i\rangle| \\ &\leqq \sum_{i\in I}\||x|^{1/2}e_i\|\cdot\||x|^{1/2}v^*e_i\| \\ &\leqq \Big(\sum_{i\in I}\||x|^{1/2}e_i\|^2\Big)^{1/2}\cdot\Big(\sum_{i\in I}\||x|^{1/2}v^*e_i\|^2\Big)^{1/2} \\ &= \mathrm{Tr}(|x|)^{1/2}\,\mathrm{Tr}(v|x|v^*)^{1/2} = \mathrm{Tr}(|x|)^{1/2}\,\mathrm{Tr}(v^*\cdot v|x|)^{1/2} \\ &= \mathrm{Tr}(|x|) < \infty.\end{aligned}$$

よって主張が示された．　□

$x \in \mathbf{B}(\mathcal{H})_{\mathrm{Tr}}$ のトレースノルムを $\|x\|_{\mathrm{Tr}} := \mathrm{Tr}(|x|) < \infty$ と定める．

補題 4.2.25. $\|x\|_{\mathrm{Tr}}$ について，次のことが成り立つ：

(1) 任意の $x \in \mathbf{B}(\mathcal{H})$ と $y \in \mathbf{B}(\mathcal{H})_{\mathrm{Tr}}$ に対して，$|\mathrm{Tr}(xy)| \leqq \|x\|\|y\|_{\mathrm{Tr}}$.
(2) 任意の $x, y \in \mathbf{B}(\mathcal{H})_{\mathrm{HS}}$ に対して，$\|xy\|_{\mathrm{Tr}} \leqq \|x\|_{\mathrm{HS}}\|y\|_{\mathrm{HS}}$.
(3) $\|\cdot\|_{\mathrm{Tr}}$ は $\mathbf{B}(\mathcal{H})_{\mathrm{Tr}}$ のノルムである．
(4) 任意の $x \in \mathbf{B}(\mathcal{H})_{\mathrm{Tr}}$ に対して，$\|x\| \leqq \|x\|_{\mathrm{Tr}}$.

証明. (1). $y = v|y|$ を極分解とすれば，

$$\begin{aligned}|\mathrm{Tr}(xy)| &= |\mathrm{Tr}(xv|y|^{1/2}\cdot|y|^{1/2})| = \langle |y|^{1/2}, |y|^{1/2}v^*x^*\rangle_{\mathrm{HS}} \\ &\leqq \||y|^{1/2}\|_{\mathrm{HS}}\cdot\||y|^{1/2}v^*x^*\|_{\mathrm{HS}} \leqq \||y|^{1/2}\|_{\mathrm{HS}}\cdot\||y|^{1/2}\|_{\mathrm{HS}}\|v^*x^*\| \\ &\leqq \|y\|_{\mathrm{Tr}}\|x\|.\end{aligned}$$

(2). $x, y \in \mathbf{B}(\mathcal{H})_{\mathrm{HS}}$ とし，$xy = v|xy|$ を極分解とすると，

$$\|xy\|_{\mathrm{Tr}} = \mathrm{Tr}(v^*xy) \leqq \|x^*v\|_{\mathrm{HS}}\|y\|_{\mathrm{HS}} \leqq \|x\|_{\mathrm{HS}}\|y\|_{\mathrm{HS}}.$$

(3). 三角不等式のみ示す．$x, y \in \mathbf{B}(\mathcal{H})_{\mathrm{Tr}}$ とし，$x + y = v|x+y|$ を極分解とすると，(1) より

$$\|x+y\|_{\mathrm{Tr}} \leqq \mathrm{Tr}(|x+y|) \leqq \mathrm{Tr}(v^*(x+y)) = \mathrm{Tr}(v^*x) + \mathrm{Tr}(v^*y)$$
$$\leqq |\mathrm{Tr}(v^*x)| + |\mathrm{Tr}(v^*y)| \leqq \|x\|_{\mathrm{Tr}} + \|y\|_{\mathrm{Tr}}.$$

(4). $x \in \mathbf{B}(\mathcal{H})_{\mathrm{Tr}}$ について，補題 4.2.23 (3) より

$$\|x\| = \||x|\| = \||x|^{1/2}\|^2 \leqq \||x|^{1/2}\|_{\mathrm{HS}}^2 = \mathrm{Tr}(|x|) = \|x\|_{\mathrm{Tr}}. \qquad \square$$

問題 4.2.26. $\xi, \eta \in \mathcal{H} \setminus \{0\}$ に対して $|\xi \odot \eta| = \|\xi\|\|\eta\|^{-1}\eta \odot \eta$ を示せ．また $\|\xi \odot \eta\|_{\mathrm{Tr}} = \|\xi\|\|\eta\|$ を示せ．

補題 4.2.27.

(1) $\mathbf{F}(\mathcal{H}) \subset \mathbf{B}(\mathcal{H})_{\mathrm{HS}} \subset \mathbf{K}(\mathcal{H})$．また $\mathbf{F}(\mathcal{H})$ は $\mathbf{B}(\mathcal{H})_{\mathrm{HS}}$ において $\|\cdot\|_{\mathrm{HS}}$ に関して稠密である．

(2) $\mathbf{F}(\mathcal{H}) \subset \mathbf{B}(\mathcal{H})_{\mathrm{Tr}} \subset \mathbf{K}(\mathcal{H})$．また $\mathbf{F}(\mathcal{H})$ は $\mathbf{B}(\mathcal{H})_{\mathrm{Tr}}$ において $\|\cdot\|_{\mathrm{Tr}}$ に関して稠密である．

証明. (1). $\mathcal{H}$ の CONS $\{e_i\}_{i\in I}$ を取る．$y \in \mathbf{B}(\mathcal{H})_{\mathrm{HS}}$ とすれば，$\sum_i \|ye_i\|^2 = \mathrm{Tr}(y^*y) < \infty$ だから，$J := \{i \in I \mid ye_i \neq 0\}$ は高々可算集合である．簡単にするため $J = \{1, 2, \dots\}$ と改めて番号づけておく．そこで有限階射影 $p_n := \sum_{k=1}^n e_k \odot e_k$ を使えば，

$$\|yp_n - y\|_{\mathrm{HS}}^2 = \sum_{i\in I} \|y(1-p_n)e_i\|^2 = \sum_{k=n+1}^{\infty} \|ye_k\|^2$$

となり，$\lim_n \|yp_n - y\|_{\mathrm{HS}} = 0$ がわかる．よって $\mathbf{F}(\mathcal{H}) \subset \mathbf{B}(\mathcal{H})_{\mathrm{HS}}$ は $\|\cdot\|_{\mathrm{HS}}$ に関して稠密である．また補題 4.2.23 (3) により $\lim_n \|yp_n - y\| = 0$，かつ $yp_n \in \mathbf{F}(\mathcal{H})$ だから $y \in \mathbf{K}(\mathcal{H})$ である．

(2). 次に $z \in \mathbf{B}(\mathcal{H})_{\mathrm{Tr}}$ とする．$|z|^{1/2} \in \mathbf{B}(\mathcal{H})_{\mathrm{HS}}$ に関して (1) の証明から，ある有限階射影の増大列 p_n が存在して，$\lim_n \||z|^{1/2}p_n - |z|^{1/2}\|_{\mathrm{HS}} = 0$．補題 4.2.25 (2) より $\lim_n \|zp_n - z\|_{\mathrm{Tr}} = 0$ である．よって $\mathbf{F}(\mathcal{H}) \subset \mathbf{B}(\mathcal{H})_{\mathrm{Tr}}$ の稠密性がいえる．また補題 4.2.25 (4) より，$\mathbf{B}(\mathcal{H})_{\mathrm{Tr}} \subset \mathbf{K}(\mathcal{H})$ もいえる． $\square$

補題 4.2.28. $\mathbf{B}(\mathcal{H})_{\mathrm{HS}}$ は内積 $\langle\cdot,\cdot\rangle_{\mathrm{Tr}}$ によって Hilbert 空間である．

証明. $x_n \in \mathbf{B}(\mathcal{H})_{\mathrm{HS}}$ を Cauchy 列とする．補題 4.2.23 より x_n は作用素ノルムについて Cauchy 列だから，ある $x \in \mathbf{B}(\mathcal{H})$ が存在して $\lim_n \|x_n - x\| = 0$. ここで $\mathrm{Tr}\colon \mathbf{B}(\mathcal{H})_+ \to [0,\infty]$ の弱位相に関する下半連続性より，任意の $n \in \mathbb{N}$ に対して，次の評価を得る：

$$\begin{aligned}\mathrm{Tr}((x_n - x)^*(x_n - x)) &\leqq \varliminf_m \mathrm{Tr}((x_n - x_m)^*(x_n - x_m)) \\ &= \varliminf_m \|x_n - x_m\|_{\mathrm{HS}}^2 < \infty.\end{aligned}$$

よって $x_n - x \in \mathbf{B}(\mathcal{H})_{\mathrm{HS}}$. とくに $x = x_n - (x_n - x) \in \mathbf{B}(\mathcal{H})_{\mathrm{HS}}$. 再び上の評価式で $n \to \infty$ とすれば x_k は Cauchy 列だから，$\lim_n \|x_n - x\|_{\mathrm{HS}} = 0$. □

補題 4.2.29. ユニタリ $\mathcal{H} \otimes \overline{\mathcal{H}} \to \mathbf{B}(\mathcal{H})_{\mathrm{HS}}$ であって，基本テンソル $\xi \otimes \overline{\eta}$ を $\xi \odot \eta$ に送るものが定義できる．

証明. 補題 4.2.1 により，線型写像 $T\colon \mathcal{H} \otimes_{\mathrm{alg}} \overline{\mathcal{H}} \to \mathbf{B}(\mathcal{H})_{\mathrm{HS}}$ が $T(\xi \otimes \overline{\eta}) = \xi \odot \eta$, $\xi, \eta \in \mathcal{H}$ となるように定まる．すると $\xi, \eta, \zeta, \nu \in \mathcal{H}$ に対して，

$$\begin{aligned}\langle T(\xi \otimes \overline{\eta}), T(\zeta \otimes \overline{\nu})\rangle_{\mathrm{HS}} &= \langle \xi \odot \eta, \zeta \odot \nu\rangle_{\mathrm{HS}} = \mathrm{Tr}((\zeta \odot \nu)^*(\xi \odot \eta)) \\ &= \mathrm{Tr}(\langle \xi, \zeta\rangle(\nu \odot \eta)) = \langle \xi, \zeta\rangle\langle \nu, \eta\rangle \\ &= \langle \xi \otimes \overline{\eta}, \zeta \otimes \overline{\nu}\rangle_{\mathcal{H}\otimes\overline{\mathcal{H}}}\end{aligned}$$

となるから，T は等長である．T の値域は $\mathbf{F}(\mathcal{H})$ であり，補題 4.2.27 より $\mathbf{B}(\mathcal{H})_{\mathrm{HS}}$ において稠密である．それゆえ補題 4.2.28 により，ユニタリ拡張 $T\colon \mathcal{H} \otimes \overline{\mathcal{H}} \to \mathbf{B}(\mathcal{H})_{\mathrm{HS}}$ を得る． □

定理 4.2.30.

(1) 写像 $\mathbf{B}(\mathcal{H})_{\mathrm{Tr}} \ni x \mapsto \mathrm{Tr}(x\cdot) \in \mathbf{K}(\mathcal{H})^*$ は等長同型である．とくに $\mathbf{B}(\mathcal{H})_{\mathrm{Tr}}$ は Banach 空間である．

(2) 写像 $\mathbf{B}(\mathcal{H}) \ni x \mapsto \mathrm{Tr}(x\cdot) \in \mathbf{B}(\mathcal{H})_{\mathrm{Tr}}^*$ は等長同型である．

証明. (1). 写像 $\Phi\colon \mathbf{B}(\mathcal{H})_{\mathrm{Tr}} \ni x \mapsto \mathrm{Tr}(x\cdot) \in \mathbf{K}(\mathcal{H})^*$ について，補題 4.2.25 より $\|\Phi(x)\| \leqq \|x\|_{\mathrm{Tr}}$ である．Φ の全射性を示そう．$\varphi \in \mathbf{K}(\mathcal{H})^*$ を取れば，$\mathcal{H} \times \mathcal{H} \ni (\xi, \eta) \mapsto \varphi(\xi \odot \eta) \in \mathbb{C}$ は半双線型形式である．また $\xi, \eta \in \mathcal{H}$ に対し

て $|\varphi(\xi \odot \eta)| \leqq \|\varphi\|\|\xi \odot \eta\| = \|\varphi\|\|\xi\|\|\eta\|$ だから，ある $x \in \mathbf{B}(\mathcal{H})$ が存在して，$\varphi(\xi \odot \eta) = \langle x\xi, \eta\rangle$，$\xi, \eta \in \mathcal{H}$ かつ $\|x\| \leqq \|\varphi\|$ をみたす．$x \in \mathbf{B}(\mathcal{H})_{\mathrm{Tr}}$ を示そう．$x = v|x|$ を極分解とし，CONS $\{e_i\}_{i\in I}$ を取る．このとき $F \Subset I$ に対して，

$$\sum_{i\in F}\langle |x|e_i, e_i\rangle = \sum_{i\in F}\langle xe_i, ve_i\rangle = \varphi\left(\sum_{i\in F} e_i \odot ve_i\right) \leqq \|\varphi\|\left\|\sum_{i\in F} e_i \odot ve_i\right\|$$

であるが，$p_F := \sum_{i\in F} e_i \odot e_i$ は射影かつ $\sum_{i\in F} e_i \odot ve_i = p_F v^*$ であるから，上式の最右辺は $\|\varphi\|$ で抑えられる．そこで F で上限を取れば，$\mathrm{Tr}(|x|) \leqq \|\varphi\|$ となる．よって $x \in \mathbf{B}(\mathcal{H})_{\mathrm{Tr}}$ である．また $\xi, \eta \in \mathcal{H}$ に対して，

$$\Phi(x)(\xi \odot \eta) = \mathrm{Tr}(x(\xi \odot \eta)) = \langle x\xi, \eta\rangle = \varphi(\xi \odot \eta).$$

よって $\mathbf{F}(\mathcal{H})$ 上で $\Phi(x) = \varphi$ となる．$\mathbf{F}(\mathcal{H})$ は $\mathbf{K}(\mathcal{H})$ の中で作用素ノルムについて稠密だから，$\mathbf{K}(\mathcal{H})$ 上で $\Phi(x) = \varphi$．これで Φ の全射性が示された．また $\|\varphi\| = \|\Phi(x)\| \leqq \|x\|_{\mathrm{Tr}} \leqq \|\varphi\|$ となり，Φ の等長性も示された．

(2). 写像 $\Psi\colon \mathbf{B}(\mathcal{H}) \ni x \mapsto \mathrm{Tr}(x\,\cdot) \in \mathbf{B}(\mathcal{H})_{\mathrm{Tr}}^*$ は補題 4.2.25 (1) より $\|\Psi(x)\| \leqq \|x\|$ をみたす．Ψ の全射性を示す．$\varphi \in \mathbf{B}(\mathcal{H})_{\mathrm{Tr}}^*$ とする．半線型形式 $\mathcal{H} \times \mathcal{H} \ni (\xi, \eta) \mapsto \varphi(\xi \odot \eta) \in \mathbb{C}$ について，$\|\xi \odot \eta\|_{\mathrm{Tr}} = \|\xi\|\|\eta\|$ だから，(1) と同様にして $x \in \mathbf{B}(\mathcal{H})$ が存在して，$\|x\| \leqq \|\varphi\|$ かつ $\varphi(\xi \odot \eta) = \langle x\xi, \eta\rangle$, $\xi, \eta \in \mathcal{H}$ となる．すると $\Psi(x) = \varphi$ が $\mathbf{F}(\mathcal{H})$ 上で成り立つ．$\mathbf{F}(\mathcal{H}) \subset \mathbf{B}(\mathcal{H})_{\mathrm{Tr}}$ は $\|\cdot\|_{\mathrm{Tr}}$ に関して稠密だから $\Psi(x) = \varphi$ を得る．また $\|x\| \leqq \|\varphi\| = \|\Psi(x)\| \leqq \|x\|$ より Ψ は等長である． □

4.2.5 $\mathbf{B}(\mathcal{H})$ の前双対

1.3.4 項の内容を思い出しておこう．定理 4.2.30 により次のことがわかる．

系 4.2.31. $\mathcal{H}$ を Hilbert 空間とすると，有界双線型形式 $\mathbf{B}(\mathcal{H}) \times \mathbf{B}(\mathcal{H})_{\mathrm{Tr}} \ni (x, a) \mapsto \mathrm{Tr}(xa) \in \mathbb{C}$ によって，$\mathbf{B}(\mathcal{H})_{\mathrm{Tr}}$ は $\mathbf{B}(\mathcal{H})$ の前双対である．

同一視 $\mathbf{B}(\mathcal{H})_{\mathrm{Tr}}^* = \mathbf{B}(\mathcal{H})$ によって，$\mathbf{B}(\mathcal{H})$ には汎弱位相 $\sigma(\mathbf{B}(\mathcal{H}), \mathbf{B}(\mathcal{H})_{\mathrm{Tr}})$ が入る．$\sigma(\mathbf{B}(\mathcal{H}), \mathbf{B}(\mathcal{H})_{\mathrm{Tr}})$ は後述する σ 弱位相と一致する（定理 4.3.15）．

Banach 空間 X とその前双対 Banach 空間 Y について考える．付随する有

界双線型形式を $\alpha\colon X \times Y \to \mathbb{C}$ と書く．$M \subset X$ を $\sigma(X, Y)$ 閉部分空間（したがってノルム閉）とすれば，M は前双対をもつ．このことは関数解析学の基本的な結果であるが，証明を与えておく．まず $M_\perp := \{y \in Y \mid \alpha(x, y) = 0,\ x \in M\}$ とおく．$M_\perp \subset Y$ はノルム閉部分空間である．このとき双線型形式 $\beta\colon M \times Y/M_\perp \to \mathbb{C}$ を $\beta(x, y + M_\perp) := \alpha(x, y)$, $x \in M$, $y \in Y$ で定める．任意の $x \in M$, $y \in Y$, $z \in M_\perp$ について

$$|\beta(x, y + M_\perp)| = |\alpha(x, y)| = |\alpha(x, y + z)| \leqq \|x\|\|y + z\|.$$

よって $|\beta(x, y + M_\perp)| \leqq \|x\|\|y + M_\perp\|$ ゆえ $\|\beta\| \leqq 1$ である．

次に $\psi \in (Y/M_\perp)^*$ としよう．$Q\colon Y \to Y/M_\perp$ を商写像とすれば $\psi \circ Q \in Y^*$ だから，ある $x \in X$ が存在して $\psi \circ Q = \alpha(x, \cdot)$．もし $y \in M_\perp$ ならば $\alpha(x, y) = \psi(Q(y)) = 0$ である．Hahn–Banach の分離定理より $x \in \overline{M}^{\sigma(X,Y)} = M$．また $\psi = \beta(x, \cdot)$ がいえる．これで $M \ni x \mapsto \beta(x, \cdot) \in (Y/M_\perp)^*$ の全射性がいえた．さらに x の取り方は等長同型 $Y^* \cong X$ を経由しているから $\|x\| = \|\psi \circ Q\| \leqq \|\psi\| = \|\beta(x, \cdot)\|$．$\beta$ は縮小的だから $\|\beta(x, \cdot)\| \leqq \|x\|$ である．よって等長同型 $M \cong (Y/M_\perp)^*$ を得る．

また，$\beta\colon M \times Y/M_\perp \ni (x, y + M_\perp) \mapsto \alpha(x, y) \in \mathbb{C}$ に付随する等長埋め込み $Y/M_\perp \ni y + M_\perp \mapsto \alpha(\cdot, y) \in M^*$ の像は，M 上の $\sigma(X, Y)$ 連続線型汎関数たちのなす集合に一致する．この議論を $X = \mathbf{B}(\mathcal{H})$, $Y = \mathbf{B}(\mathcal{H})_{\mathrm{Tr}}$ に適用して次の結果を得る．

命題 4.2.32.　$M \subset \mathbf{B}(\mathcal{H})$ を $\sigma(\mathbf{B}(\mathcal{H}), \mathbf{B}(\mathcal{H})_{\mathrm{Tr}})$ 閉部分空間とすれば，有界双線型形式 $M \times \mathbf{B}(\mathcal{H})_{\mathrm{Tr}}/M_\perp \ni (x, y + M_\perp) \mapsto \mathrm{Tr}(xy) \in \mathbb{C}$ によって $\mathbf{B}(\mathcal{H})_{\mathrm{Tr}}/M_\perp$ は M の前双対である．

4.3　B($\mathcal{H}$) の局所凸位相と von Neumann 環

$\mathbf{B}(\mathcal{H})$ の局所凸位相を 6 種類紹介する．$\mathbf{B}(\mathcal{H}, \mathcal{K})$ にも同様に導入できる．

4.3.1　B($\mathcal{H}$) の局所凸位相

- **弱位相，強位相．** 4.1.8 項参照．

- **強 $*$ 位相**. 各 $\xi \in \mathcal{H}$ に対し，$\mathbf{B}(\mathcal{H})$ 上の半ノルムを次のように与える：

$$\mathbf{B}(\mathcal{H}) \ni x \mapsto \|x\xi\| + \|x^*\xi\| \in \mathbb{R}_+.$$

これらに付随する局所凸位相を強 $*$ 位相という．強位相でのネットの収束を $x_\lambda \xrightarrow{s^*} x$ のように書く．これは $x_\lambda \xrightarrow{s} x$ かつ $x_\lambda^* \xrightarrow{s} x^*$ であることと同値である．

次に σ 系の局所凸位相を導入する．可算個のベクトル列たちが半ノルムを与える．上にあげた 3 つの位相が von Neumann 環の表現に依存してしまうのに対して，σ 系の位相は表現に依存しないという性質がある．

- **σ 弱位相**. ベクトル列 $\xi_n, \eta_n \in \mathcal{H}, n \in \mathbb{N}$ であって，$\sum_n \|\xi_n\|^2 < \infty$ かつ $\sum_n \|\eta_n\|^2 < \infty$ であるものに対して，半ノルムを次のように与える：

$$\mathbf{B}(\mathcal{H}) \ni x \mapsto \left| \sum_{n=1}^{\infty} \langle x\xi_n, \eta_n \rangle \right| \in \mathbb{R}_+.$$

これらに付随する局所凸位相を σ 弱位相という．σ 弱位相でのネットの収束を $x_\lambda \xrightarrow{\sigma\text{-}w} x$ のように書く．これはそのような任意の列 $\xi_n, \eta_n \in \mathcal{H}$ に対して $\sum_{n=1}^{\infty} \langle (x_\lambda - x)\xi_n, \eta_n \rangle \to 0$ を意味する．

- **σ 強位相**. ベクトル列 $\xi_n \in \mathcal{H}, n \in \mathbb{N}$ であって，$\sum_n \|\xi_n\|^2 < \infty$ であるものに対して，半ノルムを次のように与える：

$$\mathbf{B}(\mathcal{H}) \ni x \mapsto \left(\sum_{n=1}^{\infty} \|x\xi_n\|^2 \right)^{1/2} \in \mathbb{R}_+.$$

これらに付随する局所凸位相を σ 強位相という．σ 強位相でのネットの収束を $x_\lambda \xrightarrow{\sigma\text{-}s} x$ のように書く．これはそのような任意の列 $\xi_n \in \mathcal{H}$ に対して，$\sum_{n=1}^{\infty} \|(x_\lambda - x)\xi_n\|^2 \to 0$ を意味する．極化等式により $x_\lambda \xrightarrow{\sigma\text{-}s} x \Leftrightarrow (x_\lambda - x)^*(x_\lambda - x) \xrightarrow{\sigma\text{-}w} 0$ がいえる．

- **σ 強 $*$ 位相**. ベクトル列 $\xi_n \in \mathcal{H}, n \in \mathbb{N}$ であって，$\sum_n \|\xi_n\|^2 < \infty$ であるものに対して，半ノルムを次のように与える：

$$\mathbf{B}(\mathcal{H}) \ni x \mapsto \left(\sum_{n=1}^{\infty} \|x\xi_n\|^2\right)^{1/2} + \left(\sum_{n=1}^{\infty} \|x^*\xi_n\|^2\right)^{1/2} \in \mathbb{R}_+.$$

これらに付随する局所凸位相を σ 強 $*$ 位相という．σ 強 $*$ 位相でのネットの収束は $x_\lambda \xrightarrow{\sigma\text{-}s^*} x$ のように書く．これは $x_\lambda \xrightarrow{\sigma\text{-}s} x$ かつ $x_\lambda^* \xrightarrow{\sigma\text{-}s} x^*$ であることと同値である．

増幅表現 $\mathbf{B}(\mathcal{H}) \ni x \mapsto x \otimes 1 \in \mathbf{B}(\mathcal{H} \otimes \ell^2)$ を使えば，もう少し簡単に半ノルムを記述できる．例えば σ 弱位相，σ 強位相の半ノルムは $\xi, \eta \in \mathcal{H} \otimes \ell^2$ に対して，それぞれ，$|\langle (x \otimes 1)\xi, \eta \rangle|$, $\|(x \otimes 1)\xi\|$, $x \in \mathbf{B}(\mathcal{H})$ と与えられる．

位相の強弱をまとめておく．位相 τ_1 と τ_2 について τ_1 の開集合が τ_2 の開集合である（すなわち τ_2 が τ_1 よりも強い）とき，$\tau_1 \prec \tau_2$ と書くことにする．

$$\begin{array}{ccccccc} \sigma\text{弱位相} & \prec & \sigma\text{強位相} & \prec & \sigma\text{強}*\text{位相} & \prec & \text{ノルム位相} \\ \curlyvee & & \curlyvee & & \curlyvee & & \\ \text{弱位相} & \prec & \text{強位相} & \prec & \text{強}*\text{位相} & & \end{array}$$

コメント 4.3.1.　Hilbert 空間 $\mathcal{H}$ が無限次元であれば，上記の強弱 $\prec$ は真の強弱である．たとえば，ℓ^2 上の片側シフト作用素 S について，$(S^n)_{n\in\mathbb{N}}$ は弱位相で 0 に収束するが，強位相で 0 に収束しない．

以上の局所凸位相について，次の 2 つの結果は基本的である．

補題 4.3.2.　S を $\mathbf{B}(\mathcal{H})$ のノルム有界集合とする．S の相対位相について，σ 弱位相と弱位相は一致する．とくに，S 上で σ 強位相と強位相は一致し，σ 強 $*$ 位相と強 $*$ 位相も一致する．

証明． 前半の主張を示せばよい．$C := \sup\{\|x\| \mid x \in S\} < \infty$ とおく．S 内の弱収束ネット $x_\lambda \xrightarrow{w} x$ を考える．$\xi, \eta \in \mathcal{H} \otimes \ell^2$ を取る．ℓ^2 の標準的な CONS を $\{\varepsilon_n\}_{n\in\mathbb{N}}$ と書く．$N \in \mathbb{N}$ に対して，$p_N := \sum_{n=1}^{N} \varepsilon_n \odot \varepsilon_n$ とおく．任意の λ に対して，

$$
\begin{aligned}
|\langle((x_\lambda - x)\otimes 1)\xi,\eta\rangle| &\leqq |\langle((x_\lambda - x)\otimes p_N)\xi,\eta\rangle| + |\langle((x_\lambda - x)\otimes p_N^\perp)\xi,\eta\rangle| \\
&\leqq |\langle((x_\lambda - x)\otimes p_N)\xi,(1\otimes p_N)\eta\rangle| \\
&\quad + 2C\|(1\otimes p_N^\perp)\xi\|\|\eta\|
\end{aligned}
$$

となり，$\overline{\lim}_\lambda |\langle((x_\lambda - x)\otimes 1)\xi,\eta\rangle| \leqq 2C\|(1\otimes p_N^\perp)\xi\|\|\eta\|$ を得る．$N\to\infty$ とすれば，$\overline{\lim}_\lambda |\langle((x_\lambda - x)\otimes 1)\xi,\eta\rangle| = 0$ が従う．よって $x_\lambda \xrightarrow{\sigma\text{-}w} x$． □

補題 4.3.3. $\mathbf{B}(\mathcal{H})$ の局所凸位相について次のことが成り立つ：

(1) 弱位相，強 $*$ 位相，σ 弱位相，σ 強 $*$ 位相によって，$*$ 演算は連続である．

(2) 積 $\mathbf{B}(\mathcal{H})\times\mathbf{B}(\mathcal{H})\ni(x,y)\mapsto xy\in\mathbf{B}(\mathcal{H})$ は各局所凸位相について分離連続[5]である．

(3) 各局所凸位相においてノルム有界な Cauchy ネットは収束する．とくに点列完備である．

証明. (1)．容易に示せる．(2)．弱位相に関してのみ示す．他も同様である．$x_\lambda \xrightarrow{w} x$, $y\in\mathbf{B}(\mathcal{H})$ のとき $x_\lambda y \xrightarrow{w} xy$ と $yx_\lambda \xrightarrow{w} yx$ を以下に示す．$\xi,\eta\in\mathcal{H}$ に対して，定義により $\langle x_\lambda y\xi,\eta\rangle\to\langle xy\xi,\eta\rangle$．また

$$
\langle yx_\lambda\xi,\eta\rangle = \langle x_\lambda\xi,y^*\eta\rangle \to \langle x\xi,y^*\eta\rangle = \langle yx\xi,\eta\rangle.
$$

(3)． 弱位相の場合のみ示す．他も同様である．$\mathbf{B}(\mathcal{H})$ 内のノルム有界な弱 Cauchy ネット a_λ を取る．$C := \sup_\lambda \|a_\lambda\|$ とおく．命題 4.1.1 の対応 f: $\mathbf{B}(\mathcal{H})\ni x\mapsto f_x\in\mathbf{BS}(\mathcal{H},\mathcal{H})$ を用いる．各 $\xi,\eta\in\mathcal{H}$ に対して，$f_{a_\lambda}(\xi,\eta)$ は $\mathbb{C}$ 内の Cauchy ネットだから収束する．極限を $g(\xi,\eta)$ と書けば，g は半双線型形式である．さらに $|f_{a_\lambda}(\xi,\eta)| \leqq C\|\xi\|\|\eta\|$ より $\|g\|\leqq C$ である．よって $g=f_a$ となる $a\in\mathbf{B}(\mathcal{H})$ が存在し，$a_\lambda \xrightarrow{w} a$ である．

次に弱位相が点列完備であることを示す．弱位相での Cauchy 列 a_n がノルム有界であることを示せば，前半の主張から a_n が弱極限をもつ．任意の $\xi,\eta\in\mathcal{H}$ に対して $\langle a_n\xi,\eta\rangle$ は $\mathbb{C}$ 内の Cauchy 列，とくに有界列である．よっ

[5] 直積位相空間 $X\times Y$ から位相空間 Z への写像 f が分離連続 :$\overset{\mathrm{d}}{\Leftrightarrow}$ 各 $x\in X$ に対して $Y\ni y\mapsto f(x,y)\in Z$ が連続，かつ各 $y\in Y$ に対して $X\ni x\mapsto f(x,y)\in Z$ が連続．

て $\sup_n |\langle a_n\xi, \eta\rangle| < \infty$. ξ を固定し，η を動かして一様有界性原理を使えば $\sup_n \|a_n\xi\| < \infty$. 次に ξ を動かして一様有界性原理を使えば $\sup_n \|a_n\| < \infty$ が従う． □

$\mathcal{H}$ が無限次元の場合，$*$ 演算は強連続ではないが，正規元（$a^*a = aa^*$ なる a）の集合の上では強連続である．$\mathbf{B}(\mathcal{H})$ の正規元の集合を $\mathbf{B}(\mathcal{H})_{\mathrm{nor}}$ と書く．

補題 4.3.4. $*$ 演算 $\mathbf{B}(\mathcal{H})_{\mathrm{nor}} \ni x \mapsto x^* \in \mathbf{B}(\mathcal{H})_{\mathrm{nor}}$ は強位相と強位相に関して同相写像である．

証明. 次の評価からわかる：任意の $a, b \in \mathbf{B}(\mathcal{H})_{\mathrm{nor}}$ と $\xi \in \mathcal{H}$ に対して，

$$\begin{aligned}\|(a^* - b^*)\xi\|^2 &= \|a^*\xi\|^2 + \|b^*\xi\|^2 - 2\,\mathrm{Re}\langle a^*\xi, b^*\xi\rangle \\ &= \|a\xi\|^2 - \|b\xi\|^2 - 2\,\mathrm{Re}\langle \xi, (a-b)b^*\xi\rangle \\ &\leqq \|a\xi\|^2 - \|b\xi\|^2 + 2\|\xi\|\|(a-b)b^*\xi\|.\end{aligned}$$ □

補題 4.3.5. $\mathbf{B}(\mathcal{H})^{\mathrm{U}}$ への弱位相，強位相，強 $*$ 位相の制限は一致する．

証明. 任意の $u, v \in \mathbf{B}(\mathcal{H})^{\mathrm{U}}$ と $\xi \in \mathcal{H}$ に対して，

$$\|(u-v)\xi\|^2 = \|u\xi\|^2 + \|v\xi\|^2 - 2\,\mathrm{Re}\langle u\xi, v\xi\rangle = -2\,\mathrm{Re}\langle (u-v)\xi, v\xi\rangle$$

となることから $\mathbf{B}(\mathcal{H})^{\mathrm{U}}$ 上で弱位相と強位相は一致する．弱位相で $*$ 演算は連続だから，これらは強 $*$ 位相とも一致する． □

コメント 4.3.6. 補題 4.3.5 は，$\mathbf{B}(\mathcal{H})^{\mathrm{U}}$ が $\mathbf{B}(\mathcal{H})$ の中で弱位相や強位相で閉集合である，とは主張していない．しかし強 $*$ 位相では $\mathbf{B}(\mathcal{H})^{\mathrm{U}}$ は閉集合である．一般に，von Neumann 環 M のユニタリ群 M^{U} の強閉包は M の等長作用素たちのなす半群に一致することが知られている（長田尚-長田まりゑ, Dixmier–O. Maréchal).

位相群が完備距離付け可能かつ可分であるとき，**Polish 群**という．

補題 4.3.7. $\mathcal{H}$ を可分 Hilbert 空間とする．このとき次のことが成り立つ：

(1) $\mathrm{Ball}(\mathbf{B}(\mathcal{H}))$ の弱位相，強位相，強 $*$ 位相は完備距離付け可能かつ可分

である.

(2) ユニタリ群 $\mathbf{B}(\mathcal{H})^{\mathrm{U}}$ は強 $*$ 位相で Polish 群である.

証明. (1). 強位相のみ考察する. 他も同様である. $\{\xi_n\}_{n\in\mathbb{N}}$ を $\mathrm{Ball}(\mathcal{H})$ のノルム稠密列とする. 写像 $d\colon \mathrm{Ball}(\mathbf{B}(\mathcal{H}))\times\mathrm{Ball}(\mathbf{B}(\mathcal{H}))\to\mathbb{R}_+$ を $d(x,y):=\sum_n 2^{-n}\|x\xi_n-y\xi_n\|$ と定めれば, d は距離関数である. 付随する距離位相は強位相と一致する. 強位相は点列完備だから d は完備である.

$\mathrm{Ball}(\mathbf{B}(\mathcal{H}))$ の強位相による可分性を示す. $\dim\mathcal{H}=|\mathbb{N}|$ としてよい. $\mathcal{H}$ の CONS $\{\varepsilon_n\}_{n\in\mathbb{N}}$ を取る. 各 $N\in\mathbb{N}$ に対して, $p_N:=\sum_{n=1}^N\varepsilon_n\odot\varepsilon_n$ とおく. 各 $x\in\mathrm{Ball}(\mathbf{B}(\mathcal{H}))$ に対して, $p_Nxp_N\xrightarrow{s}x$ ゆえ, $\bigcup_N p_N\,\mathrm{Ball}(\mathbf{B}(\mathcal{H}))p_N$ は $\mathrm{Ball}(\mathbf{B}(\mathcal{H}))$ の中で強位相に関して稠密である. 各 $p_N\,\mathrm{Ball}(\mathbf{B}(\mathcal{H}))p_N$ は強位相で可分だから ($p_N\mathbf{B}(\mathcal{H})p_N$ では強位相とノルム位相が一致する), $\mathrm{Ball}(\mathbf{B}(\mathcal{H}))$ もそうである.

(2). $\mathbf{B}(\mathcal{H})^{\mathrm{U}}\subset\mathrm{Ball}(\mathbf{B}(\mathcal{H}))$ が強 $*$ 閉であることと, (1) より従う. □

各位相に関する連続線型汎関数についてまとめておこう.

補題 4.3.8. 線型汎関数 $\varphi\colon\mathbf{B}(\mathcal{H})\to\mathbb{C}$ に対し, 次の条件は同値である：

(1) ある $\xi_n,\eta_n\in\mathcal{H}$, $n=1,\ldots,N$ に対して, $\varphi(x)=\sum_{n=1}^N\langle x\xi_n,\eta_n\rangle$, $x\in\mathbf{B}(\mathcal{H})$.

(2) φ は弱連続. (3) φ は強連続. (4) φ は強 $*$ 連続.

証明. (1) $\Rightarrow$ (2) $\Rightarrow$ (3) $\Rightarrow$ (4) は明らかだから, (4) $\Rightarrow$ (1) を示す. (4) を仮定すれば, 強 $*$ 位相の半ノルム族が作る局所凸位相の性質から, ある有限個の $\xi_k\in\mathcal{H}$, $k=1,\ldots,N$ と $C>0$ が存在して [泉 21, 定理 5.2.1],

$$|\varphi(x)|\leqq C\sum_{k=1}^N(\|x\xi_k\|+\|x^*\xi_k\|),\quad x\in\mathbf{B}(\mathcal{H}).$$

直和 Hilbert 空間 $\bigoplus_{k=1}^N(\mathcal{H}\oplus\overline{\mathcal{H}})$ を考えて, $\zeta(x):=(x\xi_k\oplus\overline{x^*\xi_k})_k$, $x\in\mathbf{B}(\mathcal{H})$ とおけば, 上の不等式から $|\varphi(x)|\leqq C\sqrt{2N}\|\zeta(x)\|$, $x\in\mathbf{B}(\mathcal{H})$ となる. よって $\mathcal{K}:=\overline{\mathrm{span}}\{\,\zeta(x)\mid x\in\mathbf{B}(\mathcal{H})\,\}$ とおけば, 線型汎関数 $\mathcal{K}\ni\zeta(x)\mapsto\varphi(x)\in\mathbb{C}$ は定義可能かつ有界である. Riesz の表現定理により, あるベクトル $\eta:=$

$(\eta_k \oplus \overline{\nu_k})_k \in \mathcal{K}$ が存在して $\varphi(x) = \langle \zeta(x), \eta \rangle$, $x \in \mathbf{B}(\mathcal{H})$ となる．よって任意の $x \in \mathbf{B}(\mathcal{H})$ に対して，

$$\varphi(x) = \sum_{k=1}^{N} (\langle x\xi_k, \eta_k \rangle + \langle \overline{x^*\xi_k}, \overline{\nu_k} \rangle) = \sum_{k=1}^{N} (\langle x\xi_k, \eta_k \rangle + \langle x\nu_k, \xi_k \rangle). \qquad \square$$

補題 4.3.9.　線型汎関数 $\varphi\colon \mathbf{B}(\mathcal{H}) \to \mathbb{C}$ に対し，次の条件は同値である：

(1) ある $(\xi_n), (\eta_n) \in \ell^2(\mathcal{H})$ に対して，$\varphi(x) = \sum_{n=1}^{\infty} \langle x\xi_n, \eta_n \rangle$, $x \in \mathbf{B}(\mathcal{H})$.
(2) φ は σ 弱連続．(3) φ は σ 強連続．(4) φ は σ 強 $*$ 連続．

証明. (1) ⇒ (2) ⇒ (3) ⇒ (4) は明らかだから，(4) ⇒ (1) を示す．φ は σ 強 $*$ 位相に関して連続だから，有限個のベクトル $\xi_k \in \mathcal{H} \otimes \ell^2$, $k = 1, \dots, N$ と $C > 0$ が存在して，$|\varphi(x)| \leqq \sum_{k=1}^{N} (\|(x \otimes 1)\xi_k\| + \|(x^* \otimes 1)\xi_k\|)$, $x \in \mathbf{B}(\mathcal{H})$ となる．あとは補題 4.3.8 (4) ⇒ (1) の証明と同様である．□

定理 1.3.2, 補題 4.3.2, 4.3.8, 4.3.9 より次のことが成り立つ．

命題 4.3.10.　$\mathbf{B}(\mathcal{H})$ の部分集合 S の凸包の各種位相に関する閉包について，$\overline{\mathrm{co}}^{w}(S) = \overline{\mathrm{co}}^{s}(S) = \overline{\mathrm{co}}^{s^*}(S)$ と $\overline{\mathrm{co}}^{\sigma\text{-}w}(S) = \overline{\mathrm{co}}^{\sigma\text{-}s}(S) = \overline{\mathrm{co}}^{\sigma\text{-}s^*}(S)$ が成り立つ．S がさらにノルム有界であれば，これらはすべて等しい．

コメント **4.3.11.**

(1) 命題 4.3.10 から部分空間 $Y \subset \mathbf{B}(\mathcal{H})$ の閉包について $\overline{Y}^{w} = \overline{Y}^{s} = \overline{Y}^{s^*}$ かつ $\overline{Y}^{\sigma\text{-}w} = \overline{Y}^{\sigma\text{-}s} = \overline{Y}^{\sigma\text{-}s^*}$ となる．
(2) 一般に X を局所凸位相ベクトル空間，Y を X の部分空間とすると，Y 上の任意の連続線型汎関数は X 上の連続線型汎関数を Y へ制限することで得られる（Hahn-Banach の拡張定理）．例えば，部分空間 $Y \subset \mathbf{B}(\mathcal{H})$ 上の σ 弱連続線型汎関数 φ は $(\xi_n), (\eta_n) \in \ell^2(\mathcal{H})$ を用いて，$\varphi(y) = \sum_n \langle y\xi_n, \eta_n \rangle$, $y \in Y$ と表される（補題 4.3.9）．このことは補題 4.3.8, 4.3.9 の証明を Y 上で行うことでもわかる．

命題 4.3.12.　$\mathrm{Ball}(\mathbf{B}(\mathcal{H}))$ は σ 弱コンパクトである．

証明. 補題 4.3.2 から $\mathrm{Ball}(\mathbf{B}(\mathcal{H}))$ 上では弱位相と σ 弱位相が一致する．よって $\mathrm{Ball}(\mathbf{B}(\mathcal{H}))$ の弱コンパクト性を示す．$\mathbf{B}(\mathcal{H}) = \mathbf{B}(\mathcal{H}, \mathcal{H})$ と Riesz の補題から，作用素弱位相は各点 $\sigma(\mathcal{H}, \mathcal{H}^*)$ 位相に一致する．補題 1.3.7 により，$\mathrm{Ball}(\mathbf{B}(\mathcal{H}))$ は弱コンパクトである（$\mathcal{H}^*$ は $\mathcal{H}$ の前双対でもある）． □

補題 4.3.13. 線型汎関数 $\varphi\colon \mathbf{B}(\mathcal{H}) \to \mathbb{C}$ に対し，次の条件は同値である：

(1) φ は σ 弱連続である．

(2) $a \in \mathbf{B}(\mathcal{H})_{\mathrm{Tr}}$ が存在して $\varphi(x) = \mathrm{Tr}(xa)$, $x \in \mathbf{B}(\mathcal{H})$ となる．

証明. (1) ⇒ (2). $\varphi = \sum_{n=1}^{\infty} \langle \cdot\, \xi_n, \eta_n \rangle$ となる $\xi = (\xi_n), \eta = (\eta_n) \in \ell^2(\mathcal{H})$ を取る．すると

$$\sum_{n=1}^{\infty} \|\xi_n \odot \eta_n\|_{\mathrm{Tr}} = \sum_{n=1}^{\infty} \|\xi_n\| \|\eta_n\| \leqq \Big(\sum_{n=1}^{\infty} \|\xi_n\|^2 \Big)^{1/2} \Big(\sum_{n=1}^{\infty} \|\eta_n\|^2 \Big)^{1/2} < \infty.$$

$\mathbf{B}(\mathcal{H})_{\mathrm{Tr}}$ は完備だから，トレースノルムでの極限 $a := \sum_{n=1}^{\infty} \xi_n \odot \eta_n \in \mathbf{B}(\mathcal{H})_{\mathrm{Tr}}$ が存在する．このとき $x \in \mathbf{B}(\mathcal{H})$ に対して，補題 4.2.25 (1) より

$$\mathrm{Tr}(xa) = \lim_{N \to \infty} \mathrm{Tr} \Big(x \sum_{n=1}^{N} \xi_n \odot \eta_n \Big) = \sum_{n=1}^{\infty} \langle x\xi_n, \eta_n \rangle = \varphi(x).$$

(2) ⇒ (1). $a \in \mathbf{B}(\mathcal{H})_{\mathrm{Tr}}$ を $\varphi(x) = \mathrm{Tr}(xa)$, $x \in \mathbf{B}(\mathcal{H})$ となるように取る．$a = v|a|$ と極分解すれば $|a|^{1/2} \in \mathbf{B}(\mathcal{H})_{\mathrm{HS}}$. よって $\{\varepsilon_i\}_{i \in I}$ を $\mathcal{H}$ の CONS とすれば，$\sum_i \||a|^{1/2}\varepsilon_i\|^2 < \infty$ だから，$J := \{\, i \in I \mid |a|^{1/2}\varepsilon_i \neq 0 \,\}$ は高々可算集合である．各 $x \in \mathbf{B}(\mathcal{H})$ に対して

$$\begin{aligned} \varphi(x) = \mathrm{Tr}(xa) = \mathrm{Tr}(|a|^{1/2} x v |a|^{1/2}) &= \sum_{i \in I} \langle xv|a|^{1/2}\varepsilon_i, |a|^{1/2}\varepsilon_i \rangle \\ &= \sum_{i \in J} \langle xv|a|^{1/2}\varepsilon_i, |a|^{1/2}\varepsilon_i \rangle. \end{aligned}$$

よって φ は σ 弱連続である． □

コメント 4.3.14. 前補題の $a \in \mathbf{B}(\mathcal{H})$ は φ から一意的に定まり（定理 4.2.30 (1)），φ の密度作用素とよばれる．$a \in \mathbf{B}(\mathcal{H})_+$ ならば $\varphi(x) = \mathrm{Tr}(a^{1/2} x a^{1/2})$, $x \in \mathbf{B}(\mathcal{H})$ より φ は正値である．逆に φ が正値ならば $\langle a\xi, \xi \rangle = \varphi(\xi \odot \xi) \geqq 0$,

$\xi \in \mathcal{H}$ だから $a \in \mathbf{B}(\mathcal{H})_+$ である．また $\ker a = \{0\}$ であることと φ が忠実であることは同値である．

次の結果は前補題から従う．

定理 4.3.15. $\mathbf{B}(\mathcal{H})$ の σ 弱位相と $\sigma(\mathbf{B}(\mathcal{H}), \mathbf{B}(\mathcal{H})_{\mathrm{Tr}})$ は一致する．

問題 4.3.16. $\varphi\colon \mathbf{B}(\mathcal{H})_+ \to [0,\infty]$ を σ 弱位相に関して下半連続なトレース荷重とすると，ある $\lambda \in [0,\infty]$ が存在して $\varphi = \lambda \mathrm{Tr}$ であることを示せ．［ヒント：行列単位系を用いよ．行列環の場合は補題 6.2.7 を見よ．］

4.3.2　von Neumann 環と二重可換子定理

本項では von Neumann による**二重可換子定理**（定理 4.3.28）を示す．これは $*$ 環 M の二重可換子環 M'' と各種局所凸位相に関する閉包 $\overline{M}$ が一致することを主張し，代数的性質（可換子環）と解析的性質（位相）を結びつける役割を果たす．まず可換子環を導入しよう．

定義 4.3.17. $\mathbf{B}(\mathcal{H})$ の部分集合 S に対し，その**可換子環** S' を $S' := \{x \in \mathbf{B}(\mathcal{H}) \mid xy = yx,\ y \in S\}$ と定める．

可換子環の記号を用いるときは，可換子環を取る場所である $\mathbf{B}(\mathcal{H})$ を意識することが重要である．

コメント 4.3.18. もし $S_1 \subset S_2 \subset \mathbf{B}(\mathcal{H})$ ならば，$S_2' \subset S_1'$ である．また $S \subset S''$ である．S を S' に置き換えると $S' \subset S'''$ がいえる．一方で $S \subset S''$ の可換子を取れば，$S''' \subset S'$ がいえるから，結局 $S' = S'''$ である．まとめると $S \subset S'' = S'''' = \cdots$ と $S' = S''' = S''''' = \cdots$ がいえる．

■**例 4.3.19.** 明らかに $(\mathbb{C}1_{\mathcal{H}})' = \mathbf{B}(\mathcal{H})$ である．また $\mathbf{K}(\mathcal{H})' = \mathbb{C}1_{\mathcal{H}}$ より $\mathbf{B}(\mathcal{H})' = \mathbb{C}1_{\mathcal{H}}$ である．実際 $x \in \mathbf{K}(\mathcal{H})'$ とし，$\mathcal{H}$ の CONS $\{\varepsilon_i\}_{i \in I}$ についての行列表示を $x = \sum_{i,j} x_{ij} e_{ij}$ とおく．$i_0 \in I$ を任意に固定する．x は e_{ij} たちと交換するから，各 $i, j \in I$ に対して $e_{i_0 i} x e_{j i_0} = x e_{i_0 i} e_{j i_0} = \delta_{i,j} x e_{i_0 i_0} = \delta_{i,j} e_{i_0 i_0} x e_{i_0 i_0}$ となる．最初と最後の行列表示を比較すれば，$x_{ij} = \delta_{i,j} x_{i_0 i_0}$ を得る．よって $x = \sum_j x_{i_0 i_0} e_{jj} = x_{i_0 i_0} 1_{\mathcal{H}} \in \mathbb{C}1_{\mathcal{H}}$ である．

補題 4.3.20. 部分集合 $S \subset \mathbf{B}(\mathcal{H})$ に対して，S' は $1_{\mathcal{H}}$ を含む部分環であり，4.1.8, 4.3.1 項で導入した 6 つの位相で閉集合である．さらに S が $*$ 演算で閉じているならば，S' も $*$ 演算で閉じる．

証明. 任意の $x, y \in S'$ と $a \in S$ に対して $xya = xay = axy$ だから，S' は積で閉じている．和とスカラー倍で閉じていることや $1_{\mathcal{H}} \in S'$ であることも簡単である．S' が弱閉であることを示そう．S' のネット x_λ が $x \in \mathbf{B}(\mathcal{H})$ に弱収束しているとしよう．すると任意の $y \in S$ に対して，補題 4.3.3 (2) により $xy = \text{w-lim}_\lambda x_\lambda y = \text{w-lim}_\lambda yx_\lambda = yx$ ゆえ $x \in S'$ である．よって S' は弱閉である．次に S が $*$ 演算で閉じているとし，$x \in S'$, $y \in S$ とする．すると $x^*y = (y^*x)^* = (xy^*)^* = yx^*$ だから $x^* \in S'$ である． □

$\mathbf{B}(\mathcal{H} \otimes \ell^2)$ の元の行列表示も思い出そう（補題 4.2.4）．ℓ^2 の標準的な CONS を $\{\varepsilon_n\}_{n \in \mathbb{N}}$ とする．行列単位は $e_{mn} \coloneqq \varepsilon_m \odot \varepsilon_n = \ell(\varepsilon_m)\ell(\varepsilon_n)^*$, $m, n \in \mathbb{N}$ を用いる．また増幅表現 $\pi_{\mathrm{amp}} \colon \mathbf{B}(\mathcal{H}) \ni x \mapsto x \otimes 1 \in \mathbf{B}(\mathcal{H} \otimes \ell^2)$ を考える．

補題 4.3.21. $S \subset \mathbf{B}(\mathcal{H})$ を部分集合とする．$y \in \mathbf{B}(\mathcal{H} \otimes \ell^2)$ とし，その行列表示を $y = \sum_{m,n \in \mathbb{N}} y_{mn} \otimes e_{mn}$ とする．このとき $y \in \pi_{\mathrm{amp}}(S)' \subset \mathbf{B}(\mathcal{H} \otimes \ell^2)$ であることと $y_{mn} \in S' \subset \mathbf{B}(\mathcal{H})$, $m, n \in \mathbb{N}$ であることは同値である．

証明. 任意の $x \in S$ に対して，

$$\pi_{\mathrm{amp}}(x)y = \sum_{m,n \in \mathbb{N}} xy_{mn} \otimes e_{mn}, \quad y\pi_{\mathrm{amp}}(x) = \sum_{m,n \in \mathbb{N}} y_{mn}x \otimes e_{mn}$$

である．行列表示の一意性から示したいことが従う． □

定義 4.3.22. $\mathcal{H}$ を Hilbert 空間，$S \subset \mathbf{B}(\mathcal{H})$ を部分集合とする．部分空間 $\mathcal{K} \subset \mathcal{H}$ が ***S* 不変** $:\overset{\mathrm{d}}{\Leftrightarrow} S\mathcal{K} \subset \mathcal{K}$．ここで $S\mathcal{K} \coloneqq \operatorname{span}\{\, x\xi \mid x \in S,\ \xi \in \mathcal{K} \,\}$．

不変部分空間と可換子環の射影の関係は重要である．

補題 4.3.23. $*$ 演算で閉じている部分集合 $S \subset \mathbf{B}(\mathcal{H})$ と閉部分空間 $\mathcal{K} \subset \mathcal{H}$ について，次のことは同値である：

(1) $\mathcal{K}$ は S 不変．(2) $\mathcal{K}^\perp$ は S 不変．(3) 射影 $p_{\mathcal{K}} \colon \mathcal{H} \to \mathcal{K}$ は S' に属する．

証明. $p = p_{\mathcal{K}}$ と書く．(1) ⇒ (2)．任意の $x \in S$ と $\xi \in \mathcal{K}^{\perp}$, $\eta \in \mathcal{K}$ に対して，$x^*\eta \in S\mathcal{K} \subset \mathcal{K}$ より $\langle x\xi, \eta\rangle = \langle \xi, x^*\eta\rangle = 0$. (2) ⇒ (1) も同様である．

(2) ⇒ (3)．任意の $x \in S$ と $\xi \in \mathcal{H}$ に対して，$xp\xi \in \mathcal{K}$ ゆえ $pxp\xi = xp\xi$. よって $pxp = xp$, $x \in S$ である．両辺の $*$ を取ると，$px^*p = px^*$, $x \in S$ がいえる．$*\colon S \to S$ は全単射であるから，$pyp = py$, $y \in S$．以上より $xp = pxp = px$, $x \in S$ ゆえ $p \in S'$ である．

(3) ⇒ (1)．任意の $x \in S$ と $\xi \in \mathcal{K}$ に対して，$p \in S'$ ゆえ $px\xi = xp\xi = x\xi$. よって $x\xi \in \mathcal{K}$ である．□

定義 4.3.24. $*$ 環 $\mathcal{A}$ の表現 $\pi\colon \mathcal{A} \to \mathbf{B}(\mathcal{H})$ について，部分空間 $\pi(\mathcal{A})\mathcal{H} := \mathrm{span}\,\{\pi(a)\xi \mid a \in \mathcal{A},\ \xi \in \mathcal{H}\}$ が $\mathcal{H}$ でノルム稠密であるとき，表現 π は非退化であるという．また $\mathcal{A}$ が $\mathcal{H}$ に非退化に作用するという．

補題 4.3.25. $*$ 環 $\mathcal{A}$ の表現 $\pi\colon \mathcal{A} \to \mathbf{B}(\mathcal{H})$ に対し，$p_\pi\colon \mathcal{H} \to \overline{\pi(\mathcal{A})\mathcal{H}}$ を射影とする．C* 環 $\overline{\pi(\mathcal{A})}^{\|\cdot\|}$ の近似単位元 u_λ に対し，$p_\pi = \text{s-lim}_\lambda\, u_\lambda$ である．

証明. $B := \overline{\pi(\mathcal{A})}^{\|\cdot\|}$ と書く．$\overline{\pi(\mathcal{A})\mathcal{H}} = \overline{B\mathcal{H}}$ に注意しよう．さて $u_\lambda \in B_+$ はノルム有界な単調増加ネットであるから，ある元 $q \in \mathbf{B}(\mathcal{H})_+$ に強収束する．これが p_π と等しいことを示す．任意の $\xi \in \mathcal{H}$ に対して，$p_\pi q\xi = \lim_\lambda p_\pi u_\lambda \xi = \lim_\lambda u_\lambda \xi = q\xi$．よって $p_\pi q = q$ である．次に任意の $a \in \mathcal{A}$ と $\xi \in \mathcal{H}$ に対して，$q\pi(a)\xi = \lim_\lambda u_\lambda \pi(a)\xi = \pi(a)\xi$．よって $q\eta = \eta$, $\eta \in \overline{\pi(\mathcal{A})\mathcal{H}}$ ゆえ $qp_\pi = p_\pi$．$*$ を取れば $p_\pi = p_\pi q$. よって $p_\pi = q$ である．□

コメント 4.3.26. 補題 4.3.25 の射影 $p_\pi = \text{s-lim}_\lambda\, u_\lambda$ は，補題 4.3.23 より $p_\pi \in \overline{\pi(\mathcal{A})}^{s} \cap \pi(\mathcal{A})'$ である．したがって $\pi(\mathcal{A})$ を $p_\pi\mathcal{H}$ に制限することで新しい表現 $\mathcal{A} \ni a \mapsto \pi(a)p_\pi \in \mathbf{B}(p_\pi\mathcal{H})$ が得られる．これは非退化表現である．また $\pi(\mathcal{A})$ の元を $p_\pi^{\perp}\mathcal{H}$ に制限すれば近似単位元の性質から 0 である．このように任意の表現は非退化表現と零表現の直和で表される．

補題 4.3.27. $*$ 環 $\mathcal{A}$ の表現 $\pi\colon \mathcal{A} \to \mathbf{B}(\mathcal{H})$ に対して，以下は同値である：

(1) $*$ 環 $\pi(\mathcal{A})$ は $\mathcal{H}$ に非退化に作用する．
(2) C* 環 $\overline{\pi(\mathcal{A})}^{\|\cdot\|}$ は $\mathcal{H}$ に非退化に作用する．
(3) C* 環 $\overline{\pi(\mathcal{A})}^{\|\cdot\|}$ の近似単位元 u_λ は $1_{\mathcal{H}}$ に強収束する．

(4) あるネット $v_\lambda \in \mathcal{A}$ が存在して，s-$\lim_\lambda \pi(v_\lambda) = 1_\mathcal{H}$ となる．

証明． (1) $\Leftrightarrow$ (2) $\Leftrightarrow$ (3) は補題 4.3.25 より従う．(4) $\Rightarrow$ (1) は明らか．(3) $\Rightarrow$ (4) を示す．一般に任意の $S \subset \mathbf{B}(\mathcal{H})$ と $T := \overline{S}^{\|\cdot\|}$ に対して $\overline{S}^s = \overline{T}^s$ である．$S = \pi(\mathcal{A})$ に適用すれば $\overline{\pi(\mathcal{A})}^s = \overline{T}^s \ni 1_\mathcal{H}$ が従う． □

$*$環の表現 $\pi\colon \mathcal{A} \to \mathbf{B}(\mathcal{H})$ が非退化ならば，増幅表現 $\pi_{\mathrm{amp}}\colon \mathcal{A} \ni x \mapsto \pi(x) \otimes 1_\mathcal{K} \in \mathbf{B}(\mathcal{H} \otimes \mathcal{K})$ も非退化である．実際 $(\pi(\mathcal{A})\mathcal{H}) \otimes_{\mathrm{alg}} \mathcal{K} \subset \mathcal{H} \otimes \mathcal{K}$ はノルム稠密である．

定理 4.3.28（二重可換子定理）．$\mathcal{H}$ を Hilbert 空間とする．$*$部分環 $M \subset \mathbf{B}(\mathcal{H})$ は $\mathcal{H}$ に非退化に作用しているとする．このとき各位相の閉包について，$M'' = \overline{M}^{\sigma\text{-}w} = \overline{M}^{\sigma\text{-}s} = \overline{M}^{\sigma\text{-}s^*} = \overline{M}^{w} = \overline{M}^{s} = \overline{M}^{s^*}$ が成り立つ．

証明． 命題 4.3.10 により，$\overline{M}^{\sigma\text{-}w} = \overline{M}^{\sigma\text{-}s} = \overline{M}^{\sigma\text{-}s^*}$ と $\overline{M}^{w} = \overline{M}^{s} = \overline{M}^{s^*}$ が従う．さらに σ 強位相の方が強位相よりも強いから $\overline{M}^{\sigma\text{-}s} \subset \overline{M}^{s}$．また $M \subset M''$ かつ補題 4.3.20 により M'' は強閉だから $\overline{M}^{\sigma\text{-}s} \subset \overline{M}^{s} \subset M''$．よって $M'' \subset \overline{M}^{\sigma\text{-}s}$ を示せばよい．

M'' の元が M の元で σ 強近似されることを示す．$m \in \mathbb{N}$ とし，m 個の元 $\xi_1, \ldots, \xi_m \in \mathcal{H} \otimes \ell^2$ を任意に取る．ξ_i たちに付随する σ 強位相の半ノルムを $p_{\xi_i}(x) := \|\pi_{\mathrm{amp}}(x)\xi_i\|$, $i = 1, \ldots, m$, $x \in \mathbf{B}(\mathcal{H})$ と書く．ここで π_{amp} は増幅表現 $\mathbf{B}(\mathcal{H}) \ni x \mapsto x \otimes 1 \in \mathbf{B}(\mathcal{H} \otimes \ell^2)$ である．m 個の Cuntz 等長作用素たち $S_1, \ldots, S_m \in \mathbf{B}(\ell^2)$ を取り，$\eta := \sum_{i=1}^m (1 \otimes S_i)\xi_i \in \mathcal{H} \otimes \ell^2$ とおく．

そこで $\mathcal{K} := \overline{\pi_{\mathrm{amp}}(M)\eta} \subset \mathcal{H} \otimes \ell^2$ とおき，射影 $q\colon \mathcal{H} \otimes \ell^2 \to \mathcal{K}$ を考える．$\mathcal{K}$ は $\pi_{\mathrm{amp}}(M)$ 不変だから $q \in \pi_{\mathrm{amp}}(M)' \subset \mathbf{B}(\mathcal{H} \otimes \ell^2)$．また $\pi_{\mathrm{amp}}(M) \subset \mathbf{B}(\mathcal{H} \otimes \ell^2)$ の非退化性により $\eta \in \mathcal{K}$ だから（補題 4.3.27 (4)）$q\eta = \eta$ となる．q の行列表示を $q = \sum_{k,\ell \in \mathbb{N}} q_{k\ell} \otimes e_{k\ell}$ と書けば，補題 4.3.21 より $q_{k\ell} \in M'$, $k, \ell \in \mathbb{N}$ である．任意の $x_0 \in M''$ に対して $x_0 q_{k\ell} = q_{k\ell} x_0$ より

$$q\pi_{\mathrm{amp}}(x_0) = \sum_{k,\ell \in \mathbb{N}} q_{k\ell} x_0 \otimes e_{k\ell} = \sum_{k,\ell \in \mathbb{N}} x_0 q_{k\ell} \otimes e_{k\ell} = \pi_{\mathrm{amp}}(x_0) q.$$

とくに $q\pi_{\mathrm{amp}}(x_0)\eta = \pi_{\mathrm{amp}}(x_0) q\eta = \pi_{\mathrm{amp}}(x_0)\eta$ より，$\pi_{\mathrm{amp}}(x_0)\eta \in \mathcal{K}$ である．よって点列 $x_n \in M$ を $\pi_{\mathrm{amp}}(x_0)\eta = \lim_n \pi_{\mathrm{amp}}(x_n)\eta$ となるように取れる．両辺に $1 \otimes S_i^* \in \pi_{\mathrm{amp}}(\mathbf{B}(\mathcal{H}))'$, $i = 1, \ldots, m$ をかけると，左辺は

$$(1 \otimes S_i^*)\pi_{\mathrm{amp}}(x_0)\eta = \pi_{\mathrm{amp}}(x_0)(1 \otimes S_i^*)\eta = \pi_{\mathrm{amp}}(x_0)\xi_i$$

となり，右辺は

$$\lim_n (1 \otimes S_i^*)\pi_{\mathrm{amp}}(x_n)\eta = \lim_n \pi_{\mathrm{amp}}(x_n)(1 \otimes S_i^*)\eta = \lim_n \pi_{\mathrm{amp}}(x_n)\xi_i.$$

となるから，$\lim_n p_{\xi_i}(x_n - x_0) = 0$ がいえる．よって $x_0 \in \overline{M}^{\sigma\text{-}s}$ である． □

定義 4.3.29. $\mathcal{H}$ を Hilbert 空間とする．$1_{\mathcal{H}}$ を含む $*$ 部分環 $M \subset \mathbf{B}(\mathcal{H})$ が σ 弱閉であるとき，**von Neumann 環**という．

定義 4.3.30. M が von Neumann 環のとき，

$$Z(M) \coloneqq \{\, x \in M \mid xy = yx,\ y \in M \,\}$$

を M の中心とよぶ．$Z(M)$ は von Neumann 環であり．また $Z(M)$ の射影を M の中心射影という．

コメント 4.3.31. von Neumann 環についていくつかの注をあげる．

(1) Hilbert 空間を使わない von Neumann 環の定義（W* 環）は 7.6 節参照．

(2) von Neumann 環を $M'' = M$ なる $*$ 部分環のことと定義してもよい．

(3) M が von Neumann 環ならば $Z(M) = M' \cap M = M' \cap M'' = Z(M')$.

(4) von Neumann 環はノルム閉であるから C* 環である．

(5) 二重可換子定理より，$1_{\mathcal{H}}$ を含む $*$ 部分環 $M \subset \mathbf{B}(\mathcal{H})$ が von Neumann 環であることと弱，強，強 $*$，σ 強，σ 強 $*$ 位相のうちのいずれかの位相で閉であることは同値である．また $*$ 演算で閉じた集合 $S \subset \mathbf{B}(\mathcal{H})$ が存在して，$M = S'$ であることとも同値である．

(6) 単位的 C* 環 $A \subset \mathbf{B}(\mathcal{H})$ と $x \in \mathbf{B}(\mathcal{H})$ について，$x \in A' \iff ux = xu$, $u \in A^{\mathrm{U}}$ である．これは命題 3.5.13 からわかる．

(7) σ 弱閉 $*$ 部分環 $M \subset \mathbf{B}(\mathcal{H})$ は単調完備性により単位元 1_M をもつ．それゆえ $1_M \neq 1_{\mathcal{H}}$ の場合は，M を部分空間 $1_M\mathcal{H}$ の上に制限して考えることで，von Neumann 環とみなすことができる．

(8) 非退化性を仮定しない $*$ 部分環 $M \subset \mathbf{B}(\mathcal{H})$ の σ 弱閉包 $\overline{M}^{\sigma\text{-}w}$ の単位元を e と書けば，$M'' = \overline{M}^{\sigma\text{-}w} + \mathbb{C}e^{\perp}$ となる．

(9) $*$演算で閉じた $S \subset \mathbf{B}(\mathcal{H})$ について，S'' は C^* 環 $\mathrm{C}^*(S \cup \{1_{\mathcal{H}}\})$ の σ 弱閉包によってできる von Neumann 環である．これを $\boldsymbol{S}$ **が生成する von Neumann 環**という．S'' を $\mathrm{W}^*(S)$ とも書く．具体的な von Neumann 環はこのように構成されることが多い．

(10) von Neumann 環の族 $M_i \subset \mathbf{B}(\mathcal{H}), i \in I$ に対し $\mathrm{W}^*\left(\bigcup_{i\in I} M_i\right)$ を $\bigvee_{i\in I} M_i$ と書く．

系 4.3.32. von Neumann 環の族 $M_i \subset \mathbf{B}(\mathcal{H})$, $i \in I$ に対して次のことが成り立つ：

$$\left(\bigvee_{i\in I} M_i\right)' = \bigcap_{i\in I} M_i', \quad \left(\bigcap_{i\in I} M_i\right)' = \bigvee_{i\in I} M_i'.$$

証明. 左側の等式は自明である．左側の等式で M_i を M_i' に置き換えて，両辺の可換子を取れば，二重可換子定理より右側の等式を得る． □

系 4.3.33. M を von Neumann 環，$a \in M$ を正規元とし，$E\colon \mathscr{B}(\mathbb{C}) \to \mathbf{B}(\mathcal{H})^{\mathrm{P}}$ を a に付随するスペクトル測度とすれば，次のことが成り立つ：

(1) E は M に値を取る．すなわち $E(B) \in M^{\mathrm{P}}$, $B \in \mathscr{B}(\mathbb{C})$.

(2) 任意の有界 Borel 可測関数 $f\colon \mathrm{Sp}(a) \to \mathbb{C}$ に対して，Borel 関数カルキュラス $f(a) = \int_{\mathrm{Sp}(a)} f(\lambda)\, dE(\lambda)$ は M に属する．

証明. (1). 任意のユニタリ $u \in M'$ に対して，$\mathscr{B}(\mathbb{C}) \ni B \mapsto uE(B)u^* \in \mathbf{B}(\mathcal{H})^{\mathrm{P}}$ は $uau^* = a$ に付随するスペクトル測度である．スペクトル測度の一意性から $uE(B)u^* = E(B)$, $B \in \mathscr{B}(\mathbb{C})$. よってコメント 4.3.31 (6) と二重可換子定理より $E(B) \in M'' = M$.

(2) は (1) と単関数近似，あるいは二重可換子定理からわかる． □

■**例 4.3.34.** Borel 可測関数 $\mathrm{Log}\colon \mathbb{C} \setminus \{0\} \to \mathbb{C}$ を $\mathrm{Log}(re^{i\theta}) := \log r + i\theta$, $r > 0$, $-\pi < \theta \leqq \pi$ と定める．ユニタリ $u \in M$ に対して，$h := i^{-1}\,\mathrm{Log}(u)$ とおけば $h \in M_{\mathrm{sa}}$ かつ $u = e^{ih}$ となる．

系 4.3.35. von Neumann 環 M に対して，$\mathrm{Ball}(M_+) = \overline{\mathrm{co}}^{\|\cdot\|}(M^{\mathrm{P}})$. とくに $M = \overline{\mathrm{span}}^{\|\cdot\|} M^{\mathrm{P}}$ である．

証明. $h \in \mathrm{Ball}(M_+)$ に付随するスペクトル測度を $E\colon \mathscr{B}(\mathbb{R}) \to M^{\mathrm{P}}$ と書く．各 $n \in \mathbb{N}$ に対して，$h_n := n^{-1}\sum_{k=1}^{n} E\big(((k-1)/n, 1]\big) \in \mathrm{co}(M^{\mathrm{P}})$ とおけば，$\|h_n - h\| \leqq 1/n$ となる．よって主張が示された． □

系 4.3.36. $M \subset \mathbf{B}(\mathcal{H})$ を von Neumann 環とし，$x \in M$ の $\mathbf{B}(\mathcal{H})$ での極分解を $x = v|x|$ とすれば $v \in M$ である．

証明. 強収束 $v = \lim_{n\to\infty} x(|x| + n^{-1}1_{\mathcal{H}})^{-1}$ からわかる．または極分解の一意性と二重可換子定理を用いても示せる（系 4.3.33 の証明を見よ）． □

次に有界線型作用素と自己共役作用素の可換性についてまとめておく．命題 4.3.38 は第 8 章で用いる．[新井 14, 4.4.1 項], [泉 21, 第 10 章演習 9], [竹之 04, 第 4 章 22 節], [Ped89, 5.2.7 項], [Yos95, XI.12 節] なども参照せよ．

定義 4.3.37. $x \in \mathbf{B}(\mathcal{H})$ と $\mathcal{H}$ 上の線型作用素 T が可換 $:\overset{\mathrm{d}}{\Leftrightarrow} xT \subset Tx$.

命題 4.3.38. Δ を $\mathcal{H}$ 上の自己共役作用素，$\{E(B)\}_{B\in\mathscr{B}(\mathbb{R})}$ を Δ のスペクトル射影族とすると，$\{x \in \mathbf{B}(\mathcal{H}) \mid x\Delta \subset \Delta x\} = \{E(B) \mid B \in \mathscr{B}(\mathbb{R})\}'$ である．もし Δ が非特異かつ正ならば，これらは $\{\Delta^{is} \mid s \in \mathbb{R}\}'$ とも等しい．

証明. $M := \{x \in \mathbf{B}(\mathcal{H}) \mid x\Delta \subset \Delta x\}$, $N := \{E(B) \mid B \in \mathscr{B}(\mathbb{R})\}''$ とおく．$M \subset \mathbf{B}(\mathcal{H})$ は明らかに部分環である．$x \in M$ ならば，$x^*\Delta \subset (\Delta x)^* \subset (x\Delta)^* = \Delta x^*$ より $x^* \in M$ である[6)]．またネット $x_\lambda \in M$ が $x \in \mathbf{B}(\mathcal{H})$ に強収束すれば，任意の $\xi \in \mathrm{dom}(\Delta)$ に対して，$\lim_\lambda x_\lambda\xi = x\xi$ かつ $x\Delta\xi = \lim_\lambda x_\lambda\Delta\xi = \lim_\lambda \Delta x_\lambda\xi$ である．Δ は閉作用素だから，$x\xi \in \mathrm{dom}(\Delta)$ かつ $\Delta x\xi = x\Delta\xi$ となる．よって $x \in M$ であり，M は von Neumann 環である．

ユニタリ $u \in \mathbf{B}(\mathcal{H})$ を取ると，$u \in M$ であることと $u\Delta = \Delta u$ であることは同値である．後者は $u \in N'$ と同値である．よって $M = N'$ である．

次に $P := \{\Delta^{is} \mid s \in \mathbb{R}\}'' \subset N$ より $M = N' \subset P'$ である．よって $P' \subset M$ を示す．$x \in P'$, $\xi \in \mathrm{dom}(\Delta)$ とする．$t \in \mathbb{R}$ に対して，$F(t) := \Delta^{it}x\xi \in \mathcal{H}$ とおく．$F(t) = x\Delta^{it}\xi$ かつ $\xi \in \mathrm{dom}(\Delta)$ だから，F は $\widetilde{F} \in \mathcal{A}(D_{-1}, \mathcal{H})$ に拡張する（命題 A.7.1 を見よ）．よって $x\xi \in \mathrm{dom}(\Delta)$ であり $\Delta x\xi = \widetilde{F}(-i) =$

---

6) 一般に有界線型作用素 x と閉作用素 T について，$(xT)^* = T^*x^*$ が成り立つ．

$x\Delta\xi$ となる．したがって $x\Delta \subset \Delta x$ である． □

4.3.3 Kaplansky の稠密性定理

部分集合 $S \subset \mathbf{B}(\mathcal{H})$ の σ 弱閉包の元 x は，ネット $x_\lambda \in S$ によって $x_\lambda \xrightarrow{\sigma\text{-}w} x$ と書けるが，点列の収束とは異なり x_λ はノルム非有界ネットの可能性がある．しかし部分集合 S が $*$ 部分環であれば，ノルム有界ネットで近似できることを示す（定理 4.3.41）．

定義 4.3.39. 連続関数 $f\colon \mathbb{R} \to \mathbb{C}$ が強連続:$\overset{\mathrm{d}}{\Leftrightarrow}$ 任意の Hilbert 空間 $\mathcal{H}$ と $\mathbf{B}(\mathcal{H})_{\mathrm{sa}}$ の任意の強収束ネット $x_\lambda \xrightarrow{s} x$ について，$f(x_\lambda) \xrightarrow{s} f(x)$．

補題 4.3.40. $C_b(\mathbb{R})$ の元は強連続である．

証明. $\mathbb{R}$ 上の強連続関数の集合を A と書く．A は明らかにベクトル空間である．また $f \in C_b(\mathbb{R}) \cap A$ と $g \in A$ に対して $fg \in A$ である（命題 4.1.11 の証明を見よ）．また補題 4.3.4 より $f \in A$ ならば $\overline{f} \in A$ である．

さて $C_0(\mathbb{R}) \subset A$ を示そう．$B := C_0(\mathbb{R}) \cap A$ とおけば，B は $C_0(\mathbb{R})$ の $*$ 部分環である．また B はノルム閉であることが次の不等式からわかる：任意の $f, g \in C_0(\mathbb{R})$, $x, y \in \mathbf{B}(\mathcal{H})_{\mathrm{sa}}$, $\xi \in \mathcal{H}$ に対して，

$$
\begin{aligned}
\|(f(x) - f(y))\xi\| &\leqq \|(f(x) - g(x))\xi\| + \|(g(x) - g(y))\xi\| \\
&\quad + \|(g(y) - f(y))\xi\| \\
&\leqq 2\|f - g\|_\infty \|\xi\| + \|(g(x) - g(y))\xi\|.
\end{aligned}
$$

そこで $p(t) := (1 + t^2)^{-1}$, $q(t) := t(1 + t^2)^{-1}$, $t \in \mathbb{R}$ が B に属することを示そう．これがいえれば，q は $\mathbb{R}$ の 2 点を分離し，$p(t) \neq 0$, $t \in \mathbb{R}$ だから，Stone–Weierstrass の定理より $\mathrm{C}^*(p, q) = C_0(\mathbb{R})$，とくに $B = C_0(\mathbb{R})$ が従う．任意の $x, y \in \mathbf{B}(\mathcal{H})_{\mathrm{sa}}$ に対し，$q(x) - q(y) = p(x)(x - y)p(y) + p(x)x(y - x) \cdot yp(y)$ だから，任意の $\xi \in \mathcal{H}$ に対して，

$$
\|(q(x) - q(y))\xi\| \leqq \|(x - y)(1 + y^2)^{-1}\xi\| + \|(x - y)y(1 + y^2)^{-1}\xi\|
$$

となり，$q \in B$ であることがわかる．恒等関数 $r(t) := t$ は明らかに A の元であるから，$q \cdot r \in B \cdot A \subset A$．よって $p = 1 - qr \in A$ であり，$p \in B$ がいえ

た．以上から $B = C_0(\mathbb{R})$ である．

任意の $f \in C_b(\mathbb{R})$ に対して，分解 $f = fp + fqr$ を考える．$fp, fq \in C_0(\mathbb{R}) \subset A$ と $fq \cdot r \in C_0(\mathbb{R}) \cdot A \subset A$ より，$f \in A$ が従う． □

次の結果は Kaplansky の稠密性定理とよばれる．

定理 4.3.41（I. Kaplansky）．$A \subset \mathbf{B}(\mathcal{H})$ を $*$ 部分環，M を A の σ 弱閉包とする．このとき次のことが成り立つ：

(1) $\mathrm{Ball}(M_{\mathrm{sa}}) = \overline{\mathrm{Ball}(A_{\mathrm{sa}})}^s$.
(2) $\mathrm{Ball}(M) = \overline{\mathrm{Ball}(A)}^s$.
(3) $1_{\mathcal{H}} \in A$ かつ A が C* 部分環であるとき，$M^{\mathrm{U}} = \overline{A^{\mathrm{U}}}^{s^*}$.

証明． A のノルム閉包を取ることで，A が C* 環の場合に示せばよい．

(1). A_{sa} は凸集合ゆえ，$\overline{A_{\mathrm{sa}}}^s = \overline{A_{\mathrm{sa}}}^w \subset M_{\mathrm{sa}}$ である．また $x \in M_{\mathrm{sa}}$ に対して，ネット $x_\lambda \in A$ を $x_\lambda \xrightarrow{\sigma\text{-}w} x$ となるように取れば，$(x_\lambda + x_\lambda^*)/2 \xrightarrow{w} x$ だから $M_{\mathrm{sa}} \subset \overline{A_{\mathrm{sa}}}^w$．よって $\overline{A_{\mathrm{sa}}}^s = \overline{A_{\mathrm{sa}}}^w = M_{\mathrm{sa}}$ である．

$\mathrm{Ball}(M_{\mathrm{sa}}) = \overline{\mathrm{Ball}(A_{\mathrm{sa}})}^s$ を示す．$\supset$ は明らか．$\subset$ を示す．$x \in \mathrm{Ball}(M_{\mathrm{sa}})$ を取れば $x \in \overline{A_{\mathrm{sa}}}^s$ より，ネット $x_\lambda \in A_{\mathrm{sa}}$ を $x_\lambda \xrightarrow{s} x$ となるように取れる．

そこで $f \in C_0(\mathbb{R})$ を $f(t) := t$ $(|t| \leqq 1)$, $f(t) := 1/t$ $(|t| \geqq 1)$ となるように定める．補題 4.3.40 より f は強連続だから，$f(x_\lambda) \xrightarrow{s} f(x)$ となる．また，$f(x_\lambda) \in \mathrm{Ball}(A_{\mathrm{sa}})$ かつ $f(x) = x$ ゆえ，$x \in \overline{\mathrm{Ball}(A_{\mathrm{sa}})}^s$ がいえる．

(2). $\mathrm{Ball}(M) = \overline{\mathrm{Ball}(A)}^s$ を示す．包含 $\supset$ は明らかである．逆の包含 $\subset$ は行列トリックで (1) に帰着して示す．$x \in \mathrm{Ball}(M)$ を取る．自然な同一視 $\mathbf{B}(\mathcal{H}) \otimes \mathbf{B}(\mathbb{C}^2) = \mathbf{B}(H \otimes \mathbb{C}^2)$ によって，$N := M \otimes \mathbf{B}(\mathbb{C}^2)$ は $B := A \otimes \mathbf{B}(\mathbb{C}^2)$ の σ 弱閉包である．$\mathbf{B}(\mathbb{C}^2)$ の行列単位系を $\{e_{ij}\}_{i,j=1,2}$ と書き，元 $y := x \otimes e_{12} + x^* \otimes e_{21}$ を考えれば，$y \in \mathrm{Ball}(N_{\mathrm{sa}})$ である．(1) より $y \in \overline{\mathrm{Ball}(B_{\mathrm{sa}})}^s$ だから，あるネット $y_\lambda \in \mathrm{Ball}(B_{\mathrm{sa}})$ を $y_\lambda \xrightarrow{s} y$ となるように取れる．y_λ の $(1,2)$ 成分を $x_\lambda \in \mathrm{Ball}(A)$ と書けば，$x_\lambda \xrightarrow{s} x$ が導かれる．

(3). $\supset$ は明らかである．$\subset$ を示す．$u \in M^{\mathrm{U}}$ を取る．Borel 関数カルキュラス（例 4.3.34）より $u = e^{ih}$ となる $h \in M_{\mathrm{sa}}$ を取れる．(1) よりネット $h_\lambda \in A_{\mathrm{sa}}$ を $h_\lambda \xrightarrow{s} h$ となるように取れば，関数 $\mathbb{R} \ni t \mapsto e^{it} \in \mathbb{C}$ は強連続だから（補題 4.3.40），$e^{ih_\lambda} \xrightarrow{s} e^{ih} = u$．また $(e^{ih_\lambda})^* = e^{-ih_\lambda} \xrightarrow{s} e^{-ih} = (e^{ih})^* = u^*$

である (補題 4.3.5 にも注意). □

4.4 C*環の表現

本章の目標である C* 環の表現について説明する.

4.4.1 巡回表現, 表現圏

定義 4.4.1. $\mathcal{A}$ を $*$ 環, $\pi\colon \mathcal{A} \to \mathbf{B}(\mathcal{H})$ を表現とする. ある $\xi \in \mathcal{H}$ が存在して部分空間 $\pi(\mathcal{A})\xi$ が $\mathcal{H}$ でノルム稠密であるとき, π は**巡回表現**とよばれる. そのような ξ を**巡回ベクトル**とよぶ.

巡回表現は非退化表現である. $*$ 環 $\mathcal{A}$ の表現を扱う際に便利な圏 $\mathrm{Rep}(\mathcal{A})$ を導入する. その対象は表現 $\pi\colon \mathcal{A} \to \mathbf{B}(\mathcal{H}_\pi)$ であり, これを $(\pi, \mathcal{H}_\pi)$ や単に π と略記することもある. また $\mathrm{Rep}(\mathcal{A})$ の対象であることを $(\pi, \mathcal{H}_\pi) \in \mathrm{Rep}(\mathcal{A})$ や $\pi \in \mathrm{Rep}(\mathcal{A})$ などと書く. $\mathcal{A}$ が von Neumann 環のときには単位的正規表現のみを扱うことが多い (7.3.2 項参照). $\mathrm{Rep}(\mathcal{A})$ の対象 π から ρ への射の空間を次のように定める:

$$\mathrm{Mor}(\pi, \rho) := \{\, T \in \mathbf{B}(\mathcal{H}_\pi, \mathcal{H}_\rho) \mid T\pi(a) = \rho(a)T,\ a \in \mathcal{A} \,\}$$

各射 $T \in \mathrm{Mor}(\pi, \rho)$ は**絡作用素**ともよばれる. また $\mathrm{Mor}(\pi, \pi)$ の恒等射は恒等作用素 $1_{\mathcal{H}_\pi}$ であり, 射の合成は作用素の積である. 圏 $\mathrm{Rep}(\mathcal{A})$ を $\mathcal{A}$ の**表現圏**という.

補題 4.4.2. $\mathcal{A}$ を $*$ 環, $(\pi, \mathcal{H}_\pi), (\rho, \mathcal{H}_\rho) \in \mathrm{Rep}(\mathcal{A})$ とする.

(1) $\mathrm{Mor}(\pi, \rho) \subset \mathbf{B}(\mathcal{H}_\pi, \mathcal{H}_\rho)$ は 4.3 節の各局所凸位相で閉部分空間である.
(2) $S \in \mathrm{Mor}(\pi, \rho)$ ならば $S^* \in \mathrm{Mor}(\rho, \pi)$ である.
(3) $S \in \mathrm{Mor}(\pi, \rho)$ の極分解を $S = V|S|$ とすれば, $V \in \mathrm{Mor}(\pi, \rho)$ かつ $|S| \in \mathrm{Mor}(\pi, \pi)$ である.

証明. (1), (2) は定義より明らかである.

(3). $S^*S \in \mathrm{Mor}(\pi, \pi) = \pi(\mathcal{A})'$ より $|S| \in \pi(\mathcal{A})'$. また $V \in \mathrm{Mor}(\pi, \rho)$ は $V = \text{s-lim}_n S(|S| + n^{-1}1_{\mathcal{H}_\pi})^{-1}$ から従う. □

定義 4.4.3. $\mathcal{A}$ を $*$ 環，$(\pi, \mathcal{H}_\pi), (\rho, \mathcal{H}_\rho) \in \mathrm{Rep}(\mathcal{A})$ とする．

- π と ρ は**ユニタリ同値** $:\overset{\mathrm{d}}{\Leftrightarrow}$ $\mathrm{Mor}(\pi, \rho)$ がユニタリを含む．このとき $\pi \sim \rho$ と表す．
- π が ρ の**部分表現** $:\overset{\mathrm{d}}{\Leftrightarrow}$ 等長作用素 $S \in \mathrm{Mor}(\pi, \rho)$ が存在する．このとき $\pi \precsim \rho$ と表す．
- π が $\pi_i \in \mathrm{Rep}(\mathcal{A})$, $i \in I$ たちの**直和表現** $:\overset{\mathrm{d}}{\Leftrightarrow}$ 各 $i \in I$ に対し，等長作用素 $S_i \in \mathrm{Mor}(\pi_i, \pi)$ が存在して強収束で $\sum_{i \in I} S_i S_i^* = 1_{\mathcal{H}_\pi}$ となる．このとき $\pi = \bigoplus_i \pi_i$ と表す．直和表現はユニタリ同値を除き一意的に定まる．

コメント **4.4.4.** $\pi, \rho, \sigma \in \mathrm{Rep}(\mathcal{A})$ とする．

(1) 推移律 $\pi \precsim \rho$, $\rho \precsim \sigma \Rightarrow \pi \precsim \sigma$ が成り立つ．等長作用素 $S_1 \in \mathrm{Mor}(\pi, \rho)$, $S_2 \in \mathrm{Mor}(\rho, \sigma)$ の積 $S_2 S_1 \in \mathrm{Mor}(\pi, \sigma)$ を考えればよい．

(2) 系 7.2.12 で $\pi \precsim \rho$, $\pi \succsim \rho \Rightarrow \pi \sim \rho$ が示される．

(3) $\mathrm{Rep}(\mathcal{A})$ は冪等完備である．すなわち射影 $e \in \mathrm{Mor}(\pi, \pi)$ に対して，ある $\rho \in \mathrm{Rep}(\mathcal{A})$ と等長作用素 $S \in \mathrm{Mor}(\rho, \pi)$ が存在して $SS^* = e$ をみたす．実際に，$\rho \colon \mathcal{A} \ni a \mapsto \pi(a)e \in \mathbf{B}(e\mathcal{H}_\pi)$ と $S \colon e\mathcal{H}_\pi \ni \xi \mapsto \xi \in \mathcal{H}_\pi$ を考えればよい．

(4) 任意の $(\pi_i, \mathcal{H}_{\pi_i}) \in \mathrm{Rep}(\mathcal{A})$, $i \in I$ に対して，π_i たちの直和表現が存在する．実際に，直和 Hilbert 空間 $\bigoplus_{i \in I} \mathcal{H}_{\pi_i}$ 上に，$\pi(a)(\xi_i)_i := (\pi_i(a)\xi_i)_i$, $(\xi_i)_i \in \bigoplus_{i \in I} \mathcal{H}_{\pi_i}$ と定めればよい．

(5) 表現 $\pi \colon \mathcal{A} \to \mathbf{B}(\mathcal{H})$ の増幅表現 $\pi \otimes 1_\mathcal{K}$ は π の直和表現である．実際に，$\mathcal{K}$ の CONS $\{\varepsilon_i\}_{i \in I}$ に対して等長作用素 $S_i \colon \mathcal{H} \ni \xi \mapsto \xi \otimes \varepsilon_i \in \mathcal{H} \otimes \mathcal{K}$ は $S_i \in \mathrm{Mor}(\pi, \pi \otimes 1_\mathcal{K})$ かつ $\sum_i S_i S_i^* = 1_{\mathcal{H} \otimes \mathcal{K}}$ をみたす．

(6) $\pi \precsim \rho$ ならば，任意の Hilbert 空間 $\mathcal{K}$ に対して，$\pi \otimes 1_\mathcal{K} \precsim \rho \otimes 1_\mathcal{K}$ である．等長作用素 $S \in \mathrm{Mor}(\pi, \rho)$ を用いて，$S \otimes 1_\mathcal{K} \in \mathrm{Mor}(\pi \otimes 1_\mathcal{K}, \rho \otimes 1_\mathcal{K})$ を考えればよい．

(7) Hilbert 空間 $\mathcal{K}_1, \mathcal{K}_2$ に対して，$\dim \mathcal{K}_1 \leqq \dim \mathcal{K}_2$ ならば，各 $\pi \in \mathrm{Rep}(\mathcal{A})$ に対して $\pi \otimes 1_{\mathcal{K}_1} \precsim \pi \otimes 1_{\mathcal{K}_2}$ である．等長作用素 $S \in \mathbf{B}(\mathcal{K}_1, \mathcal{K}_2)$ に対して，$1 \otimes S \in \mathrm{Mor}(\pi \otimes 1_{\mathcal{K}_1}, \pi \otimes 1_{\mathcal{K}_2})$ を考えればよい．同様に $\dim \mathcal{K}_1 = \dim \mathcal{K}_2$ ならば，$\pi \otimes 1_{\mathcal{K}_1} \sim \pi \otimes 1_{\mathcal{K}_2}$ である．

命題 4.4.5. $*$ 環の非退化表現は巡回表現の直和とユニタリ同値である.

証明. $*$ 環 $\mathcal{A}$ の非退化表現 $\pi\colon \mathcal{A} \to \mathbf{B}(\mathcal{H})$ に対して, $\mathcal{H}$ の部分集合 S であって $\{\overline{\pi(\mathcal{A})\xi}\}_{\xi\in S}$ が互いに直交するものを極大に取る (Zorn の補題). $\mathcal{K} := \overline{\operatorname{span}}\{\,\pi(\mathcal{A})\xi \mid \xi \in S\,\}^{\perp} \neq \{0\}$ と仮定し, 非零な $\eta \in \mathcal{K}$ を取る. $\mathcal{K}$ は $\pi(\mathcal{A})$ 不変だから $\overline{\pi(\mathcal{A})\eta} \subset \mathcal{K}$ である (補題 4.3.23). すると $S \cup \{\eta\}$ は S の極大性に反する. よって $\mathcal{K} = \{0\}$, すなわち $\overline{\operatorname{span}}\{\,\pi(\mathcal{A})\xi \mid \xi \in S\,\} = \mathcal{H}$. よって $\mathcal{H}$ は巡回表現空間たち $\{\overline{\pi(\mathcal{A})\xi}\}_{\xi\in S}$ の直和である. □

4.4.2 GNS 表現

$*$ 環 $\mathcal{A}$ の表現 $\pi\colon \mathcal{A} \to \mathbf{B}(\mathcal{H})$ に対して (定義 3.1.13), 各 $\xi \in \mathcal{H}$ は線型汎関数 $\omega_\xi\colon \mathcal{A} \ni x \mapsto \langle \pi(x)\xi, \xi\rangle \in \mathbb{C}$ をつくる (定義 3.7.1). これを**ベクトル汎関数**という. ω_ξ が正値であることは $\omega_\xi(x^*x) = \|\pi(x)\xi\|^2 \geqq 0$, $x \in \mathcal{A}$ からわかる. $\mathcal{A}$ が C* 環でかつ ω_ξ が状態ならば, ω_ξ は**ベクトル状態**とよばれる.

さて逆に正値線型汎関数 $\varphi\colon \mathcal{A} \to \mathbb{C}$ が与えられたとしよう. 正値性から写像 $\mathcal{A} \times \mathcal{A} \ni (a,b) \mapsto \varphi(b^*a) \in \mathbb{C}$ は半内積である. ヌルベクトルの空間を $N_\varphi := \{\, a \in \mathcal{A} \mid \varphi(a^*a) = 0\,\}$ と書く.

補題 4.4.6. N_φ は $\mathcal{A}$ の左イデアルである.

証明. 中線定理 $\varphi((a+b)^*(a+b)) + \varphi((a-b)^*(a-b)) = 2\varphi(a^*a) + 2\varphi(b^*b)$ を $a, b \in N_\varphi$ に適用すれば, $\varphi((a\pm b)^*(a\pm b)) \geqq 0$ より $\varphi((a+b)^*(a+b)) = 0$ がわかる. よって N_φ はベクトル空間である (スカラー倍で閉じることは明らか). 任意の $x \in \mathcal{A}$ と $a \in N_\varphi$ について, Cauchy–Schwarz 不等式により $0 \leqq \varphi((xa)^*(xa)) = \varphi(a^*x^*x\cdot a) \leqq \varphi(a^*x^*x\cdot x^*xa)^{1/2}\varphi(a^*a)^{1/2} = 0$. よって N_φ は左イデアルである. □

商写像 $\Lambda_\varphi\colon \mathcal{A} \ni a \mapsto a + N_\varphi \in \mathcal{A}/N_\varphi$ を考えれば, $\mathcal{A}/N_\varphi$ に内積が $\langle \Lambda_\varphi(a), \Lambda_\varphi(b)\rangle := \varphi(b^*a)$ によって定まる. 商空間 $\mathcal{A}/N_\varphi$ の完備化 Hilbert 空間を $\mathcal{H}_\varphi$ と書く. さて N_φ は左イデアルであるから, $\mathcal{A}/N_\varphi$ は左 $\mathcal{A}$ 加群である. すなわち環準同型 $\pi_\varphi\colon \mathcal{A} \ni a \mapsto \pi_\varphi(a) \in \mathbf{L}(\mathcal{A}/N_\varphi)$ が, $\pi_\varphi(a)\Lambda_\varphi(b) := \Lambda_\varphi(ab)$, $b \in \mathcal{A}$ によって定まる. $*$ 演算についても,

$$\begin{aligned}\langle \pi_\varphi(a)\Lambda_\varphi(x), \Lambda_\varphi(y)\rangle &= \langle \Lambda_\varphi(ax), \Lambda_\varphi(y)\rangle = \varphi(y^*ax) \\ &= \varphi((a^*y)^*x) = \langle \Lambda_\varphi(x), \pi_\varphi(a^*)\Lambda_\varphi(y)\rangle\end{aligned}$$

となり，π_φ は（前 Hilbert 空間上への）$*$ 準同型である．さらにもし $\pi_\varphi(a)$ がノルム有界ならば，$\pi_\varphi(a)$ が $\mathcal{H}_\varphi$ 上に拡張する（拡張も $\pi_\varphi(a)$ と書く）．まとめると $*$ 環 $\mathcal{A}$ の正値線型汎関数 $\varphi\colon \mathcal{A} \to \mathbb{C}$ であって，

$$\forall a \in \mathcal{A},\ \exists C > 0,\ \forall b \in \mathcal{A},\ \varphi(b^*a^*ab) \leqq C\varphi(b^*b) \tag{4.2}$$

をみたすものに対して，表現 $\pi_\varphi\colon \mathcal{A} \to \mathbf{B}(\mathcal{H}_\varphi)$ を構成できる．これを **GNS 構成**，π_φ を **GNS 表現**という[7]．もし $\mathcal{A}$ がさらに単位的ならば，$\varphi(a) = \langle \pi_\varphi(a)\Lambda_\varphi(1_\mathcal{A}), \Lambda_\varphi(1_\mathcal{A})\rangle$ が成り立つから，正値線型汎関数を考えることと，ある表現のベクトル汎関数を考えることは本質的に同じことといえる．単位的でなくても $\mathcal{A}$ が C* 環ならば同様のことがいえる．

定理 4.4.7（GNS 表現）．C* 環 A と $\varphi \in A^*_+$ に対して，次のことが成り立つ：

(1) ある Hilbert 空間 $\mathcal{H}_\varphi$ 上への表現 $\pi_\varphi\colon A \to \mathbf{B}(\mathcal{H}_\varphi)$ とベクトル $\xi_\varphi \in \mathcal{H}_\varphi$ が存在して，次の条件をみたす：

- $\varphi(a) = \langle \pi_\varphi(a)\xi_\varphi, \xi_\varphi\rangle$, $a \in A$.
- $\mathcal{H}_\varphi = \overline{\pi_\varphi(A)\xi_\varphi}$.

(2) (1) の 3 つ組 $(\pi_\varphi, \mathcal{H}_\varphi, \xi_\varphi)$ はユニタリ同値を除いて一意的である．すなわち $(\rho, \mathcal{K}, \eta)$ も (1) の条件をみたす 3 つ組であれば，あるユニタリ $U \in \mathrm{Mor}(\pi_\varphi, \rho)$ が存在して，$U\xi_\varphi = \eta$ をみたす．

証明. (1)．$a, b \in A$ に対して $b^*a^*ab \leqq \|a\|^2 b^*b$ だから φ は条件 (4.2) をみたす．よって $*$ 準同型 $\pi_\varphi\colon A \to \mathbf{B}(\mathcal{H}_\varphi)$ を得る．u_λ を A の近似単位元とする．$\lambda \geqq \mu$ のとき $\|\Lambda_\varphi(u_\lambda) - \Lambda_\varphi(u_\mu)\|^2 = \varphi((u_\lambda - u_\mu)^2) \leqq \varphi(u_\lambda - u_\mu)$ であり，定理 3.7.6 により $\Lambda_\varphi(u_\lambda)$ は Cauchy ネットである．この極限を $\xi_\varphi \in \mathcal{H}_\varphi$ と書く．すると $a \in A$ に対して，

---

[7] GNS は Gelfand–Naimark–I. Segal に由来する．

$$\langle \pi_\varphi(a)\xi_\varphi, \xi_\varphi\rangle = \lim_\lambda \langle \pi_\varphi(a)\Lambda_\varphi(u_\lambda), \Lambda_\varphi(u_\lambda)\rangle = \lim_\lambda \varphi(u_\lambda a u_\lambda) = \varphi(a).$$

また $\|\Lambda_\varphi(a)\|^2 = \varphi(a^*a) \leqq \|\varphi\|\|a\|^2$ より，$A \ni a \mapsto \Lambda_\varphi(a) \in \mathcal{H}_\varphi$ は有界線型である．よって $\Lambda_\varphi(a) = \lim_\lambda \Lambda_\varphi(au_\lambda) = \lim_\lambda \pi_\varphi(a)\Lambda_\varphi(u_\lambda) = \pi_\varphi(a)\xi_\varphi$ となり，$\pi_\varphi(A)\xi_\varphi$ は $\mathcal{H}_\varphi$ で稠密である．

(2). そのような $(\rho, \mathcal{K}, \eta)$ に対して $\|\pi_\varphi(a)\xi_\varphi\|^2 = \varphi(a^*a) = \|\rho(a)\eta\|^2$, $a \in A$ だから，写像 $\pi_\varphi(A)\xi_\varphi \ni \pi_\varphi(a)\xi_\varphi \mapsto \rho(a)\eta \in \rho(A)\eta$ は定義可能な等長線型作用素である．定義域と値域の稠密性から，これはユニタリ $U\colon \mathcal{H}_\varphi \to \mathcal{K}$ に拡張する．このとき $a, b \in A$ に対して，$U\pi_\varphi(a)\pi_\varphi(b)\xi_\varphi = U\pi_\varphi(ab)\xi_\varphi = \rho(ab)\eta = \rho(a)U\pi_\varphi(b)\xi_\varphi$ である．$\pi_\varphi(A)\xi_\varphi$ の稠密性から，$U\pi_\varphi(a) = \rho(a)U$ がいえる．また ξ_φ, η は巡回ベクトルだから，π_φ, ρ は非退化である．補題 4.3.27 により，$U\xi_\varphi = \lim_\lambda U\pi_\varphi(u_\lambda)\xi_\varphi = \lim_\lambda \rho(u_\lambda)\eta = \eta$ となる． □

上の定理の $(\pi_\varphi, \mathcal{H}_\varphi, \xi_\varphi)$ を φ に付随する **GNS 3 つ組**，π_φ を **GNS 表現**，$\mathcal{H}_\varphi$ を **GNS Hilbert** 空間，ξ_φ を **GNS**（巡回）ベクトルとよぶ．

コメント 4.4.8. A を C* 環とし，$\varphi \in A^*_+$ とする．

(1) 証明中に用いた近似単位元の議論から $\|\xi_\varphi\|^2 = \|\varphi\|$ もいえる．とくに φ が状態であれば，GNS ベクトル ξ_φ は単位ベクトルである．

(2) $\ker \pi_\varphi \subset \{a \in A \mid \varphi(a^*a) = 0\} \subset \ker \varphi$ である．左側の $\subset$ は $a \in \ker \pi_\varphi$ ならば $a^*a \in \ker \pi_\varphi$ であり，$\varphi(a^*a) = \langle \pi_\varphi(a^*a)\xi_\varphi, \xi_\varphi\rangle = 0$ からわかる．右側の $\subset$ は補題 3.8.6 の主張である．とくに φ が忠実ならば，π_φ も忠実である．

系 4.4.9. 可分 C* 環は可分 Hilbert 空間上に忠実な表現をもつ．

証明. A が可分 C* 環ならば，補題 3.7.18 より忠実な $\varphi \in \mathrm{S}(A)$ をもつ．φ に付随する GNS 表現は忠実であり（コメント 4.4.8 (2)），GNS Hilbert 空間 $\mathcal{H}_\varphi$ は可分ノルム稠密部分空間 $\pi_\varphi(A)\xi_\varphi$ をもつ． □

■**例 4.4.10.** $A \subset \mathbf{B}(\mathcal{H})$ を（具体的）C* 環，$\xi \in \mathcal{H}$ を巡回ベクトルとすると，恒等表現 $\mathrm{id}\colon A \ni x \mapsto x \in \mathbf{B}(\mathcal{H})$ による 3 つ組 $(\mathrm{id}, \mathcal{H}, \xi)$ はベクトル汎関数 $\omega_\xi = \langle \cdot\, \xi, \xi\rangle$ の GNS 3 つ組である．

■例 4.4.11. $n \in \mathbb{N}$ とし，表現 $\pi\colon M_n(\mathbb{C}) \ni x \mapsto x \otimes 1 \in \mathbf{B}(\mathbb{C}^n \otimes \overline{\mathbb{C}^n})$ を考える．$\mathbb{C}^n$ の CONS を $\{\varepsilon_i\}_{i=1}^n$ とするとき，$\xi := \sqrt{n}^{-1} \sum_i \varepsilon_i \otimes \overline{\varepsilon_i}$ は π に関する巡回ベクトルである．実際，この CONS に付随する $M_n(\mathbb{C})$ の行列単位系を $\{e_{ij}\}_{i,j=1}^n$ と書けば，$\pi(e_{ij})\xi = \sqrt{n}^{-1}\varepsilon_i \otimes \overline{\varepsilon_j}$ となる．よって π はベクトル状態 $\langle \pi(\cdot)\xi, \xi\rangle$ に付随する GNS 表現である．この状態は $\langle \pi(e_{ij})\xi, \xi\rangle = n^{-1}\delta_{i,j}$ より，トレース状態 $n^{-1}\operatorname{Tr}_n$ である．ここで Tr_n は $M_n(\mathbb{C})$ 上の標準トレースである．$M_n(\mathbb{C})$ 上のトレース状態の一意性については補題 6.2.7 を見よ．

可逆な $\rho \in M_n(\mathbb{C})_+$ に対して，$\eta := \sum_i \rho^{1/2}\varepsilon_i \otimes \overline{\varepsilon_i}$ も巡回ベクトルであり，対応する正値線型汎関数は $\operatorname{Tr}_n(\rho\,\cdot)$ である．問題 6.2.8 も見よ．

■例 4.4.12. G を離散群（離散位相を入れた群）とする．Hilbert 空間 $\ell^2(G)$ 上に G の左正則表現，右正則表現 $\lambda, \rho\colon G \to \mathbf{B}(\ell^2(G))$ を

$$(\lambda(s)f)(t) := f(s^{-1}t), \quad (\rho(s)f)(t) := f(ts), \quad s, t \in G,\ f \in \ell^2(G)$$

と定める．どちらもユニタリ表現であり互いに可換である，すなわち $\lambda(s)\rho(t) = \rho(t)\lambda(s),\ s, t \in G$ となる．

そこで $\lambda(G)$, $\rho(G)$ で生成される C* 環をそれぞれ $\mathrm{C}^*_\lambda(G)$, $\mathrm{C}^*_\rho(G)$ と書き，**被約群 C* 環**という．ここで $\mathrm{C}^*_\lambda(G) \subset \mathrm{C}^*_\rho(G)'$ に注意しておく．

ユニタリ $V\colon \ell^2(G) \ni f \mapsto \widetilde{f} \in \ell^2(G)$ を $\widetilde{f}(s) := f(s^{-1})$ と定めると，$V\lambda(s) = \rho(s)V$ ゆえ，$V\mathrm{C}^*_\lambda(G)V^* = \mathrm{C}^*_\rho(G)$．とくに $\mathrm{C}^*_\lambda(G) \cong \mathrm{C}^*_\rho(G)$ であり，$\mathrm{C}^*_\lambda(G)$ や $\mathrm{C}^*_\rho(G)$ を $\mathrm{C}^*_{\mathrm{red}}(G)$ と書くことも多い．

各 $s \in G$ に対して関数 $\delta_s \in \ell^2(G)$ を $\delta_s(t) := \delta_{s,t},\ t \in G$ と与えれば，$\{\delta_s\}_s$ は $\ell^2(G)$ の CONS である．また $\lambda(s)\delta_t = \delta_{st}$, $\rho(s)\delta_t = \delta_{ts^{-1}}$ となる．よって δ_e は $\mathrm{C}^*_\lambda(G)$ の巡回ベクトルである．ここで $e \in G$ は単位元である．状態 $\tau\colon \mathrm{C}^*_\lambda(G) \to \mathbb{C}$ を $\tau(x) := \langle x\delta_e, \delta_e\rangle$ と定めれば，恒等表現 $\mathrm{C}^*_\lambda(G) \ni x \mapsto x \in \mathbf{B}(\ell^2)$ は τ に関する GNS 表現である（例 4.4.10）．

τ は $\tau(\lambda(s)) = \langle \lambda(s)\delta_e, \delta_e\rangle = \langle \delta_s, \delta_e\rangle = \delta_{s,e}$ をみたす．とくに

$$\tau(\lambda(s)\lambda(t)) = \tau(\lambda(st)) = \delta_{st,e} = \delta_{ts,e} = \tau(\lambda(t)\lambda(s)), \quad s, t \in G.$$

$\operatorname{span}\{\,\lambda(s) \mid s \in G\,\}$ は $\mathrm{C}^*_\lambda(G)$ で稠密ゆえ，$\tau(xy) = \tau(yx),\ x, y \in \mathrm{C}^*_\lambda(G)$ がいえる．すなわち τ は $\mathrm{C}^*_\lambda(G)$ のトレース状態である．

さらに τ は忠実である．実際に，ある $x \in C^*_\lambda(G)$ が $\tau(x^*x) = 0$，すなわち $x\delta_e = 0$ をみたすとする．各 $s \in G$ について $\rho(s) \in C^*_\lambda(G)'$ であるから $x\delta_s = x\rho(s^{-1})\delta_e = \rho(s^{-1})x\delta_e = 0, s \in G$. よって $x = 0$ である．

4.4.3 普遍表現

A を C* 環とする．各 $\varphi \in \mathrm{S}(A)$ に付随する GNS 3 つ組を $(\pi_\varphi, \mathcal{H}_\varphi, \xi_\varphi)$ と書く．直和 Hilbert 空間 $\mathcal{H}_{\mathrm{univ}} := \bigoplus_{\varphi \in \mathrm{S}(A)} \mathcal{H}_\varphi$ への表現 $\pi_{\mathrm{univ}} := \bigoplus_{\varphi \in \mathrm{S}(A)} \pi_\varphi$ を A の**普遍表現**という．普遍表現は 7.4 節でも議論する．ここでは普遍表現の忠実性（これも Gelfand-Naimark の定理とよばれる）を示そう．

定理 4.4.13 (Gelfand-Naimark). C* 環 A の普遍表現 π_{univ} は忠実かつ非退化である．とくに A は $\mathbf{B}(\mathcal{H}_{\mathrm{univ}})$ の C* 部分環に同型である．

証明. 非退化表現の直和表現は非退化ゆえ，π_{univ} は非退化である．非零元 $a \in A$ に対して，系 3.7.15 により $\varphi \in \mathrm{S}(A)$ を $\varphi(a) \neq 0$ のように取れば，コメント 4.4.8 (2) より $\pi_\varphi(a) \neq 0$. よって π_{univ} は忠実である． □

コメント 4.4.14. 忠実表現を得るには，すべての状態を考えなくともよい．たとえば $E \subset \mathrm{S}(A)$ をその凸包が $\mathrm{S}(A)$ で汎弱稠密な集合とすれば，E 上での直和表現 $\pi_E := \bigoplus_{\varphi \in E} \pi_\varphi$, $\mathcal{H}_E := \bigoplus_{\varphi \in E} \mathcal{H}_\varphi$ は忠実である．実際 $a \in \ker \pi_E$ とすると，$\varphi(a) = 0, \varphi \in E$. 仮定から $\psi(a) = 0, \psi \in \mathrm{S}(A)$ となり $a = 0$ が従う．系 4.4.51 も見よ．

系 4.4.15. A を C* 環，$n \in \mathbb{N}$ とすると，$*$ 環 $M_n(A) = M_n(\mathbb{C}) \otimes_{\mathrm{alg}} A$ は C* 環である．すなわち $M_n(A)$ は唯一の完備 C* ノルムをもつ．

証明. 忠実表現 $\pi\colon A \to \mathbf{B}(\mathcal{H})$ を取る．すると，$\pi_n\colon M_n(\mathbb{C}) \otimes_{\mathrm{alg}} A \to M_n(\mathbb{C}) \otimes_{\mathrm{alg}} \mathbf{B}(\mathcal{H})$ は忠実な $*$ 準同型である（π_n は 1.2.4 項のもの）．同一視 $M_n(\mathbb{C}) \otimes_{\mathrm{alg}} \mathbf{B}(\mathcal{H}) = \mathbf{B}(\mathbb{C}^n \otimes \mathcal{H})$ により π_n は $*$ 環の忠実表現とみなせる．よって $M_n(A)$ は C* ノルム $\|x\|_n := \|\pi_n(x)\|, x \in M_n(A)$ をもつ．$x = [x_{ij}]$ と表示すればノルムの入れ方から $\|x_{ij}\| \leqq \|x\|_n \leqq \sum_{k,\ell} \|x_{k\ell}\|$ がわかる．よって $\|\cdot\|_n$ は完備ノルムである．完備 C* ノルムの一意性は系 3.4.10 による． □

命題 4.4.16. C* 環 A, B と $*$ 準同型 $\pi\colon A \to B$ に対し，$\pi(\mathrm{Ball}(A)) = \mathrm{Ball}(\pi(A))$.

証明. まず $\pi(\mathrm{Ball}(A_{\mathrm{sa}})) = \mathrm{Ball}(\pi(A)_{\mathrm{sa}})$ を示す．$\subset$ は明らか．$\supset$ を示す．$b \in \mathrm{Ball}(\pi(A)_{\mathrm{sa}})$ とする．$b = \pi(a)$ となる $a \in A$ を取れば $b = \pi((a + a^*)/2)$ だから，$a \in A_{\mathrm{sa}}$ としてよい．ここで $f \in C_0(\mathbb{R})$ を定理 4.3.41 (1) の証明中のものとすれば，$\mathrm{Sp}_{\pi(A)}(b) \subset [-1, 1]$ とコメント 3.4.7 (3) より，$b = f(b) = f(\pi(a)) = \pi(f(a)) \in \pi(\mathrm{Ball}(A_{\mathrm{sa}}))$ となる．

次に $\pi(\mathrm{Ball}(A)) = \mathrm{Ball}(\pi(A))$ を示す．やはり $\supset$ のみを示せばよい．$b \in \mathrm{Ball}(\pi(A))$ とする．$*$ 準同型 $\pi_2\colon M_2(A) \to M_2(B)$ と $c = \left[\begin{smallmatrix} 0 & b \\ b^* & 0 \end{smallmatrix}\right]$ を考えれば，$c \in \mathrm{Ball}(\pi_2(M_2(A))_{\mathrm{sa}})$ である．系 4.4.15 と前半の議論から，ある $a = [a_{ij}] \in \mathrm{Ball}(M_2(A)_{\mathrm{sa}})$ が存在して $\pi_2(a) = c$. とくに $\pi(a_{12}) = b$. $\|a_{12}\| \leqq \|a\| \leqq 1$ より $b \in \pi(\mathrm{Ball}(A))$. □

4.4.4 C* 環の既約表現と Kadison の推移性定理

群の表現論で重要な既約性を C* 環の表現にも導入する．本節では A は C* 環，$\mathcal{H}, \mathcal{K}$ は Hilbert 空間を表す．

定義 4.4.17. A を C* 環，$\pi\colon A \to \mathbf{B}(\mathcal{H})$ を非零表現とする．

- π は代数的に既約 $:\overset{\mathrm{d}}{\Leftrightarrow}$ $\mathcal{K}$ が $\mathcal{H}$ の A 不変部分空間ならば，$\mathcal{K} = \{0\}$ または $\mathcal{K} = \mathcal{H}$.
- π は（位相的に）既約 $:\overset{\mathrm{d}}{\Leftrightarrow}$ $\mathcal{K}$ が $\mathcal{H}$ の A 不変閉部分空間ならば，$\mathcal{K} = \{0\}$ または $\mathcal{K} = \mathcal{H}$.

記号 4.4.18. $\mathrm{Rep}_{\mathrm{irr}}(A)$ により C* 環 A の既約表現たちのなす集まりを表す．C* 環 A の既約表現たちのユニタリ同値類を $\mathrm{Irr}(A)$ と書く．既約表現 π の同値類を $[\pi]$ などと書く．なお $\mathrm{Irr}(A)$ を完全代表系とみなすことも多い．

コメント 4.4.19.

(1) 代数的既約性と位相的既約性は同値な概念である（系 4.4.22）.
(2) 既約表現に対して任意の非零ベクトルは巡回ベクトルである．
(3) $\mathrm{Rep}_{\mathrm{irr}}(A) \neq \emptyset$ であることは命題 4.4.43 で示される．

次の結果は Schur の補題に相当する．$\mathrm{Mor}(\pi, \pi) = \pi(A)'$ に注意しよう．

補題 4.4.20.　非零表現 $\pi\colon A \to \mathbf{B}(\mathcal{H})$ について，次の条件は同値である：

(1) $\pi \in \mathrm{Rep}_{\mathrm{irr}}(A)$. (2) $\pi(A)' = \mathbb{C}1_{\mathcal{H}}$. (3) $\pi(A)'' = \mathbf{B}(\mathcal{H})$.

証明. (1) $\Rightarrow$ (2). $p \in \pi(A)'$ を射影とすると，補題 4.3.23 により $p\mathcal{H}$ は $\pi(A)$ 不変である．π の既約性から $p = 0$ または $1_{\mathcal{H}}$. 系 4.3.35 より $\pi(A)' = \mathbb{C}1_{\mathcal{H}}$.

(2) $\Rightarrow$ (3). 明らか.

(3) $\Rightarrow$ (1). $\pi(A)$ 不変閉部分空間 $\mathcal{K}$ に付随する射影を p と書けば，補題 4.3.23 より $p \in \pi(A)' = \pi(A)''' = \mathbf{B}(\mathcal{H})' = \mathbb{C}1_{\mathcal{H}}$. よって $\mathcal{K} = \{0\}$ または $\mathcal{K} = \mathcal{H}$ ゆえ，π は既約である． □

次の結果は Kadison の推移性定理とよばれる.

定理 4.4.21 (R. Kadison)**.**　A を C* 環，$\pi\colon A \to \mathbf{B}(\mathcal{H})$ を既約表現，$e \in \mathbf{B}(\mathcal{H})^{\mathrm{P}}$ を有限階射影とするとき，次のことが成り立つ：

(1) $\pi(A_{\mathrm{sa}})e = \mathbf{B}(\mathcal{H})_{\mathrm{sa}}e$. とくに $\pi(A)e = \mathbf{B}(\mathcal{H})e$. また，もし $h \in \mathbf{B}(\mathcal{H})_+$ が $he = eh$ をみたすならば，$a \in A_+$ が存在して $\pi(a)e = e\pi(a) = he$ となる.

(2) π を単位化環 $\widetilde{A}$ の単位的表現 $\widetilde{\pi}\colon \widetilde{A} \to \mathbf{B}(\mathcal{H})$ に拡張すれば，$\widetilde{\pi}(\widetilde{A}^{\mathrm{U}})e = \mathbf{B}(\mathcal{H})^{\mathrm{U}}e$. もし A が単位的ならば $\pi(A^{\mathrm{U}})e = \mathbf{B}(\mathcal{H})^{\mathrm{U}}e$.

証明. (1). $b_0 := b \in \mathrm{Ball}(\mathbf{B}(\mathcal{H})_{\mathrm{sa}})$ とおき，以下の条件をみたす $a_n \in A_{\mathrm{sa}}$ と $b_n \in \mathbf{B}(\mathcal{H})_{\mathrm{sa}}$, $n = 0, 1, \ldots$ を帰納的に構成しよう：

(i) $b_n = (b_{n-1} - \pi(a_{n-1})) - e^{\perp}(b_{n-1} - \pi(a_{n-1}))e^{\perp}$, $n \geqq 1$.

(ii) $\|a_n\| \leqq \|b_n\| \leqq 1/2^n$.

(iii) $\|(b_n - \pi(a_n))e\| \leqq 1/2^{n+2}$.

二重可換子定理と補題 4.4.20 により $\overline{\pi(A)}^{s} = \pi(A)'' = \mathbf{B}(\mathcal{H})$. Kaplansky の稠密性定理と系 4.2.9，命題 4.4.16 により $a_0 \in A_{\mathrm{sa}}$ を (ii), (iii) が $n = 0$ で成り立つように取れる．$a_0, \ldots, a_n, b_0, \ldots, b_n$ まで構成できたとする．$c_n := b_n - \pi(a_n) \in \mathbf{B}(\mathcal{H})_{\mathrm{sa}}$ と書く．$b_{n+1} := c_n - e^{\perp}c_n e^{\perp}$ とおくと (i) が $n+1$ で成

り立つ．また $b_{n+1} = e^{\perp}c_n e + ec_n$ より

$$b_{n+1}^* b_{n+1} = ec_n e^{\perp} c_n e + c_n ec_n \leqq 2\|c_n e\|^2$$

だから $\|b_{n+1}\| \leqq \sqrt{2}\|c_n e\| \leqq 1/2^{n+1}$．$n = 0$ のときと同様に $a_{n+1} \in A_{\mathrm{sa}}$ を (ii), (iii) をみたすように取れる．以上で列 a_n, b_n が構成された．

$a \coloneqq \sum_{k=0}^{\infty} a_n \in A_{\mathrm{sa}}$ とおく．$b_n e = b_{n-1}e - \pi(a_{n-1})e$ だから $b_n e = b_0 e - \sum_{k=0}^{n-1} \pi(a_k)e$ となる．$n \to \infty$ とすれば $0 = be - \pi(a)e$ を得る．

後半の正元に関する主張を示す．$h \in \mathbf{B}(\mathcal{H})_+$ が $he = eh$ をみたすとする．前半の主張から $\pi(c)e = h^{1/2}e$ となる $c \in A_{\mathrm{sa}}$ を取れる．両辺の $*$ を取れば $e\pi(c) = eh^{1/2} = h^{1/2}e = \pi(c)e$ だから，e と $\pi(c)$ は可換である．よって $a \coloneqq c^2 \in A_+$ とすれば，$\pi(a)e = \pi(c)\pi(c)e = \pi(c)e\pi(c)e = he$.

(2). A は単位的と仮定してよい．このとき π は非退化ゆえ単位的である．$u \in \mathbf{B}(\mathcal{H})^{\mathrm{U}}$ に対し $f \coloneqq ueu^*$ とおけば $\dim e\mathcal{H} = \dim f\mathcal{H} < \infty$ である．そこで $p \in \mathbf{B}(\mathcal{H})$ を $e\mathcal{H} + f\mathcal{H}$ への射影とすると，$\dim(p-e)\mathcal{H} = \dim p\mathcal{H} - \dim e\mathcal{H} = \dim(p-f)\mathcal{H}$ である．$v \in \mathbf{B}(\mathcal{H})^{\mathrm{PI}}$ を $v^*v = p - e$ かつ $vv^* = p - f$ となるように一つ取る．すると $w \coloneqq ue + v + p^{\perp}$ はユニタリかつ $wp = ue + v = pw$ をみたす．$h \coloneqq i^{-1}\operatorname{Log}(w) \in \mathbf{B}(\mathcal{H})_{\mathrm{sa}}$ は $hp = h = ph$ かつ $w = \exp(ih)$ をみたす．

ここで，(1) より $\pi(a)p = hp$ となる $a \in A_{\mathrm{sa}}$ を取れる．両辺の対合を取ると $p\pi(a) = \pi(a)p$ がいえる．そこで $b \coloneqq \exp(ia) \in A^{\mathrm{U}}$ とおけば，

$$\pi(b)p = \exp(i\pi(a))p = \sum_{n=0}^{\infty} \frac{i^n \pi(a)^n p}{n!} = \sum_{n=0}^{\infty} \frac{i^n h^n p}{n!} = \exp(ih)p = wp$$

となり，$\pi(b)e = \pi(b)pe = we = ue$ がいえる．　□

系 4.4.22.　C* 環の表現の代数的既約性と位相的既約性は同値である．

証明.　C* 環 A の位相的既約表現 $\pi\colon A \to \mathbf{B}(\mathcal{H})$ を取る．$\mathcal{K}$ を非零な $\pi(A)$ 不変部分空間とし，単位ベクトル $\xi \in \mathcal{K} \setminus \{0\}$ を取り，$e \coloneqq \xi \odot \xi$ とおく．任意の $\eta \in \mathcal{H}$ に対して，Kadison の推移性定理により $a \in A$ を $\pi(a)e = (\eta \odot \xi)e$ となるように取れる．このとき $\eta = \pi(a)\xi \in \mathcal{K}$．よって $\mathcal{K} = \mathcal{H}$ がいえる．すなわち π は代数的に既約である．　□

とくに既約表現 $\pi\colon A \to \mathbf{B}(\mathcal{H})$ について任意の $\xi \in \mathcal{H} \setminus \{0\}$ は代数的に巡回ベクトル，すなわち $\pi(A)\xi = \mathcal{H}$ であることがわかる．

系 4.4.23. C* 環 A の既約表現 $\pi\colon A \to \mathbf{B}(\mathcal{H})$ と有限階射影 $e \in \mathbf{B}(\mathcal{H})$ に対し，$\{a \in \mathrm{Ball}(A_+) \mid \pi(a)e = e\}$ は $\mathrm{Ball}(A_+)$ で共終的である．

証明. $\Lambda := \{a \in \mathrm{Ball}(A_+) \mid \pi(a)e = e\}$ とおく．まず $\Lambda \neq \emptyset$ を示す．Kadison の推移性定理より，$a \in A_{\mathrm{sa}}$ で $\pi(a)e = e$ となるものを取れる．$f \in C_0(\mathrm{Sp}_A(a) \setminus \{0\})$ を $f(t) := (0 \vee t) \wedge 1,\ t \in \mathbb{R}$ と定めれば，$f(a) \in \mathrm{Ball}(A_+)$ かつ $\pi(f(a))e = f(\pi(a))e = f(1)e = e$ となる（f の多項式近似を考えよ）．よって $f(a) \in \Lambda$ である．

Λ が $\mathrm{Ball}(A_+)$ で共終的であることを示す．$b \in \mathrm{Ball}(A_+)$ とする．有限次元空間 $e\mathcal{H} + \widetilde{\pi}(1_{\widetilde{A}} - b)^{1/2}e\mathcal{H}$ への射影を f と書く．ここで $\widetilde{\pi}\colon \widetilde{A} \to \mathbf{B}(\mathcal{H})$ は π の単位的な拡張表現である．前半の議論から $c \in \mathrm{Ball}(A_+)$ で $\pi(c)f = f$ となるものを取れる．そこで $x := b + (1_{\widetilde{A}} - b)^{1/2}c(1_{\widetilde{A}} - b)^{1/2} \in A$ とおけば $b \leqq x$ であり，$x \leqq b + (1_{\widetilde{A}} - b) = 1_{\widetilde{A}}$ より $x \in \mathrm{Ball}(A_+)$ となる．また

$$
\begin{aligned}
\pi(x)e &= \pi(b)e + \pi((1_{\widetilde{A}} - b)^{1/2}c(1_{\widetilde{A}} - b)^{1/2})e \\
&= \pi(b)e + \pi(1_{\widetilde{A}} - b)e = e
\end{aligned}
$$

であるから，$x \in \Lambda$ となる． □

補題 4.4.24. $\pi, \rho \in \mathrm{Rep}_{\mathrm{irr}}(A)$ のとき，$\pi \sim \rho \iff \mathrm{Mor}(\pi, \rho) \neq \{0\}$.

証明. $\Rightarrow$ は明らか．$\Leftarrow$ を示す．π, ρ の表現空間をそれぞれ $\mathcal{H}, \mathcal{K}$ と書く．$0 \neq S \in \mathrm{Mor}(\pi, \rho)$ を取ると，$S^*S \in \pi(A)' = \mathbb{C}1_{\mathcal{H}}$, $SS^* \in \rho(A)' = \mathbb{C}1_{\mathcal{K}}$ である．よって $\|S\|^{-1}S \in \mathrm{Mor}(\pi, \rho)$ はユニタリである． □

補題 4.4.25. $(\pi, \mathcal{H}_\pi) \in \mathrm{Rep}_{\mathrm{irr}}(A)$, $(\rho, \mathcal{H}_\rho) \in \mathrm{Rep}(A)$ に対して $\mathrm{Mor}(\pi, \rho)$ は内積 $\langle S, T\rangle 1_{\mathcal{H}_\pi} := T^*S$, $S, T \in \mathrm{Mor}(\pi, \rho)$ によって Hilbert 空間である．

証明. $S, T \in \mathrm{Mor}(\pi, \rho)$ に対して $T^*S \in \mathrm{Mor}(\pi, \pi) = \pi(A)' = \mathbb{C}1_{\mathcal{H}_\pi}$ より，補題の主張のように内積が定まる．この内積に付随するノルムは作用素ノルムに等しい．とくに $\mathrm{Mor}(\pi, \rho)$ の点列がこのノルムで Cauchy 列ならば $\mathbf{B}(\mathcal{H}_\pi, \mathcal{H}_\rho)$ の作用素ノルムで収束する．$\mathrm{Mor}(\pi, \rho)$ は作用素ノルム位相で閉

じているから内積に付随するノルムは完備である. □

記号 4.4.26.　補題 4.4.25 の Hilbert 空間 $\mathrm{Mor}(\pi, \rho)$ の CONS $\{S_i\}_{i \in I}$ を固定するとき, $\mathrm{ONB}(\pi, \rho) = \{ S_i \mid i \in I \}$ と書く.

命題 4.4.27.　$\{(\pi_i, \mathcal{H}_i)\}_{i \in I}$ を C* 環 A の互いにユニタリ非同値な既約表現たちとする. 直和表現 $\pi := \bigoplus_{i \in I} \pi_i$ と付随する埋め込み等長作用素 $S_i \in \mathrm{Mor}(\pi_i, \pi)$ に対して, 次の写像は von Neumann 環の同型である：

$$\theta \colon \pi(A)'' \ni x \mapsto (S_i^* x S_i)_i \in \bigoplus_{i \in I} \mathbf{B}(\mathcal{H}_i).$$

証明. π の表現空間を $\mathcal{H}_\pi$ と書く. $\mathrm{Mor}(\pi, \pi)$ を調べよう. $T \in \mathrm{Mor}(\pi, \pi)$ に対して $i \neq j$ ならば $S_i^* T S_j \in \mathrm{Mor}(\pi_j, \pi_i) = \{0\}$ である（補題 4.4.24）. 強収束で $\sum_i S_i S_i^* = 1_{\mathcal{H}_\pi}$ だから

$$T = \sum_{i,j \in I} S_i S_i^* T S_j S_j^* = \sum_{i \in I} \langle T S_i, S_i \rangle S_i S_i^* \in \overline{\mathrm{span}}^s \{ S_i S_i^* \mid i \in I \}.$$

よって, $\mathrm{Mor}(\pi, \pi) = \overline{\mathrm{span}}^s \{ S_i S_i^* \mid i \in I \}$. $\mathrm{Mor}(\pi, \pi) = \pi(A)'$ は可換だから $\pi(A)' = Z(\pi(A)') = Z(\pi(A)'')$ である. $S_i S_i^* \in Z(\pi(A)'')$ であることから θ は $*$ 準同型である.

逆写像は $\rho \colon \bigoplus_{i \in I} \mathbf{B}(\mathcal{H}_{\pi_i}) \ni (y_i)_i \mapsto \sum_i S_i y_i S_i^* \in \mathbf{B}(\mathcal{H}_\pi)$ である. 実際 $\mathrm{ran}\, \rho \subset \pi(A)''$ であることは, $\pi(A)' = \{S_i S_i^*\}_i''$ であることと $\mathrm{ran}\, \rho \subset \{S_i S_i^*\}_i'$ からわかる. 互いに逆写像であることは直接の計算からわかる. □

4.4.5　既約表現の分類

可換 C* 環, $\mathbf{K}(\mathcal{H})$, Toeplitz 環 $\mathcal{T}$ の既約表現の分類を行う.

命題 4.4.28.　可換 C* 環の既約表現は指標である.

証明. 指標が 1 次元 Hilbert 空間上の既約表現を定めることは明らか. A を可換 C* 環, $\pi \colon A \to \mathbf{B}(\mathcal{H})$ を既約表現とする. A は可換だから $\pi(A) \subset \pi(A)' = \mathbb{C}1_{\mathcal{H}}$. よって $\pi(A) = \mathbb{C}1_{\mathcal{H}}$ となり π は指標を定める. □

つまり, 可換 C* 環 A については, 自然に $\mathrm{Irr}(A) = \Omega(A)$ である. 次に $\mathrm{Irr}(\mathbf{K}(\mathcal{H}))$ を調べよう. $\dim p\mathcal{H} = 1$ である射影 $p \in \mathbf{B}(\mathcal{H})$ を $\mathbf{B}(\mathcal{H})$ の極小

射影という(一般の von Neumann 環に対しては定義 7.2.20 を見よ).

命題 4.4.29. $\mathbf{K}(\mathcal{H})$ の任意の既約表現は，恒等表現 $\pi_{\mathrm{id}}\colon \mathbf{K}(\mathcal{H}) \ni x \mapsto x \in \mathbf{B}(\mathcal{H})$ にユニタリ同値である．すなわち $\mathrm{Irr}(\mathbf{K}(\mathcal{H})) = \{[\pi_{\mathrm{id}}]\}$ である．

証明. 恒等表現が実際に既約であることは例 4.3.19 でみた．$\rho\colon \mathbf{K}(\mathcal{H}) \to \mathbf{B}(\mathcal{K})$ を既約表現とする．補題 4.4.24 より $\mathrm{Mor}(\pi_{\mathrm{id}}, \rho) \neq \{0\}$ を示せばよい．

$\{e_{ij}\}_{i,j\in I}$ を $\mathcal{H}$ の CONS $\{\varepsilon_i\}_{i\in I}$ に付随する $\mathbf{K}(\mathcal{H})$ の行列単位とする．$\mathbf{K}(\mathcal{H})$ は単純 C* 環だから ρ は単射ゆえ $\rho(e_{ij}) \neq 0$, $i,j \in I$ に注意する．さて $i_0 \in I$ を固定し，単位ベクトル $\xi_{i_0} \in \rho(e_{i_0i_0})\mathcal{K}$ を取る．各 $j \in I$ に対して $\xi_j := \rho(e_{ji_0})\xi_{i_0}$ とおけば，$\{\xi_j\}_{j\in I}$ は ONS である．等長作用素 $S\colon \mathcal{H} \to \mathcal{K}$ を $S\varepsilon_j := \xi_j$, $j \in I$ によって定める．すると任意の $j,k,\ell \in I$ に対して

$$S\pi_{\mathrm{id}}(e_{jk})\varepsilon_\ell = \delta_{k,\ell}S\varepsilon_j = \delta_{k,\ell}\xi_j = \rho(e_{jk})S\varepsilon_\ell.$$

$\mathrm{span}\,\{\, e_{k\ell} \mid k,\ell \in I \,\}$ は $\mathbf{K}(\mathcal{H})$ でノルム稠密だから $S \in \mathrm{Mor}(\pi_{\mathrm{id}}, \rho)$ である．□

一般に C* 環 A の表現が零表現と既約表現たちの直和で表されるとき，その表現は完全可約といわれる．$\mathbf{K}(\mathcal{H})$ の非退化表現の完全可約性を示す．

定理 4.4.30. $\mathcal{H},\mathcal{K}$ を Hilbert 空間，$\rho\colon \mathbf{K}(\mathcal{H}) \to \mathbf{B}(\mathcal{K})$ を非退化表現とする．$\mathcal{L} := \mathrm{Mor}(\pi_{\mathrm{id}}, \rho)$ とおけば，ユニタリ $U\colon \mathcal{H}\otimes\mathcal{L} \to \mathcal{K}$ が $U(\xi\otimes S) = S\xi$, $\xi \otimes S \in \mathcal{H} \otimes \mathcal{L}$ となるように定まり，$U \in \mathrm{Mor}(\pi_{\mathrm{id}} \otimes 1_{\mathcal{L}}, \rho)$ である．とくに ρ は π_{id} の直和表現とユニタリ同値である．

証明. $\mathcal{L} := \mathrm{Mor}(\pi_{\mathrm{id}}, \rho)$ は非零である．実際 ρ は非零だから命題 4.4.29 の証明のように $\mathcal{L}$ の等長作用素を構成できる．$\{S_j\}_{j\in J}$ を $\mathcal{L}$ の CONS とし，$p := 1_{\mathcal{K}} - \sum_j S_jS_j^* \in \mathrm{Mor}(\rho,\rho)^{\mathrm{P}}$ とおく．もし $p \neq 0$ ならば命題 4.4.29 の証明のように等長作用素 $S\colon \mathcal{H} \to p\mathcal{K}$ を作れるが，$p \in \mathrm{Mor}(\rho,\rho)$ に気をつければ $S \in \mathrm{Mor}(\pi_{\mathrm{id}}, \rho)$ かつ $pS = S$ がいえる．とくに $S \perp \{S_j\}_{j\in J}$ であり矛盾が生じる．よって $\sum_j S_jS_j^* = 1_{\mathcal{K}}$. すなわち $\rho \sim \bigoplus_j \pi_{\mathrm{id}}$ である．

等長作用素 U が定理の主張のように定義されることは明らかである．逆写像は $\mathcal{K} \ni \eta \mapsto \sum_j S_j^*\eta \otimes S_j \in \mathcal{H} \otimes \mathcal{L}$ で与えられる．よって U はユニタリである．また $U \in \mathrm{Mor}(\pi_{\mathrm{id}} \otimes 1_{\mathcal{L}}, \rho)$ であることも明らかである．□

直和 C* 環の既約表現については次のことがいえる．

補題 4.4.31.　$A = \bigoplus_{i \in I} A_i$ を c_0 直和 C* 環，$\mathrm{pr}_i \colon A \to A_i$ を射影とする．

(1) $\mathcal{H}$ を Hilbert 空間，$\pi \colon A \to \mathbf{B}(\mathcal{H})$ を A の既約表現とすれば，ある $i \in I$ と A_i の既約表現 $\rho \colon A_i \to \mathbf{B}(\mathcal{H})$ が一意的に定まり，$\pi = \rho \circ \mathrm{pr}_i$．とくに自然に $\mathrm{Irr}(A) = \bigsqcup_i \mathrm{Irr}(A_i)$ である．

(2) $\pi \in \mathrm{Rep}(A)$ で，各 $i \in I$ について $\pi|_{A_i}$ が完全可約ならば，π も完全可約である．

証明． (1)．A_i たちの有限直和部分空間は A の中でノルム稠密だから $\pi(A_i) \neq \{0\}$ となる $i \in I$ を取れる．$\overline{\pi(A_i)\mathcal{H}}$ は $\pi(A)$ 不変だから，π の既約性により $\overline{\pi(A_i)\mathcal{H}} = \mathcal{H}$．もし $j \neq i$ ならば，$\pi(A_j)\pi(A_i) = \{0\}$ だから，$A_j \subset \ker \pi$．よって $\pi = \pi \circ \mathrm{pr}_i$ である．とくに $\rho \coloneqq \pi|_{A_i}$ は既約表現である．

(2) は (1) から明らかである．　□

ℓ^2 の標準的な CONS を $\{\varepsilon_n\}_{n \geqq 1}$ とする．$S \in \mathbf{B}(\ell^2)$ を片側シフトとする．すなわち $S\varepsilon_n = \varepsilon_{n+1}$, $n \in \mathbb{N}$．このとき $\mathcal{T} \coloneqq \mathrm{C}^*(S)$ を **Toeplitz 環**という．

命題 4.4.32.　$\mathcal{T}$ の既約表現は，1 次元表現 π_λ か恒等表現 π_{id} にユニタリ同値である．ここで各 $\lambda \in \mathbb{T}$ に対して $\pi_\lambda \colon \mathcal{T} \to \mathbf{B}(\mathbb{C})$ は $\pi_\lambda(S) = \lambda$ となるものであり，恒等表現は $\pi_{\mathrm{id}} \colon \mathcal{T} \ni x \mapsto x \in \mathbf{B}(\ell^2)$．すなわち $\mathrm{Irr}(\mathcal{T}) = \{\, [\pi_\lambda] \mid \lambda \in \mathbb{T} \,\} \cup \{[\pi_{\mathrm{id}}]\}$．

証明． まず $\mathbf{K}(\ell^2) \subset \mathcal{T}$ であることに注意しよう．実際 $S^k(1 - SS^*)S^{*\ell} = \varepsilon_{k+1} \odot \varepsilon_{\ell+1}$ からわかる．とくに π_{id} は既約である．

次に商写像 $Q \colon \mathcal{T} \to \mathcal{T}/\mathbf{K}(\ell^2)$ を考えると，$Q(1 - SS^*) = Q(\varepsilon_1 \odot \varepsilon_1) = 0$ だから $Q(S) \in \mathcal{T}/\mathbf{K}(\ell^2)$ はユニタリである．$\mathrm{Sp}_{\mathcal{T}/\mathbf{K}(\ell^2)}(Q(S)) = \mathbb{T}$ を示す．定理 3.4.1 から $\mathrm{Sp}_{\mathbf{B}(\ell^2)/\mathbf{K}(\ell^2)}(Q(S)) = \mathbb{T}$ を示せばよい．$\mathbf{B}(\ell^2)$ からの商写像も同じく $Q \colon \mathbf{B}(\ell^2) \to \mathbf{B}(\ell^2)/\mathbf{K}(\ell^2)$ と書く．任意の $\lambda \in \mathbb{T}$ に対して，ユニタリ $u_\lambda \in \mathbf{B}(\ell^2)$ を $u_\lambda \varepsilon_n \coloneqq \lambda^n \varepsilon_n$, $n \in \mathbb{N}$ と定める．すると $u_\lambda S u_\lambda^* = \lambda S$ であるから，$Q(u_\lambda)Q(S)Q(u_\lambda^*) = \lambda Q(S)$．$Q(u_\lambda)Q(S)Q(u_\lambda^*)$ のスペクトラムと $Q(S)$ のスペクトラムは一致するから，$\mathrm{Sp}_{\mathbf{B}(\ell^2)/\mathbf{K}(\ell^2)}(Q(S)) \subset \mathbb{T}$ は λ 倍で閉じている．よって $\mathrm{Sp}_{\mathbf{B}(\ell^2)/\mathbf{K}(\ell^2)}(Q(S)) = \mathbb{T}$．連続関数カルキュラスか

ら $\mathrm{C}^*(Q(S)) \cong C(\mathbb{T})$．とくに各 $\lambda \in \mathbb{T}$ に対して指標 $\chi_\lambda\colon \mathrm{C}^*(Q(S)) \to \mathbb{C}$ で $\chi_\lambda(Q(S)) = \lambda$ となるものがある．以上から，$\pi_\lambda = \chi_\lambda \circ Q$ が定義可能な 1 次元既約表現であることがわかった．

次に $\pi\colon \mathcal{T} \to \mathbf{B}(\mathcal{H})$ を既約表現としよう．これを $\mathbf{K}(\ell^2)$ に制限した表現 ρ は，$\mathbf{K}(\ell^2)$ が単純 C* 環だから，零写像か単射となる．もし $\rho(\mathbf{K}(\ell^2)) = \{0\}$ ならば，π は $\mathcal{T}/\mathbf{K}(\ell^2) = \mathrm{C}^*(Q(S))$ を経由する既約表現であるが，先にみたように $\mathrm{C}^*(Q(S))$ は可換 C* 環 $C(\mathbb{T})$ と自然に同型であるから，π は 1 次元既約表現 π_λ の形 $(\lambda \in \mathbb{T})$ に限る．もし ρ が $\mathbf{K}(\ell^2)$ 上単射ならば，定理 4.4.30 により等長作用素 $T \in \mathrm{Mor}_{\mathbf{K}(\ell^2)}(\pi_{\mathrm{id}}, \rho) \subset \mathbf{B}(\ell^2, \mathcal{H})$ を取れる（$\mathrm{Rep}(\mathbf{K}(\ell^2))$ での射）．このとき，$\pi(SS^*)T = TSS^*$ かつ $\pi(S^*)TS = T$ である．実際に前者は $SS^* = 1 - (\varepsilon_1 \odot \varepsilon_1)$ より従い，後者は任意の $k \in \mathbb{N}$ に対して

$$
\begin{aligned}
\pi(S^*)TS\varepsilon_k &= \pi(S^*)T\varepsilon_{k+1} = \pi(S^*)T\bigl(\varepsilon_{k+1} \odot \varepsilon_{k+1}\bigr) \cdot \varepsilon_{k+1} \\
&= \pi(S^*)\rho(\varepsilon_{k+1} \odot \varepsilon_{k+1})T\varepsilon_{k+1} = \pi(S^*\varepsilon_{k+1} \odot \varepsilon_{k+1})T\varepsilon_{k+1} \\
&= \rho(\varepsilon_k \odot \varepsilon_{k+1})T\varepsilon_{k+1} = T\bigl(\varepsilon_k \odot \varepsilon_{k+1}\bigr) \cdot \varepsilon_{k+1} = T\varepsilon_k.
\end{aligned}
$$

となることからわかる．すると

$$
\begin{aligned}
\pi(S)T &= \pi(S) \cdot \pi(S^*)TS = TSS^* \cdot S = TS, \\
\pi(S^*)T &= \pi(S^* \cdot SS^*)T = \pi(S^*)TSS^* = TS^*
\end{aligned}
$$

より $T \in \mathrm{Mor}(\pi_{\mathrm{id}}, \pi)$．よって補題 4.4.24 から $\pi_{\mathrm{id}} \sim \pi$ となる．□

コンパクト作用素のなす C* 環と既約表現の関係として次の結果がある．

命題 4.4.33.　C* 環 A の既約表現 $(\pi, \mathcal{H})$ に対し，もし $\pi(A) \cap \mathbf{K}(\mathcal{H}) \neq \{0\}$ ならば，$\mathbf{K}(\mathcal{H}) \subset \pi(A)$ である．

証明． ある非零有限階射影が $\pi(A)$ に属することを示す．$\pi(A) \cap \mathbf{K}(\mathcal{H})$ の非零な正元 a を取ると $a = \sum_{n \geqq 1} \lambda_n e_n$ と表せる（定理 4.2.14）．ここで $\lambda_1 > \lambda_2 > \cdots > 0$，$\{e_n\}_n$ は有限階射影の直交族である．固有値 λ_n たちは離散的だから，連続関数カルキュラスにより e_n は $\pi(A) \cap \mathbf{K}(\mathcal{H})$ に属する．

そこで $(\pi(A) \cap \mathbf{K}(\mathcal{H}))^{\mathrm{P}} \setminus \{0\} \ni e \mapsto \dim e\mathcal{H} \in \mathbb{N}$ の最小点を p と書く．p が $\mathbf{B}(\mathcal{H})$ の極小射影であることを示す．縮小環 $p\pi(A)p$ は $\pi(A) \cap \mathbf{K}(\mathcal{H})$ の C*

部分環である．$b \in A_+$ を $p\pi(b)p \neq 0$ となるものとする．前述のように対角化 $p\pi(b)p = \sum_n \mu_n f_n$ を考える．ここで $\mu_1 > \mu_2 > \cdots > 0$ であり，$\{f_n\}_n$ は有限階射影の直交族である．すると $f_n \in \pi(A) \cap \mathbf{K}(\mathcal{H})$ かつ $f_n \leqq p$ である．p の最小性により $f_n = 0$ または $f_n = p$ である．よって $p\pi(b)p \in \mathbb{C}p$. すなわち $p\pi(A)p = \mathbb{C}p$ となる．すると $p\,\mathbf{B}(\mathcal{H})p = p\overline{\pi(A)}^s p = \overline{p\pi(A)p}^s = \mathbb{C}p$ となり p は極小射影である．

単位ベクトル $\xi \in p\mathcal{H}$ によって $p = \xi \odot \xi$ と Schatten 形式で表せば，任意の $a, b \in A$ に対して $\pi(a)\xi \odot \pi(b^*)\xi = \pi(a)p\pi(b) \in \pi(A) \cap \mathbf{K}(\mathcal{H})$. $\pi(A)\xi = \mathcal{H}$ だから，任意の $\zeta, \mu \in \mathcal{H}$ に対して $\zeta \odot \mu \in \pi(A) \cap \mathbf{K}(\mathcal{H})$ がいえる．よって $\pi(A)$ は $\mathbf{F}(\mathcal{H})$ を含むから $\mathbf{K}(\mathcal{H}) \subset \pi(A)$ が従う．□

I 型 C* 環には多くの特徴付けがある．次の定義はその一つである．

定義 4.4.34.　C* 環 A が **I 型**であるとは，任意の既約表現 $\pi\colon A \to \mathbf{B}(\mathcal{H})$ に対して $\pi(A) \cap \mathbf{K}(\mathcal{H}) \neq \{0\}$ が成り立つもののことをいう．

命題 4.4.35.　I 型単純 C* 環はある Hilbert 空間 $\mathcal{H}$ の $\mathbf{K}(\mathcal{H})$ と同型である．

証明.　A を単純 C* 環，$\pi\colon A \to \mathbf{B}(\mathcal{H})$ を既約表現とする．A の単純性から π は単射である．もし A が I 型ならば，$\pi(A) \cap \mathbf{K}(\mathcal{H}) \neq \{0\}$ であり，命題 4.4.33 より $\mathbf{K}(\mathcal{H}) \subset \pi(A)$ である．よって $\pi^{-1}(\mathbf{K}(\mathcal{H}))$ は A の非零閉イデアルである．A は単純だから $\pi^{-1}(\mathbf{K}(\mathcal{H})) = A$. よって $A \cong \mathbf{K}(\mathcal{H})$ である．□

■**例 4.4.36.**　可換 C* 環, $\mathbf{K}(\mathcal{H})$, $\mathcal{T}$ は I 型である（命題 4.4.28, 4.4.29, 4.4.32）. 後に紹介する UHF 環，無理数回転環 A_θ, Cuntz 環 $\mathcal{O}_n$ などは単位的かつ無限次元の単純 C* 環だから，非 I 型 C* 環である．

C* 環 A が I 型であることと，$\mathrm{Irr}(A)$ に自然な標準 Borel 構造が入ることとは同値であることが知られている (J. Glimm). 大雑把にいえば既約表現全体をよいパラメータ空間により記述できるということである．したがって非 I 型 C* 環については，既約表現を完全に分類して環の性質を調べるといった試みは，ある程度放棄しなくてはならない（既約表現自体は重要である）.

問題 4.4.37.　$\mathbf{B}(\ell^2)$ は非 I 型 C* 環であることを示せ．［ヒント：標準全射 Q:

$\mathbf{B}(\ell^2) \to \mathbf{B}(\ell^2)/\mathbf{K}(\ell^2)$ と，$\mathbf{B}(\ell^2)/\mathbf{K}(\ell^2)$ の既約表現の合成を考える．定理 4.2.12 (2)，命題 4.4.35 を用いてみよ[8)]．]

4.4.6 純粋状態

本項では既約表現と純粋状態の関係を調べる．とくに既約表現の存在を示す．まず GNS 表現についての Radon–Nikodym 型の結果から始めよう．証明に出てくる線型作用素 t_ψ の構成法はしばしば有用である．

命題 4.4.38. A を C* 環，$\varphi \in A^*_+$ とする．φ に付随する GNS 3 つ組を $(\pi_\varphi, \mathcal{H}_\varphi, \xi_\varphi)$ と表す．このとき次の写像は順序を保つ全単射である：

$$\mathrm{Ball}\left(\pi_\varphi(A)'_+\right) \ni a \mapsto \langle \pi_\varphi(\cdot) a\xi_\varphi, \xi_\varphi \rangle \in \{\, \psi \in A^*_+ \mid \psi \leqq \varphi \,\}.$$

証明. $a \in \pi_\varphi(A)'_{\mathrm{sa}}$ に対して，$\psi_a(x) := \langle \pi_\varphi(x) a\xi_\varphi, \xi_\varphi \rangle, x \in A$ とおく．$a, b \in \pi_\varphi(A)'_{\mathrm{sa}}$ かつ $a \leqq b$ ならば

$$\psi_b(x) - \psi_a(x) = \psi_{b-a}(x) = \langle \pi_\varphi(x)(b-a)^{1/2}\xi_\varphi, (b-a)^{1/2}\xi_\varphi \rangle$$

より $\pi_\varphi(A)'_{\mathrm{sa}} \ni a \mapsto \psi_a \in A^*_{\mathrm{sa}}$ は順序を保つ．ξ_φ は $\pi_\varphi(A)$ の巡回ベクトルだから，この写像が単射であることもわかる．また $a \in \mathrm{Ball}(\pi_\varphi(A)'_+)$ ならば $0 = \psi_0 \leqq \psi_a \leqq \psi_1 = \varphi$ である．

逆に $\psi \in A^*_+$ を $\psi \leqq \varphi$ なるものとする．ψ の GNS 3 つ組を $(\pi_\psi, \mathcal{H}_\psi, \xi_\psi)$ と表す．線型写像 $\pi_\varphi(A)\xi_\varphi \ni \pi_\varphi(x)\xi_\varphi \mapsto \pi_\psi(x)\xi_\psi \in \pi_\psi(A)\xi_\psi$ は定義可能な縮小写像である．実際 $\|\pi_\psi(x)\xi_\psi\|^2 = \psi(x^*x) \leqq \varphi(x^*x) = \|\pi_\varphi(x)\xi_\varphi\|^2$ よりわかる．これを拡張して縮小線型写像 $t_\psi \colon \mathcal{H}_\varphi \to \mathcal{H}_\psi$ を得る．作り方から $t_\psi \in \mathrm{Mor}(\pi_\varphi, \pi_\psi)$，また $t_\psi\xi_\varphi = \xi_\psi$ である．そこで $a_\psi := t_\psi^* t_\psi$ とおけば $a_\psi \in \mathrm{Ball}\left(\pi_\varphi(A)'_+\right)$ である．さらに任意の $x \in A$ に対して

$$\langle \pi_\varphi(x) a_\psi \xi_\varphi, \xi_\varphi \rangle = \langle t_\psi^* \pi_\psi(x) t_\psi \xi_\varphi, \xi_\varphi \rangle = \langle \pi_\psi(x)\xi_\psi, \xi_\psi \rangle = \psi(x).$$

以上から示したい対応は全単射である．□

C* 環 A の既約表現 $\pi \colon A \to \mathbf{B}(\mathcal{H})$ があれば，単位ベクトル $\xi \in \mathcal{H}$ は巡回べ

---

8) $\mathbf{B}(\ell^2)/\mathbf{K}(\ell^2)$ は **Calkin 環**とよばれる，ノルム非可分かつ単位的な単純 C* 環である．

クトルである．とくに $\omega_\xi(x) := \langle \pi(x)\xi, \xi \rangle$ とすれば，GNS 表現の一意性により $(\pi, \mathcal{H}, \xi)$ は $\omega_\xi \in \mathrm{S}(A)$ の GNS 3 つ組である．命題 4.4.38 を ω_ξ に適用すると，$\pi(A)' = \mathbb{C}1_{\mathcal{H}}$ ゆえ，$\mathrm{Ball}\left(\pi(A)'_+\right) = \{t1_{\mathcal{H}} \,|\, t \in \mathbb{R},\ 0 \leqq t \leqq 1\}$ である．よって状態 ω_ξ は次の性質をもつ：

$$\{\, \psi \in A^*_+ \mid \psi \leqq \omega_\xi \,\} = \{\, t\omega_\xi \mid t \in \mathbb{R},\ 0 \leqq t \leqq 1 \,\}.$$

定義 4.4.39. $\varphi \in \mathrm{S}(A)$ が $\{\, \psi \in A^*_+ \mid \psi \leqq \varphi \,\} = \{\, t\varphi \mid t \in \mathbb{R},\ 0 \leqq t \leqq 1 \,\}$ をみたすとき，φ を C* 環 A 上の**純粋状態**という．

記号 4.4.40. C* 環 A 上の純粋状態のなす集合を $\mathrm{PS}(A)$ と書く．

命題 4.4.41. 写像 $\pi\colon \mathrm{PS}(A) \ni \varphi \mapsto (\pi_\varphi, \mathcal{H}_\varphi) \in \mathrm{Rep}_{\mathrm{irr}}(A)$ について，次のことが成り立つ：

(1) π は本質的に全射である．すなわち任意の $\rho \in \mathrm{Rep}_{\mathrm{irr}}(A)$ に対して，ある $\varphi \in \mathrm{PS}(A)$ が存在して $\rho \sim \pi_\varphi$ となる．

(2) π はユニタリ同値性を保つ．すなわち $\varphi \sim \psi \iff \pi_\varphi \sim \pi_\psi$．ここで $\varphi \sim \psi$ は，ある $u \in \widetilde{A}^{\mathrm{U}}$ が存在して $\psi = u\varphi u^*$ であることを意味する．

証明. (1)．命題 4.4.38 から純粋状態の GNS 表現は既約である．よって π は定義可能である．各既約表現は純粋状態の GNS 表現とユニタリ同値であることは先にみたとおりである．

(2)．$\varphi, \psi \in \mathrm{PS}(A)$ がユニタリ同値とする．ユニタリ $u \in \widetilde{A}^{\mathrm{U}}$ を $\psi = u\varphi u^*$ となるように取ると，ユニタリ $U\colon \mathcal{H}_\varphi \to \mathcal{H}_\psi$ が $U\pi_\varphi(x)\xi_\varphi = \pi_\psi(xu^*)\xi_\psi$, $x \in A$ となるように定まる．作り方から $U \in \mathrm{Mor}(\pi_\varphi, \pi_\psi)$ である．

逆に $\pi_\varphi \sim \pi_\psi$ とし，ユニタリ $V \in \mathrm{Mor}(\pi_\varphi, \pi_\psi)$ を取る．φ, ψ に付随する GNS ベクトルをそれぞれ ξ_φ, ξ_ψ と書き，$\eta_\varphi := V\xi_\varphi \in \mathcal{H}_\psi$ とおく．Kadison の推移性定理により $u \in \widetilde{A}^{\mathrm{U}}$ が存在して $\widetilde{\pi_\psi}(u)\eta_\varphi = \xi_\psi$．各 $x \in A$ に対して

$$\begin{aligned}\psi(x) &= \langle \pi_\psi(x)\xi_\psi, \xi_\psi \rangle = \langle \pi_\psi(u^*xu)\eta_\varphi, \eta_\varphi \rangle \\ &= \langle V^*\pi_\psi(u^*xu)V\xi_\varphi, \xi_\varphi \rangle = \langle \pi_\varphi(u^*xu)\xi_\varphi, \xi_\varphi \rangle = \varphi(u^*xu).\end{aligned}$$ □

前命題の (2) で，A が単位的ならば $u \in A^{\mathrm{U}}$ と取れることに注意しよう．

問題 4.4.42. $\varphi \in \mathrm{PS}(A)$ の GNS 3 つ組を $(\pi_\varphi, \mathcal{H}_\varphi, \xi_\varphi)$ とするとき，$\mathcal{H}_\varphi = \pi_\varphi(A)\xi_\varphi$ であることを示せ．

命題 4.4.43. 非零 C* 環 A に対して $\mathrm{ex}(\mathrm{Ball}(A^*_+)) = \mathrm{PS}(A) \cup \{0\}$ が成り立つ．とくに $\mathrm{PS}(A) \neq \emptyset$ ゆえ $\mathrm{Rep}(A)_{\mathrm{irr}} \neq \emptyset$ である．

証明. Banach–Alaoglu の定理により $\mathrm{Ball}(A^*_+)$ は汎弱コンパクト凸集合である．Krein–Milman の定理（定理 1.3.4）から $\mathrm{Ball}(A^*_+) = \overline{\mathrm{co}}^{w^*}(\mathrm{ex}(\mathrm{Ball}(A^*_+)))$ である．よって $\mathrm{ex}(\mathrm{Ball}(A^*_+)) = \{0\}$ とはなりえず，$\mathrm{ex}(\mathrm{Ball}(A^*_+)) \setminus \{0\} \neq \emptyset$ である．

$\subset$ を示す．非零な $\varphi \in \mathrm{ex}(\mathrm{Ball}(A^*_+))$ を取る．$s := \|\varphi\| < 1$ であれば $\varphi = s \cdot (s^{-1}\varphi) + (1-s)0$ と分解されるから，端点であることに矛盾する．よって $\|\varphi\| = 1$ である．$\psi \in A^*_+$ を $0 \neq \psi \leqq \varphi$ となるものとする．すると近似単位元 $u_\lambda \in \mathrm{Ball}(A_+)$ に対して，定理 3.7.6 により $\|\psi\| = \lim_\lambda \psi(u_\lambda) \leqq \varphi(u_\lambda) = \|\varphi\| = 1$ と $\|\varphi - \psi\| = \lim_\lambda (\varphi - \psi)(u_\lambda) = \|\varphi\| - \|\psi\| = 1 - \|\psi\|$ がいえる．$t := \|\psi\|$ とおけば，$\varphi = \psi + (\varphi - \psi) = t \cdot t^{-1}\psi + (1-t) \cdot (1-t)^{-1}(\varphi - \psi)$ と分解される．φ の端点性から $\varphi = t^{-1}\psi$．よって $\varphi \in \mathrm{PS}(A)$ である．

$\supset$ を示す．まず $0 \in \mathrm{ex}(\mathrm{Ball}(A^*_+))$ は明らかである．次に $\varphi \in \mathrm{PS}(A)$ とする．$0 < t < 1$ と $\psi_1, \psi_2 \in \mathrm{Ball}(A^*_+)$ に対して $\varphi = t\psi_1 + (1-t)\psi_2$ が成り立つとする．定理 3.7.6 から，$1 = \|\varphi\| = t\|\psi_1\| + (1-t)\|\psi_2\| \leqq t + (1-t) = 1$ となる．したがって $\|\psi_1\| = 1 = \|\psi_2\|$ である．また $t\psi_1 \leqq \varphi$, $(1-t)\psi_2 \leqq \varphi$ だから，ある $s_1, s_2 \in [0,1]$ を $t\psi_1 = s_1\varphi$, $(1-t)\psi_2 = s_2\varphi$ となるように取れる．両辺のノルムを取れば $t = s_1$, $1-t = s_2$ となるから，$\psi_1 = \varphi = \psi_2$ である．よって $\varphi \in \mathrm{ex}(\mathrm{Ball}(A^*_+)) \setminus \{0\}$ である．□

系 3.7.13 の類似も示しておこう．

系 4.4.44. A を C* 環，$B \subset A$ を C* 部分環，B 上の任意の純粋状態は A 上の純粋状態に拡張する．

証明. $\varphi \in \mathrm{PS}(B)$ とする．$F := \{\psi \in \mathrm{S}(A) \mid \psi|_B = \varphi\}$ とおけば，系 3.7.13 より $F \neq \emptyset$ である．また F の汎弱コンパクト性と凸性は明らか．次に $0 < t < 1$, $\psi_1, \psi_2 \in \mathrm{Ball}(A^*_+)$ とし $t\psi_1 + (1-t)\psi_2 \in F$ と仮定すると，$\varphi =$

$t\psi_1|_B + (1-t)\psi_2|_B$ である．$\psi_1|_B, \psi_2|_B \in \mathrm{Ball}(B^*_+)$ より命題 4.4.43 を使えば，$\psi_1|_B = \varphi = \psi_2|_B$ がいえる．よって $\psi_1, \psi_2 \in F$．すなわち F は凸集合 $\mathrm{Ball}(A^*_+)$ の汎弱コンパクト面である．

Krein–Milman の定理より $\mathrm{ex}(F) \neq \emptyset$．また F は $\mathrm{Ball}(A^*_+)$ の面だから $\mathrm{ex}(F) \subset \mathrm{ex}(\mathrm{Ball}(A^*_+))$．よって各 $\psi \in \mathrm{ex}(F)$ は純粋状態である．□

命題 4.4.45.　A を非零 C* 環とすると，次のことが成り立つ：

(1) A が非単位的ならば，$0 \in \overline{\mathrm{PS}(A)}^{w^*}$．とくに $\mathrm{Ball}(A^*_+) = \overline{\mathrm{co}}^{w^*}(\mathrm{PS}(A))$．

(2) A が単位的ならば，$\mathrm{S}(A)$ は汎弱コンパクト凸集合であり，$\mathrm{ex}(\mathrm{S}(A)) = \mathrm{PS}(A)$ である．とくに $\mathrm{S}(A) = \overline{\mathrm{co}}^{w^*}(\mathrm{PS}(A))$ である．

証明. (1)．$0 \notin \overline{\mathrm{co}}^{w^*}(\mathrm{PS}(A))$ と仮定する．Hahn–Banach の分離定理より $b \in A_{\mathrm{sa}}$ と $t > 0$ が存在して，$0 < t \leqq \psi(b)$, $\psi \in \mathrm{PS}(A)$ となる．このとき補題 3.7.19 (3) の証明と同様にして $B := \mathrm{C}^*(b)$ は単位的であることがわかる．そこで $p := 1_{\widetilde{A}} - 1_B$ による遺伝的 C* 部分環 $pAp \subset A$ を考える．A は非単位的だから $pAp \neq \{0\}$．よって $\chi \in \mathrm{PS}(pAp)$ を取れる．これを $\widetilde{\chi} := \chi(p \cdot p)$ によって A 上に拡張すれば $\widetilde{\chi} \in \mathrm{S}(A)$．命題 3.7.17 と系 4.4.44 により，実際には $\widetilde{\chi} \in \mathrm{PS}(A)$ である．よって $0 < t \leqq \widetilde{\chi}(b) = \chi(pbp) = 0$ となり矛盾が生じる．よって $0 \in \overline{\mathrm{co}}^{w^*}(\mathrm{PS}(A))$ であり，命題 4.4.43 と Krein–Milman の定理より $\mathrm{Ball}(A^*_+) = \overline{\mathrm{co}}^{w^*}(\mathrm{PS}(A))$．定理 1.3.4 (2) より，$0 \in \overline{\mathrm{PS}(A)}^{w^*}$ である．

(2)．$\mathrm{S}(A) \subset \mathrm{Ball}(A^*_+)$ は汎弱コンパクト面である（補題 3.7.19 と命題 4.4.43 の ⊃ の証明を見よ）．したがって $\mathrm{ex}(\mathrm{S}(A)) \subset \mathrm{ex}(\mathrm{Ball}(A^*_+)) = \mathrm{PS}(A) \cup \{0\}$ となり $\mathrm{ex}(\mathrm{S}(A)) \subset \mathrm{PS}(A)$．逆の包含は明らか．□

■**例 4.4.46.**　命題 4.4.28 より可換 C* 環 A に対して $\mathrm{PS}(A) = \Omega(A)$ である．

■**例 4.4.47.**　$\mathbf{K}(\mathcal{H})$ の純粋状態を求めよう．任意の既約表現は恒等表現とユニタリ同値だから，純粋状態はベクトル状態 $\omega_\xi(x) := \langle x\xi, \xi \rangle$, $x \in \mathbf{K}(\mathcal{H})$ と表せる．ここで $\xi \in \mathcal{H}$ は単位ベクトルである．このことを直接的に示そう．$\varphi \in \mathrm{PS}(\mathbf{K}(\mathcal{H}))$ とすると，定理 4.2.30 により $\mathcal{H}$ の単位ベクトルの直交族 $\{\xi_n\}_{n\in I}$ と $\{\lambda_n\}_{n\in I} \subset \mathbb{R}^*_+$ が存在して $\varphi = \sum_{n\in I} \lambda_n \omega_{\xi_n}$ となる（ノルム収束）．もちろん $1 = \|\varphi\| = \sum_n \lambda_n$ である．$\varphi \geqq \lambda_n \langle \cdot\, \xi_n, \xi_n \rangle$ と φ の純粋性か

ら，ある $t_n \in [0,1]$ が存在して，$\lambda_n\langle x\xi_n, \xi_n\rangle = t_n\varphi(x)$, $x \in \mathbf{K}(\mathcal{H})$ となるから $\lambda_n = t_n$, $n \in I$. よって I は実際には 1 点集合 $\{n_0\}$ であり，$\varphi = \omega_{\xi_{n_0}}$.

命題 4.4.48. A を C* 環，$a \in A_{\mathrm{sa}}$ とする．このとき，ある $\varphi \in \mathrm{PS}(A)$ が存在して $|\varphi(a)| = \|a\|$. とくに $\mathrm{PS}(A)$ は A の元を分離する．

証明. 可換 C* 環 $B := \mathrm{C}^*(a)$ 上の指標 ϕ で $|\phi(a)| = \|a\|$ なるものを取り，系 4.4.44 を使って ϕ を A 上の純粋状態に拡張すればよい．

後半の主張を示す．$a \in A$ が任意の $\varphi \in \mathrm{PS}(A)$ に対して $\varphi(a) = 0$ ならば，$\varphi(\mathrm{Re}\, a) = 0 = \varphi(\mathrm{Im}\, a)$. 前半の主張から $\mathrm{Re}\, a = 0 = \mathrm{Im}\, a$ がわかる． □

命題 4.4.49. A を単位的 C* 環，$E \subset \mathrm{S}(A)$ とする．このとき，$\mathrm{S}(A) = \overline{\mathrm{co}}^{w^*}(E) \iff A_+ = \{a \in A_{\mathrm{sa}} \mid \varphi(a) \geqq 0,\ \varphi \in E\}$.

証明. $\Rightarrow$ を示す．$a \in A_{\mathrm{sa}}$ が $\varphi(a) \geqq 0$, $\varphi \in E$ をみたすならば，仮定により任意の $\psi \in \mathrm{S}(A)$ に対して $\psi(a) \geqq 0$. 補題 3.7.16 より $a \in A_+$ である．

$\Leftarrow$ を示す．もし $\psi \in \mathrm{S}(A) \setminus \overline{\mathrm{co}}^{w^*}(E)$ ならば，Hahn–Banach の分離定理により，ある $t \in \mathbb{R}$ と $a \in A_{\mathrm{sa}}$ が存在して $\psi(a) < t \leqq \varphi(a)$, $\varphi \in E$. ここで $\varphi(a - t1_A) = \varphi(a) - t \geqq 0$, $\varphi \in E$ だから，仮定により $a - t1_A \in A_+$. よって $0 \leqq \psi(a - t1_A) = \psi(a) - t$ となり矛盾が生じる． □

定義 4.4.50. A を C* 環とする．$\mathrm{Irr}(A) = \{(\pi_i, \mathcal{H}_i)\}_{i\in I}$ に対して直和表現 $\bigoplus_{i\in I} \pi_i$ を**普遍原子表現**という[9]．

系 4.4.51. 普遍原子表現は忠実である．

証明. C* 環 A は純粋状態をもつから $\mathrm{Irr}(A) \neq \emptyset$ である．$a \in A$ が任意の既約表現 $\pi\colon A \to \mathbf{B}(\mathcal{H})$ に対して $\pi(a) = 0$ であると仮定する．命題 4.4.41 により，任意の $\varphi \in \mathrm{PS}(A)$ の GNS 表現 π_φ について $\pi_\varphi(a) = 0$. よって $\varphi(a) = 0$ であり，命題 4.4.48 より $a = 0$ となる． □

[9] [Tak02, Definition III.6.35] と定義が若干異なるので注意せよ．

定理 4.4.52. 非零有限次元 C* 環 A に対して，$n_1, \ldots, n_k \in \mathbb{N}$ が存在して，$A \cong M_{n_1}(\mathbb{C}) \oplus \cdots \oplus M_{n_k}(\mathbb{C})$ である．また，このような列 $(n_1, \ldots, n_k) \in \mathbb{N}^k$ は順序を除き一意的である．

証明. $\mathrm{Irr}(A) = \{(\pi_i, \mathcal{H}_i)\}_{i \in I}$ とする．系 4.4.51 により普遍原子表現 $\pi := \bigoplus_i \pi_i$ は忠実（かつ非退化）であり，命題 4.4.27 により $\overline{\pi(A)}^s = \pi(A)'' \cong \bigoplus_i \mathbf{B}(\mathcal{H}_i)$ である．ところで $\pi(A)$ は有限次元だから $\overline{\pi(A)}^s = \pi(A)$. よって $A \cong \pi(A) \cong \bigoplus_i \mathbf{B}(\mathcal{H}_i)$ となる．とくに $\mathrm{Irr}(A)$ は有限集合かつ各 $\mathcal{H}_i$ は有限次元であり，前半の主張が従う．後半の主張は各直和因子への射影が A の既約表現の完全代表系を与えることからわかる（補題 4.4.31 を見よ）．　□

$\varphi \in A^*_+$ に対して，$N_\varphi := \{ x \in A \mid \varphi(x^* x) = 0 \}$ は A の閉左イデアルであり（補題 4.4.6），$N_\varphi \subset \ker \varphi$ である（補題 3.8.6）．また $\ker \varphi$ は $*$ 演算で閉じるから，$N_\varphi + N_\varphi^* \subset \ker \varphi$ である．ここで $N_\varphi^* = \{ a^* \mid a \in N_\varphi \}$ である．

定理 4.4.53. C* 環 A と $\varphi \in \mathrm{S}(A)$ に対し $\varphi \in \mathrm{PS}(A) \Leftrightarrow \ker \varphi = N_\varphi + N_\varphi^*$.

証明. $\Rightarrow$ を示す．$\supset$ はよいので $\subset$ を示す．$(\pi_\varphi, \mathcal{H}_\varphi, \xi_\varphi)$ を φ に付随する GNS 3つ組とする．$a \in \ker \varphi \setminus N_\varphi$ を取る．すると $\pi_\varphi(a)\xi_\varphi \perp \xi_\varphi$ かつ $\pi_\varphi(a)\xi_\varphi \neq 0$ である．$e \colon \mathcal{H}_\varphi \to \mathbb{C}\xi_\varphi + \mathbb{C}\pi_\varphi(a)\xi_\varphi$ を射影とする．

$p := \xi_\varphi \odot \xi_\varphi$ とおくと，Kadison の推移性定理より $b \in A_{\mathrm{sa}}$ が存在して $\pi_\varphi(b)e = pe = p$. したがって $\pi_\varphi(ba)\xi_\varphi = \pi_\varphi(b)e\pi_\varphi(a)\xi_\varphi = p\pi_\varphi(a)\xi_\varphi = 0$ かつ $\pi_\varphi(b)\xi_\varphi = \pi_\varphi(b)e\xi_\varphi = p\xi_\varphi = \xi_\varphi$ となる．

そこで $a = ba + (a^*(1_{\tilde{A}} - b))^*$ に対し，$ba \in N_\varphi$ かつ $\pi_\varphi(a^*(1_{\tilde{A}} - b))\xi_\varphi = \pi_\varphi(a^*)\xi_\varphi - \pi_\varphi(a^* b)\xi_\varphi = 0$ より $a^*(1_{\tilde{A}} - b) \in N_\varphi$. 以上から $\ker \varphi \subset N_\varphi + N_\varphi^*$ である．

$\Leftarrow$ を示す．$\varphi \in \mathrm{S}(A)$ が $\ker \varphi = N_\varphi + N_\varphi^*$ をみたすとする．$\psi \in A^*_+$ が $\psi \leqq \varphi$ であれば，$N_\varphi \subset N_\psi$. よって $\ker \varphi = N_\varphi + N_\varphi^* \subset N_\psi + N_\psi^* \subset \ker \psi$. すると，ある $t \in \mathbb{C}$ が存在して $\psi = t\varphi$ となる．φ, ψ の正値性と $\psi \leqq \varphi$ より $t \in [0, 1]$ である．ゆえに φ は純粋状態である．　□

純粋状態の切除定理を紹介してこの章を終える．

定義 4.4.54. A を C* 環とする．$\|e_i\|=1$ であるネット $e_i \in \mathrm{Ball}(A_+)$ が状態 $\varphi \in \mathrm{S}(A)$ を切除する $:\overset{\mathrm{d}}{\Leftrightarrow} \lim_i \|e_i a e_i - \varphi(a)e_i^2\| = 0,\ a \in A$.

定理 4.4.55 (C. Akemann-J. Anderson-G. Pedersen)**.** C* 環 A 上の純粋状態 φ は，単調減少ネット $e_i \in \mathrm{Ball}(A_+)$ で $\varphi(e_i) = 1 = \|e_i\|$ となるもので切除される．

証明. $(u_i)_{i\in I}$ を C* 環 $N_\varphi \cap N_\varphi^*$ の近似単位元とする．定理 3.6.9 の証明で見たように $\lim_i \|x - xu_i\| = 0,\ x \in N_\varphi$ となる．

系 4.4.23 により $d \in \mathrm{Ball}(A_+)$ を $\pi(d)\xi_\varphi = \xi_\varphi$ をみたすように取れる．このとき $1 = \varphi(d) \leqq \|d\|$ より $\|d\| = 1$．また $\sqrt{t}$ の多項式近似を考えれば $\pi(d^{1/2})\xi_\varphi = \xi_\varphi$ もいえる．すると $e_i := d^{1/2}(1_{\widetilde{A}} - u_i)d^{1/2} \in \mathrm{Ball}(A_+)$ は単調減少ネットであり，$\varphi(e_i) = 1$ ゆえ $\|e_i\| = 1$ であり

$$\begin{aligned}\|e_i a e_i - \varphi(a)e_i^2\| &= \|d^{1/2}(1_{\widetilde{A}} - u_i)(d^{1/2}ad^{1/2} - \varphi(a)d)(1_{\widetilde{A}} - u_i)d^{1/2}\| \\ &\leqq \|(1_{\widetilde{A}} - u_i)(d^{1/2}ad^{1/2} - \varphi(a)d)(1_{\widetilde{A}} - u_i)\| \xrightarrow{\lim_i} 0.\end{aligned}$$

ここで $d^{1/2}ad^{1/2} - \varphi(a)d \in \ker\varphi = N_\varphi + N_\varphi^*$ であることを用いた． □

第 4 章について

この章の主張と証明は [BO08, Mur90, Tak02] を参考にした．補足として，切除定理（定理 4.4.55）の正確な主張を述べておく．

定理 4.4.56 (Akemann-Anderson-Pedersen)**.** $\varphi \in \mathrm{S}(A)$ が $\|e_i\| = 1$ であるネット $e_i \in \mathrm{Ball}(A_+)$ により切除される $\Leftrightarrow \varphi \in \overline{\mathrm{PS}(A)}^{w^*}$.

証明の本質的な部分が定理 4.4.55 である．

第5章

完全正値写像と作用素システム

本章のテーマは $*$ 準同型と並んで重要な写像である完全正値写像と，作用素システムである．Stinespring ダイレーション，Kadison 不等式，単射的作用素システム，Arveson の拡張定理，単射包などを紹介する．

5.1 完全正値写像

本節では $\{\varepsilon_i\}_{i=1}^n$ で $\mathbb{C}^n$ の CONS を表し，それに付随する $M_n(\mathbb{C})$ の行列単位系を $\{e_{ij}\}_{i,j=1}^n$ と書く．ベクトル空間 E, F と $\varphi \in \mathbf{L}(E, F)$ に対して $\varphi_n \in \mathbf{L}(M_n(E), M_n(F))$ を $\varphi_n([x_{ij}]) = [\varphi(x_{ij})]$ によって定める（1.2.4 項）．テンソル積による同一視 $M_n(E) = M_n(\mathbb{C}) \otimes_{\mathrm{alg}} E$, $[x_{ij}] = \sum_{i,j} e_{ij} \otimes x_{ij}$ を用いれば，$\varphi_n = \mathrm{id} \otimes \varphi$ と表せる．

定義 5.1.1. A, B を C* 環，$n \in \mathbb{N}$ とする．$\varphi \in \mathbf{L}(A, B)$ が

- ***n* 正値** :$\overset{\mathrm{d}}{\Leftrightarrow}$ $\varphi_n \colon M_n(A) \to M_n(B)$ が正値である．
- **完全正値** :$\overset{\mathrm{d}}{\Leftrightarrow}$ 任意の $n \in \mathbb{N}$ に対して，φ_n が正値である．

完全正値写像を **CP 写像**[1] と略記する．A, B が単位的であり CP 写像 $\varphi \colon A \to B$ が $\varphi(1_A) = 1_B$ をみたすとき，φ を単位的な完全正値写像または **UCP 写像**[2] という．縮小的な CP 写像を **CCP 写像**[3] という．

---

[1] completely positive.

[2] unital completely positive.

[3] contractive completely positive.

記号 5.1.2. A から B への n 正値写像，完全正値写像，縮小的な完全正値写像，単位的な完全正値写像のなす集合をそれぞれ $\mathrm{P}_n(A,B)$, $\mathrm{CP}(A,B)$, $\mathrm{CCP}(A,B)$, $\mathrm{UCP}(A,B)$ と書く．

コメント 5.1.3. A,B を C^* 環とする．

(1) 定義より $\mathrm{P}_1(A,B) \supset \mathrm{P}_2(A,B) \supset \cdots$ である．補題 3.7.22 より，$\mathrm{P}_1(A,B) \subset \mathbf{B}(A,B)$．また $\mathrm{CP}(A,B) = \bigcap_n \mathrm{P}_n(A,B)$．
(2) φ が $*$ 準同型であれば，$\varphi_n\colon M_n(A) \to M_n(B)$ も $*$ 準同型である．とくに $*$ 準同型は完全正値である．任意の CP 写像はある表現を作用素でカットすることで得られる（定理 5.2.1）．
(3) $\mathrm{P}_n(A,B)$ は $\mathbf{B}(A,B)$ の中でノルム閉凸錐である．

■**例 5.1.4.** 転置写像は 1 正値であるが 2 正値でない典型例である．$n \in \mathbb{N}$, $n \geqq 2$ のとき，転置写像 $\varphi\colon M_n(\mathbb{C}) \ni [a_{k\ell}]_{k,\ell} \mapsto [a_{\ell k}]_{k,\ell} \in M_n(\mathbb{C})$ は正値である．ベクトル $r \in \mathbb{C}^n \otimes \mathbb{C}^n$ を $r = \sum_{k=1}^n \varepsilon_k \otimes \varepsilon_k$ と定める．ここで $\{\varepsilon_k\}_k$ は $\mathbb{C}^n$ の CONS である．Schatten 形式 $r \odot r = \ell(r)\ell(r)^* \in \mathbf{B}(\mathbb{C}^n \otimes \mathbb{C}^n) = M_n(\mathbb{C}) \otimes M_n(\mathbb{C})$ は正元である．明示的には $r \odot r = \sum_{k,\ell} e_{k\ell} \otimes e_{k\ell}$ と与えられる．すると $\varphi_n(r \odot r) = \sum_{k,\ell} e_{k\ell} \otimes \varphi(e_{k\ell}) = \sum_{k,\ell} e_{k\ell} \otimes e_{\ell k}$ となる．これはフリップユニタリ $\mathbb{C}^n \otimes \mathbb{C}^n \ni \xi \otimes \eta \mapsto \eta \otimes \xi \in \mathbb{C}^n \otimes \mathbb{C}^n$ であり，± 1 を固有値にもつ．とくに $\varphi_n(r \odot r)$ は正元ではない．よって φ は n 正値ではない．$M_2(\mathbb{C})$ を $M_n(\mathbb{C})$ の「左上の」2×2 コーナーに埋め込んで，$k,\ell = 1,2$ に対して以上の議論をすれば，φ_2 が正値でないこともわかる．

補題 5.1.5. C^* 環 A と $n \in \mathbb{N}$ に対して，次のことが成り立つ：

(1) $M_n(A)_+ = \mathrm{span}_{\mathbb{R}_+}\{\,[a_i^* a_j]_{i,j} \mid a_1, \ldots, a_n \in A\}$．
(2) $[x_{ij}]_{i,j} \in M_n(A)$ とすれば，次のことは同値である：
    (a) $[x_{ij}]_{i,j} \in M_n(A)_+$．
    (b) 任意の $b_1, \ldots, b_n \in A$ に対して $\sum_{i,j=1}^n b_i^* x_{ij} b_j \in A_+$．
    (c) 任意の巡回表現 $\pi\colon A \to \mathbf{B}(\mathcal{H})$ に対して，$\pi_n([x_{ij}]) \in M_n(\mathbf{B}(\mathcal{H}))_+$．
    (d) 任意の表現の族 $\pi_\lambda\colon A \to \mathbf{B}(\mathcal{H}_\lambda)$, $\lambda \in \Lambda$ であって，A の元を分離するものに対して $(\pi_\lambda)_n([x_{ij}]) \in M_n(\mathbf{B}(\mathcal{H}_\lambda))_+$, $\lambda \in \Lambda$．

証明. (1). $\supset$ は $[a_i^* a_j]_{i,j} = (\sum_i e_{1i} \otimes a_i)^* (\sum_j e_{1j} \otimes a_j)$ からわかる.

$\subset$ を示す．任意の $x \in M_n(A)_+$ はある $b = [b_{ij}] \in M_n(A)$ によって $x = b^* b$ と表せる．すると $x = [\sum_k b_{ki}^* b_{kj}]_{i,j} = \sum_k [b_{ki}^* b_{kj}]_{i,j}$ であるから，x が右辺に属することがわかる.

(2). (a) $\Rightarrow$ (b). $e_{11} \otimes \sum_{i,j=1}^n b_i^* x_{ij} b_j = (\sum_i e_{i1} \otimes b_i)^* [x_{ij}]_{i,j} (\sum_j e_{j1} \otimes b_j)$ からわかる.

(b) $\Rightarrow$ (c). $\pi \colon A \to \mathbf{B}(\mathcal{H})$ を巡回表現，巡回ベクトルを $\xi \in \mathcal{H}$ と書く．このとき $M_n(\mathbf{B}(\mathcal{H})) = M_n(\mathbb{C}) \otimes \mathbf{B}(\mathcal{H}) = \mathbf{B}(\mathbb{C}^n \otimes \mathcal{H})$ と同一視しておけば，$\pi_n \colon M_n(A) \to M_n(\mathbf{B}(\mathcal{H}))$ も（巡回）表現である．仮定のもとに $\pi_n([x_{ij}]) \geqq 0$ を示す．任意の $b_1, \ldots, b_n \in A$ に対して,

$$\left\langle \pi_n([x_{ij}]) \sum_k \varepsilon_k \otimes \pi(b_k)\xi, \sum_\ell \varepsilon_\ell \otimes \pi(b_\ell)\xi \right\rangle = \left\langle \pi\left(\sum_{i,j} b_i^* x_{ij} b_j\right)\xi, \xi \right\rangle \geqq 0.$$

$\mathbb{C}^n \otimes \pi(A)\xi \subset \mathbb{C}^n \otimes \mathcal{H}$ の稠密性から，$\pi_n([x_{ij}]) \geqq 0$.

(c) $\Rightarrow$ (d). 任意の表現は巡回表現たちと零表現の直和だから明らか.

(d) $\Rightarrow$ (a) は π_λ たちの直和表現（忠実である）を考えればよい. □

前補題から次の結果が従う.

補題 5.1.6. C* 環 A, B と $\varphi \in \mathbf{L}(A, B)$ に対して，次のことは同値である：

(1) φ は完全正値である.

(2) $\forall n \in \mathbb{N}$, $a_i \in A$, $b_i \in B$, $i = 1, \ldots, n$ に対し $\sum_{i,j} b_i^* \varphi(a_i^* a_j) b_j \in B_+$.

補題 5.1.7. A を C* 環とすると，$A_+^* = \mathrm{CP}(A, \mathbb{C})$ である.

証明. $\varphi \in A_+^*$ に対し，前補題の (2) の条件を確かめる．任意の $a_i \in A$, $b_i \in \mathbb{C}$, $i = 1, \ldots, n$ に対して $\sum_{i,j} \overline{b_i} \varphi(a_i^* a_j) b_j = \varphi(c^* c) \geqq 0$. ここで $c \coloneqq \sum_i b_i a_i$ とおいた. □

補題 5.1.8. A, B を C* 環とする．もし A と B のどちらかが可換であれば，$\mathrm{P}_1(A, B) = \mathrm{CP}(A, B)$.

証明. $\varphi \in \mathrm{P}_1(A, B)$ が $\mathrm{CP}(A, B)$ に含まれることを示す．まず B が可換であ

るときを考える．局所コンパクト Hausdorff 空間 Ω によって $B = C_0(\Omega)$ として示せばよい．各 $\omega \in \Omega$ は指標 $\chi_\omega\colon B \ni f \mapsto f(\omega) \in \mathbb{C}$ を定める．これらは B の元を分離する表現の族である．正値線型汎関数 $\chi_\omega \circ \varphi\colon A \to \mathbb{C}$ は完全正値であるから（補題 5.1.7），φ は完全正値である（補題 5.1.5 (2)）．

次に A が可換のときを考える．必要ならば φ を単位化環に拡張することで，A が単位的な場合に示せばよく（補題 3.7.23），さらに Gelfand–Naimark の定理より，コンパクト Hausdorff 空間 Ω を用いて $A = C(\Omega)$ としてよい．また忠実表現 $B \subset \mathbf{B}(\mathcal{H})$ を考えておく．各 $n \in \mathbb{N}$ に対して，$\varphi_n\colon M_n(A) \to M_n(B)$ が正値であることを示す．

$a_i \in C(\Omega)$, $1 \leqq i \leqq n$ を取る．$\varepsilon > 0$ に対してある Ω の開被覆 $U_1, \ldots, U_m$ を，任意の i, j, k に対して，$|\overline{a_i(x)}a_j(x) - \overline{a_i(y)}a_j(y)| < \varepsilon$, $x, y \in U_k$ となるように取れる．各 U_k から点 ω_k を選んでおく．また $\{U_k\}_k$ に付随する単位の分解 $\{g_k\}_k$ を取る．すなわち $g_k \in C(\Omega)_+$ は $\operatorname{supp} g_k \subset U_k$, $\sum_k g_k = 1$ をみたす．そこで $b_{ij} := \sum_k \overline{a_i(\omega_k)}a_j(\omega_k)g_k$ とおけば $\|a_i^*a_j - b_{ij}\| \leqq \varepsilon$ である．任意の $(\xi_i) \in \mathbb{C}^n \otimes \mathcal{H} = \mathcal{H}^{\oplus n}$ に対して

$$\begin{aligned}\sum_{i,j}\langle \varphi(b_{ij})\xi_j, \xi_i\rangle &= \sum_{i,j,k}\overline{a_i(\omega_k)}a_j(\omega_k)\langle \varphi(g_k)\xi_j, \xi_i\rangle \\ &= \sum_k \left\langle \varphi(g_k)\left(\sum_j a_j(\omega_k)\xi_j\right), \left(\sum_i a_i(\omega_k)\xi_i\right)\right\rangle \geqq 0.\end{aligned}$$

$\varepsilon > 0$ は任意だから $0 \leqq \sum_{i,j}\langle \varphi(a_i^*a_j)\xi_j, \xi_i\rangle = \langle \varphi_n([a_i^*a_j])(\xi_k), (\xi_k)\rangle$．よって φ は完全正値である． □

5.2 Stinespring のダイレーション定理

Stinespring のダイレーション定理は正値線型汎関数の GNS 表現の一般化であり，定理の主張とともに Hilbert 空間の構成法も重要である．

定理 5.2.1 (W. Stinespring)**.** A, B を C* 環，$\varphi \in \mathrm{CP}(A, B)$ とする．$\mathcal{K}$ を Hilbert 空間とし $B \subset \mathbf{B}(\mathcal{K})$ と表現するとき，次のことが成り立つ：

(1) Hilbert 空間 $\mathcal{H}_\varphi$ と非退化表現 $\pi_\varphi\colon A \to \mathbf{B}(\mathcal{H}_\varphi)$ と $V_\varphi \in \mathbf{B}(\mathcal{K}, \mathcal{H}_\varphi)$ が

存在して，次の条件をみたす：

- $\varphi(a) = V_\varphi^* \pi_\varphi(a) V_\varphi$, $a \in A$.
- $\mathcal{H}_\varphi = \overline{\pi_\varphi(A) V_\varphi \mathcal{K}}$.

(2) (1) の 3 つ組 $(\pi_\varphi, \mathcal{H}_\varphi, V_\varphi)$ はユニタリ同値を除いて一意的である．すなわち $(\pi_1, \mathcal{H}_1, V_1)$ も (1) の条件をみたす 3 つ組であれば，あるユニタリ $U \in \mathrm{Mor}(\pi_\varphi, \pi_1)$ が存在して $UV_\varphi = V_1$ となる．

証明． (1). テンソル積ベクトル空間 $\mathcal{H}_\varphi^0 := A \otimes_{\mathrm{alg}} \mathcal{K}$ に半双線型形式を

$$\langle x \otimes \xi, y \otimes \eta \rangle := \langle \varphi(y^* x)\xi, \eta \rangle, \quad x, y \in A,\ \xi, \eta \in \mathcal{K}$$

と定める．任意の $\zeta := \sum_{i=1}^n x_i \otimes \xi_i \in A \otimes_{\mathrm{alg}} \mathcal{K}$ に対して，

$$\langle \zeta, \zeta \rangle = \sum_{i,j} \langle \varphi(x_i^* x_j)\xi_j, \xi_i \rangle = \langle \varphi_n([x_i^* x_j])\xi, \xi \rangle \geqq 0$$

である．ここで $\xi := (\xi_i) \in \mathcal{K}^{\oplus n}$ とおいて φ の完全正値性を用いた．よって $\langle \cdot, \cdot \rangle$ は半内積である．

各 $a \in A$ に対して，線型写像 $\pi_\varphi(a) \colon \mathcal{H}_\varphi^0 \to \mathcal{H}_\varphi^0$ を $\pi_\varphi(a)(x \otimes \xi) := ax \otimes \xi$, $x \in A, \xi \in \mathcal{K}$ となるように定めると，$\zeta := \sum_{i=1}^n x_i \otimes \xi_i \in \mathcal{H}_\varphi^0$ に対して

$$\begin{aligned} \langle \pi_\varphi(a)\zeta, \pi_\varphi(a)\zeta \rangle &= \sum_{i,j} \langle \varphi(x_i^* a^* a x_j)\xi_j, \xi_i \rangle = \langle \varphi_n([x_i^* a^* a x_j])\xi, \xi \rangle \\ &\leqq \|a\|^2 \langle \varphi_n([x_i^* x_j])\xi, \xi \rangle = \|a\|^2 \langle \zeta, \zeta \rangle. \end{aligned} \tag{5.1}$$

ここで $M_n(A)$ において $[x_i^* a^* a x_j] \leqq \|a\|^2 [x_i^* x_j]$ であることを用いた．

ヌルベクトルの空間を N_φ として，商内積空間 $\mathcal{H}_\varphi^0 / N_\varphi$ の完備化を $\mathcal{H}_\varphi$ と書く．各 $x \otimes \xi \in \mathcal{H}_\varphi^0$ の定める $\mathcal{H}_\varphi$ の元も同じ記号 $x \otimes \xi$ で書くことにする．すると (5.1) から $\pi_\varphi(a) \colon \mathcal{H}_\varphi^0 \to \mathcal{H}_\varphi^0$ は $\pi_\varphi(a) \in \mathbf{B}(\mathcal{H}_\varphi)$ を定め（これも同じ記号 $\pi_\varphi(a)$ で書く），$*$ 準同型 $\pi_\varphi \colon A \to \mathbf{B}(\mathcal{H}_\varphi)$ を得る．$(u_\lambda)_{\lambda \in \Lambda}$ を A の近似単位元とすれば，任意の $x \otimes \xi \in \mathcal{H}_\varphi^0 / N_\varphi$ に対して，

$$\|\pi_\varphi(u_\lambda)(x \otimes \xi) - (x \otimes \xi)\|^2 = \langle \varphi((u_\lambda x - x)^*(u_\lambda x - x))\xi, \xi \rangle.$$

$\|u_\lambda x - x\| \to 0$ かつ $\|\pi_\varphi(u_\lambda)\| \leqq 1$ により，$\pi_\varphi(u_\lambda)$ は $1_{\mathcal{H}_\varphi}$ に強収束する．よって π_φ は非退化表現である．

次に $V_\varphi\colon \mathcal{K} \to \mathcal{H}_\varphi$ を $V_\varphi \xi := \lim_\lambda (u_\lambda \otimes \xi)$ として定める．これが収束することは次のようにしてわかる．任意の $\lambda, \mu \in \Lambda$, $\lambda \geqq \mu$ に対して

$$\|u_\lambda \otimes \xi - u_\mu \otimes \xi\|^2 = \langle \varphi((u_\lambda - u_\mu)^2)\xi, \xi\rangle \leqq \langle \varphi(u_\lambda - u_\mu)\xi, \xi\rangle$$

である．ここで $\varphi(u_\lambda)$ はノルム有界単調増加ネットだから，強極限 $\lim_\lambda \varphi(u_\lambda)$ が存在する．よって $u_\lambda \otimes \xi \in \mathcal{H}_\varphi$ はノルム収束ネットである．

さて各 $a \in A$ と $\xi \in \mathcal{K}$ に対して，$\pi_\varphi(a)V_\varphi \xi = a \otimes \xi$ だから，$\mathcal{H}_\varphi = \overline{\pi_\varphi(A)V_\varphi \mathcal{K}}$ である．また，

$$\langle V_\varphi^* \pi_\varphi(a) V_\varphi \xi, \xi\rangle = \lim_\lambda \langle a \otimes \xi, u_\lambda \otimes \xi\rangle = \lim_\lambda \langle \varphi(u_\lambda a)\xi, \xi\rangle = \langle \varphi(a)\xi, \xi\rangle$$

ゆえ $\varphi(a) = V_\varphi^* \pi_\varphi(a) V_\varphi$ が従う．

(2)．線型作用素 $U\colon \mathcal{H}_\varphi^0 \to \mathcal{H}_1$ を $U(x \otimes \xi) := \pi_1(x)V_1\xi$, $x \otimes \xi \in \mathcal{H}_\varphi^0$ と定める．すると $x \otimes \xi, y \otimes \eta \in \mathcal{H}_\varphi^0$ に対して，

$$\begin{aligned}\langle U(x \otimes \xi), U(y \otimes \eta)\rangle &= \langle \pi_1(x)V_1\xi, \pi_1(y)V_1\eta\rangle = \langle V_1^* \pi_1(y^* x)V_1\xi, \eta\rangle \\ &= \langle \varphi(y^* x)\xi, \eta\rangle = \langle x \otimes \xi, y \otimes \eta\rangle\end{aligned}$$

ゆえ U は等長写像 $U\colon \mathcal{H}_\varphi \to \mathcal{H}_1$ に拡張する．仮定により $\pi_1(A)V_1\mathcal{K}$ は $\mathcal{H}_1$ のノルム稠密部分空間であるから，U はユニタリである．また $a \in A$, $x \otimes \xi \in \mathcal{H}_\varphi$ に対して，

$$U\pi_\varphi(a)(x \otimes \xi) = U(ax \otimes \xi) = \pi_1(ax)V_1\xi = \pi_1(a)U(x \otimes \xi).$$

よって $U \in \mathrm{Mor}(\pi_\varphi, \pi_1)$．また $UV_\varphi = V_1$ は次のように示される：

$$UV_\varphi \xi = \lim_\lambda U(u_\lambda \otimes \xi) = \lim_\lambda \pi_1(u_\lambda)V_1\xi = V_1\xi, \quad \xi \in \mathcal{K}. \qquad \square$$

コメント 5.2.2.

(1) 定理 5.2.1 の 3 つ組 $(\pi_\varphi, \mathcal{H}_\varphi, V_\varphi)$ を φ に付随する **Stinespring ダイレーション**，表現 π_φ を **Stinespring 表現**という．

(2) $\varphi \in A_+^*$ の GNS 3 つ組を $(\pi_\varphi, \mathcal{H}_\varphi, \xi_\varphi)$ とすれば，$V_\varphi := \ell(\xi_\varphi) \in \mathbf{B}(\mathbb{C}, \mathcal{H}_\varphi)$ が $\varphi(x) = V_\varphi^* \pi_\varphi(x) V_\varphi$, $x \in A$ をみたす．

(3) もし A, B が von Neumann 環であり，$\varphi \in \mathrm{CP}(A, B)$ が正規であれば

Stinespring 表現は正規表現である（正規性は定義 7.3.11 を参照せよ）.

φ の Stinespring 表現は自然に $A \otimes_{\mathrm{alg}} \varphi(A)'$ の表現も導く.

補題 5.2.3. $(\pi_\varphi, \mathcal{H}_\varphi, V_\varphi)$ を $\varphi \in \mathrm{CP}(A, \mathbf{B}(\mathcal{K}))$ の Stinespring ダイレーションとすると，単位的表現 $\rho_\varphi \colon \varphi(A)' \to \mathbf{B}(\mathcal{H}_\varphi)$ が存在して，$\mathrm{ran}\,\rho_\varphi \subset \pi_\varphi(A)'$ かつ $\varphi(a)x = V_\varphi^* \pi_\varphi(a)\rho_\varphi(x)V_\varphi$, $a \in A$, $x \in \varphi(A)'$ をみたす.

証明. $x \in \varphi(A)'$ に対して $\pi_\varphi(A)V_\varphi\mathcal{K}$ 上の作用素 $\rho_\varphi(x)$ を次式で定める：

$$\rho_\varphi(x)\sum_{i=1}^n \pi_\varphi(a_i)V_\varphi\xi_i := \sum_{i=1}^n \pi_\varphi(a_i)V_\varphi x\xi_i, \quad a_i \in A,\ \xi_i \in \mathcal{K},\ i = 1, \ldots, n.$$

これが定義可能であることは以下の計算からわかる.

$$\begin{aligned}\left\|\sum_{i=1}^n \pi_\varphi(a_i)V_\varphi x\xi_i\right\|^2 &= \sum_{i,j}\langle x^*\varphi(a_i^*a_j)x\xi_j, \xi_i\rangle = \langle y^*by\xi, \xi\rangle \\ &= \langle b^{1/2}y^*yb^{1/2}\xi, \xi\rangle \leqq \|y\|^2\langle b\xi, \xi\rangle \\ &= \|x\|^2\left\|\sum_{i=1}^n \pi_\varphi(a_i)V_\varphi\xi_i\right\|^2.\end{aligned}$$

ここで $y := 1 \otimes x$, $b := [\varphi(a_i^*a_j)] \in M_n(\mathbb{C}) \otimes \mathbf{B}(\mathcal{K}) = \mathbf{B}(\mathbb{C}^n \otimes \mathcal{K})$, $\xi := (\xi_i) \in \mathbb{C}^n \otimes \mathcal{K}$ である．ρ_φ が求めるものであることは明らかである．　□

補題 5.2.4. A, B を C^* 環，$\varphi \in \mathrm{CP}(A, B)$ とする．u_λ を A の近似単位元とすれば，$\|\varphi\| = \lim_\lambda \|\varphi(u_\lambda)\|$. A が単位的であれば，$\|\varphi\| = \|\varphi(1_A)\|$.

証明. $\lim_\lambda \|\varphi(u_\lambda)\| \leqq \|\varphi\|$ は明らかだから，逆向きの不等号を示す．φ の Stinespring ダイレーション $(\pi_\varphi, \mathcal{H}_\varphi, V_\varphi)$ に対して $\text{s-}\lim_\lambda \pi_\varphi(u_\lambda) = 1$ ゆえ $\lim_\lambda \|\varphi(u_\lambda)\| = \lim_\lambda \|V_\varphi^*\pi_\varphi(u_\lambda)V_\varphi\| = \|V_\varphi^*V_\varphi\| = \|V_\varphi\|^2$. ここで 2 番目の等号は，ノルムは強位相に関して下半連続であることから従う．任意の $a \in A$ に対して，$\|\varphi(a)\| = \|V_\varphi^*\pi(a)V_\varphi\| \leqq \|V_\varphi\|^2\|\pi_\varphi(a)\| \leqq \|V_\varphi\|^2\|a\|$ だから $\|\varphi\| \leqq \|V_\varphi\|^2$. よって $\|\varphi\| \leqq \lim_\lambda \|\varphi(u_\lambda)\|$ が従う．　□

証明中に得られた等式 $\|\varphi\| = \|V_\varphi\|^2$ にも注意しよう.

定理 5.2.5. A, B を C* 環，$\varphi \in \mathrm{P}_1(A, B)$ とする．このとき A の近似単位元 u_λ に対して $\|\varphi\| = \lim_\lambda \|\varphi(u_\lambda)\|$．$A$ が単位的ならば $\|\varphi\| = \|\varphi(1_A)\|$．

証明. $\alpha_\varphi := \lim_\lambda \|\varphi(u_\lambda)\| \leqq \|\varphi\|$ とおく．線型写像 $\psi\colon \widetilde{A} \to \widetilde{B}$ を $\psi(a + t1_{\widetilde{A}}) := \varphi(a) + t\alpha_\varphi 1_{\widetilde{B}}$, $a \in A$, $t \in \mathbb{C}$ と定めると，補題 3.7.23 から ψ は正値である．ψ は φ の拡張であるから，$\|\varphi\| \leqq \|\psi\|$ である．さて $C \subset \widetilde{A}$ を $1_{\widetilde{A}} \in C$ となる単位的可換 C* 部分環とすれば，補題 5.1.8 から $\psi|_C\colon C \to \widetilde{B}$ は完全正値である．補題 5.2.4 により $\|\psi|_C\| = \|\psi(1_{\widetilde{A}})\|$ である．系 3.5.17 を使えば，$\|\psi\| = \sup_C \|\psi|_C\| = \|\psi(1_{\widetilde{A}})\| = \alpha_\varphi$．以上より $\|\varphi\| \leqq \|\psi\| = \alpha_\varphi \leqq \|\varphi\|$． □

命題 5.2.6. A, B を C* 環，$n \in \mathbb{N}$, $\varphi \in \mathrm{P}_n(A, B)$ とすれば，$\|\varphi\| = \|\varphi_2\| = \cdots = \|\varphi_n\|$．とくに $\varphi \in \mathrm{CP}(A, B)$ であれば，$\|\varphi_n\| = \|\varphi\|$, $n \in \mathbb{N}$.

証明. u_λ を A の近似単位元とすれば，$1 \otimes u_\lambda \in M_k(\mathbb{C}) \otimes A$ は近似単位元である $(k = 1, \ldots, n)$．定理 5.2.5 より $\|\varphi_k\| = \lim_\lambda \|\varphi_k(1 \otimes u_\lambda)\| = \lim_\lambda \|\varphi(u_\lambda)\| = \|\varphi\|$ となる． □

5.3 Kadison 不等式と乗法領域

次の **Kadison 不等式**は Cauchy–Schwarz 不等式の CP 写像版である．

定理 5.3.1 (Kadison)**.** A, B を C* 環，$\varphi \in \mathrm{CP}(A, B)$ とする．このとき

$$\varphi(a)^*\varphi(a) \leqq \|\varphi\|\varphi(a^*a), \quad a \in A.$$

証明. 定理 5.2.1 の記号を用いる．各 $a \in A$ に対して，

$$\begin{aligned}\varphi(a)^*\varphi(a) &= V_\varphi^*\pi_\varphi(a^*)V_\varphi V_\varphi^*\pi(a)V_\varphi \leqq \|V_\varphi V_\varphi^*\|V_\varphi^*\pi_\varphi(a^*a)V_\varphi \\ &= \|\varphi\|\varphi(a^*a).\end{aligned}$$
□

Kadison 不等式は，正規元に対しては正値性のみで十分である．

命題 5.3.2. A, B を C* 環，$\varphi \in \mathrm{P}_1(A, B)$ とする．このとき任意の正規元 $a \in A$ に対して，$\varphi(a)^*\varphi(a) \leqq \|\varphi\|\varphi(a^*a)$.

証明． $C := \mathrm{C}^*(a)$ は可換だから制限 $\varphi|_C\colon C \to B$ は完全正値である（補題5.1.8）．よって $\varphi|_C$ について Kadison 不等式が成り立つ． □

Kadison 不等式は実際には 2 正値写像に対して成り立つことを見よう．

定理 5.3.3 (M.-D. Choi)**．** A, B を C^* 環，$\varphi \in \mathrm{P}_2(A, B)$ とする．このとき Kadison 不等式 $\varphi(a)^*\varphi(a) \leqq \|\varphi\|\varphi(a^*a)$, $a \in A$ が成り立つ．

証明． $a \in A$ とすると，$b := \left[\begin{smallmatrix} 0 & a^* \\ a & 0 \end{smallmatrix}\right]$ は $M_2(A)_{\mathrm{sa}}$ に属する．φ_2 は正値だから命題 5.3.2 を用いると $\varphi_2(b)^*\varphi_2(b) \leqq \|\varphi_2\|\varphi_2(b^*b)$ を得る．両辺を成分表示すると，命題 5.2.6 より $\|\varphi_2\| = \|\varphi\|$ だから

$$\begin{bmatrix} \varphi(a^*)\varphi(a) & 0 \\ 0 & \varphi(a)\varphi(a^*) \end{bmatrix} \leqq \|\varphi\| \begin{bmatrix} \varphi(a^*a) & 0 \\ 0 & \varphi(aa^*) \end{bmatrix}.$$

$(1,1)$ 成分を比較して Kadison 不等式を得る． □

定義 5.3.4． A, B を C^* 環，$\varphi \in \mathbf{L}(A, B)$ とする．次の集合を考える：

$$\mathcal{LD}_\varphi := \{\, x \in A \mid \varphi(xy) = \varphi(x)\varphi(y),\ y \in A \,\},$$

$$\mathcal{RD}_\varphi := \{\, x \in A \mid \varphi(yx) = \varphi(y)\varphi(x),\ y \in A \,\},$$

$$\mathcal{D}_\varphi := \mathcal{LD}_\varphi \cap \mathcal{RD}_\varphi.$$

これらをそれぞれ φ の左乗法領域，右乗法領域，乗法領域とよぶ．

コメント 5.3.5． 前定義の記号を使う．

(1) φ の各乗法領域は A の部分環である．

(2) φ が $*$ 保存的ならば，$a \in \mathcal{LD}_\varphi \iff a^* \in \mathcal{RD}_\varphi$．また $\mathcal{D}_\varphi$ は A の $*$ 部分環である．さらに φ がノルム有界ならば，$\mathcal{LD}_\varphi, \mathcal{RD}_\varphi$ は Banach 環，$\mathcal{D}_\varphi$ は A の C^* 部分環である．

補題 5.3.6． A は C^* 環，$x, y \in A$ かつ $\left[\begin{smallmatrix} 0 & x \\ x^* & y \end{smallmatrix}\right] \in M_2(A)_+$ ならば $x = 0$．

証明． 仮定から次のような $a_{11}, a_{12}, a_{21}, a_{22} \in A$ が存在する．

$$\begin{bmatrix} 0 & x \\ x^* & y \end{bmatrix} = \begin{bmatrix} a_{11} & a_{12} \\ a_{21} & a_{22} \end{bmatrix}^* \begin{bmatrix} a_{11} & a_{12} \\ a_{21} & a_{22} \end{bmatrix} = \begin{bmatrix} a_{11}^*a_{11} + a_{21}^*a_{21} & a_{11}^*a_{12} + a_{21}^*a_{22} \\ a_{12}^*a_{11} + a_{22}^*a_{21} & a_{12}^*a_{12} + a_{22}^*a_{22} \end{bmatrix}$$

両辺の $(1,1)$ 成分を比較すれば $a_{11} = 0 = a_{21}$ がわかる．よって $x = 0$. □

定理 5.3.7. A, B を C^* 環とし，$\varphi \in \mathrm{P}_2(A, B)$ を縮小写像とするとき，次のことが成り立つ：

(1) $\mathcal{LD}_\varphi = \{\, x \in A \mid \varphi(xx^*) = \varphi(x)\varphi(x^*) \,\}$.
(2) $\mathcal{RD}_\varphi = \{\, x \in A \mid \varphi(x^*x) = \varphi(x^*)\varphi(x) \,\}$.
(3) $\mathcal{D}_\varphi = \{\, x \in A \mid \varphi(xx^*) = \varphi(x)\varphi(x^*),\ \varphi(x^*x) = \varphi(x^*)\varphi(x) \,\}$.

証明. (1) を示せば十分である．$\subset$ は明らかだから，$\supset$ を示す．定理 5.3.3 の証明を改良する．(1) の右辺の元 $x \in A$ と $a \in A_{\mathrm{sa}}$ に対して $b := \left[\begin{smallmatrix} 0 & x \\ x^* & a \end{smallmatrix}\right]$ とおけば $b \in M_2(A)_{\mathrm{sa}}$. 命題 5.3.2 を φ_2 と b に適用すると，$\varphi_2(b)^*\varphi_2(b) \leqq \varphi_2(b^*b)$ を得る（$\|\varphi_2\| = \|\varphi\| \leqq 1$ である）．両辺成分表示すると，

$$\begin{bmatrix} \varphi(x)\varphi(x^*) & \varphi(x)\varphi(a) \\ \varphi(a)\varphi(x^*) & \varphi(x^*)\varphi(x) + \varphi(a)^2 \end{bmatrix} \leqq \begin{bmatrix} \varphi(xx^*) & \varphi(xa) \\ \varphi(ax^*) & \varphi(x^*x) + \varphi(a^2) \end{bmatrix}.$$

右辺から左辺を引けば，x の取り方より

$$\begin{bmatrix} 0 & \varphi(xa) - \varphi(x)\varphi(a) \\ \varphi(ax^*) - \varphi(a)\varphi(x^*) & \varphi(a^2) - \varphi(a)^2 \end{bmatrix} \geqq 0.$$

補題 5.3.6 より $\varphi(xa) = \varphi(x)\varphi(a)$ が従う．よって $x \in \mathcal{LD}_\varphi$ である． □

5.4 作用素空間と作用素システム

作用素空間と作用素システムの概念を導入しよう．

定義 5.4.1. $\mathcal{H}$ を Hilbert 空間とする．部分空間 $E \subset \mathbf{B}(\mathcal{H})$ が

- 作用素空間 $:\overset{\mathrm{d}}{\Leftrightarrow}$ E はノルム閉である．
- 作用素システム $:\overset{\mathrm{d}}{\Leftrightarrow}$ E はノルム閉かつ $*$ 演算で閉じており，$1_E := 1_{\mathcal{H}} \in E$.

コメント 5.4.2.

(1) 作用素空間も C* 環や von Neumann 環と同様，Hilbert 空間を使わずに導入できる (Z.-J. Ruan)．C* 環は Hilbert 空間の上に忠実表現をもつから，作用素空間を C* 環のノルム閉部分空間のことと考えてもよい．作用素空間 $E \subset \mathbf{B}(\mathcal{H})$ に対して $M_n(E) \subset \mathbf{B}(\mathcal{H}^{\oplus n})$ も作用素空間である．

(2) $E \subset \mathbf{B}(\mathcal{H})$ を作用素システムとし，$E_{\mathrm{sa}} := E \cap \mathbf{B}(\mathcal{H})_{\mathrm{sa}}$, $E_+ := E \cap \mathbf{B}(\mathcal{H})_+$ とおく．このとき $E = E_{\mathrm{sa}} + \sqrt{-1}E_{\mathrm{sa}}$ かつ $E_{\mathrm{sa}} = E_+ - E_+$ である．前者は E が $*$ 演算で閉じていることから従う．後者は $x = x^* \in E$ とすれば，分解 $x = (x + \|x\|1_E) - \|x\|1_E$ からわかる．このように E は正錐 E_+ をもつことが重要である．

(3) 作用素システム間の線型写像についても正値性や完全正値性が定義される．定義 5.1.1 において C* 環 A, B の代わりに作用素システム E, F を考えればよい．

作用素空間論では E のみではなく，$M_n(E)$ たちのノルム構造も考察する．次の結果は $M_2(E)$ の順序構造と E のノルムが関係していることを示す．

補題 5.4.3. 作用素システム E と $a \in E$ に対し，次のことが成り立つ：

(1) $\|a\| \leqq 1 \iff \begin{bmatrix} 1_E & a \\ a^* & 1_E \end{bmatrix} \geqq 0$.

(2) $x \in E_+$ とするとき，$\begin{bmatrix} x & a \\ a^* & x \end{bmatrix} \geqq 0 \Rightarrow \|a\| \leqq \|x\|$.

証明. E が単位的 C* 環の場合に示せばよい．(1)．$\|a\| \leqq 1$ ならば

$$\begin{bmatrix} 1_E & a \\ a^* & 1_E \end{bmatrix} = \begin{bmatrix} 1_E & 0 \\ a^* & 0 \end{bmatrix} \begin{bmatrix} 1_E & a \\ 0 & 0 \end{bmatrix} + \begin{bmatrix} 0 & 0 \\ 0 & 1_E - a^*a \end{bmatrix} \geqq 0.$$

逆に $\begin{bmatrix} 1_E & a \\ a^* & 1_E \end{bmatrix} \geqq 0$ のとき，

$$\begin{bmatrix} 0 & 0 \\ 0 & 1_E - a^*a \end{bmatrix} = \begin{bmatrix} 0 & 0 \\ a^* & -1_E \end{bmatrix} \begin{bmatrix} 1_E & a \\ a^* & 1_E \end{bmatrix} \begin{bmatrix} 0 & a \\ 0 & -1_E \end{bmatrix} \geqq 0.$$

(2)．$0 \leqq \begin{bmatrix} x & a \\ a^* & x \end{bmatrix} \leqq \begin{bmatrix} \|x\| & a \\ a^* & \|x\| \end{bmatrix}$ と (1) より明らか．　□

定義 5.4.4. E, F を作用素空間，$\varphi\colon E \to F$ を線型写像とする．$n \in \mathbb{N}$ とする．$\varphi_n\colon M_n(E) \to M_n(F)$ が等長であるとき，φ を **n 等長写像**であるといい，任意の $n \in \mathbb{N}$ に対して n 等長であるとき，**完全等長写像**という．

作用素システム間の単位的な完全等長写像を **UCI 写像**[4] と略記する．次の結果は正値性を導くための十分条件として有用である．

命題 5.4.5. 作用素システムの間の単位的縮小写像は正値である．とくに UCI 写像は UCP 写像である．

証明. $\varphi\colon E \to F$ を作用素システムの間の単位的縮小写像とする．このとき，$a \in \mathrm{Ball}(E_+)$ と $z \in \mathbb{T}$ に対して，

$$\|\varphi(a) + z(1_F - \varphi(a))\| = \|\varphi(a + z(1_E - a))\| \leqq \|a + z(1_E - a)\| \leqq 1$$

となる．ここで 2 番目の不等号は補題 3.5.5 による．再び補題 3.5.5 を $\varphi(a)$ について用いれば，$\varphi(a) \in \mathrm{Ball}(F_+)$ が従う．よって φ は正値である． □

次に C* 環 A について，$\{M_n(A)\}_n$ たちのノルム構造が A の積構造を決めることを見よう（系 3.4.10 も思い出そう）．

定理 5.4.6. A, B を単位的 C* 環とし，$\varphi\colon A \to B$ を単位的かつ全射な 2 等長写像とする．このとき φ は C* 環の同型写像である．

証明. $\varphi_2\colon M_2(A) \to M_2(B)$ は等長かつ単位的である．命題 5.4.5 より φ_2 は正値，すなわち φ は 2 正値である．$a \in A$ とする．Kadison 不等式より，$\varphi(a)^*\varphi(a) \leqq \varphi(a^*a)$ である．逆写像 $\varphi^{-1}\colon B \to A$ も単位的かつ 2 等長であるから，やはり 2 正値である．先ほどの不等式の両辺に φ^{-1} を施して，φ^{-1} の Kadison 不等式を使えば，

$$a^*a = \varphi^{-1}(\varphi(a))^*\varphi^{-1}(\varphi(a)) \leqq \varphi^{-1}(\varphi(a)^*\varphi(a)) \leqq \varphi^{-1}(\varphi(a^*a)) = a^*a.$$

とくに $\varphi^{-1}(\varphi(a)^*\varphi(a)) = \varphi^{-1}(\varphi(a^*a))$ だから，$\varphi(a)^*\varphi(a) = \varphi(a^*a)$．よって φ は $*$ 準同型である（極化等式，または乗法領域の議論による）． □

---

[4] unital completely isometric, unital complete isometry.

5.5 単射的作用素システム

作用素環論で最も重要な概念である単射性を導入する．見通しよく議論するために，まず作用素システムのなす圏を設定しておく．対象を作用素システム，射を CP 写像とする圏を $\mathscr{C}_{\mathrm{CP}}$ と書く．応用上はこの部分圏 $\mathscr{D}$ を考えることが多い．$E, F \in \mathscr{D}$ に対して，E から F への $\mathscr{D}$ での射の集合を $\mathscr{D}(E, F) \subset \mathrm{CP}(E, F)$ と書く．$\mathscr{D}$ の例としては，対象を作用素システム，射を CCP 写像，UCP 写像とした圏がある．それぞれ $\mathscr{C}_{\mathrm{CCP}}$ や $\mathscr{C}_{\mathrm{UCP}}$ と書く．他には離散群 Γ の作用を考えた圏 $\mathscr{C}_{\mathrm{UCP}}^{\Gamma}$ もある（例 5.5.18）．

5.5.1 Arveson の拡張定理

$\mathscr{D}$ を $\mathscr{C}_{\mathrm{CP}}$ の部分圏とする．対象 $\mathcal{S}, \mathcal{T} \in \mathscr{D}$ に対して，UCI 射 $\iota \in \mathscr{D}(\mathcal{S}, \mathcal{T})$ がある場合，組 $(\mathcal{T}, \iota)$ を $\mathcal{S}$ の $\mathscr{D}$ での拡張とよぶ．

定義 5.5.1.　$E \in \mathscr{D}$ が $\mathscr{D}$ で**単射的** $:\overset{\mathrm{d}}{\Leftrightarrow}$ 任意の $\mathcal{S} \in \mathscr{D}$，$\mathcal{S}$ の $\mathscr{D}$ での拡張 $(\mathcal{T}, \iota)$ と $\varphi \in \mathscr{D}(\mathcal{S}, E)$ に対し，$\psi \in \mathscr{D}(\mathcal{T}, E)$ が存在して $\varphi = \psi \circ \iota$ となる．

次の結果は **Arveson の拡張定理**とよばれる．

定理 5.5.2 (W. Arveson)**.**　$\mathcal{H}$ を Hilbert 空間とすると，$\mathbf{B}(\mathcal{H})$ は $\mathscr{C}_{\mathrm{CP}}$ で単射的である．

コメント 5.5.3.

(1) 圏を指定せずに「単射的作用素システム」といった場合，通常 $\mathscr{C}_{\mathrm{CP}}$ での単射性を意味する．ただし，これは $\mathscr{C}_{\mathrm{CCP}}$，$\mathscr{C}_{\mathrm{UCP}}$ での単射性と同値である．命題 5.5.8 を参照せよ．

(2) von Neumann 環の単射性は**従順性**ともよばれる．離散群の従順性との関係は定理 10.2.51 で述べられる．

定理 5.5.2 の証明のために準備をしておく．まず系 3.7.9 と系 3.7.13 の作用素システム版を示す．

補題 5.5.4. 作用素システム E と $\varphi \in E^*_{\mathrm{alg}}$ に対して次のことが成り立つ：

(1) φ が正値 $\iff$ $\varphi \in E^*$ かつ $\|\varphi\| = \varphi(1_E)$.

(2) φ が単位的かつ縮小的ならば正値である.

(3) もし (F, ι) が E の $\mathscr{C}_{\mathrm{CP}}$ での拡張かつ φ が正値ならば，φ の任意の等長拡張 $\psi \in F^*$ は正値である.

(4) もし φ が正値ならば完全正値である．よって $\mathrm{CP}(E, \mathbb{C}) = \mathrm{P}_1(E, \mathbb{C})$.

証明. A を単位的 C^* 環で $1_A \in E \subset A$ となるものとする.

(1). $\Rightarrow$ は補題 3.7.4 と同様である．$\Leftarrow$ を示す．φ の A 上への等長拡張 $\psi \in A^*$ に対して $\|\psi\| = \|\varphi\| = \varphi(1_A) = \psi(1_A)$ より $\psi \in A^*_+$（系 3.7.9).

(2), (3) は (1) よりわかる.

(4). $\varphi \in E^*$ を等長拡張した $\psi \in A^*$ を得る．(3) より ψ は正値かつ A は C^* 環だから完全正値である（補題 5.1.7). □

補題 5.5.4 (3), (4) から，$\mathbb{C}$ が $\mathscr{C}_{\mathrm{CP}}$ で単射的であることがわかる．一般の作用素システム値の線型写像の場合は定理 5.2.5 の一般化は成り立たず，補題 3.7.22 の 2 倍因子を取り除けないことが知られている．しかし CP 写像の場合は補題 5.2.4 の一般化が成り立つ.

補題 5.5.5. 作用素システム E, F と $\varphi \in \mathrm{CP}(E, F)$ に対して，$\|\varphi_n\| = \|\varphi(1_E)\|$, $n \in \mathbb{N}$ である.

証明. $n \in \mathbb{N}$, $a \in M_n(E)$ を $\|a\| \leqq 1$ なるものとする．そこで行列 $b := \begin{bmatrix} 1_n & a \\ a^* & 1_n \end{bmatrix} \in M_{2n}(E)$ を考える（1_n は $M_n(E)$ の単位元)．$\|a\| \leqq 1$ だから補題 5.4.3 (1) より $b \geqq 0$．φ は完全正値であるから，$0 \leqq \varphi_{2n}(b) = \begin{bmatrix} \varphi_n(1_n) & \varphi_n(a) \\ \varphi_n(a^*) & \varphi_n(1_n) \end{bmatrix}$．補題 5.4.3 (2) より，$\|\varphi_n(a)\| \leqq \|\varphi_n(1_n)\| = \|\varphi(1_E)\|$．よって $\|\varphi_n\| \leqq \|\varphi(1_E)\|$. $\|\varphi(1_E)\| \leqq \|\varphi_n\|$ は明らか. □

次に $\mathcal{H}$ が有限次元のときに $\mathbf{B}(\mathcal{H})$ の単射性を示す．1 次元の場合に帰着させるために準備をしておく.

E をベクトル空間，$n \in \mathbb{N}$ とする．線型写像 $\varphi\colon E \to M_n(\mathbb{C})$ に対して，線型汎関数 $s_\varphi\colon M_n(E) \to \mathbb{C}$ を次のように定める：

$$s_\varphi(a) \coloneqq \frac{1}{n}\sum_{i,j=1}^{n} \varphi(a_{ij})_{ij}, \quad a = [a_{ij}]_{i,j} \in M_n(E).$$

$r \coloneqq n^{-1/2}\sum_{i=1}^{n} \varepsilon_i \otimes \varepsilon_i \in \mathbb{C}^n \otimes \mathbb{C}^n$ とおけば，$\ell(r) \in \mathbf{B}(\mathbb{C}, \mathbb{C}^n \otimes \mathbb{C}^n)$ によって $s_\varphi(a) = \ell(r)^*\varphi_n(a)\ell(r)$ と表せる（ここで $\varphi_n = \mathrm{id}_{M_n(\mathbb{C})} \otimes \varphi$）.

逆に線型汎関数 $s\colon M_n(E) \to \mathbb{C}$ に対して，線型写像 $\varphi_s\colon E \to M_n(\mathbb{C})$ を

$$\varphi_s(x) \coloneqq n\sum_{i,j=1}^{n} s(e_{ij} \otimes x)e_{ij}, \quad x \in E$$

と定めると，$\varphi_s(x) = n^2 s_n(\ell(r)\ell(r)^* \otimes x)$ と表せる．ここで $s_n = \mathrm{id}_{M_n(\mathbb{C})} \otimes s\colon M_n(\mathbb{C}) \otimes M_n(E) \to M_n(\mathbb{C})$, $\ell(r)\ell(r)^* = r \odot r \in M_n(\mathbb{C}) \otimes M_n(\mathbb{C})$ である．すると対応 $\varphi \mapsto s_\varphi$, $s \mapsto \varphi_s$ は互いに逆写像である.

命題 5.5.6. E を作用素システム，$n \in \mathbb{N}$ とする．このとき対応

$$\mathrm{CP}(E, M_n(\mathbb{C})) \ni \varphi \mapsto s_\varphi \in \mathrm{P}_1(M_n(E), \mathbb{C})$$

は全単射である．また $\mathrm{CP}(E, M_n(\mathbb{C})) = \mathrm{P}_n(E, M_n(\mathbb{C}))$ である.

証明. $\varphi \in \mathrm{CP}(E, M_n(\mathbb{C}))$ とすれば，$s_\varphi(a) = \ell(r)^*\varphi_n(a)\ell(r)$, $a \in M_n(E)$ だから s_φ は正値である.

逆に $s_\varphi \in \mathrm{P}_1(M_n(E), \mathbb{C})$ としよう．C^* 環 A を $E \subset A$ かつ $1_A \in E$ となるように取る．補題 5.5.4 より s_φ の $M_n(A)$ への等長拡張 $\widetilde{s} \in M_n(A)^*_+$ を得る．これに対応する $\psi\colon A \to M_n(\mathbb{C})$ を取る．すなわち $s_\psi = \widetilde{s}$ である．対応の作り方から ψ は φ の拡張であるから，ψ が完全正値であることを示せばよい．$m \in \mathbb{N}$, $a_i \in A$, $b_j \in M_n(\mathbb{C})$, $i, j = 1, \ldots, m$ に対して

$$\begin{aligned}\sum_{i,j} b_i^*\psi(a_i^*a_j)b_j &= \sum_{i,j} n^2 b_i^*(\widetilde{s})_n(\ell(r)\ell(r)^* \otimes a_i^*a_j)b_j \\ &= n^2(\widetilde{s})_n(c^*(\ell(r)\ell(r)^* \otimes 1_A)c).\end{aligned}$$

ここで $c \coloneqq \sum_i b_i \otimes 1_{M_n(\mathbb{C})} \otimes a_i$, $(\widetilde{s})_n = \mathrm{id}_{M_n(\mathbb{C})} \otimes \widetilde{s}$ である．すると $\widetilde{s} \in \mathrm{P}_1(M_n(A), \mathbb{C}) = \mathrm{CP}(M_n(A), \mathbb{C})$ だから $\sum_{i,j} b_i^*\psi(a_i^*a_j)b_j \geqq 0$ がいえる．以上より，この命題の対応が全単射であることがわかった.

もし $\varphi \in \mathrm{P}_n(E, M_n(\mathbb{C}))$ であるならば，構成法より $s_\varphi \in \mathrm{P}_1(M_n(E), \mathbb{C})$ がわかる．よって φ は完全正値である． □

補題 5.5.7. $\mathcal{H}$ を有限次元 Hilbert 空間とすると，$\mathbf{B}(\mathcal{H})$ は単射的である．

証明. $\mathcal{H} = \mathbb{C}$ の場合は補題 5.5.4 で示されている．$\dim \mathcal{H} = n \in \mathbb{N}$ とし，$\mathbf{B}(\mathcal{H}) = M_n(\mathbb{C})$ とみなして示す．作用素システムの包含 $E \subset F$ と $\varphi \in \mathrm{CP}(E, M_n(\mathbb{C}))$ が与えられているとする．すると $s_\varphi \in \mathrm{P}_1(M_n(E), \mathbb{C})$ であり，補題 5.5.4 (3) より，ある s_φ の等長拡張 $\widetilde{s} \in \mathrm{P}_1(M_n(F), \mathbb{C})$ を得る．これに対応する $\psi \in \mathrm{CP}(F, M_n(\mathbb{C}))$ を取れば，明らかに φ の拡張である． □

定理 5.5.2 の証明. $\{p_i\}_{i \in I}$ を $\mathcal{H}$ 上の有限階射影の単調増加ネットで $\text{s-lim}_i\, p_i = 1_{\mathcal{H}}$ となるものとする．定理 A.2.4 のような有向集合 J と共終的写像 $g\colon J \to I$ を取る．$(\mathcal{T}, \iota)$ を $\mathcal{S} \in \mathscr{C}_{\mathrm{CP}}$ の拡張，$\varphi \in \mathrm{CP}(\mathcal{S}, \mathbf{B}(\mathcal{H}))$ とする．補題 5.5.7 より各 $p_i \mathbf{B}(\mathcal{H}) p_i = \mathbf{B}(p_i \mathcal{H})$ は単射的だから，各 $p_i \varphi(\cdot) p_i \in \mathrm{CP}(\mathcal{S}, p_i \mathbf{B}(\mathcal{H}) p_i)$ は $\psi_i \in \mathrm{CP}(\mathcal{T}, p_i \mathbf{B}(\mathcal{H}) p_i)$ に拡張する．すると，$\|\psi_i\| = \|\psi_i(1_{\mathcal{T}})\| = \|p_i \varphi(1_{\mathcal{S}}) p_i\| \leqq \|\varphi(1_{\mathcal{S}})\|$ だから（補題 5.5.5），各 $x \in \mathcal{T}$ に対しネット $\psi_i(x)$ は $\mathbf{B}(\mathcal{H})$ でノルム有界である．命題 4.3.12，定理 A.2.5 より σ 弱極限 $\psi(x) := \lim_j \psi_{g(j)}(x)$ が存在する．もちろん $\psi \in \mathrm{CP}(\mathcal{T}, \mathbf{B}(\mathcal{H}))$ である．各 $x \in \mathcal{S}$ に対して，$\psi(\iota(x)) = \lim_j p_{g(j)} \varphi(x) p_{g(j)} = \varphi(x)$ ゆえ，ψ は φ の拡張である． □

命題 5.5.8. $\mathcal{H}$ を Hilbert 空間，$E \subset \mathbf{B}(\mathcal{H})$ を作用素システムとする．このとき次のことは同値である：

(1) E は $\mathscr{C}_{\mathrm{CP}}$ で単射的である．
(2) E は $\mathscr{C}_{\mathrm{CCP}}$ で単射的である．
(3) E は $\mathscr{C}_{\mathrm{UCP}}$ で単射的である．
(4) 完全正値射影 $\mathcal{E}\colon \mathbf{B}(\mathcal{H}) \to E$ が存在する．

証明. (1) ⇒ (2)．$(\mathcal{T}, \iota)$ を $\mathcal{S} \in \mathscr{C}_{\mathrm{CCP}}$ の $\mathscr{C}_{\mathrm{CCP}}$ での拡張とする．CCP 写像 $\varphi\colon \mathcal{S} \to E$ が与えられたとき，$\mathscr{C}_{\mathrm{CP}}$ での単射性から $\psi \in \mathrm{CP}(\mathcal{T}, E)$ で $\varphi = \psi \circ \iota$ となるものが存在する．このとき $\psi(1_{\mathcal{T}}) = \psi(\iota(1_{\mathcal{S}})) = \varphi(1_{\mathcal{S}})$ であり，補題 5.5.5 より $\|\psi\| = \|\psi(1_{\mathcal{T}})\| = \|\varphi(1_{\mathcal{S}})\| \leqq 1$ となる．よって $\psi \in \mathrm{CCP}(\mathcal{T}, E)$

である.

(2) ⇒ (3). 上と同様の方法で，φ が UCP だから ψ も UCP となる.

(3) ⇒ (4). 包含写像 $\iota\colon E \ni x \mapsto x \in \mathbf{B}(\mathcal{H})$ と $\mathrm{id}_E \in \mathrm{UCP}(E,E)$ に対して，E の $\mathscr{C}_{\mathrm{UCP}}$ での単射性から $\mathcal{E} \in \mathrm{UCP}(\mathbf{B}(\mathcal{H}),E)$ で $\mathrm{id}_E = \mathcal{E} \circ \iota$ となるものが存在する．これは定め方から E への射影である.

(4) ⇒ (1). $(\mathcal{T},\iota)$ を $\mathcal{S} \in \mathscr{C}_{\mathrm{CP}}$ の $\mathscr{C}_{\mathrm{CP}}$ での拡張とし，$\varphi \in \mathrm{CP}(\mathcal{S},E)$ が与えられたとする．$\varphi \in \mathrm{CP}(\mathcal{S},\mathbf{B}(\mathcal{H}))$ とみなすと，Arveson の拡張定理により $\psi \in \mathrm{CP}(\mathcal{T},\mathbf{B}(\mathcal{H}))$ が存在して $\varphi = \psi \circ \iota$ となる．(4) より CP 射影 $\mathcal{E}\colon \mathbf{B}(\mathcal{H}) \to E$ を取れる．このとき $\varphi = \mathcal{E} \circ \varphi = (\mathcal{E} \circ \psi) \circ \iota$ であり，$\mathcal{E} \circ \psi \in \mathrm{CP}(\mathcal{T},E)$ は φ の CP 拡張である. □

E が von Neumann 環のとき，命題 5.5.8 (4) の性質は，**羽毛田–富山の性質**とよばれる[5]．後に示す富山の定理（定理 7.5.2）により，C* 環の包含 $B \subset A$ に対して，任意の作用素ノルム 1 の射影 $\mathcal{E}\colon A \to B$ は実は自動的に CP である．さて，ここで命題 5.5.6 の類似を示しておこう（定理 10.2.13 (2) ⇒ (3) の証明で使用する）．$M_n(\mathbb{C})$ の行列単位系 $\{e_{ij}\}_{i,j}$ を固定しておく.

命題 5.5.9.　E を作用素システム，$n \in \mathbb{N}$ とする．このとき対応

$$\mathrm{CP}(M_n(\mathbb{C}),E) \ni \varphi \mapsto [\varphi(e_{ij})]_{i,j} \in M_n(E)_+$$

は全単射である．また $\mathrm{CP}(M_n(\mathbb{C}),E) = \mathrm{P}_n(M_n(\mathbb{C}),E)$.

証明. $\sum_{i,j} e_{ij} \otimes e_{ij}$ は $M_n(\mathbb{C}) \otimes M_n(\mathbb{C})$ の正元だから（例 5.1.4），主張の写像を $\mathrm{P}_n(M_n(\mathbb{C}),E)$ に代えた，$\mathrm{P}_n(M_n(\mathbb{C}),E) \ni \varphi \mapsto [\varphi(e_{ij})]_{i,j} = \sum_{i,j} e_{ij} \otimes \varphi(e_{ij}) \in M_n(E)_+$ は定義可能かつ単射である．次に $c \in M_n(E)_+$ に対して，$\varphi \in \mathbf{B}(M_n(\mathbb{C}),E)$ を $\varphi(e_{ij}) \coloneqq c_{ij}$, $i,j = 1,\ldots,n$ と定める．また，$1_A \in E \subset A$ となる C* 環 A を取っておく．すると，$m \in \mathbb{N}$ と $a_k = [a_{ij}^k] \in M_n(\mathbb{C})$, $b_k \in A$, $k = 1,\ldots,m$ に対して，

$$\sum_{k,\ell=1}^m b_k^* \varphi(a_k^* a_\ell) b_\ell = \sum_{k,\ell=1}^m \sum_{r,s,t=1}^n b_k^* \overline{a_{rs}^k} a_{rt}^\ell c_{st} b_\ell = \sum_{r,s,t=1}^n d_{rs}^* c_{st} d_{rt}.$$

---

[5] 羽毛田穣祐.

ここで $d_{rs} := \sum_k a_{rs}^k b_k \in A$. $c = [c_{st}] \geqq 0$ より $\sum_{s,t} d_{rs}^* c_{st} d_{rt} \in A_+$ である．補題 5.1.6 より φ は CP である．

よって対応 $\mathrm{CP}(M_n(\mathbb{C}), E) \to M_n(E)_+$ は全射である．$\mathrm{CP}(M_n(\mathbb{C}), A) \subset \mathrm{P}_n(M_n(\mathbb{C}), A)$ だから命題の主張が従う． □

5.5.2 Choi–Effros 積

作用素システム E と $\phi \in \mathrm{UCP}(E, E)$ に対して $E^\phi := \{ x \in E \mid \phi(x) = x \}$ と定める．E^ϕ は作用素システムである．$\phi \in \mathrm{UCP}(E, E)$ が冪等元，すなわち $\phi^2 = \phi$ をみたすとき，$E^\phi = \operatorname{ran} \phi$ であり，$\phi\colon E \ni x \mapsto \phi(x) \in E^\phi$ は単位的な完全正値射影である．

定理 5.5.10 (Choi–E. Effros)**.** A を単位的 C* 環，$\phi \in \mathrm{UCP}(A, A)$ を冪等元とする．

(1) 写像 $A^\phi \times A^\phi \ni (x, y) \mapsto \phi(xy) \in A^\phi$ は A^ϕ の積を定め，A^ϕ は C* 環となる．

(2) (1) の積でできる C* 環を B と書くと，写像 $\theta\colon B \ni x \mapsto x \in A^\phi$ は単位的な完全等長写像である．ここで B は C* 環の構造が誘導する作用素システムとみなしている．

(3) $\phi\colon \mathrm{C}^*(A^\phi) \ni x \mapsto \phi(x) \in B$ は単位的な全射 $*$ 準同型である．

証明． (1). まず $\phi(xa) = \phi(x\phi(a))$, $x \in A^\phi$, $a \in A_{\mathrm{sa}}$ を定理 5.3.7 の方針で示す．$b := \left[\begin{smallmatrix} 0 & x \\ x^* & a \end{smallmatrix}\right]$ とおくと，$b \in M_2(A)_{\mathrm{sa}}$. 命題 5.3.2 を ϕ_2 と b について使えば，$\phi_2(b)^*\phi_2(b) \leqq \phi_2(b^*b)$ を得る．$\phi(x) = x$ に注意して成分表示すれば，

$$\begin{bmatrix} xx^* & x\phi(a) \\ \phi(a)x^* & x^*x + \phi(a)^2 \end{bmatrix} \leqq \begin{bmatrix} \phi(xx^*) & \phi(xa) \\ \phi(ax^*) & \phi(x^*x) + \phi(a^2) \end{bmatrix}.$$

両辺に ϕ_2 を施し右辺から左辺をひくと，

$$\begin{bmatrix} 0 & \phi(xa) - \phi(x\phi(a)) \\ \phi(ax^*) - \phi(\phi(a)x^*) & \phi(a^2) - \phi(a)^2 \end{bmatrix} \geqq 0.$$

補題 5.3.6 より $\phi(xa) = \phi(x\phi(a))$, $x \in A^\phi$, $a \in A_{\mathrm{sa}}$. 線型性よりこれは $a \in A$

で成り立つ．対合を取れば $\phi(ax) = \phi(\phi(a)x)$, $x \in A^\phi$, $a \in A$ を得る．さて $x, y, z \in A^\phi$ に対して $x \circ y \coloneqq \phi(xy)$ とおけば，結合律

$$(x \circ y) \circ z = \phi(\phi(xy)z) = \phi(xyz) = \phi(x\phi(yz)) = x \circ (y \circ z).$$

が成り立つ．また $x \circ 1_A = \phi(x \cdot 1_A) = \phi(x) = x = 1_A \circ x$ より，1_A は乗法単位元である．また $(x \circ y)^* = \phi(xy)^* = \phi(y^*x^*) = y^* \circ x^*$, $x, y \in A^\phi$ より A^ϕ は単位的 $*$ 環となる．ノルムの劣加法性は次のようにわかる．

$$\|x \circ y\| = \|\phi(xy)\| \leqq \|xy\| \leqq \|x\|\|y\|, \quad x, y \in A^\phi.$$

また Kadison 不等式により

$$\|x^* \circ x\| = \|\phi(x^*x)\| \geqq \|\phi(x)^*\phi(x)\| = \|x^*x\| = \|x\|^2$$

となり，$\|\cdot\|$ は C* ノルムである．よって $(A^\phi, \circ)$ は単位的 C* 環である．

(2). 線型写像 $\theta\colon B \ni x \mapsto x \in A^\phi$ が完全等長であることを示す．まず $n \in \mathbb{N}$ とし，冪等元 $\phi_n \in \mathrm{UCP}(M_n(A), M_n(A))$ を考える．(1) の議論から $M_n(A)^{\phi_n} = M_n(A^\phi)$ は C* 環の構造をもつ．この C* 環を D_n と書く．写像 $\pi\colon D_n \ni x \mapsto x \in M_n(A^\phi)$ はもちろん等長的である．D_n の積を $\circ$ で表せば，$[x_{ij}]_{i,j}$, $[y_{ij}]_{i,j} \in D_n$ に対して，

$$[x_{ij}] \circ [y_{ij}] = \phi_n([x_{ij}][y_{ij}]) = \Big[\sum_k \phi(x_{ik}y_{kj})\Big] = \Big[\sum_k x_{ik} \circ y_{kj}\Big]$$

となることから $\rho\colon M_n(B) \ni [x_{ij}]_{i,j} \mapsto [x_{ij}]_{i,j} \in D_n$ は同型であり，とくに等長である．よって合成写像 $\theta_n = \pi \circ \rho\colon M_n(B) \ni [x_{ij}]_{i,j} \mapsto [x_{ij}]_{i,j} \in M_n(A^\phi)$ は等長である．

(3). $x_1, \ldots, x_n \in A^\phi$ に対し，(1) で示した $\phi(xa) = \phi(x\phi(a))$, $x \in A^\phi$, $a \in A$ を繰り返し用いると $\phi(x_1x_2\cdots x_n) = x_1 \circ x_2 \circ \cdots \circ x_n$ がいえる．よって $\phi\colon \mathrm{C}^*(A^\phi) \to B$ は単位的な全射 $*$ 準同型である．□

定義 5.5.11. 定理 5.5.10 で定めた A^ϕ の積を **Choi–Effros 積**とよぶ．

命題 5.5.8 と定理 5.5.10 により，単射的作用素システム E は C* 環の構造をもつことがわかる．

命題 5.5.12. 単射的作用素システムに Choi–Effros 積を入れたものは単調完備な C^* 環である.

証明. 命題 5.5.8 の記号を用いる. $(x_\lambda)_{\lambda\in\Lambda}$ を E_{sa} 内のノルム有界単調増加ネットとする. $x := \text{s-lim}_\lambda x_\lambda \in \mathbf{B}(\mathcal{H})$ とおくと, $\mathcal{E}$ は正値だから $x_\lambda = \mathcal{E}(x_\lambda) \leqq \mathcal{E}(x)$, $\lambda \in \Lambda$. つまり $\mathcal{E}(x) \in E$ は x_λ たちの上界である. 次に $y \in E$ も $x_\lambda \leqq y$, $\lambda \in \Lambda$ をみたすならば $x \leqq y$. よって $\mathcal{E}(x) \leqq y$. 以上から $\mathcal{E}(x)$ は x_λ たちの上限である. □

5.5.3 単射包の存在

$\mathscr{C}_{\mathrm{UCP}}$ の部分圏 $\mathscr{D}$ を考える. $\mathcal{T} \in \mathscr{D}$ が $\mathscr{D}$ で単射的, かつ $(\mathcal{T}, \iota)$ が $\mathcal{S} \in \mathscr{D}$ の $\mathscr{D}$ での拡張のとき, $(\mathcal{T}, \iota)$ を $\mathcal{S} \in \mathcal{D}$ の $\mathscr{D}$ での**単射的拡張**とよぶ.

定義 5.5.13. $\mathcal{S} \in \mathscr{D}$ の $\mathscr{D}$ での拡張 $(\mathcal{T}, \iota)$ が

- **剛的** $:\overset{\mathrm{d}}{\Leftrightarrow} \{\phi \in \mathscr{D}(\mathcal{T}, \mathcal{T}) \mid \phi \circ \iota = \iota\} = \{\mathrm{id}_{\mathcal{T}}\}$.
- **本質的** $:\overset{\mathrm{d}}{\Leftrightarrow}$ もし $Z \in \mathscr{D}$ と $\varphi \in \mathscr{D}(\mathcal{T}, Z)$ について, $\varphi \circ \iota$ が完全等長ならば, φ も完全等長である.

定義 5.5.14. $E \in \mathscr{D}$ と E の $\mathscr{D}$ での単射的拡張 (F, κ) が次の性質をもつとき, 組 (F, κ) あるいは単に F を E の $\mathscr{D}$ での**単射包**という:

(最小性) $\mathscr{D}$ で単射的な $F_1 \in \mathscr{D}$ と完全等長射たち $\iota_1 \in \mathscr{D}(E, F_1)$, $\iota_2 \in \mathscr{D}(F_1, F)$ が $\kappa = \iota_2 \circ \iota_1$ をみたせば, $\operatorname{ran} \iota_2 = F$ である.

濱名の定理の原型は定理 5.5.17 であるが, より一般的な定理 5.5.15 も実質的には濱名による. ここでは Ellis–沼倉の定理を用いた証明 (T. Sinclair による) を紹介する. コンパクト半群については A.3 節を参照せよ.

定理 5.5.15. $\mathscr{C}_{\mathrm{UCP}}$ の部分圏 $\mathscr{D}$ が次の性質をもつと仮定する:

- 任意の $E \in \mathscr{D}$ と冪等元 $\phi \in \mathscr{D}(E, E)$ に対して, $E^\phi \in \mathscr{D}$ かつ $\phi \in \mathscr{D}(E, E^\phi)$. また埋め込み $\iota\colon E^\phi \to E$ に対して $\iota \in \mathscr{D}(E^\phi, E)$.
- 任意の $E \in \mathscr{D}$ に対し, $\mathscr{D}$ での単射的拡張 (F, κ) を, F が Banach 空間としての前双対 F_* をもち, かつ $\mathscr{D}(F, F) \subset \mathbf{B}(F, F)$ が各点 $\sigma(F, F_*)$

位相で閉かつ凸となるように取れる．

このとき次のことが成り立つ：

(1) $\mathscr{D}$ の任意の対象は $\mathscr{D}$ で単射包をもつ．
(2) 任意の $E \in \mathscr{D}$ に対して，E の $\mathscr{D}$ での任意の単射包は剛的かつ本質的である．また次の意味で一意的である：(F_1, κ_1) と (F_2, κ_2) が $E \in \mathscr{D}$ の $\mathscr{D}$ での単射包とすれば，ある完全等長射 $\phi \in \mathscr{D}(F_1, F_2)$ が存在して $\phi \circ \kappa_1 = \kappa_2$ となる．

証明． (1)．$E \in \mathscr{D}$ とし，E の $\mathscr{D}$ での単射的拡張 (F, κ) で仮定をみたすものを取る．$G := \{\phi \in \mathscr{D}(F, F) \mid \phi \circ \kappa = \kappa\}$ とおく．$\mathrm{id}_F \in G$ だから $G \neq \emptyset$ である．G は $\mathbf{B}(F, F)$ のノルム閉単位球に含まれ，かつ各点 $\sigma(F, F_*)$ 位相で閉である．よって補題 1.3.7 より G はコンパクト Hausdorff 空間である．

G は $\mathscr{D}(F, F)$ の部分凸半群であり，各 $\psi \in G$ に対して，$G \ni \varphi \mapsto \varphi\psi \in G$ は各点 $\sigma(F, F_*)$ 位相で連続である．以上より G はコンパクト凸半群である．

Ellis–沼倉の定理（H. Furstenberg–Y. Katznelson による強化版，定理 A.3.2）より，極小冪等元 $\theta \in G$ が存在する．すると定理の仮定から $F^\theta \in \mathscr{D}$ である．また $\kappa = \theta \circ \kappa$ かつ $\theta \in \mathscr{D}(F, F^\theta)$ より $\kappa \in \mathscr{D}(E, F^\theta)$ である．さらに $\theta\colon F \to F^\theta$ は $\mathscr{D}$ での射影だから，F^θ は $\mathscr{D}$ で単射的である．以上から (F^θ, κ) が E の $\mathscr{D}$ での単射的拡張であることが示された．

次に $\mathscr{D}$ での UCI 射 $E \xrightarrow{\iota_1} F_1 \xrightarrow{\iota_2} F^\theta$ で，F_1 は $\mathscr{D}$ で単射的であり，$\kappa = \iota_2 \circ \iota_1$ となるものを考える．F_1 の単射性から，$\varphi \in \mathscr{D}(F^\theta, F_1)$ で $\varphi \circ \iota_2 = \mathrm{id}_{F_1}$ となるものを取れる．すると $\theta' := \iota_2\varphi\theta \in G$ とおけば，$\theta'\theta' = \theta'$, $\theta'\theta = \iota_2\varphi\theta^2 = \iota_2\varphi\theta = \theta'$ かつ $\theta\theta' = \theta\iota_2\varphi\theta = \iota_2\varphi\theta = \theta'$ となる．よって冪等元の順序で $\theta' \leqq \theta$ である．θ の極小性により $\theta' = \theta$，とくに $\mathrm{ran}(\iota_2) = \mathrm{ran}(\theta) = F^\theta$ が従う．よって (F^θ, κ) は E の $\mathscr{D}$ での単射包である．

(2)．(1) で構成した単射包 (F^θ, κ) の剛性を示す．$\phi \in \mathscr{D}(F^\theta, F^\theta)$ が $\phi \circ \kappa = \kappa$ をみたすとする．埋め込み写像 $\iota \in \mathscr{D}(F^\theta, F)$ に対して，$\varphi := \iota\phi\theta \in \mathscr{D}(F, F)$ とおけば，$\varphi \circ \kappa = \kappa$ だから $\varphi \in G$ である．定理 A.3.3 により，$\theta = \theta\varphi\theta$ が従う．右辺は $\theta\iota\phi\theta^2 = \iota\phi\theta = \varphi$ に等しい．よって $\theta = \varphi$ ゆえ，$\phi = \mathrm{id}_{F^\theta}$ がいえる．

次に (F^θ, κ) が E の本質的拡張であることを示す．$Z \in \mathscr{D}$ と $\varphi \in \mathscr{D}(F^\theta, Z)$ で $i := \varphi \circ \kappa \in \mathscr{D}(E, Z)$ が UCI となるように与えられたとする．F^θ の $\mathscr{D}$ での単射性により，$\lambda \in \mathscr{D}(Z, F^\theta)$ が存在して $\kappa = \lambda \circ i$ となる．すると $\lambda \circ \varphi \circ \kappa = \lambda \circ i = \kappa$ であり，剛性から $\lambda \circ \varphi = \mathrm{id}_{F^\theta}$ となる．λ, φ は UCP だから，φ は UCI である．

最後に一意性を示す．(F_2, κ_2) も E の $\mathscr{D}$ での単射包とする．F_2, F^θ の $\mathscr{D}$ での単射性から，$\lambda_2 \in \mathscr{D}(F_2, F^\theta)$, $\lambda_3 \in \mathscr{D}(F^\theta, F_2)$ が存在して $\kappa_2 = \lambda_3 \circ \kappa$, $\kappa = \lambda_2 \circ \kappa_2$ となる．このとき $\lambda_2 \lambda_3 \kappa = \lambda_2 \kappa_2 = \kappa$ であり，(F^θ, κ) の $\mathscr{D}$ での剛性から $\lambda_2 \lambda_3 = \mathrm{id}_{F^\theta}$ となる．とくに λ_3 は UCI である．また (F_2, κ_2) の最小性を $\kappa_2 = \lambda_3 \circ \kappa$ に適用すれば，λ_3 の全射性が従う．よって $\lambda_3^{-1} = \lambda_2$ も UCI であることがわかる． □

問題 5.5.16. $E \in \mathscr{D}$ の $\mathscr{D}$ での単射的拡張 (F, κ) に対して，次の同値性を示せ：

(1) (F, κ) は E の $\mathscr{D}$ での単射包である．
(2) (F, κ) は E の $\mathscr{D}$ での剛的拡張である．
(3) (F, κ) は E の $\mathscr{D}$ での本質的拡張である．

定理 5.5.17（濱名正道）**.** $\mathscr{C}_{\mathrm{UCP}}$ の任意の作用素システムは $\mathscr{C}_{\mathrm{UCP}}$ で単射包をもつ．

証明. 各 $E \in \mathscr{C}_{\mathrm{UCP}}$ は $E \subset \mathbf{B}(\mathcal{H})$ と実現される．系 4.2.31 と定理 5.5.2 から，$\mathscr{C}_{\mathrm{UCP}}$ が定理 5.5.15 の仮定をみたすことがわかる． □

■**例 5.5.18.** 離散群 Γ の完全等長作用をもつ作用素システムたちを対象，Γ 同変な UCP 写像を射とする圏 $\mathscr{C}_{\mathrm{UCP}}^\Gamma$ を考える．明らかに $\mathscr{C}_{\mathrm{UCP}}^\Gamma$ は $\mathscr{C}_{\mathrm{UCP}}$ の部分圏である．ここで作用素システム E への Γ による完全等長作用とは，UCI 写像 $\alpha_s \colon E \to E$, $s \in \Gamma$ であって，$\alpha_e = \mathrm{id}_E$, $\alpha_s \circ \alpha_t = \alpha_{st}$, $s, t \in \Gamma$ をみたすもののことである．

この圏では $\mathbf{B}(\mathcal{H}) \mathbin{\overline{\otimes}} \ell^\infty(\Gamma)$ が単射的対象である（von Neumann 環のテンソル積は 7.7.1 項を見よ）．ここで $\mathbf{B}(\mathcal{H}) \mathbin{\overline{\otimes}} \ell^\infty(\Gamma)$ には Γ の作用を $\mathrm{Ad}(1 \otimes \rho(s))$, $s \in \Gamma$ と定めておく（ρ は右正則表現．例 4.4.12 を見よ）．

作用素システム $E \subset \mathbf{B}(\mathcal{H})$ の Γ 作用 $\alpha_s \colon E \to E$, $s \in \Gamma$ について，$\iota \colon E \to$

$\mathbf{B}(\mathcal{H})\,\overline{\otimes}\,\ell^\infty(\Gamma)$ を $\iota(x) \coloneqq \sum_{s\in\Gamma} \alpha_s(x) \otimes \delta_s$ と定める．$\iota\colon E \to \mathbf{B}(\mathcal{H})\,\overline{\otimes}\,\ell^\infty(\Gamma)$ は Γ 同変な UCI 写像である．

問題 5.5.19.　$\mathbf{B}(\mathcal{H})\,\overline{\otimes}\,\ell^\infty(\Gamma)$ が $\mathscr{C}_{\mathrm{UCP}}^{\Gamma}$ で単射的であることを示し，任意の $E \in \mathscr{C}_{\mathrm{UCP}}^{\Gamma}$ が $\mathscr{C}_{\mathrm{UCP}}^{\Gamma}$ で単射包をもつことを示せ．

以下 $E \in \mathscr{D}$ の $\mathscr{D}$ での単射包を $(I_{\mathscr{D}}(E), \kappa)$ と書く．$I_{\mathscr{C}_{\mathrm{UCP}}}(E)$, $I_{\mathscr{C}_{\mathrm{UCP}}^{\Gamma}}(E)$ を単にそれぞれ，$I(E)$, $I_\Gamma(E)$ と書く．$\mathscr{C}_{\mathrm{UCP}}$ や $\mathscr{C}_{\mathrm{UCP}}^{\Gamma}$ で興味深いことは，任意の対象の単射的拡張として，それぞれ von Neumann 環 $\mathbf{B}(\mathcal{H})$, $\mathbf{B}(\mathcal{H})\,\overline{\otimes}\,\ell^\infty(\Gamma)$ を取れることである．定理 5.5.15 の証明からわかるように，$I_{\mathscr{D}}(E)$ は単射的拡張からの完全正値射影で得られる．つまり $I(E)$ や $I_\Gamma(E)$ には Choi-Effros 積が入り，C* 環となる．

とくに $\mathbb{C} \in \mathscr{C}_{\mathrm{UCP}}^{\Gamma}$ の場合（自明作用を考える），$I_\Gamma(\mathbb{C})$ は可換 von Neumann 環 $\ell^\infty(\Gamma)$ からのある Γ 同変完全正値射影の像だから，可換 C* 環である（$\ell^\infty(\Gamma)$ の積とは一般的には異なる）．そこで，$I_\Gamma(\mathbb{C})$ の Gelfand スペクトラムを $\partial_{\mathrm{H}}\Gamma$ と書き，**濱名境界**とよぶ（問題 10.2.54 も見よ）．

C* 環 $I_\Gamma(\mathbb{C})$ は Γ の完全等長作用をもつが，定理 5.4.6 によりその作用は自己同型（全単射 $*$ 準同型，6.3 節を見よ）によるものである．とくに Γ はコンパクト Hausdorff 空間 $\partial_{\mathrm{H}}\Gamma$ に同相写像で作用する．

一方で，Furstenberg により導入された **Furstenberg 境界** $\partial_{\mathrm{F}}\Gamma$ とよばれる，Γ の同相写像による作用をもつコンパクト Hausdorff 空間がある．こちらは Γ 作用が極小かつ強近位的であるもののうちで普遍的なものとして定められる．M. Kalantar–M. Kennedy による結果はこれらの境界が実は同じものであることを示す．

定理 5.5.20 (Kalantar–Kennedy)**.**　任意の離散群 Γ について，$\partial_{\mathrm{H}}\Gamma$ と $\partial_{\mathrm{F}}\Gamma$ は Γ 同相である．

第5章について

この章の主張と証明は [BO08, Pau02] を参考にした．完全正値性と並んで完全有界性も重要である：E, F を作用素空間とする．$\varphi \in \mathbf{L}(E, F)$ が完全有界 $:\overset{\mathrm{d}}{\Leftrightarrow} \|\varphi\|_{\mathrm{cb}} := \sup_{n \in \mathbb{N}} \|\varphi_n\| < \infty$．また $\|\varphi\|_{\mathrm{cb}} \leqq 1$ のとき φ は完全縮小的といわれる．φ が完全正値ならば $\|\varphi_n\| = \|\varphi\|$ ゆえ完全有界である．

完全有界写像についても次のダイレーション定理が成り立つ：

定理 5.5.21 (Haagerup, V. Paulsen, G. Wittstock)**.** C^* 環 A，作用素空間 $X \subset A$，完全縮小写像 $\varphi\colon X \to \mathbf{B}(\mathcal{K})$ に対して，非退化表現 $\pi\colon A \to \mathbf{B}(\mathcal{H})$，等長作用素 $V, W \in \mathbf{B}(\mathcal{K}, \mathcal{H})$ が存在して，$\varphi(x) = V^*\pi(x)W$, $x \in X$．

証明は [BO08, Pau02] を見よ．

第6章

C*環の具体例

第5章までの知識を用いて，AF環，UHF環，Bratteli図形，無理数回転環，Cuntz環，群C*環などを調べることが目標である．

6.1 帰納極限C*環

有向集合Iを添字にもつC*環の族$\{A_i\}_{i\in I}$と*準同型の族$\{\pi_{ji}\colon A_i \to A_j\}_{i\leqq j}$が以下の条件をみたすとき，$\{A_i, \pi_{ji}\}_{i,j\in I}$を帰納系という：

- 任意の$i \in I$に対して，$\pi_{ii} = \mathrm{id}_{A_i}$.
- 任意の$i \leqq j \leqq k$に対して，$\pi_{kj} \circ \pi_{ji} = \pi_{ki}$.

直積*環$\prod_{i\in I} A_i$の部分集合$\mathcal{A}$を次のように定める：

$$(x_i)_i \in \mathcal{A} :\overset{\mathrm{d}}{\Longleftrightarrow} \exists i_0 \in I,\ \forall i \geqq i_0,\ x_i = \pi_{ii_0}(x_{i_0}). \tag{6.1}$$

$\mathcal{A}$が実際に*部分環であることは，有向集合の性質から直ちにわかる．次に関数$p\colon \mathcal{A} \to \mathbb{R}_+$を次式で定める：

$$p((x_i)_i) := \lim_i \|x_i\|, \quad (x_i)_i \in \mathcal{A}.$$

これは収束する．実際に$i_0 \in I$を(6.1)式のように取れば，$j \geqq i \geqq i_0$に対して$\|x_j\| = \|\pi_{ji}(x_i)\| \leqq \|x_i\|$となり，$i \geqq i_0$に対して，$\|x_i\|$は$\mathbb{R}_+$の単調減少ネットである．

pは劣乗法性とC*恒等式をみたす半ノルムである．よってヌルベクトル空間$N := \{\, x \in \mathcal{A} \mid p(x) = 0 \,\}$は，*演算で閉じたイデアルであり，$\|\cdot\|\colon \mathcal{A}/N$

$\ni x+N \mapsto p(x) \in \mathbb{R}_+$ は C* ノルムである．商 * 環 $\mathcal{A}/N$ を完備化してできる C* 環を**帰納極限 C* 環**とよび，$\varinjlim A_i$ と書く．

2 元 $(x_i)_i, (y_i)_i \in \mathcal{A}$ が $\varinjlim A_i$ の中で等しいことは，$(x_i - y_i)_i \in N$，すなわち $\lim_i \|x_i - y_i\| = 0$ を意味する．つまり大きな i で漸近するものは $\varinjlim A_i$ の中で同じ元を定める（代数的な帰納極限との違いに注意せよ）．

さて $i \in I$ に対して，* 準同型 $\pi_{\infty i}\colon A_i \to \varinjlim A_j$ を次のように定める：

$$\pi_{\infty i}(a) := (\pi_{ji}(a))_j + N \in \varinjlim A_i.$$

ここでの $(\pi_{ji}(a))_j$ は少々乱暴な記法であるから，以下に説明しておく．$j \geqq i$ のとき $x_j = \pi_{ji}(a)$，そうでない j に対しては任意に $a_j \in A$（たとえば $a_j = 0$）を取り，$x_j := a_j \in A_j$ とすれば，$(x_j) \in \mathcal{A}$ である．この時点では a_j の取り方に依存するが，商空間 $\mathcal{A}/N$ の元 $(x_j)+N$ は依存しない．このように $\mathcal{A}/N$ の元は十分先の $i \in I$ で決まる．$\pi_{\infty i}$ を標準 * 準同型とよぶ．$i \leqq j$ ならば $\pi_{\infty i}(A_i) \subset \pi_{\infty j}(A_j)$ であり，$\bigcup_i \pi_{\infty i}(A_i)$ は $\varinjlim A_j$ でノルム稠密である．

定理 6.1.1. $\{A_i, \pi_{ji}\}_{i,j}$ を C* 環の帰納系とし，$\pi_{\infty i}\colon A_i \to \varinjlim A_j$ を標準 * 準同型とする．このとき次のことが成り立つ：

(1) $i \leqq j$ のとき，$\pi_{\infty j} \circ \pi_{ji} = \pi_{\infty i}$.

(2) もし C* 環 B と * 準同型たち $\rho_i\colon A_i \to B$ が $\rho_j \circ \pi_{ji} = \rho_i, i \leqq j$ をみたせば，次の図式が可換となるような * 準同型 $\rho\colon \varinjlim A_j \to B$ が一意的に存在する：

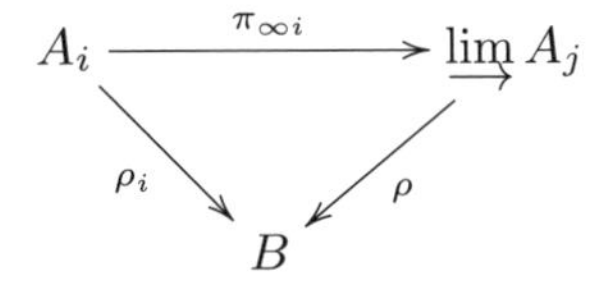

証明. (1). $a \in A_i$ とすると，

$$\pi_{\infty j}(\pi_{ji}(a)) = (\pi_{kj}(\pi_{ji}(a)))_k + N = (\pi_{ki}(a))_k + N = \pi_{\infty i}(a).$$

(2). $\rho\colon \bigcup_i \pi_{\infty i}(A_i) \to B$ を $\rho(\pi_{\infty i}(a)) = \rho_i(a), a \in A_i$ となるように定められる．実際 $\pi_{\infty i}(a) = 0$ ならば，$\lim_j \|\pi_{ji}(a)\| = 0$ だから

$$\|\rho_i(a)\| = \lim_j \|\rho_j(\pi_{ji}(a))\| \leqq \lim_j \|\pi_{ji}(a)\| = 0.$$

よって ρ は $*$ 環 $\bigcup_i \pi_{\infty i}(A_i)$ 上の縮小的 $*$ 準同型であり，$\rho\colon \varinjlim A_j \to B$ に拡張する．一意性は $\bigcup_i \pi_{\infty i}(A_i) \subset \varinjlim A_j$ のノルム稠密性から明らか．　□

■**例 6.1.2.**　A を C* 環とする．部分 C* 環の増大列 $A_1 \subset A_2 \subset \cdots \subset A$ が与えられている場合，埋め込み $\pi_{nm}\colon A_m \ni a \mapsto a \in A_n$, $m \leqq n$ によってできる帰納極限 C* 環 $\varinjlim A_n$ は，$\bigcup_n A_n$ の閉包と自然に同型である．

もちろん $\varinjlim A_i$ から帰納系 $\{A_i, \pi_{ji}\}_{i,j}$ が定まるわけではない．次の結果が示すように，途中を飛ばした帰納系からできる C* 環は同型である．

補題 6.1.3.　$\{A_i, \pi_{ji}\}_{i,j}$ を有向集合 I 上の C* 環の帰納系とする．Λ を有向集合とし，$h\colon \Lambda \to I$ を順序保存的かつ共終的な写像とする．このとき有向集合 Λ 上の帰納系 $\{A_{h(\lambda)}, \pi_{h(\mu),h(\lambda)}\}_{\lambda,\mu}$ からできる $\varinjlim A_{h(\lambda)}$ と $\varinjlim A_i$ は自然に同型である．

証明.　$A := \varinjlim A_i$, $B := \varinjlim A_{h(\lambda)}$ と書く．それぞれの標準 $*$ 準同型を $\pi_{\infty i}\colon A_i \to A$, $\rho_{\infty\lambda}\colon A_{h(\lambda)} \to B$ と書き，$\mathcal{A} := \bigcup_i \pi_{\infty i}(A_i)$, $\mathcal{B} := \bigcup_\lambda \rho_{\infty\lambda}(A_{h(\lambda)})$ とおく．写像 $\alpha\colon \mathcal{B} \to \mathcal{A}$ を $\alpha(\rho_{\infty\lambda}(a)) = \pi_{\infty h(\lambda)}(a)$, $a \in A_{h(\lambda)}$ と定義できることを示す．

ある $\lambda, \mu \in \Lambda$ と $a \in A_{h(\lambda)}$ と $b \in A_{h(\mu)}$ について，$\rho_{\infty h(\lambda)}(a) = \rho_{\infty h(\mu)}(b)$ と仮定する．すなわち $\lim_\nu \|\pi_{h(\nu)h(\lambda)}(a) - \pi_{h(\nu)h(\mu)}(b)\| = 0$．$\varepsilon > 0$ に対して，$\nu_0 \in \Lambda$ を $\|\pi_{h(\nu_0)h(\lambda)}(a) - \pi_{h(\nu_0)h(\mu)}(b)\| < \varepsilon$ となるように取る．このとき $i \geqq h(\nu_0)$ について $\pi_{i\,h(\nu_0)}$ の縮小性から $\|\pi_{i\,h(\lambda)}(a) - \pi_{i\,h(\mu)}(b)\| < \varepsilon$ がいえる．すなわち $\pi_{\infty h(\lambda)}(a) = \pi_{\infty h(\mu)}(b)$．よって α は定義可能な $*$ 準同型である．また $a \in A_{h(\lambda)}$ に対して，

$$\begin{aligned}\|\alpha(\rho_{\infty\lambda}(a))\| &= \|\pi_{\infty h(\lambda)}(a)\| = \lim_i \|\pi_{i\,h(\lambda)}(a)\| \\ &= \lim_\mu \|\pi_{h(\mu)\,h(\lambda)}(a)\| = \|\rho_{\infty\lambda}(a)\|.\end{aligned}$$

3番目の等号は h の共終性による．以上より α は B から A への等長 $*$ 準同型に拡張する．h の共終性から α の像は $\mathcal{A}$ を含むから α は全射である．　□

命題 6.1.4. 帰納極限 C* 環 $\varinjlim A_i$ と標準 $*$ 準同型 $\pi_{\infty i}\colon A_i \to \varinjlim A_j$ を考える．このとき閉イデアル $J \lhd \varinjlim A_i$ に対して，

$$J = \overline{\bigcup_i J \cap \pi_{\infty i}(A_i)} = \overline{J \cap \bigcup_i \pi_{\infty i}(A_i)}.$$

もし $\{i \in I \mid A_i \text{は単純}\}$ が I で共終的ならば，$\varinjlim A_i$ は単純である．

証明. $x \in J$, $\varepsilon > 0$ とし，$B_i := \pi_{\infty i}(A_i)$ とおく．$\bigcup_i B_i \subset \varinjlim A_i$ は稠密ゆえ，$i \in I$ と $y \in B_i$ を $\|x - y\| < \varepsilon$ と取れる．次の可換図式を考えよう：

$$\begin{array}{ccccc} J \cap B_i & \xrightarrow{\iota_1} & B_i & \xrightarrow{Q_1} & B_i/(J \cap B_i) \\ {\scriptstyle \iota_2}\downarrow & & {\scriptstyle \iota_3}\downarrow & & \downarrow{\scriptstyle \alpha} \\ J & \xrightarrow{\iota_4} & B_i + J & \xrightarrow{Q_2} & (B_i + J)/J. \end{array} \tag{6.2}$$

ここで $\iota_1, \iota_2, \iota_3, \iota_4$ は埋め込み，Q_1, Q_2 は商写像である．命題 3.6.4 より α は同型である．すると

$$\|Q_1(y)\| = \|\alpha(Q_1(y))\| = \|Q_2(y)\| = \|Q_2(y - x)\| \leqq \|y - x\| < \varepsilon.$$

よって，ある $z \in J \cap B_i$ を $\|y - z\| < \varepsilon$ と取れる．以上より $\|x - z\| \leqq 2\varepsilon$. すなわち $\bigcup_i (J \cap B_i) \subset J$ は稠密である．

後半の主張は，前半の主張と補題 6.1.3 から容易に示される． □

ここからは最も重要な $\mathbb{N}$ 上で考える．したがって帰納系は C* 環たち $\{A_n\}_{n \in \mathbb{N}}$ と $*$ 準同型 $\pi_n\colon A_n \to A_{n+1}$ たちからなる．C* 環 A_n, B_n と $*$ 準同型たち $\pi_n, \rho_n, \alpha_n, \beta_n$ からなる下の図式を考える．

$$\begin{array}{ccccccc} A_1 & \xrightarrow{\pi_1} & A_2 & \xrightarrow{\pi_2} & A_3 & \xrightarrow{\pi_3} & \cdots \\ {\scriptstyle \alpha_1}\downarrow & \nearrow^{\beta_1} & {\scriptstyle \alpha_2}\downarrow & \nearrow^{\beta_2} & {\scriptstyle \alpha_3}\downarrow & \nearrow^{\beta_3} & \\ B_1 & \xrightarrow{\rho_1} & B_2 & \xrightarrow{\rho_2} & B_3 & \xrightarrow{\rho_3} & \cdots. \end{array} \tag{6.3}$$

以下では $m \geqq n$ に対して $\pi_{mn} := \pi_{m-1} \circ \pi_{m-2} \circ \cdots \circ \pi_n$, $\rho_{mn} := \rho_{m-1} \circ \rho_{m-2} \circ \cdots \circ \rho_n$, $A := \varinjlim A_n$, $B := \varinjlim B_n$ と書く．

定理 6.1.5. 図式 (6.3) が可換のとき，同型 $\alpha\colon \varinjlim A_n \to \varinjlim B_n$ と同型 $\beta\colon \varinjlim B_n \to \varinjlim A_n$ が存在して，$\alpha = \beta^{-1}$ かつ次の等式をみたす：任意の $n \in \mathbb{N}$, $a \in A_n$, $b \in B_n$ に対して

$$\alpha(\pi_{\infty n}(a)) := \rho_{\infty n} \circ \alpha_n(a), \quad \beta(\rho_{\infty n}(b)) := \pi_{\infty n+1} \circ \beta_n(b). \tag{6.4}$$

証明. $\rho_{\infty n} \circ \alpha_n\colon A_n \to B$ は定理 6.1.1 (2) の条件をみたすから，$*$ 準同型 $\alpha\colon \varinjlim A_n \to \varinjlim B_n$ であって (6.4) をみたすものが存在する．β についても同様である．すると $n \in \mathbb{N}$, $a \in A_n$ に対して

$$\beta \circ \alpha(\pi_{\infty n}(a)) = \beta \circ \rho_{\infty n} \circ \alpha_n(a) = \pi_{\infty n+1} \circ \beta_n \circ \alpha_n(a) = \pi_{\infty n}(a).$$

$\bigcup_n \pi_{\infty n}(A_n)$ は $\varinjlim A_n$ で稠密だから $\beta \circ \alpha = \mathrm{id}$. 同様に $\alpha \circ \beta = \mathrm{id}$. □

本書では用いないが，定理 6.1.5 を強化しておくと応用上便利である．

定義 6.1.6. 図式 (6.3) が近似的絡み合い[1]である $:\overset{\mathrm{d}}{\Leftrightarrow}$ 各 $n \in \mathbb{N}$ に対して，以下の条件をみたす $F_n \Subset A_n$, $G_n \Subset B_n$, $\varepsilon_n > 0$ が存在する：

(1) $\|\beta_n \circ \alpha_n(a) - \pi_n(a)\| < \varepsilon_n$, $a \in F_n$.

(2) $\|\alpha_{n+1} \circ \beta_n(b) - \rho_n(b)\| < \varepsilon_n$, $b \in G_n$.

(3) $\pi_n(F_n) \subset F_{n+1}$, $\rho_n(G_n) \subset G_{n+1}$, $\alpha_n(F_n) \subset G_n$, $\beta_n(G_n) \subset F_{n+1}$.

(4) 各 $n \in \mathbb{N}$ について $\bigcup_{m \geqq n} \pi_{mn}^{-1}(F_m)$ と $\bigcup_{m \geqq n} \rho_{mn}^{-1}(G_m)$ はそれぞれ A_n と B_n でノルム稠密[2].

(5) $\sum_n \varepsilon_n < \infty$.

次の定理は C* 環の分類理論におけるもっとも重要な技術であり，G. Elliott の「絡み合わせ論法」とよばれる．実用上は定理の条件をひな形として様々に変形して使用される．

定理 6.1.7. 図式 (6.3) が近似的絡み合いならば，同型 $\alpha\colon \varinjlim A_n \to \varinjlim B_n$ と同型 $\beta\colon \varinjlim B_n \to \varinjlim A_n$ が存在して，$\alpha = \beta^{-1}$ かつ次の等式をみたす：任意の $n \in \mathbb{N}$, $a \in A_n$, $b \in B_n$ に対して

---

[1] approximate intertwining といわれる．

[2] したがって A_n, B_n たちは可分 C* 環であることも仮定されている．

$$\alpha(\pi_{\infty n}(a)) := \lim_m \rho_{\infty m} \circ \alpha_m \circ \pi_{mn}(a), \quad a \in A_n, \tag{6.5}$$

$$\beta(\rho_{\infty n}(b)) := \lim_m \pi_{\infty m+1} \circ \beta_m \circ \rho_{mn}(b), \quad b \in B_n. \tag{6.6}$$

問題 6.1.8. 定理 6.1.7 を証明せよ．［ヒント：(6.5), (6.6) の点列が Cauchy 列であることを稠密性と三角不等式を利用して確かめる.］

問題 6.1.9. A, B を単位的可分 C* 環, $\varphi\colon A \to B$, $\psi\colon B \to A$ を単位的 $*$ 準同型とする．列 $u_n \in A^{\mathrm{U}}$, $v_n \in B^{\mathrm{U}}$ が存在して，各点ノルム位相で $\psi \circ \varphi = \lim_n \operatorname{Ad} u_n$, $\varphi \circ \psi = \lim_n \operatorname{Ad} v_n$ ならば，$A \cong B$ であることを示せ.

6.2 AF 環

6.2.1 有限次元 C*環の包含

定理 4.4.52 で触れたように，有限次元 C* 環 A の直和因子を $\mathrm{Irr}(A)$ によって記述する方法は有用である．A の既約表現の完全代表系 $\mathrm{Irr}(A) = \{(\pi_i, \mathcal{H}_i)\}_i$ は有限集合であり，次の普遍原子表現は C* 環の同型である：

$$A \ni a \mapsto (\pi_i(a))_i \in \bigoplus_{i \in \mathrm{Irr}(A)} \mathbf{B}(\mathcal{H}_i).$$

ここで記法の簡略化のため添え字 i と $(\pi_i, \mathcal{H}_i) \in \mathrm{Irr}(A)$ を同一視している.

有限次元 C* 環 A, B と $*$ 準同型 $\rho\colon A \to B$ が与えられたとしよう．$\mathrm{Irr}(B) = \{(\sigma_j, \mathcal{K}_j)\}_j$ とすれば，補題 4.4.31 により $\sigma_j \circ \rho \in \mathrm{Rep}(A)$ は既約表現たち $\{\pi_i\}_{i \in \mathrm{Irr}(A)}$ の直和で表せる（零表現を直和因子にもちうる）．この状況を 2 部グラフで表そう．頂点集合を $\mathrm{Irr}(A) \sqcup \mathrm{Irr}(B)$ とし，$i \in \mathrm{Irr}(A)$ と $j \in \mathrm{Irr}(B)$ を $\dim \mathrm{Mor}(\pi_i, \sigma_j \circ \rho)$ 本の辺で結ぶ．あるいは $\dim \mathrm{Mor}(\pi_i, \sigma_j \circ \rho)$ 個の元をもつ集合，例えば $\mathrm{ONB}(\pi_i, \sigma_j \circ \rho)$ を辺集合とすることも多い．さらに各頂点に対応する既約表現の表現空間の次元も合わせたグラフを $\rho\colon A \to B$ に付随する **Bratteli 図形**という.

■**例 6.2.1.** $*$ 準同型 $\rho\colon M_2(\mathbb{C}) \oplus M_3(\mathbb{C}) \to M_4(\mathbb{C}) \oplus M_5(\mathbb{C})$ を

$$\begin{bmatrix} a_{11} & a_{12} \\ a_{21} & a_{22} \end{bmatrix} \oplus \begin{bmatrix} b_{11} & b_{12} & b_{13} \\ b_{21} & b_{22} & b_{23} \\ b_{31} & b_{32} & b_{33} \end{bmatrix}$$

$$\mapsto \begin{bmatrix} a_{11} & a_{12} & 0 & 0 \\ a_{21} & a_{22} & 0 & 0 \\ 0 & 0 & a_{11} & a_{12} \\ 0 & 0 & a_{21} & a_{22} \end{bmatrix} \oplus \begin{bmatrix} a_{11} & a_{12} & 0 & 0 & 0 \\ a_{21} & a_{22} & 0 & 0 & 0 \\ 0 & 0 & b_{11} & b_{12} & b_{13} \\ 0 & 0 & b_{21} & b_{22} & b_{23} \\ 0 & 0 & b_{31} & b_{32} & b_{33} \end{bmatrix}.$$

と定める．ρ の Bratteli 図形は次のようになる：

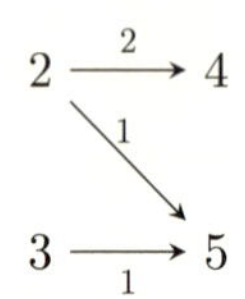

ここで左側の頂点の $2, 3$ と右側の頂点の $4, 5$ はそれぞれ $M_2(\mathbb{C}), M_3(\mathbb{C})$ と $M_4(\mathbb{C}), M_5(\mathbb{C})$ のサイズを表し，矢印は $*$ 準同型の向き，矢印の横に書かれている数はその多重度を表している．

> **補題 6.2.2.** A, B を有限次元 C* 環とし，$*$ 準同型 $\rho, \sigma\colon A \to B$ を考える．ρ, σ に付随する Bratteli 図形が同じならば，ある $u \in B^{\mathrm{U}}$ が存在して，$\rho = \mathrm{Ad}\, u \circ \sigma$ となる．

証明. $X = A, B$ に対して $\{(\pi_i^X, \mathcal{H}_i^X)\}_{i \in I_X}$ を X の既約表現の完全代表系とする．仮定より $m_{ji} := \dim \mathrm{Mor}(\pi_i^A, \pi_j^B \circ \rho) = \dim \mathrm{Mor}(\pi_i^A, \pi_j^B \circ \sigma)$, $i \in I_A$, $j \in I_B$．$\mathrm{Mor}(\pi_i^A, \pi_j^B \circ \rho)$ の CONS $\{S_k^{ji}\}_{k=1}^{m_{ji}}$ と $\mathrm{Mor}(\pi_i^A, \pi_j^B \circ \sigma)$ の CONS $\{T_k^{ji}\}_{k=1}^{m_{ji}}$ を取る（零 Hilbert 空間の場合は零射を取ることにする）．すると $(S_k^{ji})^*(S_p^{jr}) = \delta_{k,p}\delta_{i,r}$ かつ $\sum_{i,k} S_k^{ji} \pi_i^A(x)(S_k^{ji})^* = \pi_j^B(\rho(x))$, $x \in A$．とくに $\sum_{i,k} S_k^{ji}(S_k^{ji})^* = \pi_j^B(\rho(1_A))$．そこで $U_j := \sum_{i,k} S_k^{ji}(T_k^{ji})^*$ とおくと，$U_j \in \mathrm{Mor}(\pi_j^B \circ \sigma, \pi_j^B \circ \rho) \subset \mathbf{B}(\mathcal{H}_j^B)$ であり，

$$U_jU_j^* = \sum_{i,r\in I_A}\sum_{k,\ell=1}^{m_{ji}} S_k^{ji}(T_k^{ji})^* T_\ell^{jr}(S_\ell^{jr})^*$$
$$= \sum_{i\in I_A}\sum_{k=1}^{m_{ji}} S_k^{ji}(S_k^{ji})^* = \pi_j^B(\rho(1_A)).$$

同様に $U_j^*U_j = \pi_j^B(\sigma(1_A))$. 同型 $B \ni x \mapsto (\pi_j^B(x)) \in \bigoplus_j \mathbf{B}(\mathcal{H}_j^B)$ を使えば $w \in B$ を $U_j = \pi_j^B(w)$ となるように取れる．定め方から $ww^* = \rho(1_A)$, $w^*w = \sigma(1_A)$ であり $w \in B^{\mathrm{PI}}$ かつ $\rho(1_A) \sim \sigma(1_A)$ である．B は行列環の直和だから，補題 4.1.6 (5) より，$\rho(1_A)u = w = u\sigma(1_A)$ をみたすユニタリ $u \in B$ が存在することがわかる（補題 3.5.37 の $\Leftarrow$ の証明も見よ）．すると $j \in I_B$ と任意の $x \in A$ に対して，次の等式が成り立つ：

$$\pi_j^B(u\sigma(x)) = \pi_j^B(u\sigma(1_A)\sigma(x)) = \pi_j^B(w\sigma(x)) = U_j\pi_j^B(\sigma(x))$$
$$= \pi_j^B(\rho(x))U_j = \pi_j^B(\rho(x)u).$$

したがって $u\sigma(x) = \rho(x)u$ である．□

■**例 6.2.3.**　有限群 G の群環 $\mathbb{C}[G] := \mathrm{span}\{\, s \mid s \in G\,\}$ を考える．$*$ 演算を $s^* = s^{-1}$, $s \in G$ となるように定めれば，$\mathbb{C}[G]$ は有限次元 $*$ 環となる．$\mathbb{C}[G]$ は例 4.4.12 の被約群 C* 環 $C_\lambda^*(G)$ と $*$ 環として自然に同型だから有限次元 C* 環として扱う．$\mathrm{Irr}(\mathbb{C}[G]) := \{(\pi_j, \mathcal{H}_j)\}_{j\in J}$ とおく．G のユニタリ表現と $\mathbb{C}[G]$ の表現は 1 対 1 に対応するため，これらは G の既約ユニタリ表現の完全代表系でもある．

部分群 $H \subset G$ に対して，$\mathrm{Irr}(\mathbb{C}[H]) = \{(\rho_i, \mathcal{K}_i)\}_{i\in I}$ とする．埋め込み $*$ 準同型 $\iota\colon \mathbb{C}[H] \to \mathbb{C}[G]$ の Bratteli 図形を，普遍原子表現による同型 $\mathbb{C}[G] \cong \bigoplus_j \mathbf{B}(\mathcal{H}_j)$, $\mathbb{C}[H] \cong \bigoplus_i \mathbf{B}(\mathcal{K}_i)$ を通じて考える．$i \in I$, $j \in I$ に対して各 $S \in \mathrm{Mor}(\rho_i, \pi_j \circ \iota)$ は $S\rho_i(h) = \pi_j|_H(h)S$, $h \in H$ をみたす．すなわち S はユニタリ表現 ρ_i から $\pi_j \circ \iota$ への絡作用素である．よって i, j を結ぶ辺の本数は π_j を H に制限した表現が含む ρ_i の多重度に等しい．とくに $\mathbb{C}[H] \subset \mathbb{C}[G]$ に付随する Bratteli 図形は H, G の既約表現の間の制限・誘導表現の既約分解で得られる．

問題 6.2.4.　$\pi\colon A \to B$ を有限次元 C* 環の間の単射な単位的 $*$ 準同型とする．こ

のとき $\pi(A)' \cap B$ が可換であることと，π に付随する Bratteli 図形に現れる辺の多重度がすべて 1 であることは同値であることを示せ.

6.2.2　UHF 環

本書ではノルム可分 AF 環のみを扱う.

定義 6.2.5.　C* 環 A が

- **UHF 環**[3]:$\overset{\mathrm{d}}{\Leftrightarrow}$ 行列環と同型な C* 環の列 A_n と単位的 $*$ 準同型からなる帰納系 $A_1 \to A_2 \to \cdots$ が存在して A と $\varinjlim A_n$ が同型である.
- **AF 環**[4]:$\overset{\mathrm{d}}{\Leftrightarrow}$ ある有限次元 C* 環の列 A_n からなる帰納系 $A_1 \to A_2 \to \cdots$ が存在して A と $\varinjlim A_n$ が同型である.

コメント **6.2.6.**

(1) UHF 環は単位的 AF 環である.

(2) 帰納極限 C* 環の定義と例 6.1.2 により，A が AF 環であることの定義を次のようにしてもよい：有限次元 C* 部分環の増加列 $A_1 \subset A_2 \subset \cdots \subset A$ が存在して $*$ 部分環 $\bigcup_n A_n$ は A でノルム稠密である.

(3) C* 環 A が局所 **AF**:$\overset{\mathrm{d}}{\Leftrightarrow}$ 任意の $\varepsilon > 0$, $F \Subset A$ に対して有限次元 C* 部分環 $B \subset A$ が存在して $\inf\{\, \|x-y\| \mid y \in B \,\} < \varepsilon$, $x \in F$ が成り立つ. もし A が可分ならば AF 性と局所 AF 性は同値である (O. Bratteli).

UHF 環の性質を調べていこう.

補題 6.2.7.　行列環 $M_n(\mathbb{C})$ は唯一つのトレース状態 tr_n をもつ.

証明. $M_n(\mathbb{C})$ 上の標準トレース Tr_n を用いて $\mathrm{tr}_n := n^{-1}\,\mathrm{Tr}_n$ とすれば tr_n はトレース状態である. φ もトレース状態とする. 行列単位系 $\{e_{ij}\}_{i,j=1}^n$ に対して $\varphi(e_{ij}) = \delta_{i,j} n^{-1}$, $i,j = 1,\ldots,n$ を示せばよい. $i \neq j$ ならば $\varphi(e_{ij}) = \varphi(e_{ij}e_{jj}) = \varphi(e_{jj}e_{ij}) = 0$. また $\varphi(e_{ii}) = \varphi(e_{i1}e_{1i}) = \varphi(e_{1i}e_{i1}) = \varphi(e_{11})$. よって $1 = \varphi(\sum_i e_{ii}) = n\varphi(e_{11})$ により $\varphi(e_{ii}) = n^{-1}$ である. □

---

[3] UHF は uniformly hyperfinite の略.

[4] AF は approximately finite-dimensional の略.

問題 6.2.8. $M_n(\mathbb{C})_+ \ni \rho \mapsto \mathrm{Tr}_n(\rho\cdot) \in M_n(\mathbb{C})^*_+$ が全単射であることを示せ．この ρ を $\mathrm{Tr}_n(\rho\cdot)$ の密度行列という．関連事項として補題 7.5.5 も見よ．［ヒント：行列単位系 $\{e_{ij}\}_{i,j=1}^n$ を用いる．$\varphi \in M_n(\mathbb{C})^*_+$ に対して $\rho_{ij} := \varphi(e_{ji})$ とおいてみよ．命題 5.5.9 の対応も見よ．］

問題 6.2.9. $\mathcal{H}, \mathcal{K}$ を有限次元 Hilbert 空間とすると，$S \in \mathbf{B}(\mathcal{H}, \mathcal{K})$, $T \in \mathbf{B}(\mathcal{K}, \mathcal{H})$ に対して $\mathrm{Tr}_{\mathcal{H}}(TS) = \mathrm{Tr}_{\mathcal{K}}(ST)$ が成り立つことを示せ．

行列環 $M_n(\mathbb{C})$ の 2 つのトレース Tr_n と tr_n を区別するために，それぞれ非正規化トレース，正規化トレースとよぶこともある．

補題 6.2.10. UHF 環は単純 C* 環であり，唯一つのトレース状態をもつ．

証明. A を UHF 環とする．命題 6.1.4 から A の単純性がわかる．次に $1_A \in A_1 \subset A_2 \subset \cdots$ を行列環と同型な C* 環の増加列であって $\bigcup_n A_n$ が A でノルム稠密であるように取る．各 A_n は唯一つのトレース状態 τ_n をもつ（補題 6.2.7）．唯一性から $\tau_n = \tau_m|_{A_n}$, $m \geqq n$ である．$\bigcup_n A_n$ の稠密性から τ_n たちは A 上の有界線型汎関数 τ に拡張する．これがトレース状態であることは稠密性と連続性の議論からわかる．次に $\tau' \in A^*_+$ をトレース状態とすれば $\tau'|_{A_n} = \tau_n$ である．$\bigcup_n A_n \subset A$ の稠密性から $\tau = \tau'$ である． □

次に行列環の間の $*$ 準同型について調べよう．

補題 6.2.11. 有限次元 Hilbert 空間 $\mathcal{H}, \mathcal{K}$ と単位的 $*$ 準同型 $\pi\colon \mathbf{B}(\mathcal{H}) \to \mathbf{B}(\mathcal{K})$ が与えられているとする．このとき次のことが成り立つ：

(1) $\dim \mathcal{H}$ は $\dim \mathcal{K}$ の約数である．

(2) $\mathbf{B}(\mathcal{H})$ から $\mathbf{B}(\mathcal{K})$ への単位的 $*$ 準同型はユニタリ同値を除いて一意的である．すなわち $\theta\colon \mathbf{B}(\mathcal{H}) \to \mathbf{B}(\mathcal{K})$ を単位的 $*$ 準同型とすれば，あるユニタリ $u \in \mathbf{B}(\mathcal{K})$ が存在して $\theta = \mathrm{Ad}\, u \circ \pi$ となる．

証明. (1)．ρ, σ をそれぞれ $\mathbf{B}(\mathcal{H}), \mathbf{B}(\mathcal{K})$ の恒等表現とすれば，定理 4.4.30 により，ユニタリ同型 $\mathcal{H} \otimes \mathrm{Mor}(\rho, \sigma \circ \pi) \cong \mathcal{K}$ を得る．よって，$\dim \mathcal{H} \cdot \dim \mathrm{Mor}(\rho, \sigma \circ \pi) = \dim \mathcal{K}$.

(2)．(1) より $\dim \mathrm{Mor}(\rho, \sigma \circ \pi) = \dim \mathcal{K} / \dim \mathcal{H} = \dim \mathrm{Mor}(\rho, \sigma \circ \theta)$ とな

り π, θ の Bratteli 図形は一致する．補題 6.2.2 により，(2) の主張が従う． □

Glimm による UHF 環の分類を説明する．行列環たち $M_{n_k}(\mathbb{C})$, $k \in \mathbb{N}$ と，これらの間の単位的 $*$ 準同型からなる次の帰納系を考える：

$$M_{n_1}(\mathbb{C}) \xrightarrow{\pi_1} M_{n_2}(\mathbb{C}) \xrightarrow{\pi_2} M_{n_3}(\mathbb{C}) \xrightarrow{\pi_3} \cdots. \tag{6.7}$$

素数の集合を $\{p_1, p_2, \ldots\}$ と番号づけておき，各 n_k を因数分解する：

$$n_k = p_1^{f_1(k)} p_2^{f_2(k)} \cdots p_\ell^{f_\ell(k)} \cdots, \quad k \in \mathbb{N}.$$

補題 6.2.11 (1) より $f_\ell \colon \mathbb{N} \ni k \mapsto f_\ell(k) \in \mathbb{Z}_+$ は k について単調増加である．そこで $\varepsilon_\ell := \sup_k f_\ell(k) \in \mathbb{Z}_+ \cup \{\infty\}$ とおく．$(\varepsilon_1, \varepsilon_2, \ldots)$ は $n_1, n_2, \ldots$ の極限の形式的な素因数分解 $p_1^{\varepsilon_1} p_2^{\varepsilon_2} \cdots p_\ell^{\varepsilon_\ell} \cdots$ を考えることに相当する．この表示を帰納系 (6.7) に付随する超自然数という．

■**例 6.2.12.**　$n \in \mathbb{N}$ として，$M_n(\mathbb{C}) \to M_{n^2}(\mathbb{C}) \to M_{n^3}(\mathbb{C}) \to \cdots$ を単位的 $*$ 準同型からなる帰納系とする．n の素因数分解に現れる素数を $q_1, \ldots, q_k$ とすれば，帰納系に付随する超自然数は $n^\infty = q_1^\infty \cdots q_k^\infty$ である．たとえば $n = 2$ のときは 2^∞，$n = 30$ のときは $30^\infty = 2^\infty \cdot 3^\infty \cdot 5^\infty$ である．

補題 6.2.13.　A を C* 環，$0 < \varepsilon < 2/9$ とする．$x \in A_{\mathrm{sa}}$ が $\|x - x^2\| < \varepsilon$ をみたせば，ある射影 $p \in \mathrm{C}^*(x)$ が存在して，$\|x - p\| < 3\varepsilon/2$ をみたす．

証明． スペクトル理論から $\mathrm{Sp}_A(x) \subset (-\varepsilon, 3\varepsilon/2) \cup (1 - 3\varepsilon/2, 1 + \varepsilon)$ である．よって $f \colon \mathbb{R} \to \mathbb{R}$ を $(-\varepsilon, 2\varepsilon)$ 上で 0，$(1 - 2\varepsilon, 1 + \varepsilon)$ 上で 1 となる関数とすれば $f \in C_0(\mathrm{Sp}_A(x) \setminus \{0\})$ である．よって $p := f(x) \in \mathrm{C}^*(x)$ は射影であり，連続関数カルキュラスにより $\|x - p\| < 3\varepsilon/2$ である． □

補題 6.2.14.　A を単位的 C* 環，$p, q \in A^{\mathrm{P}}$ とする．もし $\|p - q\| < 1$ ならば p と q は A でユニタリ同値である．

証明． $x := qp + (1_A - q)(1_A - p)$ とおくと，$xp = qx$ かつ $x^*xp = pqp = px^*x$．とくに p は $\mathrm{C}^*(1_A, x^*x)$ の任意の元と可換である．また $x - 1_A = (2q - 1_A)(p - q)$ だから $\|x - 1_A\| = \|p - q\| < 1$（$2q - 1_A \in A^{\mathrm{U}}$ に注意）．よって x は可逆である．$|x|^{-1} \in \mathrm{C}^*(1_A, x^*x)$ よりユニタリ $u := x|x|^{-1}$ に対して，

$up = xp|x|^{-1} = qx|x|^{-1} = qu$ となる. □

問題 6.2.15. 補題 6.2.14 のユニタリと 1_A の差のノルム評価を与えよ.

次の結果から超自然数は UHF 環の同型不変量であることがわかる.

補題 6.2.16. 単位的 $*$ 準同型による次の帰納系たちを考える：

$$M_{n_1}(\mathbb{C}) \xrightarrow{\pi_1} M_{n_2}(\mathbb{C}) \xrightarrow{\pi_2} M_{n_3}(\mathbb{C}) \xrightarrow{\pi_3} \cdots$$

$$M_{m_1}(\mathbb{C}) \xrightarrow{\rho_1} M_{m_2}(\mathbb{C}) \xrightarrow{\rho_2} M_{m_3}(\mathbb{C}) \xrightarrow{\rho_3} \cdots$$

もし $\varinjlim M_{n_k}(\mathbb{C}) \cong \varinjlim M_{m_k}(\mathbb{C})$ ならば，それぞれに付随する超自然数は等しい.

証明. $A := \varinjlim M_{n_k}(\mathbb{C})$, $B := \varinjlim M_{m_k}(\mathbb{C})$ とおく. 標準的埋め込み $\pi_{\infty k}\colon M_{n_k}(\mathbb{C}) \to A$, $\rho_{\infty k}\colon M_{m_k}(\mathbb{C}) \to B$ と同型 $\theta\colon A \to B$ を取る. A, B の一意的なトレース状態をそれぞれ τ_A, τ_B と書く. また $M_{n_k}(\mathbb{C}), M_{m_k}(\mathbb{C})$ のトレース状態をそれぞれ $\mathrm{tr}_{n_k}, \mathrm{tr}_{m_k}$ と書く. するとトレース状態の一意性から $\tau_B \circ \theta = \tau_A$, $\tau_A \circ \pi_{\infty k} = \mathrm{tr}_{n_k}$, $\tau_B \circ \rho_{\infty k} = \mathrm{tr}_{m_k}$, $k \in \mathbb{N}$.

さて, $k \in \mathbb{N}$ を固定して極小射影 $e \in M_{n_k}(\mathbb{C})$ を取ると, $\tau_B(\theta(\pi_{\infty k}(e))) = \tau_A(\pi_{\infty k}(e)) = \mathrm{tr}_{n_k}(e) = 1/n_k$. 一方で $f := \theta(\pi_{\infty k}(e)) \in B$ について, $\bigcup_\ell \rho_{\infty\ell}(M_{m_\ell}(\mathbb{C})) \subset B$ の稠密性から, ある $\ell \in \mathbb{N}$ と $x = x^* \in M_{m_\ell}(\mathbb{C})$ を $\|\rho_{\infty\ell}(x) - f\| < 1/6$ かつ $\|\rho_{\infty\ell}(x) - \rho_{\infty\ell}(x)^2\| < 1/9$ となるように取れる. $\rho_{\infty\ell}\colon M_{m_\ell}(\mathbb{C}) \to B$ は等長だから $\|x - x^2\| < 1/9$. 補題 6.2.13 よりある射影 $p \in M_{m_\ell}(\mathbb{C})$ を $\|x - p\| < 1/6$ となるように取れる. すると $\|\rho_{\infty\ell}(p) - f\| \leqq \|p - x\| + \|\rho_{\infty\ell}(x) - f\| < 1/3$ である. 補題 6.2.14 よりある $u \in B^{\mathrm{U}}$ を $f = u\rho_{\infty\ell}(p)u^*$ となるように取れる. よって

$$\frac{1}{n_k} = \tau_B(f) = \tau_B(u\rho_{\infty\ell}(p)u^*) = \tau_B(\rho_{\infty\ell}(p)) = \mathrm{tr}_{m_\ell}(p) = \frac{r}{m_\ell}$$

となる $r \in \{1, \ldots, m_\ell\}$ が存在する. とくに n_k は m_ℓ の約数である.

同様にして各 $s \in \mathbb{N}$ に対して $t \in \mathbb{N}$ が存在して, m_s は n_t の約数となる. 以上から A と B の超自然数は等しい. □

定理 6.2.17 (Glimm). UHF 環 A, B が同型 $\Leftrightarrow$ A と B に付随する超自然数が等しい.

証明. $\Rightarrow$ は補題 6.2.16 で示した. $\Leftarrow$ を示す. A, B の行列環からなる帰納系をそれぞれ $\pi_i\colon A_i \to A_{i+1}$, $\rho_j\colon B_j \to B_{j+1}$ とする. 記号 $\pi_{ki}, \rho_{\ell j}$ はこれまでどおりとする. $d_A(i) \coloneqq \sqrt{\dim A_i}$, $d_B(j) \coloneqq \sqrt{\dim B_j}$ とおくと, $A_i \cong M_{d_A(i)}(\mathbb{C})$, $B_j \cong M_{d_B(j)}(\mathbb{C})$ である

$\mathbb{N}$ の部分列 i_s, j_s, 単位的 $*$ 準同型 $\alpha_k\colon A_{i_s} \to B_{j_s}$, $\beta_k\colon B_{j_s} \to A_{i_{s+1}}$ を次の図式が可換となるように取れることを帰納法で示す：

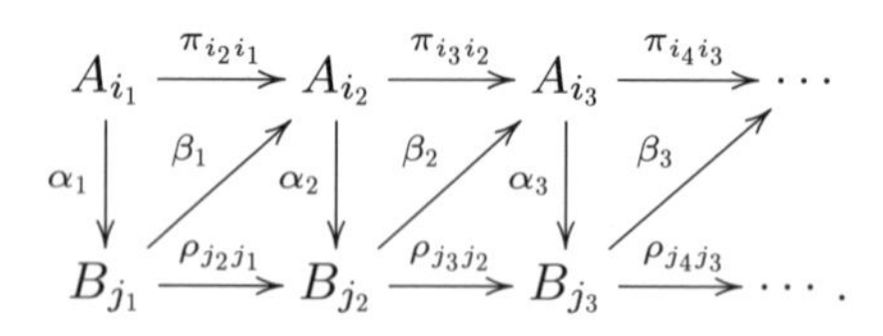

$i_1 \coloneqq 1$ とする. A, B の超自然数は等しいから, $j_1 \in \mathbb{N}$ を $d_A(i_1) \mid d_B(j_1)$ となるように取れる. 単位的 $*$ 準同型 $\alpha_1\colon A_{i_1} \to B_{j_1}$ を任意にとっておく. 同様に $i_1 < i_2$ かつ $d_B(j_1) \mid d_A(i_2)$ となるような $i_2 \in \mathbb{N}$ と, 単位的 $*$ 準同型 $\gamma_1\colon B_{j_1} \to A_{i_2}$ を任意に取る. 単位的 $*$ 準同型 $\pi_{i_2 i_1}, \gamma_1 \circ \alpha_1\colon A_{i_1} \to A_{i_2}$ に補題 6.2.11 を適用すれば, ユニタリ $w_2 \in A_{i_2}$ を $\pi_{i_2 i_1} = \operatorname{Ad} w_2 \circ \gamma_1 \circ \alpha_1$ となるように取れる. そこで $\beta_1 \coloneqq \operatorname{Ad} w_2 \circ \gamma_1$ とおく. 以降同様にユニタリで補正しながら可換図式を延ばしていくことができる. 以上により, 絡み合わせ論法（定理 6.1.5）から $A \cong B$ がわかる. □

6.2.3　無限テンソル積状態

UHF 環のテンソル積状態を紹介する. これは群作用の構成や von Neumann 環の構成などにも有用である. 一般の C* 環のテンソル積については第 10 章で触れる. $*$ 環 A, B とそれぞれの正値線型汎関数 φ, ψ が与えられているとする. このとき $\varphi \otimes \psi \in (A \otimes_{\mathrm{alg}} B)^*_{\mathrm{alg}}$ を $(\varphi \otimes \psi)(a \otimes b) = \varphi(a)\psi(b)$, $a \in A$, $b \in B$ となるように定義できる. $\varphi \otimes \psi$ は $*$ 環 $A \otimes_{\mathrm{alg}} B$ 上で正値である. 実際 $x \coloneqq \sum_{k=1}^n a_k \otimes b_k \in A \otimes_{\mathrm{alg}} B$ に対して

$$(\varphi \otimes \psi)(x^*x) = \sum_{k,\ell} \varphi(a_k^* a_\ell)\psi(b_k^* b_\ell) = \sum_{k,\ell} \varphi(a_k^* \psi(b_k^* b_\ell) a_\ell) \geqq 0.$$

最後の不等号は，ψ の完全正値性から $[\psi(b_k^* b_\ell)]_{k,\ell} \in M_n(\mathbb{C})_+$ であることと補題 5.1.5 (1) から従う．もしくは次の問題を用いてもよい．

問題 6.2.18.　$\mathbb{C}^n$ の CONS を $\{\varepsilon_k\}_{k=1}^n$ とする $(n \in \mathbb{N})$．$x = [x_{k\ell}]$, $y = [y_{k\ell}] \in M_n(\mathbb{C})$ に対して Hadamard 積を $x \cdot y := [x_{k\ell} y_{k\ell}]$ と定義する．

(1) $T := \sum_k \ell(\varepsilon_k)^* \otimes \ell(\varepsilon_k) \otimes \ell(\varepsilon_k) \in \mathbf{B}(\mathbb{C}^n \otimes \mathbb{C} \otimes \mathbb{C}, \mathbb{C} \otimes \mathbb{C}^n \otimes \mathbb{C}^n)$ とおくと，$x \cdot y = T^*(1_{\mathbb{C}} \otimes x \otimes y)T$ であることを示せ．とくに $x, y \in M_n(\mathbb{C})_+$ ならば，$x \cdot y \in M_n(\mathbb{C})_+$ である．
(2) 線型汎関数 $M_n(\mathbb{C}) \ni [x_{k\ell}] \mapsto \sum_{k,\ell} x_{k\ell} \in \mathbb{C}$ は正値であることを示せ．

一般に $*$ 環 A_i と A_i 上の正値線型汎関数 $\varphi_i \in (A_i)^*_+$, $i = 1, \ldots, n$ に対して $\varphi_1 \otimes \cdots \otimes \varphi_n$ は $A_1 \otimes_{\mathrm{alg}} \cdots \otimes_{\mathrm{alg}} A_n$ 上の正値線型汎関数である．

UHF 環は帰納系の単位的 $*$ 準同型の取り方には依存せず，各行列のサイズから決まるのであった．そこでテンソル積表示を用いて，帰納系

$$M_{d_1}(\mathbb{C}) \to M_{d_1}(\mathbb{C}) \otimes M_{d_2}(\mathbb{C}) \to M_{d_1}(\mathbb{C}) \otimes M_{d_2}(\mathbb{C}) \otimes M_{d_3}(\mathbb{C}) \to \cdots$$

を考える．各単位的 $*$ 準同型は増幅写像 $x \mapsto x \otimes 1$ を取っておく．付随する UHF 環は $\bigotimes_{k=1}^\infty M_{d_k}(\mathbb{C})$, $\bigotimes_{k \in \mathbb{N}} M_{d_k}(\mathbb{C})$ などと略記される．各 $M_{d_k}(\mathbb{C})$ の状態 φ_k を取り，$\psi_n := \varphi_1 \otimes \cdots \otimes \varphi_n$ を考えると，ψ_n は正値かつ $\psi_n(1) = 1$ だから ψ_n は状態である．さらに $\psi_{n+1}(x \otimes 1) = \psi_n(x)\varphi_{n+1}(1) = \psi_n(x)$ より ψ_n たちは各埋め込みと整合的であり，$A := \bigotimes_{k=1}^\infty M_{d_k}(\mathbb{C})$ 上の状態 ψ に等長拡張する．この状態を**無限テンソル積状態**または**積状態**とよび，$\psi = \bigotimes_{k=1}^\infty \varphi_k = \varphi_1 \otimes \varphi_2 \otimes \cdots$ などと表す．ψ の GNS 表現 $\pi_\psi \colon A \to \mathbf{B}(\mathcal{H}_\psi)$ に付随して von Neumann 環 $\pi_\psi(A)''$ が構成される．これらの分類の一部を 9.4.3 項で紹介する．

6.2.4　AF 環の Bratteli 図形

有限次元 C* 環 A_n たちからなる帰納系 $A_1 \xrightarrow{\pi_1} A_2 \xrightarrow{\pi_2} A_3 \xrightarrow{\pi_3} \cdots$ を考える．各 π_n に付随する Bratteli 図形をつなげたものを帰納系に対する **Bratteli 図形**という．

■**例 6.2.19.** 帰納系 $M_1(\mathbb{C}) \to M_2(\mathbb{C}) \to M_3(\mathbb{C}) \to \cdots$ で各ステップの $*$ 準同型を $x \mapsto \left[\begin{smallmatrix} x & 0 \\ 0 & 0 \end{smallmatrix}\right]$ と与えると，Bratteli 図形は次のようになる：

$$1 \xrightarrow{1} 2 \xrightarrow{1} 3 \xrightarrow{1} 4 \xrightarrow{1} \cdots$$

ℓ^2 の標準的な CONS $\{\varepsilon_k\}_{k \geqq 1}$ に付随する射影 $p_n := \sum_{k=1}^{n} \varepsilon_k \odot \varepsilon_k$ について，帰納系 $p_1 \mathbf{K}(\ell^2) p_1 \subset \cdots \subset p_n \mathbf{K}(\ell^2) p_n \subset \cdots$ と $M_1(\mathbb{C}) \to M_2(\mathbb{C}) \to M_3(\mathbb{C}) \to \cdots$ との間に各ステップで同型を自然に構成すれば，定理 6.1.5 により $\varinjlim M_n(\mathbb{C}) \cong \mathbf{K}(\ell^2)$ である．

■**例 6.2.20.** UHF 環の帰納系 $M_{n_1}(\mathbb{C}) \to M_{n_2}(\mathbb{C}) \to M_{n_3}(\mathbb{C}) \to \cdots$ を考える．各ステップの $*$ 準同型は増幅 $x \mapsto x \otimes 1$ とユニタリ同値であるから Bratteli 図形は次のようになる：

$$n_1 \xrightarrow{n_2/n_1} n_2 \xrightarrow{n_3/n_2} n_3 \xrightarrow{n_4/n_3} n_4 \xrightarrow{n_5/n_4} \cdots$$

問題 6.2.21. d 次対称群 S_d は $\{1, \ldots, d\}$ の全単射全体のなす群である．S_d は自然に S_{d+1} の部分群である（各 $\sigma \in S_d$ は点 $d+1$ を固定する）．このとき $\mathbb{C}[S_1] \subset \mathbb{C}[S_2] \subset \mathbb{C}[S_3] \subset \cdots$ に付随する Bratteli 図形を描け．［ヒント：対称群の表現論（例えば [洞 17] 参照のこと）と例 6.2.3 を使ってみよ.］

Bratteli 図形を C* 環から離れてグラフの言葉で再定義しておこう．

定義 6.2.22. **Bratteli 図形**[5] は，頂点集合 $V = \bigsqcup_{n \in \mathbb{N}} V_n$，辺集合 $E = \bigsqcup_{n \in \mathbb{N}} E_n$，始写像 $s\colon E \to V$，終写像 $r\colon E \to V$ と関数 $d\colon V \to \mathbb{N}$ の組 (V, E, s, r, d) であって次の性質をもつもののことである：

- E の写像 $s\colon E_n \to V_n$ と写像 $r\colon E_n \to V_{n+1}$ が与えられている（s, r をそれぞれ始写像，終写像とよぶ）．つまり E_n は V_n から V_{n+1} への辺集合である．V_n, E_n をレベル n の頂点集合，辺集合とよぶ．
- $|V_n| < \infty, |E_n| < \infty$.
- $n \geqq 1$ と $v \in V_n$ と $w \in V_{n+1}$ に対して，$m(w, v) := |s^{-1}(v) \cap r^{-1}(w)|$

[5] (V, E, s, r) を Bratteli 図形，(V, E, s, r, d) をラベル付き Bratteli 図形と区別してよぶこともある．V_n を $n \geqq 0$ で定義したり，V_n, E_n に有限性を課さないこともある．Bratteli 図形の定義は文献により様々である．

とおく．このとき $d(w) \geqq \sum_{v \in V_n} m(w,v)d(v)$ である．

■**例 6.2.23.** 有限次元 C* 環の帰納系 $A_1 \xrightarrow{\rho_1} A_2 \xrightarrow{\rho_2} A_3 \xrightarrow{\rho_3} \cdots$ の Bratteli 図形は定義 6.2.22 の意味での Bratteli 図形である．実際に，頂点集合と辺集合は $V_n := \mathrm{Irr}(A_n) = \{\pi_i^n\}_{i \in I_n}$, $E_n := \bigsqcup_{(i,j) \in I_n \times I_{n+1}} \mathrm{ONB}(\pi_i^n, \pi_j^{n+1} \circ \rho_n)$ とする．始，終写像 $s\colon E_n \to V_n$, $r\colon E_n \to V_{n+1}$ は $T \in \mathrm{ONB}(\pi_i^n, \pi_j^{n+1} \circ \rho_n)$ に対して $s(T) := \pi_i^n$, $r(T) := \pi_j^{n+1}$ とおく．$d\colon V_n \to \mathbb{N}$ は $d(\pi_i^n) := \dim \mathcal{H}_i^n$ とおけばよい．ここで $\mathcal{H}_i^n$ は π_i^n の表現空間である．

2 つの Bratteli 図形 (V, E, s, r, d) と (V', E', s', r', d') が同型であるとは，レベルを保つ全単射 $\phi\colon V \to V'$, $\psi\colon E \to E'$ があって $s' \circ \psi = \phi \circ s$, $r' \circ \psi = \phi \circ r$, $d' \circ \phi = d$ が成り立つことをいう．

定理 6.2.24 (Bratteli)**.** 有限次元 C* 環の帰納系 $A_1 \to A_2 \to \cdots$ と $B_1 \to B_2 \to \cdots$ の Bratteli 図形が同型ならば，$\varinjlim A_n \cong \varinjlim B_n$ である．

証明. $X = A, B$ に対して帰納系の写像を $\rho_n^X\colon X_n \to X_{n+1}$，これらに付随する Bratteli 図形 $(V^X, E^X, s^X, r^X, d^X)$ を例 6.2.23 のように定める．また

$$\mathrm{Irr}(X_n) = \{(\pi_v^X, \mathcal{H}_v^X)\}_{v \in V_n^X}, \ \mathrm{ONB}(\pi_{s(e)}^X, \pi_{r(e)}^X \circ \rho_n^X) = \{S_e^X\}_{e \in E_n^X}$$

のように，各レベルの頂点集合と辺集合を添え字として扱う．X_n の普遍原子表現を $\theta^{X_n}\colon X_n \ni x \mapsto (\pi_v^X(x))_v \in \bigoplus_{v \in V_n^X} \mathbf{B}(\mathcal{H}_v^X)$ と書く．射影 * 準同型 $\mathrm{pr}_v^X\colon \bigoplus_{w \in V_n^X} \mathbf{B}(\mathcal{H}_w^X) \to \mathbf{B}(\mathcal{H}_v^X)$ は $\pi_v^X = \mathrm{pr}_v^X \circ \theta^{X_n}$, $v \in V_n^X$ をみたす．Bratteli 図形の同型写像を $\phi\colon V^A \to V^B$, $\psi\colon E^A \to E^B$ とする．

さて次の図式を可換にする同型 $\alpha_n\colon A_n \to B_n$, $n \in \mathbb{N}$ を構成しよう：

$$\begin{array}{ccccccc}
A_1 & \xrightarrow{\rho_1^A} & A_2 & \xrightarrow{\rho_2^A} & A_3 & \xrightarrow{\rho_3^A} & \cdots \\
\downarrow{\scriptstyle \alpha_1} & & \downarrow{\scriptstyle \alpha_2} & & \downarrow{\scriptstyle \alpha_3} & & \\
B_1 & \xrightarrow{\rho_1^B} & B_2 & \xrightarrow{\rho_2^B} & B_3 & \xrightarrow{\rho_3^B} & \cdots .
\end{array} \tag{6.8}$$

まず $\dim \mathcal{H}_{\phi(v)}^B = d^B(\phi(v)) = d^A(v) = \dim \mathcal{H}_v^A$, $v \in V_1^A$ だから，各 $v \in V_1^A$ について，ユニタリ $u_v^1\colon \mathcal{H}_v^A \to \mathcal{H}_{\phi(v)}^B$ を取れる．$U^1 := (u_v^1)_v \in \bigoplus_{v \in V_1^A} \mathbf{B}(\mathcal{H}_v^A, \mathcal{H}_{\phi(v)}^B)$ とおき，$\alpha_1 := (\theta^{B_1})^{-1} \circ \mathrm{Ad}\, U^1 \circ \theta^{A_1}$ とすれば，$\alpha_1\colon A_1$

$\to B_1$ は同型である．さらに $e \in E_1^B$ に対して，次式が成り立つ：

$$\pi_{s(e)}^B \circ \alpha_1 = \mathrm{pr}_{s(e)}^B \circ \operatorname{Ad} U^1 \circ \theta^{A_1} = \operatorname{Ad} u_{\phi^{-1}(s(e))}^1 \circ \mathrm{pr}_{\phi^{-1}(s(e))}^A \circ \theta^{A_1}$$
$$= \operatorname{Ad} u_{\phi^{-1}(s(e))}^1 \circ \pi_{\phi^{-1}(s(e))}^A.$$

$k = 1, \ldots, n-1$ に対して図式 (6.8) が可換になるような α_k と次式をみたすユニタリ $u^k = (u_v^k)_v \in \bigoplus_{v \in V_k^A} \mathbf{B}(\mathcal{H}_v^A, \mathcal{H}_{\phi(v)}^B)$ を構成できたとする：

$$\pi_{s(e)}^B \circ \alpha_k = \operatorname{Ad} u_{\phi^{-1}(s(e))}^k \circ \pi_{\phi^{-1}(s(e))}^A, \quad e \in E_k^B. \tag{6.9}$$

先ほどと同様にして，$\dim \mathcal{H}_{\phi(v)}^B = d^B(\phi(v)) = d^A(v) = \dim \mathcal{H}_v^A$, $v \in V_n^A$ だから，各 $v \in V_n^A$ についてユニタリ $U_v^n \colon \mathcal{H}_v^A \to \mathcal{H}_{\phi(v)}^B$ を取れる．$U^n := (U_v^n)_v \in \bigoplus_{v \in V_n^A} \mathbf{B}(\mathcal{H}_v^A, \mathcal{H}_{\phi(v)}^B)$ とおき，$\beta_n := (\theta^{B_n})^{-1} \circ \operatorname{Ad} U^n \circ \theta^{A_n}$ とすれば，$\beta_n \colon A_n \to B_n$ は同型である．そこで B_{n-1} から B_n への $*$ 準同型 ρ_{n-1}^B と $\sigma_{n-1}^B := \beta_n \circ \rho_{n-1}^A \circ \alpha_{n-1}^{-1}$ の Bratteli 図形が一致することを確認しよう．つまり $e \in E_{n-1}^B$ に対して次式を示せばよい：

$$\dim \operatorname{Mor}(\pi_{s(e)}^B, \pi_{r(e)}^B \circ \rho_{n-1}^B) = \dim \operatorname{Mor}(\pi_{s(e)}^B, \pi_{r(e)}^B \circ \sigma_{n-1}^B). \tag{6.10}$$

任意の $e \in E_{n-1}^B$ に対して，$\pi_{r(e)}^B = \mathrm{pr}_{r(e)}^B \circ \theta^{B_n}$ より

$$\pi_{r(e)}^B \circ \sigma_{n-1}^B = \pi_{r(e)}^B \circ \beta_n \circ \rho_{n-1}^A \circ \alpha_{n-1}^{-1}$$
$$= \mathrm{pr}_{r(e)}^B \circ \operatorname{Ad} U^n \circ \theta^{A_n} \circ \rho_{n-1}^A \circ \alpha_{n-1}^{-1}$$
$$= \operatorname{Ad} U_{\phi^{-1}(r(e))}^n \circ \pi_{\phi^{-1}(r(e))}^A \circ \rho_{n-1}^A \circ \alpha_{n-1}^{-1}$$

だから Hilbert 空間の同型

$$\operatorname{Mor}(\pi_{s(e)}^B, \pi_{r(e)}^B \circ \sigma_{n-1}^B) \to \operatorname{Mor}(\pi_{s(e)}^B \circ \alpha_{n-1}, \pi_{r(e)}^B \circ \sigma_{n-1}^B \circ \alpha_{n-1})$$
$$\to \operatorname{Mor}(\pi_{s(e)}^B \circ \alpha_{n-1}, \pi_{\phi^{-1}(r(e))}^A \circ \rho_{n-1}^A)$$
$$\to \operatorname{Mor}(\pi_{\phi^{-1}(s(e))}^A, \pi_{\phi^{-1}(r(e))}^A \circ \rho_{n-1}^A)$$

を得る．写像は $T \mapsto T \mapsto (U_{\phi^{-1}(r(e))}^n)^* T \mapsto (U_{\phi^{-1}(r(e))}^n)^* T u_{\phi^{-1}(s(e))}^{n-1}$ である．最後の変形は (6.9) の $k = n-1$ の場合を用いた．ρ_{n-1}^A と ρ_{n-1}^B の Bratteli 図形が一致するという仮定から (6.10) が従う．

補題 6.2.2 より，ある $W_n \in (B_n)^{\mathrm{U}}$ を $\rho_{n-1}^B = \operatorname{Ad} W_n \circ \sigma_{n-1}^B$ となるように取れる．そこで $\alpha_n := \operatorname{Ad} W_n \circ \beta_n$ とおけば，図式 (6.8) が α_n まで可換とな

る．次に (6.9) を $k=n$ のときに確かめる．各 $e \in E_n^B$ に対して

$$\begin{aligned}\pi_{s(e)}^B \circ \alpha_n &= \pi_{s(e)}^B \circ \operatorname{Ad} W_n \circ \beta_n = \operatorname{Ad} \pi_{s(e)}^B(W_n) \circ \pi_{s(e)}^B \circ \beta_n \\ &= \operatorname{Ad} \pi_{s(e)}^B(W_n) \circ \pi_{s(e)}^B \circ (\theta^{B_n})^{-1} \circ \operatorname{Ad} U^n \circ \theta^{A_n} \\ &= \operatorname{Ad} \pi_{s(e)}^B(W_n) \circ \operatorname{pr}_{s(e)}^B \circ \operatorname{Ad} U^n \circ \theta^{A_n} \\ &= \operatorname{Ad} \pi_{s(e)}^B(W_n) U_{\phi^{-1}(s(e))}^n \circ \pi_{\phi^{-1}(s(e))}^A.\end{aligned}$$

よって $u_v^n := \pi_{\phi(v)}^B(W_n)U_v^n$, $u^n := (u_v^n)_{v \in V_A^n}$ とおけば，$k=n$ で (6.9) が成り立つ．以上から帰納的に α_n, u^n を構成でき，$\varinjlim A_n \cong \varinjlim B_n$ が従う． □

定理 6.2.24 により，Bratteli 図形を実現する帰納系が与えられればその帰納極限は同型を除いて一意的に定まる．しかし逆の問題，すなわち Bratteli 図形 Γ^j を与えるような帰納系 $A_1^j \to A_2^j \to \cdots$, $j=1,2$ について $\varinjlim A_n^1 \cong \varinjlim A_n^2$ であったとしても，Bratteli 図形が同型とは限らない．実際に補題 6.1.3 により，途中を飛ばした帰納系も同型な帰納極限をもつ．これに対応する Bratteli 図形を記述しよう．

定義 6.2.25. (V, E, s, r, d) を Bratteli 図形，2 頂点 $v \in V_m$, $w \in V_n$, $m < n$ が与えられたとする．

- $\xi \in E_m \times \cdots \times E_{n-1}$ は v から w への道である $:\overset{\mathrm{d}}{\Leftrightarrow}$ $\xi = (\xi_m, \ldots, \xi_{n-1})$ としたとき $v = s(\xi_m)$, $r(\xi_k) = s(\xi_{k+1})$, $r(\xi_{n-1}) = w$, $k = m, \ldots, n-2$.
- v から w への道の集合を $\operatorname{Path}(v, w)$ と書く（空集合もありうる）.

辺集合 E_n を添え字として $\operatorname{ONB}(\pi_i^n, \pi_j^{n+1} \circ \rho_n) = \{S(\xi)\}_{\xi \in E_n}$ と書く（例 6.2.23 の記号）．$m < n$ として $A_m \xrightarrow{\rho_{n,m}} A_n$ をこれまでどおり $\rho_{n,m} := \rho_{n-1} \circ \rho_{n-2} \circ \cdots \circ \rho_m$ と定めて $\operatorname{Mor}(\pi_i^m, \pi_j^n \circ \rho_{n,m})$ を調べる．各 $\xi = (\xi_m, \ldots, \xi_{n-1}) \in \operatorname{Path}(i, j)$ に対して，$S(\xi) := S(\xi_{n-1}) \cdots S(\xi_m) \in \operatorname{Mor}(\pi_i^m, \pi_j^n \circ \rho_{n,m})$ と定める．

補題 6.2.26. $\{S(\xi)\}_{\xi \in \operatorname{Path}(i,j)}$ は $\operatorname{Mor}(\pi_i^m, \pi_j^n \circ \rho_{n,m})$ の CONS である．とくに $\rho_{n,m} \colon A_m \to A_n$ の Bratteli 図形の $i \in I_m$ と $j \in I_n$ を結ぶ辺の数は，i から j への道の総数に等しい（$\operatorname{Path}(i,j) \neq \emptyset$ のときを考えている）.

証明． $\{S(\xi)\}_{\xi\in\mathrm{Path}(i,j)}$ が ONS であることは明らかである．CONS であることを帰納法で示す．$n=m+1$ のときは明らか．$n-1$ まで成り立つとし，$T\in\mathrm{Mor}(\pi_i^m,\pi_j^n\circ\rho_{n,m})$ とする．レベル $(n-1)$ から n へ至る道を考えれば，$\pi_j^n\circ\rho_{n-1}(x)=\sum_{k\in I_{n-1}}\sum_{\eta\in\mathrm{Path}(k,j)}S(\eta)\pi_k^{n-1}(x)S(\eta)^*$，$x\in A_{n-1}$ である（$\mathrm{Path}(k,j)=\emptyset$ の項は和を取らない）．このとき $\eta\in\mathrm{Path}(k,j)$ に対して，$S(\eta)^*T\in\mathrm{Mor}(\pi_i^m,\pi_k^{n-1}\circ\rho_{n-1,m})$ より，帰納法の仮定から $S(\eta)^*T\in\mathrm{span}\{\,S(\zeta)\mid\zeta\in\mathrm{Path}(i,k)\,\}$ である．また $\sum_k\sum_\eta S(\eta)S(\eta)^*T=T$ である．実際に，$\sum_k\sum_\eta S(\eta)S(\eta)^*=\pi_j^n\circ\rho_{n-1}(1_{A_{n-1}})\geqq\pi_j^n(\rho_{n,m}(1_{A_m}))$ であり，$\pi_j^n(\rho_{n,m}(1_{A_m}))T=T\pi_i^m(1_{A_m})=T$ であることからわかる．よって T は $S(\eta)S(\zeta)$，$\zeta\in\mathrm{Path}(i,k)$，$\eta\in\mathrm{Path}(k,j)$，$i\in I_{n-1}$ の線型結合で書ける．ζ,η を結合した道を考えれば，T が $S(\xi)$，$\xi\in\mathrm{Path}(i,j)$ の線型結合で書けることがわかる．□

問題 6.2.27. 次の Bratteli 図形をもつ帰納系の帰納極限は同型であることを示せ：

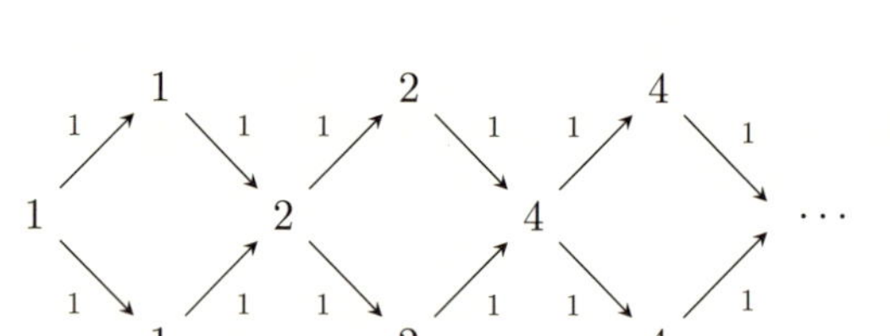

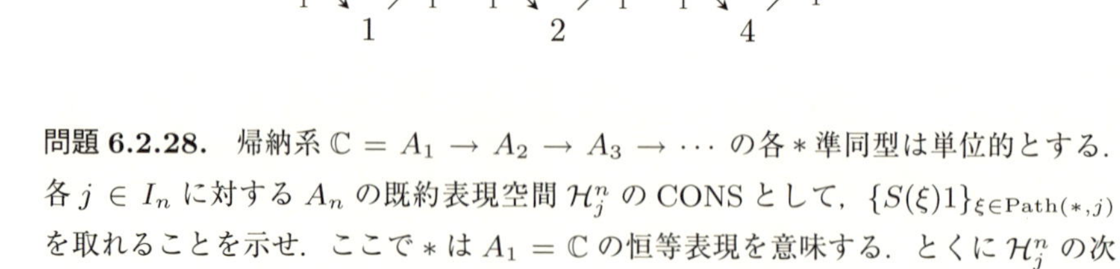

問題 6.2.28. 帰納系 $\mathbb{C}=A_1\to A_2\to A_3\to\cdots$ の各 $*$ 準同型は単位的とする．各 $j\in I_n$ に対する A_n の既約表現空間 $\mathcal{H}_j^n$ の CONS として，$\{S(\xi)1\}_{\xi\in\mathrm{Path}(*,j)}$ を取れることを示せ．ここで $*$ は $A_1=\mathbb{C}$ の恒等表現を意味する．とくに $\mathcal{H}_j^n$ の次元は $*$ から j への道の総数に等しい．

コメント 6.2.29. Bratteli 図形 Γ^1,Γ^2 とそれに付随する帰納系 A_n,B_n がそれぞれあったとする．このとき $\varinjlim A_n\cong\varinjlim B_n$ であるための必要十分条件は次のように述べられる：「Γ^1,Γ^2 の途中を適当に飛ばした Bratteli 図形 $\Gamma^3=(V^A,E^A,s^A,r^A,d^A)$，$\Gamma^4=(V^B,E^B,s^B,r^B,d^B)$ を作り，さらに V_n^A から V_n^B，V_n^B から V_{n+1}^A へと辺を構成してもとの V_n^A から V_{n+1}^A への辺，V_n^B

から V_{n+1}^B への辺の多重度と整合的になるようにできる（Bratteli による．定理 6.2.17 の証明も見よ）.」

本節の最後に Bratteli 図形から AF 環を直接構成する方法を紹介する．Bratteli 図形 (V, E, s, r, d) であって，V_1 は 1 点集合 $\{*\}$ であり，任意の $n \in \mathbb{N}$, $v \in V_n$, $w \in V_{n+1}$ に対して，$s^{-1}(v) \neq \emptyset$, $r^{-1}(w) \neq \emptyset$ かつ $d(w) = \sum_{v \in V_n} m(v, w) d(v)$ であることを仮定する[6)]．$m(v, w) = |\mathrm{Path}(v, w)|$ であることに注意しよう．

各 $v \in V_n$ に対して，Hilbert 空間 $\mathcal{H}_v$ を $\mathcal{H}_v := \mathrm{span}\{\xi \mid \xi \in \mathrm{Path}(*, v)\}$ と定めると（形式的な線型結合を考える），$\dim \mathcal{H}_v = d(v)$ である．内積は $\{\xi\}_{\xi \in \mathrm{Path}(*, v)}$ が CONS となるように定める（問題 6.2.28 も見よ）．このとき Schatten 形式 $\{\xi \odot \eta\}_{\xi, \eta \in \mathrm{Path}(*, v)}$ たちは $\mathbf{B}(\mathcal{H}_v)$ の行列単位系である．以下 $\xi, \eta \in \mathrm{Path}(*, v)$ に対して $(\xi, \eta) := \xi \odot \eta$ と書く．

そこで $\mathrm{String}_n := \bigoplus_{v \in V_n} \mathbf{B}(\mathcal{H}_v)$ をストリング環とよぶ．$\mathrm{String}_1 = \mathbf{B}(\mathcal{H}_*) = \mathbb{C}$ とみなす．また線型写像 $\rho_n \colon \mathrm{String}_n \to \mathrm{String}_{n+1}$ を String_n の（基底である）行列単位系に対して

$$\rho_n((\xi, \eta)) := \sum_{w \in V_{n+1}} \sum_{\zeta \in \mathrm{Path}(v, w)} (\xi \cdot \zeta, \eta \cdot \zeta), \quad \xi, \eta \in \mathrm{Path}(*, v),\ v \in V_n$$

と定める．ここで $\xi \cdot \zeta$ は ξ と ζ を結合した道である．すると ρ_n が単射かつ単位的な $*$ 準同型であることがわかる．こうして次の帰納系を得る：

$$\mathrm{String}_1 \xrightarrow{\rho_1} \mathrm{String}_2 \xrightarrow{\rho_2} \cdots \xrightarrow{\rho_{n-1}} \mathrm{String}_n \xrightarrow{\rho_n} \cdots. \tag{6.11}$$

この帰納系に付随する Bratteli 図形を記述する．まず，$\mathrm{Irr}(\mathrm{String}_n)$ は V_n でパラメトライズされる．実際に $v \in V_n$ に対応する射影 $*$ 準同型 $\pi_v \colon \mathrm{String}_n \to \mathbf{B}(\mathcal{H}_v)$ たちが $\mathrm{Irr}(\mathrm{String}_n)$ の完全代表系を与える．

次に $v \in V_n$, $w \in V_{n+1}$ に対して $\mathrm{Mor}(\pi_v, \pi_w \circ \rho_n)$ を考える．各 $\zeta \in \mathrm{Path}(v, w)$ に対して $T_\zeta \in \mathbf{B}(\mathcal{H}_v, \mathcal{H}_w)$ を $T_\zeta \xi := \xi \cdot \zeta$, $\xi \in \mathrm{Path}(*, v)$ と定める．次の結果より (6.11) の Bratteli 図形は (V, E, s, r, d) である．

---

6) 帰納系の各 $*$ 準同型が単位的かつ単射であることを意味する．

補題 6.2.30. $\{T_\zeta\}_{\zeta\in\mathrm{Path}(v,w)}$ は $\mathrm{Mor}(\pi_v, \pi_w\circ\rho_n)$ の CONS である.

証明. 任意の $v\in V_n$ と $\xi,\eta,\lambda\in\mathrm{Path}(*,v)$ に対して, $T_\zeta\pi_v((\xi,\eta))\lambda = T_\zeta(\xi,\eta)\lambda=\delta_{\eta,\lambda}\xi\cdot\zeta$. また $\lambda\in\mathrm{Path}(*,v)$ に対して

$$\begin{aligned}\pi_w(\rho_n((\xi,\eta)))T_\zeta\lambda &= \pi_w(\rho_n((\xi,\eta)))\lambda\cdot\zeta\\ &= \sum_{\mu\in\mathrm{Path}(v,w)}(\xi\cdot\mu,\eta\cdot\mu)\lambda\cdot\zeta=\delta_{\eta,\lambda}\xi\cdot\zeta.\end{aligned}$$

以上から $T_\zeta\in\mathrm{Mor}(\pi_v,\pi_w\circ\rho_n)$ である. 直接の計算から $\{T_\zeta\}_{\zeta\in\mathrm{Path}(v,w)}$ が ONS であることがわかる. $S\in\mathrm{Mor}(\pi_v,\pi_w\circ\rho_n)$ を取ると, $S\pi_v((\xi,\xi)) = (\pi_w\circ\rho_n)((\xi,\xi))S$, $\xi\in\mathrm{Path}(*,v)$. よって

$$S\xi=S\pi_v((\xi,\xi))\xi=(\pi_w\circ\rho_n)((\xi,\xi))S\xi=\sum_{\zeta\in\mathrm{Path}(v,w)}(\xi\cdot\zeta,\xi\cdot\zeta)S\xi.$$

また任意の $\zeta\in\mathrm{Path}(v,w)$ に対して $(\xi\cdot\zeta,\xi\cdot\zeta)=T_\zeta(\xi,\xi)T_\zeta^*$ であるから

$$S\xi=\sum_{\zeta\in\mathrm{Path}(v,w)}T_\zeta(\xi,\xi)T_\zeta^*S\xi=\sum_{\zeta\in\mathrm{Path}(v,w)}\langle S,T_\zeta\rangle T_\zeta\xi.$$

よって $S=\sum_{\zeta\in\mathrm{Path}(v,w)}\langle S,T_\zeta\rangle T_\zeta$ ゆえ主張が従う. □

定義 6.2.31. C* 環の可換 C* 部分環たちのうちで, 包含順序に関して極大なものを**極大可換部分環**とよぶ. しばしば **MASA** と略記する[7].

C* 部分環 $A\subset B$ が MASA であることと $A'\cap B=A$ であることは同値である. とくに von Neumann 環の MASA は von Neumann 部分環である.

問題 6.2.32. 有限次元 C* 環の帰納系 $\pi_n\colon A_n\to A_{n+1}$ からできる帰納極限 C* 環を A とする. 各 A_n の MASA C_n を $\pi_n(C_n)\subset C_{n+1}$ となるように取る. このとき $\varinjlim C_n$ は自然に A の MASA であることを示せ. また, 帰納系 $C_n\to C_{n+1}$ の Bratteli 図形を $A_n\to A_{n+1}$ の Bratteli 図形から構成する方法を与えよ.

---

[7] maximal abelian subalgebra の略.

6.3　C*環への群作用

C* 環 A から A への全単射 $*$ 準同型を**自己同型**という．記号 $\mathrm{Aut}(A)$ によって A の自己同型たちの集合を表し，A の**自己同型群**という．群構造は写像の合成 $\mathrm{Aut}(A) \times \mathrm{Aut}(A) \ni (\alpha, \beta) \mapsto \alpha \circ \beta \in \mathrm{Aut}(A)$ によって与えられる（単位元は恒等写像 id_A である）．$\mathrm{Aut}(A)$ には各点ノルム収束の位相を入れる（1.3.5 項も参照のこと）．すなわち $F \Subset A, \varepsilon > 0$ に対して

$$V(\alpha, F, \varepsilon) = \{ \beta \in \mathrm{Aut}(A) \mid \|\beta(a) - \alpha(a)\| < \varepsilon,\ a \in F \}$$

が点 $\alpha \in \mathrm{Aut}(A)$ の基本近傍系を与え，$\mathrm{Aut}(A)$ は位相群となる．

問題 6.3.1.　A が可分 C* 環のとき，$\mathrm{Aut}(A)$ は Polish 群であることを示せ．[ヒント：ノルム稠密列 $\{x_n\}_{n\in\mathbb{N}} \subset \mathrm{Ball}(A)$ に対して，写像 $F\colon \mathrm{Aut}(A) \ni \alpha \mapsto ((\alpha(x_n), \alpha^{-1}(x_n)))_n \in \prod_{n\in\mathbb{N}}(\mathrm{Ball}(A) \times \mathrm{Ball}(A))$ の像が閉であることと，F が像への同相であることを示す.]

定義 6.3.2.　G を位相群，A を C* 環とする．群準同型 $\alpha\colon G \to \mathrm{Aut}(A)$ が連続であるとき，α を G の A への**作用**という．

コメント 6.3.3.

(1) 群準同型 $\alpha\colon G \to \mathrm{Aut}(A)$ が連続 $\iff$ G の収束ネット $g_\lambda \to g$ に対して，$\|\alpha_{g_\lambda}(a) - \alpha_g(a)\| \to 0, a \in A$.
(2) 群作用 $\alpha\colon G \to \mathrm{Aut}(A)$ は，$\alpha\colon G \curvearrowright A$ や $G \overset{\alpha}{\curvearrowright} A$ のようにも表される.
(3) 部分集合 S が $\alpha_g(S) \subset S$, $g \in G$ をみたすとき，S は α **不変**，あるいは G **不変**であるともいう.
(4) von Neumann 環への群作用については定義 8.1.15 を見よ.

局所コンパクト群 G の C* 環 A への作用 $\alpha\colon G \to \mathrm{Aut}(A)$ に対して，**不動点環**を次のように定める：

$$A^\alpha := \{ x \in A \mid \alpha_s(x) = x,\ s \in G \}.$$

不動点環は C* 部分環である．次に G がコンパクトであるとき，**平均化写像**

$E_\alpha\colon A \to A$ を

$$E_\alpha(x) := \int_G \alpha_s(x)\,ds, \quad x \in A$$

と定める[8)]．ここで ds は G の Haar 測度を表す（G の測度は 1 とする）．G がコンパクトゆえ積分は発散しないことに注意しよう．

補題 6.3.4. 平均化写像 E_α は A から A^α への忠実な CCP 射影である．

証明. E_α の正値線型性は明らか．積分の三角不等式と α_s の等長性より

$$\|E_\alpha(x)\| \leqq \int_G \|\alpha_s(x)\|\,ds = \int_G \|x\|\,ds = \|x\|, \quad x \in A.$$

よって E_α は縮小的である．$M_n(A) = M_n(\mathbb{C}) \otimes A$ の同一視により，$(E_\alpha)_n = \mathrm{id} \otimes E_\alpha = E_\beta$ である．ここで作用 $\beta\colon G \curvearrowright M_n(A)$ は $\beta_s := \mathrm{id} \otimes \alpha_s$, $s \in G$ で定められる．よって E_α は CP である．

$E_\alpha(A) = A^\alpha$ を示す．$x \in A$ とする．任意の $s \in G$ に対して，

$$\alpha_s(E_\alpha(x)) = \int_G \alpha_s(\alpha_t(x))\,dt = \int_G \alpha_{st}(x)\,dt = \int_G \alpha_t(x)\,dt = E_\alpha(x).$$

よって $E_\alpha(A) \subset A^\alpha$．また $y \in A^\alpha$ とすれば，$E_\alpha(y) = \int_G y\,ds = y$．それゆえ E_α は全射な射影である．

E_α の忠実性を示す．$x \in A_+$ が定義式 $E_\alpha(x) = \int_G \alpha_s(x)\,ds = 0$ をみたせば，$G \ni s \mapsto \alpha_s(x) \in A_+$ のノルム連続性から $\alpha_s(x) = 0$ がすべての $s \in G$ で成り立つ（正値線型汎関数を用いてみよ）．とくに $x = 0$ である．□

例 6.3.5. G をコンパクト群，$\pi\colon G \to \mathbf{B}(\mathcal{H})^{\mathrm{U}}$ を有限次元ユニタリ表現とする．まず $A_0 := \mathbf{B}(\mathbb{C})$, $A_n := \bigotimes_{k=1}^n \mathbf{B}(\mathcal{H})$ とおき，埋め込み $\iota_n\colon A_n \ni x \mapsto x \otimes 1 \in A_{n+1}$ により UHF 環 $A = \varinjlim A_n = \bigotimes_{k=1}^\infty \mathbf{B}(\mathcal{H})$ を作る．

次に G の $\mathcal{H}_n := \bigotimes_{k=1}^n \mathcal{H}$ へのテンソル積表現を $\pi_n(s) := \pi(s) \otimes \cdots \otimes \pi(s)$, $s \in G$ と書く．そこで G の A_n への作用を $\alpha_s^n := \mathrm{Ad}\,\pi_n(s)$, $s \in G$ と定める．これらは埋め込み $A_n \to A_{n+1}$ と整合的だから，G の作用 α が A 上に定

---

8) 本書では $\mathbb{T}$ や $\mathbb{T}^2$ 上の Banach 空間値連続関数のみ考えるため，Riemann 和の極限として積分を考えればよい．Banach 空間値の可測関数の積分に関しては Bochner 積分の理論が知られている．[日柳 21, 宮寺 18] を参照のこと．

まる．この作用は無限テンソル積作用の一例である（補題 9.4.11 も見よ）．

固定点環 A^α は自然に $\varinjlim_n A_n^{\alpha^n}$ と同型（平均化写像を用いよ．補題 6.4.2 も参照のこと）だから AF 環である．この Bratteli 図形を記述しよう．まず $A_n^{\alpha^n} = \mathrm{Mor}_G(\pi_n, \pi_n)$ である[9]．そこで π_n の既約成分を $I_n \subset \mathrm{Irr}(G)$ と書き，各 $\rho \in I_n$ に対して，$\mathrm{Mor}_G(\rho, \pi_n)$ の ONB $\{S_j^\rho\}_{j \in J_n^\rho}$ を取る．このとき $\mathrm{Mor}_G(\pi_n, \pi_n) = \bigoplus_{\rho \in I_n} B_n^\rho$ である．ここで $B_n^\rho := \mathrm{span}\{\, S_j^\rho (S_k^\rho)^* \mid j, k \in J_n^\rho \,\}$ $\cong M_{J_n^\rho}(\mathbb{C})$．よって $\mathrm{Irr}(A_n^{\alpha^n})$ は I_n でラベルづけられる．

次に $\rho \in I_n$，$\sigma \in \mathrm{Irr}(G)$ に対して，$\{T_\ell^{\rho,\sigma}\}_\ell$ を $\mathrm{Mor}_G(\sigma, \rho \otimes \pi)$ の ONB とすると，$\{\, (S_m^\rho \otimes 1) T_\ell^{\rho,\sigma} \mid m \in J_n^\rho, \ell, \rho \,\}$ は $\mathrm{Mor}_G(\sigma, \pi_{n+1})$ の ONB である．B_{n+1}^σ の単位元は $z_{n+1}^\sigma := \sum_{m,\ell,\rho} (S_m^\rho \otimes 1) T_\ell^{\rho,\sigma} (T_\ell^{\rho,\sigma})^* ((S_m^\rho)^* \otimes 1)$ で与えられる．すると $B_n^\rho \ni x \mapsto \iota_n(x) z_{n+1}^\sigma \in B_n^\sigma$ は次式で得られる：

$$\iota_n(S_j^\rho (S_k^\rho)^*) z_{n+1}^\sigma = \sum_\ell (S_j^\rho \otimes 1) T_\ell^{\rho,\sigma} (T_\ell^{\rho,\sigma})^* ((S_k^\rho)^* \otimes 1), \quad j, k \in J_n^\rho.$$

よって B_n^ρ は B_{n+1}^σ の中に，$\dim \mathrm{Mor}_G(\sigma, \rho \otimes \pi)$ 回の増幅で埋め込まれる．

以上をまとめると，G の有限次元ユニタリ表現のなす圏 $\mathrm{Rep}^{\mathrm{f}}(G)$ で自明表現 $\mathbf{1}$ に π を順番に右からテンソルしていき，各ステップでの既約因子 ρ と，次のステップでの既約因子 σ とを多重度 $\dim \mathrm{Mor}_G(\sigma, \rho \otimes \pi)$ 本の辺で結んでできるものが A^α の Bratteli 図形である．

問題 6.3.6.　$\mathbb{T}$ の 2 次元表現 $\pi(z) = \left[\begin{smallmatrix} z & 0 \\ 0 & \bar{z} \end{smallmatrix}\right] \in M_2(\mathbb{C})$, $z \in \mathbb{T}$ についての，例 6.3.5 の固定点環 A^α の Bratteli 図形を描け．$SU(2)$ などでも考えよ．

6.4　無理数回転環

$*$ 環 $\mathcal{A}$ に対して次の関数 $\|\cdot\| \colon \mathcal{A} \to [0, \infty]$ を考える[10]：

$$\|x\| := \sup\{\, \|\pi(x)\| \mid \pi \in \mathrm{Rep}(\mathcal{A}) \,\}, \quad x \in \mathcal{A}. \tag{6.12}$$

---

[9] G のユニタリ表現 π から ρ への絡作用素の空間を $\mathrm{Mor}_G(\pi, \rho)$ と書く．

[10] 一般に対象の集まりは集合ではないが，各 π に対して $\|\pi(x)\| \in \mathbb{R}_+$ だから上限を取ることに問題はない．π を巡回表現の直和に分解することで巡回表現のみで上限を取ったものと等しいことがわかる．巡回表現の表現空間の CONS の濃度は $\mathcal{A}$ の濃度で抑えられることからも問題ない．

$\|x\|$ は発散する場合もあるし，そもそも $\mathrm{Rep}(\mathcal{A})$ が零表現のみの場合もある．もし各 $x \in \mathcal{A}$ に対して $\|x\| < \infty$ ならば，$\|\cdot\|$ は C* 半ノルムである．以下では，この場合を考える．

ヌルベクトルの空間 $N := \{x \in \mathcal{A} \mid \|x\| = 0\}$ は $\mathcal{A}$ のイデアルであり，商環 $\mathcal{A}/N$ には商ノルムが入る．この完備化を $\mathcal{A}$ の**普遍 C* 環**とよび，$\mathrm{C}^*(\mathcal{A})$ と書く．もし $\|\cdot\|$ が $\mathcal{A}$ 上でノルムならば，すなわち $\mathrm{Rep}(\mathcal{A})$ が $\mathcal{A}$ の元を分離するぐらいに十分多くの表現をもてば ($\forall x \neq 0,\ \exists \pi \in \mathrm{Rep}(\mathcal{A}),\ \pi(x) \neq 0$)，$N = \{0\}$ であり，$*$ 準同型 $\mathcal{A} \ni x \mapsto x \in \mathrm{C}^*(\mathcal{A})$ は単射である．6.4, 6.6 節では，とくに代表的な普遍 C* 環である無理数回転環と Cuntz 環を紹介する．

$\theta \in \mathbb{R}$ とする．$\mathcal{A}_\theta$ を乗法単位元 1 と次の関係式をみたす元 u, v で生成される普遍 $*$ 環[11)] として定める：

$$u^*u = 1 = uu^*,\ v^*v = 1 = vv^*,\ uv = e^{2\pi i\theta}vu.$$

$\mathcal{A}_\theta$ の表現 π があれば，$\pi(u), \pi(v)$ はユニタリである．任意の $x \in \mathcal{A}_\theta$ は u, v, u^*, v^* の多項式で表されるから，三角不等式により (6.12) の量は発散しない．普遍 C* 環を考えるために $\mathcal{A}_\theta$ の表現を一つ具体的に構成してみよう．

Hilbert 空間 $L^2(\mathbb{T} \times \mathbb{Z})$ を考える．ここで，コンパクト群 $\mathbb{T}$ には Haar 測度（弧長を 2π で割った Lebesgue 測度）を入れておく．ユニタリ $U, V \in \mathbf{B}(L^2(\mathbb{T} \times \mathbb{Z}))$ を次式で定める：$\xi \in L^2(\mathbb{T} \times \mathbb{Z})$ に対して

$$(U\xi)(z, n) := e^{2\pi ni\theta} z\xi(z, n), \quad (V\xi)(z, n) := \xi(z, n-1).$$

すると

$$\begin{aligned}
(UV\xi)(z, n) &= e^{2\pi ni\theta} z(V\xi)(z, n) = e^{2\pi ni\theta} z\xi(z, n-1) \\
e^{2\pi i\theta}(VU\xi)(z, n) &= e^{2\pi i\theta}(U\xi)(z, n-1) = e^{2\pi i\theta} e^{2\pi(n-1)i\theta} z\xi(z, n-1) \\
&= e^{2\pi ni\theta} z\xi(z, n-1)
\end{aligned}$$

だから，表現 $\pi\colon \mathcal{A}_\theta \to \mathbf{B}(L^2(\mathbb{T} \times \mathbb{Z}))$ を $\pi(u) = U,\ \pi(v) = V$ のように構成できる．π の忠実性を示しておこう．まず u, v の関係式から

---

11) 文字 $u, v, u^*, v^*, 1$ で生成される非可換多項式 $*$ 環を，$u^*u-1, uu^*-1, v^*v-1, vv^*-1, uv - e^{2\pi i\theta}vu$ たちが生成するイデアルで割ったものが $\mathcal{A}_\theta$ である．

$$\mathcal{A}_\theta = \mathrm{span}\,\{\, u^m v^n \mid m, n \in \mathbb{Z} \,\}$$

である．そこで，$L^2(\mathbb{T}\times\mathbb{Z})$ の CONS $\{\xi_{m,n}\}_{(m,n)\in\mathbb{Z}\times\mathbb{Z}}$ を $\xi_{m,n}(z,k) := z^m\delta_{k,n}$, $(z,k) \in \mathbb{T}\times\mathbb{Z}$ と与えると，$\pi(u^m v^n)\xi_{0,0} = e^{2\pi i m n\theta}\xi_{m,n}$ となる．よって，$\{\pi(u^m v^n)\}_{m,n\in\mathbb{Z}}$ は $\pi(\mathcal{A}_\theta)$ の基底である．とくに $\{u^m v^n\}_{m,n}$ は $\mathcal{A}_\theta$ の基底であり，π は忠実表現である．以上から $\mathcal{A}_\theta$ の普遍 C* 環を A_θ と書くと，$\mathcal{A}_\theta \ni x \mapsto x \in A_\theta$ は単位的な忠実 $*$ 準同型である．A_θ は $\theta \in \mathbb{R}\setminus\mathbb{Q}$ のとき興味深い C* 環であることが知られており，**無理数回転環**[12]，**非可換トーラス**[13]とよばれる．本節では $\theta \in \mathbb{R}\setminus\mathbb{Q}$ を固定しておく．

各 $(z,w) \in \mathbb{T}\times\mathbb{T}$ に対して $*$ 同型 $\gamma_{(z,w)}\colon \mathcal{A}_\theta \to \mathcal{A}_\theta$ を次のように定める：

$$\gamma_{(z,w)}(u) := zu, \quad \gamma_{(z,w)}(v) := wv.$$

実際に $zu, \overline{z}u^*, wv, \overline{w}v^*$ が u, u^*, v, v^* と同じ関係式をみたすから，$\gamma_{(z,w)}$ は定義可能である．これを A_θ に拡張したものも $\gamma_{(z,w)}$ と書けば，$\gamma\colon \mathbb{T}\times\mathbb{T} \ni (z,w) \mapsto \gamma_{(z,w)} \in \mathrm{Aut}(A_\theta)$ は作用である．連続性は u, v, u^*, v^* の多項式に対する連続性から従う．$\gamma\colon \mathbb{T}\times\mathbb{T} \curvearrowright A_\theta$ を $\mathbb{T}^2$ の A_θ へのゲージ作用という．

定義 6.4.1. 局所コンパクト群 G の単位的 C* 環 A への作用 $\alpha\colon G \to \mathrm{Aut}(A)$ が $A^\alpha = \mathbb{C}1_A$ をみたすとき，α はエルゴード的であるといわれる．

補題 6.4.2. ゲージ作用 $\gamma\colon \mathbb{T}\times\mathbb{T} \curvearrowright A_\theta$ はエルゴード的である．

証明. γ の平均化写像 $E_\gamma\colon A_\theta \to (A_\theta)^\gamma$ を考える．任意の $m, n \in \mathbb{Z}$ に対して，$E_\gamma(u^m v^n) = \int_{\mathbb{T}\times\mathbb{T}} z^m w^n\, dz \cdot u^m v^n = \delta_{m,0}\delta_{n,0}1$ ゆえ $E_\gamma(\mathcal{A}_\theta) = \mathbb{C}1$ である．よって $(A_\theta)^\gamma = E_\gamma(A_\theta) \subset \overline{E_\gamma(\mathcal{A}_\theta)} = \mathbb{C}1$ となる． □

補題 6.4.2 より，$\tau \in \mathrm{S}(A_\theta)$ を用いて $E_\gamma(x) = \tau(x)1$, $x \in A_\theta$ と表せる．

補題 6.4.3. τ は忠実トレース状態である．

証明. τ の忠実性はすでに示した．トレース性を示す．これには τ のノルム

---

12) $C(\mathbb{T})$ に $\mathbb{Z}$ の「無理数」回転作用を $\alpha_n(f)(z) := f(e^{2\pi i\theta}z)$, $f \in C(\mathbb{T})$, $z \in \mathbb{T}$ と定めてできる接合積 $C(\mathbb{T}) \rtimes_\alpha \mathbb{Z}$ が A_θ と同型であることに由来する．

13) $\theta = 0$ のとき A_θ は自然に $C(\mathbb{T}\times\mathbb{T})$ と同型であることに由来する．

連続性から $\tau(xy) = \tau(yx)$, $x, y \in \mathcal{A}_\theta$ を示せばよい．またその線型性から $x = u^k v^\ell$, $y = u^m v^n$ のときに示せばよい ($k, \ell, m, n \in \mathbb{Z}$)．一方では，

$$\tau(xy) = \tau(u^k v^\ell \cdot u^m v^n) = e^{-2\pi i\theta\ell m}\tau(u^{k+m}v^{\ell+n}) = e^{-2\pi i\theta\ell m}\delta_{k+m,0}\delta_{\ell+n,0},$$

もう一方では，

$$\begin{aligned}\tau(yx) &= \tau(u^m v^n \cdot u^k v^\ell) = e^{-2\pi i\theta kn}\tau(u^{k+m}v^{\ell+n}) = e^{-2\pi i\theta kn}\delta_{k+m,0}\delta_{\ell+n,0}\\ &= e^{-2\pi i\theta\ell m}\delta_{k+m,0}\delta_{\ell+n,0}\end{aligned}$$

である．よってトレース性が示された． □

コメント 6.4.4.

(1) 本節はじめに構成した忠実表現 $\pi\colon A_\theta \to \mathbf{B}(L^2(\mathbb{T}\times\mathbb{Z}))$ は，GNS ベクトルを $\xi_{0,0}$ とする τ に付随する GNS 表現である．
(2) 一般にコンパクト群 G が単位的 C* 環 A にエルゴード的に作用しているとき，その平均化写像からできる状態はトレース状態であることが知られている（R. Høegh-Krohn–M. Landstad–E. Størmer）．

次に A_θ の単純性とトレース状態の唯一性を示そう．

定義 6.4.5.　A を単位的 C* 環とする．

(1) $\alpha \in \mathrm{Aut}(A)$ が内部的 $:\overset{\mathrm{d}}{\Leftrightarrow} \exists u \in A^{\mathrm{U}}$, $\alpha = \mathrm{Ad}\,u$. $\mathrm{Inn}(A)$ によって内部自己同型のなす集合を表し，内部自己同型群という．A が von Neumann 環のときは $\mathrm{Inn}(A)$ の代わりに $\mathrm{Int}(A)$ と書く[14]．
(2) $\mathrm{Inn}(A)$ の $\mathrm{Aut}(A)$ での閉包を $\overline{\mathrm{Inn}}(A)$ と書き，各 $\alpha \in \overline{\mathrm{Inn}}(A)$ は近似内部的であるという．

コメント 6.4.6.　ユニタリ $u, v \in A$ に対して，$\mathrm{Ad}\,u\circ\mathrm{Ad}\,v = \mathrm{Ad}\,uv$, $(\mathrm{Ad}\,u)^{-1} = \mathrm{Ad}\,u^*$ だから $\mathrm{Inn}(A)$ は $\mathrm{Aut}(A)$ の部分群である．また，$\beta \in \mathrm{Aut}(A)$ と $\alpha = \mathrm{Ad}\,u \in \mathrm{Inn}(A)$ について，$\beta\circ\alpha\circ\beta^{-1} = \mathrm{Ad}\,\beta(u) \in \mathrm{Inn}(A)$ ゆえ $\mathrm{Inn}(A)$ は $\mathrm{Aut}(A)$ の正規部分群である．よってその閉包 $\overline{\mathrm{Inn}}(A)$ は閉正規部分群である．

---

[14] intérieur に由来する．

補題 6.4.7. 任意の $(z,w)\in\mathbb{T}\times\mathbb{T}$ に対して，$\gamma_{(z,w)}\in\overline{\mathrm{Inn}(A_\theta)}$ である．

証明. まず $(k,\ell)\in\mathbb{Z}\times\mathbb{Z}$ を固定して，$\mathrm{Ad}\,u^kv^\ell$ の作用の仕方を調べよう．直接の計算から $\mathrm{Ad}\,u^kv^\ell(u)=e^{-2\pi\ell i\theta}u$, $\mathrm{Ad}\,u^kv^\ell(v)=e^{2\pi ki\theta}v$ がいえる．θ は無理数だから $\{(e^{2\pi mi\theta},e^{2\pi ni\theta})\mid m,n\in\mathbb{Z}\}\subset\mathbb{T}\times\mathbb{T}$ は稠密である．$(z,w)\in\mathbb{T}\times\mathbb{T}$ に対して，ある点列 $(m_j,n_j)\in\mathbb{Z}\times\mathbb{Z}$ を $\lim_j(e^{2\pi m_ji\theta},e^{2\pi n_ji\theta})=(z,w)$ と取ると，$\alpha_j:=\mathrm{Ad}\,u^{n_j}v^{-m_j}$ は $\lim_j\alpha_j(u)=\gamma_{(z,w)}(u)$, $\lim_j\alpha_j(v)=\gamma_{(z,w)}(v)$ をみたす．これと $\mathcal{A}_\theta\subset A_\theta$ のノルム稠密性から，$\lim_j\alpha_j=\gamma_{(z,w)}$ がいえる．□

定理 6.4.8. 無理数回転環 A_θ は単純 C^* 環である．

証明. 閉イデアル $I\subset A_\theta$ を取る．$(z,w)\in\mathbb{T}\times\mathbb{T}$ とすれば，$\gamma_{(z,w)}(I)=I$ である．実際，点列 $u_n\in A_\theta^{\mathrm{U}}$ を $\lim_n\mathrm{Ad}\,u_n=\gamma_{(z,w)}$ となるように取れば，任意の $x\in I$ に対して $\gamma_{(z,w)}(x)=\lim_n u_nxu_n^*$ であり，$u_nxu_n^*\in I$ だから $\gamma_{(z,w)}(x)\in\overline{I}=I$ となる．とくに $E_\gamma(I)\subset I$.

さて $I\neq\{0\}$ として非零元 $x\in I_+$ を取る．すると τ の忠実性により $0\neq\tau(x)1=E_\gamma(x)\in I$ ゆえ $1\in I$ である．よって $I=A_\theta$ となる．□

定理 6.4.9. 無理数回転環 A_θ のトレース状態は唯一つである．

証明. $\varphi\colon A_\theta\to\mathbb{C}$ をトレース状態とする．各 $(z,w)\in\mathbb{T}\times\mathbb{T}$ に対して，$\varphi\circ\gamma_{(z,w)}=\varphi$ である．実際 $\gamma_{(z,w)}=\lim_n\mathrm{Ad}\,u_n$ となる点列 $u_n\in A_\theta^{\mathrm{U}}$ を取れば $\varphi\circ\mathrm{Ad}\,u_n=\varphi$ ゆえ極限を取ることでわかる．次に (z,w) について積分すれば $\varphi\circ E_\gamma=\varphi$ であるが，$E_\gamma=\tau(\cdot)1$ だから $\tau=\varphi$ が従う．□

A_θ の分類については次の結果が知られている[15]．

定理 6.4.10 (M. Pimsner–D. Voiculescu, M. Rieffel). $\theta_1,\theta_2\in\mathbb{R}\setminus\mathbb{Q}$ に対し，$A_{\theta_1}\cong A_{\theta_2}\iff\theta_1=\pm\theta_2\in\mathbb{R}/\mathbb{Z}$.

---

[15] トレース状態 τ が $\mathbb{Z}$ 加群の同型 $\tau_*\colon K_0(A_\theta)\ni x\mapsto\tau_*(x)\in\mathbb{Z}+\mathbb{Z}\theta$ を導く．因みに $K_1(A_\theta)=\mathbb{Z}[u]+\mathbb{Z}[v]\cong\mathbb{Z}^2$ である．

6.5　$C(\mathbb{T})$ と Toeplitz 環

Cuntz 環を紹介する前に，$C(\mathbb{T})$ と Toeplitz 環 $\mathcal{T}$（4.4.5 項）の普遍性に触れておこう．$C(\mathbb{T})$ のユニタリ生成元 z を $z(\lambda) := \lambda$, $\lambda \in \mathbb{T}$ と定める．A を単位的 C* 環，$u \in A^{\mathrm{U}}$ とする．制限写像 $\pi\colon C(\mathbb{T}) \ni f \mapsto f|_{\mathrm{Sp}_A(u)} \in C(\mathrm{Sp}_A(u))$ と連続関数カルキュラス $\theta\colon C(\mathrm{Sp}_A(u)) \to A$ の合成 $\theta\circ\pi\colon C(\mathbb{T}) \to A$ は $\mathrm{C}^*(u)$ の上への全射 * 準同型かつ $\theta(\pi(z)) = u$ をみたす．よって次のことがいえる．

命題 6.5.1.　$C(\mathbb{T})$ は次の意味で普遍的である：単位的 C* 環 A のユニタリ元 u に対して，ある全射 * 準同型 $\rho\colon C(\mathbb{T}) \to \mathrm{C}^*(u)$ が一意的に存在して，$\rho(z) = u$ をみたす．

次に Toeplitz 環の普遍性を調べるために，等長作用素 $v \in \mathbf{B}(\mathcal{H})$ を片側シフトの増幅とユニタリの直和に分解しよう．射影列 $e_n := v^n(v^n)^*$ は単調減少だから，$e \in \mathbf{B}(\mathcal{H})^{\mathrm{P}}$ に強収束する．この $n \geqq 1$ のとき $ve_n = e_{n+1}v$ ゆえ，$n \to \infty$ として $ve = ev$ かつ $v^*e = ev^*$．よって $e \in \mathrm{C}^*(v)'$ である．

さて $\mathcal{H} = e^\perp\mathcal{H} + e\mathcal{H}$ と分解すれば（各直和成分は零空間になりうる），ve は $e\mathcal{H}$ 上のユニタリである．次に $\mathcal{K} := e^\perp\mathcal{H}$ 上の等長作用素 $w := ve^\perp$ を考える．直交射影族 $\{p_n\}_{n\in\mathbb{N}}$ を，$p_1 := 1_{\mathcal{K}} - ww^*$, $p_n := w^{n-1}p_1(w^{n-1})^*$, $n \geqq 2$ と定める．

そこで $U \in \mathbf{B}(\ell^2 \otimes p_1\mathcal{K}, \mathcal{K})$ を，$U(f \otimes \xi) := \sum_n f(n)w^{n-1}\xi$, $f \in \ell^2$, $\xi \in p_1\mathcal{K}$ と定める ($w^0 := 1_{\mathcal{K}}$)．実際に U の等長性は，$w^m p_1\mathcal{H} \perp w^n p_1\mathcal{H}$, $m \neq n$ を用いた内積の計算からわかる．また，$\operatorname{ran} U$ は $\operatorname{span}\{\, w^n p_1\mathcal{K} \mid n \in \mathbb{Z}_+ \,\}$ を稠密部分空間にもつ．$w^{n-1}p_1$ の像射影は $w^{n-1}p_1(w^{n-1})^* = p_n e^\perp$ だから，$\operatorname{ran} U$ への射影は $\sum_n p_n e^\perp = e^\perp = 1_{\mathcal{K}}$ に等しい．よって U は全射である．

直接の計算から片側シフト $S \in \mathbf{B}(\ell^2)$ に対して，$U(S \otimes 1_{p_1\mathcal{H}}) = wU$ が成り立つ．以上から次の **Wold–von Neumann** 分解を得る．

補題 6.5.2 (H. Wold–von Neumann)**.**　$\mathcal{H}$ 上の等長作用素 v に対して，$e := \text{s-lim}_n v^n(v^n)^*$ とおく．このとき Hilbert 空間 $\mathcal{L}$ とユニタリ $U\colon \ell^2 \otimes \mathcal{L} \to e^\perp\mathcal{H}$ が存在して，$v = U(S \otimes 1_{\mathcal{L}})U^* + ve$ となる．

定理 6.5.3 (L. Coburn). Toeplitz 環 $\mathcal{T}$ は次の意味で普遍的である：単位的 C* 環 A の等長作用素 v に対して，ある全射 $*$ 準同型 $\rho\colon \mathcal{T} \to \mathrm{C}^*(v)$ が一意的に存在して，$\rho(S) = v$ をみたす．

証明． $w^*w = 1$ をみたす元 $1, w$ で生成される普遍 C* 環を $\mathrm{C}^*(w)$ と書く．普遍性から全射 $*$ 準同型 $\pi\colon \mathrm{C}^*(w) \to \mathcal{T}$ で $\pi(w) = S$ となるものが存在する．

そこで $\mathrm{C}^*(w) \subset \mathbf{B}(\mathcal{H})$ と表現しておき，補題 6.5.2 を用いると，ある Hilbert 空間 $\mathcal{L}_1, \mathcal{L}_2$ と $u \in \mathbf{B}(\mathcal{L}_2)^{\mathrm{U}}$ とユニタリ $V\colon (\ell^2 \otimes \mathcal{L}_1) \oplus \mathcal{L}_2 \to \mathcal{H}$ が存在して $V((S \otimes 1_{\mathcal{L}_1}) \oplus u) = wV$ となる．

命題 6.5.1 を $\mathcal{T}/\mathbf{K}(\ell^2) \cong C(\mathbb{T})$ に用いて（命題 4.4.32 の証明を見よ），$*$ 準同型 $\theta\colon \mathcal{T} \to \mathrm{C}^*(u)$ で $\theta(S) = u$ となるものを得る．そこで $\rho\colon \mathcal{T} \to \mathrm{C}^*(w)$ を $\rho(x) := V((x \otimes 1_{\mathcal{L}_1}) \oplus \theta(x))V^*$, $x \in \mathcal{T}$ と定めれば，$\rho(S) = w$ をみたす．以上から π と ρ は互いに逆写像である． □

この証明から，$\mathcal{T}$ の表現は $\mathcal{T}$ の自明表現の増幅と $\mathcal{T}/\mathbf{K}(\ell^2) \cong C(\mathbb{T})$ を経由する表現との直和であることがわかる．

6.6 Cuntz 環

自然数 $n \geqq 2$ に対して，次の関係式をみたす $1, s_1, \ldots, s_n$ で生成される単位的 $*$ 環を $\mathcal{A}$ と書く：

$$s_1^* s_1 = \cdots = s_n^* s_n = 1, \quad \sum_{i=1}^{n} s_i s_i^* = 1. \tag{6.13}$$

上の関係式をみたす各 s_i を **Cuntz 等長作用素**という．4.1.5 項で触れたとおり，$\mathcal{A}$ は表現をもつ．また任意の単位的な $\pi \in \mathrm{Rep}(\mathcal{A})$ に対して $\|\pi(s_i)\| = 1$ だから，(6.12) の量が発散しないこともわかる．$\mathcal{A}$ の普遍 C* 環を $\mathcal{O}_n$ と書き，**Cuntz 環**という．付随する $*$ 準同型 $\iota\colon \mathcal{A} \to \mathcal{O}_n$ の単射性はあとで示す（補題 6.6.3）．$S_i := \iota(s_i)$, $i = 1, \ldots, n$ と書く．Cuntz 環がトレース状態をもたないことは関係式からわかる．

Cuntz 環の元を表示するのに便利な記法を紹介する．$I := \{1, 2, \ldots, n\}$ とおく．$k \in \mathbb{N}$ に対して $\mathcal{W}_k := I^k$ とおき，各元 $\mu = (\mu_1, \ldots, \mu_k) \in \mathcal{W}_k$ を長さ

k の語という．また $\mathcal{W} := \bigsqcup_{k \geqq 0} \mathcal{W}_k$ とおく．ここで $\mathcal{W}_0 := \{\emptyset\}$ は空語の集合である．各 $\mu = (\mu_1, \ldots, \mu_k) \in \mathcal{W}_k$ に対して，

$$s_\mu := s_{\mu_1} \cdots s_{\mu_k}, \quad |\mu| := k$$

とおく ($s_\emptyset := 1$)．$S_\mu := \iota(s_\mu)$ とおく．次の結果は (6.13) から明らかである．

補題 6.6.1.　$\mathcal{A} = \mathrm{span}\{\, s_\mu s_\nu^* \mid \mu, \nu \in \mathcal{W} \,\}$.

$\mathcal{A}$ には $\mathbb{T}^n$ のゲージ作用が定まるが，本節では対角部分 $(z, \ldots, z) \in \mathbb{T}^n$ の作用を使う．すなわち $z \in \mathbb{T}$ に対して $*$ 同型 $\gamma_z \colon \mathcal{A} \to \mathcal{A}$ を

$$\gamma_z(s_k) := z s_k, \quad k = 1, \ldots, n$$

と定める．次の等式により $s_\mu s_\nu^*$ は γ_z の固有ベクトルであることがわかる：

$$\gamma_z(s_\mu s_\nu^*) = z^{|\mu| - |\nu|} s_\mu s_\nu^*, \quad z \in \mathbb{T}. \tag{6.14}$$

γ_z を $\mathcal{O}_n$ 上に拡張したものも γ_z と書く．よって $\iota \circ \gamma_z = \gamma_z \circ \iota$, $z \in \mathbb{T}$ である．$k \in \mathbb{Z}$ に対して $\mathcal{A}_k := \{\, x \in \mathcal{A} \mid \gamma_z(x) = z^k x,\ z \in \mathbb{T} \,\}$ とおく．

補題 6.6.2.　次のことが成り立つ：

(1) $\mathcal{A}_0 = \mathrm{span}\{\, s_\mu s_\nu^* \mid \mu, \nu \in \mathcal{W},\ |\mu| = |\nu| \,\}$.
(2) $k \geqq 1$ ならば $\mathcal{A}_k = \mathcal{A}_0 s_1^k$，$k \leqq -1$ ならば $\mathcal{A}_k = (s_1^*)^{-k} \mathcal{A}_0$.
(3) $\mathcal{A} = \mathrm{span}\{\, \mathcal{A}_k \mid k \in \mathbb{Z} \,\}$.
(4) $\mathcal{A}_0$ は単位的な単純 $*$ 環である．すなわち $I \subset \mathcal{A}_0$ がイデアルならば，$I = \{0\}$ または $I = \mathcal{A}_0$ である．

証明.　(1). 補題 6.6.1 と (6.14) により明らか.

(2). $k \geqq 1$ の場合のみ扱う．$x \in \mathcal{A}_k$ は $x = x(s_1^*)^k \cdot s_1^k$ かつ $x(s_1^*)^k \in \mathcal{A}_0$.

(3). 補題 6.6.1 により明らかである.

(4).　$\mathcal{B}_m := \mathrm{span}\{\, s_\mu s_\nu^* \mid \mu, \nu \in \mathcal{W}_m \,\}$, $m \geqq 0$ とおけば，$\mathbb{C}1 = \mathcal{B}_0 \subset \mathcal{B}_1 \subset \cdots$ である．これは等式 $s_\mu s_\nu^* = \sum_i s_\mu s_i (s_\nu s_i)^*$, $\mu, \nu \in \mathcal{W}_m$ からわかる．よって $\mathcal{A}_0 = \bigcup_m \mathcal{B}_m$ である．各 $\mathcal{B}_m$ は行列単位系 $\{s_\mu s_\nu^*\}_{\mu, \nu \in \mathcal{W}_m}$ をもつから $M_{|\mathcal{W}_m|}(\mathbb{C})$ と同型，とくに単純である．よって $\mathcal{A}_0$ も単純である．　□

補題 6.6.3. $\iota\colon \mathcal{A} \to \mathcal{O}_n$ は単射である.

証明. $I := \ker\iota$ は γ 不変な（$*$ 演算で閉じた）イデアルである．ι は非零写像だから $I \neq \mathcal{A}$ である．線型作用素 γ_z たちの同時固有分解を考えることで $I = \operatorname{span}\{\, I \cap \mathcal{A}_k \mid k \in \mathbb{Z} \,\}$ がわかる．補題 6.6.2 より $I \cap \mathcal{A}_0$ は，$\mathcal{A}_0$ もしくは $\{0\}$ である．前者は $1 \notin I$ に反するから $I \cap \mathcal{A}_0 = \{0\}$ となる．各 $x \in I \cap \mathcal{A}_k$, $k \geqq 1$ に対して $x(s_1^*)^k \in I \cap \mathcal{A}_0 = \{0\}$ より $x = x(s_1^*)^k \cdot s_1^k = 0$. 同様に $k \leqq -1$ のときも $I \cap \mathcal{A}_k = \{0\}$. よって $I = \{0\}$ が従う． □

以下 ι を通じて s_i と S_i を同一視することで $\mathcal{A} \subset \mathcal{O}_n$ とみなす．さて，各 $a \in \mathcal{A}$ に対して $\mathbb{T} \ni z \mapsto \gamma_z(a) \in \mathcal{O}_n$ は連続であり，$\mathcal{A} \subset \mathcal{O}_n$ はノルム稠密だから，$\gamma\colon \mathbb{T} \to \operatorname{Aut}(\mathcal{O}_n)$ は作用である．よって平均化写像 $E_\gamma\colon \mathcal{O}_n \ni x \mapsto \int_{\mathbb{T}} \gamma_z(x)\, dz \in \mathcal{O}_n^\gamma$ は忠実な UCP 射影である（補題 6.3.4）.

補題 6.6.4. 次のことが成り立つ：

(1) $\mathcal{O}_n^\gamma = \overline{\mathcal{A}_0}^{\|\cdot\|}$. とくに $\mathcal{O}_n^\gamma$ は超自然数 n^∞ 型の UHF 環である.

(2) $\mathcal{O}_n = \overline{\operatorname{span}}\{\, \mathcal{O}_n^\gamma, \mathcal{O}_n^\gamma S_1^k, (S_1^*)^k \mathcal{O}_n^\gamma \mid k \geqq 1 \,\}$.

証明. (1). $x \in \mathcal{O}_n^\gamma$ とし，点列 $y_m \in \mathcal{A}$ を $\|y_m - x\| \to 0$ となるように取る．すると $\|E_\gamma(y_m) - x\| = \|E_\gamma(y_m - x)\| \leqq \|y_m - x\|$ により，$E_\gamma(y_m) \to x$ となる．ここで γ の定義から $E_\gamma(y_m) \in \mathcal{A}_0$ であることがわかる．よって $\mathcal{O}_n^\gamma = \overline{\mathcal{A}_0}^{\|\cdot\|}$ である．補題 6.6.2 (4) の証明で $\mathcal{A}_0 = \bigcup_m \mathcal{B}_m$ および $\mathcal{B}_m$ は $M_{|\mathcal{W}_m|}(\mathbb{C}) \cong M_{n^m}(\mathbb{C})$ と同型であることがわかっている．埋め込み $\mathcal{B}_m \to \mathcal{B}_{m+1}$ は単位的だから $\mathcal{O}_n^\gamma$ は超自然数 n^∞ 型の UHF 環である.

(2). 補題 6.6.2 (2), (3) より明らか. □

ここで単位的自己準同型 $\rho\colon \mathcal{O}_n \to \mathcal{O}_n$ を次のように定める：

$$\rho(x) := \sum_{i=1}^{n} S_i x S_i^*, \quad x \in \mathcal{O}_n.$$

このとき $S_i \in \operatorname{Mor}(\mathrm{id}, \rho)$, $i = 1, \ldots, n$ である．とくに $S_\mu \in \operatorname{Mor}(\mathrm{id}, \rho^{|\mu|})$, $\mu \in \mathcal{W}$ であることに注意しよう.

補題 6.6.5. 各 $k \in \mathbb{N}$ に対して次のような等長作用素 $w_k \in \mathcal{O}_n$ が存在する：

$$E_\gamma(x) = w_k^* x w_k,\ x \in \operatorname{span}\{ S_\mu S_\nu^* \mid |\mu|, |\nu| \leqq k-1 \}.$$

証明. $w_k := \rho^k(S_1^{2k} S_2)$ とおく．主張は $x = S_\mu S_\nu^*$, $|\nu| \leqq |\mu| \leqq k-1$ に対して示せばよい（$*$ 演算を考えよ）．この場合は次のようにして確かめられる：

$$\begin{aligned}
w_k^* x w_k &= \rho^k(S_2^*(S_1^*)^{2k}) \cdot S_\mu S_\nu^* \cdot \rho^k(S_1^{2k} S_2) \\
&= S_\mu \rho^{k-|\mu|}(S_2^*(S_1^*)^{2k}) \rho^{k-|\nu|}(S_1^{2k} S_2) S_\nu^* \\
&= S_\mu \rho^{k-|\mu|}\big(S_2^*(S_1^*)^{2k} \rho^{|\mu|-|\nu|}(S_1^{2k} S_2)\big) S_\nu^* \\
&= S_\mu \rho^{k-|\mu|}\big(S_2^*(S_1^*)^{2k-|\mu|+|\nu|} S_1^{2k} S_2 (S_1^*)^{|\mu|-|\nu|}\big) S_\nu^* \\
&= S_\mu \rho^{k-|\mu|}\big(S_2^* S_1^{|\mu|-|\nu|} S_2 (S_1^*)^{|\mu|-|\nu|}\big) S_\nu^* \\
&= \delta_{|\mu|,|\nu|} S_\mu S_\nu^* = E_\gamma(S_\mu S_\nu^*).
\end{aligned}$$

□

定理 6.6.6 (J. Cuntz). $n \in \mathbb{N}, n \geqq 2$ とする．任意の $x \in \mathcal{O}_n \setminus \{0\}$ に対して，ある $a, b \in \mathcal{O}_n$ が存在して $axb = 1$ となる．とくに $\mathcal{O}_n$ は単純である．

証明. $x \in \mathcal{O}_n \setminus \{0\}$ とする．必要ならばスカラー倍をして，$\|E_\gamma(x^*x)\| = 1$ と仮定してよい．$\delta(2\|x\|+\delta) < 1/4$ となる $\delta > 0$ を取ると，補題 6.6.1 により $y \in \mathcal{A}$ が存在して $\|y - x\| < \delta$ となる．このとき $\|x^*x - y^*y\| < 1/4$ と評価できる．するとある $k \in \mathbb{N}$ について $E_\gamma(y^*y) \in \mathcal{B}_k$ かつ $\lambda := \|E_\gamma(y^*y)\| > 3/4$ である（$\mathcal{B}_k$ は補題 6.6.2 (4) の証明のもの）．$E_\gamma(y^*y) \in (\mathcal{B}_k)_+$ より極小射影 $e \in \mathcal{B}_k$ を $E_\gamma(y^*y)e = eE_\gamma(y^*y) = \lambda e \geqq (3/4)e$ となるように取れる．

さて $S_1^k(S_1^*)^k \in \mathcal{B}_k$ も極小射影だから，あるユニタリ $u \in \mathcal{B}_k$ により $e = uS_1^k(S_1^*)^k u^*$ とできる．そこで $c := \lambda^{-1/2} e u S_1^k$ とおけば，$c^* E_\gamma(y^*y) c = 1$ となる．補題 6.6.5 のように等長作用素 $w_{k+1} \in \mathcal{O}_n$ を取り，$v := w_{k+1} c$ とおけば $v^*(y^*y)v = 1$. また $v^*v = c^*c \leqq \lambda^{-1} \leqq 4/3$ より $\|v\| \leqq 2/\sqrt{3}$. よって

$$\|1 - v^*x^*xv\| = \|v^*(y^*y - x^*x)v\| \leqq \|v\|^2 \|y^*y - x^*x\| < 1/3$$

となり $v^*x^*xv \in \mathrm{GL}(\mathcal{O}_n)$. よって，ある $d \in \mathcal{O}_n$ により $v^*x^*xvd = 1$. □

B を単位的 C* 環，$T_1, \ldots, T_n$ を B 内の Cuntz 等長作用素たちとすると，$\mathcal{O}_n$ の普遍性から全射 * 準同型 $\pi\colon \mathcal{O}_n \to \mathrm{C}^*(T_1, \ldots, T_n)$ が一意的に存在して $\pi(S_i) = T_i$, $i = 1, \ldots, n$ をみたす．$\mathcal{O}_n$ は単純だから，π は実際には同型である．つまり $n \geqq 2$ 個の Cuntz 等長作用素たちで生成される C* 環は表現によらずにすべて $\mathcal{O}_n$ と同型である．

次の結果は K 群や弱 Ext 群を使って示される[16)]．

定理 6.6.7 (W. Paschke–N. Salinas, Pimsner–S. Popa)**．** 自然数 $m, n \geqq 2$ に対して，$\mathcal{O}_m \cong \mathcal{O}_n \Leftrightarrow m = n$.

6.7 群 C*環

6.7.1 充足群 C*環

Γ を離散群とする．群環 $\mathbb{C}[\Gamma]$ の普遍 C* 半ノルム

$$\|x\|_u := \sup\{\, \|\pi(x)\| \mid \pi \in \mathrm{Rep}(\mathbb{C}[\Gamma])\,\}, \quad x \in \mathbb{C}[\Gamma]$$

は非退化である．実際に Γ の左正則表現 $\lambda\colon \Gamma \to \mathbf{B}(\ell^2(\Gamma))$（例 4.4.12）を拡張した表現 $\mathbb{C}[\Gamma] \to \mathbf{B}(\ell^2(\Gamma))$ も λ と書けば，$x = \sum_{s\in\Gamma} \alpha_s s$, $\alpha_s \in \mathbb{C}$ に対して，$\tau(\lambda(x^*x)) = \sum_s |\alpha_s|^2$ だから λ は忠実表現である．よって $\|\cdot\|_u$ は C* ノルムである．$\|\cdot\|_u$ で $\mathbb{C}[\Gamma]$ を完備化してできる C* 環を $\mathrm{C}^*(\Gamma)$ と書き，Γ の**充足群 C*環**という．包含 $\mathbb{C}[\Gamma] \subset \mathrm{C}^*(\Gamma)$ で $s \in \Gamma$ を $\mathrm{C}^*(\Gamma)$ の中で考えるときは $U(s)$ と書く．U はユニタリ表現である．

6.7.2 自由群の被約群 C*環

$\mathbb{F}_n$ でランク n の自由群を表す．ここでは $2 \leqq n < \infty$ の場合のみ考える．$\mathbb{F}_n$ の自由基底を $a_1, \ldots, a_n$ で表す．単位的 C* 環 A の任意の n 個のユニタリ $u_1, \ldots, u_n$ に対して，ユニタリ表現 $\pi\colon \mathbb{F}_n \to A^{\mathrm{U}}$ であって $\pi(a_i) = u_i$, $i = 1, \ldots, n$ となるものが一意的に存在する．さらに普遍性により単位的 * 準同型 $\pi\colon \mathrm{C}^*(\mathbb{F}_n) \to A$ に拡張することから，$\mathrm{C}^*(\mathbb{F}_n)$ はイデアルを豊富にもつことがわかる．一方で $\mathrm{C}^*_\lambda(\mathbb{F}_n)$ は単純である（定理 6.7.5）．以下では $n = 2$ の場合に

16) $K_0(\mathcal{O}_n) \cong \mathbb{Z}/(n-1)\mathbb{Z}$, $K_1(\mathcal{O}_n) = \{0\}$. $\mathrm{Ext}_w(\mathcal{O}_n) \cong \mathbb{Z}/(n-1)\mathbb{Z}$.

議論する．

$\mathbb{F}_2$ の自由基底を a, b とし，$S := \{a, b, a^{-1}, b^{-1}\}$ とおく．各 $t \in \mathbb{F}_2$ は文字 $s_1, \ldots, s_m \in S$ を用いて $t = s_1 \cdots s_m$ と表示される．この文字数が最小となる表示を既約語という．$t = s_1 \cdots s_m$ を既約語とするとき，t は s_1 で始まり s_m で終わるという．

補題 6.7.1. $\mathcal{H}$ を Hilbert 空間，$x, y \in \mathbf{B}(\mathcal{H})$ は $\operatorname{ran} x \perp \operatorname{ran} y$ をみたすとする．このとき $\|x + y\|^2 \leqq \|x\|^2 + \|y\|^2$.

証明. 仮定より $y^*x = 0 = x^*y$. $(x+y)^*(x+y) = x^*x + y^*y$ であることから示したい不等式が従う． □

補題 6.7.2. $\mathcal{H} = \mathcal{H}_1 \oplus \mathcal{H}_2$ を Hilbert 空間の直交分解とする．$x \in \mathbf{B}(\mathcal{H})$ とユニタリたち $u_1, \ldots, u_n \in \mathbf{B}(\mathcal{H})$ が次の性質をみたすとする：

- $x\mathcal{H}_2 \subset \mathcal{H}_1$.
- $u_j^* u_i \mathcal{H}_1 \subset \mathcal{H}_2$, $i \neq j$, $i, j = 1, \ldots, n$.

このとき $n^{-1}\left\| \sum_{i=1}^n u_i x u_i^* \right\| \leqq 2n^{-1/2}\|x\|$.

証明. まず $x\mathcal{H} \subset \mathcal{H}_1$ のときを考える．すると

$$\begin{aligned}
\left\| \sum_{i=1}^n u_i x u_i^* \right\|^2 &= \left\| x + \sum_{i=2}^n u_1^* u_i x u_i^* u_1 \right\|^2 \\
&\leqq \|x\|^2 + \left\| \sum_{i=2}^n u_1^* u_i x u_i^* u_1 \right\|^2 \quad \text{（補題 6.7.1 より）} \\
&= \|x\|^2 + \left\| \sum_{i=2}^n u_i x u_i^* \right\|^2 \\
&\leqq n\|x\|^2. \quad \text{（n についての帰納法）}
\end{aligned}$$

よって $n^{-1}\|\sum_i u_i x u_i^*\| \leqq \sqrt{n}^{-1}\|x\|$ となる．

次に一般の x の場合を考えよう．$p_j \colon \mathcal{H} \to \mathcal{H}_j$, $j = 1, 2$ を射影とする．仮定により，$\operatorname{ran}(xp_2) \subset \mathcal{H}_1$ であるから，前半の議論を xp_2 に適用すれば，$n^{-1}\|\sum_i u_i x p_2 u_i^*\| \leqq \sqrt{n}^{-1}\|xp_2\| \leqq \sqrt{n}^{-1}\|x\|$ を得る．同じく前半の議論を $p_1 x^*$ に適用することで，次の評価を得る：

$$\frac{1}{n}\left\|\sum_{i=1}^{n} u_i x p_1 u_i^*\right\| = \frac{1}{n}\left\|\sum_{i=1}^{n} u_i p_1 x^* u_i^*\right\| \leqq \frac{1}{\sqrt{n}}\|p_1 x^*\| \leqq \frac{1}{\sqrt{n}}\|x\|.$$

分解 $x = xp_1 + xp_2$ を考えれば主張の不等式を得る. □

ここで UCP 写像 $S_n, T_n\colon \mathrm{C}^*_\lambda(\mathbb{F}_2) \to \mathrm{C}^*_\lambda(\mathbb{F}_2)$, $n \in \mathbb{N}$ を次のように定める：$x \in \mathrm{C}^*_\lambda(\mathbb{F}_2)$ に対して,

$$S_n(x) := \frac{1}{n}\sum_{i=1}^{n} \lambda(a^i)x\lambda(a^i)^*, \quad T_n(x) := \frac{1}{n}\sum_{j=1}^{n} \lambda(b^j)x\lambda(b^j)^*.$$

補題 6.7.3. $t \in \mathbb{F}_2$ が $a^{\pm 1}$ で始まり $a^{\pm 1}$ で終わる元ならば, $\|T_n(\lambda(t))\| \leqq 2n^{-1/2}$, $n \geqq 1$ が成り立つ.

証明. $W_a, W_b \subset \mathbb{F}_2$ をそれぞれ $a^{\pm 1}, b^{\pm 1}$ から始まる元の集合とする. $\ell^2(\mathbb{F}_2)$ の閉部分空間 $\mathcal{H}_1, \mathcal{H}_2$ を次のように定める：

$$\mathcal{H}_1 := \overline{\operatorname{span}}\,\{\, \delta_r \mid r \in W_a \,\}, \quad \mathcal{H}_2 := \overline{\operatorname{span}}\,\{\, \delta_r \mid r \in W_b \cup \{e\} \,\}.$$

すると $x := \lambda(t)$ は $x\mathcal{H}_2 \subset \mathcal{H}_1$ をみたす. また $u_i := \lambda(b^i)$, $i = 1, \ldots, n$ は $u_j^* u_i \mathcal{H}_1 \subset \mathcal{H}_2$, $i \neq j$ をみたす. 示すべき不等式は補題 6.7.2 より従う. □

補題 6.7.4. 任意の $x \in \mathrm{C}^*_\lambda(\mathbb{F}_2)$ に対して

$$\lim_{m,n\to\infty} \frac{1}{mn}\sum_{i=1}^{m}\sum_{j=1}^{n} \lambda(a^i b^j)x\lambda(b^{-j}a^{-i}) = \tau(x)1.$$

ここで τ は $\mathrm{C}^*_\lambda(\mathbb{F}_2)$ の忠実トレース状態 $\tau = \langle \cdot\, \delta_e, \delta_e \rangle$ である.

証明. 各点 $x \in \mathrm{C}^*_\lambda(\mathbb{F}_2)$ で $\lim_{m,n} S_m(T_n(x)) = \tau(x)1$ を示すには $x = \lambda(s)$, $s \in \mathbb{F}_2$ の場合に示せば十分である. $s = e$ の場合は明らかである. $s \in \mathbb{F}_2 \setminus \{e\}$ に関して点列 $T_n(\lambda(s))$ を考える. $s \notin \{\, b^j \mid j \in \mathbb{Z} \setminus \{0\} \,\}$ の場合は $s = b^k t b^\ell$ となる $k, \ell \in \mathbb{Z}$ と $t \in \mathbb{F}_2$ を取れる. ここで t は $a^{\pm 1}$ から始まり $a^{\pm 1}$ で終わる元である. このときは補題 6.7.3 より

$$\|T_n(\lambda(s))\| = \|\lambda(b^k)T_n(\lambda(t))\lambda(b^\ell)\| = \|T_n(\lambda(t))\| \leqq 2n^{-1/2}.$$

よって $s \notin \{b^j \mid j \in \mathbb{Z} \setminus \{0\}\}$ の場合は $\lim_{n\to\infty} T_n(\lambda(s)) = \tau(\lambda(s))1$.

次に $s = b^j$, $j \in \mathbb{Z} \setminus \{0\}$ の場合は $T_n(\lambda(s)) = \lambda(s)$, $n \geqq 1$ であり，補題 6.7.3 で a, b の役割を入れ替えると $\|S_m(T_n(\lambda(s)))\| = \|S_m(\lambda(s))\| \leqq 2m^{-1/2}$. よって求める等式を得る． □

定理 6.7.5 (R. Powers)**.** $C^*_\lambda(\mathbb{F}_2)$ は一意的なトレース状態をもつ単純 C* 環である．

証明. $\{0\} \neq I \lhd C^*_\lambda(\mathbb{F}_2)$ とする．非零な $x \in I$ を取ると，補題 6.7.4 より $\tau(x^*x)1 \in I$ である．τ の忠実性から $\tau(x^*x) \neq 0$ だから $1 \in I$. よって，$C^*_\lambda(\mathbb{F}_2)$ は単純である．また τ' を $C^*_\lambda(\mathbb{F}_2)$ 上のトレース状態とすれば，$\tau' \circ S_n = \tau' = \tau' \circ T_n$, $n \geqq 1$ であり，補題 6.7.4 より $\tau' = \tau$. □

とくに $Q\colon C^*(\mathbb{F}_2) \to C^*_\lambda(\mathbb{F}_2)$ は非同型である．実際に自明表現 $\pi\colon \mathbb{F}_2 \ni s \mapsto 1 \in \mathbf{B}(\mathbb{C})$ に対応する単位的 * 準同型 $\varepsilon\colon C^*(\mathbb{F}_2) \to \mathbb{C}$ が存在する（定理 10.2.51 も参照されたい）．次の結果は K 理論を用いて示される[17]．

定理 6.7.6 (Pimsner–Voiculescu)**.** $C^*_\lambda(\mathbb{F}_m) \cong C^*_\lambda(\mathbb{F}_n) \Leftrightarrow m = n$.

一般に離散群 Γ が非自明な有限部分群をもたないとき，**捩れなし**といわれる．これは捩れ元が単位元のみであることと同値である．もし Γ が非自明な有限部分群 Λ をもてば $p_\Lambda := |\Lambda|^{-1}\sum_{s\in\Lambda}\lambda(s)$ は $0, 1$ 以外の射影である．この逆を問うのが **Kadison–Kaplansky** 予想である．

予想 6.7.7 (Kadison–Kaplansky 予想)**.** もし Γ が捩れなし離散群ならば，$C^*_\lambda(\Gamma)$ は $0, 1$ 以外に射影をもたない．

例えば $\Gamma = \mathbb{Z}$ の場合，フーリエ変換 $F\colon \ell^2(\mathbb{Z}) \ni f \mapsto Ff \in L^2(\mathbb{T})$ を $(Ff)(w) = \sum_n f(n)w^n$, $w \in \mathbb{T}$ と定めれば，$F\lambda(k)F^* = z^k$, $k \in \mathbb{Z}$ となる．ここで z は埋め込み関数 $z\colon \mathbb{T} \ni \lambda \mapsto \lambda \in \mathbb{C}$ を表す．よって $C^*_\lambda(\mathbb{Z}) \cong C(\mathbb{T})$ であり，$\mathbb{T}$ の連結性から $C^*_\lambda(\mathbb{Z})$ の射影は確かに $0, 1$ のみである．

---

[17] $K_1(C^*_\lambda(\mathbb{F}_n)) = \mathbb{Z}[\lambda(a_1)] + \cdots + \mathbb{Z}[\lambda(a_n)] \cong \mathbb{Z}^n$.

定理 6.7.8 (Pimsner–Voiculescu). 自由群 $\mathbb{F}_n$ は Kadison–Kaplansky 予想をみたす[18].

第6章について

この章の主張と証明は主に [Dav96] を参考にした．AF 環の K_0 群による分類は [生中 07, Dav96, Mur90, RLL00] で学べる．A_θ や $\mathcal{O}_n$ の K 群の計算は Pimsner–Voiculescu 完全系列を用いるのが一つの方法である．概略は [生中 07, Bla98] にある．ストリング環 (string algebra) は D. Evans が path algebra の名称で導入したあと，Ocneanu, V. Sunder により再発見されたもので，部分因子環論で重要である．

単位的な単純 C* 環 A が定理 6.6.6 の条件をみたすとき，純無限とよばれる．一般の C* 環の純無限性については [RS02, Definition 4.1.2] を参照のこと．

Connes による定理 6.7.8 の比較的簡単な証明は [Roe17] を見よ．

離散群 Γ の $\mathrm{C}^*_\lambda(\Gamma)$ の単純性については，Kalantar–Kennedy により次の結果が示されている ([KK17])：「$\mathrm{C}^*_\lambda(\Gamma)$ が単純 C* 環である $\Leftrightarrow$ Γ の作用が位相的に自由であるような Γ 境界が存在する.」たとえば非可換自由群 $\mathbb{F}_n$ の Gromov 境界はそのような性質をもつため，$\mathrm{C}^*_\lambda(\mathbb{F}_n)$ の単純性が従う．$\mathrm{C}^*_\lambda(\Gamma)$ のトレース状態の一意性については E. Breuillard たちの論文 [BKKO17] がある．

---

18) $K_0(\mathrm{C}^*_\lambda(\mathbb{F}_n)) = \mathbb{Z}[1]$ であり，τ は同型 $\tau_*\colon K_0(\mathrm{C}^*_\lambda(\mathbb{F}_n)) \ni x \mapsto \tau_*(x) \in \mathbb{Z}$ を導く．一方で $p \in \mathrm{C}^*_\lambda(\mathbb{F}_n)$ が射影ならば $\tau_*([p]) = \tau(p) \in [0,1]$．よって $\tau(p) = 0, 1$ であり，τ の忠実性から $p = 0, 1$.

第7章

von Neumann 環の基礎理論

本章では von Neumann 環の基礎を学ぶ．線型汎関数の正規性と前双対，普遍包絡 von Neumann 環，条件付き期待値についての富山の定理，W^* 環についての境の定理，von Neumann 環のテンソル積などである．

7.1 von Neumann 環

本章では $\mathcal{H}, \mathcal{K}$ は Hilbert 空間，M, N は von Neumann 環を表す．

7.1.1 von Neumann 環の前双対

記号 7.1.1. $M \subset \mathbf{B}(\mathcal{H})$ を von Neumann 環とする．M 上の σ 弱連続な線型汎関数のなす集合を M_* で表す．$M_* \subset M^*$ に注意しよう．

まず $\mathbf{B}(\mathcal{H})$ については，補題 4.3.9, 4.3.13 により次のことが成り立つ：

$$\mathbf{B}(\mathcal{H})_* = \left\{ \sum_{n=1}^{\infty} \langle \cdot\, \xi_n, \eta_n \rangle \,\middle|\, (\xi_n), (\eta_n) \in \ell^2(\mathcal{H}) \right\} = \{\, \mathrm{Tr}(a\,\cdot) \mid a \in \mathbf{B}(\mathcal{H})_{\mathrm{Tr}} \,\}.$$

von Neumann 環 $M \subset \mathbf{B}(\mathcal{H})$ は前双対 $\mathbf{B}(\mathcal{H})_*/M_\perp$ をもつ（命題 4.2.32）．付随する等長埋め込み $\mathbf{B}(\mathcal{H})_*/M_\perp \to M^*$ の値域は M_* である．とくに $M_* \subset M^*$ は閉部分空間である．また M 上の σ 弱位相と $\sigma(M, M_*)$ は一致することに注意しよう（定理 4.3.15）．命題 4.2.32 の $\mathbf{B}(\mathcal{H})_*/M_\perp$ を M_* に置き換えて次の結果を得る．

定理 7.1.2. von Neumann 環 $M \subset \mathbf{B}(\mathcal{H})$ に対して，$M_* \subset M^*$ はノルム閉部分空間であり，標準的ペアリング $M \times M_* \ni (x, \varphi) \mapsto \varphi(x) \in \mathbb{C}$ によって，M は $(M_*)^*$ と Banach 空間として等長同型である．とくに von Neumann 環は前双対 Banach 空間をもつ．

定義 7.1.3. 前双対 Banach 空間をもつ C* 環を **W*環**とよぶ．

von Neumann 環は W* 環である．W* 環 A の前双対 X は A^* の閉部分空間（と等長同型）であるが，X が A^* の $*$ 演算で閉じることや A-A 部分加群であることは，前双対の定義から直接従わないので現時点では注意する必要がある．実際には，A はある von Neumann 環と汎弱位相も込めて同型であること（定理 7.6.1），前双対 X が等長同型を除き一意的であること（定理 7.6.2）を 7.6 節で示す．

von Neumann 環の間の連続線型写像の性質についてまとめておく．

補題 7.1.4. von Neumann 環 M, N と $\theta \in \mathbf{B}(M, N)$ に対して次のことは同値である：

(1) θ は M の σ 弱位相と N の σ 弱位相に関して連続である．

(2) θ は M の σ 弱位相と N の弱位相に関して連続である．

証明. (1) $\Rightarrow$ (2) は明らかである．(2) $\Rightarrow$ (1) を示す．$N \subset \mathbf{B}(\mathcal{K})$ としておく．$X := \{\varphi \in \mathbf{B}(\mathcal{K})_* \mid \varphi \circ \theta \in M_*\}$ とおく．$X = \mathbf{B}(\mathcal{K})_*$ を示す．(2) の仮定から，任意の $\xi, \eta \in \mathcal{K}$ に対して $\mathrm{Tr}(\xi \odot \eta \cdot) = \langle \cdot \xi, \eta \rangle \in X$ である．X が $\mathbf{B}(\mathcal{K})_*$ のノルム閉部分空間であることと補題 4.2.27 (2) により，$X = \mathbf{B}(\mathcal{K})_*$ がいえる． □

■**例 7.1.5.** 増幅表現 $\pi_{\mathrm{amp}} \colon \mathbf{B}(\mathcal{H}) \ni x \mapsto x \otimes 1_{\mathcal{K}} \in \mathbf{B}(\mathcal{H} \otimes \mathcal{K})$ の σ 弱連続性を示そう．$\xi \in \mathcal{H} \otimes \mathcal{K}$ とする．$\{\varepsilon_i\}_{i \in I}$ を $\mathcal{K}$ の CONS とし，$\xi = \sum_i \xi_i \otimes \varepsilon_i$ と展開する．このとき $\sum_i \|\xi_i\|^2 = \|\xi\|^2 < \infty$ より $J := \{i \in I \mid \xi_i \neq 0\}$ は高々可算である．よって $J = \{1, 2, \dots\}$ と番号づけておけば，任意の $x \in \mathbf{B}(\mathcal{H})$ に対して $\langle \pi_{\mathrm{amp}}(x)\xi, \xi \rangle = \sum_{n \in J} \langle x\xi_n, \xi_n \rangle$ となるから，$\langle \pi_{\mathrm{amp}}(\cdot)\xi, \xi \rangle$ は σ 弱連続である．補題 7.1.4 より $\pi \colon M \to N$ は σ 弱連続である．

コメント 7.1.6.

(1) 補題 7.1.4 の (1) または (2) の条件から θ の有界性が自動的に導かれる．実際 $\theta \in \mathbf{L}(M, N)$ が (2) をみたすとする．閉グラフ定理により θ が閉作用素であることを示せばよい．M, N のノルム収束点列 $x_n \to x$ と $\theta(x_n) \to y$ が与えられたとする．このとき $x_n \xrightarrow{\sigma\text{-}w} x$ と (2) の連続性から $\theta(x_n) \xrightarrow{w} \theta(x)$．よって $y = \theta(x)$ となる．以上から θ は有界である．

(2) 後述するように補題 7.1.4 の連続性は，有界線型作用素 $\theta\colon M \to N$ の $\mathrm{Ball}(M)$ 上での σ 弱連続性や σ 強 (*) 連続性とも同値である（補題 7.3.13，問題 7.6.6 を見よ．正規性や完全加法性はノルム有界ネットについての性質である）．このことは現時点でも次のように示せる．θ が $\mathrm{Ball}(M)$ 上 σ 弱連続とし，$\varphi \in N_*$ とする．仮定より $\mathrm{Ball}(M) \cap \ker(\varphi \circ \theta)$ は σ 弱閉であるから，Krein–Smulian の定理[1]により $\ker(\varphi \circ \theta)$ は σ 弱閉である．よって $\varphi \circ \theta$ は σ 弱連続である（補題 A.4.1 を見よ）．

定義 7.1.7. M を von Neumann 環，部分 $*$ 環 N が σ 弱閉かつ $1_M \in N$ であるとき，N は M の **von Neumann 部分環**という[2]．N が因子環の場合は M の**部分因子環**という．

補題 7.1.8. M, N を von Neumann 環，$\pi\colon M \to N$ を単位的 $*$ 準同型とする．もし π が σ 弱位相に関して連続ならば，$\pi(M)$ は σ 弱閉，すなわち N の von Neumann 部分環である．

証明. $\pi(M)$ が σ 強閉であることを示す．$Q := \overline{\pi(M)}^{\sigma\text{-}s}$ とおく．Kaplansky の稠密性定理と命題 4.4.16 より $\mathrm{Ball}(Q) = \overline{\mathrm{Ball}(\pi(M))}^{s} = \overline{\pi(\mathrm{Ball}(M))}^{s}$．凸性により $\mathrm{Ball}(Q) = \overline{\pi(\mathrm{Ball}(M))}^{w}$．$\mathrm{Ball}(M)$ は σ 弱コンパクトであり π は σ 弱連続だから，$\pi(\mathrm{Ball}(M))$ は σ 弱コンパクトである．とくに $\pi(\mathrm{Ball}(M))$ は弱閉である（補題 4.3.2 も見よ）．よって $\mathrm{Ball}(Q) = \pi(\mathrm{Ball}(M))$ ゆえ $Q =$

---

[1] X を Banach 空間とする．凸集合 $C \subset X^*$ が汎弱閉 $\Leftrightarrow$ $\forall r > 0$ で $C \cap r\,\mathrm{Ball}(X^*)$ が汎弱閉．証明は [前田 07, 定理 21.2], [Con90, Theorem 12.1], [Ped89, Theorem 2.5.9] を見よ．

[2] 文献によっては $1_N \neq 1_M$ であっても von Neumann 部分環 N とよぶので注意が必要である．

$\pi(M)$ である. □

コメント 7.1.9. $\pi\colon M \to N$ を von Neumann 環の間の単位的 $*$ 準同型とすると，π が σ 弱連続 $\Leftrightarrow$ σ 強連続 $\Leftrightarrow$ σ 強 $*$ 連続である．実際，収束ネットについて $x_\lambda \xrightarrow{\sigma\text{-}s} x \Leftrightarrow (x_\lambda - x)^*(x_\lambda - x) \xrightarrow{\sigma\text{-}w} 0$ であることから，各ステップの $\Rightarrow$ がいえる．π が σ 強 $*$ 連続であるとき，π が σ 弱連続であることを示す．任意の $\varphi \in N_*$ に対して $\varphi \circ \pi \in M_*$ を示せばよい．仮定より $\varphi \circ \pi$ は σ 強 $*$ 連続である．補題 4.3.9 より $\varphi \circ \pi$ は σ 弱連続ゆえ $\varphi \circ \pi \in M_*$ である．

von Neumann 環 M, N の間の同型は，σ 弱位相について同相な全単射 $*$ 準同型が存在することを意味する[3]．このとき $M \cong N$ と書く．同型で最も基本的なものは Hilbert 空間のユニタリからできるものである．すなわちユニタリ $U\colon \mathcal{H} \to \mathcal{K}$ があれば $\mathrm{Ad}\,U\colon \mathbf{B}(\mathcal{H}) \ni x \mapsto UxU^* \in \mathbf{B}(\mathcal{K})$ は σ 弱位相について同相な同型である．よって $M \subset \mathbf{B}(\mathcal{H})$ が von Neumann 環ならば $N := \mathrm{Ad}\,U(M) = UMU^* \subset \mathbf{B}(\mathcal{K})$ も von Neumann 環である．この場合 M, N は空間的に同型であるといって $\mathrm{Ad}\,U\colon M \to N$ を空間同型という．

7.1.2 縮小環の可換子環

$e \in M^{\mathrm{P}}$ と $f \in (M')^{\mathrm{P}}$ について，

$$eMe := \{\, exe \mid x \in M \,\}, \quad Mf := \{\, xf \mid x \in M \,\}$$

とおく．以下で自然な同一視 $p\mathbf{B}(\mathcal{H})p = \mathbf{B}(p\mathcal{H}), p \in \mathbf{B}(\mathcal{H})^{\mathrm{P}}$ を用いる．

補題 7.1.10. $eMe \subset \mathbf{B}(e\mathcal{H})$ と $Mf \subset \mathbf{B}(f\mathcal{H})$ は von Neumann 環である．

証明. どちらも弱閉であることのみ非自明である．ネット $x_\lambda \in eMe$ が $x \in \mathbf{B}(e\mathcal{H})$ に弱収束しているとすると，$\mathbf{B}(\mathcal{H})$ の中でも $x_\lambda \xrightarrow{w} x$ である（$ex = x = xe$ より）．M は弱閉だから $x \in M$．よって $x = exe \in eMe$ である．

また Mf は σ 弱連続 $*$ 準同型 $\pi\colon M \ni x \mapsto xf \in \mathbf{B}(f\mathcal{H})$ の像だから補題 7.1.8 により von Neumann 環である． □

[3] 実際には von Neumann 環の間の全単射 $*$ 準同型は自動的に σ 弱位相について同相である（定理 7.3.17）．

定理 7.1.11.　任意の $e \in M^{\mathrm{P}}$, $f \in (M')^{\mathrm{P}}$ に対して次の等式が成り立つ：

$$(eMe)' = M'e, \quad (Mf)' = fM'f.$$

証明. まず $(Mf)' = fM'f$ を示す．左辺の可換子は $\mathbf{B}(f\mathcal{H})$ で取られることに注意しよう．包含 $(Mf)' \supset fM'f$ は明らか．任意の $x \in (Mf)'$ と $y \in M$ を取る．$x \in \mathbf{B}(\mathcal{H})$ とみなせば $xf = x = fx$ より，$xy = xfy = x(yf) = (yf)x = yx$ となる．よって $(Mf)' \subset M' \subset \mathbf{B}(\mathcal{H})$. これを f でカットすれば，$(Mf)' \subset fM'f$ がいえる．

得られた等式 $(Mf)' = fM'f$ の可換子を $\mathbf{B}(f\mathcal{H})$ の中で取ると，$(Mf)'' = (fM'f)'$. 二重可換子定理より $(Mf)'' = Mf$ だから，$Mf = (fM'f)'$ がいえる．これは任意の M と射影 $f \in M'$ に対して成り立つから，M を M', f を e で置き換えれば，$M'e = (eMe)'$ を得る．　□

定義 7.1.12.　von Neumann 環 M の中心が自明，すなわち $Z(M) = \mathbb{C}1_M$ であるとき，M は因子環とよばれる．

系 7.1.13.　任意の $e \in M^{\mathrm{P}}$, $f \in (M')^{\mathrm{P}}$ に対して次のことが成り立つ：

$$Z(eMe) = Z(M)e, \quad Z(Mf) = Z(M)f.$$

とくに M が因子環であれば，eMe, Mf は因子環である．

証明. 前定理より $(eMe)' = M'e$ だから $(eMe)' \vee (eMe) = e(M' \vee M)e$ となる．両辺の可換子環を取り，再び前定理を $e \in M' \vee M$ に用いれば，$(eMe)'' \cap (eMe)' = (M' \vee M)'e$. ここで $(eMe)'' = eMe$, $(M' \vee M)' = M \cap M' = Z(M)$ を用いると，$Z(eMe) = eMe \cap (eMe)' = Z(M)e$. これを用いて $Z(Mf) = Z((Mf)') = Z(fM'f) = Z(M')f = Z(M)f$ を得る．　□

7.1.3　von Neumann 環のイデアル

von Neumann 環 M の σ 弱閉な遺伝的 $*$ 部分環について調べよう．

補題 7.1.14.　M の σ 弱閉な遺伝的 $*$ 部分環の集合を $\mathcal{N}$ と書くと，対応 $M^{\mathrm{P}} \ni e \mapsto eMe \in \mathcal{N}$ は全単射である．

証明. 補題 3.6.8 から $e \in M^{\mathrm{P}}$ に対して eMe が σ 弱閉な遺伝的 $*$ 部分環である．全射性を示す．$N \in \mathcal{N}$ とすると σ 弱閉な $*$ 部分環だから単位元 $e \in N$ をもつ（命題 4.1.15 を見よ）．N の遺伝性から $eMe \subset N$．逆の包含は明らか．よって $N = eMe$. 単射性も単位元について考えれば明らか． □

補題 7.1.15. M の σ 弱閉左イデアルたちのなす集合を $\mathcal{L}_M$ と書くと，対応 $M^{\mathrm{P}} \ni e \mapsto Me \in \mathcal{L}_M$ は全単射である．

証明. 写像が定義可能であることと単射性は明らかである．全射性を示す．$L \in \mathcal{L}_M$ とする．そこで $N := L \cap L^*$ とおけば，N は σ 弱閉な遺伝的 $*$ 部分環である（定理 3.6.9）．よって $e \in M^{\mathrm{P}}$ を $N = eMe$ と取れる．$L = Me$ を示す．任意の $x \in L$ に対し，$x^*x \in L \cap L^*$ より $(1-e)x^*x(1-e) = 0$. よって $x = xe \in Me$．逆の包含は $e \in L$ であることから明らかである． □

補題 7.1.16. M の σ 弱閉イデアルたちのなす集合を $\mathcal{I}_M$ と書くと，$Z(M)^{\mathrm{P}} \ni z \mapsto Mz \in \mathcal{I}_M$ は全単射である．

証明. $I \in \mathcal{I}_M$ は σ 弱閉 $*$ 部分環であり（系 3.5.11），単位元 $z \in I^{\mathrm{P}}$ をもつ．任意の $x \in M$ に対して $xz, zx \in I$ だから $xz = z \cdot xz = zx \cdot z = zx$. とくに $z \in Z(M)$. また $I \subset Mz \subset I$ より $I = Mz$. 対応の全単射性は明らか． □

因子環 M の σ 弱閉イデアルは $\{0\}$ と M のみである．直積分の詳細は述べないが（章末の参考文献を見よ），von Neumann 環の一つの描像を与えてくれるため，簡単に触れておく．$\mathcal{H}$ を可分 Hilbert 空間とし，von Neumann 環 $M \subset \mathbf{B}(\mathcal{H})$ を考える．このとき標準測度空間 (Ω, μ)，Hilbert 空間の可測場 $\Omega \ni \omega \mapsto \mathcal{H}_\omega$ と因子環の可測場 $\Omega \ni \omega \mapsto M_\omega$ が存在して，

$$M = \int_\Omega^\oplus M_\omega \, d\mu(\omega), \quad Z(M) = \int_\Omega^\oplus \mathbb{C}1_{M_\omega} \, d\mu(\omega), \quad \mathcal{H} = \int_\Omega^\oplus \mathcal{H}_\omega \, d\mu(\omega)$$

と直積分分解される（「連続的な直和」である）．

■**例 7.1.17.** $Z(\mathbf{B}(\mathcal{H})) = \mathbf{B}(\mathcal{H})' \cap \mathbf{B}(\mathcal{H}) = \mathbb{C}1_{\mathcal{H}}$ ゆえ $\mathbf{B}(\mathcal{H})$ は因子環である．

$\mathbf{B}(\mathcal{H})$ は因子環ではあるが，von Neumann 環としては簡単なものと考えら

れる．興味深い因子環を構成・分類することは作用素環論が始まって以来変わらず重要である．第9章で具体例をいくつか紹介する．

von Neumann 部分環 $N \subset M$ について，次の**相対可換子環**も重要である：

$$N' \cap M := \{ x \in M \mid xy = yx,\ y \in N \}.$$

もちろん $N' \cap M$ は M の von Neumann 部分環である．

補題 7.1.18. von Neumann 部分環 $N \subset M$ に対して，$Z(M) \vee Z(N) \subset Z(N' \cap M)$ が成り立つ．

証明. $Z(M) \subset Z(N' \cap M)$ は明らかである．次に $Z(N) = N' \cap N \subset N' \cap M$ である．また $x \in Z(N)$ と $y \in N' \cap M$ に対して，$x \in N$ ゆえ $xy = yx$. よって $x \in Z(N' \cap M)$ である． □

問題 7.1.19. von Neumann 部分環 $Q \subset P$ に対して，$Z := Z(Q' \cap P)$, $B := Q \vee Z$, $A := Z' \cap P$ とおく[4]．このとき次のことを示せ：

(1) $Q \subset B \subset A \subset P$, $Q' \cap P \subset A$.
(2) $Z(B) = Z(A) = Z$.
(3) $Q' \cap B = Z(B)$, $B' \cap A = Z(B) = Z(A)$, $A' \cap P = Z(A)$.

7.2　von Neumann 環の射影

von Neumann 環の族 $M_i \subset \mathbf{B}(\mathcal{H}_i)$, $i \in I$ があるとき，その直和 von Neumann 環は ℓ^∞ 直和 $\bigoplus_i M_i$ を意味する．これは直和 Hilbert 空間 $\bigoplus_i \mathcal{H}_i$ に自然に作用する von Neumann 環である．

7.2.1　左右の台射影，Murray–von Neumann 同値

$B(\mathcal{H})$ の射影族 $\{p_\lambda\}_{\lambda \in \Lambda}$ に対して，$\overline{\mathrm{span}}\{p_\lambda \mathcal{H} \mid \lambda \in \Lambda\}$ への射影を $\bigvee_\lambda p_\lambda$, $\bigcap_\lambda p_\lambda \mathcal{H}$ への射影を $\bigwedge_\lambda p_\lambda$ と書く．次の結果から M^{P} は完備束である．

[4] この種の分解 $Q \subset B \subset A \subset P$ は $Q \subset P$ の濱地–幸崎分解とよばれる．

補題 7.2.1. 射影族 $\{p_\lambda\}_{\lambda\in\Lambda} \subset M^{\mathrm{P}}$ について次のことが成り立つ：

(1) $\bigvee_\lambda p_\lambda$ は M^{P} に属し，p_λ たちの上限である.

(2) $\bigwedge_\lambda p_\lambda$ は M^{P} に属し，p_λ たちの下限である.

(3) $(\bigvee_\lambda p_\lambda)^\perp = \bigwedge_\lambda p_\lambda^\perp$.

(4) $\xi \in \mathcal{H}$ が任意の $\lambda \in \Lambda$ に対して $p_\lambda \xi = 0$ をみたせば $(\bigvee_\lambda p_\lambda)\xi = 0$.

証明. (1). $e := \bigvee_\lambda p_\lambda$ と書く．各 $p_\lambda\mathcal{H}$ は $p_\lambda \in M$ ゆえ M' 不変である．よって $e\mathcal{H}$ も M' 不変であり，$e \in (M')' = M$ である．e が p_λ たちの上界であることは明らか．$q \in M^{\mathrm{P}}$ が p_λ たちの上界であるとすると，$p_\lambda \leqq q$ より $p_\lambda\mathcal{H} \subset q\mathcal{H}, \lambda \in \Lambda$ だから $e\mathcal{H} \subset q\mathcal{H}$ となる．よって $e \leqq q$ である.

(2). (1) と同様の議論を共通部分について行えばよい.

(3). $\overline{\mathrm{span}}\{\, p_\lambda\mathcal{H} \mid \lambda \in \Lambda \,\}^\perp = \bigcap_\lambda (p_\lambda\mathcal{H})^\perp$ より明らか.

(4). $\xi \perp \overline{\mathrm{span}}\{p_\lambda\mathcal{H} \mid \lambda \in \Lambda\}$ より明らか. □

次のことは上限，下限射影の定義からわかる.

補題 7.2.2. $M \subset \mathbf{B}(\mathcal{H})$ の射影族 $\{p_\lambda\}_{\lambda\in\Lambda}$ と射影 $f \in M'$ について次のことが成り立つ：

$$\bigvee_\lambda (p_\lambda f) = \Big(\bigvee_\lambda p_\lambda\Big) f, \quad \bigwedge_\lambda (p_\lambda f) = \Big(\bigwedge_\lambda p_\lambda\Big) f.$$

補題 7.2.3. M の射影の直交族 $\{p_i\}_{i\in I}$ に対して，$\bigvee_{i\in I} p_i = \sum_{i\in I} p_i$.

証明. $q := \sum_{i\in I} p_i$ とおく（強収束については例 4.1.16 を見よ）．任意の $i \in I$ に対して $p_i \leqq q$ だから $\bigvee_{i\in I} p_i \leqq q$．また任意の $F \Subset I$ について $\sum_{j\in F} p_j \leqq \bigvee_{i\in I} p_i$ である．F で極限を取れば $q \leqq \bigvee_{i\in I} p_i$ がいえる. □

補題 7.2.3 で $1_M = \sum_{i\in I} p_i$ が成り立つとき，$\{p_i\}_{i\in I}$ は**単位の分割**あるいは**$\mathbf{1}_M$ の分割**という.

定義 7.2.4. $x \in M$ の**左台射影** $s_\ell(x)$ と**右台射影** $s_r(x)$ を次式で定める：

$$s_\ell(x) := \bigwedge\{\, e \in M^{\mathrm{P}} \mid ex = x \,\}, \quad s_r(x) := \bigwedge\{\, e \in M^{\mathrm{P}} \mid xe = x \,\}.$$

射影の同値関係 $\sim$ と，関係 $\precsim$ を思い出そう（定義 3.5.36）.

補題 7.2.5.　$x \in M$ の極分解 $x = v|x|$ に対し，次のことが成り立つ：

(1) $s_\ell(x) = vv^*$, $s_r(x) = v^*v$. とくに M で $s_\ell(x) \sim s_r(x)$ である.
(2) $s_\ell(x) = s_r(x^*)$ である.

証明. (1). $vv^*x = x$ より $s_\ell(x) \leqq vv^*$ である．もし $e \in M^{\mathrm{P}}$ が $ex = x$ をみたせば，$\overline{x\mathcal{H}} \subset e\mathcal{H}$ より $vv^* \leqq e$ となる．以上より $s_\ell(x) = vv^*$ が従う．$s_r(x) = v^*v$ についても同様に示される.
(2). 極分解 $x^* = v^*|x^*|$ より明らか. □

補題 7.2.6.　$e, f \in M^{\mathrm{P}}$ に対して，$s_\ell(ef) = e - e \wedge f^\perp$, $s_r(ef) = f - e^\perp \wedge f$.

証明. $p := e - e \wedge f^\perp$ とおけば，$e \wedge f^\perp \cdot ef = e \wedge f^\perp \cdot f = 0$ より $pef = ef$. よって $s_\ell(ef) \leqq p$. 次に $q := e - s_\ell(ef)$ とおけば，$q \leqq e$ ゆえ $0 = qef = qf$. よって $q \leqq e \wedge f^\perp$. これより $p \leqq s_\ell(ef)$ がいえる．右台については $s_r(ef) = s_\ell(fe) = f - f \wedge e^\perp$ となる. □

$p, q \in M^{\mathrm{P}}$ に対して $e := p^\perp$, $f = q$ として補題 7.2.5 (1), 7.2.6 を使うと，$p^\perp - p^\perp \wedge q^\perp \sim q - p \wedge q$ となる．ここで $p^\perp - p^\perp \wedge q^\perp = p^\perp - (p \vee q)^\perp = p \vee q - p$ より次の結果を得る.

定理 7.2.7 (Kaplansky).　$p, q \in M^{\mathrm{P}}$ に対し，M で $p \vee q - p \sim q - p \wedge q$.

M^{PI} に関係 $\preccurlyeq$ を，$v, w \in M^{\mathrm{PI}}$ に対して $v \preccurlyeq w :\overset{\mathrm{d}}{\Leftrightarrow} v = wv^*v$ と定める.

補題 7.2.8.　M^{PI} 上の $\preccurlyeq$ について次のことが成り立つ：

(1) $v \preccurlyeq w$ ならば $v^*v \leqq w^*w$ かつ $vv^* \leqq ww^*$.
(2) $v \preccurlyeq w \Leftrightarrow v^* \preccurlyeq w^*$.
(3) $(M^{\mathrm{PI}}, \preccurlyeq)$ は順序集合である.

証明. (1). $v^*v(1_M - w^*w)v^*v = 0$ より $v^*v \leqq w^*w$. また $(1 - ww^*)v = (1 - ww^*)wv^*v = 0$ より $vv^* \leqq ww^*$.

(2). $v \preccurlyeq w$ とする．このとき $v^*w = (wv^*v)^*w = v^*v \cdot w^*w = v^*v$ だから $vv^*w = vv^*v = v$ となる．よって $v^* \preccurlyeq w^*$. 逆は対称性から明らか.

(3). $v, w \in M^{\mathrm{PI}}$ が $v \preccurlyeq w$ かつ $w \preccurlyeq v$ ならば，(1) より $v^*v = w^*w$. よって $v = wv^*v = ww^*w = w$.

次に $v_1, v_2, v_3 \in M^{\mathrm{PI}}$ が $v_1 \preccurlyeq v_2$, $v_2 \preccurlyeq v_3$ をみたすとすると，$v_3v_1^*v_1 = v_3 \cdot v_2^*v_2v_1^*v_1 = v_2v_1^*v_1 = v_1$ より $v_1 \preccurlyeq v_3$. 以上より $\preccurlyeq$ は順序である. □

前証明中で得られた $v \preccurlyeq w \Leftrightarrow wv^* = vv^* \Leftrightarrow v^*w = v^*v$ にも注意しよう.

補題 7.2.9. M^{PI} の任意の単調増加ネットは M^{PI} の元に強 $*$ 収束する.

証明. $(v_i)_{i\in I}$ を M^{PI} の単調増加ネットとする. このとき $e_i := v_i^*v_i \in M^{\mathrm{P}}$ は単調増加だから，$e \in M^{\mathrm{P}}$ に強収束する.

$M \subset \mathbf{B}(\mathcal{H})$ とする. $\xi \in \mathcal{H}$ と $\varepsilon > 0$ に対して $i_0 \in I$ を $\|e\xi - e_{i_0}\xi\| < \varepsilon$ となるように取る. すると $i, j \geqq i_0$ に対して

$$\begin{aligned}\|(v_i - v_j)\xi\| &= \|(v_i - v_j)e\xi\| \\ &\leqq \|(v_i - v_j)(e\xi - e_{i_0}\xi)\| + \|(v_i - v_j)e_{i_0}\xi\| \leqq 2\varepsilon.\end{aligned}$$

ここで $(v_i - v_j)e_{i_0} = v_{i_0} - v_{i_0} = 0$ を使った. 以上からネット v_i はある元 $v \in M$ に強収束する. 補題 7.2.8 (2) より v_i^* も単調増加だから強収束し，その極限は v^* である. よって $v_i \xrightarrow{s^*} v$. M^{PI} は強 $*$ 閉集合だから（命題 4.1.11 からわかる），$v \in M^{\mathrm{PI}}$. □

補題 7.2.10. 射影の直交族たち $\{p_i\}_{i\in I}, \{q_i\}_{i\in I} \subset M^{\mathrm{P}}$ が $p_i \precsim q_i$, $i \in I$ をみたせば $\sum_i p_i \precsim \sum_i q_i$. また $p_i \sim q_i$, $i \in I$ ならば $\sum_i p_i \sim \sum_i q_i$.

証明. $v_i \in M^{\mathrm{PI}}$ を $p_i = v_i^*v_i$, $v_iv_i^* \leq q_i$ となるように取る. すると $v_i = v_ip_i = q_iv_i$ である. また $i \neq j$ のとき，$v_i^*v_j = v_i^*q_i \cdot q_jv_j = 0$, 同様に $v_iv_j^* = 0$ である. 各 $F \Subset I$ に対して $w_F := \sum_{i\in F} v_i$ とすれば，$w_F \in M^{\mathrm{PI}}$ かつ $(w_F)_F$ は単調増加である. 実際 $F \subset G \Subset I$ に対して $w_F^*w_G = w_F^*w_F = \sum_{i\in F} p_i$ である. 補題 7.2.9 により w_F は $w \in M^{\mathrm{PI}}$ に強 $*$ 収束し，$w^*w = \sum_i p_i$, $ww^* \leqq \sum_i q_i$. 後半の主張も同様である. □

次の結果は Cantor–Bernstein の定理の類似であり，証明も同様である.

定理 7.2.11. $p, q \in M^{\mathrm{P}}$ が $p \precsim q$ かつ $q \precsim p$ ならば $p \sim q$ である.

証明. $v, u \in M^{\mathrm{PI}}$ を $vv^* \leqq p = u^*u$, $uu^* \leqq q = v^*v$ となるように取る．射影列 $p_n, q_n \in M^{\mathrm{P}}$, $n \in \mathbb{N}$ を，$p_1 := p - vv^*$, $q_1 := up_1u^*$ と $p_n := vq_{n-1}v^*$, $q_n := up_nu^*$, $n \geqq 2$ により定める．すると $\{p_n\}_n$, $\{q_n\}_n$ はそれぞれ射影の直交族である．このとき $up_n = q_nu$, $vq_{n-1} = p_nv$, $p_1v = 0$ である．そこで $e := p - \sum_n p_n$, $f := q - \sum_n q_n$ とおくと，

$$vf = vq - \sum_n vq_n = vq - \sum_{n=1}^{\infty} p_{n+1}v = pv - \sum_{n=1}^{\infty} p_nv = ev$$

となる．すると $w := u\sum_n p_n + v^*e \in M$ に対して，次の等式を得る：

$$ww^* = u\left(\sum_{n=1}^{\infty} p_n\right)u^* + v^*ev = \sum_{n=1}^{\infty} q_n + v^*vf = \sum_{n=1}^{\infty} q_n + f = q.$$

また $w = \sum_n q_nu + fv^*$ だから同様にして $w^*w = p$ がいえる．□

4.4.1 項で導入した部分表現とユニタリ同値の概念を思い出そう．

系 7.2.12. A を C* 環とし，$\pi, \rho \in \mathrm{Rep}(A)$ とする．もし $\pi \precsim \rho$ かつ $\pi \succsim \rho$ ならば，$\pi \sim \rho$ である．

証明. π, ρ の直和表現 θ を考える．付随する等長作用素 $S_1 \in \mathrm{Mor}(\pi, \theta)$, $S_2 \in \mathrm{Mor}(\rho, \theta)$ を取り，射影 $e_i := S_iS_i^* \in \mathrm{Mor}(\theta, \theta) = \theta(A)'$, $i = 1, 2$ を考える．仮定より等長作用素たち $T_{21} \in \mathrm{Mor}(\pi, \rho)$, $T_{12} \in \mathrm{Mor}(\rho, \pi)$ を取れる．このとき $v := S_2T_{21}S_1^*$, $w := S_1T_{12}S_2^*$ とおけば $v, w \in \mathrm{Mor}(\theta, \theta)$ かつ $v^*v = e_1$, $vv^* \leqq e_2$, $w^*w = e_2$, $ww^* \leqq e_1$．すなわち $\mathrm{Mor}(\theta, \theta) = \theta(A)'$ で $e_1 \precsim e_2$ かつ $e_1 \succsim e_2$ となる．定理 7.2.11 より $e_1 \sim e_2$ だから，ある $u \in \mathrm{Mor}(\theta, \theta)$ により $u^*u = e_1$, $uu^* = e_2$．すると $S_2^*uS_1 \in \mathrm{Mor}(\pi, \rho)$ はユニタリである．□

7.2.2　中心台射影の性質

定義 7.2.13. $p \in M^{\mathrm{P}}$ に対して，射影族 $\{z \in Z(M)^{\mathrm{P}} \mid p \leqq z\}$ の下限を p の中心台射影，あるいは中心台とよび，$z_M(p)$ と表す．

$p \leqq 1_M$ であるから，そのような $Z(M)$ の射影族は空でない．また $Z(M)$ は von Neumann 環ゆえ下限は存在する．中心台を考える von Neumann 環が

明らかな場合は $z_M(p)$ を単に $z(p)$ とも表す.

補題 7.2.14. $M \subset \mathbf{B}(\mathcal{H})$, $p, q \in M^{\mathrm{P}}$ とすると次のことが成り立つ：

(1) 閉部分空間 $\overline{Mp\mathcal{H}}$ への射影は $z_M(p)$ に等しい.

(2) $z_M(p) = \bigvee\{upu^* \mid u \in M^{\mathrm{U}}\}$.

(3) $Mz_M(p) = \overline{MpM}^w$. ここで $MpM = \mathrm{span}\{xpy \mid x, y \in M\}$.

(4) もし $p \sim q$ ならば，$z_M(p) = z_M(q)$.

(5) もし $p \precsim q$ ならば，$z_M(p) \leqq z_M(q)$.

(6) $r \in Z(M)^{\mathrm{P}}$ に対して，$z_M(pr) = z_M(p)r$.

証明. (1). $\mathcal{K} := \overline{Mp\mathcal{H}}$ への射影を $e \in \mathbf{B}(\mathcal{H})$ と書く. $p \in M$ であるから，$\mathcal{K}$ は M' 不変である. よって $e \in (M')' = M$. 明らかに $\mathcal{K}$ は M 不変でもあるから，$e \in M'$. よって $e \in M \cap M' = Z(M)$ である. また $p\mathcal{H} \subset \mathcal{K}$ より $p \leqq e$. 中心台の定義から $z(p) \leqq e$ である. 一方で $pz(p) = p$ だから，任意の $x \in M$, $\xi \in \mathcal{K}$ に対して，$z(p)xp\xi = xz(p)p\xi = xp\xi$ となる. よって $z(p)\mathcal{K} = \mathcal{K}$ だから，$e \leqq z(p)$. 以上から $z(p) = e$ となる.

(2). 右辺の射影を $f \in M$ と書く. $v \in M^{\mathrm{U}}$ を取る. すると射影族 $\{upu^* \mid u \in M^{\mathrm{U}}\}$ は自己同型 $\mathrm{Ad}\,v$ で不変である. 自己同型は順序を保つから上限 f も不変である. すなわち $vfv^* = f$, $v \in M^{\mathrm{U}}$. よって $f \in M'$ ゆえ $f \in Z(M)$. 中心台の定義から $z(p) \leqq f$ である. 一方で任意の $v \in M^{\mathrm{U}}$ について，$vpv^* \leqq vz(p)v^* = z(p)$. 左辺で $v \in M^{\mathrm{U}}$ について上限を取れば，$f \leqq z(p)$ がいえる. 以上から $z(p) = f$ である.

(3). 右辺 I は M の弱閉イデアルであるから，ある $g \in Z(M)^{\mathrm{P}}$ で $I = Mg$ となるものが存在する. $p \in I$ より $p \leqq g$ であり，中心台の定義より $z(p) \leqq g$ が従う. 逆の不等式は (2) からも従うが，次のように直接示せる. 任意の $x, y \in M$ に対して，$z(p)xpy = xz(p)py = xpy$ より $z(p)a = a$, $a \in I$. よって $z(p)g = g$ ゆえ $g \leqq z(p)$ となる. 以上から $z(p) = g$ である.

(4). $v \in M^{\mathrm{PI}}$ を $p = v^*v$, $q = vv^*$ となるように取る. すると $vz(p) = vpz(p) = vp = v$ より，$q = vz(p)v^* = z(p)vv^* = z(p)q$. よって $q \leqq z(p)$ ゆえ $z(q) \leqq z(p)$. 同様に逆向きの不等式もいえるから $z(p) = z(q)$ である.

(5). $r \in M^{\mathrm{P}}$ を $p \sim r \leqq q$ となるように取ると，(4) から $z(p) = z(r)$. 中

心台の定義から $z(r) \leqq z(q)$ より $z(p) \leqq z(q)$ である．

(6). 中心台の定義，あるいは (1), (2), (3) などより明らか． □

コメント 7.2.15.

(1) $r \in Z(M)^{\mathrm{P}}$ と射影 $e \in Mr$ に対して，$z_M(e) \leqq r$ である．これと $Z(Mr) = Z(M)r$ により $z_{Mr}(e) = z_M(e)$ がいえる．

(2) 補題 7.1.10 の証明の全射 * 準同型 $\pi\colon M \ni x \mapsto xf \in Mf$ の核は σ 閉イデアルゆえ $z \in Z(M)^{\mathrm{P}}$ により $\ker\pi = Mz^{\perp}$ と書ける．すると $z^{\perp}f = \pi(z^{\perp}) = 0$ より $z_{M'}(f) \leqq z$ である．明らかに $z_{M'}(f)^{\perp} \in \ker\pi$ だから $z_{M'}(f)^{\perp} = z_{M'}(f)^{\perp}z^{\perp}$ ゆえ $z_{M'}(f)^{\perp} \leqq z^{\perp}$ となる．よって $z = z_{M'}(f)$ であり，$Mz_{M'}(f) \ni x \mapsto xf \in Mf$ は同型である．

問題 7.2.16. $\alpha \in \mathrm{Aut}(M)$ と $p \in M^{\mathrm{P}}$ に対して，$z_M(\alpha(p)) = \alpha(z_M(p))$ であることを示せ．

補題 7.2.17. $p, q \in M^{\mathrm{P}}$ に対して次のことは同値である：

(1) $z_M(p)z_M(q) \neq 0$.

(2) $pMq \neq \{0\}$.

(3) $p_1, q_1 \in M^{\mathrm{P}} \setminus \{0\}$ が存在して，$p_1 \leqq p$, $q_1 \leqq q$ かつ $p_1 \sim q_1$ となる．

証明. (1) ⇒ (2). $pMq = \{0\}$ ならば $MpMqM = \{0\}$. 補題 7.2.14 (3) より，左辺の弱閉包は $Mz(p)z(q)$ に等しい．よって $z(p)z(q) = 0$ である．

(2) ⇒ (3). 非零な $x \in pMq$ の極分解 $x = v|x|$ を考えれば $pv = v = vq$ である．よって $p_1 := vv^* \leqq p$, $q_1 := v^*v \leqq q$ とおけばよい．

(3) ⇒ (1). 補題 7.2.14 (5) より $z(p_1) \leqq z(p)$, $z(q_1) \leqq z(q)$ かつ $z(p_1) = z(q_1) \neq 0$ である．よって $z(p)z(q) \geqq z(p_1) \neq 0$ である． □

7.2.3 射影の比較定理

ここで von Neumann 環論で頻繁に使用される「射影の極大直交族」の議論を説明しておく．$E \subset M^{\mathrm{P}}$ が直交族とは，任意の異なる $p, q \in E$ が $p \perp q$ をみたすことを意味する．M^{P} の直交族の集まりを $\mathcal{L}_{\mathrm{ortho}}$ と書こう．$\mathcal{L}_{\mathrm{ortho}}$ に包含順序を入れておく．ある性質 Q をみたす射影の直交族 $\mathcal{L}_{\mathrm{ortho}}^{Q}$ の中で極大元を取るには，Zorn の補題を用いる．すなわち $J \subset \mathcal{L}_{\mathrm{ortho}}^{Q}$ が全順序部分集合であるとき，$E_J := \bigcup_{F \in J} F$ とおけば $E_J \in \mathcal{L}_{\mathrm{ortho}}$ である．このとき E_J がさらに性質 Q をみたすか否かを考察すればよい．次の比較定理の証明では射影の組の極大族を扱う．

定理 7.2.18 (比較定理)**.** 任意の $p, q \in M^{\mathrm{P}}$ に対して，$z \in Z(M)^{\mathrm{P}}$ が存在して，$pz \precsim qz$ かつ $pz^{\perp} \succsim qz^{\perp}$ となる．

証明. 射影の組の族 $\{(p_i, q_i)\}_{i \in I}$ を，$p_i \leqq p$, $q_i \leqq q$, $\{p_i\}_{i \in I}$, $\{q_i\}_{i \in I}$ は直交族，$p_i \sim q_i$ となるもので極大なものとする．ここで $e := p - \sum_i p_i$, $f := q - \sum_i q_i$ とする．もし $eMf \neq \{0\}$ ならば，補題 7.2.17 より非零射影 $e_1 \leqq e$ と $f_1 \leqq f$ が存在して $e_1 \sim f_1$ となるが，これは $\{(p_i, q_i)\}_{i \in I}$ の極大性に矛盾する．よって $eMf = \{0\}$ である．ここで $z := z_M(f)$ とおけば，$ez = ez_M(e)z_M(f) = 0$ と補題 7.2.10 より $pz = \sum_i p_i z \sim \sum_i q_i z \leqq qz$．同様に $fz^{\perp} = 0$ より $qz^{\perp} = \sum_i q_i z^{\perp} \sim \sum_i p_i z^{\perp} \leqq pz^{\perp}$． □

系 7.2.19. M を因子環，$p, q \in M^{\mathrm{P}}$ とすると，$p \precsim q$ または $p \succsim q$ である．

定義 7.2.20. $p \in M^{\mathrm{P}}$ が極小射影または原子 $:\overset{\mathrm{d}}{\Leftrightarrow} pMp = \mathbb{C}p$.

コメント 7.2.21. $p \in M^{\mathrm{P}}$ とする．

(1) pMp は von Neumann 環であるから，pMp は $\mathrm{span}\{\, q \in M^{\mathrm{P}} \mid q \leqq p \,\}$ のノルム閉包である．よって p が極小ということと，$q \in M^{\mathrm{P}}$ かつ $q \leqq p$ ならば $q = 0$ または $q = p$ ということは同値である．

(2) $q \in M^{\mathrm{P}}$ とする．$p \sim q$ かつ p が極小ならば q も極小である（補題 3.5.40 を見よ）．また pMq は 1 次元である．実際 $p = vv^*$, $q = v^*v$ なる $v \in M$ に対して，$pMq = vv^*Mq = vqMq = \mathbb{C}vq = \mathbb{C}v$ となる．

補題 7.2.22. M を因子環とし，$p, q \in M^{\mathrm{P}} \setminus \{0\}$ であって p が極小射影ならば，$p \precsim q$ である．

証明. M は因子環だから $p \precsim q$ または $p \succsim q$ が成り立つ．もし $q \precsim p$ ならば，p の極小性から $q \sim p$ である． □

4.2.1 項で扱った行列単位系の概念を一般化しておく．

定義 7.2.23.　$\{e_{ij}\}_{i,j\in I}\subset M$ が次式をみたすとき行列単位系という：

$$e_{ij}e_{k\ell}=\delta_{j,k}e_{i\ell},\quad e_{ij}^*=e_{ji},\quad \sum_{i\in I}e_{ii}=1_M.$$

ここで和は強収束を意味する．各 e_{ij} を行列単位とよぶ[5]．$\{e_{ii}\}_{i\in I}$ は互いに同値な射影による 1 の分割である．

補題 7.2.24.　$\{e_{ij}\}_{i,j\in I}$ を M 内の行列単位系とし，それらが生成する von Neumann 部分環を Q と書く．このとき $Q\cong\mathbf{B}(\ell^2(I))$ である．

証明.　$M\subset\mathbf{B}(\mathcal{H})$ としておく．また $\ell^2(I)$ の標準的な CONS $\{\delta_i\}_{i\in I}$ を取り，それに付随する行列単位系を $\{f_{ij}\}_{i,j\in I}\subset\mathbf{B}(\ell^2(I))$ とおく．

$i_0\in I$ を固定し $e:=e_{i_0i_0}$ とおく．ユニタリ $U\colon\ell^2(I)\otimes e\mathcal{H}\to\mathcal{H}$ を $U(g\otimes\xi)=\sum_{i\in I}g(i)e_{ii_0}\xi$, $g\in\ell^2(I)$, $\xi\in e\mathcal{H}$ と定める．実際，簡単な内積の計算により U の $\ell^2(I)\otimes_{\mathrm{alg}}e\mathcal{H}$ 上の等長性がいえて，定義可能であることがわかる．像は $e_{ii_0}e\mathcal{H}=e_{ii}\mathcal{H}$ を含むから U は全射である．すると $g\in\ell^2(I)$, $\xi\in e\mathcal{H}$, $i,j\in I$ に対して

$$U(f_{ij}\otimes 1_{e\mathcal{H}})(g\otimes\xi)=Ug(j)\delta_i\otimes\xi=g(j)e_{ii_0}\xi=e_{ij}U(g\otimes\xi)$$

より $U(f_{ij}\otimes 1_{e\mathcal{H}})=e_{ij}U$．増幅表現 $\pi_{\mathrm{amp}}\colon\mathbf{B}(\ell^2(I))\ni x\mapsto x\otimes 1_{e\mathcal{H}}\in\mathbf{B}(\ell^2(I)\otimes e\mathcal{H})$ を用いて σ 弱連続な単射 $*$ 準同型 $\mathrm{Ad}\,U\circ\pi_{\mathrm{amp}}\colon\mathbf{B}(\ell^2(I))\to Q$ を得る．像は σ 弱閉（補題 7.1.8）かつ行列単位 e_{ij} たちを含むから $\mathrm{Ad}\,U\circ\pi_{\mathrm{amp}}$ は全射である．逆写像の σ 弱連続性は明らかである．　□

極小射影をもつ因子環は $\mathbf{B}(\mathcal{H})$ に限ることを示そう．

定理 7.2.25.　因子環 M が非零極小射影をもつとき，ある Hilbert 空間 $\mathcal{K}$ が存在して，M は $\mathbf{B}(\mathcal{K})$ と同型である．

証明.　$p\in M$ を非零極小射影とする．$\{p_i\}_{i\in I}\subset M^{\mathrm{P}}$ を $p_i\sim p$ となるような極大直交族とすれば，$\sum_{i\in I}p_i=1_M$ である．実際 $e:=1_M-\sum_i p_i$ が非零で

---

[5] $\sum_i e_{ii}$ が 1_M でない場合もしばしば扱われる．

あれば，補題 7.2.22 より $p \precsim e$ である．すると $p \sim p' \leqq e$ となる $p' \in M^{\mathrm{P}}$ は p_i たちと直交しており極大性に反する．

そこで $i_0 \in I$ を固定しておき，$v_i \in M$ を $v_i^* v_i = p_{i_0}$ かつ $v_i v_i^* = p_i$ と取る．$e_{ij} := v_i v_j^*$ とすれば，e_{ij} たちは M 内の行列単位系である．Q を e_{ij} たちが生成する M の von Neumann 部分環とすると，補題 7.2.24 により Q は $\mathbf{B}(\ell^2(I))$ と同型である．よって $Q = M$ を示せばよい．任意の $x \in M$ に対して強収束で $x = (\sum_i p_i)x(\sum_j p_j) = \sum_{i,j} p_i x p_j$．$p_i$ たちは同値な極小射影族だから $p_i M p_j = \mathbb{C}e_{ij}$ である（コメント 7.2.21 (2) を見よ）．よって $\lambda_{ij} \in \mathbb{C}$ を $p_i x p_j = \lambda_{ij} e_{ij}$ と取れば，$x = \sum_{i,j} \lambda_{ij} e_{ij} \in Q$ となる．□

問題 7.2.26. M を von Neumann 環，$e \in M$ を非零極小射影とする．このとき $z_M(e)$ は $Z(M)$ の極小射影であり，直和分解 $M = Mz_M(e) + Mz_M(e)^{\perp}$ について $Mz_M(e) \cong \mathbf{B}(\mathcal{K})$ であることを示せ．

7.3　正規性

M_{sa} の順序構造と σ 弱位相との関係を調べよう．

7.3.1　正規線型汎関数

定義 7.3.1 (Dixmier). $\varphi \in M_{\mathrm{alg}}^*$ が正規 $:\overset{\mathrm{d}}{\Leftrightarrow}$ 任意のノルム有界な単調増加ネット $x_i \in M_+$ に対して，$\varphi(\text{s-lim}_i\, x_i) = \lim_i \varphi(x_i)$．

補題 7.3.2. 正規線型汎関数は有界である．

証明. $\varphi \in M_{\mathrm{alg}}^*$ は正規だが有界でないと仮定する．補題 3.7.4 より φ は $\mathrm{Ball}(M_+)$ 上で非有界だから，点列 $a_n \in \mathrm{Ball}(M_+)$ を $a_1 := 0$，$|\varphi(a_n)| \geqq 2^n(n + |\sum_{k=1}^{n-1} 2^{-k}\varphi(a_k)|)$ と取れる．すると $b_n := \sum_{k=1}^{n} 2^{-k} a_k \in \mathrm{Ball}(M_+)$ は単調増加であり，$b \in \mathrm{Ball}(M_+)$ にノルム収束する．正規性から $\varphi(b) = \lim_n \varphi(b_n)$ であるが，$|\varphi(b_n)| \geqq 2^{-n}|\varphi(a_n)| - |\sum_{k=1}^{n-1} 2^{-k}\varphi(a_k)| \geqq n$ より $|\varphi(b_n)| \to \infty$ となり矛盾が生じる．□

コメント 7.3.3. 定理 7.3.8，系 7.3.9 で見るように正規性と σ 弱連続性は線型汎関数については同値であるから，同義の単語と考えてもよい（実際そのように導入する文献もある）．正規性は（結果的には σ 弱連続性も）Hilbert 空間への表現に依存しない概念であり，Hilbert 空間を陽に出したくないときに便利である．荷重については，正規性と σ 弱下半連続性が同値であることには注意されたい（Haagerup による．[竹崎 83] を見よ）．

$(M^*)_{\mathrm{nor}}$ によって，von Neumann 環 M 上の正規線型汎関数の集合を表す．このとき $M_* \subset (M^*)_{\mathrm{nor}} \subset M^*$ である．

補題 7.3.4. 次のことが成り立つ：

(1) $(M^*)_{\mathrm{nor}}$ は $*$ 演算で閉じている．
(2) $(M^*)_{\mathrm{nor}}$ は M^* の閉部分空間である．また M-M 部分双加群である．
(3) $\varphi = \varphi^* \in (M^*)_{\mathrm{nor}}$ に対して，$\varphi_1, \varphi_2 \in M^*_+$ が $\varphi = \varphi_1 - \varphi_2$ かつ $\|\varphi\| = \|\varphi_1\| + \|\varphi_2\|$ をみたせば，$\varphi_1, \varphi_2 \in (M^*)_{\mathrm{nor}}$.
(4) $(M^*)_{\mathrm{nor}} = \mathrm{span}((M^*)_{\mathrm{nor}} \cap M^*_+)$.

証明. (1)．正規性の定義から明らかである．

(2)．点列 $\varphi_n \in (M^*)_{\mathrm{nor}}$ が $\varphi \in M^*$ にノルム収束しているとする．単調増加ネット $x_i \in \mathrm{Ball}(M_+)$ を取り，その強極限を $x \in \mathrm{Ball}(M_+)$ と書く．任意の $n \in \mathbb{N}$, $i \in I$ に対して，

$$
\begin{aligned}
|\varphi(x_i) - \varphi(x)| &\leqq |(\varphi - \varphi_n)(x_i)| + |\varphi_n(x_i) - \varphi_n(x)| + |(\varphi_n - \varphi)(x)| \\
&\leqq 2\|\varphi_n - \varphi\| + |\varphi_n(x_i) - \varphi_n(x)|.
\end{aligned}
$$

したがって $\overline{\lim}_i |\varphi(x_i) - \varphi(x)| \leqq 2\|\varphi_n - \varphi\|$, $n \in \mathbb{N}$. これより $\lim_i \varphi(x_i) = \varphi(x)$ となる．よって $\varphi \in (M^*)_{\mathrm{nor}}$ である．

また等式 $a\varphi b = \sum_{k=0}^{3} (i^k/4)(a + i^k b^*) \cdot \varphi \cdot (a + i^k b^*)^*$, $a, b \in M$, $\varphi \in (M^*)_{\mathrm{nor}}$ の右辺の表示から $\varphi \in (M^*)_{\mathrm{nor}}$ がわかる．

(3)．$\varepsilon > 0$ とする．$(M^*)_{\mathrm{sa}} = (M_{\mathrm{sa}})^*_{\mathbb{R}}$ とみなせば（補題 3.8.1），ある $a \in \mathrm{Ball}(M_{\mathrm{sa}})$ が存在して，$\|\varphi\| - \varepsilon < \varphi(a)$ となる．$\|\varphi\| = \|\varphi_1\| + \|\varphi_2\| = \varphi_1(1_M) + \varphi_2(1_M)$ を用いれば，$\varphi_1(1_M - a) + \varphi_2(1_M + a) < \varepsilon$ となる．ここで $0 \leqq 1_M - a, 1_M + a \leqq 2$ に注意して，$b := (1_M + a)/2$ とおけば $b \in \mathrm{Ball}(M_+)$ かつ $\varphi_1(1_M - b) + \varphi_2(b) < \varepsilon/2$. すると命題 3.8.5 により

$$\|\varphi_1 - b\varphi\| \leqq \|(1_M - b)\varphi_1\| + \|b\varphi_2\| \leqq \varphi_1((1_M - b)^2)^{1/2} + \varphi_2(b^2)^{1/2}$$
$$\leqq \varphi_1(1_M - b)^{1/2} + \varphi_2(b)^{1/2} < \sqrt{2}\varepsilon^{1/2}.$$

(2) より $b\varphi \in (M^*)_{\mathrm{nor}}$ だから，φ_1 は $(M^*)_{\mathrm{nor}}$ のノルム閉包に属することがわかる．再び (2) より $\varphi_1 \in (M^*)_{\mathrm{nor}}$．同様に $\varphi_2 \in (M^*)_{\mathrm{nor}}$ となる．

(4)．(1), (3) と補題 3.8.2 よりわかる．□

補題 7.3.4 により正規状態の σ 弱連続性を示せば $M_* = (M^*)_{\mathrm{nor}}$ がいえる．そのために完全加法性を導入する．

定義 7.3.5. $\varphi \in M^*$ が射影族に関して完全加法的とは，任意の直交族 $\{p_i\}_{i\in I} \subset M^{\mathrm{P}}$ に対して，$\varphi(\sum_{i\in I} p_i) = \sum_{i\in I} \varphi(p_i)$ が成り立つことをいう．

補題 7.3.6. $\varphi \in M^*_+$ を完全加法的とする．このとき直交族 $\{p_i\}_{i\in I} \subset M^{\mathrm{P}}$ であって，$\sum_i p_i = 1_M$ かつ $p_i\varphi$ が弱連続であるものが存在する．

証明. φ は状態として示せばよい．$\{p_i\}_{i\in I} \subset M^{\mathrm{P}}$ を，$p_i\varphi$ が弱連続となるような極大直交族とする．$p_0 := \sum_{i\in I} p_i = 1_M$ を背理法で示す．$p_0 \neq 1_M$ と仮定する．$M \subset \mathbf{B}(\mathcal{H})$ とする．非零 Hilbert 空間 $p_0^\perp\mathcal{H}$ の単位ベクトル ξ を取り，$\psi(x) := 2\langle x\xi, \xi\rangle, x \in M$ とおく．

そこで $\{q_j\}_{j\in J}$ を，$\varphi(q_j) \geqq \psi(q_j)$ となるような $p_0^\perp M p_0^\perp$ の射影の極大直交族とする．$q_0 := \sum_{j\in J} q_j \leqq p_0^\perp$ とおく．φ と ψ は完全加法的であるから $\varphi(q_0) \geqq \psi(q_0)$ となる．一方で $\varphi(p_0^\perp) \leqq 1 < 2 = \psi(p_0^\perp)$ より $q_0 \neq p_0^\perp$ である．さて $p' := p_0^\perp - q_0 \neq 0$ とおき，$r \in (p'Mp')^{\mathrm{P}}$ とすれば，$\{q_j\}_{j\in J}$ の極大性により $\varphi(r) \leqq \psi(r)$．系 4.3.35 より，$\varphi(x) \leqq \psi(x), x \in (p'Mp')_+$ となる．すると任意の $y \in M$ に対して，

$$|p'\varphi(y)| = |\varphi(yp')| \leqq \varphi(1)^{1/2}\varphi(p'y^*yp')^{1/2} \leqq \psi(p'y^*yp')^{1/2} = \sqrt{2}\|yp'\xi\|$$

を得る．よって $p'\varphi$ は強連続，それゆえ弱連続である（補題 4.3.8）．直交族 $\{p_i\}_{i\in I} \cup \{p'\}$ は直交族 $\{p_i\}_{i\in I}$ よりも真に大きいので矛盾が生じる．□

補題 7.3.7. A を C^* 環，$\pi\colon A \to \mathbf{B}(\mathcal{H})$ を表現，$\xi, \eta \in \mathcal{H}$ とする．もし $\omega_{\xi,\eta} := \langle \pi(\cdot)\xi, \eta\rangle \in A^*_+$ ならば，ある $\zeta \in \mathcal{H}$ が存在して $\omega_{\xi,\eta} = \langle \pi(\cdot)\zeta, \zeta\rangle$．

証明． 各 $\zeta \in \mathcal{H}$ に対して $\omega_\zeta := \omega_{\zeta,\zeta}$ と表すと，極化等式により $\omega_{\xi,\eta} = 4^{-1}\sum_{k=0}^{3} i^k \omega_{\xi+i^k\eta}$．仮定より $\omega_{\xi,\eta}$ は自己共役だから $\omega_{\xi,\eta} = 4^{-1}(\omega_{\xi+\eta} - \omega_{\xi-\eta})$ であり，$\omega_{\xi,\eta} \in A_+^*$ により $\omega_{\xi-\eta} \leqq \omega_{\xi+\eta}$ となる．$\mu := \xi + \eta$ とおく．

そこで $\mathcal{K} := \overline{\pi(A)\mu} \subset \mathcal{H}$ とおき，$e\colon \mathcal{H} \to \mathcal{K}$ を射影とする．$e \in \pi(A)'$ であり，命題 4.4.38 を GNS 3 つ組 $(\pi(\cdot)e, \mathcal{K}, \mu)$ について使えば，ある正元 $a \in \mathrm{Ball}((\pi(A)e)')$ を $\omega_{\xi-\eta} = \langle \pi(\cdot)ea\mu, \mu\rangle$ となるように取れる．よって

$$
\begin{aligned}
4\omega_{\xi,\eta} &= \omega_{\xi+\eta} - \omega_{\xi-\eta} = \langle \pi(\cdot)\mu, \mu\rangle - \langle \pi(\cdot)a\mu, \mu\rangle = \langle \pi(\cdot)(e-a)\mu, \mu\rangle \\
&= \langle \pi(\cdot)(e-a)^{1/2}\mu, (e-a)^{1/2}\mu\rangle.
\end{aligned}
$$
□

定理 7.3.8 (Dixmier)**.** von Neumann 環 $M \subset \mathbf{B}(\mathcal{H})$ と $\varphi \in M_+^*$ に対して次のことは同値である：

(1) φ は σ 弱連続である．すなわち $\varphi \in M_*$．
(2) ある $\xi \in \mathcal{H} \otimes \overline{\mathcal{H}}$ が存在して，$\varphi(x) = \langle (x \otimes 1)\xi, \xi\rangle$, $x \in M$.
(3) φ は正規である．
(4) φ は射影族に関して完全加法的である．

証明． (1) $\Rightarrow$ (2)．$\varphi(x) = \langle (x\otimes 1)\eta, \mu\rangle$, $x \in M$ となる $\eta, \mu \in \mathcal{H} \otimes \ell^2$ が存在する．$\varphi \geqq 0$ ゆえ補題 7.3.7 より，$\zeta \in \ell^2(\mathcal{H})$ を $\varphi(x) = \langle (x \otimes 1)\zeta, \zeta\rangle$, $x \in M$ と取れる．補題 4.3.13 の証明から正元 $a \in \mathbf{B}(\mathcal{H})_{\mathrm{Tr}}$ が存在して $\varphi(x) = \mathrm{Tr}(ax)$, $x \in M$．補題 4.2.29 のユニタリ $\mathbf{B}(\mathcal{H})_{\mathrm{HS}} \to \mathcal{H} \otimes \overline{\mathcal{H}}$ によって $a^{1/2} \in \mathbf{B}(\mathcal{H})_{\mathrm{HS}}$ は $\xi \in \mathcal{H} \otimes \overline{\mathcal{H}}$ に対応する．この対応は $x \in \mathbf{B}(\mathcal{H})$ の左掛け算を $x \otimes 1$ に移すから，$\varphi(x) = \langle xa^{1/2}, a^{1/2}\rangle_{\mathrm{HS}} = \langle (x\otimes 1)\xi, \xi\rangle$, $x \in M$.

(2) $\Rightarrow$ (1) $\Rightarrow$ (3) は明らかである．

(3) $\Rightarrow$ (4)．直交族 $\{p_i\}_{i\in I} \subset M^{\mathrm{P}}$ からできるネット $\{\sum_{i\in F} p_i\}_{F\Subset I}$ について (3) を使えばよい．

(4) $\Rightarrow$ (1)．補題 7.3.6 により M の射影の直交族 $\{p_i\}_{i\in I}$ が存在して，各 $p_i\varphi$ は弱連続かつ $\sum_{i\in I} p_i = 1_M$ となる．各 $F \Subset I$ に対して，$q_F := \sum_{i\in F} p_i$ とおく．すると $q_F\varphi \in M_*$ であり，命題 3.8.5 より $\|\varphi - q_F\varphi\| \leqq \|\varphi\|^{1/2}\varphi\cdot(1_M - q_F)^{1/2}$ である．φ は完全加法的だから $\lim_F \varphi(1_M - q_F) = 0$ となり，$\varphi = \lim_F q_F\varphi \in M_*$ が従う．　□

系 7.3.9. $\varphi \in M^*$ に対して正規性と σ 弱連続性は同値である.

記号 7.3.10. $M_*^+ := M_* \cap M_+^*$, $\mathrm{S}_*(M) := M_* \cap \mathrm{S}(M)$ と書く.

補題 7.3.4 から $M_* = \operatorname{span} M_*^+$. とくに $\mathrm{S}_*(M)$ は M の元を分離する.

7.3.2 正規線型写像，正規表現

本項でも M, N は von Neumann 環を表す.

定義 7.3.11. $T \in \mathbf{L}(M, N)$ とする. 任意のノルム有界単調増加ネット $x_\lambda \in M_{\mathrm{sa}}$ に対して, $T(\text{s-lim}_\lambda x_\lambda) = \text{s-lim}_\lambda T(x_\lambda)$ が成り立つとき, T は**正規線型写像**とよばれる.

コメント 7.3.12. 正規線型写像はノルム有界である. 実際 M のノルム収束列 $x_n \to x$ と N のノルム収束列 $T(x_n) \to y$ を考えれば, 任意の $\varphi \in N_*$ に対して, $\varphi(y) = \lim_n \varphi(T(x_n)) = \varphi(T(x))$ である. ここで最後の等号で $\varphi \circ T$ の正規性, とくにノルム連続であることを使った (補題 7.3.2). よって $y = T(x)$ となり, 閉グラフ定理により T はノルム有界である.

補題 7.3.13. 正値線型写像 $T \colon M \to N$ に対し, 次のことは同値である：

(1) T は $\sigma(M, M_*)$ と $\sigma(N, N_*)$ に関して連続である.
(2) T は正規である.

証明. (1) $\Rightarrow$ (2). 明らかである (命題 4.1.12 (1) の証明も見よ).

(2) $\Rightarrow$ (1). $\varphi \in N_*$ とすれば $\varphi \circ T$ は正規であり, 定理 7.3.8 より $\varphi \circ T \in M_*$. よって T は $\sigma(M, M_*)$ と $\sigma(N, N_*)$ に関して連続である. □

前結果は有界線型写像に対しても成り立つ (問題 7.6.6). 次の結果は補題 7.1.8 の言い換えである.

定理 7.3.14. M, N を von Neumann 環とし, $\pi \colon M \to N$ を正規 $*$ 準同型とする. このとき $\pi(M)$ は $\sigma(N, N_*)$ 閉 $*$ 部分環である. とくに π が単位的ならば $\pi(M)$ は N の von Neumann 部分環である.

正規な表現 $\pi \colon M \to \mathbf{B}(\mathcal{H})$ を**正規表現**とよぶ. 補題 7.3.13 により π が正規

であることと，$\sigma(M, M_*)$ と σ 弱位相に関して連続であることは同値である．表現の正規性については次の結果が知られている[6)]．

定理 7.3.15（竹崎）． M をI型直和因子をもたない σ 有限 von Neumann 環とする．M の可分 Hilbert 空間への任意の表現は正規である．

問題 7.3.16. 可換 von Neumann 環 $\ell^\infty(\mathbb{N})$ の Gelfand スペクトラムを $\beta\mathbb{N}$ と書く．各 $n \in \mathbb{N}$ に対して $\varphi_n(f) := f(n)$, $f \in \ell^\infty(\mathbb{N})$ と定める．埋め込み $\mathbb{N} \ni n \mapsto \varphi_n \in \beta\mathbb{N}$ を通じて $\mathbb{N} \subset \beta\mathbb{N}$ とみなす（Stone-Čech コンパクト化）．指標 $\varphi \in \beta\mathbb{N} \setminus \mathbb{N}$ は $\ell^1(\mathbb{N})$ に含まれない，すなわち正規ではないことを示せ．

定理 7.3.17 (Dixmier). von Neumann 環の間の全単射 $*$ 準同型は正規である．

証明. 同型 $\pi\colon M \to N$ は M_{sa} と N_{sa} の順序同型を与える．よって π は正規である（補題 4.1.12 (2) を見よ）． □

命題 7.3.18. $\varphi \in M_*^+$ の GNS 表現は正規である．

証明. $(\pi_\varphi, \mathcal{H}_\varphi, \xi_\varphi)$ を GNS 3つ組とする．定理 7.3.8 により，ある $\xi \in \mathcal{H} \otimes \overline{\mathcal{H}}$ によって $\varphi(x) = \langle (x \otimes 1)\xi, \xi \rangle$, $x \in M$ となる．そこで $\rho\colon M \ni x \mapsto x \otimes 1 \in \mathbf{B}(\mathcal{K})$, $\mathcal{K} := \overline{\rho(M)\xi}$ とおけば，GNS 3つ組の一意性によって $(\pi_\varphi, \mathcal{H}_\varphi, \xi_\varphi)$ と $(\rho, \mathcal{K}, \xi)$ はユニタリ同値である．ρ は正規であるから，π_φ も正規である． □

補題 7.3.19. $T \in \mathrm{P}_1(M, N)$, $\varphi \in M_*^+$, $\psi \in N_*^+$ とする．もし $\psi \circ T \leqq \varphi$ かつ ψ が忠実ならば，T は正規な正値線型写像である．

証明. 単調増加ネット $b_\lambda \in \mathrm{Ball}(M_+)$ を取り，その強極限を $b \in \mathrm{Ball}(M_+)$ と書けば，任意の λ で $0 \leqq \psi(T(b - b_\lambda)) \leqq \varphi(b - b_\lambda)$ である．φ の正規性から $\lim_\lambda \psi(T(b - b_\lambda)) = 0$ が従う．一方で $T(b_\lambda)$ も単調増加ネットだから $\text{s-}\lim_\lambda T(b_\lambda) \leqq T(b)$ である．よって $0 = \lim_\lambda \psi(T(b - b_\lambda)) = \psi(T(b) - \text{s-}\lim_\lambda T(b_\lambda))$ となる．ここで ψ の正規性を用いた．ψ は忠実だから，$T(b) = \text{s-}\lim_\lambda T(b_\lambda)$ が従う．以上より T は正規である． □

---

6) I型 von Neumann 環，σ 有限性については定義 7.3.31, 9.1.6 を，証明は [Tak02, Theorem V.5.1] を見よ．

7.3.3 正規線型汎関数の台射影

この項でも M, N は von Neumann 環を表す.

定義 7.3.20. $\varphi \in M_*$ とする.

(1) $s_\ell(\varphi) := \bigwedge\{e \in M^{\mathrm{P}} \mid e\varphi = \varphi\}$ を φ の左台射影という.

(2) $s_r(\varphi) := \bigwedge\{e \in M^{\mathrm{P}} \mid \varphi e = \varphi\}$ を φ の右台射影という.

(3) $\varphi = \varphi^*$ のときは $s_\ell(\varphi) = s_r(\varphi)$ である. これを $s(\varphi)$ と書き φ の台射影という. ここで $\varphi^*(x) := \overline{\varphi(x^*)}$, $x \in M$ である (3.8 節を見よ).

補題 7.3.21. $\varphi \in M_*$ に対して次のことが成り立つ:

(1) $s_\ell(\varphi^*) = s_r(\varphi)$.

(2) $s_\ell(\varphi)\varphi = \varphi$, $\varphi s_r(\varphi) = \varphi$. とくに定義 7.3.20 の下限は実際には最小元である.

(3) $\varphi \in M_*^+$ のとき $s(\varphi) = \min\{e \in M^{\mathrm{P}} \mid \varphi(e) = \varphi(1_M)\}$. また φ は $s(\varphi)Ms(\varphi)$ 上で忠実である.

(4) $\mathcal{H}$ を Hilbert 空間として $M \subset \mathbf{B}(\mathcal{H})$ と表現しておく. $\xi \in \mathcal{H}$ からできるベクトル汎関数 $\omega_\xi(x) = \langle x\xi, \xi\rangle$, $x \in M$ を考えると, $s(\omega_\xi)$ は $\overline{M'\xi}$ への射影に等しい.

証明. (1). $a, b \in M$ に対する等式 $(a\varphi b)^* = b^*\varphi^*a^*$ を使えばわかる.

(2). $L := \{x \in M \mid x\varphi = 0\}$ とおくと, L は $\sigma(M, M_*)$ 閉左イデアルである. よって射影 $p \in M$ により $L = Mp$ と書ける. $(1_M - p)\varphi = \varphi$ より $s_\ell(\varphi) \leqq 1_M - p$. 次に $e \in M^{\mathrm{P}}$ が $e\varphi = \varphi$ をみたせば, $(1_M - e) \in L$ より $1_M - e \leqq p$. よって $1_M - p \leqq e$ がいえて, e たちの下限を取れば $1_M - p \leqq s_\ell(\varphi)$ が成り立つ. 以上より $s_\ell(\varphi) = 1_M - p$. とくに $s_\ell(\varphi)\varphi = \varphi$. $s_r(\varphi)$ についても同様である.

(3). $e \in M^{\mathrm{P}}$ に対して, $\varphi(e) = \varphi(1_M) \Leftrightarrow e\varphi = \varphi$ を示せばよい. これは

$$\begin{aligned}\|(1_M - e)\varphi\| &\leqq \|\varphi\|^{1/2}\|1_M - e\|_\varphi = \|\varphi\|^{1/2}\varphi(1_M - e)^{1/2} \\ &\leqq \|\varphi\|^{1/2}\|(1_M - e)\varphi\|^{1/2}\end{aligned}$$

よりわかる (命題 3.8.5 を見よ). 後半の主張を示す. $x \in s(\varphi)Ms(\varphi)$ が $0 \leqq x \leqq s(\varphi)$ かつ $\varphi(x) = 0$ をみたすとする. 射影 $e_n := 1_{[1/n,1]}(x)$ は $e_n \leqq s(\varphi)$

をみたす．また $n^{-1}e_n \leqq x$ より $\varphi(e_n) = 0$．よって $s(\varphi) \leqq e_n^\perp$ である．以上から $e_n \leqq s(\varphi) \leqq e_n^\perp$ となり $e_n = 0$．$n \to \infty$ として $1_{(0,1]}(x) = 0$ ゆえ $x = 1_{\{0\}}(x)x + 1_{(0,1]}(x)x = 0$ である．

(4). $\mathcal{H}$ から $\overline{M'\xi}$ への射影を q と書けば $q \in M$ である．$0 = \omega_\xi(s(\omega_\xi)^\perp) = \|s(\omega_\xi)^\perp\xi\|^2$ より $s(\omega_\xi)^\perp\xi = 0$．よって $s(\omega_\xi)^\perp q = 0$，すなわち $q \leqq s(\omega_\xi)$．次に $q\xi = \xi$ より $\omega_\xi(q) = \omega_\xi(1_M)$ ゆえ，(3) より $s(\omega_\xi) \leqq q$ となる．以上から $s(\omega_\xi) = q$ が従う．　□

定義 7.3.22.　$M \subset \mathbf{B}(\mathcal{H})$ を von Neumann 環とする．$\xi \in \mathcal{H}$ が M の分離ベクトル $:\overset{\mathrm{d}}{\Longleftrightarrow} \{x \in M \mid x\xi = 0\} = \{0\}$.

補題 7.3.21 より $\xi \in \mathcal{H}$ が M の分離ベクトルであることと $\overline{M'\xi} = \mathcal{H}$，すなわち $\xi \in \mathcal{H}$ が M' の巡回ベクトルであることは同値である．M の巡回かつ分離ベクトルを巡回分離ベクトルとよぶ．

補題 7.3.23.　$\varphi \in M_*^+$ の GNS 3つ組を $(\pi_\varphi, \mathcal{H}_\varphi, \xi_\varphi)$ と書く．このとき φ が忠実ならば，ξ_φ は $\pi_\varphi(M)$ の巡回分離ベクトルである．

証明.　$\pi_\varphi(M) \subset \mathbf{B}(\mathcal{H}_\varphi)$ は定理 7.3.14 と命題 7.3.18 により von Neumann 環である．主張は等式 $\varphi(x^*x) = \|\pi_\varphi(x)\xi_\varphi\|^2$, $x \in M$ より明らか．　□

補題 7.3.24.　$T\colon M \to N$ を正規な正値線型写像とする．このとき $L := \{x \in M \,|\, T(x^*x) = 0\}$ は σ 弱閉左イデアルである．$p \in M^{\mathrm{P}}$ を $L = Mp^\perp$ となるものとすれば，$T(xp) = T(x) = T(px)$, $x \in M$.

証明.　L が左イデアルであることはよい．$x_\lambda \in L$ が $x \in M$ に σ 強収束するならば，$x_\lambda^* x_\lambda \xrightarrow{\sigma\text{-}w} x^*x$ だから $0 = T(x_\lambda^* x_\lambda) \xrightarrow{\sigma\text{-}w} T(x^*x)$．よって $x \in L$ であり，L は σ 強閉である．L は凸ゆえ σ 弱閉である．任意の $\psi \in N_*^+$, $x \in M$ に対して $|\psi(T(xp^\perp))| \leqq \psi(T(xx^*))^{1/2}\psi(T(p^\perp))^{1/2} = 0$ だから $T(xp^\perp) = 0$, $x \in M$ である．対合を取れば $T(p^\perp x) = 0$, $x \in M$ が従う．　□

定義 7.3.25.　補題 7.3.24 の射影 p を T の台射影という．

7.3.4 正規線型汎関数の極分解

定理 7.3.26（境正一郎）. M を von Neumann 環，$\varphi \in M_*$ とすると，唯一つの $v \in M^{\mathrm{PI}}$ と唯一つの $\psi \in M_*^+$ が存在して，$\varphi = v\psi$ かつ $v^*v = s(\psi) = s_r(\varphi)$ となる.

証明. $\|\varphi\| = 1$ として示せばよい．Banach–Alaoglu の定理より $\mathrm{Ball}(M)$ は $\sigma(M, M_*)$ コンパクトゆえ，$\sigma(M, M_*)$ 連続関数 $\mathrm{Ball}(M) \ni a \mapsto |\varphi(a)| \in \mathbb{R}$ の上限 $\|\varphi\| = 1$ は最大値である．すなわち，ある $a \in \mathrm{Ball}(M)$ に対して $|\varphi(a)| = 1$．必要ならば a に絶対値 1 の複素数をかけることで $\varphi(a) = 1$ としてもよい．$a^* = w|a^*|$ を極分解とし，$\psi := w^*\varphi$ とおく．すると $\psi(|a^*|) = \varphi(|a^*|w^*) = \varphi(a) = 1$．これと $\|\psi\| \leqq \|\varphi\| = 1$ から $\|\psi\| = 1$．さらに補題 3.7.10, 7.3.4 (2) より $\psi \in M_*^+$ である.

さて，$\psi(w^*w) = (w^*\varphi)(w^*w) = \varphi(w^*ww^*) = \varphi(w^*) = \psi(1_M)$ より，$w^*w \geqq s(\psi)$ である．$v := ws(\psi)$ とおけば，$v^*v = s(\psi)$ かつ $v^*\varphi = s(\psi)w^*\varphi = s(\psi)\psi = \psi$ となるから，$v\psi = vv^*\varphi$ かつ $\varphi(v^*) = \psi(1_M) = 1$ が従う．以下で $vv^*\varphi = \varphi$ を示す．任意の $t \in \mathbb{R}_+$ と $x \in \mathrm{Ball}(M)$ について

$$\begin{aligned}\|tv^* + x(1_M - vv^*)\|^2 &= \|(tv^* + x(1_M - vv^*))(tv^* + x(1_M - vv^*))^*\| \\ &= \|t^2v^*v + x(1_M - vv^*)x^*\| \leqq t^2 + 1\end{aligned}$$

だから，

$$\begin{aligned}|t + \varphi(x(1_M - vv^*))| &= |\varphi(tv^* + x(1_M - vv^*))| \\ &\leqq \|tv + (1_M - vv^*)x\| \leqq (t^2 + 1)^{1/2}.\end{aligned}$$

よって $\varphi(x(1_M - vv^*)) = 0$，すなわち $vv^*\varphi = \varphi$ である．以上より $\varphi = v\psi$ が示された．$vv^* = s_\ell(\varphi)$ も示しておく．$s_\ell(\varphi) \leqq vv^*$ はすでに示されている．もし射影 $q \in M$ が $q\varphi = 0$ をみたすならば $qv\psi = 0$ である．$\psi(v^*qv) = 0$ かつ $v^*qv \in s(\psi)Ms(\psi)$ だから，補題 7.3.21 (3) より $v^*qv = 0$ がいえる．これより $qv = 0$ ゆえ $qvv^* = 0$ となる．以上から $s_\ell(\varphi) = vv^*$ である．等式 $s_r(\varphi) = s(\psi)$ は $\varphi = v\psi$ と $\psi = v^*\varphi$ からわかる.

次に分解の一意性を示す．$\varphi = v_1\psi_1$ も $\psi_1 \in M_*^+$ かつ $v_1^*v_1 = s(\psi_1)$ なる分解とすれば，$\psi_1 = v_1^*\varphi = v_1^*v\psi$ より $s(\psi_1) = s_r(\psi_1) \leqq s_r(\psi) = s(\psi)$

である．同様に逆の不等号もいえるから $s(\psi_1) = s(\psi)$．また $1 = \psi(1_M) = (v^*\varphi)(1_M) = (v^* v_1 \psi_1)(1_M) = \psi_1(v^* v_1)$ だから，

$$\begin{aligned}\psi_1((v - v_1)^*(v - v_1)) &= \psi_1(v^* v) - 2\operatorname{Re}\psi_1(v^* v_1) + \psi_1(v_1^* v_1)\\ &= \psi_1(s(\psi)) - 2 + \psi_1(s(\psi_1)) = 0\end{aligned}$$

を得る．$(v - v_1)^*(v - v_1) \in s(\psi_1) M s(\psi_1)$ ゆえ $v - v_1 = 0$ が従う．　□

記号 7.3.27.　定理 7.3.26 の ψ を $|\varphi|$ と書き，φ の絶対値という．

系 7.3.28（Jordan 分解）**.**　M を von Neumann 環，$\varphi = \varphi^* \in M_*$ とする．このとき $\varphi_+, \varphi_- \in M_*^+$ が一意的に存在して，$\varphi = \varphi_+ - \varphi_-$ かつ $\|\varphi\| = \|\varphi_+\| + \|\varphi_-\|$ をみたす．このとき $s(\varphi) = s(\varphi_+) + s(\varphi_-)$ である．

証明. 分解の存在については系 3.7.15，補題 7.3.4 からわかるが，台射影の情報も引き出すために定理 7.3.26 の証明を見直すことにする．φ は自己共役だから補題 3.8.1 より，$\|\varphi\| = \sup\{|\varphi(a)| \mid a \in \mathrm{Ball}(M_{\mathrm{sa}})\}$．それゆえ定理 7.3.26 の証明で $a = a^*$ と取ることができる．$e_+ := 1_{(0,1]}(a)$, $e_- := 1_{[-1,0)}(a)$ とおけば，$a = (e_+ - e_-)|a|$ が極分解である．$w := e_+ - e_- = w^*$ とおくと，$\psi := w\varphi \in M_*^+$ かつ $\varphi(w) = \|\varphi\|$ であることがわかっている．

まず $ws(\psi) = s(\psi)w$ を示す．$\varphi w = (w\varphi)^* = \psi^* = \psi = w\varphi$ であり，$w\psi = w^2\varphi = w\varphi w = \psi w$ となる．すると $b := s(\psi)^\perp w s(\psi)$ に対して，$\psi(b^* b) = \psi(w s(\psi)^\perp w) = \psi(w^2 s(\psi)^\perp) = 0$ である．$b^* b \in s(\psi) M s(\psi)$ だから $s(\psi)^\perp w s(\psi) = b = 0$．よって $w = w^*$ ゆえ $ws(\psi) = s(\psi)w$ となる．

$e_+ = (w^2 + w)/2$, $e_- = (w^2 - w)/2$ だから $e_\pm$ と $s(\psi)$, ψ も可換である．よって $v := ws(\psi) = e_+ s(\psi) - e_- s(\psi)$ としたとき $e_\pm s(\psi)$ は射影であり，$\varphi_\pm := e_\pm \psi$ とおけば，$\varphi_\pm \in M_*^+$ かつ $\varphi = v\psi = \varphi_+ - \varphi_-$ である．また

$$\|\varphi_+\| + \|\varphi_-\| = \psi(e_+) + \psi(e_-) = \psi(w^2) = \varphi(w^3) = \varphi(w) = \|\varphi\|.$$

台射影については $s(\varphi) = s_\ell(\varphi) = vv^* = e_+ s(\psi) + e_- s(\psi)$ であり，$e_\pm s(\psi) = s(\varphi_\pm)$ だから $s(\varphi) = s(\varphi_+) + s(\varphi_-)$ となる．

次に分解の一意性を示す．$\varphi = \varphi_1 - \varphi_2$, $\varphi_1, \varphi_2 \in M_*^+$ かつ $\|\varphi\| = \|\varphi_1\| + \|\varphi_2\|$ と分解したとする．このとき $\|\varphi_+\| = \varphi(s(\varphi_+)) \leqq \varphi_1(s(\varphi_+)) \leqq \|\varphi_1\|$.

同様に $\|\varphi_-\| \leqq \|\varphi_2\|$. ところで $\|\varphi_+\| + \|\varphi_-\| = \|\varphi\| = \|\varphi_1\| + \|\varphi_2\|$ であるから, $\|\varphi_+\| = \varphi_1(s(\varphi_+)) = \|\varphi_1\|$ かつ $\|\varphi_-\| = \varphi_2(s(\varphi_-)) = \|\varphi_2\|$. これから $s(\varphi_1) \leqq s(\varphi_+)$ と $s(\varphi_2) \leqq s(\varphi_-)$ がいえる. とくに $s(\varphi_1) \perp s(\varphi_2)$. また

$$
\begin{aligned}
0 &\leqq \varphi_+(s(\varphi_+) - s(\varphi_1)) = \varphi(s(\varphi_+) - s(\varphi_1)) \\
&= \varphi_1(s(\varphi_+) - s(\varphi_1)) - \varphi_2(s(\varphi_+) - s(\varphi_1)) \\
&= -\varphi_2(s(\varphi_+) - s(\varphi_1)) \leqq 0
\end{aligned}
$$

より $\varphi_+(s(\varphi_+) - s(\varphi_1)) = 0$ となる. よって $s(\varphi_+) - s(\varphi_1) = 0$ である. 同様に $s(\varphi_-) - s(\varphi_2) = 0$ も成り立ち, $\varphi_1 = s(\varphi_1)\varphi = s(\varphi_+)\varphi = \varphi_+$ となる. 同様に $\varphi_2 = \varphi_-$ も示される. □

正規線型汎関数の絶対値について, 次の結果が知られている. とくに $M_* \ni \varphi \mapsto |\varphi| \in M_*$ はノルム連続写像である.

定理 7.3.29 (幸崎秀樹). M を von Neumann 環とすると, 次の不等式が成り立つ：任意の $\varphi, \psi \in M_*$ に対して,

$$
\||\varphi| - |\psi|\| \leqq 2^{1/2}\|\varphi + \psi\|^{1/2}\|\varphi - \psi\|^{1/2}.
$$

問題 7.3.30. $N \subset M$ を von Neumann 部分環とすると, N 上の正規線型汎関数は M 上の正規線型汎関数に等長拡張することを示せ. [ヒント：定理 7.3.8, 7.3.26 を用いよ.]

7.3.5 可分性, $\boldsymbol{\sigma}$ 有限性

定義 7.3.31. von Neumann 環 M が

- 可分 :$\overset{\mathrm{d}}{\Leftrightarrow}$ 前双対 M_* はノルム可分である.
- **$\boldsymbol{\sigma}$** 有限または可算分解可能 :$\overset{\mathrm{d}}{\Leftrightarrow}$ 任意の直交族 $\{p_i\}_{i\in I} \subset M^{\mathrm{P}}$ に対して, $p_i \neq 0$ となる $i \in I$ は高々可算個である.

注意 7.3.32. Banach 空間 X に対して,「X がノルム可分 $\Leftrightarrow$ $\mathrm{Ball}(X^*)$ が $\sigma(X^*, X)$ で第二可算」であることが知られている. とくに M_* がノルム可分ならば M は $\sigma(M, M_*)$ で可分である. しかし, この逆は必ずしも成り立たないので注意が必要である. 多くの文献では可分 von Neumann 環という代わり

に，可分前双対をもつ von Neumann 環[7]と言及される．

■例 7.3.33.　閉区間 $[0,1]$ 上の連続関数環 $A := C([0,1])$ を von Neumann 環 $M := \ell^\infty([0,1])$ に自然に埋め込んで考える．このとき A は M の中で σ 弱稠密である（したがって M は σ 弱可分である）．もちろん $M_* = \ell^1([0,1])$ はノルム可分ではない．

問題 7.3.34.　例 7.3.33 の主張を示せ．［ヒント：$\mathbf{B}(\ell^2([0,1]))$ 内で $A' = M$ を示すとよい.］

命題 7.3.35.　von Neumann 環 M について次のことは同値である：

(1) M は可分である．
(2) 可分 Hilbert 空間への単位的な忠実正規表現が存在する．

証明. (1) ⇒ (2). 各 $\varphi \in \mathrm{S}_*(M)$ の GNS 3 つ組 $(\pi_\varphi, \mathcal{H}_\varphi, \xi_\varphi)$ の Hilbert 空間 $\mathcal{H}_\varphi$ はノルム可分であることを示そう．M_* はノルム可分ゆえ M は $\sigma(M, M_*)$ 可分であり，$\sigma(M, M_*)$ で稠密な点列 $(x_n)_{n\in\mathbb{N}} \subset M$ を取れる．すると可算集合 $\mathcal{K} := \mathrm{span}_{\mathbb{Q}}\{\pi_\varphi(x_n)\xi_\varphi \mid n \in \mathbb{N}\}$ は $\mathcal{H}_\varphi$ で稠密である．実際 $\eta \in \mathcal{K}^\perp$ を取れば，任意の n に対して $\langle \pi_\varphi(x_n)\xi_\varphi, \eta\rangle = 0$ となる．π_φ は正規であるから $\langle \pi_\varphi(x)\xi_\varphi, \eta\rangle = 0$, $x \in M$. ξ_φ は巡回ベクトルだから $\eta = 0$. 以上から $\mathcal{H}_\varphi$ はノルム可分である．

M_* がノルム可分ゆえ $\mathrm{S}_*(M)$ もノルム可分である．ノルム稠密な点列 $\varphi_n \in \mathrm{S}_*(M)$, $n \in \mathbb{N}$ を取る．それぞれの GNS 3 つ組を $(\pi_n, \mathcal{H}_n, \xi_n)$ として，直和表現 $\bigoplus_n \pi_n \colon M \to \mathbf{B}(\bigoplus_n \mathcal{H}_n)$ を取れば，φ_n たちの稠密性からこれは忠実であり，$\bigoplus_n \mathcal{H}_n$ はノルム可分である．

(2) ⇒ (1). 可分 Hilbert 空間への単位的な忠実正規表現 $\pi\colon M \to \mathbf{B}(\mathcal{H})$ を考える．$\mathcal{H}$ のノルム稠密な点列 $(\xi_n)_{n\in\mathbb{N}}$ を取れば，可算集合 $X := \mathrm{span}_{\mathbb{Q}}\{\omega_{\xi_m,\xi_n} \mid m, n \in \mathbb{N}\}$ は M_* でノルム稠密である．ここで，$\omega_{\xi_m,\xi_n} := \langle \pi(\cdot)\xi_m, \xi_n\rangle$. 実際 $a \in M$ を $\omega_{\xi_m,\xi_n}(a) = 0$, $m, n \in \mathbb{N}$ なるものとすると，ξ_n たちのノルム稠密性と π の忠実性から $a = 0$ が従う．Hahn–Banach の分離定理より $\overline{\mathrm{span}}^{\|\cdot\|} X = M_*$ であり，M_* はノルム可分である．□

[7] a von Neumann algebra with separable predual.

補題 7.3.36. 可分 von Neumann 環は σ 有限である.

証明. M は可分 Hilbert 空間 $\mathcal{H}$ 上に表現されているとする. M の射影の直交族 $\{p_i\}_{i\in I}$ に対して, 互いに直交する閉部分空間の族 $\{p_i\mathcal{H}\}_{i\in I}$ を得る. $\mathcal{H}$ は可分だから, $\{i\in I \mid p_i\mathcal{H}\neq 0\}=\{i\in I \mid p_i\neq 0\}$ は高々可算集合である. □

■**例 7.3.37.** σ 有限だが非可分な von Neumann 環の例として, 無限次元可分 von Neumann 環 M の非単項超フィルター $\omega\in\beta\mathbb{N}\setminus\mathbb{N}$ による**超積 von Neumann 環** M^ω がよく知られている.

命題 7.3.38. M を von Neumann 環とすると, 次のことは同値である:

(1) M は σ 有限である.
(2) $\{x_i\}_{i\in I}\subset M_+$ の和 $\sum_i x_i$ が強収束するならば, $\{i\in I \mid x_i\neq 0\}$ は高々可算である.
(3) M は忠実正規状態をもつ.

証明. (2) $\Rightarrow$ (1). 明らか.

(1) $\Rightarrow$ (3). M の射影の極大直交族 $\{p_i\}_{i\in I}$ を, p_iMp_i が忠実正規状態をもつように取る. $\sum_i p_i=1_M$ を示す. $q:=1_M-\sum_i p_i\neq 0$ と仮定する. $\varphi\in \mathrm{S}_*(qMq)$ を任意に取り, 台射影 $s(\varphi)\leqq q$ を考えれば, φ は $s(\varphi)Ms(\varphi)$ 上で忠実正規状態である. $\{p_i\}_{i\in I}\cup\{s(\varphi)\}$ は $\{p_i\}_{i\in I}$ よりも真に大きくなるから極大性に矛盾する. よって $\sum_i p_i=1_M$ である.

ここで σ 有限性により $I=\{1,2,\dots\}$ と番号づけておく. 各 $n\in I$ に対し, p_nMp_n 上の忠実正規状態 ψ_n を取り $\psi(x):=\sum_{n\in I}\psi_n(p_nxp_n)/2^n$, $x\in M$ とおけば, $\psi\in M_*^+$ である ($I=\mathbb{N}$ ならば状態である). もし $x\in M_+$ が $\psi(x)=0$ をみたせば, 任意の $n\in I$ について $\psi_n(p_nxp_n)=0$. これより $(x^{1/2}p_n)^*x^{1/2}p_n=p_nxp_n=0$. よって $x^{1/2}p_n=0$. $\sum_n p_n=1_M$ だから $x=0$. よって ψ は忠実である.

(3) $\Rightarrow$ (2). M の忠実正規状態 φ を取る. (2) のような x_i たちについて, $\sum_{i\in I}\varphi(x_i)=\varphi(\sum_{i\in I}x_i)<\infty$. φ の忠実性から $\{i\in I \mid x_i\neq 0\}=\{i\in I \mid \varphi(x_i)>0\}$ であり, これは高々可算集合である. □

補題 7.3.39. M を σ 有限 von Neumann 環, $\mathcal{A}\subset M$ を σ 弱稠密な部分

空間とする．このとき忠実な $\varphi \in M_*^+$ に対して $\overline{\{\varphi a \mid a \in \mathcal{A}\}}^{\|\cdot\|} = M_*$.

証明. $X := \{\varphi a \mid a \in \mathcal{A}\}$ とおく．もし $x \in M$ が $\psi(x) = 0$, $\psi \in X$ をみたすならば $\varphi(ax) = 0$, $a \in \mathcal{A}$ となる．$\mathcal{A}$ の σ 弱稠密性により $\varphi(x^*x) = 0$ ゆえ $x = 0$ となる．よって Hahn-Banach の分離定理から主張が従う．□

記号 3.8.4 で導入した半ノルム $\|x\|_\varphi = \varphi(x^*x)^{1/2}$, $x \in M$ を思い出そう．

補題 7.3.40. M を von Neumann 環とすると次のことが成り立つ：

(1) $\varphi \in M_*^+$ に対して次の不等式が成り立つ：任意の $x \in M$ に対して

$$\|x\|_\varphi \leqq \|x\|^{1/2}\|x\varphi\|^{1/2}, \quad \|x\varphi\| \leqq \|\varphi\|^{1/2}\|x\|_\varphi.$$

(2) セミノルム族 $\{\|\cdot\|_\varphi \mid \varphi \in M_*^+\}$ が誘導する位相は σ 強位相である．

(3) $p_\varphi(x) := \|x\varphi\|$, $\varphi \in M_*$, $x \in M$ とおけば半ノルムの族 $\{p_\varphi \mid \varphi \in M_*\}$ は $\mathrm{Ball}(M)$ 上の強位相を与える．

(4) もし $\psi \in M_*^+$ が忠実ならば，ノルム $\|\cdot\|_\psi$ は $\mathrm{Ball}(M)$ 上の強位相を与える．また $p_\psi = \|\cdot\psi\|$ も $\mathrm{Ball}(M)$ 上の強位相を与える．

証明. (1). 命題 3.8.5 を見よ．

(2). M 内のネット x_λ と x について

$$x_\lambda \xrightarrow{\sigma\text{-}s} x \Leftrightarrow (x_\lambda - x)^*(x_\lambda - x) \xrightarrow{\sigma\text{-}w} 0 \Leftrightarrow \forall\varphi \in M_*^+,\ \|x_\lambda - x\|_\varphi \to 0.$$

ここで $M_* = \mathrm{span}\, M_*^+$ であることを用いた．

(3) は (1), (2) より明らかである．

(4). 後半のみ示す．前半の主張も同様に示される．$\mathrm{Ball}(M)$ のネット x_λ と $x \in \mathrm{Ball}(M)$ を考える．もし $x_\lambda \xrightarrow{s} x$ ならば (2) より $\|x_\lambda - x\|_\psi \to 0$. また逆にもし $\|x_\lambda - x\|_\psi \to 0$ ならば (1) より $\|(x_\lambda - x)\psi\| \to 0$ ゆえ任意の $a \in M$ に対して $\|(x_\lambda - x)\psi a\| \leqq \|(x_\lambda - x)\psi\|\|a\| \to 0$. 補題 7.3.39 と $\|x_\lambda\| \leqq 1$ により $\|(x_\lambda - x)\varphi\| \to 0$, $\varphi \in M_*^+$. 再び (1) により $\|x_\lambda - x\|_\varphi \to 0$, $\varphi \in M_*^+$ となり，(2) より $x_\lambda \xrightarrow{s} x$. □

定義 7.3.41. M を von Neumann 環とする．$e \in M^{\mathrm{P}}$ が $\boldsymbol{\sigma}$ **有限** :$\overset{\mathrm{d}}{\Leftrightarrow}$ eMe は σ 有限 von Neumann 環である．

補題 7.3.42. M を von Neumann 環とすると，次のことが成り立つ：

(1) $e, f \in M^{\mathrm{P}}$ とし，$e \leqq f$ かつ f が σ 有限とすれば，e も σ 有限である．
(2) 非零な $e \in M^{\mathrm{P}}$ が σ 有限 $\Leftrightarrow$ ある $\varphi \in \mathrm{S}_*(M)$ が存在して $e = s(\varphi)$.
(3) M の σ 有限射影たち $\{e_i\}_{i \in I}$ で $\sum_i e_i = 1_M$ となるものが存在する．

証明. (1). $eMe \subset fMf$ だから明らかである．

(2). $\Rightarrow$ を示す．eMe は σ 有限だから命題 7.3.38 より忠実正規状態 $\psi\colon eMe \to \mathbb{C}$ が存在する．これを $\varphi\colon M \ni x \mapsto \psi(exe) \in \mathbb{C}$ と拡張すれば，φ は M 上の正規状態かつ $s(\varphi) = e$ である．

$\Leftarrow$ を示す．eMe 上で φ が忠実正規状態であるから，命題 7.3.38 より eMe は σ 有限である．

(3). 補題 7.3.38 (1) $\Rightarrow$ (3) の証明と同様である． □

次の結果は重要だが本書では使用しない（[生中 17, 命題 2.6.19] を見よ）.

命題 7.3.43. M を von Neumann 環とすると，σ 有限な von Neumann 環の族 $\{N_i\}_{i \in I}$, $\{P_j\}_{j \in J}$ と非可分 Hilbert 空間の族 $\{\mathcal{K}_j\}_{j \in J}$ が存在して

$$M \cong \bigoplus_{i \in I} N_i \oplus \bigoplus_{j \in J} (P_j \mathbin{\overline{\otimes}} \mathbf{B}(\mathcal{K}_j)).$$

ここで N_i, P_j たちは 0 もありうるものとする．とくに M が因子環ならば，それ自身 σ 有限かテンソル積分解 $M \cong P \mathbin{\overline{\otimes}} \mathbf{B}(\mathcal{K})$ をもつ．ここで P は σ 有限，$\mathcal{K}$ は非可分 Hilbert 空間である．

7.4 普遍包絡 von Neumann 環

環の共役空間を考えるが，ここで要点を伝えるため少々不正確な話から始めよう．A を環とし，代数的共役空間 A^*_{alg} を考える（1.2.2 項参照）．A の積構造は，余積写像 $\Delta\colon A^*_{\mathrm{alg}} \to A^*_{\mathrm{alg}} \otimes_{\mathrm{alg}} A^*_{\mathrm{alg}}$ に翻訳される：$\langle \Delta(\varphi), a \otimes b \rangle = \varphi(ab)$, $\varphi \in A^*_{\mathrm{alg}}$, $a, b \in A$．積の結合律からは，余結合律 $(\Delta \otimes \mathrm{id}) \circ \Delta = (\mathrm{id} \otimes \Delta) \circ \Delta$ が従う．このような $(A^*_{\mathrm{alg}}, \Delta)$ は余代数とよばれる[8]．余代数の代

[8] 余単位はここでは気にしないことにする．

数的共役空間 A_{alg}^{**} は環である．積構造は $\langle xy, \varphi\rangle = \langle x \otimes y, \Delta(\varphi)\rangle$, $x, y \in A_{\mathrm{alg}}^{**}$, $\varphi \in A_{\mathrm{alg}}^{*}$ である．ここで，$(A \otimes_{\mathrm{alg}} A)_{\mathrm{alg}}^{*}$ と $A_{\mathrm{alg}}^{*} \otimes_{\mathrm{alg}} A_{\mathrm{alg}}^{*}$ との同一視は A が無限次元であれば危険なポイントである．

ともかくこの考え方によると，A が Banach 環や C* 環のときに，第二共役 Banach 空間 A^{**} は Banach 環になるはずである．無限次元 Banach 空間のテンソル積（一般に Banach 空間のテンソル積ベクトル空間にはとても多くのノルムが入る）を扱うことは避けて，積 xy を直接与えることを考えよう．$\langle x \otimes y, \Delta(\varphi)\rangle$ を $\langle y, (x \otimes \mathrm{id}_{A^*}) \circ \Delta(\varphi)\rangle$ とみなすか $\langle x, (\mathrm{id}_{A^*} \otimes y) \circ \Delta(\varphi)\rangle$ とみなすかで 2 通りの積が自然に現れる．

この考察を正確に述べよう．A を Banach 環とする．このとき共役 Banach 空間 A^* 上に，（あとで左，右 A^{**} 加群の構造となる）写像 $A^{**} \times A^* \ni (x, \varphi) \mapsto x \cdot \varphi \in A^*$ と $A^* \times A^{**} \ni (\varphi, x) \mapsto \varphi \cdot x \in A^*$ を次式で定める：

$$\langle x \cdot \varphi, a\rangle := \langle x, \varphi a\rangle, \quad \langle \varphi \cdot x, a\rangle := \langle x, a\varphi\rangle, \quad x, y \in A^{**},\ \varphi \in A^*,\ a \in A.$$

そこで 2 種類の積 $A^{**} \times A^{**} \ni (x, y) \mapsto x \cdot y, x \circ y \in A^{**}$ を次式で定める：

$$\langle x \cdot y, \varphi\rangle = \langle y, \varphi \cdot x\rangle, \quad \langle x \circ y, \varphi\rangle = \langle x, y \cdot \varphi\rangle, \quad \varphi \in A^*.$$

結合律は $x \cdot (y \cdot \varphi) = (x \circ y) \cdot \varphi$, $(\varphi \cdot x) \cdot y = \varphi \cdot (x \cdot y)$ の計算から従う．ノルムの劣乗法性もわかるから，A^{**} は積 $\cdot$ と積 $\circ$ のどちらでも Banach 環となる．これらの積は **Arens 積**とよばれ，それらが一致するとき，Banach 環 A は **Arens 正則**とよばれる．本節では任意の C* 環は Arens 正則であることを示す．

C* 環 A の非退化表現 $\pi\colon A \to \mathbf{B}(\mathcal{H}_\pi)$ に対して，$M(\pi) := \pi(A)'' = \overline{\pi(A)}^s$ と書く．$M(\pi)_* \subset M(\pi)^*$ はこれまでどおりとして，双線型形式 $M(\pi) \times M(\pi)_* \ni (x, \varphi) \mapsto \varphi(x) \in \mathbb{C}$ を通じて，$M(\pi) = (M(\pi)_*)^*$ とみなしておく．まず付随する転置写像 $\pi^*\colon M(\pi)_* \to A^*$ と $\pi^{**}\colon A^{**} \to (M(\pi)_*)^* = M(\pi)$ を用いて A^{**} の Banach 空間としての性質を調べる[9]．

---

[9] Banach 空間 X, Y と $T \in \mathbf{B}(X, Y)$ に対して，その転置写像 $T^* \in \mathbf{B}(Y^*, X^*)$ は $\langle T^*\varphi, x\rangle := \langle \varphi, Tx\rangle$, $x \in X$, $\varphi \in Y^*$ と定められる．本書では混同の恐れはないと考えて，Hilbert 空間上の作用素の対合と同じ記号を用いるが，意味が異なるので注意してほしい．

補題 7.4.1. 非退化表現 $\pi\colon A \to \mathbf{B}(\mathcal{H}_\pi)$ について次のことが成り立つ：

(1) $\pi^*\colon M(\pi)_* \to A^*$ は等長写像である．また $\pi^{**}\colon A^{**} \to M(\pi)$ はノルム縮小写像である．

(2) 標準的埋め込み $\iota_A\colon A \to A^{**}$ に対して，$\pi^{**} \circ \iota_A = \pi$.

(3) $\pi^{**}\colon A^{**} \to M(\pi)$ は汎弱位相 $\sigma(A^{**}, A^*)$ と $\sigma(M(\pi), M(\pi)_*)$ に関して連続かつ全射である．

証明. (1). 命題 4.4.16 と Kaplansky の稠密性定理により，$\overline{\pi(\mathrm{Ball}(A))}^s = \mathrm{Ball}(M(\pi))$ である．したがって各 $\omega \in M(\pi)_*$ に対して，

$$
\begin{aligned}
\|\pi^*(\omega)\| &= \sup_{a \in \mathrm{Ball}(A)} |\langle \pi^*(\omega), a\rangle| = \sup_{a \in \mathrm{Ball}(A)} |\langle \omega, \pi(a)\rangle| \\
&= \sup_{x \in \mathrm{Ball}(M(\pi))} |\langle \omega, x\rangle| = \|\omega\|.
\end{aligned}
$$

よって π^* は等長的である．また $x \in A^{**}$ と $\omega \in M(\pi)_*$ に対して，

$$
|\langle \pi^{**}(x), \omega\rangle| = |\langle x, \pi^*(\omega)\rangle| \leqq \|x\|\|\pi^*(\omega)\| = \|x\|\|\omega\|
$$

であるから，π^{**} はノルム縮小的である．

(2). π^{**} の定義からわかる．

(3). 連続性は定義から自明である．$\pi^{**}(\mathrm{Ball}(A^{**})) = \mathrm{Ball}(M(\pi))$ を示す．π^{**} のノルム縮小性から，$\pi^{**}(\mathrm{Ball}(A^{**})) \subset \mathrm{Ball}(M(\pi))$. また (2) より，$\pi(\mathrm{Ball}(A)) \subset \pi^{**}(\mathrm{Ball}(A^{**}))$. (1) の証明と同様にして，Kaplansky の稠密性定理により $\overline{\pi^{**}(\mathrm{Ball}(A^{**}))}^s = \mathrm{Ball}(M(\pi))$. Banach–Alaoglu の定理により，$\mathrm{Ball}(A^{**})$ は $\sigma(A^{**}, A^*)$ コンパクトであり，像 $\pi^{**}(\mathrm{Ball}(A^{**}))$ は σ 弱コンパクトゆえ，σ 弱閉である．補題 4.3.2 により $\pi^{**}(\mathrm{Ball}(A^{**}))$ は弱閉であり，とくに強閉である．よって $\pi^{**}(\mathrm{Ball}(A^{**})) = \mathrm{Ball}(M(\pi))$ となる． □

共役線型写像 $*\colon A^{**} \to A^{**}$ を，$\langle x^*, \varphi\rangle := \overline{\langle x, \varphi^*\rangle}$ によって定めておく．すると $(x \cdot y)^* = y^* \circ x^*$, $x, y \in A^{**}$ となり，現段階では A^{**} を $*$ 環として扱えないことに注意しておく．A^{**} の環としての性質を調べよう．

補題 7.4.2.　補題 7.4.1 と同じ状況下で次のことが成り立つ：

(1) $\pi^{**}(x \cdot y) = \pi^{**}(x)\pi^{**}(y) = \pi^{**}(x \circ y)$, $x, y \in A^{**}$.
(2) $\pi^{**}(x^*) = \pi^{**}(x)^*$, $x \in A^{**}$.

証明. (1). 簡単な計算から，$a \in A$ に対して，$a \cdot \pi^*(\omega) = \pi^*(\pi(a) \cdot \omega)$ がわかる．次に $a \in A$, $x \in A^{**}$, $\omega \in M(\pi)_*$ に対して，

$$\begin{aligned}\langle \pi^*(\omega) \cdot x, a\rangle &= \langle a \cdot \pi^*(\omega), x\rangle = \langle \pi^*(\pi(a) \cdot \omega), x\rangle \\ &= \langle \pi(a) \cdot \omega, \pi^{**}(x)\rangle = \langle \omega \cdot \pi^{**}(x), \pi(a)\rangle \\ &= \langle \pi^*(\omega \cdot \pi^{**}(x)), a\rangle.\end{aligned}$$

よって $\pi^*(\omega) \cdot x = \pi^*(\omega \cdot \pi^{**}(x))$. すると $x, y \in A^{**}$ に対して，

$$\begin{aligned}\langle \pi^{**}(x \cdot y), \omega\rangle &= \langle x \cdot y, \pi^*(\omega)\rangle = \langle y, \pi^*(\omega) \cdot x\rangle \\ &= \langle y, \pi^*(\omega \cdot \pi^{**}(x))\rangle = \langle \pi^{**}(y), \omega \cdot \pi^{**}(x)\rangle \\ &= \langle \pi^{**}(x)\pi^{**}(y), \omega\rangle\end{aligned}$$

となり，$\pi^{**}(x \cdot y) = \pi^{**}(x)\pi^{**}(y)$. 同様の計算により $\pi^{**}(x \circ y) = \pi^{**}(x)\pi^{**}(y)$ もわかる．

(2). A^{**} の $*$ 演算と簡単な計算からわかる．　□

補題 7.4.3.　普遍表現 $\pi_{\mathrm{univ}} \colon A \to \mathbf{B}(\mathcal{H}_{\mathrm{univ}})$ は次の条件をみたす：

(1) $\pi_{\mathrm{univ}}^* \colon M(\pi_{\mathrm{univ}})_* \to A^*$ は等長同型である．
(2) $\pi_{\mathrm{univ}}^{**} \colon A^{**} \to M(\pi_{\mathrm{univ}})$ は等長同型でありかつ，汎弱位相 $\sigma(A^{**}, A^*)$ と $\sigma(M(\pi_{\mathrm{univ}}), M(\pi_{\mathrm{univ}})_*)$ に関して同相である．
(3) C* 環 A は Arens 正則であり，A^{**} は W* 環である．
(4) A の近似単位元 u_λ に対して，$\iota_A(u_\lambda)$ は $1_{A^{**}}$ に $\sigma(A^{**}, A^*)$ で収束する．とくに A が単位的であれば，$\iota_A(1_A) = 1_{A^{**}}$ である．

証明. (1). $\varphi \in \mathrm{S}(A)$ の GNS 3つ組を $(\pi_\varphi, \mathcal{H}_\varphi, \xi_\varphi)$ と書くとき，$\mathcal{H}_{\mathrm{univ}} = \bigoplus_{\varphi \in \mathrm{S}(A)} \mathcal{H}_\varphi$ である．自然に $\mathcal{H}_\varphi \subset \mathcal{H}_{\mathrm{univ}}$ とみなして，正規状態 $\omega_\varphi := \langle \cdot \xi_\varphi, \xi_\varphi\rangle \in M(\pi_{\mathrm{univ}})_*$ を考える．任意の $a \in A$ に対して，

$$\langle a, \pi_{\mathrm{univ}}^*(\omega_\varphi)\rangle = \langle \pi_{\mathrm{univ}}(a), \omega_\varphi\rangle = \langle \pi_\varphi(a)\xi_\varphi, \xi_\varphi\rangle = \langle a, \varphi\rangle.$$

よって $\pi_{\mathrm{univ}}^*(\omega_\varphi) = \varphi$ である．$A^* = \mathrm{span}\,\mathrm{S}(A)$ だから π_{univ}^* は全射である．補題 7.4.1 (1) より主張が従う．

(2)．(1) により $\pi_{\mathrm{univ}}^{**}\colon A^{**} \to M(\pi_{\mathrm{univ}})$ も等長同型である．汎弱位相に関する同相性を示す．π_{univ}^{**} の連続性は補題 7.4.1 (3) で示されている．ネット $x_\lambda \in A^{**}$ が $\sigma(M(\pi_{\mathrm{univ}}), M(\pi_{\mathrm{univ}})_*)$ で $\pi_{\mathrm{univ}}^{**}(x_\lambda) \to 0$ ならば，任意の $\varphi \in \mathrm{S}(A)$ に対し $\langle \varphi, x_\lambda \rangle = \langle \omega_\varphi, \pi_{\mathrm{univ}}^{**}(x_\lambda) \rangle \to 0$．よって $\sigma(A^{**}, A^*)$ で $x_\lambda \to 0$ である．

(3)．補題 7.4.2 (1) により $\pi_{\mathrm{univ}}^{**}(x \cdot y) = \pi_{\mathrm{univ}}^{**}(x \circ y)$, $x, y \in A^{**}$．π_{univ}^{**} の単射性により $x \cdot y = x \circ y$ ゆえ A は Arens 正則である．よって A^{**} の対合により A^{**} は Banach∗ 環である．再び補題 7.4.2 (1), (2) により A^{**} は C* 環 $M(\pi_{\mathrm{univ}})$ に Banach∗ 環として等長同型である．よって A^{**} は C* 環であり，さらに前双対 A^* をもつから W* 環である．

(4)．表現の非退化性により $\pi_{\mathrm{univ}}(u_\lambda) \xrightarrow{s} 1_{M(\pi_{\mathrm{univ}})}$ である．(2) と補題 7.4.1 (2) により主張が従う．□

以上の結果をまとめておこう．

定理 7.4.4 (S. Sherman, 武田二郎)．C* 環 A の非退化表現 $\pi\colon A \to \mathbf{B}(\mathcal{H}_\pi)$ に対して，付随する写像 $\pi^{**}\colon A^{**} \to \pi(A)''$ は $\sigma(A^{**}, A^*)$ と σ 弱位相に関して連続な全射 $*$ 準同型である．また普遍表現 $\pi_{\mathrm{univ}}\colon A \to \mathbf{B}(\mathcal{H}_{\mathrm{univ}})$ に対して，$\pi_{\mathrm{univ}}^{**}\colon A^{**} \to \pi_{\mathrm{univ}}(A)''$ は C* 環の同型であり，$\sigma(A^{**}, A^*)$ と $\sigma(\pi_{\mathrm{univ}}(A)'', (\pi_{\mathrm{univ}}(A)'')_*)$ に関して同相である．

これ以降，必要に応じて A^{**} は von Neumann 環として扱っていく．

定義 7.4.5. C* 環 A の第二共役 Banach 空間 A^{**} を**普遍包絡 von Neumann 環**という．

次に $\pi\colon A \to B$ を C* 環の間の $*$ 準同型とし，付随する転置写像 $\pi^*\colon B^* \to A^*$ と $\pi^{**}\colon A^{**} \to B^{**}$ を考える．

命題 7.4.6. $\pi^{**}\colon A^{**} \to B^{**}$ について次のことが成り立つ：

(1) ι_A は $*$ 準同型に対して自然である，すなわち $\pi^{**} \circ \iota_A = \iota_B \circ \pi$．

(2) π^{**} は $\sigma(A^{**}, A^*)$ と $\sigma(B^{**}, B^*)$ に関して連続な $*$ 準同型である．像 $\pi^{**}(A^{**})$ は $\iota_B(\pi(A))$ の $\sigma(B^{**}, B^*)$ 閉包である．

(3) π が単射であれば，π^{**} も単射である．

(4) π が全射であれば，π^{**} も全射である．

証明． (1)．π^{**} の定義からわかる．

(2)．連続性は転置写像の作り方から従う．(1) から，$\iota_A(A) \subset A^{**}$ は $\sigma(A^{**}, A^*)$ 稠密だから π^{**} は $*$ 準同型であり，閉包の主張も従う．

(3)．$x \in A^{**}$ を $\pi^{**}(x) = 0$ なるものとすると，任意の $\omega \in B^*$ に対して $\langle x, \pi^*(\omega) \rangle = 0$．ここで $\pi^*\colon B^* \to A^*$ は全射であるから（$A \cong \pi(A) \subset B$ に対して Hahn–Banach の拡張定理を用いよ），$x = 0$ が従う．

(4)．$\pi^{**}\colon A^{**} \to B^{**}$ を von Neumann 環の正規 $*$ 準同型とみなすことで，$\pi^{**}(A^{**})$ は B^{**} の $\sigma(B^{**}, B^*)$ 閉 $*$ 部分環であることがわかる．また $\iota_B(B) = \iota_B(\pi(A)) \subset \pi^{**}(A^{**})$ であり，$\iota_B(B) \subset B^{**}$ は $\sigma(B^{**}, B^*)$ 稠密であるから π^{**} は全射である． □

次の結果は $\iota_A(A) \subset A^{**}$ の $\sigma(A^{**}, A^*)$ 稠密性から明らかであろう．

補題 7.4.7. C* 環 A, B, C と $*$ 準同型 $\pi\colon A \to B$, $\rho\colon B \to C$ があれば，$(\rho \circ \pi)^{**} = \rho^{**} \circ \pi^{**}$ である．

問題 7.4.8（S. Neshveyev–山下真）**.** C* 環 A, B と $*$ 準同型 $\rho\colon A \to B$ に対して，関手 $F\colon \mathrm{Rep}(B) \ni \pi \mapsto \pi \circ \rho \in \mathrm{Rep}(A)$ を考える．射の対応は $F\colon \mathrm{Mor}(\pi_1, \pi_2) \ni T \mapsto T \in \mathrm{Mor}(F(\pi_1), F(\pi_2))$ である．F が圏同値ならば，ρ は同型であることを示せ．［ヒント：ρ の単射性は難しくない．標準埋め込み $\iota_B\colon B \to B^{**}$ を表現とみなし，F の充満性から ρ^{**} の全射性を導く．］

系 7.4.9. A を C* 環とし，I を A の閉イデアルとする．埋め込み写像 $j\colon I \to A$ と商写像 $Q\colon A \to A/I$ に対して，$j^{**}(I^{**})$ は A^{**} の $\sigma(A^{**}, A^*)$ 閉イデアルであり，

$$0 \longrightarrow I^{**} \xrightarrow{j^{**}} A^{**} \xrightarrow{Q^{**}} (A/I)^{**} \longrightarrow 0$$

は分裂完全系列である．とくに A^{**}/I^{**} と $(A/I)^{**}$ は同型である．

証明. 命題 7.4.6 から j^{**} の単射性と Q^{**} の全射性が従う．$\operatorname{ran} j^{**} = \ker Q^{**}$ を示す．補題 7.4.7 より $Q^{**} \circ j^{**} = (Q \circ j)^{**} = 0$ である．また $x \in \ker Q^{**}$ とすれば，任意の $\omega \in (A/I)^*$ に対して $\langle x, Q^*(\omega) \rangle = 0$．ここで $I^\perp := \{\varphi \in A^* \mid \varphi \circ j = 0\}$ とすれば $(A/I)^* \ni \omega \mapsto Q^*(\omega) \in I^\perp$ は等長同型である．よって $x \in (I^\perp)^\perp := \{ y \in A^{**} \mid \langle y, \varphi \rangle = 0,\ \varphi \in I^\perp \}$．Hahn–Banach の分離定理より $(I^\perp)^\perp$ は $i_A(j(I)) = j^{**}(i_I(I))$ の $\sigma(A^{**}, A^*)$ 閉包である $j^{**}(I^{**})$ に等しい．よって $x \in j^{**}(I^{**})$．以上から $j^{**}(I^{**}) = \ker Q^{**}$ であり，$j^{**}(I^{**})$ は $\sigma(A^{**}, A^*)$ 閉イデアルである．分裂することは補題 7.1.16 による．□

普遍包絡 von Neumann 環の応用の一つとして補題 3.8.2 で懸案となっていた Jordan 分解の一意性を示そう．

定理 7.4.10 (A. Grothendieck)**.** A を C* 環とする．任意の $\varphi \in (A^*)_{\mathrm{sa}}$ に対して，$\varphi_+, \varphi_- \in A^*_+$ が一意的に存在して，$\varphi = \varphi_+ - \varphi_-$ かつ $\|\varphi\| = \|\varphi_+\| + \|\varphi_-\|$. をみたす．

証明. 各 A^* の元は von Neumann 環 A^{**} 上で正規線型汎関数である．よって系 7.3.28 により，そのような分解の存在と一意性がいえる．□

定義 7.4.11. C* 環 A のネット $u_\lambda \in A$ が次の性質をもつとき，A で擬中心的という：$\lim_\lambda \|u_\lambda a - a u_\lambda\| = 0,\ a \in A$.

次の結果は本書では使用しないが重要である．

定理 7.4.12 (Akemann–Pedersen, Arveson)**.** A を C* 環，I を A の閉イデアルとすれば，I は A で擬中心的な近似単位元をもつ．

証明. I の近似単位元 $(v_i)_{i \in J}$ を任意に取る．A の空でない有限部分集合のなす集合を Λ と書く．各 $(i, \lambda) \in J \times \Lambda$ に対して

$$C_{(i,\lambda)} := \{ (wx - xw)_{x \in \lambda} \mid w \in \mathrm{co}\{ v_j \mid j \geqq i \} \}$$

とおく．$C_{(i,\lambda)}$ は有限 ℓ^∞ 直和 Banach 空間 $\bigoplus_{x \in \lambda} A$ 内の凸集合である．この双対 Banach 空間は ℓ^1 直和 $\bigoplus_{x \in \lambda} A^*$ である．

$I^{**} \subset A^{**}$ とみなすと，I^{**} は A^{**} の $\sigma(A^{**}, A^*)$ 閉イデアルだから，中心

射影 $z \in A^{**}$ によって $I^{**} = A^{**}z$ と書ける．一方で v_j は I の近似単位元かつ I は I^{**} の中で $\sigma(A^{**}, A^*)$ で稠密だから $z = \lim_j v_j$ である（$\sigma(A^{**}, A^*)$ 収束）．このことから $0 \in \overline{C_{i,\lambda}}^w = \overline{C_{i,\lambda}}^{\|\cdot\|}$ がわかる．以上から各 $(i,\lambda) \in J\times\Lambda$ に対して $u_{(i,\lambda)} \in \mathrm{co}\{v_j \,|\, j \geqq i\}$ を次のように取れる：

$$\|u_{(i,\lambda)}x - xu_{(i,\lambda)}\| < |\lambda|^{-1}, \quad x \in \lambda. \tag{7.1}$$

次に $J \times \Lambda$ に前順序 $(i,\lambda) \leqq (j,\mu)$ を $i \leqq j$, $\lambda \subset \mu$ かつ $u_{(i,\lambda)} \leqq u_{(j,\mu)}$ と定める．この前順序が有向的であることを確かめる．任意に $(i,\lambda), (j,\mu) \in J \times \Lambda$ を取る．$u_{(i,\lambda)}, u_{(j,\mu)}$ の凸結合表示を $u_{(i,\lambda)} = \sum_{m\in F} \alpha_m v_m$, $u_{(j,\mu)} = \sum_{n\in G} \beta_n v_n$ とする．ここで $F \Subset \{s \in J \,|\, s \geqq i\}$, $G \Subset \{s \in J \,|\, s \geqq j\}$ かつ $\alpha_m, \beta_n \geqq 0$ はそれぞれの総和が1である．

そこで F, G の上界 $k \in J$ を取り，$\nu := \lambda \cup \mu$ とおく．このとき (k,ν) は $(i,\lambda), (j,\mu)$ の上界であることを示す．i は F の下界であるから $k \geqq i$. 同様に $k \geqq j$ もよい．また $\lambda, \mu \subset \nu$ も明らかである．次に $u_{(k,\nu)} \geqq u_{(i,\lambda)}, u_{(j,\mu)}$ を示す．$u_{(k,\nu)}$ の凸結合表示を $u_{(k,\nu)} = \sum_{r\in H} \gamma_r v_r$ と書く．ここで $H \Subset \{s \in J \,|\, s \geqq k\}$ かつ $\gamma_r \geqq 0$ で $\sum_r \gamma_r = 1$ である．すると任意の $r \in H$, $m \in F$ に対して $r \geqq k \geqq m$ だから

$$u_{(k,\nu)} = \sum_{r\in H} \gamma_r v_r \geqq \sum_{r\in H} \gamma_r v_k = v_k = \sum_{m\in F} \alpha_m v_k \geqq \sum_{m\in F} \alpha_m v_m = u_{(i,\lambda)}.$$

同様に $u_{(k,\nu)} \geqq u_{(j,\mu)}$ である．以上から (k,ν) は $(i,\lambda), (j,\mu)$ の上界であることがわかり，$J \times \Lambda$ は有向集合である．

ネット $(u_{(i,\lambda)})_{(i,\lambda)\in J\times\Lambda}$ が単調増加であることは前順序の定め方から明らかであり，その擬中心性は (7.1) より明らか．また $u_{(i,\lambda)} \geqq v_i$ に気をつければ，次の不等式から $u_{(i,\lambda)}$ が I の近似単位元であることもわかる：

$$x^*(1_{\tilde{A}} - u_{(i,\lambda)})^2 x \leqq x^*(1_{\tilde{A}} - u_{(i,\lambda)})x \leqq x^*(1_{\tilde{A}} - v_i)x, \quad x \in I. \qquad \square$$

7.5　条件付き期待値

普遍包絡 von Neumann 環の応用として，W* 環が von Neumann 環と同型であること，そしてその前双対が一意であることを次節で示す．そのために条

件付き期待値を導入しておく．

定義 7.5.1. $B \subset A$ を C* 環の包含とする．$E \in \mathbf{B}(A, B)$ が次の性質をみたすとき，E を**条件付き期待値**あるいは**ノルム 1 射影**という：

- $\|E(x)\| \leqq \|x\|, x \in A$.
- $E(x) = x, x \in B$.

例えば補題 6.3.4 の平均化写像 $E_\alpha \colon A \to A^\alpha$ は条件付き期待値である．条件付き期待値は部分環の解析で重要な役割を果たす．次の結果は，条件付き期待値の理論の基礎といえる富山の定理である．わずかな仮定から正値性や積の性質が導かれることに注目しよう．

定理 7.5.2 (富山淳)**.** $B \subset A$ を C* 環の包含とし，$E \colon A \to B$ を条件付き期待値とすると，次のことが成り立つ：

(1) E は縮小的な完全正値写像である．

(2) E は B-B 双加群写像である．すなわち $E(axb) = aE(x)b$, $a, b \in B$, $x \in A$ である．

証明. Step 1. まず von Neumann 環へ移行しよう．包含写像 $j \colon B \ni x \mapsto x \in A$ に対して，$E \circ j = \mathrm{id}_B$ である．2 回転置を取れば，$E^{**} \circ j^{**} = \mathrm{id}_{B^{**}}$ となる．ここで $j^{**} \colon B^{**} \to A^{**}$ は等長 * 準同型であり，これを通じて $B^{**} \subset A^{**}$ とみなす．また $E^{**} \colon A^{**} \to B^{**}$ はノルム縮小的である．よって E^{**} は A^{**} から B^{**} への条件付き期待値である．$E^{**} \circ \iota_A = \iota_B \circ E$ が A 上で成り立つから，A, B を von Neumann 環とし，σ 弱位相に関して連続な条件付き期待値 $E \colon A \to B$ について定理の主張を示せば十分である．以下ではこの状況下にあるとする．

Step 2. $E(1_A) = 1_B$ を示す．$b := E(1_A - 1_B) = E(1_A) - 1_B$ とおく．任意の $\lambda \in \mathbb{R}$, $|\lambda| \geqq 1$ に対して，補題 3.4.11 により

$$\|b + \lambda 1_B\| = \|E(1_A - 1_B + \lambda 1_B)\| \leqq \|1_A - 1_B + \lambda 1_B\| \leqq \max\{1, |\lambda|\} = |\lambda|.$$

一方で，$\|b + \lambda 1_B\| \geqq \|\mathrm{Re}(b + \lambda 1_B)\|$ だから $\|\mathrm{Re}(b) + \lambda 1_B\| \leqq |\lambda|$, $|\lambda| \geqq 1$ である．連続関数カルキュラスを考えれば $h = 0$ がわかる．同様に $\|\mathrm{Im}(b) +$

$\lambda 1_B\| \leqq \|b+i\lambda 1_B\| \leqq |\lambda|$ から $\mathrm{Im}(b)=0$ がいえる．よって $E(1_A)=1_B$ が従う．とくに命題 5.4.5 により，E は正値である．

Step 3. 任意の $p \in B^{\mathrm{P}}$ に対して次の包含を示す：

$$
\begin{aligned}
&E(pAp) \subset pBp, \quad E(pA(1_A-p)) \subset pB(1_B-p),\\
&E((1_A-p)Ap) \subset (1_B-p)Bp,\\
&E((1_A-p)A(1_A-p)) \subset (1_B-p)B(1_B-p).
\end{aligned}
$$

$x \in A_+$ とすると，$pxp \leq \|x\|p$ より $0 \leqq E(pxp) \leqq \|x\|E(p)=\|x\|p$. よって $E(pAp) \subset pBp$. 同様に $E(1_A-p)=1_B-p$ より $E((1_A-p)A(1_A-p)) \subset (1_B-p)B(1_B-p)$ がいえる．

次に改めて $x \in A$ を取り，$y := E(px(1_A-p))$ と書く．任意の $\varphi \in B_+^*$ に対して，$(p\varphi p) \circ E$ は正値であるから，Cauchy–Schwarz 不等式より $|\varphi(pyp)| \leqq \varphi(pE(pxx^*p)p)^{1/2} \cdot \varphi(pE(1_A-p)p)^{1/2} = 0$. B_+^* は B の元を分離するから $pyp=0$. 同様に $(1_B-p)y(1_B-p)=0$. したがって $y=y_1+y_2$, $y_1 \in pB(1_B-p)$, $y_2 \in (1_B-p)Bp$ と書ける．

一般に $z \in pB(1_B-p)$, $w \in (1_B-p)Bp$ に対して，

$$
\|z+w\|^2 = \|(z+w)^*(z+w)\| = \|z^*z+w^*w\| = \max(\|z\|^2, \|w\|^2)
$$

であることに注意する．最後の等号は補題 3.4.11 による．よって，もし $\|y_2\| > 0$ ならば，$t\|y_2\| \geqq \|px(1_A-p)\| \geqq \|y\| \geqq \|y_1\|$ となるような十分大きな $t \in \mathbb{R}_+$ に対して，$\|y+ty_2\|=(1+t)\|y_2\|$ である．一方で

$$
\begin{aligned}
\|y+ty_2\| &= \|E(px(1_A-p)+ty_2)\| \leqq \|px(1_A-p)+ty_2\|\\
&= \max(\|px(1_A-p)\|, t\|y_2\|) = t\|y_2\|
\end{aligned}
$$

であるから，$(1+t)\|y_2\| \leqq t\|y_2\|$ となり矛盾する．したがって $y_2=0$. 以上から $E(pA(1_A-p)) \subset pB(1_B-p)$. 同様に $E((1_A-p)Ap) \subset (1_B-p)Bp$.

Step 4. (2) の主張を示す．Step 3 より $p \in B^{\mathrm{P}}$ に対して，$E(pA) \subset pB$ と $E((1_A-p)A) \subset (1_B-p)B$ がいえる．よって任意の $x \in A$ に対して，

$$
E(px) = pE(px) = pE(px) + pE((1_A-p)x) = pE(x).
$$

系 4.3.35 を使えば $E(bx)=bE(x), b \in B$ が従う．$*$ を取れば $E(xb)=E(x)b$,

$b \in B$ もいえる.

Step 5. 最後に完全正値性を補題5.1.6 (2) を使って確かめよう. 任意の $a_i \in A,\ b_i \in B,\ i = 1, \ldots, n$ に対して,

$$\sum_{i,j} b_i^* E(a_i^* a_j) b_j = \sum_{i,j} E(b_i^* a_i^* a_j b_j) = E(c^* c) \geqq 0.$$

ここで $c := \sum_i a_i b_i$ であり, 最後の不等号は E の正値性による. □

問題 7.5.3. C* 環の包含 $B \subset A$ と条件付き期待値 $E\colon A \to B$ に対して, E が有限確率指数をもつとは, ある $\lambda \in \mathbb{R}_+^*$ が存在して, $E(x) \geqq \lambda x,\ x \in A_+$ となることをいう. もし A が単位的で $\mathbb{C}1_A \subset A$ が, 有限確率指数の条件付き期待値 (すなわち状態) をもてば, A は有限次元であることを示せ.

系 7.5.4. A, B を C* 環, $\rho\colon B \to A$ を $*$ 準同型とする. もしノルム縮小線型写像 $\phi\colon A \to B$ が $\phi \circ \rho = \mathrm{id}_B$ をみたせば, 次のことが成り立つ:

(1) ϕ は完全正値写像である.

(2) $\phi(\rho(a) x \rho(b)) = a\phi(x)b,\ a, b \in B,\ x \in A$.

証明. 条件付き期待値 $E := \rho \circ \phi\colon A \to \rho(B)$ に富山の定理と ρ の単射性を用いればよい. □

上の系のような ϕ を ρ の**左逆写像**という.

さて正規トレース状態についての Radon-Nikodym 型の結果を示そう.

補題 7.5.5. M を von Neumann 環, $\tau \in M_*^+$ をトレース状態とする. このとき次の等式が成り立つ:

$$\{\,\psi \in M_*^+ \mid \psi \leqq \tau\,\} = \{\,\tau a \mid a \in \mathrm{Ball}(M_+)\,\}.$$

証明. C_1, C_2 をそれぞれ左辺, 右辺の集合とする. 両方とも M_*^+ の凸集合である. C_1 は $\sigma(M_*, M)$ 閉である. 全射 $\Phi\colon \mathrm{Ball}(M_+) \ni a \mapsto \tau a \in C_2$ は, $\sigma(M, M_*)$ と $\sigma(M_*, M)$ に関して連続である. Banach-Alaoglu の定理により $\mathrm{Ball}(M_+)$ は $\sigma(M, M_*)$ コンパクトだから, C_2 は $\sigma(M_*, M)$ コンパクト, とくに $\sigma(M_*, M)$ 閉である. また Φ は順序写像である. 実際 $a, b \in \mathrm{Ball}(M_+)$ が $a \leqq b$ ならば, トレース条件より $\Phi(b) - \Phi(a) = (b-a)^{1/2} \cdot \tau \cdot (b-a)^{1/2} \geqq 0$.

とくに $\Phi(a) \leqq \Phi(1_M) = \tau$ より $C_1 \supset C_2$ である．

$C_2 \subsetneq C_1$ と仮定し，$\psi \in C_1 \setminus C_2$ を取る．Hahn–Banach の分離定理により，ある $b \in M = (M_*)^*$ と $t \in \mathbb{R}$ が存在して，次の不等式をみたす：

$$\operatorname{Re}\psi(b) < t \leqq \operatorname{Re}\tau(ab), \quad a \in \operatorname{Ball}(M_+).$$

$c := \operatorname{Re} b$ とおいて，$\psi(c) < t \leqq \tau(ac)$, $a \in \operatorname{Ball}(M_+)$ を得る．ここで $S := \{\tau(ac) \mid a \in \operatorname{Ball}(M_+)\} \subset \mathbb{R}$ とすれば，$\psi(c) < t \leqq \inf S$ となる．

さて $c_\pm := (|c| \pm c)/2 \in M_+$ とおくと，$-c_- \leqq c \leqq c_+$ かつ $\psi \leqq \tau$ より，$\psi(c) \in [-\tau(c_-), \tau(c_+)]$ である．一方で，c のスペクトル射影 $e_+, e_- \in M$ を $ce_+ = c_+$, $ce_- = -c_-$ となるように取れば，$\tau(c_+) = \tau(e_+c) \in S$, $-\tau(c_-) = \tau(e_-c) \in S$ がわかる．S は凸だから，$[-\tau(c_-), \tau(c_+)] \subset S$ であるが，$\psi(c) \in S$ となり矛盾する．よって $C_1 = C_2$ である．　□

$\varphi \in M_*^+$ に対して，

$$M_\varphi := \{\, x \in M \mid x\varphi = \varphi x \,\}$$

を φ の**中心化環**という．M_φ は M の von Neumann 部分環であり，かつ $Z(M) \subset M_\varphi$ となる．$\varphi|_{M_\varphi}$ は正規かつトレース的である．

定理 7.5.6（梅垣）．M を von Neumann 環，$\varphi \in M_*^+$ を忠実正規状態とする．このとき任意の von Neumann 部分環 $N \subset M_\varphi$ について，忠実正規な条件付き期待値 $E\colon M \to N$ で $\varphi \circ E = \varphi$ となるものが唯一つ存在する．

証明． $\tau := \varphi|_N$ と書けば，τ は N 上の忠実正規トレース状態である．$a \in M_+$ とする．$\phi \in N_*$ を $\phi(x) := \varphi(ax)$, $x \in N$ と定める．すると $x \in N_+$ に対して，$\phi(x) = \varphi(ax) = \varphi(x^{1/2}ax^{1/2}) \geqq 0$ より $\phi \in N_*^+$ であり，$\phi(x) \leqq \|a\|\varphi(x)$ より，$\phi \leqq \|a\|\tau$．補題 7.5.5 より $\phi = \tau b$, $\|b\| \leqq \|a\|$ となる $b \in N_+$ が存在する．

線型結合を考えることで，任意の $a \in M$ に対して $b \in N$ を $\varphi(ax) = \tau(bx)$, $x \in N$ となるように取れる．τ は忠実だから，このような b は a に対して一意的に定まる．b を $E(a)$ と書けば，一意性から $E\colon M \to N$ は線型である．明らかに $E(a) = a$, $a \in N$ ゆえ $E(1_M) = 1_M$．また E の正値性は前段落からわかり，定理 5.2.5 より E はノルム縮小的である．以上から $E\colon M \to N$ は条件付き期待値である．E の作り方から $\varphi \circ E = \tau \circ E = \varphi$ であり，補題 7.3.19 から E は忠実かつ正規である．

$F\colon M \to N$ も条件付き期待値であって，$\varphi \circ F = \varphi$ をみたすものとする．任意の $x \in M$, $y \in N$ に対して，

$$(y\tau)(F(x)) = \tau(F(x)y) = \varphi(F(xy)) = \varphi(xy) = (y\tau)(E(x)).$$

$\{y\tau \mid y \in N\}$ は N_* でノルム稠密だから（補題 7.3.39），$F(x) = E(x)$, $x \in M$ が導かれる． □

この定理は定理 8.4.3 でさらに強化される．

7.6　W*環

本節では W* 環は von Neumann 環と同型であること，von Neumann 環の前双対が一意的に定まることを示す．

7.6.1　境の定理

定理 7.6.1（境）．A を C* 環とすると，次のことは同値である：

(1) A は W* 環である，すなわち A は前双対 Banach 空間をもつ．

(2) ある von Neumann 環 $M \subset \mathbf{B}(\mathcal{H})$ が存在して A と M は同型である．

このとき A の前双対を X と書けば，(2) の C* 環の同型は $\sigma(A, X)$ と $\sigma(M, M_*)$ に関して同相である．

本項では，すっきりとした議論を行うために C* 環と前双対の組を W* 環とよぶことにする（定義 7.1.3 も見よ）．以下にこのことを正確に述べる．

A を C* 環，X を A の前双対 Banach 空間とする．すなわち有界双線型形式 $\alpha\colon A \times X \to \mathbb{C}$ であって，$\Phi\colon A \ni a \mapsto \alpha(a, \cdot) \in X^*$ が等長同型であるものが与えられている．このとき 3 つ組 (A, X, α) を W* 環とよぶ．W* 環 (A, X, α) と (B, Y, β) が同型とは，ある C* 環の同型 $\rho\colon A \to B$ と等長同型 $\theta\colon X \to Y$ があって，$\alpha(a, \varphi) = \beta(\rho(a), \theta(\varphi))$, $a \in A$, $\varphi \in X$ となるこ

とを意味する．このとき $(A, X, \alpha) \cong (B, Y, \beta)$ と書く．これは C* 環の同型 $\rho\colon A \to B$ が $\sigma(A, X)$ と $\sigma(B, Y)$ について同相であることと同値である．

さて (A, X, α) が W* 環であるとき，$j_X\colon X \ni \varphi \mapsto \alpha(\cdot, \varphi) \in A^*$ は等長埋め込みである．そして標準的なペアリング $\beta\colon A \times j_X(X) \ni (x, \psi) \mapsto \psi(x) \in \mathbb{C}$ を考えれば $(A, j_X(X), \beta)$ は W* 環であり，$\mathrm{id}_A\colon A \to A$ と $j_X\colon X \to j_X(X)$ により $(A, X, \alpha) \cong (A, j_X(X), \beta)$ である．よってこれ以降は，はじめから $X \subset A^*$ と実現しておき，標準的なペアリング $A \times X \ni (a, \varphi) \mapsto \varphi(a) \in \mathbb{C}$ を常に考えることにして，W* 環は単に 2 つ組で (A, X) と書くことにする．

前双対は A^* の中で取るという取り決めのもとでの同型 $(A, X) \cong (B, Y)$ は，ある C* 環の同型 $\rho\colon A \to B$ とある等長同型 $\theta\colon X \to Y$ が存在して，$\langle a, \varphi \rangle = \langle \rho(a), \theta(\varphi) \rangle$, $a \in A$, $\varphi \in X$ となることを意味する．このとき，$\langle b, \theta(\varphi) \rangle = \langle \rho^{-1}(b), \varphi \rangle$, $b \in B$ だから，実際には $\theta(\varphi) = \varphi \circ \rho^{-1}$ である．つまり $\theta\colon X \to Y$ は ρ から決まる．

定理 7.6.1 の証明に取り掛かる前に準備をしておく．(A, X) を改めて W* 環とする．すなわち A は C* 環，$X \subset A^*$ は閉部分空間であって線型写像 $\Phi\colon A \ni a \mapsto \Phi(a) \in X^*$ を $\langle \Phi(a), \varphi \rangle := \varphi(a)$, $\varphi \in X$ と定めるとき，Φ は等長同型である．包含写像 $j\colon X \ni \varphi \mapsto \varphi \in A^*$ の転置 $j^*\colon A^{**} \to X^*$ に対して，写像 $\pi := \Phi^{-1} \circ j^*\colon A^{**} \to A$ を考える．j^* はノルム縮小的であるから π もノルム縮小的である．$x \in A^{**}$ と $\varphi \in X$ に対して，

$$\varphi(\pi(x)) = \langle \Phi(\pi(x)), \varphi \rangle = \langle j^*(x), \varphi \rangle = \langle x, j(\varphi) \rangle$$

より π は $\sigma(A^{**}, A^*)$ と $\sigma(A, X)$ に関して連続である．

また $a \in A$ に対して，上式で $x = \iota_A(a)$ とおけば，

$$\langle \Phi(\pi(\iota_A(a))), \varphi \rangle = \langle \iota_A(a), j(\varphi) \rangle = \langle a, j(\varphi) \rangle = \langle \Phi(a), \varphi \rangle$$

より $\pi \circ \iota_A = \mathrm{id}_A$．つまり π はノルム縮小的かつ ι_A の左逆写像である．系 7.5.4 により，π が CP であり，かつ A 双加群写像であることが従う．しかし $\iota_A(A)$ は A^{**} で $\sigma(A^{**}, A^*)$ 稠密とはいえ，π の A^{**} 上での乗法性はすぐにはいえない．それは A の積の $\sigma(A, X)$ に関する連続性について議論していないからである．

定理 7.6.1 の証明. (2) ⇒ (1). 定理 7.1.2 より従う.

(1) ⇒ (2). 証明前の準備の記号を用いる. $I := \ker \pi$ は $\sigma(A^{**}, A^*)$ 閉部分空間である. π は A 双加群写像だから, $\pi(\iota_A(a)y\iota_A(b)) = a\pi(y)b$, $a, b \in A$, $y \in A^{**}$ を得る. よって $\iota_A(A)I\iota_A(A) \subset I$ である. $\iota_A(A)$ は von Neumann 環 A^{**} の中で $\sigma(A^{**}, A^*)$ 稠密だから, I は A^{**} の両側イデアルである. よって中心射影 $z \in Z(A^{**})$ により, $I = A^{**}z^\perp$ と書ける.

さて $x \in A^{**}$ に対して $x - \iota_A(\pi(x)) \in I$ だから, 任意の $y \in A^{**}$ について $(x - \iota_A(\pi(x)))y \in I$. すなわち

$$0 = \pi((x - \iota_A(\pi(x)))y) = \pi(xy) - \pi(\iota_A(\pi(x))y) = \pi(xy) - \pi(x)\pi(y).$$

ここで π が左 A 加群写像であることを用いた. 以上より π は全射 $*$ 準同型であり, $\rho\colon A^{**}z \ni xz \mapsto \pi(x) \in A$ は C* 環の同型であることがいえた.

次に $X = j(X) = A^*z$ を確認する. $\varphi \in X$ と $x \in A^{**}$ に対して,

$$\langle j(\varphi)z^\perp, x\rangle = \langle j(\varphi), xz^\perp\rangle = \langle \varphi, j^*(xz^\perp)\rangle = \langle \varphi, \Phi(\pi(xz^\perp))\rangle = 0.$$

よって $j(\varphi)z^\perp = 0$ である. 次に $\psi \in A^*z \setminus j(X)$ とする. $j(X) \subset A^*$ はノルム閉だから, ある $x \in A^{**}$ が存在して, $\langle x, \psi\rangle \neq 0$ かつ $\langle x, j(\varphi)\rangle = 0$, $\varphi \in X$ となる. このとき

$$0 = \langle x, j(\varphi)\rangle = \langle j^*(x), \varphi\rangle = \langle \Phi(\pi(x)), \varphi\rangle = \varphi(\pi(x)), \ \varphi \in X.$$

よって $\pi(x) = 0$ ゆえ $xz = 0$. すると $\langle x, \psi\rangle = \langle x, \psi z\rangle = \langle zx, \psi\rangle = 0$ となり矛盾が生じる. したがって $A^*z = j(X)$ である.

$\rho\colon A^{**}z \to A$ に関するペアリングの整合性は次のように確認できる. $x \in A^{**}$ と $\varphi \in X$ に対して,

$$\begin{aligned}\varphi(\rho(xz)) &= \langle \Phi(\pi(x)), \varphi\rangle = \langle j^*(x), \varphi\rangle \\ &= \langle x, j(\varphi)\rangle = \langle xz, j(\varphi)\rangle \qquad (j(\varphi) = j(\varphi)z \text{ より}).\end{aligned}$$

□

7.6.2 W* 環の前双対の一意性

次に W* 環の前双対の一意性について考察しよう.

定理 7.6.2（Dixmier, 境）．(A, X), (B, Y) を W* 環とする．もし $\theta\colon A \to B$ が C* 環の同型であれば $Y = \{\varphi \circ \theta^{-1} \,|\, \varphi \in X\}$. とくに (A, X), (A, Y) が W* 環であれば $X = Y$.

証明． 境の定理により A, B は von Neumann 環，$\sigma(A, X)$ と $\sigma(B, Y)$ は σ 弱位相とみなせる．von Neumann 環の間の同型は自動的に σ 弱位相間の同相だから（定理 7.3.17），$Y = \{\varphi \circ \theta^{-1} \,|\, \varphi \in X\}$ を得る．後半は $\mathrm{id}_A\colon A \to A$ を考えればよい． □

言い換えると C* 環 A に対して，2つのノルム閉部分空間 $X, Y \subset A^*$ が A の前双対であれば $X = Y$ ということである．この一意性を意識して W* 環 A の前双対を $A_* \subset A^*$ と書く．

定理 7.6.1 の証明の中で $A_* = A^* z_n$ となる中心射影 $z_n \in A^{**}$ の存在が示された．$z_s := 1_{A^{**}} - z_n$ とおけば，A^* は次のように ℓ^1 直和分解される：

$$A^* = A^* z_n + A^* z_s = A_* + A^* z_s.$$

A_* の元は A 上の**正規線型汎関数**，$A^* z_s$ の元は A 上の**特異線型汎関数**，$A^* z_n$, $A^* z_s$ はそれぞれ A^* の**正規部分**，**特異部分**とよばれる[10]．

問題 7.6.3． $z_n = 1$ であるためには A が有限次元であることが必要十分であることを示せ．

正規線型汎関数については 7.3 節で調べたから，特異線型汎関数について少し調べよう．A^* は Jordan 分解により A^*_+ でベクトル空間として生成され，z_s が A^{**} の中心射影であることから $A^* z_s$ も $A^* z_s \cap A^*_+$ で生成されることがわかる．正値な特異線型汎関数について次の特徴付けがある．

命題 7.6.4（竹崎）．W* 環 (A, A_*) と $\varphi \in A^*_+$ に対して次のことは同値である：

(1) φ は特異である．
(2) 任意の非零射影 $e \in A$ に対して，ある非零射影 $e_0 \in eAe$ が存在して，$\varphi(e_0) = 0$ となる．

[10] 正規・特異分解は竹崎による．

証明. (2) ⇒ (1). $\varphi = \varphi_n + \varphi_s$ と分解する ($\varphi_n := \varphi z_n$, $\varphi_s := \varphi z_s$). もし $s(\varphi_n) \in A^{\mathrm{P}}$ が非零ならば, (2) より非零な $e_0 \in (s(\varphi_n)As(\varphi_n))^{\mathrm{P}}$ を $0 = \varphi(e_0) \geqq \varphi_n(e_0) \geqq 0$ となるように取れる. しかし φ_n は $s(\varphi_n)Ms(\varphi_n)$ 上で忠実だから $e_0 = 0$ となり矛盾が生じる. よって $s(\varphi_n) = 0$ となり $\varphi = \varphi_s$ がいえる.

(1) ⇒ (2). φ は特異であるとする. $e \in A$ を非零射影とする. もし $\varphi(e) = 0$ ならば e_0 として e を取ればよい. $\varphi(e) > 0$ のときを考える. A_*^+ は A の元を分離するから, $\varphi_0 \in A_*^+$ を $\varphi(e) < \varphi_0(e)$ となるように取れる.

この φ_0 を基準にして φ が正規に振る舞う縮小環を構成しよう. $\mathscr{F} := \{p \in (eAe)^{\mathrm{P}} \mid \varphi(p) \geqq \varphi_0(p)\}$ とする. $0 \in \mathscr{F}$ だから $\mathscr{F} \neq \emptyset$. $\mathscr{F}$ は $(eAe)^{\mathrm{P}}$ の順序で帰納的である. 実際 $\mathscr{L} \subset \mathscr{F}$ を全順序部分集合とする. $p := \sup_{f\in\mathscr{L}} f \in (eAe)^{\mathrm{P}}$ とおけば,

$$\varphi(p) \geqq \sup_{f\in\mathscr{L}} \varphi(f) \geqq \sup_{f\in\mathscr{L}} \varphi_0(f) = \varphi_0(p).$$

ここで 1 つ目の不等号は φ の正値性, 最後の等号は φ_0 の正規性を用いた. よって $p \in \mathscr{F}$. Zorn の補題により $\mathscr{F}$ は極大元 q をもつ. $e_0 := e - q$ とおく. $\varphi(e) < \varphi_0(e)$ かつ $\varphi(q) \geqq \varphi_0(q)$ だから $e_0 \neq 0$ である. また q の極大性から $\varphi(r) < \varphi_0(r)$, $r \in (e_0Ae_0)^{\mathrm{P}} \setminus \{0\}$. 系 4.3.35 により $e_0\varphi e_0 \leqq e_0\varphi_0 e_0$.

$z_s\varphi_0 = 0$ より $0 = z_se_0\varphi_0e_0 \geqq z_se_0\varphi e_0 = e_0\varphi e_0$ ゆえ $\varphi(e_0) = 0$. □

定理 7.3.8 の一般化も述べておこう.

系 7.6.5 (Dixmier). $\mathcal{H}$ を Hilbert 空間, $M \subset \mathbf{B}(\mathcal{H})$ を von Neumann 環とする. $\varphi \in M^*$ に対して次のことは同値である:

(1) φ は σ 弱連続である. すなわち $\varphi \in M_*$.
(2) ある $\xi, \eta \in \mathcal{H} \otimes \overline{\mathcal{H}}$ が存在して, $\varphi(x) = \langle (x \otimes 1)\xi, \eta \rangle$, $x \in M$ をみたす.
(3) φ は正規である.
(4) φ は射影族に関して完全加法的である.

証明. (4) ⇒ (1) のみ示す. 残りは定理 7.3.8 の証明と同様である. $\varphi = \varphi_n + \varphi_s$ と正規部分 $\varphi_n = \varphi z_n$, 特異部分 $\varphi_s = \varphi z_s$ へ分解する. φ_n は完全加法的であるから φ_s は完全加法的である. よって一般に $\psi \in M^* z_s$ が完全加法的

であれば，任意の $e \in M^{\mathrm{P}}$ に対して $\psi(e) = 0$ であることを示せばよい（系 4.3.35）．

$\psi_i \in M^* z_s \cap M^*_+$, $i = 1, 2, 3, 4$ を $\psi = \psi_1 - \psi_2 + \sqrt{-1}(\psi_3 - \psi_4)$ となるように取る．$\omega := \psi_1 + \psi_2 + \psi_3 + \psi_4 \in M^* z_s \cap M^*_+$ とおく．$e \in M^{\mathrm{P}}$ とする．$(eMe)^{\mathrm{P}}$ の極大直交族 $\{p_i\}_{i \in I}$ を $\omega(p_i) = 0$ となるように取る．命題 7.6.4 より $\sum_{i \in I} p_i = e$ である．このとき $\psi(p_i) = 0, i \in I$ であるが，ψ は M^{P} 上で完全加法的だから $\psi(e) = \sum_i \psi(p_i) = 0$ となる．□

問題 7.6.6. M, N を von Neumann 環，$T \in \mathbf{B}(M, N)$ とする．次のことが同値であることを示せ：

(1) T は $\sigma(M, M_*)$ と $\sigma(N, N_*)$ に関して連続である．

(2) T は正規である．

(3) T は M^{P} 上で完全加法的である．すなわち M の射影の直交族 $\{p_i\}_{i \in I}$ に対して $T(\sum_{i \in I} p_i) = \sum_{i \in I} T(p_i)$（$\sigma$ 弱収束）．

7.7　von Neumann 環のテンソル積

本節では $\mathcal{H}, \mathcal{K}$ は Hilbert 空間を意味する．

7.7.1　von Neumann 環のテンソル積の定義

$M \subset \mathbf{B}(\mathcal{H})$, $N \subset \mathbf{B}(\mathcal{K})$ を von Neumann 環とする．このとき，$M \otimes_{\mathrm{alg}} N \subset \mathbf{B}(\mathcal{H} \otimes \mathcal{K})$ が生成する von Neumann 環を $M \mathbin{\overline{\otimes}} N$ と書く．すなわち

$$M \mathbin{\overline{\otimes}} N := \overline{\mathrm{span}}^{\sigma\text{-}w} \{ x \otimes y \mid x \in M,\ y \in N \}.$$

これを M と N の**テンソル積 von Neumann 環**という．

補題 7.7.1. $\mathbf{B}(\mathcal{H}) \mathbin{\overline{\otimes}} \mathbf{B}(\mathcal{K}) = \mathbf{B}(\mathcal{H} \otimes \mathcal{K})$ が成り立つ．

証明. $\{v_i\}_{i \in I}$ と $\{w_j\}_{j \in J}$ をそれぞれ $\mathcal{H}$ と $\mathcal{K}$ の CONS とする．$\mathcal{H} \otimes \mathcal{K}$ の CONS $\{v_i \otimes w_j\}_{(i,j) \in I \times J}$ に付随して $x \in \mathbf{B}(\mathcal{H} \otimes \mathcal{K})$ は成分表示

$$x = \sum_{(i,j),(k,\ell) \in I \times J} x_{(i,j),(k,\ell)} e_{(i,j),(k,\ell)}$$

をもつ（強収束）．ここで $e_{(i,j),(k,\ell)} = \ell(v_i \otimes w_j)\ell(v_k \otimes w_\ell)^* = \ell(v_i)\ell(v_k)^* \otimes \ell(w_j)\ell(w_\ell)^* \in \mathbf{B}(\mathcal{H}) \otimes_{\mathrm{alg}} \mathbf{B}(\mathcal{K})$．よって $x \in \mathbf{B}(\mathcal{H}) \mathbin{\overline{\otimes}} \mathbf{B}(\mathcal{K})$ である． □

von Neumann 環のテンソル積は忠実表現の取り方によらないことを確かめるために（系 7.7.5），忠実表現たちは十分大きな増幅をすることで互いにユニタリ同値となることを示そう．

定理 7.7.2. M を von Neumann 環，$\pi_i \colon M \to \mathbf{B}(\mathcal{H}_i)$, $i = 1, 2$ を単位的な忠実正規表現とする．Hilbert 空間 $\mathcal{K}$ が $\mathcal{K} \cong \mathcal{K} \otimes \mathcal{K} \cong \mathcal{H}_i \otimes \mathcal{K}$, $i = 1, 2$ をみたせば，$\pi_1 \otimes 1_{\mathcal{K}} \sim \pi_2 \otimes 1_{\mathcal{K}}$ である．とくに $\pi_1 \precsim \pi_2 \otimes 1_{\mathcal{K}}$ である．

証明. $\pi_1 \precsim \pi_2 \otimes 1_{\mathcal{K}}$ を示せばよい．実際にコメント 4.4.4(7) より $\pi_1 \otimes 1_{\mathcal{K}} \precsim \pi_2 \otimes 1_{\mathcal{K} \otimes \mathcal{K}} \sim \pi_2 \otimes 1_{\mathcal{K}}$ がいえる．対称性から $\pi_2 \otimes 1_{\mathcal{K}} \precsim \pi_1 \otimes 1_{\mathcal{K}}$ もいえて，系 7.2.12 より $\pi_1 \otimes 1_{\mathcal{K}} \sim \pi_2 \otimes 1_{\mathcal{K}}$ となる．

$\mathcal{H}_1$ の正規直交系 $\{\xi_\lambda\}_{\lambda \in \Lambda}$ を $\mathcal{H}_1$ が $\overline{\pi_1(M)\xi_\lambda}$ たちの直和となるように取る（命題 4.4.5）．そこで正規状態 $\varphi_\lambda(x) := \langle \pi_1(x)\xi_\lambda, \xi_\lambda \rangle$, $x \in M$ を $\pi_2(M) \cong M$ 上の正規状態とみなせば，ある単位ベクトル $\eta_\lambda \in \mathcal{H}_2 \otimes \overline{\mathcal{H}_2}$ を $\varphi_\lambda(x) = \langle (\pi_2(x) \otimes 1)\eta_\lambda, \eta_\lambda \rangle$, $x \in M$ となるように取れる（定理 7.3.8）．等長作用素 $V \colon \mathcal{H}_1 \to \mathcal{H}_2 \otimes \overline{\mathcal{H}_2} \otimes \mathcal{H}_1$ を，$V\pi_1(x)\xi_\lambda := (\pi_2(x) \otimes 1_{\overline{\mathcal{H}_2} \otimes \mathcal{H}_1})(\eta_\lambda \otimes \xi_\lambda)$, $x \in M$, $\lambda \in \Lambda$ と定めると，$V \in \mathrm{Mor}(\pi_1, \pi_2 \otimes 1_{\overline{\mathcal{H}_2} \otimes \mathcal{H}_1})$ であるから，$\pi_1 \precsim \pi_2 \otimes 1_{\overline{\mathcal{H}_2} \otimes \mathcal{H}_1}$．仮定より $\dim(\overline{\mathcal{H}_2} \otimes \mathcal{H}_1) \leqq \dim \mathcal{K}$ だから，$\pi_1 \precsim \pi_2 \otimes 1_{\mathcal{K}}$ である． □

定理 7.7.2 から von Neumann 環の正規表現は，増幅，可換子環の射影による縮小，空間同型の 3 種類の表現から構成されることがわかる．

系 7.7.3. $M \subset \mathbf{B}(\mathcal{H})$ を von Neumann 環，$\pi \colon M \to \mathbf{B}(\mathcal{K})$ を単位的な正規表現とする．このとき，ある Hilbert 空間 $\mathcal{L}$，射影 $e \in (M \otimes \mathbb{C}1_{\mathcal{L}})'$ と等長作用素 $U \colon \mathcal{K} \to \mathcal{H} \otimes \mathcal{L}$ が存在して，$UU^* = e$ かつ $\pi(x) = U^*(x \otimes 1_{\mathcal{L}})U$, $x \in M$ となる．

証明. $\ker\pi = Mz^\perp$ となる $z \in Z(M)^{\mathrm{P}}$ を取り，単位的な忠実表現 $\pi|_{Mz}$ と恒等表現 id_{Mz} に定理 7.7.2 を適用すればよい． □

命題 7.7.4. $\mathcal{H}_i, \mathcal{K}_i$ を Hilbert 空間，$M_i \subset \mathbf{B}(\mathcal{H}_i)$，$N_i \subset \mathbf{B}(\mathcal{K}_i)$ を von Neumann 環とする $(i = 1, 2)$．$\pi_1\colon M_1 \to N_1$，$\pi_2\colon M_2 \to N_2$ を単位的な正規 $*$ 準同型とする．このとき $\pi_1 \otimes \pi_2\colon M_1 \otimes_{\mathrm{alg}} M_2 \to N_1 \otimes_{\mathrm{alg}} N_2$ は単位的な正規 $*$ 準同型 $\pi_1 \mathbin{\overline{\otimes}} \pi_2\colon M_1 \mathbin{\overline{\otimes}} M_2 \to N_1 \mathbin{\overline{\otimes}} N_2$ に一意的に拡張する．

証明. 中心射影で切ることにより π_1, π_2 は忠実と仮定してよい．定理 7.7.2 より，ある Hilbert 空間 $\mathcal{L}, \mathcal{L}'$ と等長作用素 $S_1 \in \mathrm{Mor}(\pi_1, \mathrm{id}_{M_1} \otimes 1_{\mathcal{L}})$，$S_2 \in \mathrm{Mor}(\pi_2, \mathrm{id}_{M_2} \otimes 1_{\mathcal{L}'})$ を取れる．さて増幅表現

$$\pi\colon M_1 \mathbin{\overline{\otimes}} M_2 \ni x \mapsto x \otimes 1_{\mathcal{L}} \otimes 1_{\mathcal{L}'} \in \mathbf{B}(\mathcal{H}_1 \otimes \mathcal{H}_2 \otimes \mathcal{L} \otimes \mathcal{L}')$$

と，$\mathcal{H}_2$ と $\mathcal{L}$ を入れ替えるフリップユニタリ $U\colon \mathcal{H}_1 \otimes \mathcal{H}_2 \otimes \mathcal{L} \otimes \mathcal{L}' \to \mathcal{H}_1 \otimes \mathcal{L} \otimes \mathcal{H}_2 \otimes \mathcal{L}'$ を考える．各 $x \in M_1 \mathbin{\overline{\otimes}} M_2$ に対して

$$\rho(x) \coloneqq (S_1^* \otimes S_2^*)U\pi(x)U^*(S_1 \otimes S_2) \in \mathbf{B}(\mathcal{K}_1 \otimes \mathcal{K}_2)$$

と定める．作り方から $\rho\colon M_1 \mathbin{\overline{\otimes}} M_2 \to \mathbf{B}(\mathcal{K}_1 \otimes \mathcal{K}_2)$ は正規な UCP 写像である．また $\rho(x \otimes y) = \pi_1(x) \otimes \pi_2(y)$, $x \in M_1$, $y \in M_2$ となる．とくに ρ は $M_1 \otimes_{\mathrm{alg}} M_2$ の表現である．$M_1 \otimes_{\mathrm{alg}} M_2$ の $M_1 \mathbin{\overline{\otimes}} M_2$ での σ 弱稠密性により ρ は $M_1 \mathbin{\overline{\otimes}} M_2$ の正規表現であり，$\rho(M_1 \mathbin{\overline{\otimes}} M_2) \subset N_1 \mathbin{\overline{\otimes}} N_2$ である．一意性は $M_1 \otimes_{\mathrm{alg}} M_2$ の $M_1 \mathbin{\overline{\otimes}} M_2$ での σ 弱稠密性と正規表現の σ 弱連続性による． □

次の結果は命題 7.7.4 から従う（$\pi_i^{-1}\colon \pi_i(M_i) \to M_i$ を考えよ）．

系 7.7.5（御園生善尚）**.** 命題 7.7.4 の状況で次のことが成り立つ：

(1) π_1, π_2 が忠実ならば $\pi_1 \mathbin{\overline{\otimes}} \pi_2$ も忠実である．

(2) π_1, π_2 が同型ならば $\pi_1 \mathbin{\overline{\otimes}} \pi_2$ も同型である．

系 7.7.6. M_i, N_i を von Neumann 環 $(i = 1, 2)$，$\theta_1\colon M_1 \to N_1$，$\theta_2\colon M_2 \to N_2$ を正規な完全正値写像とすると，$\theta_1 \otimes \theta_2\colon M_1 \otimes_{\mathrm{alg}} M_2 \to N_1 \otimes_{\mathrm{alg}} N_2$ は正規な完全正値写像 $\theta_1 \mathbin{\overline{\otimes}} \theta_2\colon M_1 \mathbin{\overline{\otimes}} M_2 \to N_1 \mathbin{\overline{\otimes}} N_2$ に一意的に拡張する．

証明. $N_i \subset \mathbf{B}(\mathcal{K}_i)$ と表現しておく $(i = 1, 2)$. θ_1, θ_2 に付随する Stinespring ダイレーション $(\pi_1, \mathcal{H}_1, V_1)$, $(\pi_2, \mathcal{H}_2, V_2)$ を取る（記号は定理 5.2.1 のもの）. ダイレーションの構成法から π_1, π_2 は正規である. そこで CP 写像 $\rho\colon M_1 \mathbin{\overline{\otimes}} M_2 \to \mathbf{B}(\mathcal{K}_1 \otimes \mathcal{K}_2)$ を $\rho(x) := (V_1^* \otimes V_2^*)(\pi_1 \mathbin{\overline{\otimes}} \pi_2)(x)(V_1 \otimes V_2)$, $x \in M_1 \mathbin{\overline{\otimes}} M_2$ とおけば, $M_1 \otimes_{\mathrm{alg}} M_2$ 上で $\rho = \theta_1 \otimes \theta_2$ をみたす. ρ の σ 弱連続性から $\operatorname{ran} \rho \subset N_1 \mathbin{\overline{\otimes}} N_2$ がいえる. よって ρ が求めるものである. 一意性は $M_1 \otimes_{\mathrm{alg}} M_2$ の $M_1 \mathbin{\overline{\otimes}} M_2$ での σ 弱稠密性と正規線型写像の σ 弱連続性による. □

作り方から合成法則 $(\theta_1 \circ \theta_2) \mathbin{\overline{\otimes}} (\theta_3 \circ \theta_4) = (\theta_1 \mathbin{\overline{\otimes}} \theta_3) \circ (\theta_2 \mathbin{\overline{\otimes}} \theta_4)$ が成り立つ. $\varphi \in M_*^+$ に対して $\varphi \mathbin{\overline{\otimes}} \mathrm{id}_N\colon M \mathbin{\overline{\otimes}} N \to N$ をスライス写像とよぶ.

■**例 7.7.7.** von Neumann 環 $M \subset \mathbf{B}(\mathcal{H})$, $N \subset \mathbf{B}(\mathcal{K})$ と $\xi \in \mathcal{H}$, $\eta \in \mathcal{K}$ に対して $\omega_\xi \mathbin{\overline{\otimes}} \omega_\eta = \omega_{\xi \otimes \eta}$ である. ここで ω_ζ は ζ に関するベクトル汎関数である. 実際 $M \otimes_{\mathrm{alg}} N$ 上で等式が成立し, 両辺の σ 弱連続性により $M \mathbin{\overline{\otimes}} N$ 上での等号成立がわかる.

補題 7.7.8. M, N を von Neumann 環とすると, 次のことが成り立つ：

(1) スライス写像たち $\{\varphi \mathbin{\overline{\otimes}} \mathrm{id}_N\}_{\varphi \in M_*^+}$ は $M \mathbin{\overline{\otimes}} N$ の元を分離する.
(2) もし $\varphi \in M_*^+$ が忠実ならば, $\varphi \mathbin{\overline{\otimes}} \mathrm{id}_N$ も $M \mathbin{\overline{\otimes}} N$ 上で忠実である.

証明. (1). $M \subset \mathbf{B}(\mathcal{H})$, $N \subset \mathbf{B}(\mathcal{K})$ と表現しておく. $x \in M \mathbin{\overline{\otimes}} N$ が任意の $\varphi \in M_*^+$ に対して $(\varphi \mathbin{\overline{\otimes}} \mathrm{id}_N)(x) = 0$ をみたせば, 例 7.7.7 により任意の $\xi \in \mathcal{H}, \eta \in \mathcal{K}$ に対して $\langle x(\xi \otimes \eta), (\xi \otimes \eta) \rangle = 0$. ξ と η それぞれの極化等式により $x = 0$ がいえる.

(2). $x \in (M \mathbin{\overline{\otimes}} N)_+$ が $(\varphi \mathbin{\overline{\otimes}} \mathrm{id}_N)(x) = 0$ をみたすとすると, 任意の $\psi \in N_*^+$ に対して $\varphi((\mathrm{id}_M \mathbin{\overline{\otimes}} \psi)(x)) = \psi((\varphi \mathbin{\overline{\otimes}} \mathrm{id}_N)(x)) = 0$. φ は忠実だから $(\mathrm{id}_M \mathbin{\overline{\otimes}} \psi)(x) = 0$, $\psi \in N_*^+$ である. (1) より $x = 0$. □

7.7.2 I 型部分因子環

I 型 von Neumann 環は定義 9.1.6 で導入する. 次の命題での I 型因子環は $\mathbf{B}(\mathcal{H})$ に同型な因子環のことだと理解しておけばよい（補題 9.1.7 で示す）.

命題 7.7.9. von Neumann 環 M の I 型部分因子環 Q に対して $*$ 準同型

$$Q \otimes_{\mathrm{alg}} (Q' \cap M) \ni \sum_{i=1}^{n} x_i \otimes y_i \mapsto \sum_{i=1}^{n} x_i y_i \in M$$

は，同型 $Q \mathbin{\overline{\otimes}} (Q' \cap M) \to M$ に拡張する．とくに $M = Q \vee (Q' \cap M)$ であり，$Z(M) = Z(Q' \cap M)$ となる．

証明. Q を生成する行列単位系 $\{e_{ij}\}_{i,j \in I}$ を取る．$i_0 \in I$ を固定し，$e := e_{i_0 i_0}$ とおく．また単位的な忠実正規 $*$ 準同型 $\rho\colon eMe \to M$ を $\rho(x) := \sum_i e_{ii_0} x e_{i_0 i}$, $x \in eMe$ によって定める．まず $\rho(eMe) = Q' \cap M$，とくに $eMe \cong Q' \cap M$ であることを示そう．$x \in eMe$ と $e_{ij} \in Q$ に対して $e_{ij}\rho(x) = e_{ii_0} x e_{i_0 j} = \rho(x) e_{ij}$. よって $\rho(eMe) \subset Q' \cap M$. 逆に $y \in Q' \cap M$ とし，$x := eye \in eMe$ とおけば，

$$\rho(x) = \sum_i e_{ii_0} x e_{i_0 i} = \sum_i e_{ii_0} y e_{i_0 i} = \sum_i y e_{ii_0} e_{i_0 i} = \sum_i y e_{ii} = y.$$

以上より $\rho(eMe) = Q' \cap M$ である．

次に補題 7.2.24 の証明で構成したユニタリ $U\colon \ell^2(I) \otimes e\mathcal{H} \to \mathcal{H}$ を用いる．$\ell^2(I)$ の CONS $\{\delta_i\}_{i \in I}$ に付随する行列単位系を $\{f_{ij}\}_{i,j \in I}$ と書く．任意の $i, j \in I$, $x \in eMe$, $g \in \ell^2(I)$, $\xi \in e\mathcal{H}$ について

$$U(f_{ij} \otimes x)(g \otimes \xi) = Ug(j)\delta_i \otimes x\xi = g(j) e_{ii_0} x\xi = e_{ij}\rho(x)U(g \otimes \xi).$$

よって $U(f_{ij} \otimes x) = e_{ij}\rho(x)U$. すなわち $\mathrm{Ad}\, U\colon \mathbf{B}(\ell^2(I)) \mathbin{\overline{\otimes}} eMe \to M$ は単位的な忠実正規 $*$ 準同型である．全射性を示す．$x \in M$ とし，$x_{ij} := e_{i_0 i} x e_{j i_0} \in eMe$, $i, j \in I$ とおく．このとき $y := \sum_{i,j \in I} f_{ij} \otimes x_{ij}$ は強収束し（次の問題を見よ），

$$\mathrm{Ad}\, U(y) = \sum_{i,j} e_{ij}\rho(x_{ij}) = \sum_{i,j} e_{ii_0} x_{ij} e_{i_0 j} = \sum_{i,j} e_{ii} x e_{jj} = x.$$

以上より $\mathbf{B}(\ell^2(I)) \mathbin{\overline{\otimes}} eMe \cong M$ である．

またこの計算（もしくは補題 7.2.24 の証明）から，$\theta\colon \mathbf{B}(\ell^2(I)) \to Q$ を $\theta(x) := U(x \otimes 1_{eMe})U^*$, $x \in \mathbf{B}(\ell^2(I))$ で定められて，θ は同型であることがわかる．そこで同型写像の合成

$$Q \mathbin{\overline{\otimes}} (Q' \cap M) \xrightarrow{\theta^{-1} \overline{\otimes} \rho^{-1}} \mathbf{B}(\ell^2(I)) \mathbin{\overline{\otimes}} eMe \xrightarrow{\operatorname{Ad} U} M$$

を考えれば，$e_{ij} \in Q$, $i, j \in I$ と $y \in Q' \cap M$ に対して

$$\operatorname{Ad} U((\theta^{-1} \otimes \rho^{-1})(e_{ij} \otimes y)) = \operatorname{Ad} U(f_{ij} \otimes eye) = e_{ij}\rho(eye) = e_{ij}y.$$

ここで $\rho(eye) = \sum_i e_{ii_0} eyee_{i_0 i} = \sum_i ye_{ii_0} ee_{i_0 i} = y$ を用いた．後半の中心についての主張は補題 7.1.18 と $M = Q \vee (Q' \cap M)$ から明らかである． □

問題 7.7.10. 上の証明で $y = \sum_{i,j \in I} f_{ij} \otimes x_{ij}$ が強収束することを示せ．［ヒント：補題 7.2.9 を使い $v := \sum_i f_{ii_0} \otimes e_{i_0 i}$ の強 * 収束性を確かめよ．］

第 7 章について

この章の主張と証明は [Tak02] を参考にした．直積分については [Tak02, 辰馬 94, 山上 19] の他，O. Nielsen の本 [Nie80] も詳しい．[辰馬 94] では，可分性を仮定しない定式化が行われている．

第8章

冨田–竹崎理論

本章ではIII型von Neumann環の研究において，とくに重要な冨田–竹崎理論を取り上げる．具体的には，冨田の主定理，モジュラー自己同型群，KMS条件，竹崎の条件付き期待値定理，ConnesのRadon–Nikodymコサイクル，T集合，標準双加群などを紹介する．

8.1 冨田の定理

本章ではMはσ有限なvon Neumann環を表す[1)]．

8.1.1 有界ベクトルと可換子環

忠実な$\varphi \in M_*^+$を取り，$(\pi_\varphi, \mathcal{H}_\varphi, \xi_\varphi)$をそのGNS 3つ組とする．$\pi_\varphi$は単射ゆえ$M$と$\pi_\varphi(M)$を同一視し，$M \subset \mathbf{B}(\mathcal{H}_\varphi)$とみなす．また，$\xi_\varphi$は$M$の巡回分離ベクトルであり（補題7.3.23を見よ），$M\xi_\varphi, M'\xi_\varphi$はそれぞれ$\mathcal{H}_\varphi$でノルム稠密である．

最初の目標は可換子環M'の元を$\mathcal{H}_\varphi$のベクトルによる「右掛け算」として理解することである．$\eta \in \mathcal{H}_\varphi$に対して$M\xi_\varphi$を定義域とする次の線型作用素を考える（$\xi_\varphi$は分離ベクトルゆえ定義可能である）：

$$R(\eta)\colon M\xi_\varphi \ni x\xi_\varphi \mapsto x\eta \in \mathcal{H}_\varphi.$$

定義 8.1.1. $\eta \in \mathcal{H}_\varphi$が右有界$:\overset{\mathrm{d}}{\Leftrightarrow}$ $R(\eta)$はノルム有界.

1) 非σ有限の場合には，忠実正規半有限荷重を用いた議論が必要である．

右有界ベクトルの集合を $(\mathcal{H}_\varphi)^r_{\text{bdd}}$ と書こう．η が右有界のとき，$R(\eta)$ の定義域は $\mathcal{H}_\varphi$ に拡張して考える．$R(\xi_\varphi) = 1_{\mathcal{H}_\varphi} = 1_M = 1_{M'}$ に注意しておく．

補題 8.1.2. 次のことが成り立つ：

(1) $R(y\eta) = yR(\eta)$, $y \in M'$, $\eta \in (\mathcal{H}_\varphi)^r_{\text{bdd}}$.
(2) $(\mathcal{H}_\varphi)^r_{\text{bdd}} = M'\xi_\varphi$. とくに $(\mathcal{H}_\varphi)^r_{\text{bdd}}$ は $\mathcal{H}_\varphi$ でノルム稠密である．
(3) $R\colon (\mathcal{H}_\varphi)^r_{\text{bdd}} \ni \eta \mapsto R(\eta) \in M'$ はベクトル空間の同型である．

証明. (1). $x \in M$, $y \in M'$, $\eta \in (\mathcal{H}_\varphi)^r_{\text{bdd}}$ に対して

$$\|R(y\eta)x\xi_\varphi\| = \|xy\eta\| = \|yx\eta\| \leqq \|y\|\|R(\eta)\|\|x\xi_\varphi\|.$$

よって $y\eta$ は右有界である．$R(y\eta) = yR(\eta)$ は明らかである．

(2). $\supset$ は (1) より従う．$\eta \in (\mathcal{H}_\varphi)^r_{\text{bdd}}$ とする．任意の $x, y \in M$ に対して

$$R(\eta)x \cdot y\xi_\varphi = xy\eta = xR(\eta) \cdot y\xi_\varphi$$

だから $R(\eta) \in M'$ である．よって $\eta = R(\eta)\xi_\varphi \in M'\xi_\varphi$ が従う．

(3). (1), (2) より明らか． □

以上から M' の元と右有界ベクトルの対応がついた．さて $\overline{M\xi_\varphi} = \mathcal{H}_\varphi = \overline{M'\xi_\varphi}$ であることから，M と M' は $\mathcal{H}_\varphi$ 上で対等な立場にあると考えられる．実際 ξ_φ は M' の忠実なベクトル汎関数 $\langle \cdot\, \xi_\varphi, \xi_\varphi\rangle \in (M')_*^+$ に付随する GNS ベクトルである．そうすると M の元を左有界ベクトルに対応させることも自然である．$\xi \in \mathcal{H}_\varphi$ に対して，定義域を $M'\xi_\varphi = (\mathcal{H}_\varphi)^r_{\text{bdd}}$ とする線型作用素 $L(\xi)$ を次式で定める：

$$L(\xi)\colon M'\xi_\varphi \ni y\xi_\varphi \mapsto y\xi \in \mathcal{H}_\varphi.$$

定義 8.1.3. $\xi \in \mathcal{H}_\varphi$ が左有界 $:\overset{\mathrm{d}}{\Longleftrightarrow}$ $L(\xi)$ はノルム有界.

ξ が左有界のときは $L(\xi)$ の定義域は $\mathcal{H}_\varphi$ に拡張して考える．左有界ベクトルたちのなす集合を $(\mathcal{H}_\varphi)^\ell_{\text{bdd}}$ と書く．次の結果は前補題の M と M' の役割を入れ替えて証明できる．

補題 8.1.4. 次のことが成り立つ：

(1) $L(x\xi) = xL(\xi)$, $x \in M$, $\xi \in (\mathcal{H}_\varphi)^\ell_{\mathrm{bdd}}$.
(2) $(\mathcal{H}_\varphi)^\ell_{\mathrm{bdd}} = M\xi_\varphi$. とくに $(\mathcal{H}_\varphi)^\ell_{\mathrm{bdd}}$ は $\mathcal{H}_\varphi$ でノルム稠密である.
(3) $L\colon (\mathcal{H}_\varphi)^\ell_{\mathrm{bdd}} \ni \xi \mapsto L(\xi) \in M$ はベクトル空間の同型である.

次に $*$ 演算 $M \ni x \mapsto x^* \in M$ を Hilbert 空間レベルで考えよう：

$$S_\varphi\colon M\xi_\varphi \ni x\xi_\varphi \mapsto x^*\xi_\varphi \in M\xi_\varphi.$$

$*$ が $(xy)^* = y^*x^*$ のように積の順番を入れ替えるから，この作用素と，左右の有界ベクトルたちや，それらに対応する M, M' が何らかの関係をもつはずである．ここで共役線型写像 S_φ は必ずしもノルム有界でないことに注意しておく．実際にノルム $p(x) := \|x\xi_\varphi\|$, $x \in M$ は $\mathrm{Ball}(M)$ 上で強位相を与えるが（補題 7.3.40），$*$ 演算は強位相で連続とは限らない.

補題 8.1.5. 共役線型作用素 S_φ は可閉である.

証明. 点列 $\xi_n \in M\xi_\varphi$ と $\eta \in \mathcal{H}_\varphi$ が $\lim_n \xi_n = 0$ かつ $\lim_n S_\varphi\xi_n = \eta$ をみたすとする．$\xi_n = x_n\xi_\varphi$ となる $x_n \in M$ を取る．任意の $y \in M'$ に対して

$$\begin{aligned}\langle \eta, y\xi_\varphi\rangle &= \lim_n \langle S_\varphi\xi_n, y\xi_\varphi\rangle = \lim_n \langle x_n^*\xi_\varphi, y\xi_\varphi\rangle = \lim_n \langle \xi_\varphi, x_n y\xi_\varphi\rangle \\ &= \lim_n \langle \xi_\varphi, y\xi_n\rangle = 0.\end{aligned}$$

$M'\xi_\varphi \subset \mathcal{H}_\varphi$ は稠密だから $\eta = 0$ となる．よって S_φ は可閉である. □

S_φ の閉包も S_φ と書き，定義域は $\mathrm{dom}(S_\varphi)$ と書く．対称性を重んじて M' でも同様の可閉作用素を考える：

$$F_\varphi\colon M'\xi_\varphi \ni y\xi_\varphi \mapsto y^*\xi_\varphi \in M'\xi_\varphi.$$

この閉包も F_φ，定義域は $\mathrm{dom}(F_\varphi)$ と書く．芯 $M\xi_\varphi, M'\xi_\varphi$ の議論から $\mathrm{ran}(S_\varphi) = \mathrm{dom}(S_\varphi)$, $\mathrm{ran}(F_\varphi) = \mathrm{dom}(F_\varphi)$ かつ $S_\varphi = S_\varphi^{-1}$, $F_\varphi = F_\varphi^{-1}$ がわかる.

次に，共役線型閉作用素 S_φ^* を考える．各 $\xi \in \mathrm{dom}(S_\varphi^*)$ は，線型汎関数 $\mathrm{dom}(S_\varphi) \ni \eta \mapsto \langle \xi, S_\varphi\eta\rangle \in \mathbb{C}$ が（$\mathcal{H}_\varphi$ のノルムで）連続となるものであり，

$\langle \eta, S_\varphi^* \xi \rangle = \langle \xi, S_\varphi \eta \rangle$ と定められる（ξ, η の位置に注意).

補題 8.1.6. $S_\varphi^* = F_\varphi$ である.

証明. まず $S_\varphi^* \supset F_\varphi$ を示す. $x \in M, y \in M'$ に対して

$$\langle y\xi_\varphi, S_\varphi x\xi_\varphi \rangle = \langle y\xi_\varphi, x^*\xi_\varphi \rangle = \langle x\xi_\varphi, y^*\xi_\varphi \rangle = \langle x\xi_\varphi, F_\varphi y\xi_\varphi \rangle.$$

$M\xi_\varphi \subset \mathrm{dom}(S_\varphi)$ は芯だから，$y\xi_\varphi \in \mathrm{dom}(S_\varphi^*)$ かつ $S_\varphi^* y\xi_\varphi = F_\varphi y\xi_\varphi$. $M'\xi_\varphi \subset \mathrm{dom}(F_\varphi)$ は芯だから $S_\varphi^* \supset F_\varphi$.

次に $S_\varphi^* \subset F_\varphi$ を示す. $\eta \in \mathrm{dom}(S_\varphi^*)$ とし，線型作用素 $R(\eta)\colon M\xi_\varphi \to \mathcal{H}_\varphi$ が可閉であることを示そう. 点列 $x_n \in M$ と $\zeta \in \mathcal{H}_\varphi$ が $\lim_n x_n\xi_\varphi = 0$ かつ $\lim_n R(\eta)x_n\xi_\varphi = \zeta$ をみたすとする. 任意の $y \in M$ に対して

$$\begin{aligned}\langle \zeta, y\xi_\varphi \rangle &= \lim_n \langle x_n\eta, y\xi_\varphi \rangle = \lim_n \langle \eta, x_n^* y\xi_\varphi \rangle = \lim_n \langle \eta, S_\varphi y^* x_n\xi_\varphi \rangle \\ &= \lim_n \langle y^* x_n\xi_\varphi, S_\varphi^*\eta \rangle = 0.\end{aligned}$$

よって $\zeta = 0$ であり $R(\eta)$ は可閉である. その閉包も $R(\eta)$ で書く. 次に $\xi_\varphi \in \mathrm{dom}(R(\eta)^*)$ を確かめる. 任意の $x \in M$ に対して

$$\langle R(\eta)x\xi_\varphi, \xi_\varphi \rangle = \langle x\eta, \xi_\varphi \rangle = \langle \eta, S_\varphi x\xi_\varphi \rangle = \langle x\xi_\varphi, S_\varphi^*\eta \rangle.$$

$M\xi_\varphi$ は $R(\eta)$ の芯だから $\xi_\varphi \in \mathrm{dom}(R(\eta)^*)$ かつ $R(\eta)^*\xi_\varphi = S_\varphi^*\eta$.

定義から $uR(\eta)u^* = R(\eta)$, $u \in M^{\mathrm{U}}$ ゆえ，$|R(\eta)|$ のスペクトル射影族 $\{E(B)\}_{B \in \mathscr{B}(\mathbb{R})}$ は M' に属する. また極分解 $R(\eta) = v|R(\eta)|$ の一意性により $v \in M'$ がいえる. 各 $n \in \mathbb{N}$ に対して $y_n := R(\eta)E([1/n, n])$ はノルム有界だから M' に属する. $n \to \infty$ で $E([1/n, n]) \xrightarrow{s} E((0, \infty)) = v^*v$ ゆえ

$$\lim_n y_n\xi_\varphi = \lim_n vE([1/n, n])v^*R(\eta)\xi_\varphi = vv^*R(\eta)\xi_\varphi = R(\eta)\xi_\varphi = \eta$$

かつ

$$\lim_n F_\varphi y_n\xi_\varphi = \lim_n y_n^*\xi_\varphi = \lim_n E([1/n, n])R(\eta)^*\xi_\varphi = R(\eta)^*\xi_\varphi = S_\varphi^*\eta.$$

F_φ は閉作用素だから $\eta \in \mathrm{dom}(F_\varphi)$ かつ $F_\varphi\eta = S_\varphi^*\eta$. よって $S_\varphi^* \subset F_\varphi$. □

次の包含を思い出し，$\mathrm{dom}(S_\varphi)$ と $\mathrm{dom}(F_\varphi)$ の掛け算作用素を考察する：

$$(\mathcal{H}_\varphi)^\ell_{\rm bdd} = M\xi_\varphi \subset \mathrm{dom}(S_\varphi), \quad (\mathcal{H}_\varphi)^r_{\rm bdd} = M'\xi_\varphi \subset \mathrm{dom}(F_\varphi).$$

補題 8.1.7.　$\xi, \eta \in \mathcal{H}_\varphi$ に対して次のことが成り立つ：

(1) $\xi \in \mathrm{dom}(S_\varphi) \Leftrightarrow L(\xi)$ は可閉かつ $\xi_\varphi \in \mathrm{dom}(L(\xi)^*)$．このとき $\overline{L(S_\varphi\xi)} \subset L(\xi)^*$ である．

(2) $\eta \in \mathrm{dom}(F_\varphi) \Leftrightarrow R(\eta)$ は可閉かつ $\xi_\varphi \in \mathrm{dom}(R(\eta)^*)$．このとき $\overline{R(F_\varphi\eta)} \subset R(\eta)^*$ である．

証明. (2) のみ示す．$\Leftarrow$ は前補題の証明後半からわかる．$\Rightarrow$ を示す．前補題より $\eta \in \mathrm{dom}(F_\varphi) = \mathrm{dom}(S_\varphi^*)$ である．また前補題の証明で $R(\eta)$ は可閉かつ $\xi_\varphi \in \mathrm{dom}(R(\eta)^*)$ が示されている．後半の主張を示そう．$\mathrm{ran}\, F_\varphi = \mathrm{dom}\, F_\varphi$ により $R(F_\varphi\eta)$ も可閉である．任意の $x, y \in M$ に対して，

$$\begin{aligned}\langle y\xi_\varphi, R(F_\varphi\eta)x\xi_\varphi\rangle &= \langle y\xi_\varphi, xF_\varphi\eta\rangle = \langle \eta, S_\varphi x^* y\xi_\varphi\rangle \\ &= \langle \eta, y^* x\xi_\varphi\rangle = \langle R(\eta)y\xi_\varphi, x\xi_\varphi\rangle.\end{aligned}$$

このことから $x\xi_\varphi \in \mathrm{dom}(R(\eta)^*)$ かつ $R(F_\varphi\eta)x\xi_\varphi = R(\eta)^* x\xi_\varphi$ となる．よって $\overline{R(F_\varphi\eta)} \subset R(\eta)^*$ である． □

これ以降 $\xi \in \mathcal{H}_\varphi$ の $L(\xi)$ が可閉のとき，その閉包も $L(\xi)$ と書く．定め方から $uL(\xi)u^* = L(\xi)$, $u \in (M')^{\rm U}$ である．よって $|L(\xi)|$ のスペクトル射影族は M に属する．また $L(\xi) = v|L(\xi)|$ を極分解とすれば，その一意性により $v \in M'' = M$ である．$\eta \in \mathcal{H}_\varphi$ の $R(\eta)$ が可閉の場合も同様に閉包を $R(\eta)$ と書き，極分解 $R(\eta) = w|R(\eta)|$ について $w \in M'$ かつ $|R(\eta)|$ のスペクトル射影族は M' に属する．

定義 8.1.8.　忠実な $\varphi \in M_*^+$ に対して，$\mathcal{H}_\varphi$ 上の正自己共役作用素 $\Delta_\varphi := S_\varphi^* S_\varphi$ をモジュラー作用素とよぶ．また極分解 $S_\varphi = J_\varphi \Delta_\varphi^{1/2}$ に対して，J_φ をモジュラー共役作用素とよぶ．

補題 8.1.9.　$J_\varphi, \Delta_\varphi$ は次の性質をもつ：

(1) J_φ は共役線型ユニタリ作用素であり，$J_\varphi^* = J_\varphi$ をみたす．すなわち，

$\langle J_\varphi \xi, \eta \rangle = \langle J_\varphi \eta, \xi \rangle$, $\xi, \eta \in \mathcal{H}_\varphi$ かつ $J_\varphi^2 = 1_{\mathcal{H}}$ となる．

(2) Δ_φ は非特異な正自己共役作用素[2]であり，$J_\varphi \Delta_\varphi J_\varphi = \Delta_\varphi^{-1}$.

(3) $F_\varphi = J_\varphi \Delta_\varphi^{-1/2}$.

(4) $J_\varphi \xi_\varphi = \xi_\varphi = \Delta_\varphi \xi_\varphi$.

証明. (1), (2). S_φ は単射だから ($S_\varphi^2 \subset 1_{\mathcal{H}_\varphi}$)，$\Delta_\varphi$ は非特異である．ここで J_φ は共役線型であり，$\overline{\operatorname{ran} \Delta_\varphi^{1/2}} = \ker(\Delta_\varphi^{1/2})^\perp = \mathcal{H}_\varphi$ かつ $\overline{\operatorname{ran} S_\varphi} = \overline{\operatorname{dom}(S_\varphi)} = \mathcal{H}_\varphi$ により $J_\varphi \colon \mathcal{H}_\varphi \to \mathcal{H}_\varphi$ は共役線型ユニタリである．$S_\varphi = S_\varphi^{-1}$ より $J_\varphi \Delta_\varphi^{1/2} = \Delta_\varphi^{-1/2} J_\varphi^*$. 左から J_φ をかければ $J_\varphi^2 \Delta_\varphi^{1/2} = J_\varphi \Delta_\varphi^{-1/2} J_\varphi^*$ を得る．J_φ^2 は（線型）ユニタリ，$J_\varphi \Delta_\varphi^{-1} J_\varphi^*$ は非特異な正自己共役作用素だから極分解の一意性により $J_\varphi^2 = 1_{\mathcal{H}_\varphi}$，すなわち，$J_\varphi^{-1} = J_\varphi = J_\varphi^*$ かつ $\Delta_\varphi^{1/2} = J_\varphi \Delta_\varphi^{-1/2} J_\varphi^*$ である．両辺を 2 乗すれば $\Delta_\varphi = J_\varphi \Delta_\varphi^{-1} J_\varphi^*$ を得る．

(3). 次の変形からわかる：$F_\varphi = S_\varphi^* = (J_\varphi \Delta_\varphi^{1/2})^* \supset (\Delta_\varphi^{1/2})^* J_\varphi^* = \Delta_\varphi^{1/2} J_\varphi = J_\varphi \Delta_\varphi^{-1/2}$, $J_\varphi F_\varphi = J_\varphi^* S_\varphi^* \subset (S_\varphi J_\varphi)^* = \Delta_\varphi^{-1/2}$.

(4). 定義により $S_\varphi \xi_\varphi = \xi_\varphi$ かつ $F_\varphi \xi_\varphi = \xi_\varphi$ である．よって $\Delta_\varphi \xi_\varphi = F_\varphi S_\varphi \xi_\varphi = \xi_\varphi$ となる．また $J_\varphi \xi_\varphi = J_\varphi \Delta_\varphi^{1/2} \xi_\varphi = S_\varphi \xi_\varphi = \xi_\varphi$ である． □

S_φ は M の $*$ 演算に由来したが，補題 8.1.9 (1) によれば，S_φ ではなく J_φ が $\mathcal{H}_\varphi$ のいわば正しい $*$ 演算であり，$\Delta_\varphi^{1/2}$ がそれらの差異を記述していると考えられる．この見方は標準形および非可換 L^p 理論で明確に説明される．

冨田の主定理（定理 8.1.12）には冨田自身のものの他に，現在までに多くの別証明が与えられているが，次の結果は冨田の議論以来不変のものであり，どの証明にも利用されている．III 型 von Neumann 環の理論を支える最も重要な補題といえる．

補題 8.1.10（レゾルベント補題）. $\lambda \in \mathbb{C} \setminus \mathbb{R}_+$ に対し次のことが成り立つ：

(1) $(\Delta_\varphi - \lambda)^{-1} M' \xi_\varphi \subset M \xi_\varphi$ である．また $b \in M'$ に対して $b_\lambda \in M$ を $b_\lambda \xi_\varphi = (\Delta_\varphi - \lambda)^{-1} b \xi_\varphi$ と取れば，$\|b_\lambda\| \leqq (2|\lambda| - \lambda - \overline{\lambda})^{-1/2} \|b\|$.

(2) $(\Delta_\varphi^{-1} - \lambda)^{-1} M \xi_\varphi \subset M' \xi_\varphi$ である．また $a \in M$ に対して $a_\lambda \in M'$ を $a_\lambda \xi_\varphi = (\Delta_\varphi^{-1} - \lambda)^{-1} a \xi_\varphi$ と取れば，$\|a_\lambda\| \leqq (2|\lambda| - \lambda - \overline{\lambda})^{-1/2} \|a\|$.

---

[2] 単射な自己共役作用素は非特異とよばれる．

証明. 対称性により (1) のみ示す．$b \in M'$ とし $\xi := (\Delta_\varphi - \lambda)^{-1} b\xi_\varphi$ とおくと ($\Delta_\varphi - \lambda$: $\mathrm{dom}(\Delta_\varphi) \to \mathcal{H}_\varphi$ は全単射である)，$\xi \in \mathrm{dom}(\Delta_\varphi) \subset \mathrm{dom}(\Delta_\varphi^{1/2}) = \mathrm{dom}(S_\varphi)$．補題 8.1.7 より閉作用素 $L(\xi)$ を考えられる．$L(\xi)$ の有界性を示せば，$\xi \in (\mathcal{H}_\varphi)^\ell_{\mathrm{bdd}} = M\xi_\varphi$ がいえる．$y \in M'$ に対して

$$\|L(\xi)y\xi_\varphi\|^2 = \|y\xi\|^2 = \langle (\Delta_\varphi - \lambda)^{-1} b\xi_\varphi, y^*y\xi\rangle = \langle b\xi_\varphi, (\Delta_\varphi - \overline{\lambda})^{-1} y^*y\xi\rangle.$$

ここで $\zeta := (\Delta_\varphi - \overline{\lambda})^{-1} y^*y\xi$ とおけば $\|L(\xi)y\xi_\varphi\|^2 = \langle b\xi_\varphi, \zeta\rangle$ となる．$\zeta \in \mathrm{dom}(\Delta_\varphi) \subset \mathrm{dom}(S_\varphi)$ に注意し，閉作用素 $L(\zeta)$ を考えると，

$$\|L(\xi)y\xi_\varphi\|^2 = \langle b\xi_\varphi, \zeta\rangle = \langle \xi_\varphi, b^*\zeta\rangle = \langle \xi_\varphi, L(\zeta)b^*\xi_\varphi\rangle.$$

極分解 $L(\zeta) = v|L(\zeta)|$ について $L(\zeta)^* = |L(\zeta)|v^*$ かつ $\xi_\varphi \in \mathrm{dom}(L(\zeta)^*)$, $b^*\xi_\varphi \in M'\xi_\varphi \subset \mathrm{dom}(|L(\zeta)|) \subset \mathrm{dom}(|L(\zeta)|^{1/2})$ に注意すれば

$$\begin{aligned}
\|L(\xi)y\xi_\varphi\|^2 &= \langle |L(\zeta)|^{1/2} v^*\xi_\varphi, |L(\zeta)|^{1/2} b^*\xi_\varphi\rangle \\
&\leqq \||L(\zeta)|^{1/2} v^*\xi_\varphi\| \||L(\zeta)|^{1/2} b^*\xi_\varphi\| \\
&= \||L(\zeta)|^{1/2} v^*\xi_\varphi\| \|b^*|L(\zeta)|^{1/2}\xi_\varphi\| \\
&\leqq \|b\| \||L(\zeta)|^{1/2} v^*\xi_\varphi\| \||L(\zeta)|^{1/2}\xi_\varphi\| \qquad (8.1)
\end{aligned}$$

ここで3番目の変形は，$b^* \in M'$ と $|L(\zeta)|$ との可換性を使った（命題 4.3.38 を見よ）．ここで $s := \||L(\zeta)|^{1/2} v^*\xi_\varphi\|^2$, $t := \||L(\zeta)|^{1/2}\xi_\varphi\|^2$ とおくと，

$$\begin{aligned}
s &= \langle v|L(\zeta)|v^*\xi_\varphi, \xi_\varphi\rangle = \langle vL(\zeta)^*\xi_\varphi, \xi_\varphi\rangle \\
&= \langle S_\varphi\zeta, v^*\xi_\varphi\rangle = \langle S_\varphi\zeta, S_\varphi v\xi_\varphi\rangle = \langle v\xi_\varphi, \Delta_\varphi\zeta\rangle.
\end{aligned}$$

3番目の変形は補題 8.1.7 を用いた．$v \in M$ にも注意しておこう．また

$$t = \langle |L(\zeta)|\xi_\varphi, \xi_\varphi\rangle = \langle \xi_\varphi, |L(\zeta)|\xi_\varphi\rangle = \langle \xi_\varphi, v^*L(\zeta)\xi_\varphi\rangle = \langle v\xi_\varphi, \zeta\rangle.$$

$v \in M$, $y \in M'$ に注意して

$$s - \lambda t = \langle v\xi_\varphi, (\Delta_\varphi - \overline{\lambda})\zeta\rangle = \langle v\xi_\varphi, y^*y\xi\rangle = \langle vy\xi_\varphi, y\xi\rangle.$$

よって

$$\|vy\xi_\varphi\|^2\|y\xi\|^2 \geqq |s-\lambda t|^2 \geqq |s-\lambda t|^2-(s-|\lambda|t)^2=(2|\lambda|-\lambda-\overline{\lambda})st.$$

これと (8.1) により

$$\begin{aligned}\|L(\xi)y\xi_\varphi\|^2 &\leqq \|b\|s^{1/2}t^{1/2} \leqq (2|\lambda|-\lambda-\overline{\lambda})^{-1/2}\|b\|\|vy\xi_\varphi\|\|y\xi\| \\ &= (2|\lambda|-\lambda-\overline{\lambda})^{-1/2}\|b\|\|y\xi_\varphi\|\|L(\xi)y\xi_\varphi\|.\end{aligned}$$

とくに $\|L(\xi)y\xi_\varphi\| \leqq (2|\lambda|-\lambda-\overline{\lambda})^{-1/2}\|b\|\|y\xi_\varphi\|$, $y\in M'$ ゆえ $\xi\in(\mathcal{H}_\varphi)^\ell_{\mathrm{bdd}}$. よって $b_\lambda := L(\xi)\in M$ かつ $\|b_\lambda\|=\|L(\xi)\|\leqq(2|\lambda|-\lambda-\overline{\lambda})^{-1/2}\|b\|$. □

補題 8.1.11. $\lambda\in\mathbb{C}\setminus\mathbb{R}_+$ と $a\in M$ に対して $a_\lambda\in M'$ を補題 8.1.10 のように取れば，次の等式が成り立つ：$\xi,\eta\in\mathrm{dom}(\Delta_\varphi^{1/2})\cap\mathrm{dom}(\Delta_\varphi^{-1/2})$ に対し，

$$\langle J_\varphi a^* J_\varphi\xi,\eta\rangle = \langle a_\lambda\Delta_\varphi^{1/2}\xi,\Delta_\varphi^{-1/2}\eta\rangle - \lambda\langle a_\lambda\Delta_\varphi^{-1/2}\xi,\Delta_\varphi^{1/2}\eta\rangle$$

証明. 任意の $x,y\in M'$ に対して，$\langle a\xi_\varphi, xy^*\xi_\varphi\rangle$ を 2 通りに計算する．まず $a\in M$ に注意して

$$\begin{aligned}\langle a\xi_\varphi, xy^*\xi_\varphi\rangle &= \langle ax^*\xi_\varphi, y^*\xi_\varphi\rangle = \langle aF_\varphi x\xi_\varphi, F_\varphi y\xi_\varphi\rangle \\ &= \langle\Delta_\varphi^{-1/2}y\xi_\varphi, J_\varphi aJ_\varphi\Delta_\varphi^{-1/2}x\xi_\varphi\rangle.\end{aligned}\tag{8.2}$$

一方で $a_\lambda\xi_\varphi=(\Delta_\varphi^{-1}-\lambda)^{-1}a\xi_\varphi\in\mathrm{dom}\,\Delta_\varphi^{-1}$ より

$$\begin{aligned}\langle a\xi_\varphi, xy^*\xi_\varphi\rangle &= \langle\Delta_\varphi^{-1}a_\lambda\xi_\varphi, xy^*\xi_\varphi\rangle - \lambda\langle a_\lambda\xi_\varphi, xy^*\xi_\varphi\rangle \\ &= \langle F_\varphi^*F_\varphi a_\lambda\xi_\varphi, xy^*\xi_\varphi\rangle - \lambda\langle x^*a_\lambda\xi_\varphi, y^*\xi_\varphi\rangle \\ &= \langle F_\varphi xy^*\xi_\varphi, F_\varphi a_\lambda\xi_\varphi\rangle - \lambda\langle F_\varphi a_\lambda^*x\xi_\varphi, F_\varphi y\xi_\varphi\rangle \\ &= \langle yx^*\xi_\varphi, a_\lambda^*\xi_\varphi\rangle - \lambda\langle\Delta_\varphi^{-1/2}y\xi_\varphi, \Delta_\varphi^{-1/2}a_\lambda^*x\xi_\varphi\rangle \\ &= \langle F_\varphi x\xi_\varphi, F_\varphi a_\lambda y\xi_\varphi\rangle - \lambda\langle\Delta_\varphi^{-1/2}y\xi_\varphi, \Delta_\varphi^{-1/2}a_\lambda^*x\xi_\varphi\rangle \\ &= \langle\Delta_\varphi^{-1/2}a_\lambda y\xi_\varphi, \Delta_\varphi^{-1/2}x\xi_\varphi\rangle - \lambda\langle\Delta_\varphi^{-1/2}y\xi_\varphi, \Delta_\varphi^{-1/2}a_\lambda^*x\xi_\varphi\rangle.\end{aligned}\tag{8.3}$$

任意の $c,d\in M$ に対して，補題 8.1.10 より $x,y\in M'$ を $(\Delta_\varphi^{-1}+1)^{-1}c\xi_\varphi = x\xi_\varphi$, $(\Delta_\varphi^{-1}+1)^{-1}d\xi_\varphi = y\xi_\varphi$ となるように取れる．この x,y に対して等式 (8.2) = (8.3) を使う．$f(t):=t^{-1/2}(t^{-1}+1)^{-1}$, $t\in\mathbb{R}_+$ とおくと，

$$\begin{aligned}
&\langle J_\varphi a^* J_\varphi f(\Delta_\varphi)d\xi_\varphi, f(\Delta_\varphi)c\xi_\varphi\rangle \\
&= \langle f(\Delta_\varphi)d\xi_\varphi, J_\varphi a J_\varphi f(\Delta_\varphi)c\xi_\varphi\rangle \\
&= \langle \Delta_\varphi^{-1/2} y\xi_\varphi, J_\varphi a J_\varphi \Delta_\varphi^{-1/2} x\xi_\varphi\rangle \\
&= \langle \Delta_\varphi^{-1/2} a_\lambda y\xi_\varphi, \Delta_\varphi^{-1/2} x\xi_\varphi\rangle - \lambda\langle \Delta_\varphi^{-1/2} y\xi_\varphi, \Delta_\varphi^{-1/2} a_\lambda^* x\xi_\varphi\rangle \\
&= \langle \Delta_\varphi^{-1/2} a_\lambda \Delta_\varphi^{1/2} f(\Delta_\varphi)d\xi_\varphi, f(\Delta_\varphi)c\xi_\varphi\rangle \\
&\quad - \lambda\langle f(\Delta_\varphi)d\xi_\varphi, \Delta_\varphi^{-1/2} a_\lambda^* \Delta_\varphi^{1/2} f(\Delta_\varphi)c\xi_\varphi\rangle \\
&= \langle a_\lambda \Delta_\varphi^{1/2} f(\Delta_\varphi)d\xi_\varphi, \Delta_\varphi^{-1/2} f(\Delta_\varphi)c\xi_\varphi\rangle \\
&\quad - \lambda\langle a_\lambda \Delta_\varphi^{-1/2} f(\Delta_\varphi)d\xi_\varphi, \Delta_\varphi^{1/2} f(\Delta_\varphi)c\xi_\varphi\rangle.
\end{aligned}$$

$f(t) = (t^{-1/2} + t^{1/2})^{-1} \leqq 1/2$ かつ $t^{-1/2}f(t) \leqq 1$ より，上の変形で定義域の問題はない．$f(\Delta_\varphi), \Delta_\varphi^{\pm 1/2} f(\Delta_\varphi)$ はノルム有界だから次の等式が従う：任意の $\xi, \eta \in \mathrm{ran}(f(\Delta_\varphi))$ に対して

$$\langle J_\varphi a^* J_\varphi \xi, \eta\rangle = \langle a_\lambda \Delta_\varphi^{1/2}\xi, \Delta_\varphi^{-1/2}\eta\rangle - \lambda\langle a_\lambda \Delta_\varphi^{-1/2}\xi, \Delta_\varphi^{1/2}\eta\rangle.$$

最後に $\mathrm{ran}(f(\Delta_\varphi)) \subset \mathrm{dom}(\Delta_\varphi^{1/2}) \cap \mathrm{dom}(\Delta_\varphi^{-1/2})$ が $\Delta_\varphi^{\pm 1/2}$ に関して同時に芯であることを示せば主張が従う．$\xi \in \mathrm{dom}(\Delta_\varphi^{1/2}) \cap \mathrm{dom}(\Delta_\varphi^{-1/2})$ とする．Δ_φ のスペクトル射影族を $\{E(B)\}_{B\in\mathscr{B}(\mathbb{R})}$ とおき，$\xi_n := E([1/n, n])\xi$, $n \in \mathbb{N}$ とおけば，$\xi_n = f(\Delta_\varphi)f(\Delta_\varphi)^{-1}\xi_n \in \mathrm{ran}(f(\Delta_\varphi))$ かつ $\Delta_\varphi^{\pm 1/2}\xi_n \to \Delta_\varphi^{\pm 1/2}\xi$ がいえる．よって同時に芯であることが示された． □

定理 8.1.12（冨田稔）． M を von Neumann 環とする．忠実な $\varphi \in M_*^+$ に付随する GNS 表現，モジュラー共役作用素，モジュラー作用素をそれぞれ $\pi_\varphi\colon M \to \mathbf{B}(\mathcal{H}_\varphi)$, J_φ, Δ_φ とすると，次のことが成り立つ：

$$J_\varphi \pi_\varphi(M) J_\varphi = \pi_\varphi(M)', \quad \Delta_\varphi^{it}\pi_\varphi(M)\Delta_\varphi^{-it} = \pi_\varphi(M), \quad t \in \mathbb{R}.$$

証明． π_φ を通じて $M \subset \mathbf{B}(\mathcal{H}_\varphi)$ とみなしておく．補題 8.1.11 の式を複素積分と結びつけよう．Δ_φ のスペクトル射影族を $\{E(B)\}_{B\in\mathscr{B}(\mathbb{R})}$ とおく．$\xi, \eta \in \bigcup_{n\in\mathbb{N}} E([1/n, n])\mathcal{H}_\varphi$ と $\mu > 0$ に対して関数

$$f_\mu(z) := \mu^{-iz-1/2}\langle a_{-\mu}\Delta_\varphi^{iz+1/2}\xi, \Delta_\varphi^{i\bar{z}-1/2}\eta\rangle, \quad z \in \mathbb{C}$$

を考える ($a \in M$). ξ, η の定め方から f_μ は定義可能な整関数である．さらに水平帯 $\{z \in \mathbb{C} \mid 0 \leqq \operatorname{Im} z \leqq 1\}$ において f_μ は有界である．実際 $n \in \mathbb{N}$ を $\xi, \eta \in E([1/n, n])\mathcal{H}_\varphi$ となるように取れば，任意の $z = x + iy \in \mathbb{D}$, $x, y \in \mathbb{R}$ に対して，

$$\begin{aligned}|f_\mu(z)| &\leqq \mu^{y-1/2}\|a_{-\mu}\|\|\Delta_\varphi^{-y+1/2}\xi\|\|\Delta_\varphi^{y-1/2}\eta\| \\ &\leqq \max(\mu^{1/2}, \mu^{-1/2})\|a_{-\mu}\|n^2\|\Delta_\varphi^{1/2}\xi\|\|\Delta_\varphi^{-1/2}\eta\|.\end{aligned}$$

よって水平帯に関する Cauchy の積分定理（定理 A.5.1 参照）により

$$f_\mu(i/2) = \int_{-\infty}^{\infty}(f_\mu(t) + f_\mu(t+i))\,\frac{dt}{e^{\pi t} + e^{-\pi t}}.$$

左辺は $f_\mu(i/2) = \langle a_{-\mu}\xi, \eta\rangle$ である．右辺については，

$$\begin{aligned}&f_\mu(t) + f_\mu(t+i) \\ &= \mu^{-it-1/2}\langle a_{-\mu}\Delta_\varphi^{1/2}\Delta_\varphi^{it}\xi, \Delta_\varphi^{-1/2}\Delta_\varphi^{it}\eta\rangle \\ &\quad + \mu^{-it+1/2}\langle a_{-\mu}\Delta_\varphi^{-1/2}\Delta_\varphi^{it}\xi, \Delta_\varphi^{1/2}\Delta_\varphi^{it}\eta\rangle \\ &= \mu^{-it-1/2}\big(\langle a_{-\mu}\Delta_\varphi^{1/2}\Delta_\varphi^{it}\xi, \Delta_\varphi^{-1/2}\Delta_\varphi^{it}\eta\rangle + \mu\langle a_{-\mu}\Delta_\varphi^{-1/2}\Delta_\varphi^{it}\xi, \Delta_\varphi^{1/2}\Delta_\varphi^{it}\eta\rangle\big) \\ &= \mu^{-it-1/2}\langle J_\varphi a^* J_\varphi\Delta_\varphi^{it}\xi, \Delta_\varphi^{it}\eta\rangle \quad \text{（補題 8.1.11 より）}.\end{aligned}$$

よって任意の $\mu > 0$, $\xi, \eta \in \bigcup_n E([1/n, n])\mathcal{H}_\varphi$ に対して

$$\langle a_{-\mu}\xi, \eta\rangle = \int_{-\infty}^{\infty}\mu^{-it-1/2}\langle\Delta_\varphi^{-it}J_\varphi a^* J_\varphi\Delta_\varphi^{it}\xi, \eta\rangle\,\frac{dt}{e^{\pi t} + e^{-\pi t}}. \tag{8.4}$$

$\mathcal{H}_\varphi$ 上の半双線型形式 s_1, s_2 を次式で定める：$(\xi, \eta) \in \mathcal{H}_\varphi \times \mathcal{H}_\varphi$ に対して

$$\begin{aligned}s_1(\xi, \eta) &:= \langle a_{-\mu}\xi, \eta\rangle, \\ s_2(\xi, \eta) &:= \int_{-\infty}^{\infty}\mu^{-it-1/2}\langle\Delta_\varphi^{-it}J_\varphi a^* J_\varphi\Delta_\varphi^{it}\xi, \eta\rangle\,\frac{dt}{e^{\pi t} + e^{-\pi t}}.\end{aligned}$$

どちらも定義可能で有界である．(8.4) により $s_1 = s_2$ が $\mathcal{H}_\varphi \times \mathcal{H}_\varphi$ の稠密部分空間上で成り立つから $\mathcal{H}_\varphi \times \mathcal{H}_\varphi$ 上で $s_1 = s_2$ である．

すると任意の $b \in M$, $\xi, \eta \in \mathcal{H}$ に対して $[a_{-\mu}, b] = 0$ より

$$0 = \langle [a_{-\mu}, b]\xi, \eta\rangle = s_1(b\xi, \eta) - s_1(\xi, b^*\eta) = s_2(b\xi, \eta) - s_2(\xi, b^*\eta)$$
$$= \int_{-\infty}^{\infty} \mu^{-it-1/2} \left\langle \left[\Delta_\varphi^{-it} J_\varphi a^* J_\varphi \Delta_\varphi^{it}, b\right]\xi, \eta\right\rangle \frac{dt}{e^{\pi t} + e^{-\pi t}}.$$

ここで $[X, Y] := XY - YX$ を意味する．$s \in \mathbb{R}$ として $\mu = e^s$ とおけば，

$$0 = e^{-s/2} \int_{-\infty}^{\infty} e^{-ist} \left\langle \left[\Delta_\varphi^{-it} J_\varphi a^* J_\varphi \Delta_\varphi^{it}, b\right]\xi, \eta\right\rangle \frac{dt}{e^{\pi t} + e^{-\pi t}}, \quad s \in \mathbb{R}.$$

Fourier 変換の単射性から

$$\left\langle \left[\Delta_\varphi^{-it} J_\varphi a^* J_\varphi \Delta_\varphi^{it}, b\right]\xi, \eta\right\rangle = 0, \quad t \in \mathbb{R},\ \xi, \eta \in \mathcal{H}_\varphi$$

がいえる．よって

$$\left[\Delta_\varphi^{-it} J_\varphi a^* J_\varphi \Delta_\varphi^{it}, b\right] = 0, \quad t \in \mathbb{R},\ a, b \in M.$$

これより $\Delta_\varphi^{-it} J_\varphi a^* J_\varphi \Delta_\varphi^{it} \in M'$, $t \in \mathbb{R}$ がいえる．$t = 0$ とすれば，$J_\varphi a^* J_\varphi \in M'$ がいえる．つまり $J_\varphi M J_\varphi \subset M'$．今までの議論を (M', ξ_φ) と F_φ について行えば（モジュラー共役作用素 J_φ は変化しない），$J_\varphi M' J_\varphi \subset M'' = M$ がいえる．よって $J_\varphi M J_\varphi = M'$．このことから $\Delta_\varphi^{it} M' \Delta_\varphi^{-it} \subset M'$, $t \in \mathbb{R}$ が従う．t を $-t$ に変更すれば $\Delta_\varphi^{it} M' \Delta_\varphi^{-it} = M'$, $t \in \mathbb{R}$ がわかる．可換子環を取れば $\Delta_\varphi^{it} M \Delta_\varphi^{-it} = M$ となる．□

命題 8.1.13.　忠実な $\varphi \in M_*^+$ について，$J_\varphi \pi_\varphi(a) J_\varphi = \pi_\varphi(a^*)$, $a \in Z(M)$.

証明.　$M = \pi_\varphi(M)$ とみなす．$a \in Z(M) = M \cap M'$ より $S_\varphi a\xi_\varphi = a^*\xi_\varphi = F_\varphi a\xi_\varphi$．よって $\Delta_\varphi^{1/2} a\xi_\varphi = \Delta_\varphi^{-1/2} a\xi_\varphi$ ゆえ $\Delta_\varphi a\xi_\varphi = a\xi_\varphi$．すなわち $a\xi_\varphi$ は Δ_φ の固有値 1 の固有空間に属する．よって $J_\varphi a J_\varphi \xi_\varphi = J_\varphi a\xi_\varphi = J_\varphi \Delta_\varphi^{1/2} a\xi_\varphi = a^*\xi_\varphi$．冨田の定理より $J_\varphi a J_\varphi \in Z(M)$ であり，ξ_φ は M の分離ベクトルだから $J_\varphi a J_\varphi = a^*$ である．□

8.1.2　双加群，標準双加群

M, N を von Neumann 環とする．$\mathcal{H}$ を Hilbert 空間とし，忠実正規表現（左作用）λ: $M \to \mathbf{B}(\mathcal{H})$ と忠実正規反表現（右作用）ρ: $N \to \mathbf{B}(\mathcal{H})$ を考える．ここで反表現とは，線型かつ $*$ を保存し，$\rho(xy) = \rho(y)\rho(x)$, $x, y \in$

N となるもののことである．$\lambda(M)$ と $\rho(N)$ が可換，すなわち，$\lambda(x)\rho(y) = \rho(y)\lambda(x)$, $x \in M$, $y \in N$ のとき $\mathcal{H}$ は M-N **双加群**であるといい，${}_M\mathcal{H}_N$ のように表す．作用の仕方が明らかな場合は λ, ρ を省略して，$\lambda(x)\rho(y)\xi$ を $x\xi y$, $x \in M$, $y \in N$, $\xi \in \mathcal{H}$ と書くことも多い．

M-N 双加群たちを対象とする圏を ${}_M\mathscr{B}_N$ と書く．${}_M\mathcal{H}_N, {}_M\mathcal{K}_N \in {}_M\mathscr{B}_N$ に対し，射 $T\colon {}_M\mathcal{H}_N \to {}_M\mathcal{K}_N$ は，$T \in \mathbf{B}(\mathcal{H}, \mathcal{K})$ で $T(x\xi y) = xT(\xi)y$, $x \in M$, $y \in N$, $\xi \in \mathcal{H}$ をみたすものである．よって射の空間 $\mathrm{Mor}({}_M\mathcal{H}_N, {}_M\mathcal{K}_N)$ は $\mathbf{B}(\mathcal{H}, \mathcal{K})$ の σ 弱閉部分空間である．また $T \in \mathrm{Mor}({}_M\mathcal{H}_N, {}_M\mathcal{K}_N)$ ならば，$T^* \in \mathrm{Mor}({}_M\mathcal{K}_N, {}_M\mathcal{H}_N)$ である．

さて，忠実な $\varphi \in M_*^+$ に付随する GNS Hilbert 空間 $\mathcal{H}_\varphi$ 上に，左作用 $\pi_\varphi\colon M \to \mathbf{B}(\mathcal{H}_\varphi)$ と右作用 $\rho_\varphi\colon M \ni x \mapsto J_\varphi \pi_\varphi(x^*) J_\varphi \in \mathbf{B}(\mathcal{H}_\varphi)$ を考える．この双加群を M の**標準双加群**とよぶ．また ${}_M\mathcal{H}_{\varphi M} \in {}_M\mathscr{B}_M$ を ${}_M L^2(M, \varphi)_M$ とも書く．

冨田の定理により $\pi_\varphi(M)' = J_\varphi \pi_\varphi(M) J_\varphi = \rho_\varphi(M)$ が従う．これは有界な左 M 加群写像は $\rho_\varphi(M)$，有界な右 M 加群写像は $\pi_\varphi(M)$ に属することを意味する．つまり冨田の定理は左右の M 作用の対称性を記述しているといえる．

8.1.3 von Neumann 環への群作用

von Neumann 環 M 上の全単射 $*$ 準同型を**自己同型**という．定理 7.3.17 により自己同型は自動的に σ 弱連続であることを思い出そう．

記号 $\mathrm{Aut}(M)$ によって M 上の自己同型たちの集合を表し，M の**自己同型群**とよぶ．位相は $\boldsymbol{u}$ **位相**を考えることが多い．すなわち点 $\alpha \in \mathrm{Aut}(M)$ の基本近傍系として，

$$V(\alpha, F, \varepsilon) = \{\, \beta \in \mathrm{Aut}(M) \mid \|\beta(\varphi) - \alpha(\varphi)\| < \varepsilon,\ \varphi \in F \,\}$$

を取る．ここで $F \Subset M_*$, $\varepsilon > 0$, $\alpha(\varphi) \coloneqq \varphi \circ \alpha^{-1}$ である．

問題 8.1.14. M_* がノルム可分のとき，$\mathrm{Aut}(M)$ は u 位相に関して Polish 群であることを示せ（問題 6.3.1 も見よ）．

定義 8.1.15. G を位相群とする．連続群準同型 $\alpha\colon G \to \mathrm{Aut}(M)$ を G の M への**作用**という．

実数群 $\mathbb{R}$ の作用のことを **1 径数自己同型群**ともいう．

■**例 8.1.16.** $M \subset \mathbf{B}(\mathcal{H})$ と表現しておく．U を位相群 G の $\mathcal{H}$ 上へのユニタリ表現とする．すなわち $U\colon G \ni s \mapsto U(s) \in \mathbf{B}(\mathcal{H})^{\mathrm{U}}$ は強連続な群準同型である．各 $s \in G$ において $U(s)MU(s)^* = M$ であるとき，$\alpha_s := \mathrm{Ad}\, U(s)|_M$ とおけば $\alpha\colon G \to \mathrm{Aut}(M)$ は作用である．実際 $\varphi \in M_*$ を $\varphi(x) = \langle (x \otimes 1)\xi, \eta\rangle$, $x \in M$, $\xi, \eta \in \mathcal{H} \otimes \ell^2$ と表しておけば $s \in G$ に対して

$$\|\alpha_s(\varphi) - \varphi\| \leqq \|(U(s) \otimes 1)\xi - \xi\|\|\eta\| + \|\xi\|\|(U(s) \otimes 1)\eta - \eta\|$$

となることからわかる．

定義 8.1.17. 定理 8.1.12 の記号のもとで，$\sigma_t^\varphi \in \mathrm{Aut}(M)$ を $\pi_\varphi(\sigma_t^\varphi(x)) = \Delta_\varphi^{it}\pi_\varphi(x)\Delta_\varphi^{-it}$, $t \in \mathbb{R}$, $x \in M$ と定める．σ_t^φ を φ に付随する**モジュラー自己同型**とよび，1 径数自己同型群 $\{\sigma_t^\varphi\}_{t\in\mathbb{R}}$ を**モジュラー自己同型群**とよぶ．

補題 8.1.9 (4) により，$\Delta_\varphi^{it}\xi_\varphi = \xi_\varphi$, $t \in \mathbb{R}$ であるから，次式を得る：

$$\Delta_\varphi^{it}\pi_\varphi(x)\xi_\varphi = \pi_\varphi(\sigma_t^\varphi(x))\xi_\varphi, \quad t \in \mathbb{R},\ t \in M.$$

系 8.1.18. 忠実な $\tau \in M_*^+$ について，τ がトレース条件をみたす $\Leftrightarrow \Delta_\tau = 1_{\mathcal{H}_\tau} \Leftrightarrow \sigma_t^\tau = \mathrm{id}_M$, $t \in \mathbb{R}$.

証明. 後半の同値性は $\Delta_\tau^{it}x\xi_\tau = \sigma_t^\tau(x)\xi_\tau$, $t \in \mathbb{R}$, $x \in M$ からわかる．前半の同値性を示す．$\Rightarrow$ については，τ がトレースだから S_τ は等長的である．よって $\Delta_\tau = 1_{\mathcal{H}_\tau}$ かつ $S_\tau = J_\tau$．$\Leftarrow$ については，$S_\tau = J_\tau$ ゆえ S_τ の等長性がいえる．つまり τ はトレース的である． □

補題 8.1.19. 忠実な $\varphi \in \mathbf{B}(\mathcal{H})_*^+$ に対応する $\rho \in \mathbf{B}(\mathcal{H})_{\mathrm{Tr}}$ は非特異かつ正であり（系 4.2.31 のもの），$\sigma_t^\varphi = \mathrm{Ad}\,\rho^{it}$, $t \in \mathbb{R}$.

証明. $\langle \rho\xi, \xi\rangle = \varphi(\xi \odot \xi)$, $\xi \in \mathcal{H}$ より ρ は非特異な正作用素である．$\mathcal{H}$ の CONS $(\varepsilon_i)_i$ に対し，ベクトル $\xi_\varphi := \sum_i \rho^{1/2}\varepsilon_i \otimes \overline{\varepsilon_i} \in \mathcal{H} \otimes \overline{\mathcal{H}}$ を考える（ξ_φ は CONS の取り方に依存しないため，ε_i たちを ρ の固有ベクトルに取っておくとよい）．簡単な計算により $\|\xi_\varphi\|^2 = \mathrm{Tr}(\rho) = \varphi(1_{\mathcal{H}}) < \infty$ がいえる．

忠実正規表現 $\pi_\varphi\colon \mathbf{B}(\mathcal{H}) \ni x \mapsto x \otimes 1 \in \mathbf{B}(\mathcal{H} \otimes \overline{\mathcal{H}})$ に対し，$(\pi_\varphi, \mathcal{H} \otimes \overline{\mathcal{H}}, \xi_\varphi)$ は φ に付随する GNS 3 つ組である．$\mathcal{H} \otimes \overline{\mathcal{H}}$ 上の共役ユニタリ J と非特異な正自己共役作用素 Δ をそれぞれ $J(\xi \otimes \overline{\eta}) = \eta \otimes \overline{\xi}$, $\xi, \eta \in \mathcal{H}$, $\Delta := \rho \otimes \overline{\rho}^{-1}$ と定める．ここで $\overline{\rho}^{-1}\overline{\xi} := \overline{\rho^{-1}\xi}$, $\xi \in \mathrm{dom}(\rho^{-1})$ である．また直接の計算から $\pi_\varphi(x)\xi_\varphi \in \mathrm{dom}(\Delta^{1/2})$, $x \in \mathbf{B}(\mathcal{H})$ がわかる．すると $x \in \mathbf{B}(\mathcal{H})$ に対して，

$$
\begin{aligned}
J\Delta^{1/2}\pi_\varphi(x)\xi_\varphi &= \sum_i J(\rho^{1/2}x\rho^{1/2}\varepsilon_i \otimes \overline{\rho^{-1/2}\varepsilon_i}) = \sum_i \rho^{-1/2}\varepsilon_i \otimes \overline{\rho^{1/2}x\rho^{1/2}\varepsilon_i} \\
&= \sum_{i,j} \langle \overline{\rho^{1/2}x\rho^{1/2}\varepsilon_i}, \overline{\varepsilon_j}\rangle \rho^{-1/2}\varepsilon_i \otimes \overline{\varepsilon_j} \\
&= \sum_{i,j} \rho^{-1/2} \cdot \langle \rho^{1/2}x^*\rho^{1/2}\varepsilon_j, \varepsilon_i\rangle \varepsilon_i \otimes \overline{\varepsilon_j} = \sum_j x^*\rho^{1/2}\varepsilon_j \otimes \overline{\varepsilon_j} \\
&= S_\varphi \pi_\varphi(x)\xi_\varphi.
\end{aligned}
$$

このことから $S_\varphi \subset J\Delta^{1/2}$ が従う．また $\pi_\varphi(\mathbf{B}(\mathcal{H}))' = \mathbb{C}1 \otimes \mathbf{B}(\overline{\mathcal{H}})$ を用いて同様の議論を行うと（補題 4.3.21 も見よ），$F_\varphi \subset J\Delta^{-1/2} = \Delta^{1/2}J$ を得る．以上から $\Delta_\varphi = F_\varphi S_\varphi \subset \Delta$ となる．Δ_φ, Δ は自己共役だから $\Delta_\varphi = \Delta$ である．よって $S_\varphi = J\Delta^{1/2}$ であり，極分解の一意性により $J_\varphi = J$ が従う．

任意の $t \in \mathbb{R}$, $x \in \mathbf{B}(\mathcal{H})$ に対し $\pi_\varphi(\sigma_t^\varphi(x)) = \Delta_\varphi^{it}\pi_\varphi(x)\Delta_\varphi^{-it} = \pi_\varphi(\rho^{it}x\rho^{-it})$ となり，主張の等式を得る． □

8.1.4 テンソル積の可換子定理

von Neumann 環 M, N と忠実な $\varphi \in M_*^+$, $\psi \in N_*^+$ を取り，$(\pi_\varphi, \mathcal{H}_\varphi, \xi_\varphi)$ と $(\pi_\psi, \mathcal{H}_\psi, \xi_\psi)$ をそれぞれの GNS 3 つ組とする．系 7.7.6 と補題 7.7.8 により忠実な $\varphi \mathbin{\overline{\otimes}} \psi \in (M \mathbin{\overline{\otimes}} N)_*^+$ を得る．$\varphi \mathbin{\overline{\otimes}} \psi$ の GNS 3 つ組を $(\pi_\varphi \mathbin{\overline{\otimes}} \pi_\psi, \mathcal{H}_\varphi \otimes \mathcal{H}_\psi, \xi_\varphi \otimes \xi_\psi)$ に取っておく．すると $S_{\varphi \overline{\otimes} \psi} = S_\varphi \otimes S_\psi$ である．ここで $S_\varphi \otimes S_\varphi$ は閉作用素としてのテンソル積である．実際に $M \otimes_{\mathrm{alg}} N$ が $M \mathbin{\overline{\otimes}} N$ で σ 強稠密であることを使えばわかる．右辺の極分解は $(J_\varphi \otimes J_\psi)(\Delta_\varphi^{1/2} \otimes \Delta_\psi^{1/2})$ だから，その一意性により

$$
J_{\varphi \overline{\otimes} \psi} = J_\varphi \otimes J_\psi, \quad \Delta_{\varphi \overline{\otimes} \psi} = \Delta_\varphi \otimes \Delta_\psi
$$

となる．このことから次のことがわかる．

補題 8.1.20.　$\sigma_t^{\varphi\overline{\otimes}\psi} = \sigma_t^{\varphi} \overline{\otimes} \sigma_t^{\psi}$, $t \in \mathbb{R}$.

冨田の定理により次のことがいえる.

$$\begin{aligned}(\pi_\varphi(M) \overline{\otimes} \pi_\psi(N))' &= \pi_{\varphi\overline{\otimes}\psi}(M \overline{\otimes} N)' = J_{\varphi\overline{\otimes}\psi}\pi_{\varphi\overline{\otimes}\psi}(M \overline{\otimes} N)J_{\varphi\overline{\otimes}\psi} \\ &= J_\varphi \pi_\varphi(M) J_\varphi \overline{\otimes} J_\psi \pi_\psi(N) J_\psi \\ &= \pi_\varphi(M)' \overline{\otimes} \pi_\psi(N)'. \end{aligned} \tag{8.5}$$

補題 8.1.21.　$B \subset A \subset \mathbf{B}(\mathcal{H})$ を von Neumann 環とする. $\{e_i\}_{i \in I}$ を A' の射影のネットであって $e_i \xrightarrow{s} 1_{\mathcal{H}}$ となるものとする. もし任意の $i \in I$ について $Be_i = Ae_i$ ならば, $B = A$ である.

証明.　$z_i \in Z(B)^{\mathrm{P}}$ を $\theta_i \colon Bz_i \ni y \mapsto ye_i \in Be_i$ が同型となるように取る. そこで $x \in A$ に対して $y_i := \theta_i^{-1}(xe_i) \in Bz_i$ とおく. $\|y_i\| \leqq \|x\|$ より y_i はノルム有界である. よって部分ネット $y_{i(k)}$ を取り $y_{i(k)} \xrightarrow{w} y \in B$ とできる. このとき $y_{i(k)}e_{i(k)} = xe_{i(k)}$ かつ $e_{i(k)} \xrightarrow{s} 1_{\mathcal{H}}$ だから $y = x$ が従う. □

定理 8.1.22（Dixmier, 冨田[3)]）.　$M \subset \mathbf{B}(\mathcal{H})$, $N \subset \mathbf{B}(\mathcal{K})$ を von Neumann 環とすると, $(M \overline{\otimes} N)' = M' \overline{\otimes} N'$ が成り立つ.

証明.　$M' \overline{\otimes} N' \subset (M \overline{\otimes} N)'$ は明らかである. $e_i \in M$, $f_j \in N$ を σ 有限射影の増加ネットでそれぞれ $1_{\mathcal{H}}, 1_{\mathcal{K}}$ に強収束するものとする. このとき定理 7.1.11 より $(M \overline{\otimes} N)'(e_i \otimes f_j) = (e_iMe_i \overline{\otimes} f_jNf_j)'$ かつ $(M' \overline{\otimes} N')(e_i \otimes f_j) = (e_iMe_i)' \overline{\otimes} (f_jNf_j)'$. もし σ 有限 von Neumann 環に対して定理の主張が成り立つならば, 補題 8.1.21 により $(M \overline{\otimes} N)' = M' \overline{\otimes} N'$ が従う. よって M, N が σ 有限のときに示せばよい.

φ, ψ をそれぞれ M, N 上の忠実正規状態とする. このとき (8.5) により $\pi_\varphi(M) \overline{\otimes} \pi_\psi(N)$ に関しては定理の主張が成り立つ.

増幅表現 $(\pi_\varphi)_{\mathrm{amp}} = \pi_\varphi \otimes 1_{\mathcal{L}_1}$, $(\pi_\psi)_{\mathrm{amp}} = \pi_\psi \otimes 1_{\mathcal{L}_2}$ が $\mathrm{id}_M \precsim (\pi_\varphi)_{\mathrm{amp}}$, $\mathrm{id}_N \precsim (\pi_\psi)_{\mathrm{amp}}$ となるように Hilbert 空間 $\mathcal{L}_1, \mathcal{L}_2$ を取る. $\mathrm{id}_M, \mathrm{id}_N$ はそれぞれ M, N の恒等表現である. 等長作用素 $S_1 \in \mathrm{Mor}(\mathrm{id}_M, (\pi_\varphi)_{\mathrm{amp}})$, $S_2 \in \mathrm{Mor}(\mathrm{id}_N, (\pi_\psi)_{\mathrm{amp}})$ を取り, $e_i := S_iS_i^*$, $i = 1, 2$ とおく. 空間同型

[3)] Dixmier が半有限, 冨田が一般の場合に示した.

$$\theta\colon \mathbf{B}(\mathcal{H}\otimes\mathcal{K})\ni x\mapsto (S_1\otimes S_2)x(S_1\otimes S_2)^* \\ \in \mathbf{B}(e_1(\mathcal{H}_\varphi\otimes\mathcal{L}_1)\otimes e_2(\mathcal{H}_\psi\otimes\mathcal{L}_2))$$

によって $\theta(M\mathbin{\overline{\otimes}}N)=\big((\pi_\varphi)_{\mathrm{amp}}(M)\mathbin{\overline{\otimes}}(\pi_\psi)_{\mathrm{amp}}(N)\big)(e_1\otimes e_2)$ である．よって

$$\begin{aligned}\theta((M\mathbin{\overline{\otimes}}N)')=\theta(M\mathbin{\overline{\otimes}}N)'&=\big((\pi_\varphi)_{\mathrm{amp}}(M)e_1\mathbin{\overline{\otimes}}(\pi_\psi)_{\mathrm{amp}}(N)e_2\big)'\\&=(e_1\otimes e_2)(\pi_\varphi(M)\otimes 1_{\mathcal{L}_1}\mathbin{\overline{\otimes}}\pi_\psi(N)\otimes 1_{\mathcal{L}_2})'(e_1\otimes e_2).\end{aligned}$$

$\mathcal{L}_1$ と $\mathcal{H}_\psi$ を入れ替えるフリップユニタリ $U\colon \mathcal{H}_\varphi\otimes\mathcal{L}_1\otimes\mathcal{H}_\psi\otimes\mathcal{L}_2\to\mathcal{H}_\varphi\otimes\mathcal{H}_\psi\otimes\mathcal{L}_1\otimes\mathcal{L}_2$ を用いて

$$\begin{aligned}(\pi_\varphi(M)\otimes 1_{\mathcal{L}_1}\mathbin{\overline{\otimes}}\pi_\psi(N)\otimes 1_{\mathcal{L}_2})'&\xrightarrow{\mathrm{Ad}\,U}(\pi_\varphi(M)\mathbin{\overline{\otimes}}\pi_\psi(N)\otimes 1_{\mathcal{L}_1}\otimes 1_{\mathcal{L}_2})'\\&=(\pi_\varphi(M)\mathbin{\overline{\otimes}}\pi_\psi(N))'\mathbin{\overline{\otimes}}\mathbf{B}(\mathcal{L}_1\otimes\mathcal{L}_2)\\&=\pi_\varphi(M)'\mathbin{\overline{\otimes}}\pi_\psi(N)'\mathbin{\overline{\otimes}}\mathbf{B}(\mathcal{L}_1)\mathbin{\overline{\otimes}}\mathbf{B}(\mathcal{L}_2)\\&\xrightarrow{\mathrm{Ad}\,U^*}\pi_\varphi(M)'\mathbin{\overline{\otimes}}\mathbf{B}(\mathcal{L}_1)\mathbin{\overline{\otimes}}\pi_\psi(N)'\mathbin{\overline{\otimes}}\mathbf{B}(\mathcal{L}_2).\end{aligned}$$

ここで 1 つ目の等号では補題 4.3.21 を用いた．したがって

$$(\pi_\varphi(M)\otimes 1_{\mathcal{L}_1}\mathbin{\overline{\otimes}}\pi_\psi(N)\otimes 1_{\mathcal{L}_2})'=\pi_\varphi(M)'\mathbin{\overline{\otimes}}\mathbf{B}(\mathcal{L}_1)\mathbin{\overline{\otimes}}\pi_\psi(N)'\mathbin{\overline{\otimes}}\mathbf{B}(\mathcal{L}_2)$$

であり，

$$\begin{aligned}\theta((M\mathbin{\overline{\otimes}}N)')&=e_1(\pi_\varphi(M)'\mathbin{\overline{\otimes}}\mathbf{B}(\mathcal{L}_1))e_1\mathbin{\overline{\otimes}}e_2(\pi_\psi(N)'\mathbin{\overline{\otimes}}\mathbf{B}(\mathcal{L}_2))e_2\\&=\big((\pi_\varphi(M)\otimes 1_{\mathcal{L}_1})e_1\big)'\mathbin{\overline{\otimes}}\big((\pi_\varphi(N)\otimes 1_{\mathcal{L}_2})e_2\big)'\\&=(S_1MS_1^*)'\mathbin{\overline{\otimes}}(S_2NS_2^*)'=S_1M'S_1^*\mathbin{\overline{\otimes}}S_2N'S_2^*\\&=\theta(M'\otimes N').\end{aligned}$$

ここで 3 つ目の変形先の可換子環は $\mathbf{B}(e_1(\mathcal{H}_\varphi\otimes\mathcal{L}_1))$, $\mathbf{B}(e_2(\mathcal{H}_\psi\otimes\mathcal{L}_2))$ で取っており，4 つ目の変形は，$S_1\colon\mathcal{H}\to e_1(\mathcal{H}_\varphi\otimes\mathcal{L}_1)$, $S_2\colon\mathcal{K}\to e_2(\mathcal{H}_\psi\otimes\mathcal{L}_2)$ がユニタリであることを用いた．よって $(M\mathbin{\overline{\otimes}}N)'=M'\mathbin{\overline{\otimes}}N'$ となる． □

系 8.1.23. $M,P\subset\mathbf{B}(\mathcal{H})$, $N,Q\subset\mathbf{B}(\mathcal{K})$ を von Neumann 環とすると，次のことが成り立つ：

(1) $(M \overline{\otimes} N) \vee (P \overline{\otimes} Q) = (M \vee P) \overline{\otimes} (N \vee Q)$.
(2) $(M \overline{\otimes} N) \cap (P \overline{\otimes} Q) = (M \cap P) \overline{\otimes} (N \cap Q)$.
(3) $Z(M \overline{\otimes} N) = Z(M) \overline{\otimes} Z(N)$. とくに M, N が因子環 $\Leftrightarrow$ $M \overline{\otimes} N$ が因子環.

証明. (1). 自明である.

(2). 系 4.3.32, 定理 8.1.22 より左辺の可換子環は $(M \overline{\otimes} N)' \vee (P \overline{\otimes} Q)' = (M' \overline{\otimes} N') \vee (P' \overline{\otimes} Q') = (M' \vee P') \overline{\otimes} (N' \vee Q')$. これは右辺の可換子環に等しい.

(3). (2) より

$$\begin{aligned} Z(M \overline{\otimes} N) &= (M \overline{\otimes} N) \cap (M \overline{\otimes} N)' = (M \overline{\otimes} N) \cap (M' \overline{\otimes} N') \\ &= (M \cap M') \overline{\otimes} (N \cap N') = Z(M) \overline{\otimes} Z(N). \end{aligned}$$
□

8.2　モジュラー自己同型群と KMS 条件

この節では $D_1 := \{z \in \mathbb{C} \mid 0 < \operatorname{Im} z < 1\}$ とする. D_1 上で正則かつ $\overline{D_1}$ 上で有界連続な関数のなす集合を $\mathcal{A}(D_1)$ と書く. これは上限ノルムによって Banach 空間である. 3 線定理（定理 A.5.2 参照のこと）により, 各 $f \in \mathcal{A}(D_1)$ について,

$$|f(z)| \leqq \bigl(\sup_{t \in \mathbb{R}} |f(t)|\bigr)^{1-\operatorname{Im} z} \bigl(\sup_{t \in \mathbb{R}} |f(t+i)|\bigr)^{\operatorname{Im} z}, \quad z \in D_1.$$

とくに $\|f\|_\infty = \max\{\sup_{t\in\mathbb{R}}|f(t)|, \sup_{t\in\mathbb{R}}|f(t+i)|\}$ である.

KMS 条件は通常, C* 環上の状態と 1 径数自己同型群について導入されるが, 本書ではモジュラー自己同型群についてのみ考察する.

定理 8.2.1（竹崎）**.** σ 有限 von Neumann 環 M と忠実な $\varphi \in M_*^+$ について次のことが成り立つ：

(1) モジュラー自己同型群 $\{\sigma_t^\varphi\}_{t\in\mathbb{R}}$ は **KMS 条件**[4] をみたす. すなわち任意の $x, y \in M$ に対して, 次の境界条件をみたす $f_{x,y} \in \mathcal{A}(D_1)$ が存在する：

[4] KMS は久保-Martin-Schwinger の略.

$$f_{x,y}(t) = \varphi(\sigma_t^\varphi(x)y), \quad f_{x,y}(t+i) = \varphi(y\sigma_t^\varphi(x)),\ t \in \mathbb{R}.$$

(2) もし M 上の 1 径数自己同型群 $\{\alpha_t\}_{t\in\mathbb{R}}$ が φ に関する KMS 条件をみたすならば，$\varphi \circ \alpha_t = \varphi$ かつ $\alpha_t = \sigma_t^\varphi$, $t \in \mathbb{R}$ である．

証明の前に準備をしておく．M 上に 1 径数自己同型群 $\{\alpha_t\}_{t\in\mathbb{R}}$ が与えられているとする．$x \in M$ が α に関して**解析的**とは，σ 弱位相で解析的な関数 $\mathbb{C} \ni z \mapsto F(z) \in M$ が存在して，$F(t) = \alpha_t(x)$, $t \in \mathbb{R}$ となるときにいう．定理 A.6.1 により（$X = M, Y = M_*$ とせよ），$F(z)$ は実際には $\mathbb{C}$ 上で M のノルム位相に関して解析的である．また一致の定理から F は存在すれば一意的であるから，これ以降 $\alpha_z(x) := F(z)$, $z \in \mathbb{C}$ と書く．M_α^∞ を α に関して解析的な元たちのなす集合とすれば，以下の等式はいずれも $\mathbb{R}$ 上での等式と一致の定理からの帰結である：$x, y \in M_\alpha^\infty$, $z, w \in \mathbb{C}$ に対して，

- $\alpha_z(x) \in M_\alpha^\infty$.
- $\alpha_z(x+y) = \alpha_z(x) + \alpha_z(y)$, $\alpha_z(xy) = \alpha_z(x)\alpha_z(y)$, $\alpha_z(x)^* = \alpha_{\overline{z}}(x^*)$.
- $\alpha_z(\alpha_w(x)) = \alpha_{z+w}(x)$.

とくに M_α^∞ は M の単位的 $*$ 部分環である．

Friedrichs の軟化子の要領で解析的元を構成しておこう．

$$x_n := \sqrt{\frac{n}{\pi}} \int_{\mathbb{R}} e^{-ns^2} \alpha_s(x)\, ds, \quad x \in M,\ n \in \mathbb{N}. \tag{8.6}$$

と定める．これは強 $*$ 位相に関する積分と考えるか，$M = (M_*)^*$ を用いて，

$$\langle \omega, x_n \rangle = \sqrt{\frac{n}{\pi}} \int_{\mathbb{R}} e^{-ns^2} \omega(\alpha_s(x))\, ds, \quad \omega \in M_*$$

を定義式と考えてもよい．$F(z) := (n/\pi)^{1/2} \int_{\mathbb{R}} e^{-n(s-z)^2} \alpha_s(x)\, ds$ と定めれば $F(z)$ は σ 弱整関数であり[5]，$F(t) = \alpha_t(x_n)$, $t \in \mathbb{R}$ をみたす．よって $x_n \in M_\alpha^\infty$ である．さらに $\lim_n \omega(x_n) = \omega(x)$, $\omega \in M_*$ だから $x_n \xrightarrow{\sigma\text{-}w} x$ である．とくに M_α^∞ は M の中で σ 弱稠密な $*$ 部分環である．

定理 8.2.1 の証明． φ に付随する GNS 3 つ組 $(\pi_\varphi, \mathcal{H}_\varphi, \xi_\varphi)$ によって $M \subset$

[5] 微分と積分の交換を行うか，Fubini の定理と Morera の定理を用いるとよい．

$\mathbf{B}(\mathcal{H}_\varphi)$ として考える．

(1). $f_{x,y}(z) := \langle \Delta_\varphi^{-iz/2} y\xi_\varphi, \Delta_\varphi^{i\overline{z}/2} x^*\xi_\varphi \rangle$, $z \in \overline{D_1}$ とおく．$x^*\xi_\varphi, y\xi_\varphi \in \mathrm{dom}(\Delta_\varphi^{1/2})$ であり，命題 A.7.1 より $f_{x,y}$ は定義可能かつ $\mathcal{A}(D_1)$ に属する．すると

$$\begin{aligned} f_{x,y}(t) &= \langle \Delta_\varphi^{-it/2} y\xi_\varphi, \Delta_\varphi^{it/2} x^*\xi_\varphi \rangle = \varphi(\sigma_t^\varphi(x)y), \\ f_{x,y}(t+i) &= \langle \Delta_\varphi^{-it/2}\Delta_\varphi^{1/2} y\xi_\varphi, \Delta_\varphi^{it/2}\Delta_\varphi^{1/2} x^*\xi_\varphi \rangle \\ &= \langle \Delta_\varphi^{-it/2} J_\varphi y^*\xi_\varphi, \Delta_\varphi^{it/2} J_\varphi x\xi_\varphi \rangle \\ &= \langle \Delta_\varphi^{it} x\xi_\varphi, y^*\xi_\varphi \rangle = \varphi(y\sigma_t^\varphi(x)). \end{aligned}$$

(2). まず $\varphi \circ \alpha_t = \varphi$ を示す．$x, 1_M \in M$ に対して KMS 条件を用いると $F \in \mathcal{A}(D_1)$ であって $F(t) := \varphi(\alpha_t(x)) = F(t+i)$, $t \in \mathbb{R}$ となるものが存在するから，F は周期 i をもつ整関数に拡張する．よって F は $\mathbb{C}$ 上有界である．Liouville の定理より F は定数関数であり，$\varphi(\alpha_t(x)) = F(t) = F(0) = \varphi(x)$, $t \in \mathbb{R}$ となる．

後半の主張を示す．次の等式に注意しよう：

$$\varphi(\alpha_i(x)y) = \varphi(yx), \quad x \in M_\alpha^\infty, \ y \in M \tag{8.7}$$

実際に $g(z) := \varphi(\alpha_z(x)y)$ と $h(z) := \varphi(y\alpha_z(x))$ は整関数であり，KMS 条件から $g(t+i) = h(t)$, $t \in \mathbb{R}$ がいえる．σ^φ についても (8.7) と同様のことが成り立つ．

さて $x \in M_\alpha^\infty$, $y \in M_{\sigma^\varphi}^\infty$ に対して $G(z) := \varphi(\alpha_z(x)\sigma_z^\varphi(y))$ は整関数である．また (8.7) より

$$G(z+i) = \varphi(\alpha_i(\alpha_z(x))\sigma_{z+i}^\varphi(y)) = \varphi(\sigma_{z+i}^\varphi(y)\alpha_z(x)) = G(z)$$

だから G は周期 i をもつ．さらに $s+it \in \overline{D_1}$, $s, t \in \mathbb{R}$ に対して

$$\begin{aligned} |G(s+it)| &\leqq \varphi(\alpha_{s+it}(x)\alpha_{s+it}(x)^*)^{1/2}\varphi(\sigma_{s+it}^\varphi(y)^*\sigma_{s+it}^\varphi(y))^{1/2} \\ &= \varphi(\alpha_{it}(x)\alpha_{it}(x)^*)^{1/2}\varphi(\sigma_{it}^\varphi(y)^*\sigma_{it}^\varphi(y))^{1/2} \end{aligned}$$

である．ここで2つ目の等式では φ の α と σ^φ に関する不変性を用いた．この不等式から $\overline{D_1}$ 上で $G(z)$ は有界である（右辺は $t \in [0,1]$ で連続である）．

よって Liouville の定理により $G(z)=G(0)$, $z\in\mathbb{C}$. とくに $\varphi(\alpha_t(x)\sigma_t^\varphi(y))=\varphi(xy)$, $t\in\mathbb{R}$. M_α^∞ と $M_{\sigma^\varphi}^\infty$ は M で σ 弱稠密だから，これは任意の $x,y\in M$ で成り立つ．任意の $x,y\in M$ に対し

$$\varphi(\sigma_{-t}^\varphi(\alpha_t(x))y)=\varphi(\sigma_{-t}^\varphi(\alpha_t(x)\sigma_t^\varphi(y)))=\varphi(\alpha_t(x)\sigma_t^\varphi(y))=\varphi(xy)$$

となり，φ の忠実性から $\sigma_{-t}^\varphi(\alpha_t(x))=x$, $t\in\mathbb{R}$, $x\in M$. よって $\alpha=\sigma^\varphi$. □

系 8.2.2. 忠実な $\varphi\in M_*^+$ に対して，次のことが成り立つ：

$$M_\varphi=\{\, x\in M \mid \sigma_t^\varphi(x)=x,\ t\in\mathbb{R}\,\}.$$

証明. $x\in M_\varphi$, $y\in M$ とする．KMS 条件より $f\in\mathcal{A}(D_1)$ が存在して，$f(t)=\varphi(\sigma_t^\varphi(x)y)$, $f(t+i)=\varphi(y\sigma_t^\varphi(x))$, $t\in\mathbb{R}$ をみたす．$t\in\mathbb{R}$ に対し，

$$f(t)=\varphi(\sigma_t^\varphi(x\sigma_{-t}^\varphi(y)))=\varphi(x\sigma_{-t}^\varphi(y))=\varphi(\sigma_{-t}^\varphi(y)x)=f(t+i)$$

だから f は有界な整関数に拡張する．Liouville の定理により $f(t)=f(0)$, $t\in\mathbb{R}$ となる．φ の忠実性から $\sigma_t^\varphi(x)=x$, $t\in\mathbb{R}$ が従う．

逆に x が σ^φ の固定点環に属しているとする．このとき $y\in M$ に対して KMS 条件より $g\in\mathcal{A}(D_1)$ が存在して，$g(t)=\varphi(\sigma_t^\varphi(x)y)=\varphi(xy)$, $g(t+i)=\varphi(y\sigma_t^\varphi(x))=\varphi(yx)$ をみたす．g は実軸上で定数関数だから $\overline{D_1}$ 上でも定数関数である．よって $\varphi(xy)=g(0)=g(i)=\varphi(yx)$. □

命題 8.2.3. 忠実な $\varphi\in M_*^+$ と $e\in(M_\varphi)^{\mathrm{P}}$ に対して $\varphi_e:=\varphi e$ を eMe 上で考えると，$\varphi_e\in(eMe)_*^+$ は忠実かつ $\sigma_t^{\varphi_e}=\sigma_t^\varphi|_{eMe}$, $t\in\mathbb{R}$.

証明. $\sigma^\varphi|_{eMe}$ は φ_e に関する KMS 条件をみたすから主張が従う． □

問題 8.2.4. 補題 8.1.19 の σ^φ が KMS 条件をみたすことを確認せよ．

問題 8.2.5. 忠実な $\varphi\in M_*^+$ と同型 $\alpha\colon M\to N$ があるとき，$\alpha(\varphi):=\varphi\circ\alpha^{-1}\in N_*^+$ は忠実であり，$\sigma_t^{\alpha(\varphi)}=\alpha\circ\sigma_t^\varphi\circ\alpha^{-1}$, $t\in\mathbb{R}$ を示せ．

問題 8.2.6. 忠実な $\varphi\in M_*^+$ と $\lambda>0$ について次のことを示せ（系 8.2.2 の一般化）：$x\in M$ が $x\varphi=\lambda\varphi x$ をみたす $\iff$ $\forall t\in\mathbb{R}$, $\sigma_t^\varphi(x)=\lambda^{-it}x$.

問題 8.2.7.　等式 $yx\xi_\varphi = J_\varphi \sigma^\varphi_{i/2}(x)^* J_\varphi y\xi_\varphi$, $x \in M^\infty_{\sigma^\varphi}$, $y \in M$ を示せ.

問題 8.2.8.　α を M 上の1径数自己同型群とする. $x \in M^\infty_\alpha$ が指数型とは, ある $A, B > 0$ が存在して $\|\alpha_z(x)\| \leqq Ae^{B|\mathrm{Im}\, z|}$, $z \in \mathbb{C}$ となることをいう. 指数型の元たちの集合 $M^{\exp}_\alpha$ は M の中で σ 弱稠密な部分 $*$ 環であることを示せ. [ヒント：等式 (8.6) で Gauss 核の代わりに Fejér 核 $F_\lambda(z) := (1-\cos(\lambda z))/(\pi\lambda z^2)$, $z \in \mathbb{C}$, $\lambda > 0$ を用いよ. 評価式 $\int_\mathbb{R} |F_\lambda(s+it)|\, ds \leqq e^{\lambda|t|}$, $t \in \mathbb{R}$ を用いるとよい.]

問題 8.2.9.　α, β を M 上の1径数自己同型群とする. もし $M^{\exp}_\alpha \subset M^{\exp}_\beta$ かつ $\alpha_i(x) = \beta_i(x)$, $x \in M^{\exp}_\alpha$ が成り立つならば, $\alpha = \beta$ であることを示せ ($i = \sqrt{-1}$). [ヒント：Carlson の定理（定理 A.5.4）を用いよ.]

8.3　Connes の Radon-Nikodym コサイクル

σ 有限 von Neumann 環 M 上に忠実な $\varphi, \psi \in M^+_*$ が与えられているとき, モジュラー自己同型群 $\sigma^\varphi, \sigma^\psi$ の関係を調べる. $N := M_2(\mathbb{C}) \otimes M$ 上に忠実な $\chi \in N^+_*$ を $\chi([x_{ij}]) := \varphi(x_{11}) + \psi(x_{22})$, $[x_{ij}]_{i,j} \in N$ として定める. J_χ と Δ_χ を記述するために GNS 3つ組 $(\pi_\chi, \mathcal{H}_\chi, \xi_\chi)$ を φ, ψ の GNS 3つ組 $(\pi_\varphi, \mathcal{H}_\varphi, \xi_\varphi)$, $(\pi_\psi, \mathcal{H}_\psi, \xi_\psi)$ から構成する. 簡単な計算からユニタリ

$$\mathcal{H}_\chi \ni \pi_\chi([x_{ij}])\xi_\chi \mapsto \begin{bmatrix} \pi_\varphi(x_{11})\xi_\varphi \\ \pi_\varphi(x_{21})\xi_\varphi \\ \pi_\psi(x_{12})\xi_\psi \\ \pi_\psi(x_{22})\xi_\psi \end{bmatrix} \in \mathcal{H}_\varphi \oplus \mathcal{H}_\varphi \oplus \mathcal{H}_\psi \oplus \mathcal{H}_\psi$$

を得る. 以下, 直和 Hilbert 空間のベクトルは縦ベクトルとして理解する. また, この写像により $\mathcal{H}_\chi = \mathcal{H}_\varphi \oplus \mathcal{H}_\varphi \oplus \mathcal{H}_\psi \oplus \mathcal{H}_\psi$ と同一視する. すると $\xi_\chi = \xi_\varphi \oplus 0 \oplus 0 \oplus \xi_\psi$ である. この見方で π_χ は次のように与えられる：

$$\pi_\chi\left(\begin{bmatrix} x_{11} & x_{12} \\ x_{21} & x_{22} \end{bmatrix}\right) = \begin{bmatrix} \pi_\varphi(x_{11}) & \pi_\varphi(x_{12}) & 0 & 0 \\ \pi_\varphi(x_{21}) & \pi_\varphi(x_{22}) & 0 & 0 \\ 0 & 0 & \pi_\psi(x_{11}) & \pi_\psi(x_{12}) \\ 0 & 0 & \pi_\psi(x_{21}) & \pi_\psi(x_{22}) \end{bmatrix}. \tag{8.8}$$

つまり π_χ は $(\pi_\varphi)_2$ と $(\pi_\psi)_2$ の直和表現である．$S_\chi\pi_\chi(y)\xi_\chi = \pi_\chi(y^*)\xi_\chi$, $y \in N$ により

$$S_\chi = \begin{bmatrix} S_\varphi & 0 & 0 & 0 \\ 0 & 0 & S_{\varphi,\psi} & 0 \\ 0 & S_{\psi,\varphi} & 0 & 0 \\ 0 & 0 & 0 & S_\psi \end{bmatrix}$$

と表示される．ここで $S_{\varphi,\psi}$ は $\pi_\psi(M)\xi_\psi$ を芯とする，$\mathcal{H}_\psi$ から $\mathcal{H}_\varphi$ への共役線型な閉作用素であり $S_{\varphi,\psi}\pi_\psi(x)\xi_\psi = \pi_\varphi(x^*)\xi_\varphi$, $x \in M$ をみたす．$S_{\psi,\varphi}$ も同様である．これらの極分解を $S_{\varphi,\psi} = J_{\varphi,\psi}\Delta_{\varphi,\psi}^{1/2}$, $S_{\psi,\varphi} = J_{\psi,\varphi}\Delta_{\psi,\varphi}^{1/2}$ と表す．$\Delta_{\varphi,\psi}$, $\Delta_{\psi,\varphi}$ はそれぞれ $\mathcal{H}_\psi$, $\mathcal{H}_\varphi$ 上の非特異な正自己共役作用素である．すると $\Delta_\chi = S_\chi^* S_\chi$ と極分解の一意性により

$$J_\chi = \begin{bmatrix} J_\varphi & 0 & 0 & 0 \\ 0 & 0 & J_{\varphi,\psi} & 0 \\ 0 & J_{\psi,\varphi} & 0 & 0 \\ 0 & 0 & 0 & J_\psi \end{bmatrix}, \quad \Delta_\chi = \begin{bmatrix} \Delta_\varphi & 0 & 0 & 0 \\ 0 & \Delta_{\psi,\varphi} & 0 & 0 \\ 0 & 0 & \Delta_{\varphi,\psi} & 0 \\ 0 & 0 & 0 & \Delta_\psi \end{bmatrix}$$

となる．$\Delta_{\psi,\varphi}$, $\Delta_{\varphi,\psi}$ を相対モジュラー作用素という．

定理 8.3.1 (Connes)**.** σ 有限 von Neumann 環 M と忠実な $\varphi, \psi \in M_*^+$ に対して，次のことが成り立つ：

(1) $J_{\varphi,\psi} = J_{\psi,\varphi}^{-1}$, $J_{\varphi,\psi}\Delta_{\varphi,\psi}J_{\psi,\varphi} = \Delta_{\psi,\varphi}^{-1}$.

(2) $\Delta_{\psi,\varphi}^{it}\Delta_\varphi^{-it} \in \pi_\varphi(M)$, $\Delta_{\varphi,\psi}^{it}\Delta_\psi^{-it} \in \pi_\psi(M)$, $t \in \mathbb{R}$ であり，これらをそれぞれ $\pi_\varphi(u_t), \pi_\psi(v_t)$ と書けば $u_t = v_t^* \in M^{\mathrm{U}}$.

(3) $\sigma_t^\psi(x) = u_t\sigma_t^\varphi(x)u_t^*$, $t \in \mathbb{R}$, $x \in M$.

(4) u_t は σ^φ コサイクルである．すなわち $u_{s+t} = u_s\sigma_s^\varphi(u_t)$, $s, t \in \mathbb{R}$.

(5) $J_{\psi,\varphi}J_\varphi = J_\psi J_{\psi,\varphi} \in \mathrm{Mor}({}_ML^2(M,\varphi)_M, {}_ML^2(M,\psi)_M)$ である．とくに $\pi_\varphi \sim \pi_\psi$ である．

証明. (1)．$J_\chi^2 = 1_{\mathcal{H}_\chi}$, $J_\chi\Delta_\chi J_\chi = \Delta_\chi^{-1}$ より従う．

(2)．$\pi_\chi(\sigma_t^\chi([x_{ij}])) = \Delta_\chi^{it}\pi_\chi([x_{ij}])\Delta_\chi^{-it}$ は次の成分表示をもつ：

$$\begin{bmatrix} \pi_\varphi(\sigma_t^\varphi(x_{11})) & \pi_\varphi(\sigma_t^\varphi(x_{12}))U_t^* & 0 & 0 \\ U_t\pi_\varphi(\sigma_t^\varphi(x_{21})) & U_t\pi_\varphi(\sigma_t^\varphi(x_{22}))U_t^* & 0 & 0 \\ 0 & 0 & V_t\pi_\psi(\sigma_t^\psi(x_{11}))V_t^* & V_t\pi_\psi(\sigma_t^\psi(x_{12})) \\ 0 & 0 & \pi_\psi(\sigma_t^\psi(x_{21}))V_t^* & \pi_\psi(\sigma_t^\psi(x_{22})) \end{bmatrix}.$$

ここで $U_t \coloneqq \Delta_{\psi,\varphi}^{it}\Delta_\varphi^{-it}$, $V_t \coloneqq \Delta_{\varphi,\psi}^{it}\Delta_\psi^{-it}$. 行列単位 $e_{21} \in N$ については

$$\pi_\chi(\sigma_t^\chi(e_{21})) = \begin{bmatrix} 0 & 0 & 0 & 0 \\ U_t & 0 & 0 & 0 \\ 0 & 0 & 0 & 0 \\ 0 & 0 & V_t^* & 0 \end{bmatrix}$$

となる．(8.8) により，$U_t = \pi_\varphi(u_t)$, $V_t = \pi_\psi(v_t)$ となる $u_t, v_t \in M^{\mathrm{U}}$ が存在して $u_t = v_t^*$ である．

(3). 再度 $\pi_\chi(\sigma_t^\chi([x_{ij}]))$ の 4×4 行列表示を書き直すと

$$\begin{bmatrix} \pi_\varphi(\sigma_t^\varphi(x_{11})) & \pi_\varphi(\sigma_t^\varphi(x_{12})u_t^*) & 0 & 0 \\ \pi_\varphi(u_t\sigma_t^\varphi(x_{21})) & \pi_\varphi(u_t\sigma_t^\varphi(x_{22})u_t^*) & 0 & 0 \\ 0 & 0 & \pi_\psi(v_t\sigma_t^\psi(x_{11})v_t^*) & \pi_\psi(v_t\sigma_t^\psi(x_{12})) \\ 0 & 0 & \pi_\psi(\sigma_t^\psi(x_{21})v_t^*) & \pi_\psi(\sigma_t^\psi(x_{22})) \end{bmatrix}.$$

(8.8) を用いて成分を見比べれば，$u_t\sigma_t^\varphi(x)u_t^* = \sigma_t^\psi(x)$ を得る．

(4). 次の計算による：$s, t \in \mathbb{R}$ に対して

$$\pi_\varphi(u_s\sigma_s^\varphi(u_t)) = \Delta_{\psi,\varphi}^{is}\Delta_\varphi^{-is} \cdot \Delta_\varphi^{is}\Delta_{\psi,\varphi}^{it}\Delta_\varphi^{-it}\Delta_\varphi^{-is} = \pi_\varphi(u_{s+t}).$$

(5). $J_\chi\pi_\chi([x_{ij}])J_\chi$ の 4×4 行列表示は

$$\begin{bmatrix} J_\varphi\pi_\varphi(x_{11})J_\varphi & 0 & J_\varphi\pi_\varphi(x_{12})J_{\varphi,\psi} & 0 \\ 0 & J_{\varphi,\psi}\pi_\psi(x_{11})J_{\psi,\varphi} & 0 & J_{\varphi,\psi}\pi_\psi(x_{12})J_\psi \\ J_{\psi,\varphi}\pi_\varphi(x_{21})J_\varphi & 0 & J_{\psi,\varphi}\pi_\varphi(x_{22})J_{\varphi,\psi} & 0 \\ 0 & J_\psi\pi_\psi(x_{21})J_{\psi,\varphi} & 0 & J_\psi\pi_\psi(x_{22})J_\psi \end{bmatrix}.$$

$J_\chi\pi_\chi(e_{21})J_\chi \in J_\chi\pi_\chi(N)J_\chi = \pi_\chi(N)' = \mathrm{Mor}(\pi_\chi, \pi_\chi)$ に気をつければ，$U_{\psi,\varphi} \coloneqq J_{\psi,\varphi}J_\varphi = J_\psi J_{\psi,\varphi} \in \mathrm{Mor}(\pi_\varphi, \pi_\psi)$ が従う．また $U_{\psi,\varphi}J_\varphi = J_{\psi,\varphi} = J_\psi U_{\psi,\varphi}$

より，$U_{\psi,\varphi}$ はモジュラー共役作用素を保存する．とくに $U_{\psi,\varphi}$ は右 M 加群写像である． □

問題 8.3.2. これまでどおり $M \subset \mathbf{B}(\mathcal{H}_\varphi)$ としておく．任意の $\chi \in M_*$ に対してある $\xi, \eta \in \mathcal{H}_\varphi$ が存在して $\chi(x) = \langle x\xi, \eta \rangle$, $x \in M$ であることを示せ．［ヒント：χ が忠実正値の場合は $U_{\varphi,\chi}\xi_\chi$ を考える．次に χ が正値のときに示せ（台射影の考察をする）．一般の場合は極分解定理を考えよ.］

以上から次式を得る：任意の $t \in \mathbb{R}$ に対して

$$\sigma_t^\chi\left(\begin{bmatrix} x_{11} & x_{12} \\ x_{21} & x_{22} \end{bmatrix}\right) = \begin{bmatrix} \sigma_t^\varphi(x_{11}) & \sigma_t^\varphi(x_{12})u_t^* \\ u_t\sigma_t^\varphi(x_{21}) & \sigma_t^\psi(x_{22}) \end{bmatrix}. \tag{8.9}$$

定義 8.3.3. 定理 8.3.1 の $u_t \in M^{\mathrm{U}}$ を ψ の φ に関する **Radon-Nikodym コサイクル**とよび，$(D\psi : D\varphi)_t$ と書く．

系 8.3.4. 忠実な $\varphi, \psi, \chi \in M_*^+$ と $t \in \mathbb{R}$ に対して次のことが成り立つ：

(1) $\mathbb{R} \ni t \mapsto (D\psi : D\varphi)_t \in M^{\mathrm{U}}$ は強 $*$ 連続である．

(2) $(D\psi : D\varphi)_t^* = (D\varphi : D\psi)_t$.

(3) （連鎖律）$(D\chi : D\varphi)_t = (D\chi : D\psi)_t(D\psi : D\varphi)_t$.

(4) もし $(D\psi : D\varphi)_t = 1$, $t \in \mathbb{R}$ ならば $\psi = \varphi$ である．

証明. (1)．定義式 $\pi_\varphi((D\psi : D\varphi)_t) = \Delta_{\psi,\varphi}^{it}\Delta_\varphi^{-it}$ より明らか．

(2)．定理 8.3.1 (2) からいえる．

(3)．$P := M_3(\mathbb{C}) \otimes M$ 上の忠実正規な正値線型汎関数 $\theta([x_{ij}]) := \varphi(x_{11}) + \psi(x_{22}) + \chi(x_{33})$ を考える．θ のモジュラー自己同型群は (8.9) と同様の表示をもつ．$M_3(\mathbb{C})$ の行列単位系 $\{e_{ij}\}_{i,j=1}^3$ に対して等式 $\sigma_t^\theta(e_{32})\sigma_t^\theta(e_{21}) = \sigma_t^\theta(e_{31})$ の $(3,1)$ 成分を比較すればよい．

(4)．定理 8.3.1 の証明の記号を用いる．(4) の仮定と (8.9) より $\sigma_t^\chi([x_{ij}]) = [\sigma_t^\varphi(x_{ij})]$, $t \in \mathbb{R}$, $[x_{ij}] \in N$ である．ここで $a := e_{12} \otimes x$, $b := e_{21} \otimes 1_M \in N$ に対して KMS 条件を用いると，ある $f \in \mathcal{A}(D_1)$ であって $f(t) = \chi(\sigma_t^\chi(a)b)$, $f(t+i) = \chi(b\sigma_t^\chi(a))$, $t \in \mathbb{R}$ となるものが存在する．行列の計算から $f(t) =$

$\varphi(\sigma_t^\varphi(x)) = \varphi(x)$, $f(t+i) = \psi(\sigma_t^\varphi(x)) = \psi(\sigma_t^\psi(x)) = \psi(x)$, $t \in \mathbb{R}$ となるから，$f(z)$ は定数関数である．よって $\psi(x) = \varphi(x)$ である． □

命題 8.3.5. 忠実な $\varphi \in M_*^+$ と $h \in \mathrm{GL}(M) \cap (M_\varphi)_+$ に対して $\varphi_h := \varphi h$ とおくと，$\varphi_h \in M_*^+$ は忠実で $(D\varphi_h : D\varphi)_t = h^{it}$, $\sigma_t^{\varphi_h} = \mathrm{Ad}\, h^{it} \circ \sigma_t^\varphi$, $t \in \mathbb{R}$ となる．

証明. $\varphi_h = h^{1/2}\varphi h^{1/2}$ は忠実かつ正値である．$(\pi_\varphi, \mathcal{H}_\varphi, \xi_\varphi)$ を φ の GNS 3 つ組とすると $(\pi_\varphi, \mathcal{H}_\varphi, h^{1/2}\xi_\varphi)$ は φ_h の GNS 3 つ組である．これまでどおり $M \subset \mathbf{B}(\mathcal{H}_\varphi)$ とみなす．すると $x \in M$ に対して $S_{\varphi_h,\varphi} x\xi_\varphi = x^* h^{1/2}\xi_\varphi = S_\varphi h^{1/2} x\xi_\varphi$．芯の議論をすれば $S_{\varphi_h,\varphi} = \overline{S_\varphi h^{1/2}}$．$h$ は Δ_φ と可換だから（系 8.2.2），極分解の一意性により $J_{\varphi_h,\varphi} = J_\varphi$ かつ $\Delta_{\varphi_h,\varphi}^{1/2} = \overline{\Delta_\varphi^{1/2} h^{1/2}}$，すなわち $\Delta_{\varphi_h,\varphi}^{it} = \Delta_\varphi^{it} h^{it} = h^{it}\Delta_\varphi^{it}$．よって $(D\varphi_h : D\varphi)_t = \Delta_{\varphi_h,\varphi}^{it}\Delta_\varphi^{-it} = h^{it}$． □

定理 8.3.1 (3) によれば，モジュラー自己同型 σ_t^φ と σ_t^ψ は内部自己同型（定義 6.4.5）の分しか違わない．よって $\mathbb{R}$ の部分集合

$$T(M) := \{\, t \in \mathbb{R} \mid \sigma_t^\varphi \in \mathrm{Int}(M) \,\}$$

は，忠実な $\varphi \in M_*^+$ の選び方によらずに定まる M の同型不変量である（問題 8.2.5 も見よ）．$T(M)$ は明らかに $\mathbb{R}$ の（閉とは限らない）部分群である．

定義 8.3.6 (Connes). $T(M)$ を M の ***T*** **集合**という[6]．

M が半有限ならば $T(M) = \mathbb{R}$ であるのに対して（定理 9.3.31），III 型 von Neumann 環については様々な群が現れる（補題 9.4.18 を見よ）．

8.4　正規な条件付き期待値の存在性と双加群

条件付き期待値は von Neumann 部分環の位置を把握するための強力な道具である．そのため，条件付き期待値が存在するための条件を与えることは重要な問題である．また正規・非正規なもののどちらも様々な用途がある．とくに正規なものは，定理 9.3.35 で見るように，包含に強い制約をかける．本節で

---

[6] M が σ 有限でない場合は，忠実正規な半有限荷重 φ の σ^φ を使って定義する．

は，正規な条件付き期待値の存在性をモジュラー自己同型群により特徴づける竹崎の定理（定理 8.4.3）を紹介する．

8.4.1　竹崎の条件付き期待値定理

$1_M \in N \subset M$ を σ 有限 von Neumann 環の包含とする．$\varphi \in M_*^+$ を忠実なものとする．$\mathcal{K} := \overline{N\xi_\varphi}$ とおけば，3 つ組 $(\pi_\varphi|_N, \mathcal{K}, \xi_\varphi)$ は $\psi := \varphi|_N \in N_*^+$ に付随する GNS 3 つ組である．とくに，$\mathcal{K}$ は ψ に付随する標準双加群 ${}_N L^2(N,\psi)_N$ に由来する N-N 双加群の構造をもつ．

まず ${}_M\mathcal{H}_{\varphi M}$ を N に制限した N-N 双加群 ${}_N\mathcal{H}_{\varphi N}$ と N-N 標準双加群 ${}_N\mathcal{K}_N$ の関係を調べる．以下，$M \subset \mathbf{B}(\mathcal{H}_\varphi)$ とみなして π_φ を適宜省略する．右 M 作用は $\rho_\varphi(x) = J_\varphi x^* J_\varphi$, $x \in M$ である．また，$(\pi_\psi, \mathcal{H}_\psi, \xi_\psi)$ を ψ に付随する GNS 3 つ組とする．右 N 作用は $\rho_\psi(a) = J_\psi \pi_\psi(a^*) J_\psi$, $a \in N$ で与えられる．等長作用素 $v\colon \mathcal{H}_\psi \to \mathcal{H}_\varphi$ を $v\pi_\psi(x)\xi_\psi := x\xi_\varphi$, $x \in N$ で定める．v は Hilbert 空間の同型 $\mathcal{H}_\psi \cong \mathcal{K}$ を与える．

補題 8.4.1.　$vS_\psi \subset S_\varphi v$ である．

証明.　$a \in N$ に対して，$vS_\psi\pi_\psi(a)\xi_\psi = v\pi_\psi(a^*)\xi_\psi = a^*\xi_\varphi = S_\varphi v\pi_\psi(a)\xi_\psi$ となる．$\pi_\psi(N)\xi_\psi$ は S_ψ の芯だから，$vS_\psi \subset S_\varphi v$ が従う．□

次の補題では $v^*Mv := \{v^*xv \mid x \in M\}$ である．

補題 8.4.2.　次のことは同値である．

(1) $v \in \mathrm{Mor}({}_N\mathcal{H}_{\psi N}, {}_N\mathcal{H}_{\varphi N})$.　(2) $v^*Mv = \pi_\psi(N)$.

(3) $vS_\psi = S_\varphi v$, $vF_\psi = F_\varphi v$.　(4) $v\Delta_\psi = \Delta_\varphi v$.

(5) $v\Delta_\psi^{it} = \Delta_\varphi^{it} v$, $t \in \mathbb{R}$.　(6) $vJ_\psi = J_\varphi v$.

証明. (1) ⇒ (2).　$a \in N$ に対して $\pi_\psi(a) = v^*av \in v^*Mv$ である．よって $\supset$ が示された．$\subset$ を示す．$x \in M$ と $a \in N$ に対して，$\rho_\psi(a)v^*xv = v^*\rho_\varphi(a)xv = v^*x\rho_\varphi(a)v = v^*xv\rho_\psi(a)$ だから，$v^*xv \in \rho_\psi(N)' = \pi_\psi(N)$ となる．以上から (2) の等式が従う．

(2) ⇒ (3).　$\xi \in \mathrm{dom}(S_\varphi v)$ とすると，列 $x_n \in M$ が存在して $x_n\xi_\varphi \to v\xi$ かつ $x_n^*\xi_\varphi \to S_\varphi v\xi$ となる．(2) の仮定により $a_n \in N$ が存在して $\pi_\psi(a_n) =$

v^*x_nv である．すると $\pi_\psi(a_n)\xi_\psi = v^*x_n\xi_\varphi \to v^*v\xi = \xi$ かつ $\pi_\psi(a_n^*)\xi_\psi = v^*x_n^*\xi_\varphi \to v^*S_\varphi v\xi$ を得る．これより $\xi \in \mathrm{dom}(S_\psi)$ かつ $S_\psi\xi = v^*S_\varphi v\xi$ を得る．よって $\mathrm{dom}(S_\varphi v) \subset \mathrm{dom}(S_\psi)$ となり，補題 8.4.1 より $vS_\psi = S_\varphi v$ が従う．

次に $v^*S_\varphi \subset S_\psi v^*$ を示す．$\eta \in \mathrm{dom}(S_\varphi)$ に対して，列 $y_n \in M$ が存在して $y_n\xi_\varphi \to \eta$ かつ $y_n^*\xi_\varphi \to S_\varphi\eta$ となる．(2) の仮定により $b_n \in N$ が存在して $\pi_\psi(b_n) = v^*y_nv$ となる．すると $\pi_\psi(b_n)\xi_\psi = v^*y_n\xi_\varphi \to v^*\eta$ かつ $\pi_\psi(b_n^*)\xi_\psi = v^*y_n^*\xi_\varphi \to v^*S_\varphi\eta$ となる．これより $v^*\eta \in \mathrm{dom}(S_\psi)$ かつ $S_\psi v^*\eta = v^*S_\varphi\eta$ を得る．よって $v^*S_\varphi \subset S_\psi v^*$ が従う．

そこで $vS_\psi = S_\varphi v$ と $v^*S_\varphi \subset S_\psi v^*$ の両辺の対合を取れば，それぞれ $v^*F_\varphi \subset (S_\varphi v)^* = (vS_\psi)^* = F_\psi v^*$ と $vF_\psi \subset (S_\psi v^*)^* \subset (v^*S_\varphi)^* = F_\varphi v$ を得る．前者の式から $v^*F_\varphi v \subset F_\psi v^*v = F_\psi$ が従う．とくに $\mathrm{dom}(F_\varphi v) \subset \mathrm{dom}(F_\psi)$ である．これと後者の式を組み合わせて，等式 $vF_\psi = F_\varphi v$ を得る．

(3) ⇒ (4). (3) より，$v\Delta_\psi = vF_\psi S_\psi = F_\varphi vS_\psi = F_\varphi S_\varphi v = \Delta_\varphi v$ となる．

(4) ⇒ (5).$\mathcal{H}_\psi \oplus \mathcal{H}_\varphi$ 上の作用素 $u := \left[\begin{smallmatrix} 0 & 0 \\ v & 0 \end{smallmatrix}\right]$, $\Delta := \begin{bmatrix} \Delta_\psi & 0 \\ 0 & \Delta_\varphi \end{bmatrix}$ は $u\Delta = \Delta u$ をみたす．とくに u は Δ と可換である．よって $u\Delta^{it} = \Delta^{it}u$, $t \in \mathbb{R}$ となり，(5) の等式を得る．

(5) ⇒ (6). (4) ⇒ (5) の議論を逆に辿ると，u は $\Delta^{1/2}$ と可換であることがわかるから，$u\Delta^{1/2} \subset \Delta^{1/2}u$, すなわち $v\Delta_\psi^{1/2} \subset \Delta_\varphi^{1/2}v$ を得る．すると $\Delta_\psi^{1/2} \subset v^*\Delta_\varphi^{1/2}v$ となる．$\Delta_\psi^{1/2}$ は自己共役作用素で $v^*\Delta_\varphi^{1/2}v$ は対称作用素だから $\Delta_\psi^{1/2} = v^*\Delta_\varphi^{1/2}v$ となる．とくに $\mathrm{dom}(\Delta_\psi^{1/2}) = \mathrm{dom}(\Delta_\varphi^{1/2}v)$ であり，$v\Delta_\psi^{1/2} = \Delta_\varphi^{1/2}v$ が成り立つ．また補題 8.4.1 より $vS_\psi = S_\varphi v$ もいえるから，$vJ_\psi\Delta_\psi^{1/2} = vS_\psi = S_\varphi v = J_\varphi\Delta_\varphi^{1/2}v = J_\varphi v\Delta_\psi^{1/2}$ となる．$\mathrm{ran}(\Delta_\psi^{1/2}) \subset \mathcal{H}_\psi$ は稠密だから，$vJ_\psi = J_\varphi v$ が従う．

(6) ⇒ (1). 次の等式から (1) の主張が従う：任意の $a, b \in N$ に対して，

$$v\pi_\psi(a)\rho_\psi(b) = avJ_\psi\pi_\psi(b^*)J_\psi = aJ_\varphi b^*J_\varphi v = a\rho_\varphi(b)v. \qquad \square$$

定理 8.4.3（竹崎）．$N \subset M$ を σ 有限 von Neumann 環の包含とする．このとき，忠実な $\varphi \in M_*^+$ と $\psi := \varphi|_N \in N_*^+$ に対して，次のことは同値である：

(1) 正規な条件付き期待値 $E\colon M \to N$ が存在して，$\psi \circ E = \varphi$ をみたす．
(2) 等長作用素 $v\colon L^2(N,\psi) \to L^2(M,\varphi)$ を，$v\pi_\psi(a)\xi_\psi := \pi_\varphi(a)\xi_\varphi$, $a \in N$ と定めると，$v \in \mathrm{Mor}({}_N L^2(N,\psi)_N, {}_N L^2(M,\varphi)_N)$ である．
(3) N は σ^φ 不変，すなわち $\sigma_t^\varphi(N) = N$, $t \in \mathbb{R}$ である．

また，このとき (1) の条件付き期待値は忠実かつ一意的に定まる．

証明． 本項冒頭の記号を用いる．$e_N := vv^*$ と書く．e_N は $\mathcal{K}$ への射影である．(1) ⇒ (2)．(1) のような E がある場合，$e_N x\xi_\varphi = E(x)\xi_\varphi$, $x \in M$ となる．このことは次の等式からわかる：$x \in M$, $a \in N$ に対して，

$$\begin{aligned}\langle E(x)\xi_\varphi, a\xi_\varphi\rangle &= \varphi(a^*E(x)) = \varphi(E(a^*x)) = \varphi(a^*x) = \langle x\xi_\varphi, a\xi_\varphi\rangle \\ &= \langle x\xi_\varphi, e_N a\xi_\varphi\rangle = \langle e_N x\xi_\varphi, a\xi_\varphi\rangle.\end{aligned}$$

すると任意の $x \in M$, $a \in N$ に対して，次の等式を得る：

$$\begin{aligned}v^*xv \cdot \pi_\psi(a)\xi_\psi &= v^*xa\xi_\varphi = v^*e_N xa\xi_\varphi = v^*E(xa)\xi_\varphi = v^*E(x)a\xi_\varphi \\ &= \pi_\psi(E(x)) \cdot \pi_\psi(a)\xi_\psi.\end{aligned}$$

よって $v^*xv = \pi_\psi(E(x))$ である．以上より $v^*Mv = \pi_\psi(N)$ がいえて，補題 8.4.2 から (2) の主張が従う．

(2) ⇒ (3)．(2) の仮定により，補題 8.4.2 の同値条件がすべて成り立つ．すると任意の $a \in N$ と $t \in \mathbb{R}$ に対して，

$$\sigma_t^\varphi(a)\xi_\varphi = \Delta_\varphi^{it}a\xi_\varphi = \Delta_\varphi^{it}v\pi_\psi(a)\xi_\psi = v\Delta_\psi^{it}\pi_\psi(a)\xi_\psi = \sigma_t^\psi(a)\xi_\varphi$$

となる．ξ_φ は M の分離ベクトルだから，$\sigma_t^\varphi(a) = \sigma_t^\psi(a) \in N$ が従う．よって (3) の主張が成り立つ．

(3) ⇒ (2)．σ^φ は N 上の 1 径数自己同型群であり，$\psi = \varphi|_N$ に関する KMS 条件をみたす．定理 8.2.1 より $\sigma_t^\psi(x) = \sigma_t^\varphi(x)$, $x \in N$, $t \in \mathbb{R}$ となる．よって $v\Delta_\psi^{it} = \Delta_\varphi^{it}v$, $t \in \mathbb{R}$ がいえて，補題 8.4.2 より (2) の主張が従う．

(2) ⇒ (1)．(2) を仮定すると，補題 8.4.2 により正規な縮小線型写像 $E\colon M \to N$ を $E(x) := \pi_\psi^{-1}(v^*xv)$, $x \in M$ と定められる．$a \in N$ に対して $v^*av = \pi_\psi(a)$ だから $E(a) = a$ である．よって E は M から N の上への条件付き期待値である．また，任意の $x \in M$ に対して

$$\psi(E(x)) = \langle \pi_\psi(E(x))\xi_\psi, \xi_\psi \rangle = \langle v^* x v \xi_\psi, \xi_\psi \rangle = \langle x\xi_\varphi, \xi_\varphi \rangle = \varphi(x)$$

となり，$\psi \circ E = \varphi$ が従う．以上より (1), (2), (3) の同値性が示された．

次に (1) の条件付き期待値の忠実性と一意性を示す．φ, ψ の忠実性，E の正値性と $\psi \circ E = \varphi$ により，E は忠実である．条件付き期待値 $F\colon M \to N$ も $\psi \circ F = \varphi$ をみたすならば，任意の $a \in N, x \in M$ に対して

$$\psi(F(x)a) = \psi(F(xa)) = \varphi(xa) = \psi(E(x)a)$$

である．ψ は忠実だから $F(x) = E(x)$ がいえる．よって $F = E$ が従う．　□

コメント 8.4.4. von Neumann 環の包含 $N \subset M \subset \mathbf{B}(\mathcal{H})$ の任意の忠実な $\varphi \in M_*^+$ に対して，定理 8.4.3 の条件がみたされるわけではない．たとえば M, N が可分 III 型因子環である場合，左加群 ${}_M\mathcal{H}, {}_N\mathcal{H}$ はそれぞれ標準加群 ${}_M L^2(M), {}_N L^2(N)$ とユニタリ同型である（系 9.2.20）．とくに M, N に対する巡回分離ベクトルの集合をそれぞれ $V_M, V_N \subset \mathcal{H}$ と書くと，どちらも空集合ではない．Dixmier-Maréchal の結果[7)]により，V_M, V_N はどちらも $\mathcal{H}$ のノルム位相で G_δ 稠密集合である．よって $V_M \cap V_N$ も G_δ 稠密である（Baire のカテゴリー定理）．とくに M, N 双方に対する，巡回分離ベクトル $\xi \in \mathcal{H}$ が存在する．M 上のベクトル汎関数 $\varphi = \langle \cdot\, \xi, \xi \rangle$ により，自然に $\mathcal{H} = L^2(M, \varphi)$ とみなすことができる．これが定理 8.4.3 の条件をみたすと仮定すると，$\overline{N\xi} = \mathcal{H}$ だから $e_N = 1_\mathcal{H}$ となる．このことから $M = N$ が結論される．つまり $N \subsetneq M$ であるときは，φ を保存する条件付き期待値 $E\colon M \to N$ は存在しない．このように Hilbert 空間の包含 $\overline{N\zeta} \subset \overline{M\zeta}$ から von Neumann 環の包含 $N \subset M$ の情報を必ずしも引き出せるわけではない．

問題 8.4.5. $\mathrm{Mor}({}_N L^2(N,\psi)_N, {}_N L^2(M,\varphi)_N)$ の等長作用素のなす集合を W, M から N の上への正規な条件付き期待値の集合を $\mathcal{E}(M,N)$ と書くとき，写像 $W \ni w \mapsto \pi_\psi^{-1}(w^* \cdot w) \in \mathcal{E}(M,N)$ について調べよ．

---

7) 一般の von Neumann 環に対して，$\overline{\mathrm{GL}(M)}^s = M$ が成り立つ．

8.4.2 Jones 射影と基本拡大

定義 8.4.6. 定理 8.4.3 の条件下で，射影 $e_N\colon \mathcal{H}_\varphi \to \overline{N\xi_\varphi}$ を条件付き期待値 $E\colon M \to N$ に付随する **Jones 射影**という．

以下，$N \subset M$, φ, ψ, E は定理 8.4.3 のものとする．

命題 8.4.7. Jones 射影 e_N は次の性質をみたす：

(1) $e_N x e_N = E(x)e_N$, $x \in M$.

(2) $M \cap \{e_N\}' = N$.

(3) $J_\varphi e_N = e_N J_\varphi$.

(4) $\Delta_\varphi^{it} e_N = e_N \Delta_\varphi^{it}$, $t \in \mathbb{R}$.

(5) $ae_N = J_\varphi a^* J_\varphi e_N$, $a \in Z(N)$.

(6) $M \vee \{e_N\}'' = J_\varphi N' J_\varphi = \overline{\mathrm{span}}^{\sigma\text{-}w}\{xe_N y \,|\, x, y \in M\}$.

証明. 定理 8.4.3 の証明の記号を用いる．

(1). $e_N x e_N = vv^* x vv^* = v\pi_\psi(E(x))v^* = E(x)e_N$ よりわかる．

(2). $e_N = vv^* \in N'$ だから，$N \subset M \cap \{e_N\}'$ である．$x \in M \cap \{e_N\}'$ ならば，$xe_N = e_N x e_N = E(x)e_N$ である．したがって，$x\xi_\varphi = xe_N\xi_\varphi = E(x)e_N\xi_\varphi = E(x)\xi_\varphi$ を得る．ξ_φ は M の分離ベクトルゆえ，$x = E(x) \in N$ である．これより $M \cap \{e_N\}' \subset N$ がいえて，(2) の主張が従う．

(3), (4) は補題 8.4.2 を $e_N = vv^*$ に用いればよい．

(5). 命題 8.1.13 より $J_\varphi a^* J_\varphi e_N = vJ_\psi \pi_\psi(a^*)J_\psi v^* = v\pi_\psi(a)v^* = ae_N$.

(6). $\mathbf{B}(\mathcal{H}_\varphi)$ の中で (2) の等式の可換子環を取れば，$M' \vee \{e_N\}'' = N'$ となる．両辺を共役線型な同型 $J_\varphi \cdot J_\varphi$ で写せば，$J_\varphi M' J_\varphi \vee \{J_\varphi e_N J_\varphi\}'' = J_\varphi N' J_\varphi$ がいえる．$J_\varphi M' J_\varphi = M$ と $J_\varphi e_N J_\varphi = e_N$ から，$M \vee \{e_N\}'' = J_\varphi N' J_\varphi$ が従う．

後半の等号を示す．$M_1 \coloneqq M \vee \{e_N\}''$, $\mathcal{A} \coloneqq \mathrm{span}\{xe_N y \,|\, x, y \in M\}$ とおく．(1) より $\mathcal{A}$ は M_1 の $*$ 部分環である．また M と e_N による両側からの掛け算で不変であるから，$\overline{\mathcal{A}}^{\sigma\text{-}w}$ は M_1 の σ 弱閉イデアルである．よって射影 $z \in Z(M_1) = J_\varphi Z(N) J_\varphi$ により，$\overline{\mathcal{A}}^{\sigma\text{-}w} = M_1 z$ と表される．射影 $p \in Z(N)$ を $z = J_\varphi p J_\varphi$ なるものとすれば，$e_N \in \mathcal{A}$ だから $J_\varphi p J_\varphi e_N = ze_N = e_N$ を得る．(5) より左辺は pe_N に等しいから，分離ベクトル ξ_φ の議論により $p = 1_M$ が従い，$z = 1_{M_1}$ となる． □

問題 8.4.8.　状態 $\varphi\colon M_n(\mathbb{C}) \to \mathbb{C}$ を $\mathbb{C}1 \subset M_n(\mathbb{C})$ の条件付き期待値と考える場合，Jones 射影を記述せよ．［ヒント：問題 6.2.8 の密度行列と例 4.4.11 の GNS 表現を用いよ．］

定義 8.4.9.　包含 $M \subset M \vee \{e_N\}''$ を包含 $N \subset M$ の**基本拡大**とよぶ.

本章の終わりに部分因子環論に少し触れておく．以下 $1_M \in N \subset M$ は因子環と部分因子環の包含で，忠実正規な条件付き期待値 $E\colon M \to N$ をもつとする．忠実正規状態 $\psi \in N_*^+$ を取り，$\varphi := \psi \circ E$ とおき，これに付随する基本拡大を $M_1 := M \vee \{e_1\}'' \subset \mathbf{B}(\mathcal{H}_\varphi)$ と書く $(e_1 := e_N)$．このとき，忠実正規な作用素値荷重 $\widehat{E}\colon (M_1)_+ \to \widehat{M_+}$ が存在して，$\widehat{E}(xe_Ny) = xy$, $x, y \in M$ となる[8)]．$\widehat{M_+}$ は M_+ に ∞ を合わせたような正錐である．$\widehat{E}(1_{M_1})$ は $\widehat{Z(M)} = [0, \infty]$ に値をもつ．また $1_M = \widehat{E}(e_N) \leqq \widehat{E}(1_{M_1})$ である.

定義 8.4.10.　忠実正規な条件付き期待値 $E\colon M \to N$ の **Jones-幸崎指数** $\mathrm{Ind}(E) \in [1, \infty]$ を $\mathrm{Ind}(E)1_M := \widehat{E}(1_{M_1})$ で定める[9)].

このとき次のことが従う.

定理 8.4.11 (V. Jones).　$\mathrm{Ind}(E) \in \{4\cos^2(\pi/n) | n = 3, 4, \dots\} \cup [4, \infty]$.

定理 8.4.11 は C^* テンソル圏を用いて自然に理解できるが，なるべく原論文に近い方法で（いくつかの事実を認めて）証明を与える.

以下 $\mathrm{Ind}(E) < \infty$ の場合を考える．このとき $E_1 := \mathrm{Ind}(E)^{-1}\widehat{E}$ は M_1 から M の上への忠実正規な条件付き期待値である．M_1 上の忠実正規状態 $\varphi_1 := \psi \circ E \circ E_1$ に関して $M \subset M_1$ の基本拡大を行うと，$M_1 \subset M_1 \vee \{e_2\}'' =: M_2$ を得る．ここで M_2 は，GNS Hilbert 空間を $L^2(M, \varphi)$ から取り換えて，$L^2(M_1, \varphi_1)$ 上に実現されていることに注意しよう．このとき，$\mathrm{Ind}(E_1) = \mathrm{Ind}(E)$ であることが知られており，$E_2 := \mathrm{Ind}(E)^{-1}\widehat{E_1}$ とおくことで，やは

---

8) $Q \subset P$ を von Neumann 環の包含とする．$T\colon P_+ \to \widehat{Q}_+$ が作用素値荷重とは，$T(x + y) = T(x) + T(y)$, $T(\lambda x) = \lambda T(x)$, $T(axa^*) = aT(x)a^*$, $x, y \in P_+$, $\lambda \in \mathbb{R}_+$, $a \in Q$ をみたすもののことである.

9) この定義は幸崎による．II_1 型因子環の包含 $N \subset M$ に対する $[M : N] := \dim_N L^2(M)$ が，もとの Jones 指数の定義である．トレースを保存する条件付き期待値 $E\colon M \to N$ に対して $[M : N] = \mathrm{Ind}(E)$ となり，両者は一致する.

り基本拡大 $M_2 \subset M_2 \vee \{e_3\}'' =: M_3$ を得る．こうして基本拡大の列[10] $N \subset M \subset M_1 \subset \cdots$，射影列 $\{e_i\}_{i\in\mathbb{N}}$，そして忠実正規状態の列 $\varphi_n := \psi \circ E_0 \circ \cdots \circ E_n$ ができる ($E_0 := E$)．φ_n たちを $\mathrm{C}^*(\bigcup_n M_n)$ 上の状態 φ_∞ に拡張しておく．

補題 8.4.12.　Jones 射影列 $\{e_i\}_{i\in\mathbb{N}}$ について，次のことが成り立つ：

(1)（**Temperley–Lieb 代数の関係式**）

$$e_i e_{i\pm1} e_i = \mathrm{Ind}(E)^{-1} e_i, \quad e_i e_j = e_j e_i, \quad |i-j| \geqq 2. \tag{8.10}$$

(2)（**Markov 性**）$\varphi_\infty(xe_i) = \mathrm{Ind}(E)^{-1}\varphi_\infty(x)$, $x \in M_{i-1}$.

(3) $e_i\varphi_\infty = \varphi_\infty e_i$. 特に φ_∞ は $\mathrm{C}^*(1, e_1, e_2, \dots)$ 上のトレース状態である．

証明. (1)．命題 8.4.7 (2) より $e_ie_j = e_je_i$, $|i-j| \geqq 2$ が従う．命題 8.4.7 (1) より $e_{i+1}e_ie_{i+1} = E_i(e_i)e_{i+1} = \mathrm{Ind}(E)^{-1}e_{i+1}$ を得る．とくに $v_i := \mathrm{Ind}(E)^{1/2}e_ie_{i+1}$ は部分等長作用素だから，$v_iv_i^*$ は e_i の部分射影である．すると $0 \leqq E_{i+1}(e_i - v_iv_i^*) = e_i - \mathrm{Ind}(E)e_iE_{i+1}(e_{i+1})e_i = 0$ であり，E_{i+1} の忠実性から $v_iv_i^* = e_i$ を得る．

(2)．次の計算による：$i \in \mathbb{N}$ と $x \in M_{i-1}$ に対して，

$$\varphi_\infty(xe_i) = \varphi_i(xe_i) = \varphi_{i-1}(E_i(xe_i)) = \varphi_{i-1}(xE_i(e_i)) = \mathrm{Ind}(E)^{-1}\varphi_{i-1}(x).$$

(3)．$j \geqq i$ と $y \in M_j$ に対して $\varphi_\infty(y) = \varphi_i(E_{i+1} \circ \cdots \circ E_j(y))$ が成り立つ．このことと命題 8.4.7 (6) より，$\varphi_i(xe_i) = \varphi_i(e_ix)$ を任意の $x = ae_ib$, $a, b \in M_{i-1}$ について示せばよい．左辺は

$$\begin{aligned}\varphi_i(xe_i) &= \varphi_i(aE_{i-1}(b)e_i) = \varphi_{i-1}(E_i(aE_{i-1}(b)e_i)) \\ &= \mathrm{Ind}(E)^{-1}\varphi_{i-1}(aE_{i-1}(b)) = \mathrm{Ind}(E)^{-1}\varphi_{i-2}(E_{i-1}(a)E_{i-1}(b))\end{aligned}$$

であり，右辺 $\varphi_i(e_ix)$ もこれに等しいことがわかる．　□

単調減少射影列 f_n を $f_0 := 1$, $f_n := 1 - e_1 \vee \cdots \vee e_n$, $n \geqq 1$ と定める．f_n は **Jones–Wenzl 射影**とよばれる．f_n の漸化式を得るために，実数 t の多項

---

[10] **Jones** タワーとよばれる．

式関数列 $P_n(t)$ を $P_0(t) := 1 =: P_1(t)$, $P_{n+1}(t) := P_n(t) - tP_{n-1}(t)$ と定める．ここで $\alpha_t := (1+\sqrt{1-4t})/2$, $\beta_t := (1-\sqrt{1-4t})/2$ とおけば，

$$P_n(t) = \frac{\alpha_t^{n+1} - \beta_t^{n+1}}{\alpha_t - \beta_t}, \quad n \in \mathbb{Z}_+ \tag{8.11}$$

となる．$t = 1/4$ のときは $\alpha_{1/4} = \beta_{1/4} = 1/2$ であり，$P_n(t) = 2^{-n}(n+1)$, $n \in \mathbb{Z}_+$ である．以下 $\lambda := \mathrm{Ind}(E)^{-1} \leqq 1$ とおく．

補題 8.4.13.　ある $k \in \mathbb{Z}_+$ に対して $1 = f_0 \geqq \cdots \geqq f_k \neq 0$ であるとする．このとき $P_i(\lambda) > 0$, $j = 1, \ldots, k+1$ であり，次の等式が成り立つ：

$$f_i = f_{i-1} - \frac{P_{i-1}(\lambda)}{P_i(\lambda)} f_{i-1} e_i f_{i-1}, \quad i = 1, \ldots, k+1. \tag{8.12}$$

さらに $i = 1, \ldots, k+1$ に対して，$E_i(f_i) = P_{i+1}(\lambda)P_i(\lambda)^{-1} f_{i-1}$ と $\varphi_\infty(f_i) = P_{i+1}(\lambda)$ が成り立つ．

証明.　$0 \leqq i \leqq k$ に対して，$P_i(\lambda) > 0$ と等式 (8.12) が成り立つと仮定する．$E_k(e_k) = \lambda$ より，$E_k(f_k) = (1 - \lambda P_{k-1}(\lambda)P_k(\lambda)^{-1}) f_{k-1}$ であり，f_k は非零な正元だから $1 - \lambda P_{k-1}(\lambda)P_k(\lambda)^{-1} > 0$ となる．よって $P_{k+1}(\lambda) > 0$ である．そこで $q := f_k - P_k(\lambda)P_{k+1}(\lambda)^{-1} f_k e_{k+1} f_k$ とおけば，

$$e_{k+1} f_k e_{k+1} = E_k(f_k) e_{k+1} = P_{k+1}(\lambda)P_k(\lambda)^{-1} f_{k-1} e_{k+1} \tag{8.13}$$

により，q は射影である（$f_{k-1} \in M_{k-1} \subset \{e_{k+1}\}'$ に注意せよ）．

次に $e_i \perp f_k$, $i = 1, \ldots, k$ より $e_i \perp q$, $i = 1, \ldots, k$ である．また (8.13) により $e_{k+1} \perp q$ もわかるから，$q \leqq f_{k+1}$ である．逆の不等号は，$f_k \geqq f_{k+1}$ と $f_{k+1} \perp e_{k+1}$ より $f_{k+1} q = f_{k+1}$ となることから従う．よって $q = f_{k+1}$ である．また $E_{k+1}(f_{k+1}) = E_{k+1}(q) = P_{k+2}(\lambda)P_{k+1}(\lambda)^{-1} f_k$ である．k についての帰納法で主張が示される．

これまでの議論から $E_i(f_i)$ についての主張が従う．また M_i 上での等式 $\varphi_\infty = \varphi_{i-1} \circ E_i$ を用いれば，$\varphi_\infty(f_i) = P_{i+1}(\lambda)$ を得る．　□

定理 8.4.11 の証明.　$1 \leqq \mathrm{Ind}(E) < 4$ のとき $\lambda > 1/4$ ゆえ，$0 < \theta < \pi$ により $\alpha_\lambda = \lambda^{1/2} e^{i\theta} = \overline{\beta}_\lambda$ と表される．よって $P_k(\lambda) = \lambda^{k/2} \sin((k+1)\theta)/\sin\theta$, $k \in \mathbb{Z}_+$ と与えられる．まず $P_1(\lambda) = 1$ より，$1 \leqq \mathrm{Ind}(E)^{1/2} = \lambda^{-1/2} =$

$2\cos\theta$ が従う．とくに $0 < \theta \leqq \pi/3$ である．

簡単な考察から各 $m \in \mathbb{N}$ に対して，次のことがわかる：

$$(0, \pi/m) = \{\, \varphi \in (0, \pi) \mid \sin(\ell\varphi) > 0,\ 1 \leqq \ell \leqq m \,\}. \tag{8.14}$$

もし任意の $k \geqq 0$ で $f_k \neq 0$ ならば，補題 8.4.13 により $0 < \varphi_\infty(f_k) = P_{k+1}(\lambda) = \lambda^{(k+1)/2}\sin((k+2)\theta)/\sin\theta$ だから，(8.14) より $0 < \theta < \pi/(k+2)$ が任意の $k \in \mathbb{Z}_+$ で成り立つが，$\theta > 0$ であることと矛盾する．

したがって，ある $n \geqq 1$ が存在して，$f_{n-1} \neq 0$ かつ $f_n = 0$ となる．このとき $0 < \varphi_\infty(f_k) = \lambda^{(k+1)/2}\sin((k+2)\theta)/\sin\theta$, $k = 0, \ldots, n-1$ だから，(8.14) より $0 < \theta < \pi/(n+1)$ である．また $\varphi_\infty(f_n) = 0$ より $\sin((n+2)\theta) = 0$ となる．したがって $\theta = \pi/(n+2)$ となる．よって $\mathrm{Ind}(E)^{1/2} = \lambda^{-1/2} = 2\cos(\pi/(n+2))$ である． □

第 8 章について

この章の主張と証明は [梅大日 03, 竹崎 83, BR87] を参考にした．標準形，竹崎の双対定理については [竹崎 83, 山上 19] を見よ．部分因子環論への入門書として [EK98] をあげておく．

第9章

von Neumann環の分類

本章ではvon Neumann環のI, II, III型への分類，有限von Neumann環上の正規トレース状態の存在を示す．またAFD II_1型因子環の一意性定理を示し，Powers因子環のT集合を用いた分類を行う．作用素環論において最も深い結果の一つといえる単射的因子環の分類結果についても触れる．

9.1 可換von Neumann環，I型von Neumann環

von Neumann環はI型（可換環や$\mathbf{B}(\mathcal{H})$の仲間），II型（非I型で忠実正規トレース荷重をもつ），III型（非零正規トレース荷重をもたない）に大別され，任意のvon Neumann環はそれらの直和で表されることを見ていこう．

$(\Omega, \mathscr{B}, \mu)$を測度空間とする．ここで$\Omega$は集合，$\mathscr{B}$は$\Omega$上の$\sigma$加法族，$\mu\colon \mathscr{B} \to [0, \infty]$は測度である．$L^p(\Omega, \mu)$を$p$乗可積分関数たちのなすBanach空間とし（$1 \leqq p < \infty$），$L^\infty(\Omega, \mu)$を本質的に有界な可測関数のなす$\mathrm{C}^*$環とする（ほとんど至る所等しい関数は同一視する）．掛け算作用によって$*$準同型$L^\infty(\Omega, \mu) \ni f \mapsto f \in \mathbf{B}(L^2(\Omega, \mu))$を得る．すなわち，

$$(f\xi)(\omega) := f(\omega)\xi(\omega), \quad f \in L^\infty(\Omega, \mu),\ \xi \in L^2(\Omega, \mu),\ \omega \in \Omega.$$

μが局所化可能[1]であれば，この$*$準同型は忠実である．通常興味のある測度（たとえばσ有限測度）はこの性質をみたす．本節では局所化可能測度のみを

[1] 大雑把にいえばσ有限測度空間の直和で表されるもの．なじみのない読者はσ有限測度空間のみ考察すればよい．[辰馬 94]を参照せよ．

考える．このとき $L^1(\Omega,\mu)$ は $L^\infty(\Omega,\mu)$ の前双対であり，$L^\infty(\Omega,\mu)$ は W* 環である．実際に，$L^\infty(\Omega,\mu) \subset \mathbf{B}(L^2(\Omega,\mu))$ は von Neumann 環であることを見よう．

定理 9.1.1. $\mathbf{B}(L^2(\Omega,\mu))$ の中で $L^\infty(\Omega,\mu)' = L^\infty(\Omega,\mu)$．とくに $L^\infty(\Omega,\mu)$ は von Neumann 環である．

証明. μ が有限測度であるときに示す．$L^\infty(\Omega,\mu) \subset L^\infty(\Omega,\mu)'$ は明らか．$x \in L^\infty(\Omega,\mu)'$ を取る．$f \in L^2(\Omega,\mu)$ を $f := x1_\Omega$ と定める．f の本質的有界性を示すために，各 $a > 0$ に対して，$E_a := \{\omega \in \Omega \mid |f(\omega)| \geqq a\}$ とおく．すると $x \in L^\infty(\Omega,\mu)'$ ゆえ $1_{E_a} f = 1_{E_a} x 1_\Omega = x 1_{E_a}$．よって

$$a^2\mu(E_a) \leqq \|1_{E_a} f\|_2^2 = \|x1_{E_a}\|_2^2 \leqq \|x\|^2\mu(E_a).$$

これより $a > \|x\|$ ならば $\mu(E_a) = 0$．とくに（ほとんど至る所）$|f| \leqq \|x\|1_\Omega$．

さて $g \in L^\infty(\Omega,\mu) \cap L^2(\Omega,\mu)$ に対して，$fg = gf = gx1_\Omega = xg$．$L^\infty(\Omega,\mu) \cap L^2(\Omega,\mu)$ は $L^2(\Omega,\mu)$ でノルム稠密だから $x = f \in L^\infty(\Omega,\mu)$ となる．

μ が有限でないときは測度有限可測集合による分割を用いればよい．□

補題 9.1.2. M を σ 有限な可換 von Neumann 環，$\varphi \in M_*$ を忠実正規状態とする．任意の σ 弱稠密な C* 部分環 $A \subset M$ で $1_M \in A$ なるものに対して，あるコンパクト Hausdorff 空間 Ω とその上の Radon 確率測度 μ で $\operatorname{supp}\mu = \Omega$ となるものが存在して，包含 $A \subset M$ と $C(\Omega) \subset L^\infty(\Omega,\mu)$ は同型である．すなわち同型 $\pi\colon M \to L^\infty(\Omega,\mu)$ が存在して，$\pi(A) = C(\Omega)$ かつ $\varphi(x) = \int_\Omega \pi(x)\,d\mu,\ x \in M$ となる．

証明. Gelfand–Naimark の定理により，あるコンパクト Hausdorff 空間 Ω と同型 $\pi\colon A \to C(\Omega)$ が存在する．$\varphi\circ\pi^{-1}$ は $C(\Omega)$ 上の忠実状態である．Riesz–Markov–角谷の表現定理により，Ω 上の Radon 確率測度 μ が（一意的に）存在して $\varphi(a) = \int_\Omega \pi(a)\,d\mu,\ a \in A$ となる．φ は忠実だから $\operatorname{supp}\mu = \Omega$ であり，測度の正則性から $\overline{C(\Omega)}^s = L^\infty(\Omega,\mu) \subset \mathbf{B}(L^2(\Omega,\mu))$．

さて $(\pi_\varphi, \mathcal{H}_\varphi, \xi_\varphi)$ を φ の GNS 3 つ組とすると，$V\colon \pi_\varphi(A)\xi_\varphi \ni \pi_\varphi(a)\xi_\varphi \mapsto \pi(a) \in L^2(\Omega,\mu)$ は等長かつノルム稠密な値域 $C(\Omega) \subset L^2(\Omega,\mu)$ をもつ．また $A \subset M$ は強位相で稠密だから $\pi_\varphi(A)\xi_\varphi \subset \mathcal{H}_\varphi$ はノルム稠密である．よっ

て V は $\mathcal{H}_\varphi$ から $L^2(\Omega,\mu)$ へのユニタリに拡張する（これも V と書く）．このとき $V\pi_\varphi(a)V^* = \pi(a)$, $a \in A$ である．

そこで $\pi\colon A \to C(\Omega)$ を単位的な正規 $*$ 準同型 $\pi\colon M \ni x \mapsto V\pi_\varphi(x)V^* \in \mathbf{B}(\mathcal{H}_\varphi)$ に拡張する．まず $C(\Omega) = \pi(A) \subset \pi(M)$ より $L^\infty(\Omega,\mu) \subset \pi(M)$．また $\pi(M)$ は可換だから $\pi(M) \subset \pi(A)' = C(\Omega)' = L^\infty(\Omega,\mu)' = L^\infty(\Omega,\mu)$．最後の等号は定理 9.1.1 による．以上から $\pi(M) = L^\infty(\Omega,\mu)$． □

定理 9.1.3.　可換 von Neumann 環 M に対して，ある局所化可能測度空間 $(\Omega,\mathscr{B},\mu)$ が存在して $M \cong L^\infty(\Omega,\mu)$ となる．

証明.　M を σ 有限射影の直交族で分解し，補題 9.1.2 を適用すればよい． □

定義 9.1.4.　非零極小射影をもたない von Neumann 環はディフューズであるといわれる．

定理 9.1.5.　ディフューズかつ可分な可換 von Neumann 環 M と忠実正規状態 $\varphi \in M_*^+$ に対して，同型 $\pi\colon M \to L^\infty([0,1],\mu)$ が存在して，$\varphi(a) = \int_{[0,1]} \pi(a)\,d\mu$, $a \in M$ となる．ここで μ は Lebesgue 測度を表す．

証明.　σ 弱稠密かつ単位的な可分 C* 部分環 $A \subset M$ を取る．補題 9.1.2 により，コンパクト Hausdorff 空間 Ω と，Ω 上の φ に対応する Radon 確率測度 ν が存在して，$A \cong C(\Omega)$ かつ $M \cong L^\infty(\Omega,\nu)$ となる．$\Omega \cong \Omega(A)$ は $\mathrm{S}(A)$ で汎弱閉であることと補題 2.6.1, 3.7.19 から，Ω は Polish 空間，とくに標準 Borel 空間である．$L^\infty(\Omega,\nu)$ はディフューズゆえ Ω は ν に関して原子をもたない．よって Borel 同型 $\Omega \cong [0,1]$ で ν が μ に対応するものが存在する[2)]． □

定義 9.1.6.　M を von Neumann 環とする．

- $p \in M^{\mathrm{P}}$ がアーベル射影 $:\overset{\mathrm{d}}{\Leftrightarrow}$ 縮小環 pMp が可換である．
- M が **I** 型である $:\overset{\mathrm{d}}{\Leftrightarrow}$ あるアーベル射影 $p \in M^{\mathrm{P}}$ で $z_M(p) = 1_M$ となるものが存在する．

---

2) このあたりの議論は [木田 24] を参照されたい．

補題 9.1.7. M を von Neumann 環，$p \in M^{\mathrm{P}}$ をアーベル射影，$q \in M^{\mathrm{P}}$ とすると，次のことが成り立つ：

(1) $pMp = Z(M)p$ である．

(2) $q \leqq p$ ならば，ある $z \in Z(M)^{\mathrm{P}}$ が存在して，$q = pz$ となる．

(3) $q \in M^{\mathrm{P}}$ かつ $q \precsim p$ ならば，q もアーベル射影である．

(4) p は次の意味で $\precsim$ に関して極小的である：$pz_M(q) \precsim q$.

(5) q もアーベル射影かつ $z_M(p) = z_M(q)$ ならば $p \sim q$ である．

(6) M が I 型因子環である $\Leftrightarrow$ ある Hilbert 空間 $\mathcal{K}$ が存在して $M \cong \mathbf{B}(\mathcal{K})$.

証明. (1). 系 7.1.13 より $pMp = Z(pMp) = Z(M)p$ である．

(2). $q \in pMp = Z(M)p$ であることと，同型 $Z(M)z(p) \ni x \mapsto xp \in Z(M)p$ を使えばよい．

(3). $r \in M^{\mathrm{P}}$ を $q \sim r \leqq p$ となるものとすれば，$qMq \cong rMr \subset pMp$ より qMq は可換である．

(4). $pz(q)$ と $qz(p)$ を考えることで，$z(p) = z(q)$ と仮定して $p \precsim q$ を示せばよい．比較定理により $z \in Z(M)^{\mathrm{P}}$ が存在して $pz \precsim qz$ かつ $pz^{\perp} \succsim qz^{\perp}$ となる．$r \in M^{\mathrm{P}}$ を $qz^{\perp} \sim r \leqq pz^{\perp}$ となるものとする．(2) より，ある $z_1 \in Z(M)^{\mathrm{P}}$ が存在して $r = pz^{\perp}z_1$ となる．すると $z(p)z^{\perp} = z(q)z^{\perp} = z(qz^{\perp}) = z(r) = z(p)z^{\perp}z_1$ だから，$z_1 \geqq z(p)z^{\perp}$ である．とくに $r = pz^{\perp}$ ゆえ，$pz^{\perp} \sim qz^{\perp}$ となる．以上から $p \precsim q$ となる．

(5). (4) より明らか．

(6). $\Rightarrow$ を示す．$e \in M$ を非零アーベル射影とすれば，(1) より $eMe = Z(M)e = \mathbb{C}e$，すなわち e は極小射影である．あとは定理 7.2.25 から従う．

$\Leftarrow$ を示す．$M \cong \mathbf{B}(\mathcal{K})$ の非零極小射影 e はアーベル射影であり，$Z(M) = \mathbb{C}1_M$ より $z(e) = 1_M$. よって M は I 型である． □

コメント 9.1.8.

(1) C* 環 A が I 型 C* 環（定義 4.4.34）であることと，任意の表現 $\pi\colon A \to \mathbf{B}(\mathcal{H})$ について $\pi(A)''$ が I 型 von Neumann 環であることは同値であることが知られている（Glimm, 境）.

(2) $\mathbf{B}(\ell^2)$ は I 型 von Neumann 環だが I 型 C* 環ではない（問題 4.4.37）.

I 型 von Neumann 環の構造定理について直積分（7.1.3 項）を用いた説明をしておく．可分 von Neumann 環 M のアーベル射影 $p \in M^{\mathrm{P}}$ について，系 7.1.13 により $pMp = Z(pMp) = Z(M)p$ がいえる．直積分分解の描像で，$p = \int_{\Omega}^{\oplus} p_\omega \, d\mu(\omega)$ と分解すれば $p_\omega M_\omega p_\omega = \mathbb{C}p_\omega$ が μ-a.e. ω で成り立つ．すなわちアーベル射影は極小射影の直積分で表される．さらに $z_M(p) = 1_M$ は，$p_\omega \neq 0$, μ-a.e. ω を意味する．このとき定理 7.2.25 によれば M_ω は μ-a.e. ω で，ある $\mathbf{B}(\mathcal{K}_\omega)$ と同型である．各 Hilbert 空間 $\mathcal{K}_\omega$ を次元で整理すれば，M を次の形に表せることが期待される：

$$M = \bigoplus_{\alpha} \int_{\Omega_\alpha}^{\oplus} \mathbf{B}(\mathcal{H}_\alpha) \, d\mu(\omega) \cong \bigoplus_{\alpha} L^\infty(\Omega_\alpha, \mu_\alpha) \mathbin{\overline{\otimes}} \mathbf{B}(\mathcal{H}_\alpha).$$

ここで α は濃度を表し，$\mathcal{H}_\alpha$ は $\dim \mathcal{H}_\alpha = \alpha$ となる Hilbert 空間を一つ固定している．また $\Omega_\alpha := \{\omega \in \Omega \mid \dim \mathcal{K}_\omega = \alpha\}$ である．Ω_α の可測性などの問題は実際に正当化される．

各直和成分 $L^\infty(\Omega_\alpha, \mu_\alpha) \mathbin{\overline{\otimes}} \mathbf{B}(\mathcal{H}_\alpha)$ に対応する型を定義しておく．

定義 9.1.9.　M を von Neumann 環とし，$\alpha = |J|$ を濃度とする．M のアーベル射影による 1_M の分割 $\{p_i\}_{i \in J}$ であって，$p_i \sim p_j$, $i, j \in J$ となるものが存在するとき，M は $\mathbf{I}_{\boldsymbol{\alpha}}$ **型** von Neumann 環とよばれる．

I_α 型の定義の p_i たちは同値だから共通の中心台をもつ．さらにそれらの和は 1_M ゆえ $z_M(p_i) = 1_M$ である．よって I_α 型ならば I 型である．I 型や（次の補題より）I_α 型であることは同型不変量であることに注意しよう．

補題 9.1.10.　von Neumann 環 M について，次のことが成り立つ：

(1) M が I_α 型 $\Leftrightarrow$ ある可換 von Neumann 環 A と Hilbert 空間 $\mathcal{K}$, $\dim \mathcal{K} = \alpha$ が存在して $M \cong A \mathbin{\overline{\otimes}} \mathbf{B}(\mathcal{K})$.

(2) M が I_α 型かつ I_β 型ならば，$\alpha = \beta$.

証明. (1).　$\Leftarrow$ を示す．実際 $\{e_{ij}\}_{i,j \in J}$ を $\mathcal{K}$ の CONS に付随する行列単位系とし，$p_i = 1_A \otimes e_{ii}$ とおく．すると $p_i(A \mathbin{\overline{\otimes}} \mathbf{B}(\mathcal{K}))p_i = A \mathbin{\overline{\otimes}} \mathbb{C}p_i$ だから各 p_i はアーベル射影である．また $1_A \otimes e_{ij}$ を使えば，$p_i \sim p_j$ がわかる．さらに

$1 = \sum_i p_i$ も明らかである．よって M は I_α 型である．

次に $\Rightarrow$ を示す．$\alpha = |J|$ とする．定義よりアーベル射影による 1_M の分割 $\{p_i\}_{i \in J}$ であって $p_i \sim p_j$ となるものを取れる．$i_0 \in J$ を固定し，各 $i \in J$ に対して $v_i \in M^{\mathrm{PI}}$ を $v_i^* v_i = p_{i_0}$, $v_i v_i^* = p_i$ となるように取る．そこで $e_{ij} := v_i v_j^*$ と定めると，$\{e_{ij}\}_{i,j \in J}$ は行列単位系である．

そこで Q を $\{e_{ij}\}_{i,j \in J}$ が生成する M の von Neumann 部分環とすれば，補題 7.2.24 より $Q \cong \mathbf{B}(\ell^2(J))$ であり，命題 7.7.9 から $M \cong (Q' \cap M) \overline{\otimes} Q$. ここで $Q' \cap M \cong p_{i_0} M p_{i_0}$ より $Q' \cap M$ は可換 von Neumann 環である．

(2). M は I_α 型かつ I_β 型としよう．それぞれの型に応じた行列単位系をそれぞれ $\{e_{ij}\}_{i,j \in J_\alpha}$, $\{f_{st}\}_{s,t \in J_\beta}$ と書く．もちろん $\sum_i e_{ii} = 1_M = \sum_s f_{ss}$ であり，各 e_{ii}, f_{ss} はアーベル射影である．

まず α が有限である場合を考える．$Q_\alpha := \{e_{ij}\}_{i,j}''$ と書くと，Q_α は行列環 $\mathbf{B}(\ell^2(J_\alpha))$ と同型である．$\dim Q_\alpha < \infty$ より $M \cong (Q_\alpha' \cap M) \overline{\otimes} Q_\alpha = (Q_\alpha' \cap M) \otimes_{\mathrm{alg}} Q_\alpha$ である．可換 von Neumann 環 $Q_\alpha' \cap M$ 上の正規状態 φ を任意に取り，Q_α 上の標準トレースを Tr_α と書く．このとき $\varphi \otimes \mathrm{Tr}_\alpha$ は同型を通じてトレース $\psi_\alpha \in M_*^+$ を与える．定め方から $\psi_\alpha(e_{ii}) = 1$, $i \in J_\alpha$. とくに $\psi_\alpha(1_M) = \sum_{i \in J_\alpha} \psi_\alpha(e_{ii}) = \alpha$ である．

補題 9.1.7 (2) より $e_{ii} \sim f_{ss}$ だから $\psi_\alpha(f_{ss}) = \psi_\alpha(e_{ii}) = 1$, $s \in J_\beta$, $i \in J_\alpha$ となる．よって $\beta = \sum_{s \in J_\beta} \psi_\alpha(f_{ss}) = \psi_\alpha(1_M) = \alpha$ を得る．

次に α が無限濃度のときを考える．このときは β も無限濃度である．$Z(M)$ の非零な σ 有限射影 z を取る．すると各 i に対して $e_{ii}z$ は非零であり（e_{ii} の中心台は 1_M である），補題 7.3.42 (1) より σ 有限である．さて各 $i \in J_\alpha$ に対して，$J_\beta(i) := \{s \in J_\beta \mid f_{ss} e_{ii} z \neq 0\}$ とおけば，$J_\beta(i)$ は高々可算である．実際に強収束和 $\sum_s z e_{ii} f_{ss} e_{ii} z = e_{ii} z$ について，命題 7.3.38 の (2) の主張を $e_{ii} z M z e_{ii}$ に適用すればよい．

$J_\beta \subset \bigcup_{i \in J_\alpha} J_\beta(i)$ を示す．もし $s \in J_\beta \setminus \bigcup_i J_\beta(i)$ ならば，任意の $i \in J_\alpha$ に対して $f_{ss} e_{ii} z = 0$. よって $f_{ss} z = \sum_i f_{ss} e_{ii} z = 0$. $z_M(f_{ss}) = 1_M$ だから $z = 0$ となり矛盾が生じる．以上より α は無限濃度だから，$\beta = |J_\beta| \leqq |\mathbb{N}||J_\alpha| = |\mathbb{N}|\alpha = \alpha$. 逆の不等号も同様である． $\square$

定理 9.1.11. I 型 von Neumann 環 M は I_α 型 von Neumann 環たちの直和に一意的に分解する．すなわち濃度の集合 Λ と単位の分割 $\{z_\alpha\}_{\alpha\in\Lambda}\subset Z(M)^{\mathrm{P}}$ が一意的に存在して，Mz_α は I_α 型となる．

証明． まず I 型 von Neumann 環はある（非零な）I_α 型の直和因子をもつことを示そう．M を I 型 von Neumann 環とする．$\{e_j\}_{j\in J}$ を互いに同値なアーベル射影かつ $z_M(e_j)=1_M$ であるような極大直交族とする．$p:=1_M-\sum_j e_j$ とおく．$p=0$ ならば M 自体が $\mathrm{I}_{|J|}$ 型である．$p\neq 0$ のときを考える．$j_0\in J$ を固定しておく．補題 9.1.7 (4) より，$e_{j_0}z(p)\precsim p$ となる．$e_{j_0}z(p)\neq 0$ かつ，極大性により $z(p)\neq 1$ である．すると $0=pz(p)^\perp=z(p)^\perp-\sum_j e_jz(p)^\perp$ となり，$Mz(p)^\perp$ が $I_{|J|}$ 型である．以上より M は，ある I_α 型直和因子をもつことがわかった．

そこで $\{z_i\}_{i\in I}\subset Z(M)^{\mathrm{P}}$ を，Mz_i が I_{α_i} 型となるような極大直交族とする．もし $f:=1-\sum_i z_i$ が非零ならば，前半の議論から Mf がある非零な I_β 型直和因子 Mz' をもつ（$z'\in Z(M)^{\mathrm{P}}$ である．$Z(Mf)=Z(M)f\subset Z(M)$ に注意）．すると直交族 $\{z_i\}_i\cup\{z'\}$ を考えることで $\{z_i\}_i$ の極大性と矛盾が生じる．よって $1_M=\sum_i z_i$，すなわち I_{α_i} 型直和因子たちによる直和分解 $M=\bigoplus_i Mz_i$ を得られた．同じ型の直和因子をまとめよう．$\Lambda:=\{\alpha_i\,|\,i\in J\}$ とおく．濃度 $\alpha\in\Lambda$ に対して $J_\alpha:=\{i\in J\,|\,\alpha_i=\alpha\}$, $z_\alpha:=\sum_{i\in J_\alpha}z_i$ とおけば，$1_M=\sum_{\alpha\in\Lambda}z_\alpha$ であり，$M=\bigoplus_{\alpha\in\Lambda}Mz_\alpha$．各 Mz_α は I_α 型である．これで直和分解の存在がわかった．

次に一意性を示す．ある濃度の集合 Λ' に付随して中心射影による単位の分割 $\{p_\beta\}_{\beta\in\Lambda'}$ が与えられており，Mp_β が I_β 型であるとする．このとき $p_\beta=\sum_\alpha p_\beta z_\alpha$ より，ある α が存在して $p_\beta z_\alpha\neq 0$．一方では $Mp_\beta z_\alpha$ は Mp_β の非零中心射影 $p_\beta z_\alpha$ による縮小環だから I_β 型であり，また一方では Mz_α の非零中心射影 $p_\beta z_\alpha$ による縮小環だから I_α 型である．補題 9.1.10 より $\alpha=\beta$ でなくてはならない．この議論は $p_\beta z_\gamma=0$, $\gamma\neq\alpha$ も同時に示しており $p_\beta=z_\alpha$ となる．$\sum_\beta p_\beta=1_M=\sum_\alpha z_\alpha$ より $\Lambda'=\Lambda$ がいえる． □

これまでの結果から I 型 von Neumann 環 M は次のような分解をもつ：

$$M\cong\bigoplus_{\alpha\in\Lambda}L^\infty(X_\alpha,\mu_\alpha)\,\overline{\otimes}\,\mathbf{B}(\mathcal{H}_\alpha).$$

ここで Λ は上記定理のもの，$(X_\alpha, \mathscr{B}_\alpha, \mu_\alpha)$ は局所化可能測度空間，$\mathcal{H}_\alpha$ は $\dim \mathcal{H}_\alpha = \alpha$ をみたす Hilbert 空間である．もし M が σ 有限であれば，直和分解の個数は高々可算であり $(X_\alpha, \mathscr{B}_\alpha, \mu_\alpha)$ は σ 有限測度空間，$\mathcal{H}_\alpha$ は高々可算次元（したがって $\alpha \in \mathbb{N} \cup \{|\mathbb{N}|\}$）である．

9.2　von Neumann 環の型

この節でも M, N は von Neumann 環を表す．

9.2.1　射影の有限性と無限性

有限性と無限性に関わる射影の性質を導入する．

定義 9.2.1.　M を von Neumann 環とする．$e \in M^{\mathrm{P}}$ が

- 有限 :$\overset{\mathrm{d}}{\Leftrightarrow}$ $f \in M^{\mathrm{P}}$ が $e \sim f \leqq e$ ならば $e = f$ である．
- 半有限 :$\overset{\mathrm{d}}{\Leftrightarrow}$ 有限射影の直交族 $\{p_i\}_{i \in I}$ が存在して $e = \sum_i p_i$ となる．
- 無限 :$\overset{\mathrm{d}}{\Leftrightarrow}$ e は有限射影でない．
- 真無限 :$\overset{\mathrm{d}}{\Leftrightarrow}$ $e \neq 0$ であり，任意の非零な $z_1 \in Z(M)^{\mathrm{P}}$ で $z_1 \leqq z_M(e)$ なるものに対して，ez_1 は無限射影である．
- 純無限 :$\overset{\mathrm{d}}{\Leftrightarrow}$ $e \neq 0$ であり，e の任意の非零部分射影は無限射影である．

また 1_M が有限，半有限，無限，真無限，純無限のとき，M はそれぞれ有限，半有限，無限，真無限，純無限 von Neumann 環とよばれる．

コメント **9.2.2.**

(1) 零射影は有限射影である．

(2) $e \in M^{\mathrm{P}}$ が有限（半有限，無限，真無限，純無限）$\Leftrightarrow$ eMe は有限（それぞれ半有限，無限，真無限，純無限）von Neumann 環である．実際に，これらは定義より明らかである．真無限性の同値性については $Z(eMe) = Z(M)e \cong Z(M)z_M(e)$ に注意せよ．

(3) von Neumann 環の有限性，半有限性，真無限性，純無限性は同型不変な性質である．したがって射影のそれらの性質は Murray–von Neumann 同値で不変である（$p, q \in M^{\mathrm{P}}$ が $p \sim q$ ならば $pMp \cong qMq$ より）．

(4) von Neumann 環 M が有限 $\Leftrightarrow$ M 内の任意の等長作用素がユニタリである．とくに可換 von Neumann 環や有限次元行列環は有限 von Neumann 環である．

(5)「σ 有限性」と「有限性」では，「有限」の意味が異なるので注意しよう．

(6) 因子環が無限であることと真無限であることは同値である．

(7) von Neumann 部分環 $N \subset M$ に対し，M が有限ならば N も有限である．

(8) $e, f \in M^{\mathrm{P}}$ が $e \precsim f$ かつ f が有限であれば e も有限である．$e \leqq f$ の場合に示せばよい．$u \in eMe$ を等長作用素とすれば，$u + (f - e)$ は有限 von Neumann 環 fMf の等長作用素ゆえユニタリである．よって u は eMe のユニタリである．

(9) $e \in M^{\mathrm{P}}$ が真無限 $\iff$ $e \neq 0$ かつ任意の $z \in Z(M)^{\mathrm{P}}$ に対して，ez は零射影または無限射影である．

補題 9.2.3.　$\{e_i\}_{i \in I} \subset M^{\mathrm{P}}$ を中心台が互いに直交する射影族とする．もし各 e_i がアーベル（有限）射影ならば，$\sum_i e_i$ もアーベル（有限）射影である．

証明.　$e := \sum_i e_i$ とおけば，e_i たちの中心台が互いに直交するから $eMe = \bigoplus_i e_i M e_i$ となる．もし e_i たちがアーベル射影であれば，eMe は可換ゆえ e はアーベル射影である．また，もし各 e_i が有限射影であれば，やはり eMe が有限であることがわかる．　□

補題 9.2.4.　無限射影 $e \in M^{\mathrm{P}}$ に対して，ある $z \in Z(M)^{\mathrm{P}}$ が存在して，ez は有限，$ez^{\perp}$ は真無限となる．このような z は $z_M(e)^{\perp} \leqq z$ の条件のもとで一意的である．

証明.　$\{z_i\}_{i \in I} \subset Z(M)^{\mathrm{P}}$ を，ez_i が有限となるような極大直交族とする．$z_M(e)^{\perp} \in \{z_i\}_{i \in I}$ と仮定してよい．$z := \sum_i z_i$ とおく．補題 9.2.3 より ez は有限である．e は無限射影だから $z \neq 1_M$ である．$ez^{\perp} \in M^{\mathrm{P}}$ が真無限であることを示す．まず $z^{\perp} \leqq z_M(e)$ により，$z_M(ez^{\perp}) = z_M(e)z^{\perp} = z^{\perp} \neq 0$ である．もし $z' \in Z(M)^{\mathrm{P}}$ が非零かつ $z' \leqq z^{\perp}$ ならば $\{z_i\}_{i \in I}$ の極大性から ez' は無限である．よって $ez^{\perp} \neq 0$ は真無限である．

一意性を示す．$f \in Z(M)^{\mathrm{P}}$ も $z_M(e)^{\perp} \leqq f$ かつ主張の性質をもつとする．このとき $fz^{\perp} = 0$ である．実際，$fz^{\perp} \neq 0$ であれば $fz^{\perp} \leqq z_M(e)$ より $efz^{\perp}$

は無限射影である．一方で $efz^{\perp} \leqq ef$ ゆえ，$efz^{\perp}$ は有限射影となり矛盾する．よって $fz^{\perp}=0$，すなわち $f \leqq z$ がいえる．

次に $f \geqq z$ を示す．$ef^{\perp}$ は真無限だから，$ef^{\perp}z$ は零射影か無限射影である．$ef^{\perp}z \leqq ez$ だから $ef^{\perp}z$ は有限射影である．よって $ef^{\perp}z = 0$ であり，$0 = z_M(ef^{\perp}z) = z_M(e)f^{\perp}z$ ゆえ $z_M(e)z \leqq f$ である．

以上から $z_M(e)z = z_M(e)f$ が従う．一方で f の仮定より，$z_M(e)^{\perp}z = z_M(e)^{\perp} = z_M(e)^{\perp}f$ だから，$z = f$ がいえる． □

射影の性質をまとめておく．

極小射影 ⇒ アーベル射影 ⇒ 有限射影 ⇒ 半有限射影．

純無限射影 ⇒ 真無限射影．

直積分による有限（無限）性の解釈も有用である．M の $Z(M) = L^{\infty}(\Omega,\mu)$ に付随する直積分分解 $M = \int_{\Omega}^{\oplus} M_{\omega}\, d\mu(\omega)$ を考える．射影 $p = \int_{\Omega}^{\oplus} p_{\omega}\, d\mu(\omega)$ に対して，$\omega \in \Omega$ で $p_{\omega} \in M_{\omega}$ が有限なものの集まりを $E \subset \Omega$，無限なものの集まりを $F \subset \Omega$ とすれば，$\Omega = E \cup F$ と分解される．$1_E \in L^{\infty}(\Omega,\mu) = Z(M)$ が補題 9.2.4 の z に対応する．

9.2.2 von Neumann 環の型による分類

I 型以外の von Neumann 環の型を導入しよう．

定義 9.2.5. von Neumann 環 M が

- **II 型** :$\overset{\mathrm{d}}{\Leftrightarrow}$ M は非零アーベル射影をもたず，有限射影 $e \in M$ で $z_M(e) = 1_M$ となるものをもつ．
- **$\mathbf{II_1}$ 型** :$\overset{\mathrm{d}}{\Leftrightarrow}$ M は II 型かつ有限．
- **$\mathbf{II_{\infty}}$ 型** :$\overset{\mathrm{d}}{\Leftrightarrow}$ M は II 型かつ真無限．
- **III 型** :$\overset{\mathrm{d}}{\Leftrightarrow}$ M は非零有限射影をもたない，すなわち 1_M は純無限射影．

III 型 von Neumann 環は純無限 von Neumann 環の別称である．次の結果により von Neumann 環の研究はそれぞれの型の場合に帰着される．

定理 9.2.6 (Murray–von Neumann, Kaplansky[3])**.** 任意の von Neumann 環は I 型，II_1 型，II_∞ 型，III 型 von Neumann 環に一意的に直和分解される．すなわち von Neumann 環 M に対し，中心射影による単位の分割 z_{I}, $z_{\mathrm{II}_1}, z_{\mathrm{II}_\infty}, z_{\mathrm{III}}$ が一意的に存在して，それぞれは零射影であるか，非零ならば Mz_{I} は I 型，Mz_{II_1} は II_1 型，Mz_{II_∞} は II_∞ 型，Mz_{III} は III 型となる．

定理 9.2.6 の証明． まず M の I 型直和因子を取り出そう．$\{e_i\}_{i\in I} \subset M^{\mathrm{P}}$ を中心台が直交するアーベル射影の極大族とする．もちろん M によっては $\{0\}$ のこともある．以下も同様の可能性に注意しよう．補題 9.2.3 より $e := \sum_i e_i$ はアーベル射影である．$z_{\mathrm{I}} := z_M(e)$ とおく．直和分解 $M = Mz_{\mathrm{I}} + Mz_{\mathrm{I}}^{\perp}$ を考えよう．Mz_{I} は定め方から I 型である．族 $\{e_i\}_{i\in I}$ の極大性により $Mz_{\mathrm{I}}^{\perp}$ は非零アーベル射影をもたない．

次に $Mz_{\mathrm{I}}^{\perp}$ の中で中心台が直交する有限射影の極大族 $\{f_j\}_{j\in J}$ を取る．ここで f_j の M での中心台と $Mz_{\mathrm{I}}^{\perp}$ での中心台は一致することに注意しておく（コメント 7.2.15 (1) を参照せよ）．補題 9.2.3 より $f := \sum_j f_j$ は有限射影である．そこで $z_{\mathrm{II}} := z_M(f) \leqq z_{\mathrm{I}}^{\perp}$ とおき，直和分解 $Mz_{\mathrm{I}}^{\perp} = Mz_{\mathrm{II}} + M(1 - z_{\mathrm{I}} - z_{\mathrm{II}})$ を考える．Mz_{II} は定め方から II 型（もしくは零環）である．また $\{f_j\}_{j\in J}$ の極大性から $M(1_M - z_{\mathrm{I}} - z_{\mathrm{II}})$ は非零有限射影をもたないから III 型である（もしくは零環）．$z_{\mathrm{III}} := 1_M - z_{\mathrm{I}} - z_{\mathrm{II}}$ とおけば，I, II, III 型への分解 $M = Mz_{\mathrm{I}} + Mz_{\mathrm{II}} + Mz_{\mathrm{III}}$ を得る．

次に Mz_{II} において，$\{z_k\}_{k\in K} \subset Z(M)^{\mathrm{P}}$ を（M の）有限射影の極大直交族とし，$z_{\mathrm{II}_1} := \sum_k z_k$ とおき，直和分解 $Mz_{\mathrm{II}} = Mz_{\mathrm{II}_1} + M(z_{\mathrm{II}} - z_{\mathrm{II}_1})$ を考える．補題 9.2.3 より Mz_{II_1} は有限であるから II_1 型である（もしくは零環）．また $\{z_k\}_{k\in K} \subset Z(M)^{\mathrm{P}}$ の極大性から $M(z_{\mathrm{II}} - z_{\mathrm{II}_1})$ は非零な有限中心射影をもたない．すなわち II_∞ 型である（もしくは零環）．$z_{\mathrm{II}_\infty} := z_{\mathrm{II}} - z_{\mathrm{II}_1}$ とおけば，主張の各型への直和分解を得る．

次に分解の一意性を示そう．中心射影による同様の分解 $1_M = z'_{\mathrm{I}} + z'_{\mathrm{II}_1} + z'_{\mathrm{II}_\infty} + z'_{\mathrm{III}}$ があるとする．すると $z'_{\mathrm{I}} z_{\mathrm{I}}^{\perp} = 0$ である．実際これが非零であれば，$Mz'_{\mathrm{I}} z_{\mathrm{I}}^{\perp}$ は Mz'_{I} の直和因子であるから非零アーベル射影をもつが，$Mz'_{\mathrm{I}} z_{\mathrm{I}}^{\perp}$ は $Mz_{\mathrm{I}}^{\perp}$ の直和因子だから非零アーベル射影をもたず矛盾が生じる．よって $z'_{\mathrm{I}} \leqq$

[3] Murray–von Neumann は因子環の場合，Kaplansky が一般の場合に示した．

z_{I}. 同様の議論により $z'_{\mathrm{I}} \geqq z_{\mathrm{I}}$. よって $z'_{\mathrm{I}} = z_{\mathrm{I}}$. 次に $z'_{\mathrm{II}} := z'_{\mathrm{II}_1} + z'_{\mathrm{II}_\infty}$ とおけば, 有限射影 $e \in M z'_{\mathrm{II}}$ を $z_M(e) = z'_{\mathrm{II}}$ となるように取れる. $e z_{\mathrm{III}}$ は $M z_{\mathrm{III}}$ の有限射影だから $e z_{\mathrm{III}} = 0$. よって $z'_{\mathrm{II}} \leqq z_{\mathrm{II}}$. 同様にして $z'_{\mathrm{II}} = z_{\mathrm{II}}$. これより $z'_{\mathrm{III}} = z_{\mathrm{III}}$ が従う.

次に $f := z'_{\mathrm{II}_1} z_{\mathrm{II}_\infty} \neq 0$ とすれば, 一方では $f \leqq z'_{\mathrm{II}_1}$ だから f は有限だが, もう一方では z_{II_∞} が真無限だから f は無限であり矛盾が生じる. よって $z'_{\mathrm{II}_1} \leqq z_{\mathrm{II}_1}$ となる. 同様の議論から $z'_{\mathrm{II}_1} = z_{\mathrm{II}_1}$ を得る. □

系 9.2.7. 因子環は I 型, II_1 型, II_∞ 型, III 型のいずれかである.

コメント 9.2.8. III 型因子環はさらに細かく III_λ 型 $(0 \leqq \lambda \leqq 1)$ に分類される (Connes). 9.4.3 項も参照せよ.

補題 9.2.9. M を von Neumann 環とすると, 次のことは同値である：

(1) M は真無限である.
(2) $p \in M^{\mathrm{P}}$ が存在して $p \sim 1_M - p \sim 1_M$ となる. とくに M は Cuntz 環 $\mathcal{O}_2 \ni 1_M$ を C* 部分環として含む.
(3) 単位的な忠実正規 $*$ 準同型 $\rho\colon \mathbf{B}(\ell^2) \to M$ が存在する.
(4) ある無限次元 Hilbert 空間 $\mathcal{H}$ と単位的な忠実正規 $*$ 準同型 $\rho\colon \mathbf{B}(\mathcal{H}) \to M$ が存在する.
(5) $M \cong M \mathbin{\overline{\otimes}} \mathbf{B}(\ell^2)$.

証明. (1) ⇒ (2). M は無限ゆえ $1_M \sim p \lneqq 1_M$ となる $p \in M^{\mathrm{P}}$ が存在する. $v \in M$ を $1_M = v^*v$ かつ $p = vv^*$ となるものとする. $e_0 := 1_M - p \neq 0$, $e_n := v^n e_0 (v^*)^n = v^n (v^*)^n - v^{n+1}(v^*)^{n+1}$, $n \in \mathbb{N}$ とおく. $e_n \sim e_0 (v^*)^n v^n e_0 = e_0$ より $\{e_n\}_{n=0}^\infty$ は互いに同値な非零射影の直交族である. これらを含むような互いに同値な非零射影の極大直交族 $\{e_i\}_{\in I}$ を取る. I は無限集合であることに注意しよう.

$r := 1_M - \sum_{i \in I} e_i$ とする. r は e_i たちと比べて小さいはずだから, これを 0 にするように調整する. 比較定理により $z \in Z(M)^{\mathrm{P}}$ を $rz \precsim e_0 z$ かつ $rz^\perp \succsim e_0 z^\perp$ となるように取る. もし $z = 0$ であれば, $r = rz^\perp \succsim e_0 z^\perp = e_0$ となり, $\{e_i\}_{i \in I}$ の極大性と矛盾する. よって $z \neq 0$ である. さらに I は無

限集合だから，$|I| = |I \setminus \{0\}|$ ゆえ適当に全単射 $I \to I \setminus \{0\}$ を作ることで $\sum_{i\in I} e_i \sim \sum_{i\in I\setminus\{0\}} e_i$ を得る．以上より

$$z = rz + \sum_{i\in I} e_i z \precsim e_0 z + \sum_{i\in I\setminus\{0\}} e_i z = \sum_{i\in I} e_i z \leqq z.$$

よって $z \sim \sum_{i\in I} e_i z$．$w \in M$ を $z = ww^*$ かつ $\sum_{i\in I} e_i z = w^* w$ となるように取り，$f_i := we_i zw^*$ とおけば $\{f_i\}_{i\in I}$ は Mz の射影の直交族であり，$f_i \sim e_i z \sim e_j z \sim f_j$ より互いに同値である．また $z = \sum_i f_i$ である．

次に和を 2 つに分けよう．I の部分集合 I_1, I_2 を，$|I_1| = |I| = |I_2|, I_1 \cap I_2 = \emptyset$ かつ $I = I_1 \cup I_2$ となるように取る．$p := \sum_{i\in I_1} f_i$ とおけば，

$$p = \sum_{i\in I_1} f_i \sim \sum_{i\in I_2} f_i = z - p.$$

また $|I| = |I_1|$ だから $p \sim \sum_{i\in I} f_i = z$ もいえる．以上から M が無限ならば，ある非零な $z \in Z(M)^{\mathrm{P}}$ と $p \in (Mz)^{\mathrm{P}}$ が存在して $p \sim z - p \sim z$ となることがわかった．

最後に z を 1_M に調整する．$\{z_j\}_{j\in J} \subset Z(M)^{\mathrm{P}}$ を，各 j に対して $p_j \in Mz_j$ が存在して $p_j \sim z_j - p_j \sim z_j$ となるような，極大直交族とする．もし $z' := 1_M - \sum_j z_j$ が非零ならば，M の真無限性から Mz' は無限 von Neumann 環である．前半の議論を Mz' に適用すれば，ある非零射影 $z'' \in Z(Mz') = Z(M)z'$, $p' \in Mz''$ が $p' \sim z'' - p' \sim z''$ となるように存在する．これは $\{z_j\}_j$ の極大性に矛盾する．

よって $1_M = \sum_j z_j$ である．そこで $q := \sum_j p_j$ とおけば，$p_j \sim z_j - p_j$ かつ $\{z_j - p_j\}_j$ は直交族だから $q \sim \sum_j (z_j - p_j) = 1_M - q$ となる．また $p_j \sim z_j$ だから $q \sim \sum_j z_j = 1_M$ である．これより等長作用素 $S_1, S_2 \in M$ を $S_1 S_1^* = q$, $S_2 S_2^* = 1_M - q$ となるように取れる．

(2) ⇒ (3)．Cuntz 等長作用素 $T_1, T_2 \in M$ を取る．$T_2^n (T_2^*)^n$ は射影の単調減少列だから強極限 $p := \text{s-lim}_n T_2^n (T_2^*)^n \in M^{\mathrm{P}}$ が存在する．すると $pT_2 = \text{s-lim}_n T_2^n (T_2^*)^{n-1} = T_2 p$ かつ $p \leqq T_2 T_2^*$ である．そこで $S_1 := T_1(1_M - p) + T_2 p$, $S_2 := T_1 p + T_2(1_M - p)$ とおけば，S_1, S_2 は Cuntz 等長作用素である．さらに $\text{s-lim}_n S_2^n (S_2^*)^n = 0$．実際 $S_2 S_2^* = T_1 p T_1^* + T_2 T_2^* (1_M - p)$ であり $pT_1 = 0$ に注意すると

$$S_2^{n+1}(S_2^*)^{n+1} = p^\perp T_2^n T_1 p T_1^* (T_2^*)^n p^\perp + T_2^{n+1}(T_2^*)^{n+1} p^\perp$$
$$\leqq T_2^n (T_2^*)^n p^\perp + T_2^{n+1}(T_2^*)^{n+1} p^\perp.$$

左辺は単調減少ゆえ強収束し，2 番目の不等号の右辺第 1, 2 項の射影たちは $p(1_M - p) = 0$ に強収束することから s-$\lim_n S_2^n(S_2^*)^n = 0$ がいえる．

そこで $m, n \in \mathbb{Z}_+$ に対して $e_{mn} := S_2^m S_1 S_1^* (S_2^*)^n$ とおく．ただし $S_2^0 := 1_M$ である．このとき $\{e_{mn}\}_{m,n\in\mathbb{Z}_+}$ は行列単位系であり $\sum_m e_{mm} = 1_M$ となる．実際 $\sum_{m=0}^n e_{mm} = 1_M - S_2^{n+1}(S_2^*)^{n+1}$ であることからわかる．補題 7.2.24 より $\{e_{mn}\}_{m,n\in\mathbb{Z}_+}$ は $\mathbf{B}(\ell^2)$ と同型な部分因子環を生成する．

(3) $\Leftrightarrow$ (4)． $\Rightarrow$ は明らか． $\Leftarrow$ を示す． $\dim\mathcal{H} = \dim\mathcal{H} \times |\mathbb{N}| = \dim\mathcal{H} \times \dim\ell^2$ ゆえ $\mathcal{H} \cong \mathcal{H} \otimes \ell^2$．あとは補題 7.7.1 を使えばよい．

(3) $\Rightarrow$ (5)． $Q := \rho(\mathbf{B}(\ell^2))$ とおく．命題 7.7.9 より $M \cong (Q' \cap M) \mathbin{\overline{\otimes}} Q$．ところで $\ell^2 \cong \ell^2 \otimes \ell^2$ だから，補題 7.7.1 より $Q \cong Q \mathbin{\overline{\otimes}} Q$．以上より

$$M \cong (Q' \cap M) \mathbin{\overline{\otimes}} Q \cong (Q' \cap M) \mathbin{\overline{\otimes}} Q \mathbin{\overline{\otimes}} Q \cong M \mathbin{\overline{\otimes}} Q.$$

(5) $\Rightarrow$ (1)． $\mathbf{B}(\ell^2)$ は Cuntz 等長作用素 S_1, S_2 を含む．非零な $z \in Z(M)^{\mathrm{P}}$ に対して $z = zS_1^*S_1 \sim zS_1S_1^* \leqq z$ であるが， $z - zS_1S_1^* = zS_2S_2^* \neq 0$ より z は無限射影である． □

補題 9.2.10. M を von Neumann 環とし， $e, f \in M^{\mathrm{P}}$ を有限射影とすれば $e \vee f$ も有限射影である．

証明. $e \vee f - f \sim e - e \wedge f \leqq e$ より $e \vee f - f$ は有限射影である． $e \vee f = (e \vee f - f) + f$ と表せるから，直交する 2 つの有限射影の和が有限であることを示せばよい．改めて e, f を直交する有限射影とする． $(e+f)M(e+f)$ を考えることで $e + f = 1_M$ と仮定して M が有限 von Neumann 環であることを示せば十分である．

M が有限でないと仮定すれば，補題 9.2.4 により，ある非零な $z \in Z(M)^{\mathrm{P}}$ が存在して $Mz \neq 0$ は真無限である． $ez, fz \in Mz$ を考えることで $e + f = 1_M$ は真無限としてよい．すると補題 9.2.9 より，ある $p \in M^{\mathrm{P}}$ で $p \sim 1_M - p \sim 1_M$ となるものを取れる．比較定理により $z \in Z(M)^{\mathrm{P}}$ が存在して

$$(e \wedge p)z \precsim (f \wedge p^{\perp})z, \quad (e \wedge p)z^{\perp} \succsim (f \wedge p^{\perp})z^{\perp}$$

となる．このとき

$$\begin{aligned} z \sim pz &= (e \wedge p)z + pz - (e \wedge p)z = (ez \wedge pz) + pz - (ez \wedge pz) \\ &\sim (ez \wedge pz) + (ez \vee pz) - ez \precsim (f \wedge p^{\perp})z + (ez \vee pz) - ez \\ &\leqq fz \quad ((ez \vee pz) - ez \leqq z - ez = fz \text{ より}). \end{aligned}$$

fz は有限であるから $z = 0$ がいえる．よって $(e \wedge p) \succsim (f \wedge p^{\perp})$．次に

$$\begin{aligned} 1_M \sim p^{\perp} &= f \wedge p^{\perp} + (p^{\perp} - f \wedge p^{\perp}) \sim f \wedge p^{\perp} + (f \vee p^{\perp} - f) \\ &\precsim e \wedge p + (f \vee p^{\perp} - f) \leqq e. \end{aligned}$$

よって $e \sim 1_M$ かつ 1_M は真無限だから矛盾が生じる．よって $e + f = 1_M$ は有限である． □

■**例 9.2.11.** M が有限 von Neumann 環ならば，$M \mathbin{\overline{\otimes}} M_n(\mathbb{C}) = M \otimes_{\mathrm{alg}} M_n(\mathbb{C})$ も有限 von Neumann 環である．実際 $\{e_{ij}\}_{i,j=1}^{n}$ を $M_n(\mathbb{C})$ の行列単位系とすれば $(1_M \otimes e_{ii})(M \mathbin{\overline{\otimes}} M_n(\mathbb{C}))(1_M \otimes e_{ii}) = M \otimes \mathbb{C}e_{ii} \cong M$ より，各 $1_M \otimes e_{ii}$ は有限である．補題 9.2.10 より $1_M \otimes 1 = \sum_i 1_M \otimes e_{ii}$ は有限である．一般に 2 つの有限 von Neumann 環のテンソル積は有限 von Neumann 環である（命題 9.3.29）．

補題 9.2.12. M を von Neumann 環とする．有限射影たち $e, f \in M^{\mathrm{P}}$ が $e \sim f$ ならば，ある $u \in M^{\mathrm{U}}$ が存在して $e = ufu^*$ となる．

証明. $e^{\perp} \sim f^{\perp}$ を示せばよい．まず $1_M = e \vee f$ のときを考える．補題 9.2.10 により M は有限である．比較定理より $z \in Z(M)^{\mathrm{P}}$ と $p, q \in M^{\mathrm{P}}$ を $e^{\perp}z \sim p \leqq f^{\perp}z$, $e^{\perp}z^{\perp} \geqq q \sim f^{\perp}z^{\perp}$ となるように取れる．このとき

$$z = ez + e^{\perp}z \sim fz + p \leqq fz + f^{\perp}z = z.$$

z の有限性から $fz + p = z$，すなわち $p = f^{\perp}z$．同様に $q = e^{\perp}z^{\perp}$．以上から $e^{\perp} = e^{\perp}z + q \sim p + f^{\perp}z^{\perp} = f^{\perp}$ であり，補題 3.5.37 より $e \overset{u}{\sim} f$.

次に，一般の場合を考えよう．$e = v^*v$, $f = vv^*$ をみたす $v \in M^{\mathrm{PI}}$ は

$(e \vee f)M(e \vee f)$ に属するから，$(e \vee f)M(e \vee f)$ の中で $e \sim f$ である．前段落の議論から，この中で $e \vee f - e \sim e \vee f - f$ である．よって M の中で $e^{\perp} = (e \vee f - e) + (e \vee f)^{\perp} \sim (e \vee f - f) + (e \vee f)^{\perp} = f^{\perp}$ となる． □

補題 4.1.6 (5) は前補題で $M = \mathbf{B}(\mathcal{H})$, $\dim \mathcal{H} < \infty$ としたものである．

補題 9.2.13. M を有限 von Neumann 環とする．$e, f \in M^{\mathrm{P}}$ が $e \precsim f$ ならば $e^{\perp} \succsim f^{\perp}$.

証明. $p \in M^{\mathrm{P}}$ を $e \sim p \leqq f$ と取ると，補題 9.2.12 より $e^{\perp} \sim p^{\perp} \geqq f^{\perp}$. □

II_{∞} 型 von Neumann 環は，II_1 型 von Neumann 環と I 型因子環とのテンソル積の直和で表せることを示そう．

命題 9.2.14. M を II_{∞} 型 von Neumann 環とすると，無限濃度の集合 Λ, 中心射影による 1 の分割 $\{z_{\alpha}\}_{\alpha \in \Lambda}$，$\mathrm{II}_1$ 型 von Neumann 環の族 $\{N_{\alpha}\}_{\alpha \in \Lambda}$，そして Hilbert 空間の族 $\{\mathcal{H}_{\alpha}\}_{\alpha \in \Lambda}$ で $\dim \mathcal{H}_{\alpha} = \alpha$ なるものが存在して

$$Mz_{\alpha} \cong N_{\alpha} \mathbin{\overline{\otimes}} \mathbf{B}(\mathcal{H}_{\alpha}).$$

さらに，もし M が σ 有限であれば，任意の有限射影 $e \in M$ で $z_M(e) = 1_M$ となるものに対して，

$$M \cong eMe \mathbin{\overline{\otimes}} \mathbf{B}(\ell^2).$$

証明. $e \in M^{\mathrm{P}}$ を有限射影で $z_M(e) = 1_M$ となるものとする．e と同値な射影の極大直交族 $\{e_i\}_{i \in I}$ を取り，$r := 1_M - \sum_i e_i$ とおく．補題 9.2.9 (1) ⇒ (2) の証明と同様にして，互いに同値な非零射影の直交族 $\{f_i\}_{i \in I}$ と $z \in Z(M)^{\mathrm{P}}$ が存在して，$z = \sum_i f_i$ かつ $f_i \sim ez$ となる．$|I|$ は無限濃度であることに注意しておく．実際に $rz \precsim ez$ より rz は有限射影であり，もし I が有限濃度ならば，補題 9.2.10 により $z = rz + \sum_i e_i$ は有限射影となり M の真無限性と矛盾する．

Mz の行列単位系 $\{e_{ij}\}_{i,j \in I}$ を $e_{ii} = f_i$ となるように選ぶ．$\{e_{ij}\}_{i,j \in I}$ は $\mathbf{B}(\ell^2(I))$ と同型な Mz の I 型部分因子環 Q を生成する．このとき

$$Mz \cong (Q' \cap Mz) \mathbin{\overline{\otimes}} Q \cong f_i M f_i \mathbin{\overline{\otimes}} Q \cong ezMez \mathbin{\overline{\otimes}} \mathbf{B}(\ell^2(I)).$$

このような分解ができる中心射影の極大直交族を考えれば，やはり補題 9.2.9 (1) ⇒ (2) の証明と類似した議論により命題の主張が証明される．

次に M が σ 有限の場合を考える．前半の議論の，中心射影を集めてくる直前まで戻る．σ 有限性より $I = \mathbb{N}$ としてよく，同型 $\theta\colon Mz \to ezMez \mathbin{\overline{\otimes}} \mathbf{B}(\ell^2(\mathbb{N}))$ により，ez は $ez \otimes e_{11}$ に写される．このような分解をもつ中心射影の極大直交族を $\{z_k\}_{k\in K}$ とおけば，$1_M = \sum_k z_k$ である．それぞれに対応する同型を θ_k と書き，写像 $\pi\colon M \to eMe \mathbin{\overline{\otimes}} \mathbf{B}(\ell^2(\mathbb{N}))$ を $\pi(x) := \sum_k \theta_k(xz_k)$, $x \in M$ とおけば，簡単な議論から π が同型であることがわかる．□

系 9.2.15.　von Neumann 環 M が半有限 ⇔ M は III 型直和因子をもたない．

証明. ⇒ を示す．$\{e_i\}_{i\in I}$ を有限射影による 1 の分割とする．M の III 型直和因子に対応する中心射影を z_{III} と書けば，$z_{\mathrm{III}} = \sum_i z_{\mathrm{III}} e_i$ となる．各 $z_{\mathrm{III}} e_i$ は有限かつ Mz_{III} に含まれるから 0 に等しい．よって $z_{\mathrm{III}} = 0$.

⇐ を示す．M が I 型と II_∞ 型の場合に考えればよい．I 型ならばアーベル射影による 1 の分割を取れ（定理 9.1.11），II_∞ 型の場合も有限射影（命題 9.2.14 での有限射影と極小射影のテンソル積）による 1 の分割を取れる．□

命題 9.2.16.　M を von Neumann 環，$e \in M^{\mathrm{P}}$ を真無限射影とする．もし $f \in M^{\mathrm{P}}$ が σ 有限でかつ $z_M(f) \leqq z_M(e)$ ならば，$f \precsim e$.

証明. まず $f \succsim e$ の条件も追加して $f \sim e$ を示す．このときは e の代わりに $e \sim e' \leqq f$ となる射影 e' を考えればよいから，はじめから $f \geqq e$ として示せばよい．さらに e は fMf の中で真無限であるから（$e(fMf)e = eMe$ に注意），$f = 1_M$ としてよい．まとめると M を σ 有限 von Neumann 環，e を M の真無限射影で $z_M(e) = 1_M$ として，$e \sim 1_M$ を示せばよい．

eMe の直交射影族 $\{e_n\}_{n=1}^\infty$ で $e_n \sim e$ となるものを取る（例えば Cuntz 等長作用素 $S_1, S_2 \in eMe$ に対して $e_n := S_2^n S_1 S_1^* (S_2^*)^n$ とせよ）．

次に $\{f_j\}_{j\in J} \subset M^{\mathrm{P}}$ を $f_j \precsim e$ であるような非零射影の極大直交族とする．$r := 1 - \sum_j f_j$ とおく．比較定理により $z \in Z(M)^{\mathrm{P}}$ を $rz \precsim ez$ かつ $rz^\perp \succsim$

$ez^\perp$ となるように取れる．$rz \precsim e$ ゆえ $rz \neq 0$ では $\{f_j\}_{j\in J}$ の極大性に反する．よって $rz = 0$ であり $r \succsim ez^\perp$．しかし，これも $ez^\perp \neq 0$ では極大性に反するから $ez^\perp = 0$．$z_M(e) = 1_M$ だから $z^\perp = 0$ ゆえ $r = 0$，すなわち $\sum_{j\in J} f_j = 1_M$．M の σ 有限性より J は高々可算である．適当な単射 $J \to \mathbb{N}$ を作ることで $1_M = \sum_{j\in J} f_j \precsim \sum_{n=1}^{\infty} e_n \leqq e$ ゆえ $e \sim 1_M$ である．

次に一般の e, f について主張を示す．比較定理より $z \in Z(M)^{\mathrm{P}}$ を $fz \precsim ez$ かつ $fz^\perp \succsim ez^\perp$ と取る．$z_M(fz^\perp) = z_M(f)z^\perp \leqq z_M(e)z^\perp \leqq z_M(ez^\perp)$ だから，前半の議論を $ez^\perp, fz^\perp$ に適用して $fz^\perp \sim ez^\perp$．よって $f = fz + fz^\perp \precsim ez + ez^\perp = e$. □

系 9.2.17. M を σ 有限 von Neumann 環とすると，次のことが成り立つ：

(1) e, f を M の真無限射影とする．このとき $e \sim f \Leftrightarrow z_M(e) = z_M(f)$.

(2) M が真無限因子環ならば，任意の無限射影は 1_M と同値である．

(3) M が III 型因子環 $\Leftrightarrow M \neq \mathbb{C}1_M$ かつ任意の非零な $p \in M^{\mathrm{P}}$ は 1_M と同値である．

証明. (1), (2) と (3) の $\Rightarrow$ は命題 9.2.16 より従う．(3) の $\Leftarrow$ を示す．条件から $Z(M) = \mathbb{C}1_M$．M が I 型ならば極小射影 e が 1_M と同値であり，$M \cong eMe = \mathbb{C}e$. これは $M \neq \mathbb{C}1_M$ と矛盾する．M が II_1 型で，$e \in M^{\mathrm{P}} \setminus \mathbb{C}1_M$ ならば $1_M \sim e \leqq 1_M$ ゆえ $e = 1_M$ となり矛盾する．M が II_∞ 型の場合は非零有限射影は 1_M と同値ではない．よって M は III 型である． □

III 型因子環はこのように著しい性質を有する（系 9.2.20 も参照せよ）．とくに σ 有限 III 型因子環 M と，任意の非零縮小環 eMe は同型である．他の型の因子環では必ずしもそうではない．

9.2.3 縮小環と可換子環の型

補題 9.2.18. 次のことが成り立つ：X = I, II, III とするとき，

(1) $\{M_j\}_{j\in J}$ が X 型 von Neumann 環ならば，$\bigoplus_{j\in J} M_j$ も X 型 von Neumann 環である．

(2) M が X 型 von Neumann 環，$\mathcal{K}$ が Hilbert 空間ならば，$M \mathbin{\overline{\otimes}} \mathbf{B}(\mathcal{K})$ も

X 型 von Neumann 環である．

(3) M が X 型 von Neumann 環，$e \in M^{\mathrm{P}}$, $f \in (M')^{\mathrm{P}}$ が非零ならば eMe, Mf も X 型である．

証明． (1). 型の定義を直和因子ごとに考えればよい．補題 9.2.3 も見よ．

(2). まず $Z(M \mathbin{\overline{\otimes}} \mathbf{B}(\mathcal{K})) = Z(M) \mathbin{\overline{\otimes}} \mathbb{C}1_{\mathcal{K}}$ に注意しておく．M が I 型のときを考える．$p \in M^{\mathrm{P}}$ を $z_M(p) = 1_M$ なるアーベル射影，$e_0 \in \mathbf{B}(\mathcal{K})$ を非零極小射影とする．$q := p \otimes e_0$ の中心台は $1_M \otimes 1_{\mathcal{K}}$ である．また $q(M \mathbin{\overline{\otimes}} \mathbf{B}(\mathcal{K}))q = pMp \mathbin{\overline{\otimes}} \mathbb{C}e_0$ より q は $M \mathbin{\overline{\otimes}} \mathbf{B}(\mathcal{K})$ のアーベル射影である．よって $M \mathbin{\overline{\otimes}} \mathbf{B}(\mathcal{K})$ は I 型である．

M が II 型のとき，前段落で有限な p を取れば q も有限である．$f \in M \mathbin{\overline{\otimes}} \mathbf{B}(\mathcal{K})$ をアーベル射影とする．f の中心台は $z \in Z(M)^{\mathrm{P}}$ を用いて $z \otimes 1_{\mathcal{K}}$ と書ける．すると $f \precsim q(z \otimes 1) = pz \otimes e_0$ である（補題 9.1.7 (4)）．よって $M \mathbin{\overline{\otimes}} \mathbf{B}(\mathcal{K})$ のアーベル射影 r を $f \sim r \leqq pz \otimes e_0$ と取れる．$r = (1 \otimes e_0)r(1 \otimes e_0) \in M \otimes \mathbb{C}e_0$ だから $s \in M^{\mathrm{P}}$ によって $r = s \otimes e_0$ と書ける．すると $r(M \mathbin{\overline{\otimes}} \mathbf{B}(\mathcal{K}))r = sMs \otimes \mathbb{C}e_0$ は可換だから，s は M のアーベル射影．M は II 型ゆえ $s = 0$. よって $f = 0$ となり $M \mathbin{\overline{\otimes}} \mathbf{B}(\mathcal{K})$ は II 型である．

M が III 型のとき，$q \in M \mathbin{\overline{\otimes}} \mathbf{B}(\mathcal{K})$ を有限射影とする．比較定理により，ある $z \in Z(M)^{\mathrm{P}}$ を $q(z \otimes 1_{\mathcal{K}}) \precsim z \otimes e_0$, $q(z^{\perp} \otimes 1_{\mathcal{K}}) \succsim z^{\perp} \otimes e_0$ となるように取れる．$q(z^{\perp} \otimes 1_{\mathcal{K}})$ は有限だから $z^{\perp} \otimes e_0$ も有限であるが，その縮小環は $Mz^{\perp} \otimes \mathbb{C}e_0$ ゆえ $Mz^{\perp}$ は有限．M は III 型だから $z = 1_M$ であり，$q \precsim 1_M \otimes e_0$. よって $r \in M^{\mathrm{P}}$ を $q \sim r \otimes e_0$ となるように取れて，縮小環 $rMr \otimes \mathbb{C}e_0 \cong rMr$ は有限である．M は III 型だから $r = 0$ であり $q = 0$. よって $M \mathbin{\overline{\otimes}} \mathbf{B}(\mathcal{K})$ は III 型である．

(3). M が I 型のとき，$p \in M$ をアーベル射影で $z_M(p) = 1_M$ となるものとする．補題 9.1.7 (4) より $pz_M(e) \precsim e$ である．$r \in M^{\mathrm{P}}$ を $pz_M(e) \sim r \leqq e$ なるものとすれば，r は eMe のアーベル射影であり，$z_{eMe}(r) = z_M(pz_M(e))e = z_M(p)z_M(e)e = e$ である．よって eMe は I 型である．

M が II 型のときを考える．このとき M の任意の縮小環は非零アーベル射影をもたないことに注意する．非零な $e \in M^{\mathrm{P}}$ を取る．e が有限射影のとき，eMe は II_1 型である．e が無限射影ならば，$z \in Z(M)^{\mathrm{P}}$ を ez は有限，$ez^{\perp}$ は真無限となるように取れる（補題 9.2.4）．すると直和分解 $eMe = ezMez \oplus ez^{\perp}Mez^{\perp}$ において $ezMez$ は II_1 型だから，$ez^{\perp}Mez^{\perp}$ が II 型であることを示せばよい．したがって，はじめから $e \in M^{\mathrm{P}}$ は真無限としてよい．有限射影 $p \in M^{\mathrm{P}}$ を $z_M(p) = 1_M$ となるように取る．比較定理により $z \in Z(M)^{\mathrm{P}}$ を $pz \precsim ez, pz^{\perp} \succsim ez^{\perp}$ となるように取れる．$pz^{\perp}$ は有限だから $ez^{\perp}$ も有限ゆえ $ez^{\perp} = 0$．よって $z_M(e) \leqq z$ であり $pz \precsim e$．とくに，$z = z_M(pz) \leqq z_M(e)$ だから先ほどの不等式により $z_M(e) = z$ となる．pz は有限だから eMe は II 型である．

M が III 型のときは，eMe の有限射影 p は M でも有限だから $p = 0$．よって eMe は III 型である．

同型 $Mz_{M'}(f) \ni x \mapsto xf \in Mf$ を用いれば，後半の主張が従う． □

命題 9.2.19. M は I 型（II 型，III 型）$\Leftrightarrow$ M' は I 型（それぞれ II 型，III 型）．

証明. まず M が σ 有限の場合を考えよう．φ を M 上の忠実正規状態として GNS 表現 $\pi_\varphi \colon M \to \mathbf{B}(\mathcal{H}_\varphi)$ を考えると，冨田の定理によって $\pi_\varphi(M)' = J_\varphi M J_\varphi$．$p \in M^{\mathrm{P}}$ がアーベル射影（有限，真無限，純無限）ならば $J_\varphi \pi_\varphi(p) J_\varphi$ もそうである．よって M の型と $\pi_\varphi(M)'$ の型は一致する．

次に $\pi \colon M \to \mathbf{B}(\mathcal{H})$ を忠実正規表現としよう．定理 7.7.2 により，ある Hilbert 空間 $\mathcal{K}$ に付随する増幅表現 $(\pi_\varphi)_{\mathrm{amp}}$ に対して $\pi \precsim (\pi_\varphi)_{\mathrm{amp}}$ である．等長作用素 $S \in \mathrm{Mor}(\pi, (\pi_\varphi)_{\mathrm{amp}})$ を取り，$e := SS^*$ とおく．e は $(\pi_\varphi)_{\mathrm{amp}}(M)' = \pi_\varphi(M)' \overline{\otimes} \mathbf{B}(\mathcal{K})$ に含まれる．すると $\pi(M) \ni a \mapsto SaS^* \in (\pi_\varphi)_{\mathrm{amp}}(M)e$ は空間同型だから $\pi(M)' \cong e(\pi_\varphi)_{\mathrm{amp}}(M)'e = e(\pi_\varphi(M)' \overline{\otimes} \mathbf{B}(\mathcal{K}))e$ である．補題 9.2.18 (2), (3) より $\pi_\varphi(M)'$ の型と $\pi(M)'$ の型は一致する．以上から M が σ 有限であるときに主張を示せた．

次に一般の M について考える．$\{e_i\}_{i \in I}$ を $\{z_M(e_i)\}_{i \in I}$ が直交するような σ 有限射影の極大族とする．このときもし $z := 1_M - \sum_{i \in I} z_M(e) \neq 0$ ならば，Mz から σ 有限射影を取れて極大性に反する．よって $z = 0$ となる．前半の議論から $e_i M e_i$ の型と $(e_i M e_i)' = M' e_i \cong M' z_M(e_i)$ の型は一致し，さらに $M' = \bigoplus_i M' z_M(e_i)$ だから M' の型とも一致する（補題 9.2.18 (1)）．以上から一般の M についても主張が示された． □

系 9.2.20（御園生）**.**　M を可分因子環，π, ρ を可分 Hilbert 空間への忠実正規表現とする．もし $\pi(M)'$ と $\rho(M)'$ が無限因子環ならば，$\pi \sim \rho$ である．とくに可分 III 型因子環の可分 Hilbert 空間への任意の 2 つの忠実正規表現はユニタリ同値である．

証明.　直和表現 $\theta := \pi \oplus \rho$ を考える．付随する等長作用素 $S_1 \in \mathrm{Mor}(\pi, \theta)$, $S_2 \in \mathrm{Mor}(\rho, \theta)$ を取る．$\theta(M)'S_1S_1^* \cong \pi(M)'$, $\theta(M)'S_2S_2^* \cong \rho(M)'$ は無限因子環だから，$S_1S_1^*, S_2S_2^*$ は $\theta(M)'$ の無限射影である．$\theta(M)'$ は可分因子環だから，系 9.2.17 (1) を使えば $\theta(M)'$ で $S_1S_1^* \sim S_2S_2^*$．よって $\pi \sim \rho$ である．後半の主張は M が III 型ならば，命題 9.2.19 により $\theta(M)'$ も III 型であることからわかる．　□

コメント 9.2.21.　M, N を可分 III 型因子環とし，ノルム可分な M-N 双加群 ${}_M\mathcal{K}_N$ を考える．$\pi\colon M \to \mathbf{B}(\mathcal{K})$, $\rho\colon N \to \mathbf{B}(\mathcal{K})$ をそれぞれ付随する表現，反表現とする．以下 8.1.2 項の記号を用いる．忠実な $\varphi \in M_*^+$ を取れば，系 9.2.20 によりユニタリ $U \in \mathrm{Mor}(\pi, \pi_\varphi)$ が存在する．すると $U\rho(y)U^* \in \pi_\varphi(M)' = \rho_\varphi(M)$ であるから，ある単位的正規 $*$ 準同型 $\alpha\colon N \to M$ が $U\rho(y)U^* = \rho_\varphi(\alpha(y))$, $y \in N$ と定まる．よって U は ${}_M\mathcal{K}_N$ から ${}_M(\mathcal{H}_{\varphi\alpha})_N$ へのユニタリ同型を与える．ここで ${}_M(\mathcal{H}_{\varphi\alpha})_N$ は左右の作用を $M \times \mathcal{H}_\varphi \times N \ni (x, \xi, y) \mapsto x\xi\alpha(y) \in \mathcal{H}_\varphi$ と定めた M-N 双加群である．

このように（非零な）M-N 双加群を考えることと，N から M への単位的正規 $*$ 準同型を考えることは同じである．先ほどは M の標準双加群を考えたが，N の双加群を考えれば同様にユニタリ同型 ${}_M\mathcal{K}_N \cong {}_M({}_\beta\mathcal{H}_\theta)_N$ を得る．ここで $\theta \in N_*^+$ は忠実であり，${}_N(\mathcal{H}_\theta)_N$ は N の標準双加群，$\beta\colon M \to N$ は単位的正規 $*$ 準同型である[4)]．それゆえ M-N 双加群たち，N から M への単位的正規 $*$ 準同型たち，M から N への単位的正規 $*$ 準同型たちの間に対応がつく[5)]．

補題 9.2.22.　M を von Neumann 環，$\{e_i\}_{i\in I} \subset M^{\mathrm{P}}$ を $\bigvee_i e_i = 1_M$ となるものとする．もし各 i に対して e_iMe_i が I 型（II 型，III 型）ならば，M

---

4) $\alpha\colon N \to M$ と $\beta\colon M \to N$ は互いに共役 (conjugate) である，という．

5) この議論は部分因子環論において重要であり，**C*2** 圏を用いて簡潔に記述される．

もI型（それぞれII型，III型）である．

証明. e_iMe_i がX型のとき，命題 9.2.19 より各 i に対して $M'e_i = (e_iMe_i)'$ はX型である．$z_i := z_M(e_i)$ とおくと，$M'z_i \ni x \mapsto xe_i \in M'e_i$ は同型だから $M'z_i$ もX型である．よって $Mz_i = (M'z_i)'$ もX型である．

$\{p_j\}_{j\in J}$ を Mp_j がX型となるような $Z(M)^{\mathrm{P}}$ の極大直交族とする．もし $r := 1_M - \sum_{j\in J} p_j \neq 0$ ならば，$\bigvee_i z_i = 1_M$ ゆえ，ある $i_0 \in I$ に対して $rz_{i_0} \neq 0$．ところで Mrz_{i_0} は Mz_{i_0} の縮小環だからX型ゆえ（補題 9.2.18 (3)），$\{p_j\}_{j\in J} \cup \{rz_{i_0}\}$ は $\{p_j\}_{j\in J}$ の極大性に矛盾する．よって $1_M = \sum_j p_j$ であり，$M \cong \bigoplus_j Mp_j$ と補題 9.2.18 (1) により M もX型である． □

9.3 有限 von Neumann 環と正規トレース状態

有限 von Neumann 環上に正規トレース状態が存在することを示す．

9.3.1 正規トレース状態

補題 9.3.1. M を von Neumann 環，$\tau \in M_*^+$ を正規トレース状態とすると，$s(\tau) \in Z(M)$ であり，$Ms(\tau)^\perp = \{x \in M \mid \tau(x^*x) = 0\}$ となる．

証明. ユニタリ $u \in M$ に対して $u\tau u^* = \tau$ だから $us(\tau)u^* = s(u\tau u^*) = s(\tau)$．よって $s(\tau) \in Z(M)$ である．後半の等式は台射影の定義から明らか． □

定理 9.3.2 (Murray–von Neumann)**.** von Neumann 環 M について次のことは同値である：

(1) M は有限である．

(2) M の正規トレース状態の族 $\{\tau_i\}_{i\in I}$ が存在して，$\sum_i s(\tau_i) = 1_M$ をみたす．

定理 9.3.2 の証明は現在いくつか知られている．ここでは固定点定理を用いた証明を与える（F. Yeadon による）．まずは補題をいくつか用意する．次の補題で見るように有限 von Neumann 環では関係 $\precsim$ が強位相と整合的であることが重要である．

補題 9.3.3.　M を有限 von Neumann 環とする．

(1) $\{e_n\}_{n\in\mathbb{N}} \subset M^{\mathrm{P}}$ を単調増加列，$f \in M^{\mathrm{P}}$ とする．もし $e_n \precsim f$, $n \in \mathbb{N}$ ならば $\text{s-lim}\, e_n \precsim f$ である．

(2) 直交族 $\{q_n\}_{n\in\mathbb{N}} \subset M^{\mathrm{P}}$ と $\{u_n\}_{n\in\mathbb{N}} \subset M^{\mathrm{U}}$ に対し $u_n^* q_n u_n \xrightarrow{s} 0$ である．

証明. (1). $e_1 \sim g_1 \leqq f$ となる $g_1 \in M^{\mathrm{P}}$ を取る．次に $e_2 = v^*v \sim vv^* \leqq f$ となる $v \in M^{\mathrm{PI}}$ を取る．すると $g_1 \sim e_1 \sim ve_1v^*$ である．fMf は有限だから $u \in (fMf)^{\mathrm{U}}$ を $g_1 = uve_1v^*u^*$ となるように取れる（補題 9.2.12）．$g_2 \coloneqq uve_2v^*u^*$ とおけば $e_2 \sim g_2 \leqq f$ かつ $g_1 \leqq g_2$．以下，帰納的に増加列 $g_n \in fMf^{\mathrm{P}}$ と $v_n \in M^{\mathrm{PI}}$ を $e_n = v_n^*v_n \sim v_nv_n^* = g_n$ かつ $v_{n+1}e_nv_{n+1}^* = g_n$, $n \geqq 1$ となるように取れる．このとき $v_{n+1}(e_{n+1}-e_n)v_{n+1}^* = g_{n+1} - g_n$ かつ $(e_{n+1}-e_n)v_{n+1}^*v_{n+1}(e_{n+1}-e_n) = (e_{n+1}-e_n)$ だから $e_{n+1}-e_n \sim g_{n+1}-g_n$．よって $\text{s-lim}_n e_n = \sum_{n\geqq 0}(e_{n+1}-e_n) \sim \sum_{n\geqq 0}(g_{n+1}-g_n) \leqq f$．ここで $e_0 = 0 = g_0$ とおいた．

(2). $p_k \coloneqq u_k^*q_ku_k$ の上極限を調べる．$m, n \in \mathbb{N}$, $m \leqq n$ に対して $r_{m,n} \coloneqq \bigvee_{k=m}^n p_k$ とおくと，定理 7.2.7 により

$$r_{m,n+1} - r_{m,n} \sim p_{n+1} - p_{n+1} \wedge r_{m,n} \leqq p_{n+1} \sim q_{n+1}.$$

よって $r_{m,n+1} = \sum_{k=m}^n (r_{m,k+1} - r_{m,k}) + r_{m,m} \precsim \sum_{k=m}^{n+1} q_k$ となる．とくに $r_{m,n+1} \precsim \sum_{k=m}^\infty q_k$．$n \to \infty$ として (1) を用いれば $\bigvee_{\ell=m}^\infty p_\ell \precsim \sum_{k=m}^\infty q_k$．

補題 9.2.13 より $1_M - \text{s-lim}_m(\bigvee_{\ell=m}^\infty p_\ell) \geqq 1_M - \bigvee_{\ell=m}^\infty p_\ell \succsim 1_M - \sum_{k=m}^\infty q_k$ となる．最右辺は増加列であるから (1) を用いると，$\text{s-lim}_m \sum_{k=m}^\infty q_k = 0$ より $1_M - \text{s-lim}_m(\bigvee_{\ell=m}^\infty p_\ell) \succsim 1_M$．再び有限性から $\text{s-lim}_m(\bigvee_{\ell=m}^\infty p_\ell) = 0$ が従う．とくに $\text{s-lim}_m p_m = 0$.　□

補題 9.3.4.　M を有限 von Neumann 環とする．$\varphi \in \mathrm{S}_*(M)$ に対して，$K_\varphi \coloneqq \overline{\mathrm{co}}^w\{u\varphi u^* \mid u \in M^{\mathrm{U}}\} \subset \mathrm{S}_*(M)$ とおく．このとき K_φ は $\mathrm{S}_*(M)$ で $\sigma(M_*, M)$ コンパクト凸集合である．

証明. $M_* \subset M^*$ で汎弱位相 $\sigma(M^*, M)$ を M_* に制限したものが弱位相 $\sigma(M_*, M)$ である．包含 $K_\varphi \subset \overline{K_\varphi}^{w^*}$ の等号を示せば，$\overline{K_\varphi}^{w^*} \subset \mathrm{Ball}(M^*)$ が汎弱コンパクトだから，K_φ の弱コンパクト性が従う．

よって各 $\psi \in \overline{K_\varphi}^{w^*} \subset \mathrm{S}(M)$ の正規性を確認する．このためには直交族 $\{p_i\}_{i\in I} \subset M^{\mathrm{P}}$ に対して $\psi(\sum_i p_i) = \sum_i \psi(p_i)$ を示せばよい（定理 7.3.8）．右辺は $\lim_F \sum_{i\in F} \psi(p_i)$ だから（$\lim_F$ は有限部分集合たち $F \Subset I$ に関するネットの極限），$\forall \varepsilon > 0$, $\exists F \Subset I$, $\psi(\sum_{i\in I\setminus F} p_i) \leqq \varepsilon$ を示せばよい．

そうでないと仮定しよう．すなわち，ある $\varepsilon_0 > 0$ が存在して，任意の $F \Subset I$ に対して $\psi(\sum_{i\in I\setminus F} p_i) > \varepsilon_0$ となる．まず $F_1 := \emptyset$ のとき $\psi(\sum_{i\in I} p_i) > \varepsilon_0$ である．ここで $\psi \in \overline{K_\varphi}^{w^*} = \overline{\mathrm{co}}^{w^*}\{u\varphi u^* \mid u \in M^{\mathrm{U}}\}$ だから，ある $u_1 \in M^{\mathrm{U}}$ が存在して $(u_1\varphi u_1^*)(\sum_{i\in I} p_i) > \varepsilon_0$ となる．$u_1\varphi u_1^*$ は正規だから，ある $F_2 \Subset I$ を $u_1\varphi u_1^*(\sum_{i\in F_2} p_i) > \varepsilon_0$ となるように取れる．

次に $\psi(\sum_{i\in I\setminus(F_1\cup F_2)} p_i) > \varepsilon_0$ であるから，上と同様に $u_2 \in M^{\mathrm{U}}$ が存在して $(u_2\varphi u_2^*)(\sum_{i\in I\setminus(F_1\cup F_2)} p_i) > \varepsilon_0$ となる．以下，帰納的に $F_n \Subset I$ と $u_n \in M^{\mathrm{U}}$ を，$\{F_n\}_{n\in\mathbb{N}}$ が互いに交わらず，$(u_n\varphi u_n^*)(\sum_{i\in I\setminus(F_1\cup\cdots\cup F_n)} p_i) > \varepsilon_0$ かつ $(u_n\varphi u_n^*)(\sum_{i\in F_{n+1}} p_i) > \varepsilon_0$ となるように取れる．そこで $q_n := \sum_{i\in F_{n+1}} p_i$ とおけば，$\{q_n\}_n \subset M^{\mathrm{P}}$ は直交族であり，$\varphi(u_n^* q_n u_n) > \varepsilon_0$, $n \geqq 1$ となる．ところが補題 9.3.3 により $u_n^* q_n u_n \xrightarrow{s} 0$ だから $\varphi(u_n^* q_n u_n) \to 0$ となり矛盾が生じる． □

定義 9.3.5. ベクトル空間 E_i と凸部分集合 $K_i \subset E_i$, $i = 1, 2$ に対して写像 $f\colon K_1 \to K_2$ がアフィンであるとは，$f(tx + (1-t)y) = tf(x) + (1-t)f(y)$, $0 \leqq t \leqq 1$, $x, y \in K_1$ が成り立つときにいう．

アフィン写像の合成はアフィン写像である．E を位相ベクトル空間，$K \subset E$ を凸集合とする．K 上の連続な全単射アフィン写像たちのなす群を $\mathrm{Aff}(K)$ と書く．離散群 Γ から $\mathrm{Aff}(K)$ への群準同型を連続アフィン作用という．

定理 9.3.2 の証明. (2) $\Rightarrow$ (1) を示す．まずそのような族 $\{\tau_i\}_{i\in I}$ は M_+ 上で忠実である．実際，$x \in M_+$ がすべての $i \in I$ について $\tau_i(x) = 0$ をみたすならば，$xs(\tau_i) = 0$ ゆえ $x = \sum_i x_i s(\tau_i) = 0$ となる．

さて $p, q \in M^{\mathrm{P}}$ が $p \sim q \leqq p$ をみたせば，トレース条件から $\tau_i(p-q) = \tau_i(p) - \tau_i(q) = 0$, $i \in I$ である．$p - q \geqq 0$ ゆえ忠実性より $p = q$ がいえる．よって M は有限である．

(1) $\Rightarrow$ (2) を示す．$\varphi \in \mathrm{S}_*(M)$ とすると，補題 9.3.4 によりユニタリ群 M^{U}

が $\sigma(M_*, M)$ コンパクト凸集合 K_φ に連続アフィン作用 $M^{\mathrm{U}} \times K_\varphi \ni (u, \psi) \mapsto u\psi u^* \in K_\varphi$ を引き起こす．この作用は等距離的だから特にノルム遠位的であり，Ryll-Nardzewski の不動点定理（定理 A.8.1）により，M^{U} 作用の固定点 $\tau \in K_\varphi$ が存在する．補題 3.8.9 により τ は正規トレース状態である．

次に M 上の正規トレース状態の族 $\{\tau_i\}_i$ を，$\{s(\tau_i)\}_i$ が互いに直交するような極大族とする．もし $z := 1_M - \sum_i s(\tau_i) \in Z(M)^{\mathrm{P}}$ が非零ならば，有限 von Neumann 環 Mz が正規トレース状態 τ_0 をもつ．これは M 上の正規トレース状態 $\tau_0'(x) := \tau_0(xz)$, $x \in M$ を定める．作り方から $s(\tau_0') \leqq z$ だから $s(\tau_i)$ たちと直交し，極大性に反する．よって $1_M = \sum_i s(\tau_i)$ である．□

系 9.3.6. M を σ 有限 von Neumann 環とする．このとき M は有限 $\Leftrightarrow$ M は忠実正規トレース状態をもつ．

証明. $\Leftarrow$ は明らか．$\Rightarrow$ を示す．定理 9.3.2 のような正規トレース状態の族 $\{\tau_i\}_{i\in I}$ を取る．σ 有限性から I は高々可算である．I が無限集合であるときは $I = \mathbb{N}$ とおいて $\tau := \sum_{n\in\mathbb{N}} 2^{-n}\tau_n$ とおく．I が有限のときは，$\tau := |I|^{-1}\sum_{n\in I}\tau_n$ とおけば，τ は忠実正規トレース状態である．□

次の補題はノルム閉凸集合の射影定理（定理 4.1.5）を用いて示される．この技術は von Neumann 環論で重要である．以下で $\overline{\mathrm{co}}^w(S)$ は $S \subset M$ の凸包の弱作用素位相による閉包を表す．S はノルム有界だから σ 弱位相，(σ) 強位相，(σ) 強 $*$ 位相による閉包とも等しい（命題 4.3.10）．

補題 9.3.7. M を有限 von Neumann 環とするとき，任意の $x \in M$ に対して，$\overline{\mathrm{co}}^w\{uxu^* \mid u \in M^{\mathrm{U}}\} \cap Z(M) \neq \emptyset$.

証明. 定理 9.3.2 より，中心射影で切ることで σ 有限な M について考えればよい．$C := \overline{\mathrm{co}}^w\{uxu^* \mid u \in M^{\mathrm{U}}\}$ とおくと，$C \subset M$ は $\sigma(M, M_*)$ コンパクト凸集合である．忠実正規トレース状態 $\tau \in M_*$ の GNS 3 つ組を $(\pi_\tau, \mathcal{H}_\tau, \xi_\tau)$ と書く．すると線型写像 $M \ni x \mapsto \pi_\tau(x)\xi_\tau \in \mathcal{H}_\tau$ は，$\sigma(M, M_*)$ と $\sigma(\mathcal{H}, \mathcal{H}^*)$ に関して連続写像であるから（τ の忠実性から単射），$\pi_\tau(C)\xi_\tau$ は弱コンパクト凸集合である．とくにノルム閉凸集合である．よって $a \in C$ であって $\|\pi_\tau(a)\xi_\tau\| = \inf\{\|\pi_\tau(x)\xi_\tau\| \mid x \in C\}$ をみたすものが唯一つ存在する．ところで

任意の $u \in M^{\mathrm{U}}$ に対して $uau^* \in C$ かつ $\|\pi_\tau(uau^*)\xi_\tau\| = \tau(((uau^*)^*uau^*))^{1/2} = \tau(a^*a)^{1/2} = \|\pi_\tau(a)\xi_\tau\|$ である．a の一意性から $a = uau^*$, $u \in M^{\mathrm{U}}$ となる．よって $a \in C \cap Z(M)$ である．□

次の Dixmier による定理は重要だが本書では使用しない．弱閉包ではなくノルム閉包で補題 9.3.7 と同じ主張がいえる．

定理 9.3.8（Dixmier の平均化定理）．M を有限 von Neumann 環とするとき，任意の $x \in M$ に対して，$\overline{\mathrm{co}}^{\|\cdot\|}\{uxu^* \mid u \in M^{\mathrm{U}}\} \cap Z(M) \neq \emptyset$.

系 9.3.9. M を von Neumann 環とする．このとき，M は II_1 型因子環 $\Leftrightarrow$ M は無限次元かつ唯一つの忠実正規トレース状態をもつ．

証明. $\Rightarrow$ を示す．無限次元性は明らか．定理 9.3.2 より M は正規トレース状態 τ をもつ．$Z(M) = \mathbb{C}1_M$ だから $s(\tau) = 1_M$ である．τ の一意性を示そう．φ を M 上の正規トレース状態とする．$x \in M$ とする．補題 9.3.7 より $\lambda 1_M \in Z(M) = \mathbb{C}1_M$ を $\lambda 1_M \in \overline{\mathrm{co}}^w\{uxu^* \mid u \in M^{\mathrm{U}}\}$ となるように取る．τ は $\overline{\mathrm{co}}^w\{uxu^* \mid u \in M^{\mathrm{U}}\}$ 上で一定値 $\tau(x)$ を取るから $\lambda = \tau(x)$ である．同様に $\lambda = \varphi(x)$ もいえる．よって $\tau = \varphi$ である．

$\Leftarrow$ を示す．τ を M 上の忠実正規トレース状態とすれば，M は有限である．また $Z(M) \neq \mathbb{C}1_M$ と仮定し，$z \in Z(M)^{\mathrm{P}}$ を $z \neq 0, 1_M$ となるように取る．このとき $0 < t < 1$ に対して，$h_t := t\tau(z)^{-1}z + (1-t)\tau(z^\perp)^{-1}z^\perp \in Z(M)_+$ とおけば，$\tau(h_t) = 1$ より τh_t は忠実正規トレース状態である．一意性により $h_t = 1_M$ ゆえ $t = \tau(z)$ だが，t の任意性に矛盾する．よって $Z(M) = \mathbb{C}1_M$ である．M は無限次元の有限因子環だから II_1 型である．□

■**例 9.3.10.** τ を C^* 環 A 上のトレース状態とし，$(\pi_\tau, \mathcal{H}_\tau, \xi_\tau)$ を付随する GNS 3 つ組とする．$M := \pi_\tau(A)''$ とおく．σ 弱稠密性の議論から $M \ni x \mapsto \langle x\xi_\tau, \xi_\tau\rangle \in \mathbb{C}$ は正規トレース状態であることがわかる（これも τ と書く）．共役線型作用素 $J_\tau\colon \mathcal{H}_\tau \to \mathcal{H}_\tau$ を $J_\tau\pi_\tau(a)\xi_\tau := \pi_\tau(a^*)\xi_\tau$, $a \in A$ によって定義すると，J_τ は等長かつ $J_\tau^2 = 1_{\mathcal{H}_\tau}$ をみたす．また $J_\tau x\xi_\tau = x^*\xi_\tau$, $x \in M$ が成り立つ．$\tau \in M_*$ の忠実性を確かめる．$x \in M$ が $x\xi_\tau = 0$ をみたせば，任意の $a \in A$ に対して

$$x\pi_\tau(a)\xi_\tau = J_\tau\pi_\tau(a^*)x^*\xi_\tau = J_\tau\pi_\tau(a^*)J_\tau x\xi_\tau = 0.$$

ξ_τ は $\pi_\tau(A)$ の巡回ベクトルだから $x = 0$. 以上から M は有限 von Neumann 環であることがわかった. J_τ は τ に付随するモジュラー共役作用素である.

例 4.4.12 で構成した $C^*_\lambda(\Gamma)$ は $\delta_e \in \ell^2(\Gamma)$ を GNS 巡回ベクトルとしてもつため, その閉包 $L(\Gamma) := C^*_\lambda(\Gamma)''$ は忠実トレース状態 $\tau(x) = \langle x\delta_e, \delta_e\rangle$, $x \in L(\Gamma)$ をもつ. $L(\Gamma)$ を**左群 von Neumann 環**とよぶ. 冨田の定理によれば $L(\Gamma)' = J_\tau L(\Gamma)J_\tau$ である. 直接の計算から $J_\tau\lambda(s)J_\tau = \rho(s)$, $s \in \Gamma$. よって $R(\Gamma) := C^*_\rho(\Gamma)''$ とおけば $L(\Gamma)' = R(\Gamma)$ である. $R(\Gamma)$ を**右群 von Neumann 環**とよぶ.

■**例 9.3.11.**　C* 環 A のトレース状態が唯一つである場合を考える. 例 9.3.10 の記号を用いる. 非零な $z \in Z(M)^{\mathrm{P}}$ に対して, $\varphi(a) := \tau(z)^{-1} \cdot \langle\pi_\tau(a)z\xi_\tau, \xi_\tau\rangle$, $a \in A$ とすれば, φ は A 上のトレース状態である. 実際 $a \in A$ に対して

$$\begin{aligned}\tau(z)\varphi(a^*a) &= \|\pi_\tau(a)z\xi_\tau\|^2 = \|J_\tau\pi_\tau(a)z\xi_\tau\|^2 = \|z\pi_\tau(a^*)\xi_\tau\|^2 \\ &= \tau(z)\varphi(aa^*).\end{aligned}$$

ここで命題 8.1.13 を用いた. 唯一性から $\varphi = \tau$ となる. よって $z = 1_M$ だから M は有限因子環である. さらにもし $\pi_\tau(A)$ が無限次元ならば, M は II_1 型因子環である. たとえば UHF 環や無理数回転環 A_θ は唯一のトレース状態 τ をもつ. それぞれ単純 C* 環だから GNS 表現で写した先も無限次元であり, これらに付随する von Neumann 環は II_1 型因子環である.

定義 9.3.12.　非自明な離散群 Γ が **ICC 群**[6] $:\overset{\mathrm{d}}{\Longleftrightarrow}$ 任意の $t \in \Gamma \setminus \{e\}$ の共役類 $\{sts^{-1} \mid s \in \Gamma\}$ が無限集合である.

定理 9.3.13.　Γ を離散群とすると, 次のことは同値である：

(1) Γ は ICC 群である.
(2) $L(\Gamma)$ は II_1 型因子環である.

---

[6] infinite conjugacy class.

証明. (1) ⇒ (2). $x \in Z(L(\Gamma))$ を取り，$x\delta_e = \sum_{t\in\Gamma} f(t)\delta_t \in \ell^2(\Gamma)$ とおく ($f(t) \in \mathbb{C}$). 任意の $s \in \Gamma$ に対して $\lambda(s)x\delta_e = \sum_t f(t)\delta_{st}$. 一方で

$$\lambda(s)x\delta_e = x\lambda(s)\delta_e = x\delta_s = x\rho(s^{-1})\delta_e = \rho(s^{-1})x\delta_e = \sum_t f(t)\delta_{ts}.$$

よって $f(st) = f(ts)$, $s, t \in \Gamma$ となるから，関数 f は各共役類の上で定数である．Γ が ICC であることと $f \in \ell^2(\Gamma)$ から，$\Gamma \setminus \{e\}$ の各共役類上で f は 0 を取る．Γ の共役類による分解を考えれば，$x\delta_e = f(e)\delta_e$ であることがわかる．δ_e は分離ベクトルだから $x = f(e) \in \mathbb{C}$ である．よって $L(\Gamma)$ は因子環である．Γ が ICC 群だから $L(\Gamma)$ は無限次元ゆえ II_1 型因子環である．

(2) ⇒ (1). ある $t \in \Gamma \setminus \{e\}$ の共役類 $C(t)$ が有限集合ならば，$x := \sum_{s\in C(t)} \lambda(s)$ は $\lambda(r)x\lambda(r)^* = x$, $r \in \Gamma$ をみたす．よって $x \in L(\Gamma)' \cap L(\Gamma) = Z(L(\Gamma))$ かつ $x \notin \mathbb{C}1_M$. これは $Z(L(\Gamma)) = \mathbb{C}$ に矛盾する． □

■**例 9.3.14.** $\mathbb{N}$ 上の全単射全体のなす群を $\mathrm{Aut}(\mathbb{N})$ と書く．$\sigma \in \mathrm{Aut}(\mathbb{N})$ が有限台をもつということを $\exists N \in \mathbb{N}$, $\forall k \geqq N$, $\sigma(k) = k$ と定める．有限台をもつ全単射の集合を S_∞ と書き，**無限対称群**という．d 次対称群 S_d は自然に S_∞ の部分群とみなせる（$d+1, d+2, \ldots \in \mathbb{N}$ を固定する）．このとき $S_\infty = \bigcup_d S_d$ であり，S_∞ は ICC 群である．

■**例 9.3.15.** 可換体 K が無限濃度をもつとき，付随する $ax+b$ 群 G は ICC 群である．ここで $G = \{\left[\begin{smallmatrix} a & b \\ 0 & 1 \end{smallmatrix}\right] \mid a \in K \setminus \{0\},\ b \in K\}$ である．

■**例 9.3.16.** $n \geqq 2$ のとき自由群 $\mathbb{F}_n$ は ICC 群である．

問題 9.3.17. Γ を離散群，Λ をその可換部分群とする．このとき自然に $L(\Lambda) \subset L(\Gamma)$ とみなせる．次のことを示せ：$L(\Lambda)$ が $L(\Gamma)$ の MASA である ⇔ 各 $t \in \Gamma \setminus \Lambda$ に対して $\{sts^{-1} \mid s \in \Lambda\}$ が無限集合である．

問題 9.3.18. $L(\Lambda) \subset L(\Gamma)$ とトレース状態 $\tau\colon L(\Gamma) \to \mathbb{C}$ に関する条件付き期待値と Jones 射影を記述せよ．

問題 9.3.19. ディフューズな von Neumann 環の MASA はディフューズであることを示せ．

例 9.3.11 に関連する事柄を述べておく．C^* 環 A 上の状態から GNS 表現を

通じて von Neumann 環 M を作るとき，付随するベクトル状態は A 上で忠実であっても，M 上で忠実とは限らない．M 上の忠実性を導く十分条件として次の結果が知られている（例 9.3.11 の一般化である）．

命題 9.3.20. A を C* 環，$\varphi \in \mathrm{S}(A)$ とする．次の性質をみたす $\mathcal{A}$ と α が存在すると仮定する：

- $\mathcal{A}$ は A のノルム稠密部分環である．
- $\alpha\colon \mathcal{A} \to \mathcal{A}$ は環準同型であり，$\varphi(ab) = \varphi(\alpha(b)a)$, $a, b \in \mathcal{A}$ をみたす．

このときベクトル状態 $\pi_\varphi(A)'' \ni x \mapsto \langle x\xi_\varphi, \xi_\varphi\rangle \in \mathbb{C}$ は忠実である．

証明. ξ_φ が M の分離ベクトルであることを示す．$x \in M$ が $x\xi_\varphi = 0$ をみたすとする．$\text{s-lim}_\lambda \pi_\varphi(a_\lambda) = x$ となるネット $a_\lambda \in A$ を取る．Kaplansky の稠密性定理を用いて，任意の λ で $\|\pi_\varphi(a_\lambda)\| \leqq \|x\|$，としておく．任意の $b \in \mathcal{A}$ に対して，次の評価を得る：

$$
\begin{aligned}
\|x\pi_\varphi(b)\xi_\varphi\|^2 &= \lim_\lambda \|\pi_\varphi(a_\lambda b)\xi_\varphi\|^2 = \lim_\lambda \varphi(b^* a_\lambda^* a_\lambda b) \\
&= \lim_\lambda \varphi(\alpha(b)b^* a_\lambda^* a_\lambda) = \lim_\lambda \langle \pi_\varphi(a_\lambda)\xi_\varphi, \pi_\varphi(a_\lambda b\alpha(b)^*)\xi_\varphi\rangle \\
&\leqq \overline{\lim_\lambda} \|\pi_\varphi(a_\lambda)\xi_\varphi\|\|x\|\|\pi_\varphi(b\alpha(b)^*)\xi_\varphi\| \\
&= \|x\xi_\varphi\|\|x\|\|\pi_\varphi(b\alpha(b)^*)\xi_\varphi\| = 0.
\end{aligned}
$$

$\pi_\varphi(\mathcal{A})\xi_\varphi \subset \mathcal{H}_\varphi$ はノルム稠密ゆえ，$x = 0$ となる．よって ξ_φ は分離ベクトルである．□

9.3.2 中心値トレース

定理 9.3.21 (Dixmier)**.** M を有限 von Neumann 環とすると，次の 2 条件をみたす写像 $\mathrm{CTr}_M\colon M \to Z(M)$ が一意的に存在する：

(1) $\mathrm{CTr}_M\colon M \to Z(M)$ は忠実な正規条件付き期待値である．
(2) CTr_M はトレース条件 $\mathrm{CTr}_M(xy) = \mathrm{CTr}_M(yx)$, $x, y \in M$ をみたす．

また任意の正規トレース状態 $\tau \in \mathrm{S}_*(M)$ は $\tau|_{Z(M)} \circ \mathrm{CTr}_M = \tau$ をみたす．

証明. まず M が忠実な正規トレース状態 τ をもつ場合に示す．明らかに $Z(M) \subset M_\tau$ だから，定理 7.5.6 により忠実な正規条件付き期待値 $E\colon M \to Z(M)$ で $\tau \circ E = \tau$ をみたすものが一意的に存在する．ここで $u \in M^{\mathrm{U}}$ に対して $F := E \circ \mathrm{Ad}\, u$ とおけば，F も $Z(M)$ への忠実な正規条件付き期待値でありかつ $\tau \circ F = \tau \circ E \circ \mathrm{Ad}\, u = \tau \circ \mathrm{Ad}\, u = \tau$ である．一意性から $E = F = E \circ \mathrm{Ad}\, u$ となり，E はトレース条件をみたす．

次に一般の有限 von Neumann 環 M の場合を考える．定理 9.3.2 のような正規トレース状態たち $\{\tau_i\}_i$ を考える．これらはそれぞれ $Ms(\tau_i)$ 上で忠実だから，上の議論によって忠実な正規条件付き期待値 $E_i\colon Ms(\tau_i) \to Z(M)s(\tau_i)$ でトレース条件をみたすものが存在する．そこで写像 $E\colon M \to Z(M)$ を $x \in M$ に対して $E(x) := \sum_i E_i(xs(\tau_i))$ として定める．右辺は強収束することに注意しよう．E は定理の性質をみたす写像である．

次に一意性を示す．$x \in M$ とする．$C := \overline{\mathrm{co}}^w\{uxu^* \mid u \in M^{\mathrm{U}}\}$ とおくと，$y \in C \cap Z(M)$ を取れる（補題 9.3.7）．E は正規かつ $\mathrm{Ad}\, u$ 不変だから $E(C) = \{E(x)\}$ となる．よって $E(y) = y$ より $y = E(x)$ である．つまり $C \cap Z(M) = \{E(x)\}$．もし $G\colon M \to Z(M)$ も (1), (2) をみたすならば，同じ理由によって $C \cap Z(M) = \{G(x)\}$ だから $E(x) = G(x)$ がわかる．

最後の主張を示す．$\forall x \in M$ で $\overline{\mathrm{co}}^w\{uxu^* \mid u \in M^{\mathrm{U}}\} \cap Z(M) = \{E(x)\}$ だから，正規トレース状態 $\tau_1 \in \mathrm{S}_*(M)$ は $\tau_1(\overline{\mathrm{co}}^w\{uxu^* \mid u \in M^{\mathrm{U}}\}) = \{\tau_1(x)\}$ をみたす．よって $\tau_1(E(x)) = \tau_1(x)$ である． □

この証明で次の等式が示されていることに注意しておこう：

$$\overline{\mathrm{co}}^w\{\, uxu^* \mid u \in M^{\mathrm{U}} \,\} \cap Z(M) = \{\mathrm{CTr}_M(x)\}, \quad x \in M.$$

定義 9.3.22. 定理 9.3.21 の CTr_M を中心値トレースという．

系 9.3.23. 有限 von Neumann 環 M と $p, q \in M^{\mathrm{P}}$ に対して $p \precsim q \iff \mathrm{CTr}_M(p) \leqq \mathrm{CTr}_M(q)$.

証明. $\Rightarrow$ を示す．$v \in M^{\mathrm{PI}}$ を $p = v^*v$, $vv^* \leqq q$ と取ると $\mathrm{CTr}(p) = \mathrm{CTr}_M(v^*v) = \mathrm{CTr}_M(vv^*) \leqq \mathrm{CTr}_M(q)$ となる．

$\Leftarrow$ を示す．比較定理により $z \in Z(M)^{\mathrm{P}}$ を $pz \precsim qz$, $pz^\perp \succsim qz^\perp$ となるよ

うに取る．$e \in M^{\mathrm{P}}$ を $pz^{\perp} \geqq e \sim qz^{\perp}$ となるように取ると $\mathrm{CTr}_M(p)z^{\perp} = \mathrm{CTr}_M(pz^{\perp}) \geqq \mathrm{CTr}_M(qz^{\perp}) = \mathrm{CTr}_M(q)z^{\perp}$．一方で仮定より逆側の不等号も成り立つから $\mathrm{CTr}_M(pz^{\perp}) = \mathrm{CTr}_M(qz^{\perp})$．よって $\mathrm{CTr}_M(pz^{\perp} - e) = 0$ であり，CTr_M の忠実性から $pz^{\perp} = e \sim qz^{\perp}$ となる．以上から $p \precsim q$ が従う．□

次の補題の証明では，$p \in M^{\mathrm{P}}$ が中心的 $\Leftrightarrow$ $pMp^{\perp} = \{0\}$ であることを使う（実際 $pMp^{\perp} = \{0\}$ ならば，補題 7.2.14 (3) より $0 = z_M(p)p^{\perp} = z_M(p) - p$ となる）．

補題 9.3.24. M が I 型直和因子をもたない von Neumann 環のとき，UHF 環 $M_{2^\infty}(\mathbb{C}) \coloneqq \bigotimes_{n=1}^{\infty} M_2(\mathbb{C})$ の単位的かつ忠実な $*$ 準同型 $M_{2^\infty}(\mathbb{C}) \to M$ が存在する．

証明. 真無限直和因子は von Neumann 部分環 $\mathbf{B}(\ell^2)$ をもつから（補題 9.2.9），任意の可分 C* 環（に同型な C* 環）を部分環にもつ．よって M が II_1 型の場合に示せばよい．各 $k \in \mathbb{N}$ に対して 2×2 行列単位系 $\{e_{ij}^k\}_{i,j=1,2} \subset M$ を $k \neq \ell$ ならば $[e_{ij}^k, e_{rs}^{\ell}] = 0$, $i,j,r,s = 1,2$ となるように構成すればよい．

$\{(e_i, f_i)\}_{i \in I}$ を $e_i \sim f_i$ かつ $\{e_i\}_{i \in I}$, $\{f_i\}_{i \in I}$, $\{e_i + f_i\}_{i \in I}$ がそれぞれ非零射影の直交族となるような極大族とする．$e \coloneqq \sum_i e_i$, $f \coloneqq \sum_i f_i$ とおく．定め方から $e \sim f$．$r \coloneqq (e+f)^{\perp} \neq 0$ と仮定する．rMr は非可換だから，ある $p \in (rMr)^{\mathrm{P}}$ が存在して $(r-p)Mp \neq \{0\}$．非零な $x \in (r-p)Mp$ を取れば，$(r-p) \geqq s_{\ell}(x) \sim s_r(x) \leqq p$ である．このとき $\{(e_i, f_i)\}_i \cup \{(s_{\ell}(x), s_r(x))\}$ を考えれば，$\{(e_i, f_i)\}_i$ の極大性に矛盾が生じる．よって $e + f = 1_M$ である．

以上から M は $e \sim e^{\perp}$ となる $e \in M^{\mathrm{P}}$ をもつ．$v \in M^{\mathrm{PI}}$ を $e = v^*v$, $e^{\perp} = vv^*$ となるものとして，$e_{11}^1 \coloneqq v^*v$, $e_{21}^1 \coloneqq v$, $e_{12}^1 \coloneqq v^*$, $e_{22}^1 \coloneqq vv^*$ とおけば $\{e_{ij}^1\}_{i,j=1,2}$ は 2×2 行列単位系である ($e_{11} + e_{22} = 1_M$).

そこで $k = 1, \ldots, n$ に対して，互いに可換な 2×2 行列単位系 $\{e_{ij}^k\}_{i,j=1,2}$ が構成されたとする．$i \coloneqq (i_1, \ldots, i_n) \in \{1,2\}^n$ に対して $v_i \coloneqq e_{i_1 1}^1 \cdots e_{i_n 1}^n$ とおく．$q \coloneqq e_{11}^1 \cdots e_{11}^n \in M^{\mathrm{P}}$ による縮小環 qMq は II_1 型だから 2×2 行列単位系 $\{f_{rs}\}_{r,s=1,2} \subset qMq$ を取れる．そこで $e_{rs}^{n+1} \coloneqq \sum_{i \in \{1,2\}^n} v_i f_{rs} v_i^*$ とおけば，$\{e_{rs}^{n+1}\}_{r,s=1,2}$ は M 内の 2×2 行列単位系であり，$\{e_{ij}^k\}_{i,j=1,2}$, $k = 1, \ldots, n$ たちと可換である．したがって帰納法により主張が示される．□

次の結果は II_1 型 von Neumann 環の連続次元性といわれる[7)].

定理 9.3.25. II_1 型 von Neumann 環 M に対して次のことが成り立つ：

$$\{\, \mathrm{CTr}_M(p) \mid p \in M^{\mathrm{P}} \,\} = \mathrm{Ball}(Z(M)_+).$$

とくに M が II_1 型因子環のとき，忠実正規トレース状態 $\tau \in M_*^+$ に対して

$$\{\, \tau(p) \mid p \in M^{\mathrm{P}} \,\} = [0,1].$$

証明. $\subset$ は明らか．$\supset$ を示す．$a \in \mathrm{Ball}(Z(M)_+)$ を取る．射影の単調増加列 $p_n \in M^{\mathrm{P}}$, $n \in \mathbb{Z}_+$ を $\mathrm{CTr}_M(p_n) \leqq a \leqq \mathrm{CTr}_M(p_n) + 2^{-n}1_M$ となるように構成できれば，$p := \text{s-lim}_n\, p_n \in M^{\mathrm{P}}$ は $\mathrm{CTr}(p) = a$ をみたす．

$p_0 := 0$ とする．$p_0, \ldots, p_{n-1}$ まで構成できたとし，$b := a - \mathrm{CTr}_M(p_{n-1}) \in Z(M)$ とおく．定め方から $0 \leqq b \leqq 2^{-(n-1)}1_M$ である．$b = 0$ ならば $p_n := p_{n-1}$ とおけばよい．また $p_{n-1} = 1_M$ ならば $a = 1_M$ を導くから，やはり $p_n := 1_M$ とおけばよい．よって $b \neq 0$ かつ $p_{n-1} \neq 1_M$ の場合を考える．b のスペクトル射影族を $\{E(B)\}_{B \in \mathscr{B}(\mathbb{R})} \subset Z(M)$ と書き，$z_k := E((k/2^n, (k+1)/2^n])$, $k = 0, 1$ とおく．$z_k \neq 0$ となる k については補題 9.3.24 を使って Mz_k の中に $2^n \times 2^n$ 行列単位系を構成することで，射影 $q_k \in Mz_k$ を $\mathrm{CTr}(q_k) = 2^{-n}kz_k$ となるように取れる．そこで $q := \sum_k q_k \in M^{\mathrm{P}}$ とおけば，$\mathrm{CTr}(q) \leqq b \leqq \mathrm{CTr}(q) + 2^{-n}$ となる．

このとき $\mathrm{CTr}(q) \leqq b \leqq 1_M - \mathrm{CTr}(p_{n-1}) = \mathrm{CTr}(p_{n-1}^{\perp})$ だから $q \precsim p_{n-1}^{\perp}$. よって M の射影 $r \leqq p_{n-1}^{\perp}$ を $q \sim r$ となるように取れる．すると射影 $p_n := p_{n-1} + r$ は帰納法の条件をみたすことがわかる．□

系 9.3.26. M を I 型直和因子をもたない von Neumann 環とする．このとき任意の UHF 環 A に対して，単位的 $*$ 準同型 $\pi\colon A \to M$ が存在する．

証明. 各直和因子ごとに示せばよいので，M が真無限か II_1 型として考える．M が真無限の場合は埋め込み $\mathbf{B}(\ell^2) \to M$ があるから明らかである（補題 9.2.9）．よって M が II_1 型の場合を考える．定理 9.3.25 より $n \in \mathbb{N}$, $n \geqq 2$ に

---

7) $\{\mathrm{tr}(p) \mid p \in M_n(\mathbb{C})^{\mathrm{P}}\} = \{k/n \mid k = 0, \ldots, n\}$ であることと比較せよ．

対してある射影 $p_1 \in M^{\mathrm{P}}$ が存在して $\mathrm{CTr}_M(p_1) = n^{-1}1_M$ となる．$\mathrm{CTr}_M(p_1) = n^{-1} \leqq (1_M - n^{-1}) = \mathrm{CTr}_M(p_1^{\perp})$ だから $p_1 \precsim p_1^{\perp}$．よって $p_2 \in M^{\mathrm{P}}$ が存在して $p_1 \perp p_2$ かつ $\mathrm{CTr}_M(p_2) = n^{-1}1_M$ となる．これを続けていけば，互いに同値な射影による単位の分割 $p_1, \dots, p_n \in M$ を得る．これから $n \times n$ 行列単位系を M に作ることで，埋め込み $M_n(\mathbb{C}) \to M$ を構成できる．

この埋め込みの像を Q_n と書いて，$M = Q_n \vee (Q_n' \cap M) \cong Q_n \mathbin{\overline{\otimes}} (Q_n' \cap M)$ と分解する．$Q_n' \cap M$ も II_1 型だから，この中に任意サイズの行列環を埋め込めて，互いに可換な行列部分因子環たちを帰納的に構成できる．□

問題 9.3.27. 有限 von Neumann 環 M 内の 2 つの $n \times n$ 行列単位系 $\{e_{ij}\}_{i,j=1}^n$，$\{f_{k\ell}\}_{k,\ell=1}^n$ は $e_{11} \sim f_{11}$ をみたすことを示せ．とくに $u \in M^{\mathrm{U}}$ を $e_{ij} = uf_{ij}u^*$ となるように取れる．

命題 9.3.28（境）．von Neumann 環 M に対し，次のことは同値である：

(1) M は有限である．

(2) $*$演算 $\mathrm{Ball}(M) \ni x \mapsto x^* \in \mathrm{Ball}(M)$ は強連続である．

(3) $*$演算 $\mathrm{Ball}(M) \ni x \mapsto x^* \in \mathrm{Ball}(M)$ は点列強連続である．

証明． (1) ⇒ (2)．中心射影で切ることで M は σ 有限として示せばよい．τ を M 上の忠実正規状態とする．M の強収束ネット $x_\lambda \xrightarrow{s} 0$ を取ると，補題 7.3.40 より $\tau x_\lambda = x_\lambda \tau \to 0$（ノルム収束）となる．よって $x_\lambda^* \xrightarrow{s} 0$ である．

(2) ⇒ (3)．明らか．

(3) ⇒ (1)．M が有限でなければ，真無限直和因子 N をもつ．とくに N は $\mathbf{B}(\ell^2)$ と同型な部分因子環をもつ．片側シフト S について，$(S^n)^* \xrightarrow{s} 0$ だが S^n は 0 に強収束しない．よって矛盾が生じる．□

命題 9.3.29. M, N が有限 von Neumann 環ならば，$M \mathbin{\overline{\otimes}} N$ も有限である．

証明． 忠実正規な UCP 写像 $\mathrm{CTr}_M \mathbin{\overline{\otimes}} \mathrm{CTr}_N \colon M \mathbin{\overline{\otimes}} N \to Z(M) \mathbin{\overline{\otimes}} Z(N)$ を考える．任意の $a, b \in M$，$c, d \in N$ に対して $(\mathrm{CTr}_M \mathbin{\overline{\otimes}} \mathrm{CTr}_N)(ab \otimes cd) = \mathrm{CTr}_M(ab) \otimes \mathrm{CTr}_N(cd) = (\mathrm{CTr}_M \mathbin{\overline{\otimes}} \mathrm{CTr}_N)(ba \otimes dc)$ である．$M \otimes_{\mathrm{alg}} N$ は $M \mathbin{\overline{\otimes}} N$ で σ 弱稠密だから $\mathrm{CTr}_M \mathbin{\overline{\otimes}} \mathrm{CTr}_N$ はトレース条件をみたす．よって $M \mathbin{\overline{\otimes}} N$ は有限である．□

本書では荷重を積極的に扱わないので詳細は省くが，次の結果は重要である．

定理 9.3.30. von Neumann 環 M が半有限 $\Longleftrightarrow$ M は忠実正規な半有限トレース荷重をもつ．

ここで忠実正規な半有限トレース荷重について説明しておく．荷重 $\tau\colon M_+ \to [0,\infty]$ を考える．忠実性は $\{x \in M_+ \mid \tau(x) = 0\} = \{0\}$ を意味する．正規性は Dixmier によるもの，すなわち $x_\lambda \in M_+$ がノルム有界単調増加ネットであるとき $\lim_\lambda \tau(x_\lambda) = \tau(\text{s-lim}_\lambda x_\lambda)$ を意味する．半有限性は $*$ 部分環 $\mathfrak{m}_\tau$ が M の中で σ 弱稠密であることを意味する[8]（補題 4.2.18 も見よ）．

$\Leftarrow$ は準備が必要だが，トレースの存在から簡単である．$\Rightarrow$ について考える．もし M が半有限ならば，定理 9.1.11 と命題 9.2.14 により $N \mathbin{\overline{\otimes}} \mathbf{B}(\mathcal{K})$ の形の直和に分解される．ここで N は有限であるから正規トレース状態 τ をもつ．簡単のため忠実だと仮定すると（トレース状態の中心台でさらに切ればよい），$\tau \mathbin{\overline{\otimes}} \mathrm{Tr}_{\mathcal{K}}$ が $N \mathbin{\overline{\otimes}} \mathbf{B}(\mathcal{K})$ 上の忠実正規な半有限トレース荷重を与える．$\tau \mathbin{\overline{\otimes}} \mathrm{Tr}_{\mathcal{K}}$ は $(\tau \mathbin{\overline{\otimes}} \mathrm{Tr}_{\mathcal{K}})([x_{ij}]) = \sum_i \tau(x_{ii})$ のように定められる．

9.3.3 半有限 von Neumann 環のモジュラー自己同型群

定理 9.3.31. σ 有限 von Neumann 環 M に対して次のことは同値である：

(1) M は半有限である．

(2) ある忠実状態 $\varphi \in M_*^+$ と，ある強連続 1 径数ユニタリ群 $u\colon \mathbb{R} \to M^{\mathrm{U}}$ が存在して，$\sigma_t^\varphi = \mathrm{Ad}\, u(t),\ t \in \mathbb{R}$.

(3) 任意の忠実状態 $\varphi \in M_*^+$ に対して，ある強連続 1 径数ユニタリ群 $u\colon \mathbb{R} \to M^{\mathrm{U}}$ が存在して，$\sigma_t^\varphi = \mathrm{Ad}\, u(t),\ t \in \mathbb{R}$.

証明. (1) $\Rightarrow$ (2). 直和に分解することで，M が有限のときと真無限のときに考えればよい．M が有限ならば，忠実正規状態 $\tau \in M_*^+$ は $\sigma^\tau = \mathrm{id}_M$ をみたすから，(2) が成立する．M が真無限の場合は補題 9.1.10 と命題 9.2.14 よりある σ 有限な有限 von Neumann 環 N が存在して $M \cong N \otimes \mathbf{B}(\ell^2)$ となる．

---

[8] 一般に，荷重 $\varphi\colon M_+ \to [0,\infty]$ が半有限とは，$\mathfrak{m}_\varphi \subset M$ が σ 弱稠密であることを意味する．von Neumann 環の半有限性とは異なる概念である．

N 上の忠実正規トレース状態 τ_N と $\mathbf{B}(\ell^2)$ 上の忠実正規状態 ψ を取り，忠実正規状態 $\varphi := \tau_N \mathbin{\overline{\otimes}} \psi$ を考える．ψ の密度作用素を $\rho \in \mathbf{B}(\mathcal{H})_{\mathrm{Tr}}$ と書けば，補題 8.1.19, 8.1.20 より $\sigma_t^\varphi = \mathrm{id} \mathbin{\overline{\otimes}} \sigma_t^\psi = \mathrm{Ad}(1_N \otimes \rho^{it})$ となり (2) が成立する．

(2) ⇒ (3)．(2) をみたす忠実正規状態 $\varphi \in M_*^+$ と任意の忠実正規状態 $\psi \in M_*^+$ を取れば，$\sigma_t^\psi = \mathrm{Ad}(D\psi : D\varphi)_t \circ \sigma_t^\varphi = \mathrm{Ad}((D\psi : D\varphi)_t u(t))$, $t \in \mathbb{R}$. そこで $v(t) := (D\psi : D\varphi)_t u(t)$ と書けば，$s, t \in \mathbb{R}$ に対して

$$
\begin{aligned}
v(s)v(t) &= (D\psi : D\varphi)_s u(s)(D\psi : D\varphi)_t u(t) \\
&= (D\psi : D\varphi)_s \sigma_s^\varphi((D\psi : D\varphi)_t) u(s)u(t) = v(s+t).
\end{aligned}
$$

よって v は強連続 1 径数ユニタリ群である．

(3) ⇒ (1)．忠実正規状態 $\varphi \in M_*^+$ を任意に取り，(3) をみたすような強連続 1 径数ユニタリ群 u を取る．まず $u(t)\varphi u(t)^* = \sigma_t^\varphi(\varphi) = \varphi$ より $u(t) \in M_\varphi$, $t \in \mathbb{R}$ であることに注意する．Stone の定理を用いて，非特異な正自己共役作用素 h によって $u(t) = h^{it}$ と書いておく．h のスペクトル射影族を $\{E(B)\}_{B \in \mathscr{B}(\mathbb{R})}$ と書けば，$E(B) \in M_\varphi$ である．各 $n \in \mathbb{N}$ に対して $e_n := E([1/n, n]) \in M_\varphi$ とおく．

そこで縮小環 $M_n := e_n M e_n$ を考察する．$\psi_n := \varphi|_{M_n}$ は忠実であり，$k_n := he_n \in (M_n)_{\psi_n}$ は可逆である．命題 8.2.3 より $\sigma_t^{\psi_n} = \sigma_t^\varphi|_{M_n} = \mathrm{Ad}\, k_n^{it}$, $t \in \mathbb{R}$ となる．そこで $\chi_n := \psi_n k_n^{-1} \in (M_n)_*^+$ とおけば，命題 8.3.5 により $\sigma_t^{\chi_n} = \mathrm{Ad}\, k_n^{-it} \circ \sigma_t^{\psi_n} = \mathrm{id}_{M_n}$, $t \in \mathbb{R}$ である．系 8.1.18 により $\chi_n \in (M_n)_*^+$ は M_n 上の忠実トレースである．とくに M_n は有限である．

射影列 $e_n \in M_\varphi$ は単調増加かつ $\mathrm{s\text{-}lim}_n\, e_n = 1_M$ である．定義 9.2.1 より M は半有限である（$e_n - e_{n-1}$ を考えよ）． □

コメント 9.3.32.

(1) 忠実正規半有限荷重の理論を整備すれば，定理 9.3.31 をもう少し見通しよく証明できる．(1) ⇒ (2) では $\tau\colon M_+ \to [0, \infty]$ を定理 9.3.30 のトレース荷重として，$u(t) = (D\varphi : D\tau)_t$ とおけばよい．また (3) ⇒ (1) では $u(t) = h^{it}$ に対して $\varphi_{h^{-1}} := \lim_n \varphi((h + n^{-1}1_M)^{-1} \cdot)$ とおけば，Pedersen-竹崎の定理（[竹崎 83, 定理 III.2.7]）から $\varphi_{h^{-1}}$ は M 上の忠実正規半有限荷重であり，$\sigma_t^{\varphi_{h^{-1}}} = \mathrm{Ad}\, h^{-it} \circ \sigma_t^\varphi = \mathrm{id}_M$ より $\varphi_{h^{-1}}$ が M 上の忠実

正規半有限トレース荷重であることがわかる．

(2) 定理 9.3.31 は σ 有限でなくとも成立する．

(3) 定理 9.3.31 より M が（σ 有限かつ）半有限ならば $T(M)=\mathbb{R}$ がわかる．可分な M に対しては，その逆が正しいことが知られている（[竹崎 83, 定理 VII.1.15], [Str20, Theorem 15.16, Proposition 27.2] を見よ）．

9.3.4　正規条件付き期待値と von Neumann 環の型

補題 9.3.33.　$1_M \in N \subset M$ を von Neumann 環の包含とし，$\mathcal{E}\colon M \to N$ を正規条件付き期待値とする．このとき $\mathcal{E}$ の台射影 p は $N' \cap M$ に含まれ，$\mathcal{E}(px)=\mathcal{E}(x)=\mathcal{E}(xp)$, $x \in M$ をみたす．また $\mathcal{E}|_{pMp}\colon pMp \ni x \mapsto \mathcal{E}(x)p \in Np$ は忠実な正規条件付き期待値である．

証明.　$u \in N^{\mathrm{U}}$ に対して $\mathcal{E}(up^{\perp}u^*)=u\mathcal{E}(p^{\perp})u^*=0$ である．よって $up^{\perp}u^* \leqq p^{\perp}$, $u \in N^{\mathrm{U}}$．u を u^* に取り換えることで $u^*p^{\perp}u \leqq p^{\perp}$, すなわち $p^{\perp}=u\cdot(u^*p^{\perp}u)\cdot u^* \leqq up^{\perp}u^*$ が従う．よって $up^{\perp}u^*=p^{\perp}$, $u \in N^{\mathrm{U}}$ ゆえ $p \in N' \cap M$ となる．

$*$ 準同型 $N \ni x \mapsto xp \in Np$ は忠実である．実際 $x \in N$ かつ $xp=0$ ならば，$x=\mathcal{E}(x)=\mathcal{E}(xp)=0$．このことと UCP 写像の台射影の性質から後半の主張が従う．□

補題 9.3.34.　M を半有限 von Neumann 環とする．$p \in M^{\mathrm{P}}$ が有限である $\iff$ 写像 $\mathrm{Ball}(M) \ni x \mapsto px^* \in \mathrm{Ball}(M)$ が強連続である．

証明.　$\Rightarrow$ を示す．$M \subset \mathbf{B}(\mathcal{H})$ と表現しておく．有限射影の単調増加ネット $e_\lambda \in M^{\mathrm{P}}$ で 1_M に強収束するものを取る．$\mathrm{span}\{e_\lambda\mathcal{H} \mid \lambda\}$ は $\mathcal{H}$ でノルム稠密だから，各 λ について $F_\lambda\colon \mathrm{Ball}(M) \ni x \mapsto px^*e_\lambda \in \mathrm{Ball}(M)$ が強連続であることを示せば十分である．$f := p \vee e_\lambda \in M^{\mathrm{P}}$ は有限だから（補題 9.2.10），$\mathrm{Ball}(fMf) \ni y \mapsto y^* \in \mathrm{Ball}(fMf)$ は強連続である（命題 9.3.28）．このことから F_λ の強連続性が導かれる．

$\Leftarrow$ を示す．このときは $\mathrm{Ball}(pMp) \ni x \mapsto x^* \in \mathrm{Ball}(pMp)$ が強連続である．命題 9.3.28 より pMp は有限である．□

定理 9.3.35（富山）．$1_M \in N \subset M$ を von Neumann 環の包含とし，$\mathcal{E}\colon M \to N$ を正規条件付き期待値とする．$\mathcal{E}$ の台射影を $p \in N' \cap M$ と書く．このとき次のことが成り立つ：

(1) N が II 型ならば pMp は非零 I 型直和因子をもたない．
(2) N が III 型ならば pMp も III 型である．

証明． 補題 9.2.18 (3) と補題 9.3.33 により $p = 1_M$ の場合に示せばよい．

(1)．M の I 型直和因子に付随する中心射影を z_{I} と書く．$z_{\mathrm{I}} \neq 0$ と仮定して矛盾を導く．N は II 型だから，有限射影の単調増加ネット $e_i \in N$ で $e_i \xrightarrow{s} 1_M$ となるものが存在する．よって，ある i に対して $e_i z_{\mathrm{I}} \neq 0$ である．$\mathcal{E}|_{e_iMe_i}\colon e_iMe_i \ni x \mapsto \mathcal{E}(x) \in e_iNe_i$ を考えることで，N が II_1 型の場合に考えればよい．さらに定理 9.3.2 を用いれば N が σ 有限，すなわち忠実正規トレース状態 τ をもつとしてよい．以下 $Q := Mz_{\mathrm{I}}$ と書く．

M 上の忠実正規状態 $\varphi := \tau \circ \mathcal{E}$ を考える．$z_{\mathrm{I}} \in M_\varphi$ より σ^φ を Q に制限したものが $\varphi|_Q$ のモジュラー自己同型群を与える．定理 9.3.31 により，ある強連続1径数ユニタリ群 $u\colon \mathbb{R} \to Q^{\mathrm{U}}$ が存在して，Q 上で $\sigma_t^\varphi = \mathrm{Ad}\,u(t)$, $t \in \mathbb{R}$．定理 8.4.3 を用いれば，任意の $x \in N$, $t \in \mathbb{R}$ に対して，$u(t)xz_{\mathrm{I}}u(t)^* = \sigma_t^\varphi(xz_{\mathrm{I}}) = \sigma_t^\tau(x)z_{\mathrm{I}} = xz_{\mathrm{I}}$．よって $u(t) \in (Nz_{\mathrm{I}})' \cap Q$, $t \in \mathbb{R}$ である．

定理 9.3.31 の証明と同じく，非特異な正自己共役作用素 h とそのスペクトル射影族 $\{E(B)\}_{B \in \mathscr{B}(\mathbb{R})}$ を取れば，任意の $n \in \mathbb{N}$ に対して $e_n := E([1/n, n]) \in (N' \cap M)z_{\mathrm{I}}$ は Q の有限射影である．すると e_nMe_n は有限 I 型 von Neumann 環かつ $Ne_n \cong Nz_{N'}(e_n)$ は II_1 型である．アーベル射影 $p \in e_nMe_n$ で $z_{e_nMe_n}(p) = e_n$ となるものを取っておく．

各 $k \in \mathbb{N}$ に対して互いに同値な射影の直交族 $\{q_j\}_{j=1}^k \subset (Ne_n)^{\mathrm{P}}$ で中心台が e_n となるものを取れば（系 9.3.26 の証明を見よ），補題 9.1.7 (4) より M 内で $p \precsim q_j$, $j = 1, \ldots, k$ である．よって p と同値な互いに直交する k 個のアーベル射影ができる．このことから e_nMe_n の各 I_α 型直和因子について $k \leqq \alpha$ でなくてはならない．k は任意だから α は無限濃度である．これは e_nMe_n が有限であることに矛盾する．

(2)．N が III 型の場合を考える．M が半有限直和因子 R をもつと仮定して矛盾を導く．(1) と同様に σ 有限射影の単調増加ネットを考えることで，N

は σ 有限としてよい．忠実正規状態 $\psi \in N_*^+$ を取り，$\theta := \psi \circ \mathcal{E}$ とおく．R^{U} 内の 1 径数ユニタリ群 k^{it}, $t \in \mathbb{R}$ を R 上で $\sigma_t^{\theta|_R} = \mathrm{Ad}\, k^{it}$ となるように取る．ここで $k \in R$ は非特異な正自己共役作用素であり，そのスペクトル射影族 $\{E_k(B)\}_{B \in \mathscr{B}(\mathbb{R})}$ は $R_\theta := R \cap M_\theta$ に属する．$n \in \mathbb{N}$ に対して $e_n := E_k([1/n, n]) \in R_\theta$ は R の有限射影である．

$n \in \mathbb{N}$ を $e_n \neq 0$ となるように固定する．$\lambda > 0$ と $\mathcal{E}(e_n) \in N_\psi$ の非零スペクトル射影 $p \in N$ を $\lambda p \leqq \mathcal{E}(e_n)p$ となるように取る．p が N の有限射影であることを示す．点列 $x_m \in pNp$ が $x_m \xrightarrow{s} 0$ をみたしているとする．$e_nM = e_nR$ であることと，補題 9.3.34 により $m \to \infty$ のとき M の中で $e_n x_m^* \xrightarrow{s} 0$. すると

$$x_m x_m^* = x_m p x_m^* \leqq \lambda^{-1} x_m \mathcal{E}(e_n) x_m^* = \lambda^{-1} \mathcal{E}(x_m e_n x_m^*)$$

により pNp で $x_m^* \xrightarrow{s} 0$. 命題 9.3.28 により $pNp \neq \{0\}$ は有限である．これは N が III 型であることに反する． □

系 9.3.36. M, N をそれぞれ X,Y 型 von Neumann 環とする（X, Y = I, II, III）．このとき次のことが成り立つ：

(1) $M \mathbin{\overline{\otimes}} N$ が I 型 $\iff$ X = Y = I.

(2) $M \mathbin{\overline{\otimes}} N$ が II 型 $\iff$ II $\in$ {X, Y} $\subset$ {I, II}.

(3) $M \mathbin{\overline{\otimes}} N$ が III 型 $\iff$ III $\in$ {X, Y}.

証明. (1). $\Rightarrow$ を示す．正規状態 $\varphi \in M_*^+$ に対して正規スライス写像 $\varphi \mathbin{\overline{\otimes}} \mathrm{id}_N \colon M \mathbin{\overline{\otimes}} N \to N$ を考える．定理 9.3.35 により N は I 型である．同様に M も I 型である．

$\Leftarrow$ を示す．e, f をそれぞれ M, N のアーベル射影で中心台が $1_M, 1_N$ となるものとする．明らかに $p := e \otimes f$ は $M \mathbin{\overline{\otimes}} N$ のアーベル射影であり，$(M \otimes_{\mathrm{alg}} N)p(M \otimes_{\mathrm{alg}} N) = (MeM) \otimes_{\mathrm{alg}} (NeN)$ は $M \mathbin{\overline{\otimes}} N$ で σ 弱稠密だから，p の $M \mathbin{\overline{\otimes}} N$ での中心台は $1_M \otimes 1_N$ であり，$M \mathbin{\overline{\otimes}} N$ は I 型である．

(2). $\Rightarrow$ を示す．(1) と同様にスライス写像を考えれば，定理 9.3.35 より M, N は III 型ではない．もしそれらが I 型ならば (1) より $M \mathbin{\overline{\otimes}} N$ は I 型であるから不適．よって少なくとも片方は II 型，もう一方は I 型か II 型である．

$\Leftarrow$ を示す．M, N は半有限だから，$z_M(p) = 1_M$, $z_N(q) = 1_N$ となる有限射影 $p \in M^{\mathrm{P}}$, $q \in N^{\mathrm{P}}$ を取れる．$z_{M \overline{\otimes} N}(p \otimes q) = 1_M \otimes 1_N$ であり，$p \otimes q$ は有限射影だから（命題 9.3.29），$M \overline{\otimes} N$ は半有限である．

N を II 型とする．$\varphi \in \mathrm{S}_*(M)$ によるスライス写像 $\varphi \overline{\otimes} \mathrm{id}_N \colon M \overline{\otimes} N \to N$ を考える．$e_\varphi := s(\varphi)$ と書くと，定理 9.3.35 により $e_\varphi M e_\varphi \overline{\otimes} N$ は非零 I 型直和因子をもたない．したがって $M \overline{\otimes} N$ の I 型直和因子に対応する中心射影 z_{I} と書けば $(e_\varphi \otimes 1_N) z_{\mathrm{I}} = 0$ である．φ を $\mathrm{S}_*(M)$ で動かせば $\bigvee e_\varphi = 1_M$ だから $z_{\mathrm{I}} = 0$ を得る．したがって $M \overline{\otimes} N$ は II 型である．

(3). $\Rightarrow$ を示す．もし M, N のどちらも III 型でなければ，(1), (2) より $M \overline{\otimes} N$ も III 型でない．

$\Leftarrow$ を示す．N が III 型であったとすれば，(1), (2) と同様のスライス写像を用いた議論により結論を得る．$\square$

9.4　AFD 因子環

Murray–von Neumann による AFD II_1 型因子環の一意性定理（定理 9.4.9）と，AFD III 型因子環である Powers 因子環の分類定理（定理 9.4.16）を示す．

9.4.1　AFD von Neumann 環

von Neumann 環の AFD 性は C* 環の AF 性に相当するものである．

定義 9.4.1.　von Neumann 環 M が **AFD**[9] $:\overset{\mathrm{d}}{\Leftrightarrow}$ M の有限次元部分 $*$ 環の増大列 N_n, $n \in \mathbb{N}$ であって $\overline{\bigcup_n N_n}^{\sigma\text{-}w} = M$ となるものが存在する．

コメント 9.4.2.

(1) 定義 9.4.1 において，必要ならば N_n を $N_n + \mathbb{C}(1_M - 1_{N_n})$ に置き換えることで $1_M \in N_n$ とできる．
(2) AFD von Neumann 環のテンソル積は AFD である．

---

[9] AFD は approximately finite dimensional（近似的有限次元）の略．本書では可分前双対をもつ場合のみ扱う．とくに AFD ならば σ 有限である．

(3) AFD von Neumann 環の縮小環や可換子環が AFD であることは，AFD 性と単射性が同値であること（定理 9.4.20）を用いて証明される．

9.4.2 AFD II_1 型因子環の一意性

τ を有限 von Neumann 環 M 上の忠実正規トレース状態とし，$\|x\|_2 := \tau(x^*x)^{1/2}$ と書く．それに付随する GNS Hilbert 空間，GNS ベクトルをそれぞれ $\mathcal{H}_\tau$, ξ_τ と書き，$M \subset \mathbf{B}(\mathcal{H}_\tau)$ と表現しておく．また von Neumann 部分環 $N \subset M$ への τ を保存する忠実正規条件付き期待値を $E_N\colon M \to N$ と書く．

$F \subset M$ を部分集合，$N \subset M$ を von Neumann 部分環とする．$\varepsilon > 0$ に対して誤差つきの包含 $F \overset{\varepsilon}{\subset} N$ が成り立つということを，任意の $x \in \mathrm{Ball}(F)$ に対して，ある $y \in N$ が存在して $\|x - y\|_2 \leqq \varepsilon$ となることと定める．このことは $\|x - E_N(x)\|_2 \leqq \varepsilon$, $x \in \mathrm{Ball}(F)$ と同値である．実際，E_N に付随する Jones 射影 e_N に射影定理（定理 4.1.5）を適用すれば，$\|x - E_N(x)\|_2 \leqq \|x - y\|_2$, $y \in N$ となる．まず補題 6.2.13 の L^2 ノルム版を示そう．

補題 9.4.3. $h \in \mathrm{Ball}(M_{\mathrm{sa}})$ が $\|h - h^2\|_2 < 1/4$ をみたすとき，ある h のスペクトル射影 $f \in M^{\mathrm{P}}$ が存在して $\|h - f\|_2 \leqq 4\|h - h^2\|_2^{1/2}$ となる．

証明. h のスペクトル射影族を $\{E(B)\}_{B \in \mathscr{B}(\mathbb{R})}$ とする．$\varepsilon := \|h - h^2\|_2$, $e := E([-\sqrt{\varepsilon}, \sqrt{\varepsilon}])$, $f := E([1 - \sqrt{\varepsilon}, 1])$, $p := (e + f)^\perp$ とおく．すると

$$\begin{aligned}\varepsilon^2 = \|(h - h^2)\xi_\tau\|^2 &= \int_{[-1,1]} |\lambda - \lambda^2|^2 \, d\|E(\lambda)\xi_\tau\|^2 \\ &\geqq \int_{[-1,-\sqrt{\varepsilon})\cup(\sqrt{\varepsilon},1-\sqrt{\varepsilon})} |\lambda - \lambda^2|^2 \, d\|E(\lambda)\xi_\tau\|^2 \\ &\geqq \int_{[-1,-\sqrt{\varepsilon})\cup(\sqrt{\varepsilon},1-\sqrt{\varepsilon})} \frac{\varepsilon}{4} \, d\|E(\lambda)\xi_\tau\|^2 = \frac{\varepsilon}{4}\|p\|_2^2.\end{aligned}$$

よって $\|p\|_2 \leqq 2\sqrt{\varepsilon}$. また $\|he\| \leqq \sqrt{\varepsilon}$, $\|hf - f\| \leqq \sqrt{\varepsilon}$ により

$$\|h - f\|_2 \leqq \|he\|_2 + \|hf - f\|_2 + \|hp\|_2 \leqq 2\sqrt{\varepsilon} + \|p\|_2 \leqq 4\sqrt{\varepsilon}. \qquad \square$$

補題 9.4.4. $x, y \in M$ に対して $\||x^*| - |y^*|\|_2^2 + \||x| - |y|\|_2^2 \leqq 2\|x - y\|_2^2$ が成り立つ．

証明. まず $x, y \in M_{\mathrm{sa}}$ の場合に考える．$b := J_\tau y J_\tau \in M'$ とおく．ここで J_τ は τ に付随するモジュラー共役作用素である．すると $A := \mathrm{C}^*(x, b)$ は可換 C^* 環であるから，x, b をある位相空間上の実数値連続関数とみなすことで $(|x| - |b|)^2 \leqq (x - b)^2$ を得る．$|b| = J_\tau |y| J_\tau$ だから

$$
\begin{aligned}
\||x| - |y|\|_2^2 &= \langle |x|\xi_\tau - |y|\xi_\tau, |x|\xi_\tau - |y|\xi_\tau \rangle = \langle |x|\xi_\tau - |b|\xi_\tau, |x|\xi_\tau - |b|\xi_\tau \rangle \\
&= \langle (|x| - |b|)^2 \xi_\tau, \xi_\tau \rangle \leqq \langle (x - b)^2 \xi_\tau, \xi_\tau \rangle \\
&= \langle x\xi_\tau - b\xi_\tau, x\xi_\tau - b\xi_\tau \rangle = \langle x\xi_\tau - y\xi_\tau, x\xi_\tau - y\xi_\tau \rangle \\
&= \|x - y\|_2^2.
\end{aligned}
$$

次に一般の $x, y \in M$ については，$N := M \otimes M_2(\mathbb{C})$ 上の忠実正規トレース状態 $\tau_N := \tau \otimes \mathrm{tr}_2$ と自己共役元 $h := \left[\begin{smallmatrix} 0 & x \\ x^* & 0 \end{smallmatrix}\right]$, $k := \left[\begin{smallmatrix} 0 & y \\ y^* & 0 \end{smallmatrix}\right]$ に対して前半で得られた不等式を適用して $\||h| - |k|\|_2 \leqq \|h - k\|_2$ を得る．この $\|\cdot\|_2$ は τ_N に関するものである．さて

$$
|h| - |k| = \begin{bmatrix} |x^*| - |y^*| & 0 \\ 0 & |x| - |y| \end{bmatrix}, \quad |h - k| = \begin{bmatrix} |x^* - y^*| & 0 \\ 0 & |x - y| \end{bmatrix}
$$

だから，次のように主張の不等式を得る：

$$
\begin{aligned}
\||h| - |k|\|_2^2 &= 2^{-1}(\||x^*| - |y^*|\|_2^2 + \||x| - |y|\|_2^2), \\
\|h - k\|_2^2 &= 2^{-1}(\|x^* - y^*\|_2^2 + \|x - y\|_2^2) = \|x - y\|_2^2.
\end{aligned}
$$
□

補題 9.4.5. $e, f \in M^{\mathrm{P}}$ が $e \sim f$ であれば，ある $u \in M^{\mathrm{U}}$ が存在して，$e = ufu^*$ かつ $\|u - 1_M\|_2 \leqq 3\|e - f\|_2$ となる．

証明. $x := ef + e^\perp f^\perp$ とおくと，$\|x - 1_M\|_2 = \|(2e - 1_M)(f - e)\|_2 = \|f - e\|_2$ を得る．$ef = v|ef|$, $e^\perp f^\perp = w|e^\perp f^\perp|$ を極分解とすれば $v^*v \leqq f$, $vv^* \leqq e$, $w^*w \leqq f^\perp$, $ww^* \leqq e^\perp$．M の有限性から $e - vv^* \sim f - v^*v$, $e^\perp - ww^* \sim f^\perp - w^*w$ がいえる．よって $u \in M^{\mathrm{U}}$ を $uv^*v = v$, $uf = eu$, $uw^*w = w$, $uf^\perp = e^\perp u$ となるように取れて，

$$
u^*x = u^*v|ef| + u^*w|e^\perp f^\perp| = |ef| + |e^\perp f^\perp| = |x|
$$

となる．補題 9.4.4 より次の評価を得る：

$$\|u-x\|_2 = \|1_M - u^*x\|_2 = \|1_M - |x|\|_2 \leqq \sqrt{2}\|1_M - x\|_2.$$

よって $\|u-1_M\|_2 \leqq \|u-x\|_2 + \|x-1_M\|_2 \leqq (1+\sqrt{2})\|e-f\|_2$ となる． □

補題 9.4.6. $\{e_{ij}\}_{i,j=1}^n$ を II_1 型因子環 M 内の行列単位系とする．ただし $\sum_{i=1}^n e_{ii} = 1_M$ とは限らないとする．もし，ある $m \in \mathbb{N}$ に対して $\tau(e_{11}) = 1/m$ であれば，行列単位系の拡張 $\{e_{ij}\}_{i,j=1}^m$ であって，$\sum_{i=1}^m e_{ii} = 1_M$ となるものが存在する．

証明. $\tau(1_M - \sum_i e_{ii}) = 1 - n/m$ だから，射影 $e_{kk} \in M$, $k = n+1, \ldots, m$ を $\sum_{i=1}^m e_{ii} = 1_M$ かつ $\tau(e_{kk}) = 1/m$ と取れる（系 9.3.26）．$e_{11} \sim e_{kk}$ だから，部分等長作用素 e_{k1} を $e_{k1}^* e_{k1} = e_{11}$ かつ $e_{k1}e_{k1}^* = e_{kk}$, $k > n$ と取れば，$e_{ij} := e_{i1}e_{j1}^*$ たちは求める行列単位系である． □

補題 9.4.7. M を II_1 型因子環とし，$Q \subset M$ を有限次元 von Neumann 部分環とする．任意の $\varepsilon > 0$ に対して，ある $n \in \mathbb{N}$ と I_{2^n} 型部分因子環 $N \subset M$ が存在して $Q \overset{\varepsilon}{\subset} N$.

証明. $Q = Q_1 + \cdots + Q_m$ を $\mathrm{I}_{\alpha(k)}$ 型因子環 Q_k たちへの直和分解とする．$I_k := \{1, \ldots, \alpha(k)\}$ とおき，Q_k の行列単位系 $\{e_{ij}(k)\}_{i,j \in I_k}$ を取る．また $z_k := 1_{Q_k}$ と書く．

次に $n \in \mathbb{N}$ を $\dim Q \cdot 2^{-n/2} < \varepsilon$ となるものとする．各 k に対して，$r(k) \in \mathbb{N}$ を $r(k)/2^n \leqq \tau(e_{11}(k)) < (r(k)+1)/2^n$ と取る．さらに $e_{11}(k)Me_{11}(k)$ の行列単位系 $\{f_{st}(k)\}_{s,t=1}^{r(k)}$ を $\tau(f_{11}(k)) = 2^{-n}$ と取る．$J_k := \{1, \ldots, r(k)\}$ とおく．このとき $\tau(e_{11}(k) - \sum_{s \in J_k} f_{ss}(k)) < 2^{-n}$ である．ここで $g_{(i,s),(j,t)}(k) := e_{i1}(k)f_{st}(k)e_{1j}(k)$ とおくと，各 k に対して $\{g_{(i,s),(j,t)}(k)\}_{(i,s),(j,t) \in I_k \times J_k}$ は $z_k M z_k$ の行列単位系である．また $\tau(g_{(1,1),(1,1)}(k)) = \tau(f_{11}(k)) = 2^{-n}$ だから，各 k について $g_{(1,1),(1,1)}(k)$ は Murray–von Neumann 同値である．それゆえ補題 9.4.6 の証明と同様にして $\{g_{(i,s),(j,t)}(k)\}_{(i,s),(j,t) \in I_k \times J_k}$ を k たちに関しても拡大して行列単位系 $\{h_{ab}\}_{a,b}$ であって $\sum_a h_{aa} = \sum_k \sum_{(i,s)} g_{(i,s),(i,s)}(k)$ となるものを得る．($\tau(h_{aa}) = 2^{-n}$ に注意)．さらにこれも拡大して，M の I_{2^n} 型部分因子環 N を作る．これで $1_N = 1_M$ となる．

さて $x \in \mathrm{Ball}(Q)$ を $x = \sum_{k=1}^{m} \sum_{i,j \in I_k} x_{ij}(k) e_{ij}(k)$ と展開すれば，$|x_{ij}(k)| \leqq \|x\| \leqq 1$ である．各 k と $i, j \in I_k$ に対して，

$$\begin{aligned}\Big\| e_{ij}(k) - \sum_{s \in J_k} g_{(i,s),(j,s)}(k) \Big\|_2 &= \Big\| e_{i1}(k) \Big(e_{11}(k) - \sum_{s \in J_k} f_{ss}(k) \Big) e_{1j}(k) \Big\|_2 \\ &= \Big\| e_{11}(k) - \sum_{s \in J_k} f_{ss}(k) \Big\|_2 \\ &= \tau \Big(e_{11}(k) - \sum_{s \in J_k} f_{ss}(k) \Big)^{1/2} \\ &= (\tau(e_{11}(k)) - r(k)/2^n)^{1/2} < 2^{-n/2}.\end{aligned}$$

これより $\|e_{ij}(k) - E_N(e_{ij}(k))\|_2 < 2^{-n/2}$ を得る．よって

$$\begin{aligned}\|x - E_N(x)\|_2 &\leqq \sum_{k=1}^{m} \sum_{i,j \in I_k} |x_{ij}(k)| \|e_{ij}(k) - E_N(e_{ij}(k))\|_2 \\ &< \sum_{k=1}^{m} \alpha(k)^2 \cdot 2^{-n/2} = \dim Q \cdot 2^{-n/2} < \varepsilon.\end{aligned}$$

□

補題 9.4.8. M を AFD II_1 型因子環とする．任意の $0 < \varepsilon < 1$, $F \Subset \mathrm{Ball}(M)$, I_{2^n} 型部分因子環 N_1 に対して I_{2^m} 型部分因子環 N_2 が存在して，$F \overset{\varepsilon}{\subset} N_2$ かつ $N_1 \subset N_2$ となる．

証明. $\delta > 0$ を $2^{2n} \cdot 200^2 \delta < \varepsilon^2$ となるように取る．N_1 の行列単位系 $\{e_{ij}\}_{i,j=1}^{2^n}$ を取り，$G := \{e_{11}\} \cup \bigcup_{i,j} e_{1i} F e_{j1} \Subset \mathrm{Ball}(e_{11} M e_{11})$ とおく．M は AFD だから，ある有限次元 von Neumann 部分環 $Q \subset M$ で，$1_Q = 1_M$ かつ $G \cup N_1 \overset{\delta^2}{\subset} Q$ となるものを取れる．さらに，補題 9.4.7 より $Q \overset{\delta^2}{\subset} Q_1$ となる I_{2^m} 型部分因子環 Q_1 を取れる $(m \geqq n)$．$h := E_{Q_1}(e_{11})$ とおくと，$N_1 \overset{2\delta^2}{\subset} Q_1$ より $\|e_{11} - h\|_2 \leqq 2\delta^2$ である．すると $\|h\| \leqq 1$ より

$$\begin{aligned}\|h - h^2\|_2 &\leqq \|h - e_{11}\|_2 + \|e_{11} - he_{11}\|_2 + \|h(e_{11} - h)\|_2 \\ &\leqq 3\|h - e_{11}\|_2 \leqq 6\delta^2.\end{aligned}$$

補題 9.4.3 より $f \in Q_1{}^{\mathrm{P}}$ を $\|h - f\|_2 \leqq 10\delta$ と取れる．これより $\|e_{11} - f\|_2 \leqq 12\delta$ であり，$|1/2^n - \tau(f)| \leqq \|e_{11} - f\|_2 \leqq 12\delta$．それゆえ $f_1 \in Q_1{}^{\mathrm{P}}$ で

$f_1 \leqq f$ または $f \leqq f_1$ であり，かつ $\tau(f_1) = 1/2^n$ をみたすものが存在して

$$\|f - f_1\|_2 = |\tau(f - f_1)|^{1/2} = |\tau(f) - 1/2^n|^{1/2} \leqq 4\delta^{1/2}$$

となり，$\|e_{11} - f_1\|_2 \leqq 16\delta^{1/2}$．また $\tau(e_{11}) = 1/2^n = \tau(f_1)$ より $e_{11} \sim_M f_1$ である．補題 9.4.5 より $u \in M^{\mathrm{U}}$ を次のように取れる：

$$e_{11} = uf_1u^*, \quad \|u - 1_M\|_2 \leqq 3\|e_{11} - f_1\|_2 \leqq 48\delta^{1/2}.$$

次に Q_1 内の $2^n \times 2^n$ 行列単位系 $\{g_{ij}\}_{i,j=1}^{2^n}$ を $g_{11} = f_1$ となるように取ると，$v := \sum_{i=1}^{2^n} e_{i1}ug_{1i} \in M^{\mathrm{U}}$ は $vg_{ij}v^* = e_{ij}$ をみたす．よって $N_1 \subset vQ_1v^* =: N_2$ となる．$F \overset{\varepsilon}{\subset} N_2$ を示す．$x \in F$ に対して $x_{ij} := e_{1i}xe_{j1} \in G$ とおく．すると $x - E_{N_2}(x) = \sum_{i,j} e_{i1}(x_{ij} - E_{N_2}(x_{ij}))e_{1j}$ だから

$$\begin{aligned} \|x - E_{N_2}(x)\|_2^2 &= \sum_{i,j} \|e_{i1}(x_{ij} - E_{N_2}(x_{ij}))e_{1j}\|_2^2 \\ &= \sum_{i,j} \|x_{ij} - E_{N_2}(x_{ij})\|_2^2. \end{aligned} \tag{9.1}$$

トレース状態を保存する条件付き期待値の一意性により $E_{N_2} = \mathrm{Ad}\, v \circ E_{Q_1} \circ \mathrm{Ad}\, v^*$ がいえる．各 i, j に対して $vg_{11} = e_{11}ug_{11} = e_{11}u = e_{11}v$ より，

$$\begin{aligned} \|x_{ij} - E_{N_2}(x_{ij})\|_2 &= \|x_{ij} - vE_{Q_1}(v^*x_{ij}v)v^*\|_2 \\ &= \|x_{ij} - vE_{Q_1}(g_{11}u^*x_{ij}ug_{11})v^*\|_2 \\ &= \|x_{ij} - vg_{11}E_{Q_1}(u^*x_{ij}u)g_{11}v^*\|_2 \\ &= \|x_{ij} - e_{11}uE_{Q_1}(u^*x_{ij}u)u^*e_{11}\|_2 \\ &\leqq 4\|u - 1_M\|_2 + \|x_{ij} - e_{11}E_{Q_1}(x_{ij})e_{11}\|_2 \\ &\leqq 4\|u - 1_M\|_2 + \|x_{ij} - E_{Q_1}(x_{ij})\|_2 \\ &\leqq 192\delta^{1/2} + 2\delta^2. \end{aligned}$$

ここで最後の不等式で $x_{ij} \in G \overset{2\delta^2}{\subset} Q_1$ を使った．よって (9.1) により

$$\|x - E_{N_2}(x)\|_2^2 \leqq \sum_{i,j=1}^{2^n} (192\delta^{1/2} + 2\delta^2)^2 \leqq 2^{2n} \cdot 200^2\delta < \varepsilon^2. \qquad \square$$

定理 9.4.9 (Murray–von Neumann). 可分な AFD II_1 型因子環たちはすべて互いに同型である.

証明. M を可分 AFD II_1 型因子環とする. 各 $k \in \mathbb{N}$ について, $B_k := \bigotimes_{n=1}^k M_2(\mathbb{C})$ とおく. 帰納系 $B_k \ni x \mapsto x \otimes 1 \in B_{k+1}$ に付随する UHF 環を B と書き, B 上の一意的なトレース状態 τ_B の GNS 3 つ組を $(\rho, \mathcal{K}, \eta)$ と書く. すると $N := \rho(B)''$ は AFD II_1 型因子環である (例 9.3.11). M と N が同型であることを示す.

M の忠実正規トレース状態を τ と書く. GNS 表現を通じて $M \subset \mathbf{B}(\mathcal{H}_\tau)$ とみなしておく. GNS 巡回ベクトルを ξ_τ と書く. $\mathrm{Ball}(M)$ 上で強位相は可分完備距離付け可能だから ($\|\cdot\|_2$ がその距離を与える), $F_m \Subset \mathrm{Ball}(M)$ を $F_1 \subset F_2 \subset \cdots$ かつ $\bigcup_m F_m \subset \mathrm{Ball}(M)$ が強稠密となるように取れる. 単調減少列 $\varepsilon_k > 0$ を $\lim_k \varepsilon_k = 0$ となるものとする. 補題 9.4.7, 9.4.8 より $\mathrm{I}_{2^{n_k}}$ 型部分因子環の増加列 $A_k \subset M$ を $F_k \overset{\varepsilon_k}{\subset} A_k$ となるように取れる. すると $F_k \subset \overline{\bigcup_{\ell=1}^\infty A_\ell}^s$, $k \geqq 1$. よって $M = \overline{\bigcup_\ell A_\ell}^s$ がいえる.

各 A_k は $I_{2^{n_k}}$ 型部分因子環だから $A := \overline{\bigcup_k A_k}^{\|\cdot\|}$ は超自然数 2^∞ 型の UHF 環である. 定理 6.2.17 により同型 $\alpha \colon A \to B$ を得る. A, B 上のトレース状態の一意性により $\tau_B \circ \alpha = \tau_M|_A$. よって等長作用素 $V \colon A\xi_\tau \to \mathcal{K}$ を $V(x\xi_\tau) := \rho(\alpha(x))\eta$, $x \in A$ と定められる. $A\xi_\tau$ は $\mathcal{H}_\tau$ でノルム稠密だから V は $\mathcal{H}_\tau$ から $\mathcal{K}$ へのユニタリに拡張する. このとき $VxV^* = \rho(\alpha(x))$, $x \in A$ である. したがって空間同型 $M \ni x \mapsto VxV^* \in N$ を得る. □

■**例 9.4.10.** 例 9.3.14 の S_∞ からできる $L(S_\infty)$ は AFD II_1 型因子環である. このことは $N_d := \mathrm{span}\{\lambda(s) \mid s \in S_d\}$ が $L(S_\infty)$ の有限次元 von Neumann 部分環であり, $\bigcup_d N_d$ が $L(S_d)$ で σ 弱稠密であることからわかる.

9.4.3 Powers 因子環, 荒木–Woods 因子環

von Neumann 環の無限テンソル積を導入しよう. (M_k, ϕ_k), $k \in \mathbb{N}$ を von Neumann 環と忠実正規状態の組とする. $N_n := M_1 \mathbin{\overline{\otimes}} \cdots \mathbin{\overline{\otimes}} M_n$ 上に忠実正規状態 $\varphi_n := \phi_1 \mathbin{\overline{\otimes}} \cdots \mathbin{\overline{\otimes}} \phi_n$ を与える. 埋め込みによる帰納系 $N_n \xrightarrow{\cdot \otimes 1} N_{n+1}$ を考え, $N_n \subset \varinjlim N_n$ とみなす. $\phi_{n+1}(1_{M_{n+1}}) = 1$ だから φ_n は帰納極限 $*$ 環

$\bigcup_{n\geqq 1} N_n$ 上（もしくはそのノルム閉包である $\varinjlim N_n$ 上）に拡張する．これを φ と書く．GNS 3 つ組を $(\pi_\varphi, \mathcal{H}_\varphi, \xi_\varphi)$ と書き，$\overline{\bigcup_n \pi_\varphi(N_n)}^{\sigma\text{-}w}$ を (M_k, ϕ_k) たちの**無限テンソル積 von Neumann 環**とよび $M := \overline{\bigotimes}_k (M_k, \phi_k)$ と書く．φ を M 上に拡張しておく．すなわち $\varphi(x) := \langle x\xi_\varphi, \xi_\varphi\rangle$, $x \in M$ とする．φ を無限テンソル積状態とよび，$\varphi = \overline{\bigotimes}_k \phi_k$ などと書く．

補題 9.4.11. 次のことが成り立つ：

(1) φ は M 上で忠実正規状態である．

(2) G を位相群，$\alpha^k : G \to \mathrm{Aut}(M_k)$, $k \in \mathbb{N}$ を作用とする．もし $\phi_k \circ \alpha_s^k = \phi_k$, $s \in G, k \in \mathbb{N}$ ならば，作用 $\alpha : G \to \mathrm{Aut}(M)$ が $\alpha_s(x_1 \otimes \cdots \otimes x_n) := \alpha_s^1(x_1) \otimes \cdots \otimes \alpha_s^n(x_n)$, $x_1 \otimes \cdots \otimes x_n \in N_n$ となるように一意的に定まる．α を**無限テンソル積作用**という．

証明. (1). モジュラー自己同型群 σ^{ϕ_k} の解析的な元の集まりを $\mathcal{A}_k \subset M_k$ と書く．$\mathcal{B}_n := \mathcal{A}_1 \otimes_{\mathrm{alg}} \cdots \otimes_{\mathrm{alg}} \mathcal{A}_n$ とおけば，$\mathcal{B}_n$ の各元は $\sigma^{\varphi_n} = \sigma^{\phi_1} \overline{\otimes} \cdots \overline{\otimes} \sigma^{\phi_n}$ に関して解析的である．とくに $\varphi(xy) = \varphi(\sigma_i^{\varphi_n}(y)x)$, $x, y \in \mathcal{B}_n$ をみたす．$\sigma_i^{\varphi_n}$ は $\bigcup_n \mathcal{B}_n$ 上の環同型に拡張する．よって命題 9.3.20 により φ は M 上忠実である．

(2). $s \in G$ について $\beta_s^n := \alpha_s^1 \overline{\otimes} \cdots \overline{\otimes} \alpha_s^n \in \mathrm{Aut}(N_n)$ とおく．ϕ_k の α^k 不変性からユニタリ $U(s) \in \mathbf{B}(\mathcal{H}_\varphi)$ を $U(s)\pi_\varphi(x)\xi_\varphi := \pi_\varphi(\beta_s^n(x))\xi_\varphi$, $x \in N_n$ と定められる．すると $U : G \ni s \mapsto U(s) \in \mathbf{B}(\mathcal{H}_\varphi)^{\mathrm{U}}$ はユニタリ表現である．そこで $\alpha_s(x) := U(s)xU(s)^*$, $x \in M$ と定めれば，$\alpha_s = \beta_s^n$ が N_n 上で成り立つ $(n \geqq 1)$．$\bigcup_n N_n \subset M$ は σ 弱稠密だから，$\alpha_s \in \mathrm{Aut}(M)$ である．連続性については例 8.1.16 を見よ． □

上の補題の α は $\alpha_s = \alpha_s^1 \overline{\otimes} \alpha_s^2 \overline{\otimes} \cdots = \overline{\bigotimes}_n \alpha_s^n$ などと表される．これ以降 π_φ を省略し，$N_k \subset \mathbf{B}(\mathcal{H}_\varphi)$ とみなす．

補題 9.4.12. 各 $s \in \mathbb{R}$ に対して，$\sigma_s^\varphi = \overline{\bigotimes}_n \sigma_s^{\phi_n}$ である．

証明. 右辺の 1 径数自己同型群を α と書く．α を N_n に制限したものは φ_n のモジュラー自己同型群である（補題 8.1.20）．あとは定理 8.2.1 の (2) ⇒ (1) の証明と同様に，$*$ 環 $\bigcup_n \mathcal{B}_n$ 上で等式 $\varphi(xy) = \varphi(\alpha_i(y)x)$, $x, y \in \mathcal{B}_n$ を使え

ば $\alpha = \sigma^{\varphi}$ を示せる. □

定理 8.4.3 により φ を保存する忠実な正規条件付き期待値 $E_n \colon M \to N_n$ が存在する．実際に E_n を N_m, $m \geqq n$ に制限したものは $E_n|_{N_m} = \mathrm{id}_{N_n} \overline{\otimes} \phi_{n+1} \overline{\otimes} \cdots \overline{\otimes}\, \phi_m$ と与えられることが，$E_n|_{N_m}$ の一意性からわかる．$M = N_n \overline{\otimes} \overline{\bigotimes}_{k \geqq n+1} M_k$ と表せば $E_n = \mathrm{id}_{N_n} \overline{\otimes} \overline{\bigotimes}_{k \geqq n+1} \phi_k$ と与えられる．

定理 9.4.13. M を von Neumann 環，φ を M 上の忠実正規状態とする．von Neumann 部分環の増大列 $N_1 \subset N_2 \subset \cdots \subset M$ が次の性質をみたすとする：

- $\bigcup_n N_n$ は M で σ 弱稠密である．
- 各 $n \geqq 1$ に対して φ を保存する忠実正規な条件付き期待値 $E_n \colon M \to N_n$ が存在する．

このとき次のことが成り立つ：

(1) 任意の $x \in M$ に対して，$\lim_n \|x - E_n(x)\|_\varphi = 0$ である．

(2) （マルチンゲール収束定理）M のノルム有界列 $(x_n)_{n \in \mathbb{N}}$ が $E_n(x_{n+1}) = x_n$ をみたしているとき，x_n は強 $*$ 収束列である．またその極限を $x \in M$ とすれば $x_n = E_n(x)$, $n \in \mathbb{N}$ である．

(3) もし各 N_n が因子環ならば M も因子環である．

証明. (1). $\varepsilon > 0$ とすれば，稠密性の仮定からある $n_0 \in \mathbb{N}$ と $y_0 \in N_{n_0}$ が存在して $\|x - y_0\|_\varphi < \varepsilon$ となるから，$\|x - E_{n_0}(x)\|_\varphi \leqq \|x - y_0\|_\varphi < \varepsilon$ である．$n \geqq n_0$ ならば $N_{n_0} \subset N_n$ だから $\|x - E_n(x)\|_\varphi \leqq \|x - E_{n_0}(x)\|_\varphi < \varepsilon$ となる．$E_n(x)$ はノルム有界列だから，$x = \text{s-}\lim_n E_n(x)$ である．

(2). 定理 8.4.3 の一意性により $m \leqq n$ に対して $E_m = E_m \circ E_n$．よって $x_m = E_m(x_n)$ である．x_n が強 $*$ Cauchy 列であることを示そう．まず $n \in \mathbb{N}$ に対して，Kadison 不等式により $\varphi(x_n^* x_n) = \varphi(E_n(x_{n+1})^* E_n(x_{n+1})) \leqq \varphi(E_n(x_{n+1}^* x_{n+1})) = \varphi(x_{n+1}^* x_{n+1})$ となる．よって $\varphi(x_n^* x_n) \in \mathbb{R}_+$ は有界単調増加列であり，ある $\alpha \in \mathbb{R}_+$ に収束する．次に $m \leqq n$ に対して

$$\begin{aligned}\|x_n - x_m\|_\varphi^2 &= \varphi(x_n^* x_n) + \varphi(x_m^* x_m) - 2\operatorname{Re}\varphi(x_m^* x_n)\\ &= \varphi(x_n^* x_n) + \varphi(x_m^* x_m) - 2\operatorname{Re}\varphi(E_m(x_m^* x_n))\\ &= \varphi(x_n^* x_n) - \varphi(x_m^* x_m)\end{aligned}$$

だから，$m, n \to \infty$ のとき $\varphi(x_n^* x_n) - \varphi(x_m^* x_m) \to \alpha - \alpha = 0$．同様に $\lim_{m,n} \|x_m^* - x_n^*\|_\varphi = 0$ もいえる．以上から x_n は強 $*$ Cauchy 列である．補題 4.3.3 (3) により x_n は強 $*$ 収束列である．その極限を x とすれば，任意の $m \in \mathbb{N}$ について $E_m(x) = \text{s-lim}_n E_m(x_n) = x_m$ となる．

(3)．$E_n(Z(M)) \subset Z(N_n) = \mathbb{C}1_M$, $n \in \mathbb{N}$ と (1) より明らか． □

これから次のことが従う．

系 9.4.14. $k \in \mathbb{N}$ に対して M_k を von Neumann 環，$\phi_k \in M_{k*}^+$ を忠実正規状態とする．このとき，$\overline{\bigotimes}_k (M_k, \phi_k)$ が因子環 $\iff$ 各 M_k が因子環．

証明. $\Rightarrow$ は明らか．$\Leftarrow$ は定理 9.4.13 による． □

■**例 9.4.15.** 行列環と忠実状態の組たち $(M_{n_k}(\mathbb{C}), \phi_k)$, $k \in \mathbb{N}$ の無限テンソル積 $\overline{\bigotimes}_k (M_{n_k}(\mathbb{C}), \phi_k)$ を **ITPFI 因子環**[10] とよぶ．作り方から ITPFI 因子環は可分かつ AFD である．

$0 < \lambda < 1$ に対して，忠実状態 $\phi_\lambda \colon M_2(\mathbb{C}) \to \mathbb{C}$ を次のように定める：

$$\phi_\lambda\left(\begin{bmatrix} a_{11} & a_{12} \\ a_{21} & a_{22}\end{bmatrix}\right) = \frac{1}{1+\lambda}(a_{11} + \lambda a_{22}), \quad \begin{bmatrix} a_{11} & a_{12} \\ a_{21} & a_{22}\end{bmatrix} \in M_2(\mathbb{C}).$$

ϕ_λ の密度行列は $\begin{bmatrix} 1/(1+\lambda) & 0 \\ 0 & \lambda/(1+\lambda)\end{bmatrix}$ である．$R_\lambda := \overline{\bigotimes}_{n\in\mathbb{N}} (M_2(\mathbb{C}), \phi_\lambda)$ を **Powers 因子環**とよぶ．無限テンソル積状態 $\varphi = \overline{\bigotimes}_{n\in\mathbb{N}} \phi_\lambda$ のモジュラー自己同型群は次式で与えられる：

$$\sigma_s^\varphi = \overline{\bigotimes_{n\in\mathbb{N}}} \operatorname{Ad}\begin{bmatrix} 1 & 0 \\ 0 & \lambda^{it}\end{bmatrix}, \quad t \in \mathbb{R}. \tag{9.2}$$

[10] ITPFI は infinite tensor product of factors of type I の略．アイティーピーエフワンと読む．

定理 9.4.16 (Glimm, Powers). 次のことが成り立つ[11)]：

(1) $0 < \lambda < 1$ のとき，R_λ は AFD III 型因子環である．

(2) $0 < \lambda, \mu < 1$ で $\lambda \neq \mu$ のとき，$R_\lambda \not\cong R_\mu$.

証明の前にいくつか準備をする．補題 7.3.39 を Powers 因子環に適用すれば $\{\varphi a \mid a \in \bigotimes_{k=1}^n M_2(\mathbb{C}),\ n \geqq 1\}$ は $(R_\lambda)_*$ でノルム稠密である．つまり各 $\psi \in (R_\lambda)_*$ は充分遠く（テンソルの番号が大きいところ）では，大体 $\phi_\lambda \otimes \phi_\lambda \otimes \cdots$ と振る舞うことを意味する．このことを利用して列 $v_n := e_{12}^{(n)}$ の性質を調べよう．ここで $e_{ij}^{(n)}$ は n 番目のテンソル積成分が $M_2(\mathbb{C})$ の 2×2 行列単位 e_{ij} で他の番号のテンソル積成分は 1 である元を表す．たとえば $e_{12}^{(3)} = 1 \otimes 1 \otimes e_{12} \otimes 1 \otimes \cdots$ である．すると $e_{12}\phi_\lambda = \lambda\phi_\lambda e_{12}$ より $v_n\varphi = \lambda\varphi v_n$ となる．また (9.2) より $\sigma_t^\varphi(v_n) = \lambda^{-it}v_n,\ t \in \mathbb{R}$ である．

補題 9.4.17. 任意の $n \geqq 1$ に対して v_n は次の性質をみたす：

(1) $v_n\xi_\varphi = \lambda^{1/2}\xi_\varphi v_n,\ v_n^*\xi_\varphi = \lambda^{-1/2}\xi_\varphi v_n^*$.

(2) 任意の $x \in R_\lambda$ に対して，$v_n x - x v_n \xrightarrow{s^*} 0$.

(3) $\lim_n \|v_n\psi - \lambda\psi v_n\| = 0,\ \psi \in (R_\lambda)_*$.

(4) $v_n^* v_n \xrightarrow{w} (1+\lambda)^{-1}\lambda 1_{R_\lambda},\ v_n v_n^* \xrightarrow{w} (1+\lambda)^{-1}1_{R_\lambda}$.

証明. (1). 次の計算による：

$$\xi_\varphi v_n = J_\varphi v_n^* J_\varphi \xi_\varphi = \Delta_\varphi^{1/2} v_n \xi_\varphi = \sigma_{-i/2}^\varphi(v_n)\xi_\varphi = \lambda^{-1/2} v_n \xi_\varphi.$$

また $v_n^*\xi_\varphi = J_\varphi(\xi_\varphi v_n) = \lambda^{-1/2}J_\varphi(v_n\xi_\varphi) = \lambda^{-1/2}\xi_\varphi v_n^*$ である．

(2). $\varepsilon > 0$ に対して $m \in \mathbb{N}$ を $\|x - E_m(x)\|_\varphi < \varepsilon$ となるように取る．$n \geqq m+1$ のとき $[v_n, E_m(x)] = v_n E_m(x) - E_m(x) v_n = 0$ だから

$$\begin{aligned}\|(v_n x - x v_n)\xi_\varphi\| &\leqq \|v_n(x - E_m(x))\xi_\varphi\| + \|[v_n, E_m(x)]\xi_\varphi\| \\ &\quad + \|(E_m(x) - x)v_n\xi_\varphi\| \\ &\leqq \|(x - E_m(x))\xi_\varphi\| + \lambda^{1/2}\|(E_m(x) - x)\xi_\varphi v_n\|\end{aligned}$$

[11)] (1) は Glimm，(2) は Powers による．

$$\begin{aligned}&\leqq \|(x-E_m(x))\xi_\varphi\| + \lambda^{1/2}\|(E_m(x)-x)\xi_\varphi\|\\&< (1+\lambda^{1/2})\varepsilon.\end{aligned}$$

よって $[v_n, x] \xrightarrow{s} 0$. 同様に $[v_n, x]^* = [x^*, v_n^*] \xrightarrow{s} 0$ もいえる.

(3). $\psi \in (R_\lambda)_*$, $\varepsilon > 0$ に対して $a \in \bigotimes_{k=1}^m M_2(\mathbb{C})$ を $\|\varphi a - \psi\| < \varepsilon$ となるように取る. $n \geqq m+1$ のとき $[v_n, a] = 0$ だから $v_n(\varphi a) = \lambda\varphi v_n a = \lambda\varphi a v_n$. よって $n \geqq m+1$ のとき

$$\begin{aligned}\|v_n\psi - \lambda\psi v_n\| &\leqq \|v_n(\psi - \varphi a)\| + \|v_n(\varphi a) - \lambda(\varphi a)v_n\| + \lambda\|(\psi - \varphi a)v_n\|\\&< 2\varepsilon.\end{aligned}$$

(4). (2), (3) と同様の稠密性の議論から, $a \in \bigotimes_{k=1}^m M_2(\mathbb{C})$ に対して $(\varphi a)(v_n^* v_n) \to (1+\lambda)^{-1}\lambda(\varphi a)(1_{R_\lambda})$, $(\varphi a)(v_n v_n^*) \to (1+\lambda)^{-1}(\varphi a)(1_{R_\lambda})$ を示せばよい. これは $n \geqq m+1$ のとき $(\varphi a)(v_n^* v_n) = \varphi(a)\phi_\lambda(e_{22})$, $(\varphi a)(v_n v_n^*) = \varphi(a)\phi_\lambda(e_{11})$ であることからわかる. □

R_λ の T 集合を求めるために, 無限対称群 S_∞ のユニタリ表現を R_λ 上に構成する. まず各 $d \in \mathbb{N}$ に対してユニタリ表現 $U\colon S_d \to \bigotimes_{k=1}^d M_2(\mathbb{C})$ を

$$U_\sigma(\xi_1 \otimes \cdots \otimes \xi_d) := \xi_{\sigma^{-1}(1)} \otimes \cdots \otimes \xi_{\sigma^{-1}(d)},\ \xi_1 \otimes \cdots \otimes \xi_d \in \bigotimes_{k=1}^d \mathbb{C}^2$$

と定める ($\sigma \in S_d$). すると U はユニタリ表現 $U\colon S_\infty \to \bigotimes_{k=1}^\infty M_2(\mathbb{C})$ に拡張する. $\sigma_n := (1, n+1)(2, n+2)\cdots(n, 2n) \in S_{2n}$, $n \in \mathbb{N}$ とおく. ここで (i, j) は $i, j \in \mathbb{N}$ の互換を表す.

補題 9.4.18. 次のことが成り立つ:

(1) $U_\sigma \in (R_\lambda)_\varphi$, $\sigma \in S_\infty$.
(2) 任意の $x, y \in R_\lambda$ に対して $\lim_n \varphi(\mathrm{Ad}\,U_{\sigma_n}(x)\cdot y) = \varphi(x)\varphi(y)$. とくに $\text{w-}\lim_n \mathrm{Ad}\,U_{\sigma_n}(x) = \varphi(x)1_{R_\lambda}$ である[12].
(3) $\mathrm{Ad}\colon S_\infty \ni \sigma \mapsto \mathrm{Ad}\,U_\sigma \in \mathrm{Aut}(R_\lambda)$ はエルゴード作用である. とくに

[12] 一般に (2) のような作用は混合的とよばれる.

$(R_\lambda)'_\varphi \cap R_\lambda = \mathbb{C}1$ である.

(4) $T(R_\lambda) = (2\pi/\log\lambda)\mathbb{Z}$.

証明. (1). 等式 $\varphi \circ \mathrm{Ad}\, U_\sigma = \varphi$ を $x_1 \otimes \cdots \otimes x_d \in \bigotimes_{k=1}^d M_2(\mathbb{C})$ に対して確認できる（テンソルの成分が置換される）. $\bigotimes_{k=1}^\infty M_2(\mathbb{C})$ の σ 弱稠密性より R_λ 上でも $\varphi \circ \mathrm{Ad}\, U_\sigma = \varphi$ が成り立つ.

(2). 任意の $\varepsilon > 0$ に対して, $d \in \mathbb{N}$ が存在して $\|x^* - E_d(x^*)\|_\varphi < \varepsilon$, $\|y - E_d(y)\|_\varphi < \varepsilon$ となる（定理 9.4.13）. $x_0 := E_d(x)$, $y_0 := E_d(y)$ と書く. さて $n \geqq d$ のとき $U_{\sigma_n} x_0 U_{\sigma_n}^*$ は $n+1, \ldots, n+d$ 番目のテンソル成分のみ非自明で残りの成分は 1 である. よって $\varphi(U_{\sigma_n} x_0 U_{\sigma_n}^* y_0) = \varphi(U_{\sigma_n} x_0 U_{\sigma_n}^*)\varphi(y_0) = \varphi(x_0)\varphi(y_0)$, $n \geqq d$ となる. すると

$$
\begin{aligned}
&|\varphi(U_{\sigma_n} x U_{\sigma_n}^* y) - \varphi(x)\varphi(y)| \\
&\leqq |\varphi(U_{\sigma_n} x U_{\sigma_n}^* (y - y_0))| + |\varphi(U_{\sigma_n}(x - x_0)U_{\sigma_n}^* y_0)| \\
&\quad + |\varphi(U_{\sigma_n} x_0 U_{\sigma_n}^* y_0) - \varphi(x)\varphi(y)| \\
&\leqq \|U_{\sigma_n} x^* U_{\sigma_n}^*\|_\varphi \|y - y_0\|_\varphi + \|U_{\sigma_n}(x^* - x_0^*)U_{\sigma_n}^*\|_\varphi \|y_0\|_\varphi \\
&\quad + |\varphi(x_0)\varphi(y_0) - \varphi(x)\varphi(y)| \\
&\leqq \varepsilon\|x^*\|_\varphi + \varepsilon\|y_0\|_\varphi + |\varphi(x_0 - x)||\varphi(y_0)| + |\varphi(x)||\varphi(y_0 - y)| \\
&\leqq \varepsilon\|x^*\|_\varphi + \varepsilon(\|y\|_\varphi + \varepsilon) + \|x_0^* - x^*\|_\varphi \|y_0\|_\varphi + |\varphi(x)|\|y_0 - y\|_\varphi \\
&\leqq \varepsilon(\|x^*\|_\varphi + 2\|y\|_\varphi + 2\varepsilon + |\varphi(x)|).
\end{aligned}
$$

よって (2) の前半の主張がいえる. 後半は $\{y\varphi \mid y \in R_\lambda\}$ が $(R_\lambda)_*$ でノルム稠密であることと, $U_{\sigma_n} x U_{\sigma_n}^*$ がノルム有界列であることから従う.

(3). $x \in R_\lambda$ が S_∞ 作用の固定点環の元とする. (2) を用いると, $x = U_{\sigma_n} x U_{\sigma_n}^* \xrightarrow{w} \varphi(x)1$. よって $x = \varphi(x)1 \in \mathbb{C}1$ を得る.

(4). $\supset$ を示す. $t_0 := -(2\pi/\log\lambda)$ のとき $\lambda^{it_0} = 1$ ゆえ $\sigma_{t_0}^\varphi = \mathrm{id}_{R_\lambda}$ である. とくに $t_0\mathbb{Z} \in T(R_\lambda)$ である. 次に $\subset$ を示す. $s \in T(R_\lambda)$ とすると $\sigma_s^\varphi = \mathrm{Ad}\, w$ となる $w \in (R_\lambda)^{\mathrm{U}}$ を取れる. $x \in (R_\lambda)_\varphi$ に対して $wxw^* = \sigma_s^\varphi(x) = x$. (3) より $w \in (R_\lambda)'_\varphi \cap R_\lambda = \mathbb{C}1$ だから $\sigma_s^\varphi = \mathrm{Ad}\, w = \mathrm{id}_{R_\lambda}$ である. よって (9.2) より $\lambda^{is} = 1$ が従う. □

定理 9.4.16 の証明. (1). $T(R_\lambda) = (2\pi/\log\lambda)\mathbb{Z} \neq \mathbb{R}$ だから，コメント 9.3.32 (3) により R_λ が III 型因子環であることがわかるが，ここでは別の方法で示そう．$M := R_\lambda$ と書く．非零な有限射影 $e \in M^{\mathrm{P}}$ があったとする．このとき eMe は有限因子環だから正規トレース状態 $\tau\colon eMe \to \mathbb{C}$ をもつ．各 $n \in \mathbb{N}$ に対して $w_n := ev_ne \in eMe$ とおけば $\tau(w_n^*w_n) = \tau(w_nw_n^*)$ である．ところが補題 9.4.17 (1), (3) より $w_n^*w_n - ev_n^*v_ne = ev_n^*[e, v_n]e \xrightarrow{s} 0$ かつ $v_n^*v_n \xrightarrow{w} (1+\lambda)^{-1}\lambda 1_{R_\lambda}$ だから $w_n^*w_n \xrightarrow{w} (1+\lambda)^{-1}\lambda e$．同様に $w_nw_n^* \xrightarrow{w} (1+\lambda)^{-1}e$．よって $\lim_n \tau(w_n^*w_n) = (1+\lambda)^{-1}\lambda$, $\lim_n \tau(w_nw_n^*) = (1+\lambda)^{-1}$ となり矛盾が生じる．

(2). 補題 9.4.18 (4) より $T(R_\lambda) = (2\pi/\log\lambda)\mathbb{Z}$, $T(R_\mu) = (2\pi/\log\mu)\mathbb{Z}$ であり，$\lambda \neq \mu$ ゆえ $T(R_\lambda) \neq T(R_\mu)$．よって $R_\lambda \not\cong R_\mu$． □

次に $0 < \lambda, \mu < 1$ を $\log\lambda/\log\mu \notin \mathbb{Q}$ となるものとする．$M_3(\mathbb{C})$ 上の状態 $\phi_{\lambda,\mu}$ を次のように定める：

$$\phi_{\lambda,\mu}\left(\begin{bmatrix} a_{11} & a_{12} & a_{13} \\ a_{21} & a_{22} & a_{23} \\ a_{31} & a_{32} & a_{33} \end{bmatrix}\right) = \frac{1}{1+\lambda+\mu}(a_{11} + \lambda a_{22} + \mu a_{33}).$$

このとき $R_\infty := \overline{\bigotimes}_{n\in\mathbb{N}}(M_3(\mathbb{C}), \phi_{\lambda,\mu})$ を**荒木-Woods 因子環**とよぶ[13)]．

定理 9.4.19. R_∞ は AFD III 型因子環であり，$T(R_\infty) = \{0\}$ である．

証明. III 型であることは定理 9.4.16 (1) と同様にわかる．補題 9.4.18 と同様に S_∞ のユニタリ表現を $(R_\infty)_\varphi$ 上に作ることで R_∞ に S_∞ のエルゴード作用を構成できる．とくに $(R_\infty)'_\varphi \cap R_\infty = \mathbb{C}$ が従う．$s \in T(R_\infty)$ とすれば，やはり同様に $\sigma_s^\varphi = \mathrm{id}_{R_\infty}$ となる．とくに $\sigma_s^{\phi_{\lambda,\mu}} = \mathrm{id}$ より $\lambda^{is} = 1 = \mu^{is}$ である．よって $s \in (2\pi/\log\lambda)\mathbb{Z} \cap (2\pi/\log\mu)\mathbb{Z} = \{0\}$． □

以上から AFD III 型因子環 R_λ, $0 < \lambda < 1$ と R_∞ たちは，互いに非同型である．Connes の III 型因子環の分類では R_λ は III_λ 型 $(0 < \lambda < 1)$，R_∞ は III_1 型である．他に III_0 型のグループもあるが，これらは同じ状態の無限テ

---

13) R_∞ は λ, μ の取り方によらず，同型を除いて一意的に定まる（荒木不二洋-E. Woods）．

ンソル積を考えるのではなく，密度行列を変えることで構成される．ここで作用素環論の金字塔の一つである AFD 因子環の分類定理を述べよう．

定理 9.4.20 (Connes, Haagerup, W. Krieger)**.**　次のことが成り立つ：

(1) 可分 von Neumann 環が単射的であることと，AFD であることは同値である．

(2) 可分単射的 II_1 型因子環は $R_0 := \overline{\bigotimes}_{k=1}^{\infty}(M_2(\mathbb{C}), \mathrm{tr})$ に同型である．

(3) 可分単射的 II_∞ 型因子環は $R_0 \mathbin{\overline{\otimes}} \mathbf{B}(\ell^2)$ に同型である．

(4) 可分単射的 III_λ 型因子環 $(0 < \lambda < 1)$ は Powers 因子環 R_λ に同型である．

(5) 可分単射的 III_1 型因子環は荒木-Woods 因子環 R_∞ に同型である．

(6) 可分単射的 III_0 型因子環の同型類は非可算無限個あり，非周期的かつ再帰的な非特異エルゴード流で分類される．

定理 9.4.20 の主張で最も重要なものが Connes による (1) の「単射的ならば AFD」である．Connes は (2) を示してから (1) を示した．(3) は (2) から従う．(4) も Connes によるものである．III_λ 型因子環 M は $\mathbb{Z}$ 接合積分解 $M = N \rtimes_\theta \mathbb{Z}$ をもつ．ここで N は II_∞ 型因子環であり，$\theta \in \mathrm{Aut}(N)$ は $\tau \circ \theta = \lambda\tau$ と忠実正規半有限トレース荷重 $\tau\colon N_+ \to [0, \infty]$ をスケールするものである．M が単射的ならば，N も単射的だから $N \cong R_0 \mathbin{\overline{\otimes}} \mathbf{B}(\ell^2)$ である．Connes は $\theta \in \mathrm{Aut}(R_0 \mathbin{\overline{\otimes}} \mathbf{B}(\ell^2))$ が，スケーリング因子 λ によってある意味で一意的に定まることを示すことで，$M \cong R_\lambda$ を示した．

(6) は Connes と Krieger による．III_0 型因子環 M は III_λ 型と比べて少し複雑になるが，やはり接合積分解 $M = N \rtimes_\theta \mathbb{Z}$ をもつ．ここで N は II_∞ 型 von Neumann 環，$\theta \in \mathrm{Aut}(N)$ は N の忠実正規半有限トレース荷重を $\tau \circ \theta \leqq \lambda\tau$ とスケールする $(0 < \lambda < 1)$．あとは Krieger による III 型エルゴード変換の分類を組み合わせる．

長く未解決のまま残っていたのが (5) の主張である．まず Connes が「可分単射的 III_1 型因子環であって双中心化環 (bicentralizer) が自明なものは R_∞ に同型である」ことを示したあと，Haagerup が実際に「任意の可分単射的 III_1 型因子環の双中心化環は自明である」ことを示したのであった．

単射的ならば AFD であることの証明は Connes の原論文の他，Haagerup, Popa による簡略化されたものが知られているが，双中心化環が自明であることの証明は現在のところ Haagerup のものしかない．因みにさらに踏み込んで「任意の可分 III_1 型因子環の双中心化環は自明か」という問題は現在未解決だが（反例は見つかっていない），研究は着実に進展してきている．

コメント 9.4.21.

(1) 定理 9.4.20 (1) の「AFD ならば単射的」は難しくない．
(2) III_λ 型 $(0 < \lambda \leqq 1)$ の AFD 因子環は ITPFI 因子環（Powers 因子環 R_λ，荒木-Woods 因子環 R_∞）と同型だが，AFD　III_0 型因子環の中には ITPFI 因子環でないものが存在する (Connes–B. Weiss).
(3) ITPFI 因子環の分類は荒木-Woods による．また彼らの分類不変量は Connes により一般の von Neumann 環に対して導入された（S 集合と T 集合）.
(4) Connes は自己同型の分類という新たな視点を作用素環論に持ち込み，単射的 von Neumann 環の研究を行った．これが契機となって，C^* 環論や von Neumann 環論で群作用の分類が主要な問題として認識されるようになった．単射的因子環への従順離散群の作用は Connes の仕事のあと，Jones, Ocneanu, 竹崎，河東泰之，片山良一，C. Sutherland らの一連の研究により，完全分類不変量が与えられている．
(5) 可算離散群 Γ が従順かつ ICC ならば，$L(\Gamma)$ は単射的 II_1 型因子環である（定理 10.2.51）．定理 9.4.20 (1) により $L(\Gamma)$ は AFD II_1 型因子環である．よって可算離散群 Γ_1, Γ_2 が従順かつ ICC ならば，$L(\Gamma_1) \cong L(\Gamma_2) \cong \overline{\bigotimes}_{k=1}^{\infty}(M_2(\mathbb{C}), \mathrm{tr})$ である（定理 9.4.9）．非常に綺麗な結果ではあるが，離散群から von Neumann 環への対応 $\Gamma \mapsto L(\Gamma)$ を考える場合，従順な Γ については $L(\Gamma)$ の von Neumann 環の構造から Γ の群構造を引き出せないことを意味する．群 von Neumann 環や接合積 von Neumann 環，あるいは測度同値関係から群構造や群作用を復元できるような群を探すことは剛性理論の主要な問題である．作用素環論では 2000 年ぐらいから急激に進展してきた．[小澤 09, 木田 10, 木田 18] で様々な結果を概観できるだろう．

(6) III 型因子環はトレースをもたないため，病理的な対象（Murray–von Neumann の分類でも「その他」扱いである）として受け止められてきた．1960 年代後半の Powers による定理 9.4.16 (2)（Powers は荒木–Woods や Connes のように分類不変量を計算するのではなく，本当に GNS 表現を調べて証明した）と冨田–竹崎理論の登場は，この風潮が変化した大きな転機となった．さらに 1970 年代初頭には，III 型 von Neumann 環が II 型 von Neumann 環と密接に関係していることが荒木，Connes，竹崎により明らかにされた．ここでは竹崎による III 型 von Neumann 環の連続接合積分解をごく簡単に紹介する．III 型 von Neumann 環 M に対し，ある II_∞ 型 von Neumann 環 N，作用 $\theta\colon \mathbb{R} \curvearrowright N$ そして N 上の忠実正規半有限トレース荷重 τ が存在して，$\tau \circ \theta_s = e^{-s}\tau$，$s \in \mathbb{R}$ かつ $M \cong N \rtimes_\theta \mathbb{R}$ となる．しかもこのような作用 $\theta\colon \mathbb{R} \curvearrowright N$ は同変同型を除き一意的である．詳細は [竹崎 83, 第 VI 章] を見よ．

(7) 物理学との関係で現れる von Neumann 環は III 型であることが多い．例として代数的場の量子論がある．この分野では時空領域 $O \subset \mathbb{R}^N$ に対して von Neumann 環 $A(O)$ を，物理学から要請されるいくつかの公理をみたすように対応させ，族 $\{A(O)\}_O$ の表現論などを研究する．多くの状況下では，各 $A(O)$ は AFD III_1 型因子環，すなわち荒木–Woods 因子環 R_∞ と von Neumann 環として同型であることが知られている．

第 9 章について

この章の主張と証明は [竹崎 83, Con73, Tak02, Tak03b] を参考にした．III 型環の連続接合積分解や Connes による単射的 von Neumann 環の研究については [竹崎 83] を参照せよ．単射性と AFD の同値性の Haagerup や Popa による証明は [Tak03b] にまとめられている．

第10章

テンソル積C*環と核型性

本章ではC*環のテンソル積について学ぶ．一般に代数的テンソル積*環 $A \otimes_{\mathrm{alg}} B$ は沢山のC*ノルムをもつ．その中でも重要な，最大ノルム $\|\cdot\|_{\max}$ と最小ノルム $\|\cdot\|_{\min}$ の2つを紹介する．またC*環の分類理論において重要な核型性を導入し，離散群 Γ の群C*環 $\mathrm{C}^*_{\mathrm{red}}(\Gamma)$ の核型性と Γ の従順性が同値であることを示す．

10.1 テンソル積*環のC*ノルム

ベクトル空間のテンソル積の基本的な事柄を簡単に復習しておく．V, W, X, Y をベクトル空間，$S\colon X \to Y$, $T\colon V \to W$ を線型写像とする．このとき S と T のテンソル積線型写像 $S \otimes T\colon X \otimes_{\mathrm{alg}} V \to Y \otimes_{\mathrm{alg}} W$ が $(S \otimes T)(x \otimes v) = Sx \otimes Tv$, $x \in X$, $v \in V$ となるように定まる．もし S と T が単射ならば，$S \otimes T$ も単射である．よって $X \subset Y$, $V \subset W$ のとき，$X \otimes_{\mathrm{alg}} V \subset Y \otimes_{\mathrm{alg}} W$ とみなす．本章では A, B, C, D はC*環を，$\mathcal{H}, \mathcal{K}$ はHilbert空間を表す．

10.1.1 最大ノルムと最小ノルム

代数的テンソル積環 $A \otimes_{\mathrm{alg}} B$ の*構造を思い出しておこう（4.1.7項）．

補題 10.1.1. $\pi\colon A \otimes_{\mathrm{alg}} B \to \mathbf{B}(\mathcal{H})$ をHilbert空間 $\mathcal{H}$ 上への表現とする．このとき写像 $A \times B \ni (a, b) \mapsto \pi(a \otimes b) \in \mathbf{B}(\mathcal{H})$ は分離連続である．

証明. $b \in B$ を固定し，線型写像 $\theta_b\colon A \ni a \mapsto \pi(a \otimes b) \in \mathbf{B}(\mathcal{H})$ のノルム有界性を示す．$B = \operatorname{span} B_+$ だから，$b \in B_+$ のときに示せばよい．もし

$a \in A_+$ ならば $\theta_b(a) = \pi(a \otimes b) = \pi(a^{1/2} \otimes b^{1/2})^* \pi(a^{1/2} \otimes b^{1/2}) \geqq 0$. よって $\theta_b\colon A \to \mathbf{B}(\mathcal{H})$ は正値ゆえノルム有界である（補題 3.7.22）．$a \in A$ を固定したときも同様である． □

以下では $A \otimes_{\mathrm{alg}} B$ の C* ノルム $\|\cdot\|_\alpha$ による完備化を $A \otimes_\alpha B$ のように表す（C* ノルムの存在はあとで示す．定義 10.1.5, 10.1.7 を見よ）．補題 10.1.1 の証明から，$a \in A_+$, $b \in B_+$ ならば $a \otimes b \in (A \otimes_\alpha B)_+$ がいえる．とくに $a, c \in A_+$, $b, d \in B_+$ に対して $a \leqq c$ かつ $b \leqq d$ ならば $a \otimes b \leqq c \otimes d$ である．実際 $c \otimes d - a \otimes b = (c - a) \otimes d + a \otimes (d - b)$ よりわかる．

さて非退化表現 $\pi\colon A \to \mathbf{B}(\mathcal{H})$ と $\rho\colon B \to \mathbf{B}(\mathcal{H})$ が互いに可換な像をもつ，すなわち $\pi(A) \subset \rho(B)'$ としよう．このとき $*$ 準同型 $\pi \times \rho\colon A \otimes_{\mathrm{alg}} B \to \mathbf{B}(\mathcal{H})$ が $(\pi \times \rho)(a \otimes b) = \pi(a)\rho(b)$, $a \in A$, $b \in B$ と定まる．逆に $A \otimes_{\mathrm{alg}} B$ の非退化表現はこの形に限ることを示そう．

補題 10.1.2. A, B を C* 環，$\pi\colon A \otimes_{\mathrm{alg}} B \to \mathbf{B}(\mathcal{H})$ を非退化表現とする．このとき非退化表現 $\pi_A\colon A \to \mathbf{B}(\mathcal{H})$ と $\pi_B\colon B \to \mathbf{B}(\mathcal{H})$ が一意的に存在して $\pi = \pi_A \times \pi_B$ をみたす．とくに任意の $a \in A$, $b \in B$ に対し $\|\pi(a \otimes b)\| \leqq \|a\|\|b\|$ となる．

証明. u_i, v_j をそれぞれ A, B の近似単位元とする．各 $a \in A$ と $b \in B$ に対して $\pi_A(a) := \text{s-lim}_j\, \pi(a \otimes v_j)$ と $\pi_B(b) := \text{s-lim}_i\, \pi(u_i \otimes b)$ が収束していることを確かめる．前者のみ示す．補題 10.1.1 により，各 $a \in A$ に対して $M_a > 0$ が存在して，任意の j で $\|\pi(a \otimes v_j)\| \leqq M_a$. $a \in A_+$ については，$\pi(a \otimes v_j)$ はノルム有界な単調増加ネットであるから強収束する．一般の $a \in A$ についても $A = \operatorname{span} A_+$ だから，やはり強収束する．よって写像 $\pi_A\colon A \to \mathbf{B}(\mathcal{H})$ が定まる．各 $a, c \in A$, $d \in B$ と $\xi \in \mathcal{H}$ に対して，

$$\pi_A(a)\pi(c \otimes d)\xi = \lim_j \pi(a \otimes v_j)\pi(c \otimes d)\xi = \lim_j \pi(ac \otimes v_j d)\xi = \pi(ac \otimes d)\xi.$$

ここで補題 10.1.1 を $\pi(ac \otimes \cdot)$ について使った．$\pi(A \otimes_{\mathrm{alg}} B)\mathcal{H}$ は $\mathcal{H}$ でノルム稠密ゆえ $\pi_A(a)$ は上の等式で特徴づけられる．このことから $\pi_A\colon A \to \mathbf{B}(\mathcal{H})$ が $*$ 準同型であることがわかる．さらに上の等式より $\pi_A(u_i)\pi(c \otimes d)\xi = \pi(u_i c \otimes d)\xi \to \pi(c \otimes d)\xi$ である．ここで補題 10.1.1 を $\pi(\cdot \otimes d)$ について使

った．よって $\pi_A(u_i) \xrightarrow{s} 1_{\mathcal{H}}$ となり，π_A は非退化である．

各 $a, c \in A$, $b, d \in B$ と $\xi \in \mathcal{H}$ に対して，

$$\begin{aligned}\pi_A(a)\pi_B(b)\pi(c \otimes d)\xi &= \pi(ac \otimes bd)\xi = \pi(a \otimes b)\pi(c \otimes d)\xi \\ &= \pi_B(b)\pi_A(a)\pi(c \otimes d)\xi\end{aligned}$$

だから，π_A と π_B は可換な像をもち，$\pi = \pi_A \times \pi_B$ となる．

一意性を示す．$\rho\colon A \to \mathbf{B}(\mathcal{H})$, $\sigma\colon B \to \mathbf{B}(\mathcal{H})$ は非退化表現で可換な像をもち，$\pi = \rho \times \sigma$ をみたすとすると，各 $a \in A$ に対して $\pi(a \otimes v_j) = \rho(a)\sigma(v_j) \xrightarrow{s} \rho(a)$ より $\pi_A(a) = \rho(a)$. 同様に $\pi_B = \sigma$ も従う． □

補題 10.1.3. $A \otimes_{\mathrm{alg}} B$ 上の C* ノルム $\|\cdot\|_\alpha$ はクロスノルムである．すなわち $\|a \otimes b\|_\alpha = \|a\|\|b\|$, $a \in A$, $b \in B$ が成り立つ．とくに写像 $A \times B \ni (a, b) \mapsto a \otimes b \in A \otimes_\alpha B$ は連続である．

証明. C* 恒等式により $a \in A_+$, $b \in B_+$ に対して $\|a \otimes b\|_\alpha = \|a\|\|b\|$ を示せばよい．さらに $\|a\| = 1 = \|b\|$ としてよい．$\pi\colon A \otimes_\alpha B \to \mathbf{B}(\mathcal{H})$ を忠実表現とする．補題 10.1.2 より $\|a \otimes b\|_\alpha = \|\pi(a \otimes b)\| \leqq \|a\|\|b\| = 1$ がいえる．逆向きの不等号を示そう．

$0 < \varepsilon < 1$ に対して，$f_\varepsilon \in C_0((0,1])$ を $0 \leqq f_\varepsilon \leqq 1$ かつ $f(t) = 0$, $0 \leqq t \leqq 1 - \varepsilon$, $f(1) = 1$ となるように取り，$a_\varepsilon := f_\varepsilon(a)$, $b_\varepsilon := f_\varepsilon(b)$ とおく．このとき $(1-\varepsilon)a_\varepsilon \leqq aa_\varepsilon$ かつ $(1-\varepsilon)b_\varepsilon \leqq bb_\varepsilon$ だから $A \otimes_\alpha B$ で $(1-\varepsilon)^2 a_\varepsilon \otimes b_\varepsilon \leqq aa_\varepsilon \otimes bb_\varepsilon$. したがって

$$(1-\varepsilon)^2 \|a_\varepsilon \otimes b_\varepsilon\|_\alpha \leqq \|aa_\varepsilon \otimes bb_\varepsilon\|_\alpha \leqq \|a \otimes b\|_\alpha \|a_\varepsilon \otimes b_\varepsilon\|_\alpha.$$

$a_\varepsilon, b_\varepsilon \neq 0$ より $a_\varepsilon \otimes b_\varepsilon \neq 0$ だから $(1-\varepsilon)^2 \leqq \|a \otimes b\|_\alpha$ を得る．$\varepsilon > 0$ は任意だから $1 \leqq \|a \otimes b\|_\alpha$ となる．以上より $\|a \otimes b\|_\alpha = 1$ が従う．

後半の主張は不等式 $\|a \otimes b - c \otimes d\|_\alpha \leqq \|a - c\|\|b\| + \|c\|\|b - d\|$, $a, b, c, d \in A$ から従う． □

表現 $\pi\colon A \to \mathbf{B}(\mathcal{H})$, $\rho\colon B \to \mathbf{B}(\mathcal{K})$ に対し $\pi \otimes \rho\colon A \otimes_{\mathrm{alg}} B \to \mathbf{B}(\mathcal{H}) \otimes_{\mathrm{alg}} \mathbf{B}(\mathcal{K})$ は * 準同型である．ここで $(\pi \otimes \rho)(a \otimes b) = \pi(a) \otimes \rho(b)$, $a \in A$, $b \in B$ である．また $\mathbf{B}(\mathcal{H}) \otimes_{\mathrm{alg}} \mathbf{B}(\mathcal{K}) \subset \mathbf{B}(\mathcal{H} \otimes \mathcal{K})$ とみなせば，表現 $\pi \otimes \rho\colon A \otimes_{\mathrm{alg}} B \to$

$\mathbf{B}(\mathcal{H} \otimes \mathcal{K})$ を得る.

補題 10.1.4. 表現 $\pi\colon A \to \mathbf{B}(\mathcal{H})$ と $\rho\colon B \to \mathbf{B}(\mathcal{K})$ がどちらも忠実ならば, $\pi \otimes \rho\colon A \otimes_{\mathrm{alg}} B \to \mathbf{B}(\mathcal{H} \otimes \mathcal{K})$ も忠実である.

証明. $\pi \otimes \rho\colon A \otimes_{\mathrm{alg}} B \to \mathbf{B}(\mathcal{H}) \otimes_{\mathrm{alg}} \mathbf{B}(\mathcal{K})$ は単射ゆえ, 主張が従う. □

補題 10.1.4 により, $A \otimes_{\mathrm{alg}} B$ は忠実表現をもつから,

$$\|x\|_{\max} := \sup\{\, \|\pi(x)\| \mid (\pi, \mathcal{H}_\pi) \in \mathrm{Rep}(A \otimes_{\mathrm{alg}} B) \,\}, \quad x \in A \otimes_{\mathrm{alg}} B$$

は $A \otimes_{\mathrm{alg}} B$ 上の C* ノルムである. 補題 10.1.2 により, 右辺の上限値は有限であることに注意せよ. Gelfand-Naimark の定理（定理 4.4.13）により

$$\|x\|_{\max} := \sup\{\, \|\pi(x)\| \mid C,\ \pi\colon A \otimes_{\mathrm{alg}} B \to C \,\} \tag{10.1}$$

とも表せる. ここで C は任意の C* 環, π は任意の $*$ 準同型である.

定義 10.1.5 (A. Guichardet). C* 環 A, B に対し, $\|\cdot\|_{\max}$ を $A \otimes_{\mathrm{alg}} B$ の最大ノルムとよぶ. $A \otimes_{\mathrm{alg}} B$ の $\|\cdot\|_{\max}$ による完備化 C* 環を $A \otimes_{\max} B$ と書く.

補題 10.1.6. A, B を C* 環とすると, 次のことが成り立つ：

(1) C* 環 C と $*$ 準同型 $\pi\colon A \otimes_{\mathrm{alg}} B \to C$ があれば, $\|\pi(x)\| \leqq \|x\|_{\max}$, $x \in A \otimes_{\mathrm{alg}} B$. とくに π は $*$ 準同型 $A \otimes_{\max} B \to C$ に拡張する.
(2) $\|\cdot\|_{\max}$ は C* 半ノルムのうちで最大である. すなわち $\|\cdot\|_\alpha$ を $A \otimes_{\mathrm{alg}} B$ の C* 半ノルムとすれば, $\|x\|_\alpha \leqq \|x\|_{\max}$, $x \in A \otimes_{\mathrm{alg}} B$.

証明. (1). (10.1) より明らか.

(2). ヌルベクトルの空間 $N_\alpha := \{x \in A \otimes_{\mathrm{alg}} B \mid \|x\|_\alpha = 0\}$ は $A \otimes_{\mathrm{alg}} B$ の $*$ 演算で閉じたイデアルであり, 商 $*$ 環 $C_0 := (A \otimes_{\mathrm{alg}} B)/N_\alpha$ は C* ノルム $\|x + N_\alpha\|_{\alpha'} := \|x\|_\alpha$, $x \in A \otimes_{\mathrm{alg}} B$ をもつ. C_0 の $\|\cdot\|_{\alpha'}$ による完備化 C* 環を C と書く. $*$ 準同型 $A \otimes_{\mathrm{alg}} B \ni x \mapsto x + N_\alpha \in C$ に対して (1) を使えば, 任意の $x \in A \otimes_{\mathrm{alg}} B$ に対して, $\|x\|_{\max} \geqq \|x + N_\alpha\|_{\alpha'} = \|x\|_\alpha$ となる. □

忠実表現 $\pi\colon A \to \mathbf{B}(\mathcal{H})$, $\rho\colon B \to \mathbf{B}(\mathcal{K})$ に付随する表現 $\pi \otimes \rho\colon A \otimes_{\mathrm{alg}} B \to$

$\mathbf{B}(\mathcal{H}\otimes\mathcal{K})$ は忠実だから（補題 10.1.4），次の $\|\cdot\|_{\pi,\rho}$ は C* ノルムである：

$$\|x\|_{\pi,\rho} := \|(\pi\otimes\rho)(x)\|, \quad x\in A\otimes_{\mathrm{alg}} B.$$

定義 10.1.7（鶴丸孝司）．$A\otimes_{\mathrm{alg}} B$ の C* ノルム $\|\cdot\|_{\pi,\rho}$ を空間的ノルムとよぶ．

補題 10.1.8（鶴丸）．空間的ノルムについて次のことが成り立つ：

(1) 空間的ノルムは忠実表現の取り方によらない．

(2) もし $\theta_1\colon A\to C$ と $\theta_2\colon B\to D$ が忠実＊準同型ならば，＊準同型 $\theta_1\otimes\theta_2\colon A\otimes_{\mathrm{alg}} B\to C\otimes_{\mathrm{alg}} D$ は空間的ノルムに関して等長である．

証明． (1)．忠実表現 $(\pi,\mathcal{H}_\pi),(\pi',\mathcal{H}_{\pi'})\in\mathrm{Rep}(A)$ と $(\rho,\mathcal{H}_\rho),(\rho',\mathcal{H}_{\rho'})\in\mathrm{Rep}(B)$ に対して $\|\cdot\|_{\pi,\rho}=\|\cdot\|_{\pi',\rho'}$ を示す．これには $\|\cdot\|_{\pi,\rho}=\|\cdot\|_{\pi',\rho}$ を示せば十分である．実際に π' と ρ,ρ' についても同様に $\|\cdot\|_{\pi',\rho}=\|\cdot\|_{\pi',\rho'}$ が従うからである．

さて $p_\lambda\in\mathbf{B}(\mathcal{H}_\rho)$ を有限階射影の単調増加ネットで $p_\lambda\xrightarrow{s}1_{\mathcal{H}_\rho}$ となるものとする．このとき $1_{\mathcal{H}_\pi}\otimes p_\lambda\xrightarrow{s}1_{\mathcal{H}_\pi}\otimes 1_{\mathcal{H}_\rho}$ と $1_{\mathcal{H}_{\pi'}}\otimes p_\lambda\xrightarrow{s}1_{\mathcal{H}_{\pi'}}\otimes 1_{\mathcal{H}_\rho}$ がいえる．よって $x\in A\otimes_{\mathrm{alg}} B$ に対して，次の等式を得る[1)]：

$$\|x\|_{\pi,\rho}=\lim_\lambda\|(1_{\mathcal{H}_\pi}\otimes p_\lambda)(\pi\otimes\rho)(x)(1_{\mathcal{H}_\pi}\otimes p_\lambda)\|. \tag{10.2}$$

各 λ に対して，$(1_{\mathcal{H}_\pi}\otimes p_\lambda)(\pi\otimes\rho)(x)(1_{\mathcal{H}_\pi}\otimes p_\lambda)$ は $\pi(A)\otimes_{\mathrm{alg}}(p_\lambda\mathbf{B}(\mathcal{H}_\rho)p_\lambda)$ に属する．ところで $p_\lambda\mathbf{B}(\mathcal{H}_\rho)p_\lambda$ は行列環だから $\pi(A)\otimes_{\mathrm{alg}}(p_\lambda\mathbf{B}(\mathcal{H}_\rho)p_\lambda)$ は C* 環である．また写像 $\pi'\circ\pi^{-1}\otimes\mathrm{id}$ は $\pi(A)\otimes_{\mathrm{alg}}(p_\lambda\mathbf{B}(\mathcal{H}_\rho)p_\lambda)$ から $\pi'(A)\otimes_{\mathrm{alg}}(p_\lambda\mathbf{B}(\mathcal{H}_\rho)p_\lambda)$ への C* 環の同型ゆえ等長である．よって

$$\begin{aligned}&\|(1_{\mathcal{H}_\pi}\otimes p_\lambda)(\pi\otimes\rho)(x)(1_{\mathcal{H}_\pi}\otimes p_\lambda)\|\\&=\|(\pi'\circ\pi^{-1}\otimes\mathrm{id})\big((1_{\mathcal{H}_\pi}\otimes p_\lambda)(\pi\otimes\rho)(x)(1_{\mathcal{H}_\pi}\otimes p_\lambda)\big)\|\\&=\|(1_{\mathcal{H}_{\pi'}}\otimes p_\lambda)(\pi'\otimes\rho)(x)(1_{\mathcal{H}_{\pi'}}\otimes p_\lambda)\|.\end{aligned}$$

(10.2) により

$$\|x\|_{\pi,\rho}=\lim_\lambda\|(1_{\mathcal{H}_{\pi'}}\otimes p_\lambda)(\pi'\otimes\rho)(x)(1_{\mathcal{H}_{\pi'}}\otimes p_\lambda)\|=\|x\|_{\pi',\rho}.$$

---

1) 問題 4.1.17 も参考にせよ．

(2). 忠実表現 $\pi\colon C \to \mathbf{B}(\mathcal{H})$, $\rho\colon D \to \mathbf{B}(\mathcal{K})$ を取る．すると $\pi\circ\theta_1, \rho\circ\theta_2$ はそれぞれ A, B の忠実表現である．よって (1) から (2) の主張が従う． □

補題 10.1.9. A, B を C* 環，A は非単位的とする．$\|\cdot\|_\alpha$ を $A\otimes_{\mathrm{alg}} B$ 上の C* ノルムとすると，$\|\cdot\|_\alpha$ は $\widetilde{A}\otimes_{\mathrm{alg}} B$ 上の C* ノルムに拡張する．

証明. $\|\cdot\|_\alpha$ による $A\otimes_{\mathrm{alg}} B$ の完備化 C* 環を $A\otimes_\alpha B$ と書く．非退化忠実表現 $\pi\colon A\otimes_\alpha B \to \mathbf{B}(\mathcal{H})$ を取る．補題 10.1.2 により，非退化表現 $\pi_A\colon A \to \mathbf{B}(\mathcal{H})$, $\pi_B\colon B \to \mathbf{B}(\mathcal{H})$ が存在して $\pi = \pi_A \times \pi_B$ となる．単位的表現 $\widetilde{\pi_A}\colon \widetilde{A} \to \mathbf{B}(\mathcal{H})$ を $\widetilde{\pi_A}(a + \lambda 1_{\widetilde{A}}) \coloneqq \pi_A(a) + \lambda 1_{\mathcal{H}}$, $a \in A$, $\lambda \in \mathbb{C}$ と定める．このとき表現 $\widetilde{\pi_A}\times\pi_B\colon \widetilde{A}\otimes_{\mathrm{alg}} B \to \mathbf{B}(\mathcal{H})$ の忠実性を示せば，$\|(\widetilde{\pi_A}\times\pi_B)(x)\|$, $x \in \widetilde{A}\otimes_{\mathrm{alg}} B$ が拡張 C* ノルムを与える．

そこで $x \in \ker(\widetilde{\pi_A}\times\pi_B)$ として $x = 0$ を示す．任意の $a\otimes b \in A\otimes_{\mathrm{alg}} B$ に対して，$(a\otimes b)x \in A\otimes_{\mathrm{alg}} B$ であるから，$0 = (\widetilde{\pi_A}\times\pi_B)((a\otimes b)x) = (\pi_A\times\pi_B)((a\otimes b)x)$. $\pi_A\times\pi_B = \pi$ の忠実性により $(a\otimes b)x = 0$ を得る．ここで v_j を B の近似単位元とする．$x = \sum_{k=1}^n c_k\otimes d_k \in \widetilde{A}\otimes_{\mathrm{alg}} B$ と展開すれば，$\|ac_k\otimes v_jd_k - ac_k\otimes d_k\|_\alpha = \|ac_k\|\|v_jd_k - d_k\|$ により，$A\otimes_\alpha B$ で $0 = \lim_j (a\otimes v_j)x = \sum_k ac_k\otimes d_k$ となる．d_k たちを線型独立に取っておけば，$ac_k = 0$, $a \in A$, $k = 1,\dots,n$ がいえる．A は非単位的だから $c_k = 0$ を得る．よって $x = 0$ である． □

補題 10.1.10. A, B を C* 環とし，$\varphi \in \mathrm{S}(A)$, $\psi \in \mathrm{S}(B)$ とする．このとき $A\otimes_{\mathrm{alg}} B$ 上の任意の C* ノルム $\|\cdot\|_\alpha$ について，$\varphi\otimes\psi\colon A\otimes_{\mathrm{alg}} B \to \mathbb{C}$ は $A\otimes_\alpha B$ 上の状態に一意的に拡張する．

証明. A または B が単位的でなければ，状態の単位化環への拡張（系 3.7.13）と C* ノルム $\|\cdot\|_\alpha$ の拡張（補題 10.1.9）を考えることで，はじめから A, B はどちらも単位的であるとしてよい．そこで $S \subset \mathrm{S}(A)\times\mathrm{S}(B)$ を

$$S \coloneqq \{\, (\varphi,\psi) \in \mathrm{S}(A)\times\mathrm{S}(B) \mid |(\varphi\otimes\psi)(x)| \leqq \|x\|_\alpha,\ x \in A\otimes_{\mathrm{alg}} B \,\}$$

と定める．$S = \mathrm{S}(A)\times\mathrm{S}(B)$ を示せばよい．実際，$(\varphi,\psi) \in S$ ならば，$\varphi\otimes\psi$ は $A\otimes_\alpha B$ 上の有界線型汎関数 $\varphi\otimes_\alpha\psi$ に拡張する．S の定め方から $\|\varphi\otimes_\alpha \psi\| \leqq 1$ である．また $(\varphi\otimes_\alpha\psi)(1_A\otimes 1_B) = 1$ より，$\varphi\otimes_\alpha\psi$ は状態である．一

意性は $A \otimes_{\mathrm{alg}} B \subset A \otimes_\alpha B$ のノルム稠密性から従う．

まず $\mathrm{PS}(A) \times \mathrm{PS}(B) \subset S$ を示す．$(\varphi, \psi) \in \mathrm{PS}(A) \times \mathrm{PS}(B)$ とする．切除定理（定理 4.4.55）により，ネットたち $e_\lambda, f_\lambda \in A_+$ が存在して，$\|e_\lambda\| = 1 = \|f_\lambda\|$, $\varphi(e_\lambda) = 1 = \psi(f_\lambda)$ と次式をみたす[2]:

$$\lim_\lambda \|e_\lambda a e_\lambda - \varphi(a) e_\lambda^2\| = 0 = \lim_\lambda \|f_\lambda b f_\lambda - \psi(b) f_\lambda^2\|, \quad a \in A,\ b \in B.$$

補題 10.1.3 より $\|e_\lambda^2 \otimes f_\lambda^2\|_\alpha = \|e_\lambda^2\|\|f_\lambda^2\| = \|e_\lambda\|^2\|f_\lambda\|^2 = 1$. すると任意の $x \in A \otimes_{\mathrm{alg}} B$ に対して，次の評価を得る：

$$\begin{aligned}|(\varphi \otimes \psi)(x)| &= \lim_\lambda \|(\varphi \otimes \psi)(x)(e_\lambda^2 \otimes f_\lambda^2)\|_\alpha = \lim_\lambda \|(e_\lambda \otimes f_\lambda) x (e_\lambda \otimes f_\lambda)\|_\alpha \\ &\leqq \|x\|_\alpha.\end{aligned}$$

ここで 2 つ目の等号では，$\|(e_\lambda \otimes f_\lambda)x(e_\lambda \otimes f_\lambda) - (\varphi \otimes \psi)(x)(e_\lambda^2 \otimes f_\lambda^2)\|_\alpha \to 0$ であることを用いた（三角不等式と補題 10.1.3 による）．よって $(\varphi, \psi) \in S$ である．以上から $\mathrm{PS}(A) \times \mathrm{PS}(B) \subset S$ となる．

さて $\mathrm{S}(A) \times \mathrm{S}(B) \subset A^* \times B^*$ は汎弱位相の直積位相でコンパクトである．また $S \subset \mathrm{S}(A) \times \mathrm{S}(B)$ は閉集合である．各 $(\varphi_0, \psi_0) \in \mathrm{S}(A) \times \mathrm{S}(B)$ に対して，切片集合 $\{\psi \in \mathrm{S}(B) \mid (\varphi_0, \psi) \in S\}$ と $\{\varphi \in \mathrm{S}(A) \mid (\varphi, \psi_0) \in S\}$ はどちらも汎弱閉凸集合である．よって $\mathrm{PS}(A) \times \mathrm{PS}(B) \subset S$ と命題 4.4.45 (2) により，$S = \mathrm{S}(A) \times \mathrm{S}(B)$ を得る．□

補題 10.1.11. A, B を C* 環，I, J を添え字集合とする表現の族 $\pi_i \colon A \to \mathbf{B}(\mathcal{H}_i)$, $\rho_j \colon B \to \mathbf{B}(\mathcal{K}_j)$ が与えられているとする．直和表現 $\pi := \bigoplus_i \pi_i$ と $\rho := \bigoplus_j \rho_j$ に対して，次の不等式が成り立つ：

$$\|(\pi \otimes \rho)(x)\| = \sup_{(i,j) \in I \times J} \|(\pi_i \otimes \rho_j)(x)\|, \quad x \in A \otimes_{\mathrm{alg}} B.$$

証明. $\mathcal{H}, \mathcal{K}$ をそれぞれ $\mathcal{H}_i, \mathcal{K}_j$ の直和 Hilbert 空間とする．すなわち，等長作用素 $S_i \in \mathrm{Mor}(\pi_i, \pi), T_j \in \mathrm{Mor}(\rho_j, \rho)$ が存在して $\sum_i S_i S_i^* = 1_{\mathcal{H}}, \sum_j T_j T_j^* = 1_{\mathcal{K}}$ である（和は強位相で取っている）．このとき

[2] 直積順序を考えることで共通の有向集合を取れる．

$$(\pi \otimes \rho)(x) = \sum_{(i,j) \in I \times J} (S_i \otimes T_j)(\pi_i \otimes \rho_j)(x)(S_i^* \otimes T_j^*), \quad x \in A \otimes_{\mathrm{alg}} B$$

だから，示したい等式を得る（$\pi \otimes \rho = \bigoplus_{(i,j)} \pi_i \otimes \rho_j$ である）． □

定理 10.1.12（竹崎）． A, B を C* 環とする．このとき $A \otimes_{\mathrm{alg}} B$ の空間的ノルムは，$A \otimes_{\mathrm{alg}} B$ の C* ノルムのうちで最小である．

証明． 補題 10.1.8, 10.1.9 により A, B が単位的である場合に示せばよい．非退化忠実表現 $\pi\colon A \to \mathbf{B}(\mathcal{H})$, $\rho\colon B \to \mathbf{B}(\mathcal{K})$ を取る．$\|\cdot\|_\alpha$ を $A \otimes_{\mathrm{alg}} B$ の C* ノルムとする．不等式 $\|x\|_{\pi,\rho} = \|(\pi \otimes \rho)(x)\| \leqq \|x\|_\alpha$, $x \in A \otimes_{\mathrm{alg}} B$ を示す．補題 4.4.5, 10.1.11 より，

$$\|(\sigma \otimes \theta)(x)\| \leqq \|x\|_\alpha, \quad x \in A \otimes_{\mathrm{alg}} B$$

を任意の巡回表現 σ, θ について示せばよい．任意の巡回表現は，ある状態に付随する GNS 表現にユニタリ同値である．よって任意の $\varphi \in \mathrm{S}(A), \psi \in \mathrm{S}(B)$ に対して，

$$\|(\pi_\varphi \otimes \pi_\psi)(x)\| \leqq \|x\|_\alpha, \quad x \in A \otimes_{\mathrm{alg}} B \tag{10.3}$$

を示すことにする．ここで $(\pi_\varphi, \mathcal{H}_\varphi, \xi_\varphi), (\pi_\psi, \mathcal{H}_\psi, \xi_\psi)$ はそれぞれ φ, ψ に付随する GNS 3 つ組である．

さて補題 10.1.10 により，$\varphi \otimes \psi\colon A \otimes_{\mathrm{alg}} B \to \mathbb{C}$ は状態 $\chi \in \mathrm{S}(A \otimes_\alpha B)$ に拡張する．この GNS 3 つ組を $(\pi_\chi, \mathcal{H}_\chi, \xi_\chi)$ と書く．そこで線型作用素 $V\colon \mathcal{H}_\chi \to \mathcal{H}_\varphi \otimes \mathcal{H}_\psi$ を $V\pi_\chi(x)\xi_\chi := (\pi_\varphi \otimes \pi_\psi)(x)(\xi_\varphi \otimes \xi_\psi)$, $x \in A \otimes_{\mathrm{alg}} B$ で定める．V が定義可能であることは，次の計算と $\pi_\chi(A \otimes_{\mathrm{alg}} B)\xi_\chi \subset \mathcal{H}_\chi$ がノルム稠密であることからわかる：

$$\|\pi_\chi(x)\xi_\chi\|^2 = (\varphi \otimes \psi)(x^* x) = \|(\pi_\varphi \otimes \pi_\psi)(x)(\xi_\varphi \otimes \xi_\psi)\|^2.$$

とくに V は等長である．また $\mathrm{ran}(V) = \pi_\varphi(A)\xi_\varphi \otimes \pi_\psi(B)\xi_\psi$ は $\mathcal{H}_\varphi \otimes \mathcal{H}_\psi$ でノルム稠密だから，V はユニタリ $V\colon \mathcal{H}_\chi \to \mathcal{H}_\varphi \otimes \mathcal{H}_\psi$ に拡張する．定め方から $V \in \mathrm{Mor}(\pi_\chi, \pi_\varphi \otimes \pi_\psi)$ であり，$\|(\pi_\varphi \otimes \pi_\psi)(x)\| = \|\pi_\chi(x)\|$, $x \in A \otimes_{\mathrm{alg}} B$ が従う．また $\pi_\chi\colon A \otimes_\alpha B \to \mathbf{B}(\mathcal{H}_\chi)$ は $*$ 準同型であるから，$\|\pi_\chi(x)\| \leqq \|x\|_\alpha$,

$x \in A \otimes_{\mathrm{alg}} B$ である．よって (10.3) が示された． □

以上から $A \otimes_{\mathrm{alg}} B$ 上の任意の C* ノルム $\|\cdot\|_\alpha$ に対し，次式が成り立つ：

$$\|x\|_{\min} \leqq \|x\|_\alpha \leqq \|x\|_{\max}, \quad x \in A \otimes_{\mathrm{alg}} B.$$

問題 10.1.13. $\mathcal{A}$ を * 環とする．表現 $\pi\colon \mathcal{A} \to \mathbf{B}(\mathcal{H}_\pi)$ は単位ベクトル $\xi \in \mathcal{H}_\pi$ を巡回ベクトルにもつ巡回表現とし，$\rho\colon \mathcal{A} \to \mathbf{B}(\mathcal{H}_\rho)$ を表現とする．もし $|\langle \pi(x)\xi, \xi\rangle| \leqq \|\rho(x)\|$, $x \in \mathcal{A}$ ならば，$\|\pi(x)\| \leqq \|\rho(x)\|$, $x \in \mathcal{A}$ であることを示せ．［ヒント：定理 10.1.12 の証明の V の構成を真似てみよ．］

10.1.2 CP 写像と最大・最小ノルム

最大ノルム $\|\cdot\|_{\max}$ の性質から，* 準同型 $A \otimes_{\max} B \to A \otimes_{\min} B$ で，$a \otimes b \mapsto a \otimes b$ となるものを得る．値域はノルム稠密な部分空間 $A \otimes_{\mathrm{alg}} B$ を含むから，この * 準同型は全射である．これを標準 * 準同型とよぶ．

定理 10.1.14. A, B, C, D を C* 環，$\varphi \in \mathrm{CP}(A, C)$, $\psi \in \mathrm{CP}(B, D)$ とする．線型写像 $\varphi \otimes \psi\colon A \otimes_{\mathrm{alg}} B \to C \otimes_{\mathrm{alg}} D$ を考える．

(1) $\varphi \otimes \psi$ は完全正値写像 $A \otimes_{\min} B \to C \otimes_{\min} D$ に拡張する．この拡張を $\varphi \otimes_{\min} \psi$ と書けば，$\|\varphi \otimes_{\min} \psi\| = \|\varphi\|\|\psi\|$ となる．また φ, ψ が忠実ならば，$\varphi \otimes_{\min} \psi$ も忠実である．

(2) $\varphi \otimes \psi$ は完全正値写像 $A \otimes_{\max} B \to C \otimes_{\max} D$ に拡張する．この拡張を $\varphi \otimes_{\max} \psi$ と書けば，$\|\varphi \otimes_{\max} \psi\| = \|\varphi\|\|\psi\|$ となる．

(3) 次の図式は可換である（縦方向の矢印は標準 * 準同型）：

$$\begin{array}{ccc} A \otimes_{\max} B & \xrightarrow{\varphi \otimes_{\max} \psi} & C \otimes_{\max} D \\ \downarrow & & \downarrow \\ A \otimes_{\min} B & \xrightarrow[\varphi \otimes_{\min} \psi]{} & C \otimes_{\min} D. \end{array}$$

証明. (1). $C \subset \mathbf{B}(\mathcal{H})$, $D \subset \mathbf{B}(\mathcal{K})$ と表現しておく．$C \otimes_{\min} D$ は自然に $\mathrm{C}^*(C \otimes_{\mathrm{alg}} D) \subset \mathbf{B}(\mathcal{H} \otimes \mathcal{K})$ と同型である．

まず φ, ψ が * 準同型であるときを考える．忠実表現 $\pi_1\colon A \to \mathbf{B}(\mathcal{H}_1)$, $\pi_2\colon B \to \mathbf{B}(\mathcal{H}_2)$ を取り，$\rho := \varphi \oplus \pi_1 \in \mathrm{Rep}(A)$, $\sigma := \psi \oplus \pi_2 \in \mathrm{Rep}(B)$ とおく．これらは忠実表現である．埋め込み等長作用素 $S \in \mathrm{Mor}(\varphi, \rho)$ と $T \in \mathrm{Mor}(\psi, \sigma)$ を用いると，

$$(\varphi \otimes \psi)(x) = (S^* \otimes T^*)(\rho \otimes \sigma)(x)(S \otimes T), \quad x \in A \otimes_{\mathrm{alg}} B$$

となる．よって $x \in A \otimes_{\mathrm{alg}} B$ に対して

$$\begin{aligned}\|(\varphi \otimes \psi)(x)\|_{C \otimes_{\min} D} &= \|(\varphi \otimes \psi)(x)\|_{\mathbf{B}(\mathcal{H} \otimes \mathcal{K})} \\ &\leqq \|(\rho \otimes \sigma)(x)\|_{\mathbf{B}((\mathcal{H} \oplus \mathcal{H}_1) \otimes (\mathcal{K} \oplus \mathcal{H}_2))} = \|x\|_{A \otimes_{\min} B}.\end{aligned}$$

ここで最後の等号は補題 10.1.8 による．よって φ, ψ が * 準同型であるときは拡張 * 準同型 $\varphi \otimes_{\min} \psi\colon A \otimes_{\min} B \to C \otimes_{\min} D$ を得る．

次に一般の CP 写像 φ, ψ について考える．φ, ψ の Stinespring ダイレーションをそれぞれ $(\pi_\varphi, \mathcal{H}_\varphi, V_\varphi)$, $(\pi_\psi, \mathcal{H}_\psi, V_\psi)$ と書く．前段落の主張から * 準同型 $\pi_\varphi \otimes_{\min} \pi_\psi\colon A \otimes_{\min} B \to \pi_\varphi(A) \otimes_{\min} \pi_\psi(B)$ を得る．すると $x \in A \otimes_{\mathrm{alg}} B$ に対して，次の評価を得る：

$$\begin{aligned}\|(\varphi \otimes \psi)(x)\| &= \|(V_\varphi^* \otimes V_\psi^*)(\pi_\varphi \otimes_{\min} \pi_\psi)(x)(V_\varphi \otimes V_\psi)\| \\ &\leqq \|V_\varphi\|^2 \|V_\psi\|^2 \|x\|_{A \otimes_{\min} B} = \|\varphi\|\|\psi\|\|x\|_{A \otimes_{\min} B}.\end{aligned}$$

よって拡張 CP 写像 $\varphi \otimes_{\min} \psi\colon A \otimes_{\min} B \to C \otimes_{\min} D$ と $\|\varphi \otimes_{\min} \psi\| \leqq \|\varphi\|\|\psi\|$ を得る．また $(a, b) \in \mathrm{Ball}(A) \times \mathrm{Ball}(B)$ に対して，

$$\|\varphi(a)\|\|\psi(b)\| = \|\varphi(a) \otimes \psi(b)\|_{C \otimes_{\min} D} \leqq \|\varphi \otimes_{\min} \psi\|\|a \otimes b\| \leqq \|\varphi \otimes_{\min} \psi\|$$

だから，$\|\varphi\|\|\psi\| \leqq \|\varphi \otimes_{\min} \psi\|$ が従う．以上より $\|\varphi \otimes_{\min} \psi\| = \|\varphi\|\|\psi\|$.

後半の忠実性については，$\varphi \otimes_{\min} \psi = (\varphi \otimes_{\min} \mathrm{id}_D) \circ (\mathrm{id}_A \otimes_{\min} \psi)$ より，$\psi = \mathrm{id}_B$ の場合に示せばよい．これは $\chi \in \mathrm{S}(B)$ によるスライス写像 $\mathrm{id}_C \otimes_{\min} \chi$ を用いて補題 7.7.8 (2) と同様に示される．

(2). $A \otimes_{\mathrm{alg}} B$ 上で $\varphi \otimes \psi = (\varphi \otimes \mathrm{id}_D) \circ (\mathrm{id}_A \otimes \psi)$ だから $B = D$ かつ $\psi = \mathrm{id}_B$ の場合に示せばよい．忠実非退化表現 $\pi\colon C \otimes_{\max} B \to \mathbf{B}(\mathcal{H})$ を取る．$\pi_C \circ \varphi$ の Stinespring の 3 つ組を $(\pi_\varphi, \mathcal{H}_\varphi, V_\varphi)$ と書く．補題 5.2.3 より非退化表現 $\rho\colon A \otimes_{\mathrm{alg}} \pi_B(B) \to \mathbf{B}(\mathcal{H}_\varphi)$ が存在して，$\pi(\varphi(a) \otimes b) = \pi_C(\varphi(a))\pi_B(b) =$

$V_\varphi^*\rho(a\otimes\pi_B(b))V_\varphi$, $a\in A$, $b\in B$ となる．任意の $x\in A\otimes_{\mathrm{alg}}B$ に対して

$$\|(\varphi\otimes\mathrm{id}_B)(x)\|_{C\otimes_{\max}B}=\|\pi((\varphi\otimes\mathrm{id}_B)(x))\|=\|V_\varphi^*\rho((\mathrm{id}_A\otimes\pi_B)(x))V_\varphi\|$$
$$\leqq\|V_\varphi\|^2\|x\|_{A\otimes_{\max}B}=\|\varphi\|\|x\|_{A\otimes_{\max}B}.$$

これより $\varphi\otimes_{\max}\mathrm{id}_B$ は定義可能かつ $\|\varphi\otimes_{\max}\mathrm{id}_B\|\leqq\|\varphi\|$. 等号は (1) の後半と同様に示される．

(3) の主張は $A\otimes_{\mathrm{alg}}B\subset A\otimes_{\max}B$ のノルム稠密性から明らかである．□

補題 10.1.15. E を A の有限次元部分空間，$\|\cdot\|_\alpha$ を $A\otimes_{\mathrm{alg}}B$ の C^* ノルムとする．このとき $E\otimes_{\mathrm{alg}}B$ は $A\otimes_\alpha B$ の閉部分空間である．

証明. E の基底を $\{v_i\}_{i\in I}$ とする．各 $i\in I$ に対して $\varphi_i\in A^*$ を $\varphi_i(v_j)=\delta_{i,j}$ となるように取る（補題 A.4.2）．定理 10.1.14 により $\varphi_i\otimes\mathrm{id}\colon A\otimes_{\mathrm{alg}}B\to\mathbb{C}\otimes_{\mathrm{alg}}B$ は $\|\cdot\|_{\min}$ に関して有界であるから（φ_i は正値線型汎関数の線型結合で表せる），$\|\cdot\|_\alpha$ に関しても有界である．ここで自然な同一視 $\mathbb{C}\otimes_{\min}B=B$ により，拡張有界線型作用素 $\varphi_i\otimes_\alpha\mathrm{id}\colon A\otimes_\alpha B\to B$ を得る．もし点列 $x_n=\sum_i v_i\otimes b_i(n)\in E\otimes_{\mathrm{alg}}B$ が $\|\cdot\|_\alpha$ に関して Cauchy 列であれば，$(\varphi_i\otimes_\alpha\mathrm{id})(x_n)=b_i(n)$ も Cauchy 列である．$b_i:=\lim_n b_i(n)$ とおけば，各 i について，$\|v_i\otimes b_i(n)-v_i\otimes b_i\|_\alpha=\|v_i\|\|b_i(n)-b_i\|\to 0$ となる．よって $\lim_n x_n=\sum_i v_i\otimes b_i\in E\otimes_{\mathrm{alg}}B$ ゆえ，主張が示された．□

10.1.3　最大ノルムと短完全列

C^* 環の包含 $A\subset C$, $B\subset D$ があるとき，最小ノルムについては自然に $A\otimes_{\min}B\subset C\otimes_{\min}D$ であった．しかしながら $\otimes_{\max}$ に関しては，$*$ 準同型 $A\otimes_{\max}B\to C\otimes_{\max}D$ は単射とは限らないため注意が必要である．$A\otimes_{\mathrm{alg}}B$ の表現が $C\otimes_{\mathrm{alg}}D$ の表現に由来するものばかりとは限らないからである．しかし，これが単射となる有用な十分条件として次のものがある．

補題 10.1.16. C^* 環の包含 $A\subset C$, $B\subset D$ について A,B がそれぞれ C,D の遺伝的 C^* 部分環ならば，自然な $*$ 準同型 $A\otimes_{\max}B\to C\otimes_{\max}D$ は単射である．

証明. $B = D$ のときに考えればよい．埋め込み写像 $i\colon A \to C$ に付随する $i \otimes_{\max} \mathrm{id}_B\colon A \otimes_{\max} B \to C \otimes_{\max} B$ の単射性を示す．$\pi\colon A \otimes_{\max} B \to \mathbf{B}(\mathcal{H})$ を忠実表現とし，付随する A, B の表現をそれぞれ π_A, π_B と書く．

$(u_i)_{i\in I}$ を A の近似単位元とする．定理 A.2.4 のような有向集合 J と共終的写像 $g\colon J \to I$ を取る．定理 A.2.5 により写像 $\phi\colon C \to \mathbf{B}(\mathcal{H})$ を σ 弱極限

$$\phi(c) := \lim_j \pi_A(u_{g(j)} c u_{g(j)}), \quad c \in C$$

によって定める．もちろん $\phi(a) = \pi_A(a)$, $a \in A$ である．定め方から ϕ は CCP であり，$\pi_A(A)''$ に値をもつ．そこで次の可換図式を考える：

$$\begin{array}{ccc} C \otimes_{\max} B & \xrightarrow{\phi \otimes_{\max} \pi_B} & \pi_A(A)'' \otimes_{\max} \pi_B(B) \\ \uparrow{\scriptstyle i \otimes_{\max} \mathrm{id}_B} & & \downarrow \\ A \otimes_{\max} B & \xrightarrow{\quad\pi\quad} & \mathbf{B}(\mathcal{H}). \end{array}$$

右側下向きの写像は，$\pi_A(A)''$ と $\pi_B(B)$ の可換性に由来する掛け算 $*$ 準同型である．よって $\ker(i \otimes_{\max} \mathrm{id}_B) \subset \ker \pi = \{0\}$ である． □

前補題から $I \lhd A$ のとき $I \otimes_{\max} B \lhd A \otimes_{\max} B$ とみなしてよい．

補題 10.1.17. A, B を C* 環，$I \lhd A$ とする．$\|\cdot\|_\alpha$ を $A \otimes_{\mathrm{alg}} B$ 上の C* ノルムとする．このとき $\overline{(I \otimes_{\mathrm{alg}} B)}^{\|\cdot\|_\alpha} \cap (A \otimes_{\mathrm{alg}} B) = I \otimes_{\mathrm{alg}} B$ となる．ここで閉包は $A \otimes_\alpha B$ の中で取る．

証明. u_i, v_j をそれぞれ I, B の近似単位元とすると，$\|x(u_i \otimes v_j) - x\|_\alpha \xrightarrow{\lim_{i,j}} 0$ が任意の $x \in \overline{(I \otimes_{\mathrm{alg}} B)}^{\|\cdot\|_\alpha}$ に対して成り立つ（$x \in I \otimes_{\mathrm{alg}} B$ で確認すればよい）．$x = \sum_{\ell=1}^n a_\ell \otimes b_\ell$ を $\overline{(I \otimes_{\mathrm{alg}} B)}^{\|\cdot\|_\alpha} \cap (A \otimes_{\mathrm{alg}} B)$ の元とする．ここで b_ℓ たちは線型独立に取っておく．すると

$$\sum_\ell a_\ell \otimes b_\ell = \lim_{i,j} \sum_\ell a_\ell u_i \otimes b_\ell v_j = \lim_i \sum_\ell a_\ell u_i \otimes b_\ell.$$

補題 10.1.15 の証明と同様にして，各 ℓ で $a_\ell = \lim_i a_\ell u_i \in I$ が従う． □

C* 環 B に対して，$\cdot \otimes_{\max} B$ は完全関手であることを示す．

定理 10.1.18. A を C* 環，I を A の閉イデアルとする．付随する短完全列を

$$0 \longrightarrow I \xrightarrow{\ i\ } A \xrightarrow{\ q\ } A/I \longrightarrow 0$$

とする．このとき任意の C* 環 B に対して

$$0 \longrightarrow I \otimes_{\max} B \xrightarrow{i \otimes_{\max} \mathrm{id}_B} A \otimes_{\max} B \xrightarrow{q \otimes_{\max} \mathrm{id}_B} (A/I) \otimes_{\max} B \longrightarrow 0$$

は短完全列である．

証明. 補題 10.1.16 より $i \otimes_{\max} \mathrm{id}_B$ は単射である．また $\mathrm{ran}(q \otimes_{\max} \mathrm{id}_B)$ は C* 環かつ $(A/I) \otimes_{\mathrm{alg}} B$ を含むから $q \otimes_{\max} \mathrm{id}_B$ は全射である．さらに $(q \otimes_{\max} \mathrm{id}_B) \circ (i \otimes_{\max} \mathrm{id}_B)$ は稠密部分空間 $I \otimes_{\mathrm{alg}} B$ 上で 0 だから，連続性により $(q \otimes_{\max} \mathrm{id}_B) \circ (i \otimes_{\max} \mathrm{id}_B) = 0$ となる．それゆえ示すべきことは $\ker(q \otimes_{\max} \mathrm{id}_B) \subset I \otimes_{\max} B$ である．代数的なレベルでは

$$0 \longrightarrow I \otimes_{\mathrm{alg}} B \xrightarrow{i \otimes \mathrm{id}_B} A \otimes_{\mathrm{alg}} B \xrightarrow{q \otimes \mathrm{id}_B} A/I \otimes_{\mathrm{alg}} B \longrightarrow 0$$

は短完全列である．よって自然な次の同型と単射 * 準同型を得る：

$$(A/I) \otimes_{\mathrm{alg}} B \cong (A \otimes_{\mathrm{alg}} B)/(I \otimes_{\mathrm{alg}} B) \hookrightarrow (A \otimes_{\max} B)/(I \otimes_{\max} B)$$

ここで単射性は，補題 10.1.17 より $(A \otimes_{\mathrm{alg}} B) \cap (I \otimes_{\max} B) = I \otimes_{\mathrm{alg}} B$ であることから従う．具体的にこの埋め込み写像は $a \in A$ と $b \in B$ に対して，

$$(A/I) \otimes_{\mathrm{alg}} B \ni q(a) \otimes b \mapsto (a \otimes b) + (I \otimes_{\max} B) \in (A \otimes_{\max} B)/(I \otimes_{\max} B)$$

と記述される．とくに稠密な値域をもつ．よって，この埋め込みを通じてできる $(A/I) \otimes_{\mathrm{alg}} B$ の C* ノルムを $\|\cdot\|_\alpha$ と書き，完備化 C* 環を $(A/I) \otimes_\alpha B$ と書けば，自然に $(A/I) \otimes_\alpha B \cong (A \otimes_{\max} B)/(I \otimes_{\max} B)$ である．

ここで $I \otimes_{\max} B \subset \ker(q \otimes_{\max} \mathrm{id}_B)$ だから全射 $(A \otimes_{\max} B)/(I \otimes_{\max} B) \twoheadrightarrow (A/I) \otimes_{\max} B$ を得る．まとめると次の * 準同型を得る：

$$(A/I) \otimes_\alpha B \cong (A \otimes_{\max} B)/(I \otimes_{\max} B) \twoheadrightarrow (A/I) \otimes_{\max} B. \tag{10.4}$$

具体的には $q(a) \otimes b \mapsto (a \otimes b) + (I \otimes_{\max} B) \mapsto q(a) \otimes b$, $a \in A$, $b \in B$. つまり

$(A/I) \otimes_{\mathrm{alg}} B$ 上の恒等写像は全射 $*$ 準同型 $(A/I) \otimes_\alpha B \to (A/I) \otimes_{\max} B$ に拡張する．よって $x \in (A/I) \otimes_{\mathrm{alg}} B$ に対して，$\|x\|_{\max} \leqq \|x\|_\alpha$．一方で $\|\cdot\|_{\max}$ の最大性から $\|x\|_{\max} = \|x\|_\alpha$, $x \in (A/I) \otimes_{\mathrm{alg}} B$ が従う．以上から (10.4) の全射 $(A \otimes_{\max} B)/(I \otimes_{\max} B) \ni x + (I \otimes_{\max} B) \mapsto (q \otimes_{\max} \mathrm{id}_B)(x) \in (A/I) \otimes_{\max} B$ は等長ゆえ単射であり，$\ker(q \otimes_{\max} \mathrm{id}_B) = I \otimes_{\max} B$ となる． □

$\cdot \otimes_{\min} B$ は一般には完全関手とは限らない．

補題 10.1.19.　A, B を C* 環，$I \lhd A$ とする．付随する短完全列を

$$0 \longrightarrow I \xrightarrow{\ i\ } A \xrightarrow{\ q\ } A/I \longrightarrow 0$$

とする．もし $(A/I) \otimes_{\mathrm{alg}} B$ が唯一つの C* ノルムをもつならば，

$$0 \longrightarrow I \otimes_{\min} B \xrightarrow{i \otimes_{\min} \mathrm{id}_B} A \otimes_{\min} B \xrightarrow{q \otimes_{\min} \mathrm{id}_B} (A/I) \otimes_{\min} B \longrightarrow 0$$

は短完全列である．さらに $I \otimes_{\mathrm{alg}} B$ も唯一つの C* ノルムをもつならば，$A \otimes_{\mathrm{alg}} B$ もそうである．

証明． 次の可換図式を考える：

$$\begin{array}{ccccccccc} 0 & \longrightarrow & I \otimes_{\max} B & \xrightarrow{i \otimes_{\max} \mathrm{id}_B} & A \otimes_{\max} B & \xrightarrow{q \otimes_{\max} \mathrm{id}_B} & (A/I) \otimes_{\max} B & \longrightarrow & 0 \\ & & \downarrow{\scriptstyle q_1} & & \downarrow{\scriptstyle q_2} & & \downarrow{\scriptstyle q_3} & & \\ 0 & \longrightarrow & I \otimes_{\min} B & \xrightarrow{i \otimes_{\min} \mathrm{id}_B} & A \otimes_{\min} B & \xrightarrow{q \otimes_{\min} \mathrm{id}_B} & (A/I) \otimes_{\min} B & \longrightarrow & 0. \end{array}$$

ここで i は埋め込み $*$ 準同型，q, q_1, q_2, q_3 はそれぞれ標準 $*$ 準同型である．定理 10.1.18 と同様，$\ker(q \otimes_{\min} \mathrm{id}_B) \subset \mathrm{ran}(i \otimes_{\min} \mathrm{id}_B)$ を示せばよい．$x \in \ker(q \otimes_{\min} \mathrm{id}_B)$ とする．q_2 の全射性により $y \in A \otimes_{\max} B$ で $x = q_2(y)$ なるものがある．すると $0 = (q \otimes_{\min} \mathrm{id}_B)(x) = (q_3 \circ (q \otimes_{\max} \mathrm{id}_B))(y)$ となり，q_3 は同型だから $(q \otimes_{\max} \mathrm{id}_B)(y) = 0$ が従う．上段は完全列ゆえ $y = (i \otimes_{\max} \mathrm{id}_B)(z)$ となる $z \in I \otimes_{\max} B$ が存在する．よって $x = q_2(y) = ((i \otimes_{\min} \mathrm{id}_B) \circ q_1)(z) \in \mathrm{ran}(i \otimes_{\min} \mathrm{id}_B)$．

次に $I \otimes_{\mathrm{alg}} B$ も唯一の C* ノルムをもつとすれば，q_1, q_3 は同型であり，可換図式の上段と下段は完全列だから q_2 も同型である． □

補題 10.1.20. $M \subset \mathbf{B}(\mathcal{H})$ を von Neumann 環とする．このとき $*$ 準同型 $M \otimes_{Z(M)} M' \ni \sum_{i=1}^n x_i \otimes y_i \mapsto \sum_{i=1}^n x_i y_i \in \mathbf{B}(\mathcal{H})$ は単射である．ここで $M \otimes_{Z(M)} M'$ は $Z(M)$ 上の多元環の代数的なテンソル積を意味する．

証明. この $*$ 準同型を θ と書く．$x := \sum_{i=1}^n x_i \otimes y_i \in \ker \theta$ を取る．ここで $x_i \in M$, $y_i \in M'$ である．$\mathcal{K} := \mathcal{H} \otimes \mathbb{C}^n$ とおく．$\mathbb{C}^n$ の CONS $\{\varepsilon_i\}_{i=1}^n$ を取り，$\mathcal{K}$ の閉部分空間 $\mathcal{L} := \overline{\operatorname{span}}^{\|\cdot\|}\{\sum_{i=1}^n a y_i \xi \otimes \varepsilon_i \mid a \in M',\ \xi \in \mathcal{H}\}$ を考え，$p\colon \mathcal{K} \to \mathcal{L}$ を付随する射影とする．$\mathcal{L}$ は $M \otimes \mathbb{C}$ と $M' \otimes \mathbb{C}$ で不変だから，$p \in ((M \vee M') \otimes \mathbb{C})' = Z(M) \otimes \mathbf{B}(\mathbb{C}^n)$ である．$p = \sum_{i,j=1}^n p_{ij} \otimes e_{ij}$, $p_{ij} \in Z(M)$ と行列表示する．ここで e_{ij} たちは CONS $\{\varepsilon_i\}_i$ に付随する行列単位系である．このとき $\xi \in \mathcal{H}$ に対して，

$$\sum_{i=1}^n y_i \xi \otimes \varepsilon_i = p \sum_{j=1}^n y_j \xi \otimes \varepsilon_j = \sum_{i,j=1}^n p_{ij} y_j \xi \otimes \varepsilon_i$$

より $\sum_{j=1}^n p_{ij} y_j = y_i$ となる．次に $a \in M', \xi, \eta \in \mathcal{H}$ に対して

$$\left\langle \sum_{j=1}^n a y_j \xi \otimes \varepsilon_j, \sum_{i=1}^n x_i^* \eta \otimes \varepsilon_i \right\rangle = \sum_{i=1}^n \langle a x_i y_i \xi, \eta \rangle = \langle a\theta(x)\xi, \eta \rangle = 0.$$

これより $0 = p \sum_{i=1}^n x_i^* \eta \otimes \varepsilon_i = \sum_{i,j=1}^n p_{ji} x_i^* \eta \otimes \varepsilon_j$ ゆえ $\sum_{i=1}^n p_{ji} x_i^* = 0$ である．よって $0 = \sum_{i=1}^n x_i p_{ji}^* = \sum_{i=1}^n x_i p_{ij}$, $j = 1, \ldots, n$. 以上から $\sum_{i=1}^n x_i \otimes y_i = \sum_{i,j=1}^n x_i \otimes p_{ij} y_j = \sum_{i,j=1}^n x_i p_{ij} \otimes y_j = 0$ となる． □

定理 10.1.21（竹崎）**.** A_1, A_2 が単純 C* 環ならば $A_1 \otimes_{\min} A_2$ も単純 C* 環である．

証明. 任意の既約表現 $\pi\colon A_1 \otimes_{\min} A_2 \to \mathbf{B}(\mathcal{H})$ が忠実であることを示せばよい（$I \lhd A_1 \otimes_{\min} A_2$ による商 C* 環の既約表現を考えよ）．付随する表現 $\pi_k\colon A_k \to \mathbf{B}(\mathcal{H})$ を取り，$M_k := \pi_k(A_k)''$, $k = 1, 2$ とおく．すると

$$Z(M_k) \subset \pi_1(A_1)' \cap \pi_2(A_2)' = \pi(A_1 \otimes_{\min} A_2)' = \mathbb{C}1_{\mathcal{H}}, \quad k = 1, 2$$

だから各 M_k は因子環である．$M_2 \subset M_1'$ と補題 10.1.20 より掛け算 $*$ 準同型 $\theta\colon M_1 \otimes_{\mathrm{alg}} M_2 \to \mathbf{B}(\mathcal{H})$ は単射かつ $A_1 \otimes_{\mathrm{alg}} A_2$ 上で $\theta \circ (\pi_1 \otimes \pi_2) = \pi$ をみた

す．また A_1, A_2 は単純だから π_1, π_2 は忠実．それゆえ $\pi_1 \otimes \pi_2\colon A_1 \otimes_{\mathrm{alg}} A_2 \to M_1 \otimes_{\mathrm{alg}} M_2$ は単射である．よって $A_1 \otimes_{\mathrm{alg}} A_2 \ni x \mapsto \|\theta((\pi_1 \otimes \pi_2)(x))\| = \|\pi(x)\| \in \mathbb{R}_+$ は C* ノルムである．最小ノルムの最小性により，$\|x\|_{\min} \leqq \|\pi(x)\|$, $x \in A_1 \otimes_{\mathrm{alg}} A_2$ を得る．一方で $\pi\colon A_1 \otimes_{\min} A_2 \to \mathbf{B}(\mathcal{H})$ はノルム縮小的だから，$\|\pi(x)\| \leqq \|x\|_{\min}$ もいえる．したがって π は等長である．□

10.2　核型 C* 環

10.2.1　核型性

定義 10.2.1（竹崎）．C* 環 A が核型[3] $:\overset{\mathrm{d}}{\Leftrightarrow}$ 任意の C* 環 B に対し，$A \otimes_{\mathrm{alg}} B$ は唯一の C* ノルムをもつ，すなわち $\|\cdot\|_{A\otimes_{\min}B} = \|\cdot\|_{A\otimes_{\max}B}$ が成り立つ．

命題 10.2.2.　有限次元 C* 環は核型である．

証明.　有限次元 C* 環 A と C* 環 B に対して標準全射 $*$ 準同型 $\pi\colon A \otimes_{\max} B \to A \otimes_{\min} B$ を考える．補題 10.1.15 より π は $A \otimes_{\mathrm{alg}} B$ 上の恒等写像である．とくに単射ゆえ等長である．□

C* 環の短完全列 $0 \to I \to A \to B \to 0$ があるとき，A は B の I による拡大という．次の結果より核型 C* 環の核型 C* 環による拡大は核型である．

補題 10.2.3.　C* 環の短完全列 $0 \to I \xrightarrow{i} A \xrightarrow{q} A/I \to 0$ に対して次のことが成り立つ：

(1) $I, A/I$ が核型ならば A も核型である．

(2) A が核型ならば I も核型である．さらに短完全列が分裂する，すなわちもし $*$ 準同型 $s\colon A/I \to A$ が存在して $q \circ s = \mathrm{id}_{A/I}$ をみたすならば，A/I も核型である．

証明.　(1) は補題 10.1.19 による．(2) を示す．次の可換図式を考える：

---

[3] 竹崎の論文では核型性は性質 (T) とよばれているが（T は鶴丸に由来），現在では核型とよばれる．核型 (nuclear) の呼称は C. Lance による．

$$
\begin{array}{ccccccccc}
0 & \longrightarrow & I \otimes_{\max} B & \xrightarrow{i\otimes_{\max}\mathrm{id}_B} & A \otimes_{\max} B & \xrightarrow{q\otimes_{\max}\mathrm{id}_B} & (A/I) \otimes_{\max} B & \longrightarrow & 0 \\
 & & \downarrow q_1 & & \downarrow q_2 & & \downarrow q_3 & & \\
0 & \longrightarrow & I \otimes_{\min} B & \xrightarrow{i\otimes_{\min}\mathrm{id}_B} & A \otimes_{\min} B & \xrightarrow{q\otimes_{\min}\mathrm{id}_B} & (A/I) \otimes_{\min} B & \longrightarrow & 0.
\end{array}
$$

ここで i は埋め込み $*$ 準同型，q, q_1, q_2, q_3 はそれぞれ標準全射 $*$ 準同型である．$x \in \ker q_1$ とすると，$0 = ((i \otimes_{\min} \mathrm{id}_B) \circ q_1)(x) = (q_2 \circ (i \otimes_{\max} \mathrm{id}_B))(x)$. q_2 は同型だから $(i \otimes_{\max} \mathrm{id}_B)(x) = 0$ ゆえ $x = 0$ であり，q_1 は同型である．

次に短完全列が分裂する場合を考える．まず $q_2 \circ (s \otimes_{\max} \mathrm{id}_B) = (s \otimes_{\min} \mathrm{id}_B) \circ q_3$ が $(A/I) \otimes_{\max} B$ 上で成り立つ．実際に，これは $(A/I) \otimes_{\max} B$ のノルム稠密部分空間 $(A/I) \otimes_{\mathrm{alg}} B$ 上で確認すればよい．

そこで $y \in \ker q_3$ とすれば，$(q_2 \circ (s \otimes_{\max} \mathrm{id}_B))(y) = (s \otimes_{\min} \mathrm{id}_B)(q_3(y)) = 0$ である．q_2 は同型だから $(s \otimes_{\max} \mathrm{id}_B)(y) = 0$ ゆえ，$y = (q \circ s \otimes_{\max} \mathrm{id}_B)(y) = 0$ となる．よって q_3 は同型である． □

コメント 10.2.4. 実は補題 10.2.3 (2) において，分裂性は不要であり，「A が核型である $\iff$ $I, A/I$ が核型である」が常に成り立つ．証明には von Neumann 環の単射性と半離散性の同値性を用いる（[BO08, Corollary 9.4.4], [Tak03b, Corollary XV.3.4] を参照せよ）．

補題 10.2.5. C* 環 A は核型である $\iff$ $\widetilde{A}$ は核型である．

証明. $\Rightarrow$ は短完全列 $0 \to A \to \widetilde{A} \to \mathbb{C} \to 0$ と補題 10.2.3 (1) による．$\Leftarrow$ は補題 10.2.3 (2) による． □

命題 10.2.6. A を C* 環，A_i を A の C* 部分環の増大ネットで，$\bigcup_i A_i$ が A でノルム稠密となるものとする．もし A_i たちが核型ならば，A も核型である．とくに AF 環は核型である．

証明. B を C* 環とし，$\|\cdot\|_\alpha$ を $A \otimes_{\mathrm{alg}} B$ の C* ノルムとする．$x = \sum_{k=1}^n a_k \otimes b_k \in A \otimes_{\mathrm{alg}} B$ を取る．稠密性の仮定から任意の $\varepsilon > 0$ に対して，ある i と $a'_k \in A_i$, $k = 1, \ldots, n$ を $\|a_k - a'_k\| < \varepsilon(1 + \sum_k \|b_k\|)^{-1}$ となるように取れる．$x' := \sum_{k=1}^n a'_k \otimes b_k \in A_i \otimes_{\mathrm{alg}} B$ とすれば，$\|x - x'\|_\alpha \leqq \varepsilon$ である．

一方で $\|\cdot\|_\alpha$ を $A_i \otimes_{\mathrm{alg}} B$ に制限したものは，核型の仮定から $\|\cdot\|_{A_i \otimes_{\min} B}$ に等しい．また最小ノルムの性質 $\|\cdot\|_{A_i \otimes_{\min} B} = \|\cdot\|_{A \otimes_{\min} B}$ に注意すると，$\|x'\|_\alpha = \|x'\|_{A \otimes_{\min} B}$ である．よって

$$\begin{aligned}\|x\|_\alpha &\leqq \|x - x'\|_\alpha + \|x'\|_\alpha \leqq \varepsilon + \|x'\|_{A\otimes_{\min} B} \\ &\leqq \varepsilon + \|x' - x\|_{A\otimes_{\min} B} + \|x\|_{A\otimes_{\min} B} \leqq \varepsilon + \|x' - x\|_\alpha + \|x\|_{A\otimes_{\min} B} \\ &\leqq 2\varepsilon + \|x\|_{A\otimes_{\min} B}.\end{aligned}$$

$\varepsilon \to 0$ として $\|x\|_\alpha \leqq \|x\|_{A\otimes_{\min} B}$ を得る．よって $\|x\|_\alpha = \|x\|_{A\otimes_{\min} B}$．□

10.2.2　CP 分解可能性

核型性と完全正値近似性（定義 10.2.12）の同値性（定理 10.2.13）を示すための準備をする．まず単位化に関する補題 3.7.23 の CP 版を示そう．

補題 10.2.7. A を C* 環，B を単位的 C* 環，$\psi \in \mathbf{L}(\widetilde{A}, B)$ は $\psi(1_{\widetilde{A}}) \in \mathbb{C}1_B$ をみたすものとすると，次のことは同値である：

(1) ψ は CP である．
(2) $\varphi := \psi|_A \colon A \to B$ は CP かつ $\psi(1_{\widetilde{A}}) \in \{s1_B \mid s \in \mathbb{R}_+,\ \|\varphi\| \leqq s\}$．

証明. (1) ⇒ (2) は補題 3.7.23 からわかる．(2) ⇒ (1) を示す．$\psi(1_{\widetilde{A}}) = s1_B$ となる $s \geqq \|\varphi\|$ を取る．$B \subset \mathbf{B}(\mathcal{H})$ と表現しておく ($1_B = 1_{\mathcal{H}}$)．$\varphi \in \mathrm{CP}(A, B)$ の Stinespring ダイレーション $(\pi_\varphi, \mathcal{H}_\varphi, V_\varphi)$ を取る．$\widetilde{\pi_\varphi} \colon \widetilde{A} \to \mathbf{B}(\mathcal{H}_\varphi)$ を $\pi_\varphi \colon A \to \mathbf{B}(\mathcal{H}_\varphi)$ の単位的な拡張表現とし，$\widetilde{\varphi}(x) := V_\varphi^* \widetilde{\pi_\varphi}(x) V_\varphi$，$x \in \widetilde{A}$ とおけば，$\widetilde{\varphi} \in \mathrm{CP}(\widetilde{A}, \mathbf{B}(\mathcal{H}))$ かつ $\operatorname{ran}\widetilde{\varphi} \subset B + \mathbb{C}V_\varphi^* V_\varphi$ となる．

このとき $\psi(x) = \widetilde{\varphi}(x) + \chi_\infty(x)(s1_B - V_\varphi^* V_\varphi)$, $x \in \widetilde{A}$ である．ここで χ_∞ は指標 $\widetilde{A} = A \oplus \mathbb{C} \ni (a, \lambda) \mapsto \lambda \in \mathbb{C}$ である．すると $V_\varphi^* V_\varphi \leqq \|V_\varphi\|^2 1_B = \|\varphi\| 1_B \leqq s1_B$ により $\psi \in \mathrm{CP}(\widetilde{A}, B)$ が従う．□

定義 10.2.8. A, B を C* 環とする．$\theta \in \mathrm{CP}(A, B)$ が **CP 分解可能** :$\overset{\mathrm{d}}{\Leftrightarrow}$ ある $n \in \mathbb{N}$, $\varphi \in \mathrm{CP}(A, M_n(\mathbb{C}))$, $\psi \in \mathrm{CP}(M_n(\mathbb{C}), B)$ が存在して $\theta = \psi \circ \varphi$ をみたす．また φ, ψ が，ともに CCP ならば θ は **CCP 分解可能**，ともに UCP ならば θ は **UCP 分解可能**とよばれる．

記号 10.2.9. C* 環 A から C* 環 B への CP, CCP, UCP 分解可能な写像のなす集合を，それぞれ $\mathcal{F}_{\mathrm{CP}}(A,B)$, $\mathcal{F}_{\mathrm{CCP}}(A,B)$, $\mathcal{F}_{\mathrm{UCP}}(A,B)$ と書く．もちろん $\mathcal{F}_{\mathrm{UCP}}(A,B) \subset \mathcal{F}_{\mathrm{CCP}}(A,B) \subset \mathcal{F}_{\mathrm{CP}}(A,B) \subset \mathrm{CP}(A,B) \subset \mathbf{B}(A,B)$ である．

補題 10.2.10. $\mathrm{CP}(A,B)$ において $\mathcal{F}_{\mathrm{UCP}}(A,B), \mathcal{F}_{\mathrm{CCP}}(A,B)$ は凸集合であり，$\mathcal{F}_{\mathrm{CP}}(A,B)$ は凸錐である．

証明. $\mathcal{F}_{\mathrm{CCP}}(A,B)$ のみ考える．他も同様である．$k=1,2$ に対して，$\theta_k \in \mathcal{F}_{\mathrm{CCP}}(A,B)$ とし，$\varphi_k \in \mathrm{CCP}(A, M_{n_k}(\mathbb{C}))$, $\psi_k \in \mathrm{CCP}(M_{n_k}(\mathbb{C}), B)$ を $\theta_k = \psi_k \circ \varphi_k$ となるように取る．$0<t<1$ とする．$\varphi \in \mathrm{CCP}(A, M_{n_1+n_2}(\mathbb{C}))$, $\psi \in \mathrm{CCP}(M_{n_1+n_2}(\mathbb{C}), A)$ を次のように定めると，$\psi \circ \varphi = t\theta_1 + (1-t)\theta_2$ となる：$a \in A$, $x \in M_{n_1+n_2}(\mathbb{C})$ に対して

$$\varphi(a) := S_1\varphi_1(a)S_1^* + S_2\varphi_2(a)S_2^*, \quad \psi(x) := t\psi_1(S_1^*xS_1) + (1-t)\psi_2(S_2^*xS_2).$$

ここで $S_k\colon \mathbb{C}^{n_k} \to \mathbb{C}^{n_1+n_2}$, $k=1,2$ は直交分解 $\mathbb{C}^{n_1+n_2} = \mathbb{C}^{n_1} \oplus \mathbb{C}^{n_2}$ に付随する等長作用素である． □

補題 10.2.11. 単位的 C* 環 A と von Neumann 環 M に対して次のことが成り立つ：σ を M の σ 弱，σ 強，σ 強 * 位相のいずれかとすれば，

$$\overline{\mathcal{F}_{\mathrm{CP}}(A,M)}^{\text{pt-}\sigma} \cap \mathrm{UCP}(A,M) = \overline{\mathcal{F}_{\mathrm{UCP}}(A,M)}^{\text{pt-}\sigma}.$$

証明. 補題 1.3.6, 4.3.9, 10.2.10 より各点 σ 強位相で考えれば十分である．$\supset$ は明らかだから $\subset$ を示す．$\theta \in \overline{\mathcal{F}_{\mathrm{CP}}(A,M)}^{\text{pt-}\sigma} \cap \mathrm{UCP}(A,M)$ とする．ネット $\varphi_\lambda \in \mathrm{CP}(A, M_{n_\lambda}(\mathbb{C}))$, $\psi_\lambda \in \mathrm{CP}(M_{n_\lambda}(\mathbb{C}), M)$ が存在して各点 σ 強位相で $\psi_\lambda \circ \varphi_\lambda \to \theta$ となる．

まず φ_λ たちを UCP に取り直す．$h_\lambda := \varphi_\lambda(1_A)$ の台射影を $p_\lambda \in M_{n_\lambda}(\mathbb{C})^{\mathrm{P}}$ と書く．h_λ^{-1} は $p_\lambda M_{n_\lambda}(\mathbb{C}) p_\lambda$ で考える．$\omega \in \mathrm{S}(A)$ を任意に取り，$\varphi'_\lambda(a) := h_\lambda^{-1/2}\varphi_\lambda(a)h_\lambda^{-1/2} + \omega(a)p_\lambda^\perp$, $\psi'_\lambda(x) := \psi_\lambda(h_\lambda^{1/2}xh_\lambda^{1/2})$ $a \in A$, $x \in M_{n_\lambda}(\mathbb{C})$ とおけば，$\varphi'_\lambda \in \mathrm{UCP}(A, M_{n_\lambda}(\mathbb{C}))$, $\psi'_\lambda \in \mathrm{CP}(M_{n_\lambda}(\mathbb{C}), M)$ かつ $\psi'_\lambda \circ \varphi'_\lambda = \psi_\lambda \circ \varphi_\lambda$．ここで $p_\lambda\varphi_\lambda(a) = \varphi_\lambda(a)p_\lambda = \varphi_\lambda(a)$, $a \in A$ を用いた．これは $a \in \mathrm{Ball}(A_+)$ に対して $0 \leqq \varphi_\lambda(a) \leqq h_\lambda$ より $p_\lambda^\perp \varphi_\lambda(a) p_\lambda^\perp = 0$ ゆえ，$\varphi_\lambda(a)^{1/2}p_\lambda^\perp = 0$ となる

ことからわかる．以上より，はじめから φ_λ は UCP，ψ_λ は CP として議論をすすめる．

次に ψ_λ のノルムを 1 に十分近くなるように取り直す．$0 < \delta < 1$ を固定する．e_λ を $k_\lambda := \psi_\lambda(1) \in M$ の区間 $[1-\delta, 1+\delta]$ に対応するスペクトル射影とすれば $|k_\lambda - 1_M|^2 \geqq \delta^2 e_\lambda^\perp$．$k_\lambda - 1_M = \psi_\lambda \circ \varphi_\lambda(1_A) - \theta(1_A) \xrightarrow{s} 0$ より $e_\lambda^\perp \xrightarrow{s} 0$．また $k_\lambda e_\lambda = \psi_\lambda \circ \varphi_\lambda(1_A) e_\lambda \xrightarrow{s} \theta(1_A) 1_M = 1_M$ となる．

$f \in C_b(\mathbb{R})$ を $[1-\delta, 1+\delta]$ 上で $f(t) = t^{-1/2}$ となるように取れば，f の強連続性から $f(k_\lambda e_\lambda) \xrightarrow{s} f(1_M) = 1_M$．そこで $\mu_\lambda \in \mathrm{S}(M_{n_\lambda}(\mathbb{C}))$ を取って，$\psi'_\lambda \in \mathrm{UCP}(M_{n_\lambda}(\mathbb{C}), M)$ を次式で定める：

$$\psi'_\lambda(y) := f(k_\lambda e_\lambda) e_\lambda \psi_\lambda(y) e_\lambda f(k_\lambda e_\lambda) + \mu_\lambda(y) e_\lambda^\perp, \quad y \in M_{n_\lambda}(\mathbb{C}).$$

また各点 σ 強位相で $\psi'_\lambda \circ \varphi_\lambda \to \theta$ である．これは任意の λ と $x \in A$ に対して，$|\mu_\lambda(\varphi_\lambda(x))| \leqq \|x\|$ であることからわかる．□

10.2.3　核型性と完全正値近似性

定義 10.2.12.　C* 環 A が完全正値近似性 (**CPAP**[4]) をもつ $:\overset{\mathrm{d}}{\Leftrightarrow}$ あるネット $\theta_i \in \mathrm{CCP}(A, A)$ であって各 $\mathrm{ran}\,\theta_i$ が有限次元かつ $\lim_i \|\theta_i(a) - a\| = 0$, $a \in A$ となるものが存在する．

定理 10.2.13 (Effros–E. Lance, E. Kirchberg)**.**　C* 環 A に対して，次のことは同値である：

(1) A は核型である．
(2) $\iota_A \in \overline{\mathcal{F}_{\mathrm{CCP}}(A, A^{**})}^{\text{pt-}\sigma}$．ここで $\iota_A \colon A \to A^{**}$ は標準的埋め込み，σ は $\sigma(A^{**}, A^*)$ である．
(3) $\mathrm{id}_A \in \overline{\mathcal{F}_{\mathrm{CCP}}(A, A)}^{\text{pt-}\|\cdot\|}$．
(4) A は CPAP をもつ．

コメント 10.2.14.　以下の証明で A が単位的の場合は UCP 分解を取れることがわかる．

[4] completely positive approximation property の略．

定理 10.2.13 (3) ⇒ (4) の証明. 明らかである. □

定理 10.2.13 (4) ⇒ (1) の証明. ネット $\theta_i \in \mathrm{CCP}(A, A)$ であって各 $\operatorname{ran}\theta_i$ は有限次元かつ $\lim_i \|\theta_i(a) - a\| = 0,\ a \in A$ となるものを取る. B を C* 環, 標準全射 * 準同型を $Q\colon A \otimes_{\max} B \to A \otimes_{\min} B$ と書く. 定理 10.1.14 を用いて次の可換図式を得る：

$$\begin{array}{ccc} A \otimes_{\max} B & \xrightarrow{\theta_i \otimes_{\max} \mathrm{id}_B} & A \otimes_{\max} B \\ Q \big\downarrow & & \big\downarrow Q \\ A \otimes_{\min} B & \xrightarrow[\theta_i \otimes_{\min} \mathrm{id}_B]{} & A \otimes_{\min} B. \end{array}$$

$x \in \ker Q$ とする. 上の図式から $Q((\theta_i \otimes_{\max} \mathrm{id}_B)(x)) = 0$ を得る. ここで $\operatorname{ran}(\theta_i \otimes_{\max} \mathrm{id}_B)$ は $(\operatorname{ran}\theta_i) \otimes_{\mathrm{alg}} B$ の $\|\cdot\|_{\max}$ による閉包に含まれる. $\operatorname{ran}\theta_i$ は有限次元だから命題 10.1.15 により $\operatorname{ran}(\theta_i \otimes_{\max} \mathrm{id}_B) = \operatorname{ran}(\theta_i) \otimes_{\mathrm{alg}} B$ がいえる. Q は $A \otimes_{\mathrm{alg}} B$ 上では恒等写像だから $(\theta_i \otimes_{\max} \mathrm{id}_B)(x) = 0$ が従う.

ここで $\theta_i \otimes_{\max} \mathrm{id}_B$ は各点ノルム位相で $\mathrm{id}_{A \otimes_{\max} B}$ に収束することに注意する. 実際 $\|\theta_i \otimes_{\max} \mathrm{id}_B\| = \|\theta_i\| \leqq 1$ であるから, $A \otimes_{\mathrm{alg}} B$ の各点で $\mathrm{id}_{A \otimes_{\mathrm{alg}} B}$ に収束することを示せばよいが, これはクロスノルムの性質から明らかである. 以上より $x = \lim_i (\theta_i \otimes_{\max} \mathrm{id}_B)(x) = 0$ がいえて, Q の単射性が示された. □

定理 10.2.13 (1) ⇒ (2) の証明のために A の表現について考察する.

補題 10.2.15. A を単位的な核型 C* 環, $\rho\colon A \to \mathbf{B}(\mathcal{H})$ を単位的表現, $M := \rho(A)''$ とすると, $\rho \in \overline{\mathcal{F}_{\mathrm{CP}}(A, M)}^{\text{pt-}\sigma}$. ここで σ は σ 弱位相である.

証明. $F \Subset A$, $G \Subset \mathrm{S}_*(M)$ とする. $\psi := |G|^{-1} \sum_{\varphi \in G} \varphi \in \mathrm{S}_*(M)$ とおく. $(\pi_\psi, \mathcal{H}_\psi, \xi_\psi)$ を ψ の GNS 3 つ組とする. 各 $\varphi \in G$ に対して $y_\varphi \in \pi_\psi(M)'_+$ を $\varphi = \langle \pi_\psi(\cdot) y_\varphi \xi_\psi, \xi_\psi \rangle$ となるものとする（命題 4.4.38).

ここで表現 $\theta_G\colon A \otimes_{\mathrm{alg}} \pi_\psi(M)' \to \mathbf{B}(\mathcal{H}_\psi)$ を $\theta_G(a \otimes y) := \pi_\psi(\rho(a))y,\ a \in A,\ y \in \pi_\psi(M)'$ と定める. A は核型だから拡張 * 準同型（これも θ_G と書く）$\theta_G\colon A \otimes_{\min} \pi_\psi(M)' \to \mathbf{B}(\mathcal{H}_\psi)$ を得る. $A \otimes_{\min} \pi_\psi(M)'$ 上の状態 μ_G を $\mu_G := \langle \theta_G(\cdot) \xi_\psi, \xi_\psi \rangle$ と定める.

$A \subset \mathbf{B}(\mathcal{K})$ と表現しておく．μ_G は $A \otimes_{\min} \pi_\psi(M)' \subset \mathbf{B}(\mathcal{K} \otimes \mathcal{H}_\psi)$ 上の状態であるから，ベクトル状態の凸結合で汎弱近似される（命題 4.4.49）．よって任意の $\varepsilon > 0$ に対して，単位ベクトルたち $\eta_k \in \mathcal{K} \otimes \mathcal{H}_\psi$ と $t_k \in \mathbb{R}_+$, $k = 1, \ldots, m$ が存在して，$\sum_{k=1}^m t_k = 1$ かつ

$$\left| \mu_G(a \otimes y_\varphi) - \sum_{k=1}^m t_k \langle (a \otimes y_\varphi)\eta_k, \eta_k \rangle \right| < \varepsilon, \quad a \in F,\ \varphi \in G \tag{10.5}$$

となる．$\mathcal{K}$ の有限次元部分空間 $\mathcal{L}$ にわたる和集合 $\bigcup_{\mathcal{L}}(\mathcal{L} \otimes_{\mathrm{alg}} \pi_\psi(M)\xi_\psi)$ は $\mathcal{K} \otimes \mathcal{H}_\psi$ でノルム稠密なので，ある $\mathcal{L}$ について $\eta_k \in \mathcal{L} \otimes_{\mathrm{alg}} \pi_\psi(M)\xi_\psi$, $k = 1, \ldots, m$ としてよい．$\mathcal{L}$ の CONS $\{\varepsilon_i\}_{i=1}^d$ を取る．

次に $b_{ki} \in M$ を $\eta_k = \sum_{i=1}^d \varepsilon_i \otimes \pi_\psi(b_{ki})\xi_\psi$, $k = 1, \ldots, m$ となるものとする．$p_{\mathcal{L}} \colon \mathcal{K} \to \mathcal{L}$ を $\mathcal{L}$ への射影とする．このとき CP 写像 $\alpha_{(F,G)} \colon A \to p_{\mathcal{L}}\mathbf{B}(\mathcal{K})p_{\mathcal{L}}$ と $\beta_{(F,G)} \colon p_{\mathcal{L}}\mathbf{B}(\mathcal{K})p_{\mathcal{L}} \to M$ を，次式で定める：$a \in A$, $s \in p_{\mathcal{L}}\mathbf{B}(\mathcal{K})p_{\mathcal{L}}$ に対して

$$\alpha_{(F,G)}(a) := p_{\mathcal{L}} a p_{\mathcal{L}},\ \beta_{(F,G)}(s) := \sum_{k=1}^m \sum_{i,j=1}^d t_k \ell(\varepsilon_i)^* s \ell(\varepsilon_j) \cdot b_{ki}^* b_{kj}.$$

各 $a \in F$ と $\varphi \in G$ に対して，

$$\begin{aligned}
\varphi(\beta_{(F,G)} \circ \alpha_{(F,G)}(a)) &= \sum_{k=1}^m \sum_{i,j=1}^d t_k \ell(\varepsilon_i)^* p_{\mathcal{L}} a p_{\mathcal{L}} \ell(\varepsilon_j) \varphi(b_{ki}^* b_{kj}) \\
&= \sum_{k=1}^m \sum_{i,j=1}^d t_k \langle a\varepsilon_j, \varepsilon_i \rangle \cdot \langle \pi_\psi(b_{ki}^* b_{kj}) y_\varphi \xi_\psi, \xi_\psi \rangle \\
&= \sum_{k=1}^m t_k \langle (a \otimes y_\varphi)\eta_k, \eta_k \rangle
\end{aligned}$$

となる．(10.5) を使えば，任意の $a \in F$, $\varphi \in G$ に対して，

$$\begin{aligned}
|\langle \varphi, \beta_{(F,G)} \circ \alpha_{(F,G)}(a) - \rho(a) \rangle| &= |\varphi(\beta_{(F,G)} \circ \alpha_{(F,G)}(a)) - \mu_G(a \otimes y_\varphi)| \\
&< \varepsilon
\end{aligned}$$

を得る．(F, G, ε) に関するネットを用いれば主張が示される．　□

補題 10.2.15 の証明の $\alpha_{(F,G)}$ は CCP だが，$\beta_{(F,G)}$ は縮小的とは限らない．これらを取り直してどちらも CCP にすることを考える．

定理 10.2.13 (1) ⇒ (2) の証明． 次の可換図式を考える：

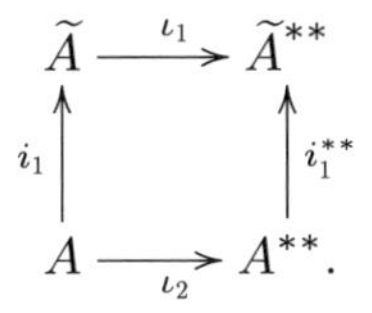

ここで各写像は自然な埋め込みである．補題 10.2.5 と補題 10.2.15 より $\iota_1 \in \overline{\mathcal{F}_{\mathrm{CP}}(\widetilde{A}, \widetilde{A}^{**})}^{\text{pt-}\sigma}$ である．補題 10.2.11 より $\iota_1 \in \overline{\mathcal{F}_{\mathrm{UCP}}(\widetilde{A}, \widetilde{A}^{**})}^{\text{pt-}\sigma}$ だから，ネット $\varphi_\lambda \in \mathrm{UCP}(\widetilde{A}, M_{n_\lambda}(\mathbb{C}))$, $\psi_\lambda \in \mathrm{UCP}(M_{n_\lambda}(\mathbb{C}), \widetilde{A}^{**})$ が存在して，各点 σ 強位相で $\psi_\lambda \circ \varphi_\lambda \to \iota_1$ となる．さて $i_1^{**}(A^{**}) = \widetilde{A}^{**} z_A$ となる $z_A \in Z(\widetilde{A}^{**})^{\mathrm{P}}$ を取り，$\alpha_\lambda \in \mathrm{CCP}(A, M_{n_\lambda}(\mathbb{C}))$ と $\beta_\lambda \in \mathrm{CCP}(M_{n_\lambda}(\mathbb{C}), A^{**})$ を $\alpha_\lambda := \varphi_\lambda \circ i_1$, $\beta_\lambda(y) := (i_1^{**})^{-1}(\psi_\lambda(y) z_A)$, $y \in M_{n_\lambda}(\mathbb{C})$ とおく．すると $x \in A$ に対して，

$$\begin{aligned}\beta_\lambda(\alpha_\lambda(x)) &= (i_1^{**})^{-1}\big((\psi_\lambda \circ \varphi_\lambda)(i_1(x)) z_A\big) \xrightarrow{\sigma\text{-}s} (i_1^{**})^{-1}\big(\iota_1(i_1(x)) z_A\big) \\ &= (i_1^{**})^{-1}\big(i_1^{**}(\iota_2(x)) z_A\big) = (i_1^{**})^{-1}\big(i_1^{**}(\iota_2(x))\big) = \iota_2(x)\end{aligned}$$

となる．よって主張が示された． □

定理 10.2.13 (2) ⇒ (3) の証明． まず単位的な A が (2) の条件をみたす場合を考察する．(2) の分解 $A \xrightarrow{\varphi_\lambda} M_{n_\lambda}(\mathbb{C}) \xrightarrow{\psi_\lambda} A^{**}$ について，ψ_λ を A 値にすること (Step 1)，各点 σ 弱位相による収束を各点ノルム位相による収束にすること (Step 2)，$\varphi_\lambda, \psi_\lambda$ を縮小的にすること (Step 3) の 3 点を議論する．

Step 1. $\mathbf{B}(A, A^{**})$ の各点 σ 弱位相に付随する半ノルム族 $\{p_j\}_{j \in J}$ を取る．有限集合 $F \Subset J$, $\varepsilon > 0$ に対して，(2) の仮定から $n \in \mathbb{N}$, $\varphi \in \mathrm{CCP}(A, M_n(\mathbb{C}))$, $\psi \in \mathrm{CCP}(M_n(\mathbb{C}), A^{**})$ を $p_j(\psi \circ \varphi - \iota_A) < \varepsilon$, $j \in F$ となるように取れる．次の可換図式を考えよう：

$$\begin{array}{ccc} \mathrm{CP}(M_n(\mathbb{C}), A) & \xrightarrow{\iota_1} & \mathrm{CP}(M_n(\mathbb{C}), A^{**}) \\ {\scriptstyle f_1}\downarrow & & \downarrow{\scriptstyle f_2} \\ M_n(A)_+ & \xrightarrow{\iota_2} & M_n(A^{**})_+. \end{array}$$

ここで $\iota_1(\chi) \coloneqq \iota_A \circ \chi$, $\chi \in \mathrm{CP}(M_n(\mathbb{C}), A)$．また $\iota_2([a_{ij}]) \coloneqq [\iota_A(a_{ij})]$, $[a_{ij}] \in M_n(A)$，f_1, f_2 は命題 5.5.9 の対応である．f_2 は $\mathrm{CP}(M_n(\mathbb{C}), A^{**})$ の各点 σ 弱位相と $M_n(A^{**})_+$ の σ 弱位相の間の同相である．Kaplansky の稠密性定理より $f_2(\psi) \in M_n(A^{**})_+$ を σ 弱近似するネットが $\iota_2(M_n(A)_+)$ 内に存在する．これに対応するネット $\psi_k \in \mathrm{CP}(M_n(\mathbb{C}), A)$ は $\mathbf{B}(M_n(\mathbb{C}), A^{**})$ の各点 σ 弱位相で $\iota_1(\psi_k) \to \psi$ となる．したがって十分大きな k に対して $p_j(\iota_A \circ \psi_k \circ \varphi - \iota_A) < \varepsilon$, $j \in F$ となる．$\{p_j(\iota_A \circ \cdot)\}_{j \in J}$ は $\mathbf{B}(A)$ 上の各点 $\sigma(A, A^*)$ 位相を与えることに注意すれば，id_A は $\mathcal{F}_{\mathrm{CP}}(A, A)$ の各点弱位相による閉包に含まれることがわかる．

Step 2. $F \Subset A$ に対し，次の集合 $C \subset \ell^1(F, A)$ を考える（ℓ^1 直和 Banach 空間）：

$$C \coloneqq \{ (\theta(a) - a)_{a \in F} \mid \theta \in \mathcal{F}_{\mathrm{CP}}(A, A) \}$$

$\ell^1(F, A)$ の双対空間は自然に $\ell^\infty(F, A^*)$ である（ℓ^∞ 直和 Banach 空間）．C は凸集合であるから（補題 10.2.10），$\overline{C}^{\|\cdot\|_{\ell^1}} = \overline{C}^w$．ここで $\overline{C}^w$ は弱位相 $\sigma(\ell^1(F, A), \ell^\infty(F, A^*))$ による閉包を意味する．一方で Step 1 より $0 \in \overline{C}^w = \overline{C}^{\|\cdot\|_{\ell^1}}$，$F \Subset A$ は任意ゆえ，$\mathrm{id}_A \in \overline{\mathcal{F}_{\mathrm{CP}}(A, A)}^{\text{pt-}\|\cdot\|}$ である．

Step 3. ネット $\varphi_\lambda \in \mathrm{CP}(A, M_{n_\lambda}(\mathbb{C}))$, $\psi_\lambda \in \mathrm{CP}(M_{n_\lambda}(\mathbb{C}), A)$ を各点ノルム収束で $\psi_\lambda \circ \varphi_\lambda \to \mathrm{id}_A$ となるものとする．A は単位的だから補題 10.2.11 の証明の要領で φ_λ を単位的としてよい．

次に $\|\psi_\lambda(1_{M_{n_\lambda}(\mathbb{C})}) - 1_A\| = \|\psi_\lambda(\varphi_\lambda(1_A)) - 1_A\| \to 0$ より，ある λ_0 が存在して $\lambda \geqq \lambda_0$ ならば $k_\lambda \coloneqq \psi_\lambda(1_{M_{n_\lambda}(\mathbb{C})}) \in \mathrm{GL}(A) \cap A_+$ である．そこで $\lambda \geqq \lambda_0$ に対して $\psi'_\lambda(y) \coloneqq k_\lambda^{-1/2}\psi_\lambda(y)k_\lambda^{-1/2}$, $y \in M_{n_\lambda}(\mathbb{C})$ とおけば，$\psi'_\lambda \in \mathrm{UCP}(M_{n_\lambda}(\mathbb{C}), A)$ であり，$k_\lambda \to 1_A$ より各点ノルム位相で $\psi'_\lambda \circ \varphi_\lambda \to \mathrm{id}_A$ となる．

Step 1, 2, 3 により単位的な A については (3) の主張（の UCP 版）がいえて，(1), (2), (3), (4) の同値性が示された．

次に非単位的な A が (2) をみたす場合を考える．このとき単位化 $\widetilde{A}$ も (2) をみたすことを示す．(1) ⇒ (2) の記号を用いる．任意の $\varepsilon > 0$ と $F \Subset A$, $G \Subset \widetilde{A}^*$ に対して $\varphi \in \mathrm{CCP}(A, M_n(\mathbb{C}))$, $\psi \in \mathrm{CCP}(M_n(\mathbb{C}), A^{**})$ を $|\langle \omega \circ i_1^{**}, \psi \circ \varphi(a) - \iota_2(a) \rangle| < \varepsilon$, $a \in F$, $\omega \in G$ となるように取れる．そこで

$\varphi' \in \mathbf{L}(\widetilde{A}, M_{n+1}(\mathbb{C}))$, $\psi' \in \mathbf{L}(M_{n+1}(\mathbb{C}), \widetilde{A}^{**})$ を $a \in A$, $t \in \mathbb{C}$, $y \in M_{n+1}(\mathbb{C})$ に対して

$$\varphi'(a + t1_{\widetilde{A}}) := S_1\varphi(a)S_1^* + t1_{M_{n+1}(\mathbb{C})},$$
$$\psi'(y) := i_1^{**}(\psi(S_1^* y S_1)) + S_2^* y S_2(1_{\widetilde{A}^{**}} - i_1^{**}(\psi(1_{M_n(\mathbb{C})})))$$

と定める．ここで S_1, S_2 は直交分解 $\mathbb{C}^{n+1} = \mathbb{C}^n \oplus \mathbb{C}$ に付随する等長作用素である．補題 10.2.7 により φ' は UCP である．また定め方から ψ' も UCP である．このとき $a \in F$, $\omega \in G$ に対して，次式を得る：

$$|\langle \omega, (\psi' \circ \varphi')(a) - \iota_1(i_1(a))\rangle| = |\langle \omega \circ i_1^{**}, (\psi \circ \varphi)(a) - \iota_2(a)\rangle| < \varepsilon.$$

以上より $\iota_1 \in \overline{\mathcal{F}_{\mathrm{UCP}}(\widetilde{A}, \widetilde{A}^{**})}^{\text{pt-}\sigma}$ となり，$\widetilde{A}$ が (2) の条件をみたす．単位的な場合には (2) ⇒ (3) がいえているから $\mathrm{id}_{\widetilde{A}} \in \overline{\mathcal{F}_{\mathrm{UCP}}(\widetilde{A}, \widetilde{A})}^{\text{pt-}\|\cdot\|}$ である．A の近似単位元 u_j に対して，$\theta_j \in \mathrm{CCP}(A, A)$ を $\theta_j(a) := u_j^{1/2} a u_j^{1/2}$, $a \in A$ とおけば，$\widetilde{A}$ の中で $\theta_j(a) = u_j^{1/2}\,\mathrm{id}_{\widetilde{A}}(a) u_j^{1/2}$ だから $\theta_j \in \overline{\mathcal{F}_{\mathrm{CCP}}(A, A)}^{\text{pt-}\|\cdot\|}$ となる．各点ノルム位相で $\theta_j \to \mathrm{id}_A$ ゆえ $\mathrm{id}_A \in \overline{\mathcal{F}_{\mathrm{CCP}}(A, A)}^{\text{pt-}\|\cdot\|}$ が従う．□

10.2.4　核型 C* 環の性質と例

CPAP では，CCP 写像による行列環を経由する分解 $A \to M_{n_\lambda}(\mathbb{C}) \to A$ を考えたが，行列環の代わりに核型 C* 環を使っても A の核型性が導かれる．

補題 10.2.16.　A を C* 環，B_λ を核型 C* 環とする．もし，CCP 写像のネット $A \xrightarrow{\varphi_\lambda} B_\lambda \xrightarrow{\psi_\lambda} A$ が存在して，各点ノルム位相で $\psi_\lambda \circ \varphi_\lambda \to \mathrm{id}_A$ となるならば，A は核型である．

証明.　B_λ の行列環による CCP 分解を用いるか，有限階 CCP 写像 $\theta\colon B_\lambda \to B_\lambda$ を $\psi_\lambda \circ \theta \circ \varphi_\lambda$ とはさんで CPAP を示せばよい．□

補題 10.2.17.　核型 C* 環の遺伝的 C* 部分環は核型である．

証明.　A を核型 C* 環，$B \subset A$ を遺伝的 C* 部分環とする．B の近似単位元 $\{u_j\}_j$ を取る．すると CCP 写像の分解 $B \xrightarrow{\iota} A \xrightarrow{u_j^{1/2} \cdot u_j^{1/2}} B$ は補題 10.2.16 の条件をみたす．ここで ι は埋め込み $*$ 準同型である．□

一般に核型 C* 環の C* 部分環は核型とは限らない[5].

定理 10.2.18（竹崎）. 可換 C* 環は核型である.

証明. 局所コンパクト Hausdorff 空間 Ω に対して, $C_0(\Omega)$ が CPAP をもつことを示す. $F \Subset C_0(\Omega)$, $\varepsilon > 0$ に対して, Ω の開被覆 $\{U_i\}_{i\in I}$ を $\forall f \in F$, $x, y \in U_i$, $|f(x) - f(y)| < \varepsilon$ となるように取る. 各 U_i から代表点 $a_i \in U_i$ を取る. また開被覆 $\{U_i\}_{i\in I}$ に付随する単位の分解 $\{\rho_i\}_{i\in I}$ を取る. そこで $J \Subset I$ を $\|f - \sum_{i\in J} f(a_i)\rho_i\| < \varepsilon$, $f \in F$ となるように取る. これは f が無限遠点で消える連続関数であることから可能である.

そこで CCP 写像 $\varphi\colon C_0(\Omega) \to \ell^\infty(J)$, $\psi\colon \ell^\infty(J) \to C_0(\Omega)$ を次式で定める：

$$\varphi(f) \coloneqq \sum_{i\in J} f(a_i)\delta_i, \quad \psi\left(\sum_{i\in J} \lambda_i\delta_i\right) \coloneqq \sum_{i\in J} \lambda_i\rho_i.$$

ここで $\delta_i \in \ell^\infty(J)$ は $\delta_i(j) = \delta_{i,j}$ で定まる関数であり, $\lambda_i \in \mathbb{C}$ である. 完全正値性は作り方から明らかである（あるいは $C_0(\Omega)$ または $\ell^\infty(J)$ が可換 C* 環だから, 正値性を確かめれば十分である）. すると $\|\psi(\varphi(f)) - f\| < \varepsilon$, $f \in F$ である. よって $C_0(\Omega)$ は CPAP をもつ. □

■例 10.2.19. Toeplitz 環 $\mathcal{T}$ は可換 C* 環 $\mathcal{T}/\mathbf{K}(\ell^2) \cong C(\mathbb{T})$ の AF 環 $\mathbf{K}(\ell^2)$ による拡大である. 補題 10.2.3 (1), 定理 10.2.18 により $\mathcal{T}$ は核型である.

問題 10.2.20. Ω_1, Ω_2 を局所コンパクト Hausdorff 空間とする. $*$ 準同型 $\pi\colon C_0(\Omega_1) \otimes_{\mathrm{alg}} C_0(\Omega_2) \to C_0(\Omega_1 \times \Omega_2)$ を $\pi(f \otimes g)(s,t) \coloneqq f(s)g(t)$, $f \in C_0(\Omega_1)$, $g \in C_0(\Omega_2)$, $(s,t) \in \Omega_1 \times \Omega_2$ と定めれば, 同型 $\pi\colon C_0(\Omega_1) \otimes_{\min} C_0(\Omega_2) \to C_0(\Omega_1 \times \Omega_2)$ に拡張することを示せ.

命題 10.2.21. A, B は核型 C* 環である $\iff$ $A \otimes_{\min} B$ は核型である.

証明. $\Rightarrow$ を示す. $\theta_i\colon A \to A$, $\sigma_j\colon B \to B$ をそれぞれ CPAP をみたす有限階 CCP 写像のネットとすれば, $\theta_i \otimes_{\min} \sigma_j$ は有限階 CCP 写像かつ $A \otimes_{\min} B$ の id を各点ノルム位相で近似する.

$\Leftarrow$ を示す. CPAP をみたす有限階 CCP 写像のネット $\varphi_i\colon A \otimes_{\min} B \to$

[5] 核型 C* 環に埋め込まれる C* 環は完全性 (**exactness**) で特徴づけられる.

$A \otimes_{\min} B$ と $\psi \in \mathrm{S}(B)$ を取る．B の近似単位元を u_j とし，このとき $\theta_{i,j}(x) := (\mathrm{id} \otimes_{\min} \psi)(\varphi_i(x \otimes u_j))$, $x \in A$ とする．i, j について近似の議論をすれば，$\theta_{i,j}$ が CPAP をみたす A 上の有限階 CCP 写像であることがわかる．よって A は核型である．B についても同様である．□

命題 10.2.22. A を C* 環，$\alpha\colon G \to \mathrm{Aut}(A)$ をコンパクト群 G の A への作用とする．もし固定点環 A^α が核型ならば，A も核型である．

証明. B を C* 環とし，次の可換図式を考える：

$$\begin{array}{ccc} A \otimes_{\max} B & \xrightarrow{q_1} & A \otimes_{\min} B \\ \downarrow {\scriptstyle E_\alpha \otimes_{\max} \mathrm{id}_B} & & \downarrow {\scriptstyle E_\alpha \otimes_{\min} \mathrm{id}_B} \\ A^\alpha \otimes_{\max} B & \xrightarrow{q_2} & A^\alpha \otimes_{\min} B. \end{array}$$

ここで q_1, q_2 は標準全射 $*$ 準同型，$E_\alpha := \int_G \alpha_s(\cdot)\, ds$ は A から A^α の上への忠実な条件付き期待値である．$\iota\colon A^\alpha \to A$ を埋め込み $*$ 準同型とする．このとき $(E_\alpha \otimes_{\max} \mathrm{id}_B) \circ (\iota \otimes_{\max} \mathrm{id}_B) = \mathrm{id}$ だから $E_\alpha \otimes_{\max} \mathrm{id}_B$ は $\iota \otimes_{\max} \mathrm{id}_B\colon A^\alpha \otimes_{\max} B \to A \otimes_{\max} B$ の左逆写像である．

さて G は $\beta_s := \alpha_s \otimes_{\max} \mathrm{id}_B$, $s \in G$ により $A \otimes_{\max} B$ に作用する（連続性については，$A \otimes_{\mathrm{alg}} B$ の稠密性を用いよ）．よって β の平均化写像 $E_\beta := \int_G \beta_s(\cdot)\, ds$ は $A \otimes_{\max} B$ から $(A \otimes_{\max} B)^\beta$ への忠実な条件付き期待値である．このとき $\mathrm{ran}(\iota \otimes_{\max} \mathrm{id}_B) = (A \otimes_{\max} B)^\beta$ である．これは $A^\alpha \otimes_{\mathrm{alg}} B$ と $A \otimes_{\mathrm{alg}} B$ を使えばわかる（$\supset$ は補題 6.6.4 (1) の証明の議論を参照せよ）．また $(\iota \otimes_{\max} \mathrm{id}_B) \circ (E_\alpha \otimes_{\max} \mathrm{id}_B) = E_\beta$ である．

さて $x \in \ker q_1$ ならば $q_1(x^*x) = 0$ ゆえ $q_2((E_\alpha \otimes_{\max} \mathrm{id}_B)(x^*x)) = 0$ である．q_2 は単射だから $(E_\alpha \otimes_{\max} \mathrm{id}_B)(x^*x) = 0$ を得る．よって $E_\beta(x^*x) = (\iota \otimes_{\max} \mathrm{id}_B)((E_\alpha \otimes_{\max} \mathrm{id}_B)(x^*x)) = 0$ となり，E_β は忠実ゆえ $x = 0$ である．よって q_1 は同型である．□

命題 10.2.23. 無理数回転環，Cuntz 環は核型である．

証明. 無理数回転環 A_θ の $\mathbb{T}^2$ によるゲージ作用の固定点環は $\mathbb{C}$ であり（補題 6.4.2），Cuntz 環 $\mathcal{O}_n$ の $\mathbb{T}$ によるゲージ作用の固定点環は UHF 環 M_{n^∞} であった（補題 6.6.4）．どちらの場合も固定点環は AF であり，命題 10.2.6,

10.2.22 より $A_\theta, \mathcal{O}_n$ は核型である. □

10.2.5　離散従順群

非核型 C* 環の例として非可換自由群 $\mathbb{F}_d$ の被約群 C* 環 $C^*_\lambda(\mathbb{F}_d)$ がある（竹崎）．このことを従順性を用いて理解しよう．局所コンパクト群 G の $L^p(G)$, $1 \leqq p \leqq \infty$ は Haar 測度によるものを考える．

定義 10.2.24.　局所コンパクト群 G が従順 $:\overset{\mathrm{d}}{\Leftrightarrow}$ ある $m \in \mathrm{S}(L^\infty(G))$ であって $m(s.f) = m(f)$, $s \in G$, $f \in L^\infty(G)$ となるものが存在する．

ここで $s \in G$ と $f \in L^\infty(G)$ に対して $s.f \in L^\infty(G)$ を $(s.f)(t) := f(s^{-1}t)$, $t \in G$ と定めた．定義 10.2.24 のような状態 m を**左不変平均**とよぶ．従順性には多くの特徴付けがある．そのいくつかを離散群の場合に紹介する[6)]．離散群の可算性は仮定しない．

■**例 10.2.25.**　有限群 Γ は従順である．実際 $m(f) := |\Gamma|^{-1} \sum_{s\in\Gamma} f(s)$, $f \in \ell^\infty(\Gamma)$ が左不変平均を与える．

問題 10.2.26.　左不変平均が $\ell^1(\Gamma)$ に属せば Γ は有限群であることを示せ．

このことが示唆するように左不変平均の具体的な記述は難しい（しばしば自由超フィルターを用いて構成される）．

補題 10.2.27.　離散従順群の部分群は従順である．

証明. Γ を離散従順群，Λ を Γ の部分群とする．付随する右剰余分解を $\{\Lambda s_i\}_{i\in I}$ と書く．各 $f \in \ell^\infty(\Lambda)$ に対して，$\widetilde{f} \in \ell^\infty(\Gamma)$ を $\widetilde{f}(ts_i) = f(t)$, $t \in \Lambda$, $i \in I$ とおく．すると単位的 $*$ 準同型 $\theta\colon \ell^\infty(\Lambda) \ni f \mapsto \widetilde{f} \in \ell^\infty(\Gamma)$ は左 Λ 同変，すなわち $\widetilde{t.f} = t.\widetilde{f}$, $t \in \Lambda$ が成り立つ．よって m を $\ell^\infty(\Gamma)$ 上の左不変平均とすれば，$m \circ \theta$ は $\ell^\infty(\Lambda)$ 上の左不変平均である． □

左不変平均 $m \in \ell^\infty(\Gamma)^*$ は $\mu(E) := m(1_E)$, $E \in \mathcal{P}(\Gamma)$ によって Γ 上の左移動不変な有限加法的確率測度 μ を与える（$\mathcal{P}(\Gamma)$ は冪集合）．

---

6) 多くの結果は局所コンパクト群に一般化される．例えば [Tak03b] を参照されたい．「部分群」を「閉部分群」，「有限集合」を「コンパクト集合」と変更するのが処方箋である．

命題 10.2.28. 階数 $n \geqq 2$ の自由群 $\mathbb{F}_n$ は非従順である.

証明. $\mathbb{F}_n$ は $\mathbb{F}_2$ を部分群にもつから，補題 10.2.27 より $n = 2$ のときに示せばよい. $\mathbb{F}_2$ の生成元を a, b とする. $S := \{a, b, a^{-1}, b^{-1}\}$ とおく. 各 $s \in S$ に対して $W(s)$ を既約語表示が $stu \cdots$ のように s から始まる元の集合とする. このとき次の互いに交わらない部分集合への分解を得る：

$$\mathbb{F}_2 = \{e\} \cup W(a) \cup W(a^{-1}) \cup W(b) \cup W(b^{-1}) = W(a) \cup aW(a^{-1}).$$

もし $\mu\colon \mathcal{P}(\mathbb{F}_2) \to \mathbb{R}_+$ が左移動不変な有限加法的測度で $\mu(\mathbb{F}_2) = 1$ となるものとすると，$\mathbb{F}_2 = W(a) \cup aW(a^{-1})$ だから

$$\begin{aligned}1 &= \mu(W(a) \cup aW(a^{-1})) = \mu(W(a)) + \mu(aW(a^{-1})) \\ &= \mu(W(a)) + \mu(W(a^{-1})),\end{aligned}$$

同様に $\mu(W(b)) + \mu(W(b^{-1})) = 1$ である. 他方で

$$1 = \mu(\{e\}) + \mu(W(a)) + \mu(W(a^{-1})) + \mu(W(b)) + \mu(W(b^{-1})) \geqq 2$$

となり矛盾が生じる. □

よって非可換自由群を部分群として含む離散群は非従順である. 次に従順性を力学的視点から特徴づける.

定理 10.2.29 (M. Day)**.** Γ を離散群とすると，次のことは同値である：

(1) Γ は従順である.

(2) 任意の局所凸位相ベクトル空間 E の任意のコンパクト凸部分集合 K と任意の連続アフィン作用 $\Gamma \times K \ni (s, x) \mapsto sx \in K$ に対して K に Γ 固定点が存在する，すなわちある $x_0 \in K$ が存在して，$sx_0 = x_0$, $s \in \Gamma$ となる.

証明. (1) ⇒ (2). $A(K)$ を K 上のアフィン連続関数の空間とする（定義 9.3.5 参照）. Γ の $A(K)$ への作用は，$(s.f)(x) := f(s^{-1}x)$, $(s, x) \in \Gamma \times K$, $f \in A(K)$ と定められる.

$y_0 \in K$ を固定し，$\theta\colon A(K) \ni f \mapsto \theta(f) \in \ell^\infty(\Gamma)$ を $\theta(f)(s) := f(sy_0)$ と定

める．$m\colon \ell^\infty(\Gamma) \to \mathbb{C}$ を左不変平均とし，線型汎関数 $m \circ \theta\colon A(K) \to \mathbb{C}$ を考える．

各 $s \in \Gamma$ に対して $\delta_s \in \ell^1(\Gamma) \subset \ell^\infty(\Gamma)^*$ を $\delta_s(t) := \delta_{s,t}$, $t \in \Gamma$ と定める．ここで $\mathrm{co}\{\, \delta_s \mid s \in \Gamma \,\}$ はコンパクト凸空間 $\mathrm{S}(\ell^\infty(\Gamma))$ の中で汎弱稠密であるから（補題 4.4.49），ネット $m_\lambda \in \mathrm{co}\{\delta_s \,|\, s \in \Gamma\}$ を $m_\lambda \xrightarrow{w^*} m$ となるように取れる．各 λ について $F_\lambda \Subset \Gamma$ と $c_\lambda\colon F_\lambda \to \mathbb{R}_+$ を $m_\lambda = \sum_{s\in F_\lambda} c_\lambda(s)\delta_s$, $\sum_{s\in F_\lambda} c_\lambda(s) = 1$ と表せば，$f \in A(K)$ に対して

$$m_\lambda(\theta(f)) = \sum_{s\in F_\lambda} c_\lambda(s)\theta(f)(s) = \sum_{s\in F_\lambda} c_\lambda(s) f(sy_0) = f(y_\lambda).$$

ここで $y_\lambda := \sum_{s\in F_\lambda} c_\lambda(s) sy_0 \in K$ である．K のコンパクト性から部分ネットを考えることで y_λ は $x_0 \in K$ に収束するとしてよい．よって $m(\theta(f)) = f(x_0)$, $f \in A(K)$ となる．x_0 は Γ 固定点である．実際 $s, t \in \Gamma$, $f \in A(K)$ に対して

$$\theta(s.f)(t) = (s.f)(ty_0) = f(s^{-1}ty_0) = \theta(f)(s^{-1}t) = (s.\theta(f))(t)$$

だから

$$f(s^{-1}x_0) = (s.f)(x_0) = m(\theta(s.f)) = m(s.\theta(f)) = m(\theta(f)) = f(x_0).$$

$A(K)$ は K の元を分離するから（E 上の連続線型汎関数が E の点を分離する），$s^{-1}x_0 = x_0$, $s \in \Gamma$ である．

(2) ⇒ (1)．汎弱位相を入れた $\ell^\infty(\Gamma)^*$ と，そのコンパクト凸部分集合 $K := \mathrm{S}(\ell^\infty(\Gamma))$ を考える．K への Γ の連続アフィン作用を $s \in \Gamma$, $\varphi \in \ell^\infty(\Gamma)^*$ に対して $\langle s \cdot \varphi, f\rangle := \langle \varphi, s^{-1}.f\rangle$, $f \in \ell^\infty(\Gamma)$ と定める．(2) によって K は Γ 固定点をもつ．これは明らかに左不変平均である．□

命題 10.2.30.　可換離散群は従順である．

証明．　定理 10.2.29 (2) の仮定のように可換離散群 Γ のコンパクト凸集合 K への連続アフィン作用が与えられたとすれば，Markov–角谷の固定点定理により，K に Γ 固定点が存在する．よって Γ は従順である．□

補題 10.2.31.　離散群の短完全列 $1 \to \Lambda_1 \xrightarrow{i} \Gamma \xrightarrow{q} \Lambda_2 \to 1$ について，次のことは同値である：

(1) Γ は従順である．

(2) Λ_1, Λ_2 は従順である．

証明.　(1) ⇒ (2)．補題 10.2.27 より Λ_1 は従順である．局所凸ベクトル空間 E 内のコンパクト凸集合 K に Λ_2 の連続アフィン作用を考えると，準同型 q を通じて従順群 Γ も K に作用する．定理 10.2.29 により Γ 固定点 $x_0 \in K$ が存在する．$q\colon \Gamma \to \Lambda_2$ は全射だから x_0 は Λ_2 固定点である．再び定理 10.2.29 から Λ_2 は従順である．

(2) ⇒ (1)．局所凸位相ベクトル空間 E 内のコンパクト凸集合 K に Γ の連続アフィン作用を考える．準同型 i を通じて従順群 Λ_1 が K に作用する．K の Λ_1 固定点のなす集合を K_1 と書けば，定理 10.2.29 により $K_1 \neq \emptyset$ かつ K のコンパクト凸部分集合である．

次に K_1 の元は Λ_1 の作用で固定されるから，従順群 Λ_2 の K_1 への連続アフィン作用を，$q(s) \cdot y := s \cdot y$, $s \in \Gamma$, $y \in K_1$ によって定義可能である．定理 10.2.29 により Λ_2 固定点 $x_1 \in K_1$ が存在する．これは明らかに Γ 固定点である．よって定理 10.2.29 により Γ は従順である．□

命題 10.2.30 と補題 10.2.31 より可解群は従順である．

補題 10.2.32.　離散従順群の帰納極限は離散従順群である．

証明.　補題 10.2.31 により，離散従順群の準同型像は従順である．よって離散群 Γ が従順離散部分群の増大ネット Γ_i, $i \in I$ で $\Gamma = \bigcup_i \Gamma_i$ をもつとき，Γ が従順であることを示せばよい．局所凸位相ベクトル空間 E 内のコンパクト凸集合 K に Γ の連続アフィン作用を考える．K 内の Γ_i 固定点の集合を K_i と書くと，Γ_i は従順だからそれぞれ $K_i \neq \emptyset$. また明らかに $\{K_i\}_i$ はコンパクト凸集合の単調減少ネットであり，有限交叉性をもつ．K のコンパクト性から $\bigcap_i K_i \neq \emptyset$. 明らかに $\bigcap_i K_i$ の元は Γ 固定点である．□

■**例 10.2.33.**　例 9.3.14 の無限対称群は $S_\infty = \bigcup_d S_d$ だから補題 10.2.32 により従順である．

左不変平均 m は Γ が有限でない限り $\ell^1(\Gamma)$ に含まれないが，$\ell^1(\Gamma)$ は $\ell^\infty(\Gamma)^* = \ell^1(\Gamma)^{**}$ で汎弱稠密だから m を汎弱近似できる．このことを考察していこう．

記号 10.2.34.

$$\ell^p(\Gamma)_+ := \{f \in \ell^p(\Gamma) \mid f(s) \geqq 0,\ s \in \Gamma\}, \quad 1 \leqq p \leqq \infty,$$
$$\mathrm{Prob}(\Gamma) := \left\{ \mu \in \ell^1(\Gamma)_+ \,\middle|\, \sum_{s\in\Gamma} \mu(s) = 1 \right\}.$$

$\ell^p(\Gamma)_+$ は凸錐，$\mathrm{Prob}(\Gamma)$ は Γ 上の可算加法的確率測度のなす凸集合である．

定義 10.2.35.　$1 \leqq p < \infty$ とする．単位ベクトルのネット $f_i \in \ell^p(\Gamma)$ が概左不変である $:\overset{\mathrm{d}}{\Leftrightarrow} \forall s \in \Gamma, \lim_i \|s.f_i - f_i\|_p = 0$.

次の補題の不等式[7]は重要である．

補題 10.2.36.　任意の $\xi, \eta \in \ell^2(\Gamma)_+$ に対して，次の不等式が成り立つ：

$$\|\xi - \eta\|_2^2 \leqq \|\xi^2 - \eta^2\|_1 \leqq \|\xi - \eta\|_2 \|\xi + \eta\|_2.$$

証明.　まず左側の不等式を示す．

$$\|\xi - \eta\|_2^2 = \sum_{s\in\Gamma} |\xi(s) - \eta(s)|^2 \leqq \sum_{s\in\Gamma} |\xi(s)^2 - \eta(s)^2| = \|\xi^2 - \eta^2\|_1.$$

不等号では $\xi(s), \eta(s) \geqq 0$ を用いた．主張の右側の不等式を示す．

$$\begin{aligned}\|\xi^2 - \eta^2\|_1 &= \sum_{s\in\Gamma} |\xi(s)^2 - \eta(s)^2| = \sum_{s\in\Gamma} |\xi(s) - \eta(s)||\xi(s) + \eta(s)| \\ &= \langle |\xi - \eta|, |\xi + \eta| \rangle_{\ell^2(\Gamma)} \leqq \|\xi - \eta\|_2 \|\xi + \eta\|_2.\end{aligned}$$
□

次の結果ではネットが現れるが，Γ が高々可算のときには，列に取り換えられることにも注意してほしい．

---

[7] von Neumann 環に対しても一般化される（荒木-Powers-Størmer 不等式）．

補題 10.2.37.　Γ を離散群とすると，次のことは同値である：

(1) Γ は従順である．

(2) （**Reiter 条件**）概左不変なネット $\mu_i \in \mathrm{Prob}(\Gamma)$ が存在する．

(3) （**Dixmier 条件**）概左不変な単位ベクトルたちのネットが $\ell^2(\Gamma)$ に存在する．

(4) 任意の $F \Subset \Gamma$ について，$|F|^{-1}\left\|\sum_{s\in F}\lambda(s)\right\|_{\mathrm{C}^*_\lambda(\Gamma)} = 1$.

証明.　(1) ⇒ (2). m を Γ 上の左不変平均とする．補題 4.4.49 より，あるネット $\mu_j \in \mathrm{Prob}(\Gamma)$ を $\mu_j \xrightarrow{w^*} m$ となるように取れる．凸包を用いてノルム評価に移行しよう．$F \Subset \Gamma$ とし，次の集合を考える：

$$C := \left\{ (s.\mu - \mu)_{s\in F} \in \bigoplus_{s\in F} \ell^1(\Gamma) \;\middle|\; \mu \in \mathrm{Prob}(\Gamma) \right\}.$$

ここで，$X := \bigoplus_{s\in F} \ell^1(\Gamma)$ は ℓ^1 直和を考える．その双対空間は，$X^* = \bigoplus_{s\in F} \ell^\infty(\Gamma)$ である（ℓ^∞ 直和）．ネット μ_j の存在は $0 \in \overline{C}^w$ を意味する（汎弱位相 $\sigma(\ell^\infty(\Gamma)^*, \ell^\infty(\Gamma))$ であったものが弱位相 $\sigma(\ell^1(\Gamma), \ell^\infty(\Gamma))$ になったことがポイントである．定理 10.2.13 (2) ⇒ (3) の証明の Step 2 も見よ）．C は凸だから $\overline{C}^w = \overline{C}^{\|\cdot\|_1}$ である．よって任意の $\varepsilon > 0$ に対して，ある $\mu \in \mathrm{Prob}(\Gamma)$ を $\|s.\mu - \mu\|_1 < \varepsilon$, $s \in F$ となるように取れる．

(2) ⇒ (3). (2) で取れる確率測度のネットを μ_i と書く．$f_i := \mu_i^{1/2}$ とおけば，f_i は $\ell^2(\Gamma)$ の単位ベクトルである．補題 10.2.36 により

$$\|s.f_i - f_i\|_2^2 \leqq \|(s.f_i)^2 - f_i^2\|_1 = \|s.\mu_i - \mu_i\|_1.$$

よって各 $s \in \Gamma$ について，$\lim_i \|s.f_i - f_i\|_2 = 0$ である．

(3) ⇒ (4). 各 $F \Subset \Gamma$ に対して $T_F := |F|^{-1}\sum_{s\in F}\lambda(s)$ とおくと，明らかに $\|T_F\| \leqq 1$. (3) で取れる単位ベクトルのネットを $f_i \in \ell^2(\Gamma)$ と書けば，

$$\|T_F f_i - f_i\|_2 \leqq \frac{1}{|F|}\sum_{s\in F}\|\lambda(s)f_i - f_i\|_2 \to 0.$$

よって $\|T_F\| = 1$ である．

(4) ⇒ (3). 各 $F \Subset \Gamma$ に対して作用素 $T_F \in \mathbf{B}(\ell^2(\Gamma))$ を前段のものとする．必要ならば F に $\{s^{-1} \mid s \in F\}$ をさらに合併することで，はじめから F は逆

元で閉じていると仮定してよい．このとき T_F は自己共役である．$\|T_F\| = 1$ だから，任意の $\varepsilon > 0$ に対して単位ベクトル $\xi \in \ell^2(\Gamma)$ を $\|T_F\xi - \xi\|_2 < \varepsilon/|F|$ となるように取れる．このとき

$$\frac{1}{|F|}\sum_{s\in F}\|\lambda(s)\xi - \xi\|_2^2 = 2 - \frac{1}{|F|}\sum_{s\in F} 2\operatorname{Re}\langle\lambda(s)\xi,\xi\rangle = 2 - 2\langle T_F\xi,\xi\rangle$$
$$= 2\langle \xi - T_F\xi, \xi\rangle \leqq 2\|\xi - T_F\xi\|_2 < 2\frac{\varepsilon}{|F|}.$$

よって各 $s \in F$ に対して $\|\lambda(s)\xi - \xi\|_2 < 2^{1/2}\varepsilon^{1/2}$ となり，(3) がいえる．

(3) $\Rightarrow$ (1)．(3) のネット $\xi_i \in \ell^2(\Gamma)$ からできるベクトル状態のネット $\varphi_i(g) \coloneqq \langle g\xi_i, \xi_i\rangle$, $g \in \ell^\infty(\Gamma)$ を考える．$\mathrm{S}(\ell^\infty(\Gamma))$ は汎弱コンパクトゆえ，必要ならば部分ネットを取り，はじめから φ_i は汎弱位相で $m \in \mathrm{S}(\ell^\infty(\Gamma))$ に収束するとしてよい．各 $s \in \Gamma$, $g \in \ell^\infty(\Gamma)$, i に対して，

$$\varphi_i(s.g) = \langle (s.g)\xi_i, \xi_i\rangle = \langle g(s^{-1}.\xi_i), (s^{-1}.\xi_i)\rangle$$
$$= \langle g(s^{-1}.\xi_i - \xi_i), (s^{-1}.\xi_i)\rangle + \langle g\xi_i, (s^{-1}.\xi_i - \xi_i)\rangle + \varphi_i(g)$$

より $|\varphi_i(s.g) - \varphi_i(g)| \leqq 2\|g\|_\infty\|s^{-1}.\xi_i - \xi_i\|_2$ となる．i で極限を取れば $m(s.g) = m(g)$ となる．よって m は Γ 上の左不変平均である．□

コメント 10.2.38.

(1) 補題 10.2.37 の証明 (4) $\Rightarrow$ (3) $\Rightarrow$ (1) から，離散群 Γ が有限生成系 S をもつ場合（S は逆元で閉じているとする），Γ が従順であることと $|S|^{-1}\|\sum_{s\in S}\lambda(s)\| = 1$ であることは同値である．この条件を **Kesten** 条件という．また Dixmier 条件が成り立てば，単位ベクトルのネットは非負値のものに取り換えられる（次の問題参照）．

(2) $d \geqq 2$ のとき自由群 $\mathbb{F}_d = \langle a_1, \ldots, a_d\rangle$ の生成系 $S = \{a_k, a_k^{-1} \mid k = 1, \ldots, d\}$ に対して $|S|^{-1}\left\|\sum_{s\in S}\lambda(s)\right\| = d^{-1}\sqrt{2d-1} < 1$ であることが知られている (H. Kesten).

問題 10.2.39. I を集合，$\xi, \eta \in \ell^2(I)$ とするとき，不等式 $\||\xi| - |\eta|\|_2 \leqq \|\xi - \eta\|_2$ を示せ．

問題 10.2.40. $\Gamma = \mathbb{Z}$ の場合，等式 $\|2^{-1}(\lambda(-1) + \lambda(1))\| = 1$ を直接示せ．

$f\colon \Gamma \to \mathbb{R}_+$ と $a \in \mathbb{R}_+$ に対して，射影 $E_a(f) \in \ell^\infty(\Gamma)$ を次式で定める：

$$E_a(f)(s) := 1_{[a,\infty)}(f(s)) = 1_{f^{-1}([a,\infty))}(s), \quad s \in \Gamma.$$

このとき $E_a(f)(s) = 1_{[0,f(s)]}(a)$ だから $\int_{\mathbb{R}_+} E_a(f)(s)\,da = f(s)$ が成り立つ[8]．また $f \in \ell^p(\Gamma)_+$ ならば $a^p \sum_{s\in\Gamma} E_a(f)(s) \leqq \|f\|_p^p < \infty$ だから $E_a(f)$ は有限台をもつ $(a > 0)$．

補題 10.2.41.　$f, g \in \ell^2(\Gamma)_+$ に対して次の等式と不等式が成り立つ：

$$\int_{\mathbb{R}_+} \|E_{\sqrt{a}}(f)\|_2^2\,da = \|f\|_2^2,$$

$$\int_{\mathbb{R}_+} \|E_{\sqrt{a}}(f) - E_{\sqrt{a}}(g)\|_2^2\,da \leqq \|f-g\|_2\|f+g\|_2.$$

証明.　まず等式を示す[9]．

$$\begin{aligned}\int_{\mathbb{R}_+} \|E_{\sqrt{a}}(f)\|_2^2\,da &= \int_{\mathbb{R}_+} \left(\sum_{s\in\Gamma} E_{\sqrt{a}}(f)(s)\right) da = \sum_{s\in\Gamma} \int_{\mathbb{R}_+} 1_{[0,f(s)]}(\sqrt{a})\,da \\ &= \sum_{s\in\Gamma} \int_{\mathbb{R}_+} 1_{[0,f(s)^2]}(a)\,da = \sum_{s\in\Gamma} f(s)^2 = \|f\|_2^2.\end{aligned}$$

次に不等式を示す．

$$\begin{aligned}&\int_{\mathbb{R}_+} \|E_{\sqrt{a}}(f) - E_{\sqrt{a}}(g)\|_2^2\,da = \int_{\mathbb{R}_+} \left(\sum_{s\in\Gamma} |E_{\sqrt{a}}(f)(s) - E_{\sqrt{a}}(g)(s)|^2\right) da \\ &= \sum_{s\in\Gamma} \int_{\mathbb{R}_+} |1_{[0,f(s)^2]}(a) - 1_{[0,g(s)^2]}(a)|^2\,da = \sum_{s\in\Gamma} |f(s)^2 - g(s)^2| \\ &\leqq \|f-g\|_2\|f+g\|_2 \quad (\text{補題 10.2.36 の右側の不等式}).\end{aligned}$$

□

定義 10.2.42.　Γ を離散群とする．Γ の有限部分集合のネット K_i が **Følner** ネットである $:\overset{\mathrm{d}}{\Leftrightarrow}$ 任意の $s \in \Gamma$ に対して $\lim_i |sK_i \triangle K_i||K_i|^{-1} = 0$.

---

[8] f のレイヤーケーキ表現とよばれる．

[9] Γ が非可算でも，$\{s \in \Gamma \mid f(s) > 0\}$ は高々可算集合だから，正項級数の項別積分を行える．

また Følner ネットが存在する Γ は **Følner 条件**をみたすという[10].

補題 10.2.43.　離散群 Γ は従順である $\iff$ Γ は Følner 条件をみたす.

証明. $\Rightarrow$ を示す. 補題 10.2.37 (2) より概左不変ネット $\mu_i \in \mathrm{Prob}(\Gamma)$ を取れる. すると $\xi_i := \mu_i^{1/2} \in \ell^2(\Gamma)_+$ は単位ベクトルの概左不変ネットである. さて $F \Subset \Gamma, \varepsilon > 0$ に対して, i を $\sum_{s\in F} \|s.\xi_i - \xi_i\|_2 < \varepsilon$ となるように取る. 補題 10.2.41 を $s.\xi_i$ と ξ_i に適用すると, $E_{\sqrt{a}}(s.\xi_i) = s.E_{\sqrt{a}}(\xi_i)$ により

$$
\begin{aligned}
\int_{\mathbb{R}_+} \sum_{s\in F} \|s.E_{\sqrt{a}}(\xi_i) - E_{\sqrt{a}}(\xi_i)\|_2^2\, da &\leqq \sum_{s\in F} \|s.\xi_i - \xi_i\|_2 \|s.\xi_i + \xi_i\|_2. \\
&\leqq 2\sum_{s\in F} \|s.\xi_i - \xi_i\|_2 \\
&< 2\varepsilon = 2\varepsilon \int_{\mathbb{R}_+} \|E_{\sqrt{a}}(\xi_i)\|_2^2\, da
\end{aligned}
$$

を得る. 最後の等号で $1 = \|\xi_i\|_2^2$ を用いた. 積分を $a \in (0,\infty)$ の上で考えれば, ある $a > 0$ が存在して

$$
\sum_{s\in F} \|s.E_{\sqrt{a}}(\xi_i) - E_{\sqrt{a}}(\xi_i)\|_2^2 < 2\varepsilon \|E_{\sqrt{a}}(\xi_i)\|_2^2.
$$

これは真の不等号だから, $E_{\sqrt{a}}(\xi_i) \neq 0$ である. また $a > 0$ より $E_{\sqrt{a}}(\xi_i) = 1_{K_i}$ となる K_i は Γ の有限部分集合である. 上の不等式を書き直して $\sum_{s\in F} |sK_i \triangle K_i| < 2\varepsilon |K_i|$ を得る. よって Følner 条件が成り立つ.

$\Leftarrow$ を示す. Følner ネット $K_i \Subset \Gamma$ に対して, $\xi_i := |K_i|^{-1/2} 1_{K_i} \in \ell^2(\Gamma)$ は $\|\xi_i\|_2 = 1$ かつ概左不変である. 補題 10.2.37 より Γ は従順である. □

補題 10.2.43 の証明の, ほとんど不変な射影 $E_a(\xi)$ を作る方法は **Day–波岡のトリック**とよばれる[11].

10.2.6　Fell の吸収原理

定理 10.2.44 (Fell の吸収原理)**.**　Γ を離散群, $\pi\colon \Gamma \to \mathbf{B}(\mathcal{H}_\pi)$ をユニタリ表現とする. ユニタリ $V_\pi \in \mathbf{B}(\ell^2(\Gamma) \otimes \mathcal{H}_\pi)$ を $V_\pi := \sum_{s\in\Gamma} \delta_s \otimes \pi(s)$ と定

---

[10] $A \triangle B := (A \setminus B) \cup (B \setminus A)$.

[11] 波岡維作.

めると（$\delta_s \in \ell^\infty(\Gamma)$ とみなす），$V_\pi(\lambda(s) \otimes 1_{\mathcal{H}_\pi}) = (\lambda(s) \otimes \pi(s))V_\pi$, $s \in \Gamma$ が成り立つ．とくにユニタリ表現 $\lambda \otimes 1_{\mathcal{H}_\pi}$ と $\lambda \otimes \pi$ はユニタリ同値である．

証明. V_π の定義式の和は強 $*$ 収束するから V_π はユニタリである．示したい等式は次の直接の計算からわかる：任意の $t \in \Gamma$ と $\xi \in \mathcal{H}$ に対して，

$$\begin{aligned} V_\pi(\lambda(s) \otimes 1) \cdot (\delta_t \otimes \xi) &= V_\pi(\delta_{st} \otimes \xi) = \delta_{st} \otimes \pi(st)\xi \\ &= (\lambda(s) \otimes \pi(s))V_\pi \cdot (\delta_t \otimes \xi). \end{aligned}$$ □

ユニタリ表現 $\pi\colon \Gamma \to \mathbf{B}(\mathcal{H}_\pi)$ と V_π を定理 10.2.44 のものとし，写像

$$\gamma_\pi\colon \mathrm{C}^*_\lambda(\Gamma) \ni x \mapsto V_\pi(x \otimes 1)V_\pi^* \in \mathbf{B}(\ell^2(\Gamma) \otimes \mathcal{H}_\pi) \tag{10.6}$$

を考える．$s \in \Gamma$ に対して $\gamma_\pi(\lambda(s)) = \lambda(s) \otimes \pi(s)$ だから，γ_π は実際には $\mathrm{C}^*_\lambda(\Gamma) \otimes_{\min} \mathrm{C}^*_\pi(\Gamma)$ への忠実な単位的 $*$ 準同型である $(\mathrm{C}^*_\pi(\Gamma) := \mathrm{C}^*(\pi(\Gamma)))$. とくに $\pi = \lambda$ のとき γ_λ を Δ と書き，$\mathrm{C}^*_\lambda(\Gamma)$ の余積とよぶ．$\Delta\colon \mathrm{C}^*_\lambda(\Gamma) \to \mathrm{C}^*_\lambda(\Gamma) \otimes_{\min} \mathrm{C}^*_\lambda(\Gamma)$ は $\Delta(\lambda(s)) = \lambda(s) \otimes \lambda(s)$, $s \in \Gamma$ をみたす．

ちょうどよい機会だからコンパクト量子群を紹介しておこう．

定義 10.2.45 (S. Woronowicz)**.** 単位的 C* 環 A と単位的 $*$ 準同型 $\Delta\colon A \to A \otimes_{\min} A$ が次の性質をもつとき，組 (A, Δ) をコンパクト量子群とよぶ：

- （余結合律）$(\Delta \otimes_{\min} \mathrm{id}) \circ \Delta = (\mathrm{id} \otimes_{\min} \Delta) \circ \Delta$. Δ を余積とよぶ．
- （簡約可能性）$\Delta(A)(1 \otimes A)$ と $\Delta(A)(A \otimes 1)$ は $A \otimes_{\min} A$ の中でノルム稠密である．ここで $\Delta(A)(1 \otimes A) := \mathrm{span}\{\Delta(x)(1 \otimes y) \mid x, y \in A\}$ である．$\Delta(A)(A \otimes 1)$ も同様である．

問題 10.2.46. G をコンパクト群とし，$\pi\colon C(G) \otimes_{\min} C(G) \to C(G \times G)$ を問題 10.2.20 の同型とする．$*$ 準同型 $\rho\colon C(G) \to C(G \times G)$ を $\rho(f)(s,t) := f(st)$, $f \in C(G)$, $s, t \in G$ として，$\Delta := \pi^{-1} \circ \rho$ とおけば，$(C(G), \Delta)$ はコンパクト量子群であることを示せ．

問題 10.2.47. 半群 G が簡約可能とは，$r, s, t \in G$ に対して，$rs = rt$ ならば $s = t$, $sr = tr$ ならば $s = t$ をみたすことをいう．簡約可能なコンパクト半群（ここでは $G \times G \to G$ は連続である）は，実際にはコンパクト群であることを示せ．［ヒン

ト：Ellis–沼倉の定理（定理 A.3.1）により G には冪等元が存在する．まず冪等元が単位元であることを示す．次に各 $s \in G$ が生成する閉左イデアルを考察する.]

問題 10.2.48.　単位的可換 C* 環 A が余積 $\Delta\colon A \to A \otimes_{\min} A$ をもつとき，$G \coloneqq \Omega(A)$ は演算 $G \times G \ni (\omega_1, \omega_2) \mapsto \omega_1 \cdot \omega_2 \in G$ をもつ．ここで，$\omega_1 \cdot \omega_2(a) = (\omega_1 \otimes \omega_2)(\Delta(a))$, $a \in A$ である．この演算は結合律をみたし，連続であることを示せ（とくに G はコンパクト半群である）．さらに定義 10.2.45 の稠密性の条件と，G の簡約可能性は同値であることを示せ．とくに (A, Δ) がコンパクト量子群ならば，G はコンパクト群である．

問題 10.2.49.　離散群 Γ に対して，$(\mathrm{C}^*_\lambda(\Gamma), \Delta)$ はコンパクト量子群であることを示せ．さらに，フリップ自己同型 $\sigma \in \mathrm{Aut}(\mathrm{C}^*_\lambda(\Gamma) \otimes_{\min} \mathrm{C}^*_\lambda(\Gamma))$ を $\sigma(a \otimes b) = b \otimes a$, $a, b \in \mathrm{C}^*_\lambda(\Gamma)$ と定めれば，$\sigma \circ \Delta = \Delta$ をみたすことを示せ（Δ は余可換であるという）．余可換なコンパクト量子群はこの形に限ることが知られている．

問題 10.2.50 (Woronowicz).　$-1 \leqq q \leqq 1$ なる $q \in \mathbb{R} \setminus \{0\}$ に対して，C* 環 $C(SU_q(2))$ を次の関係式をみたす α, γ で生成される単位的な普遍 C* 環とする：

$$\alpha^*\alpha + \gamma^*\gamma = 1,\ \alpha\alpha^* + q^2\gamma\gamma^* = 1,\ \gamma^*\gamma = \gamma\gamma^*,\ \alpha\gamma = q\gamma\alpha,\ \alpha\gamma^* = q\gamma^*\alpha.$$

余積 $\Delta\colon C(SU_q(2)) \to C(SU_q(2)) \otimes_{\min} C(SU_q(2))$ を次式で定義できることと，$(C(SU_q(2)), \Delta)$ はコンパクト量子群となることを示せ：

$$\Delta(\alpha) \coloneqq \alpha \otimes \alpha - q\gamma^* \otimes \gamma, \quad \Delta(\gamma) \coloneqq \gamma \otimes \alpha + \alpha^* \otimes \gamma.$$

10.2.7　離散従順群の C* 群環

次の定理の証明ではユニタリ表現 $U\colon \Gamma \ni s \mapsto U(s) \in \mathrm{C}^*(\Gamma)$ を 6.7.1 項のものとし，$\mathrm{C}^*(\Gamma) \subset \mathbf{B}(\mathcal{H})$ と表現しておく．

定理 10.2.51.　離散群 Γ に対して次のことは同値である：

(1) Γ は従順である．
(2) 指標 $\varepsilon\colon \mathrm{C}^*_\lambda(\Gamma) \to \mathbb{C}$ が存在して，$\varepsilon(\lambda(s)) = 1$, $s \in \Gamma$ となる．
(3) 標準全射 $*$ 準同型 $\mathrm{C}^*(\Gamma) \to \mathrm{C}^*_\lambda(\Gamma)$ は同型である．
(4) $\mathrm{C}^*_\lambda(\Gamma)$ は核型 C* 環である．
(5) $\mathrm{C}^*_\lambda(\Gamma) \otimes_{\mathrm{alg}} \mathrm{C}^*_\rho(\Gamma) \ni \sum_{i=1}^n x_i \otimes y_i \mapsto \sum_{i=1}^n x_i y_i \in \mathbf{B}(\ell^2(\Gamma))$ は $\|\cdot\|_{\min}$

に関して連続である．

(6) $L(\Gamma)$ は単射的 von Neumann 環である．

証明． (1) ⇒ (2)．Følner ネット $F_i \Subset \Gamma$ に対して $\xi_i := |F_i|^{-1/2} 1_{F_i} \in \ell^2(\Gamma)$ とおき，状態 $\omega_i := \langle \cdot\, \xi_i, \xi_i \rangle \in \mathrm{S}(\mathrm{C}^*_\lambda(\Gamma))$ を考える．ξ_i は概左不変だから $\lim_i \omega_i(\lambda(s)) = 1$, $s \in \Gamma$. $\|\omega_i\| = 1$ ゆえ汎弱収束極限 $\varepsilon := \lim_i \omega_i \in \mathrm{S}(\mathrm{C}^*_\lambda(\Gamma))$ が存在する．ε が指標であることは明らか．

(2) ⇒ (3)．ユニタリ $V \in \mathbf{B}(\ell^2(\Gamma) \otimes \mathcal{H})$ を $V(\lambda(s) \otimes 1_{\mathcal{H}}) = (\lambda(s) \otimes U(s))V$, $s \in \Gamma$ となるように取れる（定理 10.2.44）．そこで (10.6) の $\gamma_U \colon \mathrm{C}^*_\lambda(\Gamma) \to \mathrm{C}^*_\lambda(\Gamma) \otimes_{\min} \mathrm{C}^*(\Gamma)$ を使い，$\pi := (\varepsilon \otimes_{\min} \mathrm{id}) \circ \gamma_U$ とおけば，π は $\mathrm{C}^*_\lambda(\Gamma)$ から $\mathrm{C}^*(\Gamma)$ への単位的 $*$ 準同型である．各 $s \in \Gamma$ について $\pi(\lambda(s)) = U(s)$ だから π は標準全射 $\mathrm{C}^*(\Gamma) \to \mathrm{C}^*_\lambda(\Gamma)$ の逆写像である．

(3) ⇒ (1)．$F \Subset \Gamma$ を逆元で閉じた集合とし，$h := |F|^{-1} \sum_{s \in F} \lambda(s) \in \mathrm{C}^*_\lambda(\Gamma)_{\mathrm{sa}}$ とおく．$\widetilde{h} := |F|^{-1} \sum_{s \in F} U(s) \in \mathrm{C}^*(\Gamma)_{\mathrm{sa}}$ とおくと，標準全射で $\widetilde{h}$ は h に写される．Γ の自明表現に付随する指標 $\mathrm{C}^*(\Gamma) \to \mathbb{C}$ を使えば $1 \in \mathrm{Sp}(\widetilde{h})$ がわかる．標準全射 $*$ 準同型が同型だから $1 \in \mathrm{Sp}(h)$ がいえる．よって任意の $0 < \delta < 1/2$ に対して，単位ベクトル $\xi \in \ell^2(\Gamma)$ が存在して $\|h\xi - \xi\|_2 < \delta$ となる．すると

$$
\begin{aligned}
|F|^{-1} \sum_{s \in F} \|\lambda(s)\xi - \xi\|_2^2 &= 2 - 2\langle h\xi, \xi \rangle = 2\langle \xi - h\xi, \xi \rangle \\
&\leqq 2\|\xi - h\xi\|_2 < 2\delta
\end{aligned}
$$

よって補題 10.2.37 により Γ は従順である．

(1) ⇒ (4)．$\mathrm{C}^*_\lambda(\Gamma)$ が CPAP をもつことを確認する．$F_i \Subset \Gamma$ を Følner ネットとし，$\xi_i := |F_i|^{-1/2} 1_{F_i} \in \ell^2(\Gamma)$ とおくと，(1) ⇒ (2) の証明により $\omega_i := \langle \cdot\, \xi_i, \xi_i \rangle \in \mathrm{S}(\mathrm{C}^*_\lambda(\Gamma))$ は (2) の指標 ε に汎弱収束する．余積 $\Delta \colon \mathrm{C}^*_\lambda(\Gamma) \to \mathrm{C}^*_\lambda(\Gamma) \otimes_{\min} \mathrm{C}^*_\lambda(\Gamma)$ を用いて，$\mathrm{C}^*_\lambda(\Gamma)$ 上の UCP 写像 $\theta_i := (\omega_i \otimes_{\min} \mathrm{id}) \circ \Delta$ を考える．各 $s \in \Gamma$ に対して

$$
\theta_i(\lambda(s)) = (\omega_i \otimes_{\min} \mathrm{id})(\lambda(s) \otimes \lambda(s)) = \omega_i(\lambda(s))\lambda(s) \xrightarrow{\lim_i} \lambda(s).
$$

$\mathrm{span}\{\lambda(s) \mid s \in \Gamma\}$ は $\mathrm{C}^*_\lambda(\Gamma)$ でノルム稠密ゆえ各点ノルム位相で $\theta_i \to \mathrm{id}$ であ

る．また $\omega_i(\lambda(s)) = |F_i|^{-1}|sF_i \cap F_i|$ より $s \in \Gamma \setminus (F_i \cdot F_i^{-1})$ ならば $\theta_i(\lambda(s)) = 0$．ここで $F_i \cdot F_i^{-1} := \{st^{-1} \mid s, t \in F_i\}$ である．これより $\operatorname{ran}\theta_i$ は有限次元空間 $\operatorname{span}\{\lambda(s) \mid s \in F_i \cdot F_i^{-1}\}$ に等しい．よって $C^*_\lambda(\Gamma)$ は CPAP をもつ．

(4) ⇒ (5). 核型性から明らかである．

(5) ⇒ (2). (5) の $*$ 準同型を μ と書く．例 4.4.12 の同型 $\alpha\colon C^*_\lambda(\Gamma) \to C^*_\rho(\Gamma)$ と $C^*_\lambda(\Gamma)$ の余積 Δ を用いて，$C^*_\lambda(\Gamma)$ 上の状態

$$\varphi\colon C^*_\lambda(\Gamma) \ni x \mapsto \langle \mu((\mathrm{id} \otimes_{\min} \alpha)(\Delta(x)))\delta_e, \delta_e \rangle \in \mathbb{C}$$

を考える．各 $s \in \Gamma$ に対して

$$\begin{aligned}\varphi(\lambda(s)) &= \langle \mu(\lambda(s) \otimes \alpha(\lambda(s)))\delta_e, \delta_e \rangle = \langle \mu(\lambda(s) \otimes \rho(s))\delta_e, \delta_e \rangle \\ &= \langle \lambda(s)\rho(s)\delta_e, \delta_e \rangle = \langle \delta_{s \cdot s^{-1}}, \delta_e \rangle = 1.\end{aligned}$$

よって φ は (2) の指標 ε に等しい．

以上で条件 (1), (2), (3), (4), (5) の同値性が示された．

(4) ⇒ (6). 次の $*$ 準同型を考える：

$$\mu\colon C^*_\lambda(\Gamma) \otimes_{\mathrm{alg}} C^*_\lambda(\Gamma)' \ni \sum_{i=1}^n x_i \otimes y_i \mapsto \sum_{i=1}^n x_i y_i \in \mathbf{B}(\ell^2(\Gamma)).$$

(4) から $C^*_\lambda(\Gamma)$ は核型だから，μ は $*$ 準同型 $C^*_\lambda(\Gamma) \otimes_{\min} C^*_\lambda(\Gamma)' \to \mathbf{B}(\ell^2(\Gamma))$ に拡張する（拡張 $*$ 準同型も μ と書く）．さらに Arveson の拡張定理（定理 5.5.2）を使い，μ を UCP 写像 $\widetilde{\mu}\colon \mathbf{B}(\ell^2(\Gamma) \otimes \ell^2(\Gamma)) \to \mathbf{B}(\ell^2(\Gamma))$ に拡張する．μ は $*$ 準同型だから，$C^*_\lambda(\Gamma) \otimes_{\min} C^*_\lambda(\Gamma)'$ が $\widetilde{\mu}$ の乗法領域に含まれることに注意する．ここで $E(x) := \widetilde{\mu}(1 \otimes x)$, $x \in \mathbf{B}(\ell^2(\Gamma))$ と定めれば E は $\mathbf{B}(\ell^2(\Gamma))$ 上の UCP 写像である．E が $C^*_\lambda(\Gamma)'$ の上への条件付き期待値であることを示す．任意の $x \in \mathbf{B}(\ell^2(\Gamma))$ と $y \in C^*_\lambda(\Gamma)$ に対して，定理 5.3.7 より

$$yE(x) = \widetilde{\mu}(y \otimes 1)\widetilde{\mu}(1 \otimes x) = \widetilde{\mu}(y \otimes x) = \widetilde{\mu}(1 \otimes x)\widetilde{\mu}(y \otimes 1) = E(x)y.$$

よって $E(x) \in C^*_\lambda(\Gamma)'$ となる．また $x \in C^*_\lambda(\Gamma)'$ に対し $E(x) = \widetilde{\mu}(1 \otimes x) = \mu(1 \otimes x) = x$．以上より $E\colon \mathbf{B}(\ell^2(\Gamma)) \to C^*_\lambda(\Gamma)'$ は条件付き期待値である．それゆえ $C^*_\lambda(\Gamma)' = L(\Gamma)'$ は単射的 von Neumann 環である．例 9.3.10 の等号 $L(\Gamma)' = J_\tau L(\Gamma) J_\tau$ により，$F\colon \mathbf{B}(\ell^2(\Gamma)) \ni x \mapsto J_\tau E(J_\tau x J_\tau) J_\tau \in L(\Gamma)$ は

$L(\Gamma)$ への条件付き期待値であるから $L(\Gamma)$ は単射的である.

(6) $\Rightarrow$ (1). 仮定より条件付き期待値 $E\colon \mathbf{B}(\ell^2(\Gamma)) \to L(\Gamma)$ が存在する. 状態 $m\colon \ell^\infty(\Gamma) \ni f \mapsto \tau(E(f)) \in \mathbb{C}$ の左不変性を確かめる. ここで $\tau := \langle \cdot\, \delta_e, \delta_e \rangle$ は $L(\Gamma)$ 上の忠実正規トレース状態である. $s \in \Gamma$ と $f \in \ell^\infty(\Gamma)$ に対して

$$
\begin{aligned}
m(s.f) &= \tau(E(s.f)) = \tau(E(\lambda(s) f \lambda(s)^*)) = \tau(\lambda(s) E(f) \lambda(s)^*) \\
&= \tau(E(f)) = m(f).
\end{aligned}
$$

以上より Γ は従順である. □

コメント 10.2.52.

(1) 命題 10.2.28 と定理 10.2.51 より $\mathrm{C}^*_\lambda(\mathbb{F}_d)$ は非核型 C* 環である.

(2) 定理 10.2.51 (4) $\Rightarrow$ (6) に関連して次のことが知られている：C* 環 A が核型である $\Leftrightarrow$ 任意の $\pi \in \mathrm{Rep}(A)$ について $\pi(A)''$ が単射的 von Neumann 環である. [Tak03b, Theorem XV.3.3] を見よ.

(3) 定理 10.2.51 (4) $\Rightarrow$ (1) は局所コンパクト群に対して一般化できない. 実際に連結な局所コンパクト群 G の $\mathrm{C}^*_\lambda(G)$ は常に核型である (Connes).

問題 10.2.53. $\mathrm{SL}(2,\mathbb{Z})$ は $\mathrm{SL}(2,\mathbb{R})$ の（相対位相で）離散部分群であることを示せ. また $a := \left[\begin{smallmatrix} 1 & 2 \\ 0 & 1 \end{smallmatrix}\right]$, $b := \left[\begin{smallmatrix} 1 & 0 \\ 2 & 1 \end{smallmatrix}\right]$ は $\mathrm{SL}(2,\mathbb{Z})$ の中で $\mathbb{F}_2$ と同型な部分群を生成することを示せ. とくに $\mathrm{SL}(2,\mathbb{R})$ は従順ではない.

問題 10.2.54. 離散群 Γ について, Γ が従順であることと濱名境界 $\partial_{\mathrm{H}}\Gamma$ が 1 点である, すなわち $\mathbb{C} \in \mathscr{C}^{\Gamma}_{\mathrm{UCP}}$ が単射的であることが同値であることを示せ.

第 10 章について

この章の主張と証明は [BO08] の核型 C* 環の部分を参考にした. [BO08] には従順群の他にも Kazhdan の性質 (T) をもつ群などの具体例も豊富である. 興味のある方は是非一読されたい.

付　録

A.1　ネット（有向点列）

ネットについては [泉 21] の他，[伊小 18, 宮島 05, 森田 17, Ped89, RS80] にもまとめられている．集合 I の 2 項関係 $\leqq$ が次の性質をもつとき，$\leqq$ を**前順序**，組 $(I, \leqq)$ を**前順序集合**とよぶ：任意の $i, j, k \in I$ に対して，

- （反射律）$i \leqq i$.
- （推移律）$i \leqq j,\ j \leqq k \Rightarrow i \leqq k$.

もし $\leqq$ がさらに反対称律をみたす，すなわち，$i \leqq j$ かつ $j \leqq i$ が $i = j$ を導くならば，$\leqq$ を**順序**，組 $(I, \leqq)$ を**順序集合**とよぶ．$\leqq$ を省略して単に I を（前）順序集合とよぶことも多い．

前順序集合 I が**上方有向的**とは，任意の有限部分集合が上界をもつ，すなわち $\forall i, j \in I,\ \exists k \in I,\ i \leqq k,\ j \leqq k$ が成り立つことをいう．本書では上方有向的な前順序集合を単に**有向集合**という．

有向集合 I から集合 X への写像 $a\colon I \ni i \mapsto a_i \in X$ をネットまたは**有向点列**とよぶ．位相空間 X 上のネット $a_i \in X$ が $\alpha \in X$ に**収束**するとは，α の任意の開近傍 U に対して，ある $i_U \in I$ が存在して $i \geqq i_U \Rightarrow a_i \in U$ であることをいう．このとき $a_i \to \alpha$, $\lim_{i \in I} a_i = \alpha$ や $\lim_i a_i = \alpha$ などと表す．X が Hausdorff ならば，収束ネットの極限は一意的に定まる．

■例 **A.1.1.**　位相空間 X の点 x に対して，$\mathcal{N}(x)$ を x の開近傍系とする．$\mathcal{N}(x)$ に逆包含順序 $U_1 \leqq U_2 :\overset{\mathrm{d}}{\Leftrightarrow} U_1 \supset U_2$ で入れると，$\mathcal{N}(x)$ は有向集合である．各 $U \in \mathcal{N}(x)$ の点 $a_U \in U$ を取れば，ネット a_U は x に収束する．

■例 **A.1.2.**　$\{p_i\}_{i \in I}$ をベクトル空間 X 上の半ノルムの族とし，これに付随する局所凸位相を σ と書く．X 上のネット $(x_\lambda)_{\lambda \in \Lambda}$ が次の性質をもつとき，σ に関して **Cauchy** ネットであるという：$\forall \varepsilon > 0,\ \forall F \Subset I,\ \exists \lambda_0 \in \Lambda,\ \forall i \in F,$

$\forall\lambda,\mu \geqq \lambda_0,\ p_i(x_\lambda - x_\mu) < \varepsilon$. X 上の任意の Cauchy ネットが収束するとき，X は σ で完備であるという．たとえば $\mathbb{R}$ や $\mathbb{C}$ は通常の位相（半ノルムは $p(z) := |z|,\ z \in \mathbb{C}$）で完備である（[泉 21, A.1 節]）.

■例 **A.1.3.** $\mathbb{R}$ 上のネット $(x_\lambda)_{\lambda\in\Lambda}$ に対して，$y_\lambda := \sup\{x_\mu \,|\, \mu \geqq \lambda\} \in \mathbb{R} \cup \{\infty\},\ \lambda \in \Lambda$ とおく．下限 $\inf\{y_\lambda \,|\, \lambda \in \Lambda\} \in \mathbb{R} \cup \{\pm\infty\}$ を $\overline{\lim}_\lambda x_\lambda$ と書き，ネット $(x_\lambda)_{\lambda\in\Lambda}$ の上極限という．下極限 $\underline{\lim}_\lambda x_\lambda$ も数列の場合と同様に定義される．このとき常に $\underline{\lim}_\lambda x_\lambda \leqq \overline{\lim}_\lambda x_\lambda$ が成り立つ．$(x_\lambda)_{\lambda\in\Lambda}$ が $\mathbb{R}$ 内で収束することと，$\underline{\lim}_\lambda x_\lambda = \overline{\lim}_\lambda x_\lambda \in \mathbb{R}$ が成り立つことは同値である.

命題 A.1.4. E を位相空間 X の部分集合，x を X の点とする．このとき，$x \in \overline{E} \iff E$ 上のネット a_i であって x に収束するものが存在する.

証明. $\Rightarrow$ を示す．各 $U \in \mathcal{N}(x)$ に対して，点 $a_U \in U \cap E$ を取れば，E 上のネット a_U は x に収束する.

$\Leftarrow$ を示す．E 上のネット $(a_i)_{i\in I}$ で $\lim_i a_i = x$ となるものを取る．すると各 $U \in \mathcal{N}(x)$ に対して，ある $i \in I$ であって $a_i \in U$ となるものが存在する．とくに $U \cap E \neq \emptyset$ である．よって $x \in \overline{E}$ である. □

前命題から次の命題が従う.

命題 A.1.5. 位相空間 X の部分集合 E について次のことは同値である：

(1) E は閉集合である.
(2) もし E 上のネット a_i が $x \in X$ に収束するならば，$x \in E$ である.

定理 A.1.6. 位相空間 X, Y と写像 $f\colon X \to Y$ に対して，次のことは同値である：

(1) f は連続である.
(2) f はネット連続である．すなわち X 上の任意の収束ネット $a_i \to \alpha$ に対して，Y で $f(a_i) \to f(\alpha)$ である.

証明. (1) $\Rightarrow$ (2). $(a_i)_{i\in I}$ を X 上の収束ネット，その極限を $\alpha \in X$ と書く．$U \in \mathcal{N}(f(\alpha))$ とすれば，$f^{-1}(U) \in \mathcal{N}(\alpha)$ である．よってある $i_U \in I$ が存在

して，$i \geqq i_U$ のとき $a_i \in f^{-1}(U)$．このとき $f(a_i) \in U$．よって $f(a_i) \to f(\alpha)$ である．

(2) ⇒ (1)．U を Y の開集合とする．点 $x \in f^{-1}(U)$ が $f^{-1}(U)$ の内点でないと仮定する．任意の $W \in \mathcal{N}(x)$ に対して，ある $a_W \in W \setminus f^{-1}(U)$ が存在する．ネット a_W は x に収束するから，(2) の条件より $f(a_W) \to f(x)$ である．ところで $f(a_W) \in Y \setminus U$ であり，$Y \setminus U$ は閉集合だから $f(x) \in Y \setminus U$．これは $f(x) \in U$ に反する．□

■**例 A.1.7.** 位相空間 X_i たちの直積集合 $X := \prod_{i \in I} X_i$ には，射影写像 $p_i \colon X \to X_i$ が連続となるような最弱の位相（直積位相）が入る．このとき，X のネット x_λ が直積位相で $x_\lambda \to x$ であることと，各 $i \in I$ に対して X_i の位相で $p_i(x_\lambda) \to p_i(x)$ であることは同値である．

I, J を有向集合とする．写像 $g \colon J \to I$ が共終的とは，$\forall i \in I, \exists j_0 \in J, j \geqq j_0 \Rightarrow i \leqq g(j)$ が成り立つことをいう．ネット $a \colon I \to X$ が与えられているとき，共終的写像 $g \colon J \to I$ との合成写像 $a \circ g \colon J \ni j \mapsto a_{g(j)} \in X$ をネット a_i の部分ネットという．本書では g が順序写像であること ($j_1 \leqq j_2 \Rightarrow g(j_1) \leqq g(j_2)$) を要求しない．

A.2 共終超フィルターと普遍ネット

$\mathcal{P}(I)$ で集合 I の冪集合を表す．集合 I の空でない部分集合族 $\mathscr{F}$ が以下の条件をみたすとき，I 上のフィルターという：

- $\emptyset \notin \mathscr{F}$.
- $A, B \in \mathscr{F} \Rightarrow A \cap B \in \mathscr{F}$.
- $A \in \mathscr{F},\ B \in \mathcal{P}(I),\ A \subset B \Rightarrow B \in \mathscr{F}$.

フィルター $\mathscr{F}$ が超フィルターであるとは，各 $A \in \mathcal{P}(I)$ に対して $A \in \mathscr{F}$ または $I \setminus A \in \mathscr{F}$ となるときにいう．有向集合 I 上のフィルター $\mathscr{F}$ が，各 $i \in I$ に対して $\{j \in I \mid j \geqq i\} \in \mathscr{F}$ をみたすとき共終フィルターという．

定理 A.2.1. 有向集合には共終超フィルターが存在する．

証明. $i \in I$ に対して $I_i := \{j \in I \,|\, j \geqq i\}$ と書く．I の上方有向性から $\forall i_1, i_2, \ldots, i_n \in I$, $\exists j \in I$, $I_j \subset I_{i_1} \cap \cdots \cap I_{i_n}$．よって $\{I_i\}_{i\in I}$ たちを含むフィルターが存在する．$\mathscr{F}$ を $\{I_i\}_{i\in I}$ たちを含むフィルターのうちで極大なものとする (Zorn の補題)．$\mathscr{F}$ が超フィルターであることを示す．$A \in \mathcal{P}(I)$ を任意に取る．もしある $B \in \mathscr{F}$ に対して $A \cap B = \emptyset$ ならば，$B \subset I \setminus A$．これは $I \setminus A \in \mathscr{F}$ を導く．もし任意の $B \in \mathscr{F}$ に対して $B \cap A \neq \emptyset$ ならば，$\mathscr{F}'$ を $\mathscr{F}$ と $\{A\}$ が生成するフィルターとすると $\mathscr{F}$ の極大性から $\mathscr{F} = \mathscr{F}'$．とくに $A \in \mathscr{F}$ である． □

点 $i_0 \in I$ を固定するとき，集合族 $\mathscr{F}_{i_0} := \{A \in \mathcal{P}(I) \,|\, i_0 \in A\}$ は自明な超フィルターである．このようなものを**単項超フィルター**という．単項でない超フィルターを**非単項超フィルター**，あるいは**自由超フィルター**という．

■例 **A.2.2.** 自然数の集合 $\mathbb{N}$ の超フィルターが共終であることと自由であることは同値である．実際に，もし有限集合 $A \subset \mathbb{N}$ が超フィルター $\mathscr{F}$ に属するならば，A のある点 a の集合 $\{a\}$ が $\mathscr{F}$ に属することからわかる．

定義 A.2.3. I を有向集合，X を集合とする．$a\colon I \to X$ が**普遍ネット** $:\overset{\mathrm{d}}{\Leftrightarrow}$ 任意の $E \in \mathcal{P}(X)$ に対して，次のいずれかが成り立つ：

(1) $i \in I$ が存在して，$j \geqq i \Rightarrow a_j \in E$.
(2) $i \in I$ が存在して，$j \geqq i \Rightarrow a_j \in X \setminus E$.

定理 A.2.4 (J. Kelley)**.** 任意の有向集合 I に対して，次の性質をみたす有向集合 J と共終的写像 $g\colon J \to I$ が存在する：任意の集合 X と任意のネット $a\colon I \to X$ に対して部分ネット $a \circ g\colon J \to X$ は普遍ネットである．

証明. I 上の共終超フィルター $\mathscr{F}$ を取り，$J := \{(i, A) \in I \times \mathscr{F} \,|\, i \in A\}$ とおく．J に前順序を $(i, A) \leqq (j, B) :\overset{\mathrm{d}}{\Leftrightarrow} A \supset B$ と定めれば，J は有向集合である．次に写像 $g\colon J \ni (i, A) \mapsto i \in I$ が共終的であることを示す．$i \in I$ とすると，$I_i := \{k \in I \,|\, k \geqq i\}$ は $\mathscr{F}$ に含まれる．よって $(j, A) \in J$ が $(j, A) \geqq (i, I_i)$ ならば，$j \in A \subset I_i$ だから $j \geqq i$．つまり $g((j, A)) = j \geqq i$ である．よって g は共終的である．

任意のネット $a\colon I \to X$ の部分ネット $a \circ g\colon J \to X$ が普遍ネットであるこ

とを示す．部分集合 $E \subset X$ に対して $A \coloneqq a^{-1}(E)$ とおく．$\mathscr{F}$ は I 上の超フィルターだから $A \in \mathscr{F}$ もしくは $I \setminus A \in \mathscr{F}$．前者が成り立つ場合を考える．$i_0 \in A$ を取る．J の中で $(i, B) \geqq (i_0, A)$ ならば $i \in B \subset A$ である．よって $a_{g((i,B))} = a_i \in E$ となる．後者が成り立つ場合も同様の議論を行うことで $a \circ g$ の普遍性がわかる． □

定理 A.2.5. 位相空間 X について次のことは同値である：

(1) X はコンパクトである．

(2) X 上の任意の普遍ネットは収束する．

(3) X 上の任意のネットは収束部分ネットをもつ．

証明. (1) ⇒ (2)．$(a_i)_{i \in I}$ を X 上の普遍ネットとする．これが各点 $x \in X$ に収束しないとしよう．各点 x の各開近傍 U について定義 A.2.3（の E を U に代えた）の (1) か (2) のいずれかが成り立つ．もしすべての $U \in \mathcal{N}(x)$ について定義 A.2.3 (1) が成り立つならば，a_i は x に収束するから仮定に反する．よって x のある開近傍 U_x と $i_x \in I$ が存在して $a_j \in X \setminus U_x$, $j \geqq i_x$ となる．$\{U_x\}_{x \in X}$ はコンパクト位相空間 X の開被覆だから，ある $x_1, \ldots, x_n \in X$ が存在して $X = U_{x_1} \cup \cdots \cup U_{x_n}$ となる．$i_0 \in I$ を $i_{x_1}, \ldots, i_{x_n}$ たちの上界とすれば，$j \geqq i_0$ のとき $a_j \in X \setminus (U_{x_1} \cup \cdots \cup U_{x_n}) = \emptyset$ となり矛盾が生じる．

(2) ⇒ (3)．定理 A.2.4 より明らか．

(3) ⇒ (1)．$\{K_\lambda\}_{\lambda \in \Lambda}$ を X の有限交叉性をもつ閉集合族とする．I を Λ の有限部分集合全体のなす有向集合とする．I の前順序は $F_1 \leqq F_2 :\overset{\mathrm{d}}{\Leftrightarrow} F_1 \subset F_2$ である．各 $F \in I$ について，点 $a_F \in \bigcap_{\lambda \in F} K_\lambda$ を取る．(3) の仮定からネット $(a_F)_{F \in I}$ の収束部分ネット $(a_{g(j)})_{j \in J}$ を取れる（J は有向集合，$g \colon J \to I$ は共終的写像）．その極限を $\alpha \in X$ と書く．各 $F \in I$ について，$j_F \in J$ を $j \geqq j_F \Rightarrow g(j) \geqq F$，となるように取る．このとき $j \geqq j_F$ ならば $a_{g(j)} \in \bigcap_{\lambda \in F} K_\lambda$ である．$\bigcap_{\lambda \in F} K_\lambda$ は閉集合だから $\alpha \in \bigcap_{\lambda \in F} K_\lambda$ となり，F の任意性から $\alpha \in \bigcap_{\lambda \in \Lambda} K_\lambda$ が従う．よって $\bigcap_{\lambda \in \Lambda} K_\lambda \neq \emptyset$ ゆえ X はコンパクトである． □

系 A.2.6 (A. Tychonoff)**.** コンパクト位相空間たちの直積位相空間はコンパクトである.

証明. コンパクト位相空間 X_i たちの直積位相空間 $X := \prod_{i \in I} X_i$ を考える. 各 $i \in I$ に対して, 射影写像を $p_i \colon X \to X_i$ と書く. x_λ を X 内の普遍ネットとすれば, 各 $i \in I$ に対して $p_i(x_\lambda)$ は X_i 内の普遍ネットである. X_i はコンパクトだから, 定理 A.2.5 により $p_i(x_\lambda)$ は $x_i \in X_i$ に収束する. $x \in X$ を $p_i(x) = x_i$, $i \in I$ となるものとすれば, X で $x_\lambda \to x$ である (例 A.1.7). よって再び定理 A.2.5 により, X のコンパクト性が従う. □

A.3　Ellis–沼倉の定理

空集合ではない半群 G がコンパクト Hausdorff 位相をもち, 各 $t \in G$ に対して写像 $G \ni s \mapsto st \in G$ が連続であるとき, G をコンパクト半群とよぶ. 写像 $G \ni s \mapsto ts \in G$ については連続性を仮定しない.

各 $x \in G$ に対して, $Gx := \{sx \,|\, s \in G\}$ とおく. Gx は G の連続像だからコンパクトである. 閉集合 $J \subset G$ が $Gx \subset J$, $x \in J$ をみたすとき, J を G の閉左イデアルという. 閉左イデアルはコンパクト部分半群である. 元 $p \in G$ が $p^2 = p$ をみたすとき, p は冪等であるという. 次の 2 つの結果については [FK89, Theorem 1.1, 1.4] を参照せよ.

定理 A.3.1 (R. Ellis, 沼倉克巳)**.** コンパクト半群は冪等元をもつ.

証明. コンパクト半群 G のコンパクト部分半群の族 $\mathcal{L}$ は逆包含順序により順序集合となる. G のコンパクト性から $\mathcal{L}$ は帰納的順序集合であり, Zorn の補題から極大元 $K \in \mathcal{L}$ をもつ. K は包含順序で極小である.

$p \in K$ を任意に取る. Kp は K のコンパクト部分半群だから, その極小性により $Kp = K$ が従う. とくに $xp = p$ となる $x \in K$ が存在する. すると $J := \{s \in K \,|\, sp = p\}$ は K の (空でない) コンパクト部分半群ゆえ, 極小性により $J = K$. $p \in K = J$ ゆえ $p^2 = p$ である. なお再度極小性を用いれば, $K = \{p\}$ が従う. □

G^{I} によってコンパクト半群 G の冪等元のなす集合を表す. Ellis–沼倉の定

理により $G^{\mathrm{I}} \neq \emptyset$ である．$p, q \in G^{\mathrm{I}}$ に対して $p \leqq q :\overset{\mathrm{d}}{\Leftrightarrow} pq = p = qp$ と定めることで，G^{I} は順序集合となる．

定理 A.3.2 (Furstenberg-Katznelson)**.** コンパクト半群は極小冪等元をもつ．より正確には，任意の $p \in G^{\mathrm{I}}$ に対して，極小な $q \in G^{\mathrm{I}}$ が存在して $q \leqq p$ をみたす．

証明. $p \in G^{\mathrm{I}}$ とし，$K := Gp$ とおく．Zorn の補題により，コンパクト半群 K は極小な閉左イデアル J をもつ．Ellis-沼倉の定理により冪等元 $e \in J$ が存在する．すると Ke は K の閉左イデアルだから，極小性により $Ke = J$ が従う．そこで $q := pep$ とおく．すると $ep = e$ より $q^2 = pepe = pe = q$ となり $q \in G^{\mathrm{I}}$ である．また $qp = q = pq$ より $q \leqq p$ である．

q の極小性を示す．$r \in G^{\mathrm{I}}$ が $r \leqq q$ をみたすとする．$r \leqq p$ より $r \in K$ である．また $r = rq = rqe \in Ke = J$ より $Kr \subset J$．J の極小性から $Kr = J = Ke$．よって $e \in Kr$ だから，$er = e$ である．すると $q = pe = per = qr$ となり，$r \leqq q$ と合わせると $r = q$ が従う．□

局所凸位相ベクトル空間のコンパクト凸部分集合 G が半群の演算をもち，各 $t \in G$ に対して $G \ni s \mapsto st \in G$ がアフィンかつ連続であるとき，G を**コンパクト凸半群**という．次の結果は [Mar21, Theorem 3.6] を参照せよ．

定理 A.3.3 (A. Marrakchi)**.** G をコンパクト凸半群，$p \in G$ を極小冪等元とする．このとき $pxp = p$, $x \in G$ が成り立つ．

証明. 仮定より $I := Gp$ は凸かつ極小な閉左イデアルである（定理 A.3.2 の証明を参考にせよ）．$x \in G$ を取り，$J := \{(yxp + y)/2 \mid y \in I\}$ とおく．I の凸性から $J \subset I$ であり，J は閉左イデアルだから，極小性から $J = I$ が従う．よって $a \in \mathrm{ex}(I)$ に対して，$a = (bxp + b)/2$ となる $b \in I$ を取れる．端点の性質から $a = b = bxp$，とくに $a = axp$, $a \in \mathrm{ex}(I)$ がいえる．定理 1.3.4 (1) とコンパクト凸半群の定義から $a = axp$, $a \in I$ が従う．とくに $p = pxp$ がいえる．□

A.4 有限次元ベクトル空間の局所凸位相

補題 A.4.1. ベクトル空間 X に局所凸位相 τ が備わっているとする．このとき $\varphi \in X^*_{\mathrm{alg}}$ に対して，$\varphi \in X^*_\tau \iff \ker\varphi$ が τ 閉部分空間．

証明. $\Rightarrow$ は $\ker\varphi = \varphi^{-1}(\{0\})$ より明らか．$\Leftarrow$ を示す．$\ker\varphi \subsetneq X$ の場合のみ考える．このとき $x_0 \in X \setminus \ker\varphi$ が存在して，$\varphi(x_0) = 1$ かつ $X = \ker\varphi + \mathbb{C}x_0$．Hahn-Banach の分離定理により，ある $\psi \in X^*_\tau$ が存在して $\psi|_{\ker\varphi} = 0$ かつ $\psi(x_0) = 1$ となる．よって $\varphi = \psi \in X^*_\tau$ となる． □

補題 A.4.2. ベクトル空間 X に局所凸位相 τ が備わっているとすると，X の有限個の線型独立なベクトルたち $\{e_i\}_{i=1}^n$ に対して，ある $\omega_j \in X^*_\tau$, $j = 1, \dots, n$ が存在して，$\omega_j(e_i) = \delta_{i,j}$ となる．

証明. $(n-1)$ 個まで主張が示されたとすると，$\{\varphi_j\}_{j=1}^{n-1} \subset X^*_\tau$ が存在して $\varphi_j(e_i) = \delta_{i,j}$, $1 \leqq i, j \leqq n-1$ をみたす．$F := \mathbb{C}e_1 + \cdots + \mathbb{C}e_{n-1}$ とおく．$T \in \mathbf{L}(X, X)$ を $Tx := x - \sum_{j=1}^{n-1} \varphi_j(x)e_j$, $x \in X$ と定めれば，T は τ 連続ゆえ $F = \ker T$ は τ 閉である．Hahn-Banach の分離定理により，$\omega_n \in X^*_\tau$ が存在して $\omega_n|_F = 0$ かつ $\omega_n(e_n) = 1$ となる．最後に $\omega_j := \varphi_j - \varphi_j(e_n)\omega_n$, $1 \leqq j \leqq n-1$ とおけば，帰納法により主張が従う． □

補題 A.4.3. ベクトル空間 X に局所凸位相 τ が備わっているとすると，X の有限次元部分空間は τ 閉集合である．

証明. 有限次元部分空間 E の線型基底 $\{e_i\}_{i=1}^n$ に対して，補題 A.4.2 のような $\{\omega_j\}_{j=1}^n$ を取る．E は τ 連続線型写像 $X \ni x \mapsto x - \sum_j \omega_j(x)e_j \in X$ の核だから，E は τ 閉集合である． □

補題 A.4.4. 有限次元ベクトル空間上の局所凸位相は一意的である．

証明. X を有限次元ベクトル空間，σ, τ を X 上の局所凸位相とする．X の線型基底 $\{e_i\}_{i=1}^n$ に対して，その双対基底 $\{\omega_j\}_{j=1}^n \subset X^*_{\mathrm{alg}}$ を取る．補題 A.4.2 により，$\omega_j \in X^*_\sigma \cap X^*_\tau$, $1 \leqq j \leqq n$ である．恒等写像 $\mathrm{id}_X \in \mathbf{L}(X)$ の表示 $\mathrm{id}_X(x) = \sum_j \omega_j(x)e_j$, $x \in X$ から，id_X は σ と τ に関して同相写像である． □

A.5 複素関数論の諸結果

A.5.1 水平帯についての Cauchy の積分公式

水平帯 $D_1 := \{z \in \mathbb{C} \mid 0 < \operatorname{Im} z < 1\}$ から単位開円板への双正則写像を $F(z) := (e^{\pi z} - i)/(e^{\pi z} + i)$, $z \in D_1$ と定める．$t \in \mathbb{R}$ が $-\infty$ から ∞ に動くとき $F(t)$ は単位円下部の円弧 C_1 を -1 から 1 まで動き，$F(t+i)$ は単位円上部の円弧 C_2 を -1 から 1 まで動く．また $F(i/2) = 0$ である．

D_1 の閉包 $\overline{D}_1$ 上で有界連続かつ，D_1 上で正則な関数たちの集合を $\mathcal{A}(D_1)$ と書く．さて，$f \in \mathcal{A}(D_1)$ に対して，$g(w) := f(F^{-1}(w))$ とおくと，g は $\{w \in \mathbb{C} \mid |w| \leqq 1\} \setminus \{\pm 1\}$ 上で定義された有界連続関数である．$g(w)$ は $\{w \in \mathbb{C} \mid |w| < 1\}$ 上で正則だから Cauchy の積分公式により

$$2\pi i f(i/2) = 2\pi i g(0) = \int_{C_1} \frac{g(w)}{w}\, dw - \int_{C_2} \frac{g(w)}{w}\, dw$$

となる．ここで積分路 C_1 を反時計回りに，C_2 を時計回りに向きづけている．C_1, C_2 をそれぞれ $F(t)$, $F(t+i)$, $-\infty < t < \infty$ で媒介変数表示すれば

$$\begin{aligned}\int_{C_1} \frac{g(w)}{w}\, dw &= \int_{-\infty}^{\infty} \frac{g(F(t))}{F(t)} F'(t)\, dt = \int_{-\infty}^{\infty} \frac{f(t)}{F(t)} F'(t)\, dt \\ &= 2\pi i \int_{-\infty}^{\infty} \frac{f(t)}{e^{\pi t} + e^{-\pi t}}\, dt,\end{aligned}$$

$$\begin{aligned}\int_{C_2} \frac{g(w)}{w}\, dw &= \int_{-\infty}^{\infty} \frac{g(F(t+i))}{F(t+i)} F'(t+i)\, dt = \int_{-\infty}^{\infty} \frac{f(t+i)}{F(t+i)} F'(t+i)\, dt \\ &= -2\pi i \int_{-\infty}^{\infty} \frac{f(t+i)}{e^{\pi t} + e^{-\pi t}}\, dt.\end{aligned}$$

よって次の結果を得る．

定理 A.5.1. 任意の $f \in \mathcal{A}(D_1)$ に対して，次の等式が成り立つ：

$$f(i/2) = \int_{-\infty}^{\infty} (f(t) + f(t+i)) \frac{dt}{e^{\pi t} + e^{-\pi t}}.$$

A.5.2 Phragmén-Lindelöf の原理

Phragmén-Lindelöf の方法を用いて，関数解析学で有用な Hadamard の **3 線定理**と **Carlson の定理**（定理 A.5.4）を示そう．

定理 A.5.2 (J. Hadamard)**.** $f \in \mathcal{A}(D_1)$ に対し $M_k := \sup_{x\in\mathbb{R}} |f(x+ik)|$, $k = 0, 1$ とおくと，任意の $z \in D_1$ に対し $|f(z)| \leqq M_0^{(1-\operatorname{Im} z)} M_1^{\operatorname{Im} z}$ が成り立つ．とくに $M_0 = 0$ または $M_1 = 0$ の場合は，$f(z) = 0$, $z \in D_1$ となる．

証明. M_0, M_1 のどちらかが 0 の場合も同時に扱うため，$N_0, N_1 \in \mathbb{R}_+^*$ を $N_0 > M_0$ かつ $N_1 > M_1$ と取る．次に $g(z) := f(z) N_0^{-iz-1} N_1^{iz}$, $z \in \overline{D}_1$ とおく．すると，$g \in \mathcal{A}(D_1)$ かつ $\sup_{x\in\mathbb{R}} |g(x+ik)| \leqq 1$, $k = 0, 1$ が従う．

各 $\varepsilon > 0$ に対して，$g_\varepsilon(z) := g(z) e^{-\varepsilon z^2} e^{-\varepsilon}$, $z \in \overline{D}_1$ とおく．このとき $\sup_{x\in\mathbb{R}} |g_\varepsilon(x+ik)| \leqq 1$, $k = 0, 1$, $\varepsilon > 0$ である．$C := \sup_{z\in\overline{D}_1} |g(z)| < \infty$ とおくと，任意の $z \in \overline{D}_1$ と $x := \operatorname{Re} z$, $y := \operatorname{Im} z$ に対して，$|g_\varepsilon(z)| \leqq Ce^{-\varepsilon} e^{-\varepsilon x^2 + \varepsilon y^2} \leqq Ce^{-\varepsilon x^2}$ となる．よって $R_0 > 0$ が存在して，$z \in \overline{D}_1$ で $|\operatorname{Re} z| \geqq R_0$ であるものに対して $|g_\varepsilon(z)| < 1$ となる．

そこで $R_1 > 0$ を $R_1 > R_0$ となるものとし，最大値の原理を $0 \leqq \operatorname{Im} z \leqq 1$, $|\operatorname{Re} z| \leqq R_1$ で定められる閉長方形 E_{R_1} で用いれば，$|g_\varepsilon(z)| \leqq 1$, $z \in E_{R_1}$ となる．$R_1 \to \infty$ とすれば，$|g_\varepsilon(z)| \leqq 1$, $z \in \overline{D}_1$ が従う．最後に $\varepsilon \to 0$ として $|g(z)| \leqq 1$, $z \in \overline{D}_1$ を得る．これより $|f(z)| \leqq N_0^{1-\operatorname{Im} z} N_1^{\operatorname{Im} z}$, $z \in \overline{D}_1$ となる．最後に $N_0 \to M_0$, $N_1 \to M_1$ として定理の主張を得る．□

実数 α, β が $\beta < \alpha < \beta + 2\pi$ であるとき，$\mathbb{C}$ 内の扇形領域 $\Omega_{\alpha,\beta}$ を，$z \in \mathbb{C} \setminus \{0\}$ で $\beta < \arg z < \alpha$ となるものの集合として定める．$\Omega_{\alpha,\beta}$ の閉包を $\overline{\Omega}_{\alpha,\beta}$ と書く．また $E \subset \mathbb{C}$ の境界を ∂E と書く．

$\Omega_{\alpha,\beta}$ で正則かつ $\overline{\Omega}_{\alpha,\beta}$ 上で連続な関数 $f(z)$ が指数型であるとは，ある $A, B > 0$ が存在して $|f(z)| \leqq Ae^{B|z|}$, $z \in \overline{\Omega}_{\alpha,\beta}$ であることをいう．$\overline{\Omega}_{\alpha,\beta}$ 上の指数型関数たちのなす集合を $\mathrm{Hol}_{\exp}(\overline{\Omega}_{\alpha,\beta})$ と書く．以下で $z = re^{i\theta}$ は $z \in \overline{\Omega}_{\alpha,\beta}$ の極形式を意味する．Carlson の定理の証明は [PS98, Part Three, Chapter 6, Problem 328] と [Tit58, Chapter V, 5.8 節] を参照した．

補題 A.5.3. $\alpha, \beta \in \mathbb{R}$ を $\beta < \alpha < \beta + \pi$ なるものとし，$f \in \mathrm{Hol}_{\exp}(\overline{\Omega}_{\alpha,\beta})$ とする．このとき $\sup_{z\in\overline{\Omega}_{\alpha,\beta}} |f(z)| \leqq \sup_{z\in\partial\Omega_{\alpha,\beta}} |f(z)|$ である．

証明. $M := \sup_{z\in\partial\Omega_{\alpha,\beta}} |f(z)| < \infty$ のときに示せばよい．扇形を回転して $\beta = -\alpha$ かつ $0 < \alpha < \pi/2$ としてよい．$\lambda \in \mathbb{R}$ を $1 < \lambda < \pi/(2\alpha)$ と固定し，$\varepsilon > 0$ に対して，$F_\varepsilon(z) := e^{-\varepsilon z^\lambda} f(z)$, $z \in \overline{\Omega}_{\alpha,-\alpha} \setminus \{0\}$ と定める．ここで $z^\lambda = r^\lambda e^{i\lambda\theta}$, $|\theta| \leqq \alpha$ である．また $F_\varepsilon(0) = f(0)$ とすれば F_ε は $\overline{\Omega}_{\alpha,-\alpha}$ 上で連続である．このとき $|F_\varepsilon(z)| = e^{-\varepsilon r^\lambda \cos(\lambda\theta)}|f(z)|$, $z \in \overline{\Omega}_{\alpha,-\alpha}$ となる．

以下の議論では $|\lambda\theta| \leqq \lambda\alpha < \pi/2$ に注意しよう．まず $r > 0$ に対して $|F_\varepsilon(re^{\pm i\alpha})| \leqq |f(re^{\pm i\alpha})| \leqq M$ である．また $|\theta| \leqq \alpha$ のとき，$|F_\varepsilon(re^{i\theta})| \leqq e^{-\varepsilon r^\lambda \cos(\lambda\alpha)}|f(z)| \leqq Ae^{-\varepsilon r^\lambda \cos(\lambda\alpha)+Br}$ である．よって θ に対して一様に $\lim_{r\to\infty} |F_\varepsilon(re^{i\theta})| = 0$ である（$\lambda > 1$ に注意）．よって十分大きな $R > 0$ での有界扇形集合 $\{z \in \overline{\Omega}_{\alpha,-\alpha} \mid |z| \leqq R\}$ 上で最大値の原理を用いることで，3 線定理の証明と同様に $|F_\varepsilon(z)| \leqq M$, $z \in \overline{\Omega}_{\alpha,-\alpha}$ を得る．これは任意の $\varepsilon > 0$ で成り立つから，$\varepsilon \to 0$ として $|f(z)| \leqq M$, $z \in \overline{\Omega}_{\alpha,-\alpha}$ が従う．□

定理 A.5.4 (F. Carlson)**.** $f \in \mathrm{Hol}_{\exp}(\overline{\Omega}_{\pi/2,-\pi/2})$ が，ある $k > 0$ に対し $\lim_{r\to\infty} e^{kr}|f(\pm ir)| = 0$ をみたせば $f(z) = 0$, $z \in \overline{\Omega}_{\pi/2,-\pi/2}$ である．

証明. $A, B, C > 0$ を $|f(z)| \leqq Ae^{B|z|}$, $|f(\pm ir)| \leqq Ce^{-kr}$, $z \in \overline{\Omega}_{\pi/2,-\pi/2}$, $r \geqq 0$ となるように取る．$M := A + C$ とおく．

$F_+(z) := e^{-(B+ik)z}f(z)$ とおくと，明らかに $F_+ \in \mathrm{Hol}_{\exp}(\overline{\Omega}_{\pi/2,-\pi/2})$ である．任意の $r > 0$ で，$|F_+(ir)| = e^{kr}|f(ir)| \leqq C$, $|F_+(r)| = e^{-Br}|f(r)| \leqq A$ となる．補題 A.5.3 より $|F_+(z)| = e^{(-B\cos\theta+k\sin\theta)r}|f(z)| \leqq M$, $z \in \overline{\Omega}_{\pi/2,0}$ が成り立つ．同様に $F_-(z) := e^{-(B-ik)z}f(z)$ を考えることで，$|F_-(z)| = e^{(-B\cos\theta-k\sin\theta)r}|f(z)| \leqq M$, $z \in \overline{\Omega}_{0,-\pi/2}$ が従う．以上より任意の $z \in \overline{\Omega}_{\pi/2,-\pi/2}$ に対して，$|f(z)| \leqq Me^{(B\cos\theta-k|\sin\theta|)r}$ が成り立つ．

次に $\omega > 0$ に対して $G_\omega(z) := e^{\omega z}f(z)$ とおけば，$G_\omega \in \mathrm{Hol}_{\exp}(\overline{\Omega}_{\pi/2,-\pi/2})$ である．任意の $r > 0$ に対して，$|G_\omega(\pm ir)| = |f(\pm ir)| \leqq Ce^{-kr} \leqq M$ である．また $0 < \theta_0 < \pi/2$ を $\tan\theta_0 = (\omega + B)/k$ となるように取る．このとき任意の $r > 0$ に対して，次の評価を得る：

$$|G_\omega(re^{\pm i\theta_0})| = e^{r\omega\cos\theta_0}|f(re^{\pm i\theta_0})| \leqq Me^{((\omega+B)\cos\theta_0-k\sin\theta_0)r} = M$$

補題 A.5.3 を G_ω と $\Omega_{\pi/2,\theta_0}$，$\Omega_{\theta_0,-\theta_0}$，$\Omega_{-\theta_0,-\pi/2}$ に用いて，$|G_\omega(z)| \leqq M$, $z \in \overline{\Omega}_{\pi/2,-\pi/2}$ を得る．よって $|f(z)| = e^{-r\omega\cos\theta}|G_\omega(z)| \leqq Me^{-r\omega\cos\theta}$, $z \in$

$\overline{\Omega}_{\pi/2,-\pi/2}$, $\omega > 0$ である．$\omega \to \infty$ として，$f = 0$ を得る． □

系 A.5.5. $f \in \mathrm{Hol}_{\exp}(\overline{\Omega}_{\pi/2,-\pi/2})$ が次の条件をみたせば，$f = 0$ である：

- $0 < \gamma < \pi$ をみたすある γ に対して $\sup_{r>0} e^{-\gamma r}|f(\pm ir)| < \infty$ となる．
- $f(n) = 0$, $n \in \mathbb{N}$.

証明. $U_n := \{z \in \mathbb{C} \mid |z-n| < 1/2\}$, $n \in \mathbb{Z}$, $E := \bigcap_{n\in\mathbb{Z}}(\mathbb{C} \setminus U_n)$ とおくと，ある $K > 0$ が存在して，$|\sin(\pi z)| \geqq Ke^{\pi|\mathrm{Im}\, z|}$, $z \in E$ となることが簡単な計算からわかる．以下 $\Omega := \Omega_{\pi/2,-\pi/2}$ と書く．$A, B > 0$ を $|f(z)| \leqq Ae^{B|z|}$, $z \in \overline{\Omega}$ となるものとする．

$g(z) := f(z) \cdot (z/\sin(\pi z))$ とおけば，$g(z)$ は Ω 上で正則かつ $\overline{\Omega}$ 上で連続である．任意の $z \in E$ に対して $|g(z)| \leqq AK^{-1}|z|e^{B|z|-\pi|\mathrm{Im}\, z|} \leqq AK^{-1}e^{(B+1)|z|}$ となる．また最大値の原理により，$n \geqq 1$ について次の不等式を得る：$z \in U_n$ に対して

$$|g(z)| \leqq \sup_{w\in\partial U_n} |g(w)| \leqq \sup_{w\in\partial U_n} AK^{-1}e^{(B+1)|w|} \leqq AK^{-1}e^{(B+1)(|z|+1)}.$$

よって $A' := AK^{-1}e^{B+1}$, $B' := B+1$ とおけば，$|g(z)| \leqq A'e^{B'|z|}$, $z \in \Omega \setminus U_0$ となる．$C := \sup_{z\in\overline{U_0\cap\Omega}} |g(z)|$ とおけば，$|g(z)| \leqq (C + A')e^{B'|z|}$, $z \in \overline{\Omega}$ が成り立つ．よって $g \in \mathrm{Hol}_{\exp}(\overline{\Omega})$ である．

$\lambda > 0$ を $\gamma < \lambda < \pi$ となるように取ると，$r \to \infty$ で $e^{(\pi-\lambda)r}|g(\pm ir)| = re^{-(\lambda-\gamma)r} \cdot e^{-\gamma r}|f(\pm ir)| \cdot e^{\pi r}/\sinh(\pi r) \to 0$ となる．よって定理 A.5.4 により $g = 0$ を得る． □

A.6 Banach 空間値関数の複素微分

Banach 空間値の関数の複素微分に関する Dunford の定理 ([Dun38, Theorem 76]) を紹介する．

定理 A.6.1 (N. Dunford). X を Banach 空間，$Y \subset X^*$ をノルム閉部分空間であって，$\mathrm{Ball}(Y) \subset \mathrm{Ball}(X^*)$ が $\sigma(X^*, X)$ 稠密なものとする．開集合 $D \subset \mathbb{C}$ 上で定義された関数 $f\colon D \ni z \mapsto f(z) \in X$ について次のことは同値である：

(1) f はノルムについて微分可能である．すなわち任意の $\alpha \in D$ に対して，ノルム極限 $\lim_{z \to \alpha, z \neq \alpha} (z-\alpha)^{-1}(f(z)-f(\alpha))$ が存在する．
(2) 各 $\alpha \in D$ に対して，ある $\delta > 0$ と点列 $a_n \in X$ が存在して，級数 $f(z) = \sum_{n=0}^{\infty} (z-\alpha)^n a_n$ が $\{z \in D \mid |z-\alpha| < \delta\}$ 上でノルム絶対収束する．
(3) f は弱位相 $\sigma(X, X^*)$ に関して微分可能である．すなわち各 $\varphi \in X^*$ に対して $D \ni z \mapsto \langle \varphi, f(z) \rangle \in \mathbb{C}$ は微分可能である．
(4) f は弱位相 $\sigma(X, Y)$ に関して微分可能である．

証明． (1) ⇒ (2)．$\alpha \in D$ とし，$r > 0$ を $\{z \in \mathbb{C} \mid |z-\alpha| \leqq r\} \subset D$ となるように取る．各 $n \geqq 0$ に対して

$$a_n := \frac{1}{2\pi i} \int_C \frac{f(\zeta)}{(\zeta-\alpha)^{n+1}} \, d\zeta$$

と定める．ここで積分路は円周 $C := \{\zeta \in \mathbb{C} \mid |\zeta-\alpha| = r\}$ を正の向きに 1 周する道であり，積分は Riemann 和の極限として定まる[1]（f はノルム微分可能ゆえノルム連続である）．ここで $M := \sup_{\zeta \in C} \|f(\zeta)\|$ とおけば（C はコンパクトだから $M < \infty$），積分を評価することで $\|a_n\| \leqq M r^{-n}$, $n \geqq 0$ を得る．よって $|z-\alpha| < r$ のとき (2) の右辺の級数はノルム絶対収束して（コンパクト一様収束でもある），次のように変形される：

$$\begin{aligned}
\sum_{n=0}^{\infty} (z-\alpha)^n a_n &= \sum_{n=0}^{\infty} \frac{1}{2\pi i} \int_C \frac{(z-\alpha)^n}{(\zeta-\alpha)^{n+1}} f(\zeta) \, d\zeta \\
&= \frac{1}{2\pi i} \int_C \frac{1}{1-(z-\alpha)/(\zeta-\alpha)} \frac{f(\zeta)}{\zeta-\alpha} \, d\zeta \\
&= \frac{1}{2\pi i} \int_C \frac{f(\zeta)}{\zeta - z} \, d\zeta.
\end{aligned}$$

2 番目の等号では等比級数 $\sum_{n=0}^{\infty} (z-\alpha)^n (\zeta-\alpha)^{-n}$ が C 上で一様収束することを用いた．最後の表示の元を x と書けば，任意の $\varphi \in X^*$ に対して

$$\varphi(x) = \frac{1}{2\pi i} \int_C \frac{\varphi(f(\zeta))}{\zeta - z} \, d\zeta = \varphi(f(z)).$$

---

[1] または Bochner 積分を用いてもよい．[日柳 21, 宮寺 18] 参照のこと．

2 番目の等号は Cauchy の積分公式による（$\mathbb{C}$ 値関数 $\varphi(f(z))$ は D 上微分可能である）．したがって $x = f(z)$ である．

(2) $\Rightarrow$ (3) $\Rightarrow$ (4) は明らか．

(4) $\Rightarrow$ (1)．$\alpha \in D$ とする．$r > 0$, C を (1) $\Rightarrow$ (2) のように取る．$\varphi \in X^*$ に対して $h_\varphi(z) := \varphi(f(z))$, $z \in D$ と書く．仮定より任意の $\varphi \in Y$ について h_φ は D 上微分可能である．各 $n \geqq 0$ に対して，Cauchy の積分公式により次の等式を得る：

$$h_\varphi^{(n)}(\alpha) = \frac{1}{2\pi i}\int_C \frac{\varphi(f(\zeta))}{(\zeta - \alpha)^{n+1}}\,d\zeta, \quad \varphi \in Y.$$

さて各 $\varphi \in Y$ について $C \ni \zeta \mapsto h_\varphi(\zeta) \in \mathbb{C}$ は連続かつ C はコンパクトだから，$\sup_{\zeta \in C} |\langle \varphi, f(\zeta)\rangle| = \sup_{\zeta \in C} |h_\varphi(\zeta)| < \infty$．$Y$ についての仮定から X を Y^* に等長に埋め込める．$\{f(\zeta)\}_{\zeta \in C}$ を $Y^* = \mathbf{B}(Y, \mathbb{C})$ の作用素の族とみなせば，一様有界性原理により $M := \sup_{\zeta \in C} \|f(\zeta)\| < \infty$．よって $|h_\varphi^{(n)}(\alpha)| \leqq Mr^{-n}\|\varphi\|$, $\varphi \in Y$, $n \in \mathbb{N}$ である．

点列 $w_n \in \mathbb{C} \setminus \{0\}$ が $w_n \to 0$ のとき，$x_n := w_n^{-1}(f(\alpha + w_n) - f(\alpha)) \in X$ がノルム Cauchy 列であることを示す．任意の $\varphi \in Y$, $m, n \in \mathbb{N}$ に対して

$$\begin{aligned}\varphi(x_m - x_n) &= \frac{h_\varphi(\alpha + w_m) - h_\varphi(\alpha)}{w_m} - \frac{h_\varphi(\alpha + w_n) - h_\varphi(\alpha)}{w_n} \\ &= \sum_{k \geqq 1} \frac{h_\varphi^{(k+1)}(\alpha)}{(k+1)!}(w_m^k - w_n^k)\end{aligned}$$

であり $|w_m^k - w_n^k| \leqq k(|w_m|^{k-1} + |w_n|^{k-1})|w_m - w_n|$ だから

$$\begin{aligned}|\varphi(x_m - x_n)| &\leqq \sum_{k \geqq 1} \frac{|h_\varphi^{(k+1)}(\alpha)|}{(k+1)!} k(|w_m|^{k-1} + |w_n|^{k-1})|w_m - w_n| \\ &\leqq M\|\varphi\||w_m - w_n| \sum_{k \geqq 1} \frac{r^{-k-1}}{(k+1)!} k(|w_m|^{k-1} + |w_n|^{k-1}) \\ &\leqq M\|\varphi\|r^{-2}|w_m - w_n|(e^{|w_m|/r} + e^{|w_n|/r}).\end{aligned}$$

$\varphi \in \mathrm{Ball}(Y)$ で上限を取れば，

$$\|x_m - x_n\| \leqq Mr^{-2}|w_m - w_n|(e^{|w_m|/r} + e^{|w_n|/r}), \quad m, n \in \mathbb{N}$$

を得る．よって x_n はノルム Cauchy 列である．$\varphi(\lim_n x_n) = \lim_n \varphi(x_n) =$

$h'_\varphi(\alpha)$, $\varphi \in Y$ により，$\lim_n x_n$ は一意的に定まる．以上から (1) が従う．□

A.7　非特異な正自己共役作用素の定義域

非零な $s \in \mathbb{R}$ に対して，実軸 $\mathbb{R}$ と $\{x+is \,|\, x \in \mathbb{R}\}$ ではさまれた $\mathbb{C}$ 内の領域を D_s，その閉包を $\overline{D}_s$ と書く．$\mathcal{H}$ を Hilbert 空間とする．$\overline{D}_s$ 上でノルム有界な $\mathcal{H}$ 値連続関数であって，D_s 上で（A.6 節の意味で）微分可能なもののなす空間を $\mathcal{A}(D_s, \mathcal{H})$ と書く．

命題 A.7.1.　Δ を $\mathcal{H}$ 上の非特異な正自己共役作用素とする．また $s \in \mathbb{R} \setminus \{0\}$ とする．このとき $\xi \in \mathcal{H}$ に対して次のことは同値である：

(1) $\xi \in \mathrm{dom}(\Delta^s)$.

(2) $\mathbb{R}$ 上の $\mathcal{H}$ 値関数 $F_\xi \colon \mathbb{R} \ni t \mapsto \Delta^{it}\xi \in \mathcal{H}$ は $\mathcal{A}(D_{-s}, \mathcal{H})$ の元に拡張する．すなわち，ある $\widetilde{F_\xi} \in \mathcal{A}(D_{-s}, \mathcal{H})$ が $\widetilde{F_\xi}(t) = F_\xi(t)$, $t \in \mathbb{R}$ をみたす．

さらにこれらの条件下で (2) の $\widetilde{F_\xi}$ は一意的に定まり，$\widetilde{F_\xi}(z) = \Delta^{iz}\xi$, $z \in \overline{D}_{-s}$ が成り立つ．

証明.　Δ に付随するスペクトル測度を $\{E(B)\}_{B \in \mathscr{B}(\mathbb{R})}$ と書く．$s > 0$ の場合のみ示す．$s < 0$ の場合も同様に示される．(1) $\Rightarrow$ (2)．$z \in \overline{D}_{-s}$ に対して，$\xi \in \mathrm{dom}(\Delta^{iz})$ である．実際 $z = x+iy$, $x, y \in \mathbb{R}$ とすると

$$\begin{aligned}\int_{\mathbb{R}_+^*} |\lambda^{iz}|^2 \, d\|E(\lambda)\xi\|^2 &= \int_{\mathbb{R}_+^*} \lambda^{-2y} \, d\|E(\lambda)\xi\|^2 \\ &\leqq \int_{(0,1]} 1 \, d\|E(\lambda)\xi\|^2 + \int_{(1,\infty)} \lambda^{2s} \, d\|E(\lambda)\xi\|^2 \\ &\leqq \|E((0,1])\xi\|^2 + \|\Delta^s\xi\|^2 < \infty.\end{aligned}$$

このことから関数 $\widetilde{F_\xi}(z) := \Delta^{iz}\xi$, $z \in \overline{D}_{-s}$ は $\overline{D}_{-s}$ 上でノルム有界であることもわかる．$\widetilde{F_\xi}$ の $\overline{D}_{-s}$ 上での連続性を示すためには

$$\|\Delta^{iz}\xi - \Delta^{iw}\xi\|^2 = \int_{\mathbb{R}_+^*} |\lambda^{iz} - \lambda^{iw}|^2 \, d\|E(\lambda)\xi\|^2, \quad z, w \in \overline{D}_{-s}$$

と表しておいて，$z \to w$ のときに Lebesgue の優収束定理を用いればよい．

また $\widetilde{F_\xi}$ が D_{-s} で微分可能であることは，

$$\langle \Delta^{iz}\xi, \eta\rangle = \int_{\mathbb{R}_+^*} \lambda^{iz}\, d\langle E(\lambda)\xi, \eta\rangle, \quad z \in D,\ \eta \in \mathcal{H}$$

と表して，Fubini の定理と Morera の定理を用いればよい（定理 A.6.1 にも注意せよ）．以上より $\widetilde{F_\xi}$ は $\mathcal{A}(D_{-s}, \mathcal{H})$ に属する．

(2) ⇒ (1)．そのような $\widetilde{F_\xi}$ を取る．$\eta \in \mathrm{dom}(\Delta^s)$ とすれば，(1) ⇒ (2) の証明から $G\colon \overline{D}_{-s} \ni z \mapsto \Delta^{iz}\eta \in \mathcal{H}$ は $\mathcal{A}(D_{-s}, \mathcal{H})$ に属する．そこで $f(z) \coloneqq \langle \widetilde{F_\xi}(z), \eta\rangle$, $g(z) \coloneqq \langle \xi, G(-\overline{z})\eta\rangle$, $z \in \overline{D}_{-s}$ を考える．これらは $\mathcal{A}(D_{-s}, \mathbb{C})$ に属しており，$f(t) = \langle \Delta^{it}\xi, \eta\rangle = g(t)$, $t \in \mathbb{R}$ であることと 3 線定理による一意性から $f(z) = g(z)$, $z \in \overline{D}_{-s}$ がわかる．とくに $\langle \widetilde{F_\xi}(-is), \eta\rangle = \langle \xi, \Delta^s\eta\rangle$ が従う．$\eta \in \mathrm{dom}(\Delta^s)$ の任意性と Δ^s の自己共役性から $\xi \in \mathrm{dom}(\Delta^s)$ かつ $\Delta^s\xi = \widetilde{F_\xi}(-is)$ が従う．以上で (2) ⇒ (1) が示された．後半の主張は (1), (2) と 3 線定理による一意性からわかる．□

A.8　Ryll-Nardzewski の不動点定理

V を局所凸位相 τ をもつベクトル空間とする．以下では $\sigma(V, V_\tau^*)$ のことを弱位相とよぶ．$K \subset V$ を凸集合とする．$\mathrm{Aff}_w(K, K)$ によって，弱連続なアフィン写像 $f\colon K \to K$ たち（全単射でなくてもよい）のなす半群を表す．

半群 S の K への弱連続アフィン作用は，半群の準同型 $\gamma\colon S \to \mathrm{Aff}_w(K, K)$ を意味し，この状況を $S \curvearrowright K$ と書く．また $s \in S$ と $x \in K$ に対して，$\gamma(s)x$ を単に sx と書くことにする．

弱連続作用 $S \curvearrowright K$ が **$\boldsymbol{\tau}$ 遠位的**とは，任意の異なる $x, y \in K$ に対して，τ に付随する半ノルム $p\colon V \to \mathbb{R}_+$ が存在して $\inf\{p(sx - sy) \mid s \in S\} > 0$ となることを意味する．次の証明は [Nam11, Theorem 3.4] を参照した．

定理 A.8.1 (C. Ryll-Nardzewski).　V を局所凸位相 τ をもつベクトル空間とし，$K \subset V$ を弱コンパクトな凸集合とする．また，半群 S が K に弱連続にアフィン作用しているとする．このとき，もしこの作用が τ 遠位的ならば，K は S 固定点をもつ．

証明． コンパクト性による議論から，S は有限生成的であると仮定してよい．

とくに S は高々可算である．Zorn の補題によって，S 不変な弱コンパクト凸部分集合 $K_0 \subset K$ であって，包含順序で極小なものを取れる．よって，はじめから K は極小性をもつと仮定してよい．すなわち，任意の $x \in K$ に対して，$\overline{\mathrm{co}}^w(Sx) = K$ が成り立つ．このとき K が 1 点集合であることを示す．

K は 1 点集合ではないと仮定する．$x \in \mathrm{ex}(K)$ を取る．K の取り方から $\overline{\mathrm{co}}^w(Sx) = K$ だから，Sx は 1 点集合ではない．よって，異なる 2 点 $x_0, x_1 \in Sx$ を取れる．

そこで $y := 2^{-1}(x_0 + x_1) \in K$ とおけば，K の極小性から $K = \overline{\mathrm{co}}^w(Sy)$ である．定理 1.3.4 (2) から，$\mathrm{ex}(K) \subset \overline{Sy}^w$ である．よって，ネット $s_i \in S$ を $s_i y \xrightarrow{w} x$（弱収束の意味）となるように取れる．

必要ならば部分ネットを取ることによって，K 内のネット $s_i x_0$ と $s_i x_1$ が弱収束するとしてよい．それぞれの極限を $v_0, v_1 \in K$ とおけば，$s_i y \xrightarrow{w} x$ とアフィン性により，$x = 2^{-1}(v_0 + v_1)$．x は K の端点だから $v_0 = x = v_1$ である．すなわち $s_i x_0 \xrightarrow{w} x$ かつ $s_i x_1 \xrightarrow{w} x$ ゆえ，$S \curvearrowright K$ は弱遠位的ではない．以下で，これが τ 遠位性と整合しないことを示す．

$S \curvearrowright K$ の τ 遠位性を用いて，τ に付随する半ノルム p と $\varepsilon > 0$ を，$p(sx_0 - sx_1) > \varepsilon$, $s \in S$ となるように取る．そこで，$0 \in V$ の τ 開凸近傍 $U := \{a \in V \mid p(a) < \varepsilon\}$ と τ 閉凸近傍 $F := \{a \in V \mid p(a) \leqq \varepsilon/3\}$ を取る．このとき $F - F \subset U$ である．また，定理 1.3.2 により，F は実際には，弱閉集合であることに注意しておく（しかし 0 の弱閉近傍とはいえない）．

さて，S は可算集合だから，$K = \overline{\mathrm{co}}^w(Sx) = \overline{\mathrm{co}}^\tau(Sx)$ は τ 可分である．よって K の可算部分集合 T が存在して，$K \subset \bigcup_{t \in T}(t + F)$ が成り立つ．ここでさらに $\overline{Sx}^w \subset K$ に注意して，弱コンパクト Hausdorff 空間 $\overline{Sx}^w$ に Baire のカテゴリー定理を用いることで，V の弱開集合 W と $t \in T$ が存在して，$\emptyset \neq \overline{Sx}^w \cap W \subset t + F$ となる．

それゆえ $s_0 \in S$ を $s_0 x \in W$ となるように取れる．すると，$s_0 s_i x_0 \xrightarrow{w} s_0 x$ と $s_0 s_i x_1 \xrightarrow{w} s_0 x$ により，十分先の i に対して，$s_0 s_i x_0 - s_0 s_i x_1 \in W - W \subset (t + F) - (t + F) \subset U$ となる．これは U の取り方に矛盾する． □

文献案内

作用素環論に必要とされる関数解析の知識は [泉 21, 日柳 21] で得られるだろう．他に [新井 14, 前田 07, 宮島 05, 宮寺 18, 竹之 04, Con90, Ped89, RS80, Rud91, Yos95] もよい．作用素環論では [Arv76, Dix77, Dix81, KR, KR86, KR91, KR92, Ped18, Sak98, Tak02, Tak03a, Tak03b] が伝統的な教科書である．入門書としては [Mur90] が現在の定番といえる．[Dou98] も読みやすいだろう．[Dav96] は具体例とともに AF 環の理論や Brown–Douglas–Fillmore 理論にも詳しい．von Neumann の論文の和訳 [長田 15] もある．この本の訳者あとがきを読めば，作用素環論の歴史を知ることができる．数学の本は一般に，自分に必要な個所を読めばよく，これらの参考文献を通読する必要はない．本書を読めば（通読するとよい）作用素環論の基礎はできているといえるので，以下におすすめする題材を参考にして，引き続き学んでほしい．

- 群作用と接合積の理論．Pedersen の本 [Ped18] は基本的教科書として知られる．von Neumann 環への群作用では竹崎の本 [竹崎 83] が詳しい．
- C* 環の K 理論．無限次元の非可換代数の分類を素手で行うことは大変難しく，ほとんど不可能といってもよい．例えば Kirchberg の定理 $A \otimes_{\min} \mathcal{O}_2 \cong \mathcal{O}_2$ について，どのように同型を作るのか見当もつかないだろう（A は任意の単位的，可分，単純かつ核型 C* 環）．作用素環論ではこのように不思議な同型が沢山出てくる．K 理論は C* 環に対して有効にはたらく分類不変量である．入門的参考文献として M. Rørdam たちの本 [RLL00] と N. Wegge-Olsen の本 [WO93] がある．G. Kasparov の KK 理論については B. Blackadar の本 [Bla98] が有名である．生西明夫–中神祥臣の本 [生中 17, 生中 07] では，K 理論の他に Hilbert C* 加群の理論も詳述されている．K 理論は本を読んでもわかった気がしないかもしれない．関連論文などで使い方を学ぶとよい．Kirchberg–N. Phillips の定理など，C* 環の分類理論で有名な結果を知るには Rørdam–Størmer の本 [RS02] がよいだろう.

- 非可換幾何学. 幾何学と作用素環論の融合を図って, Connes が 1980 年ごろに創始した分野である. 現在ではこの分野は幅広く成長しており, おおまかには巡回コホモロジー (Chern 指標の非可換版), 葉層の指数理論, 粗幾何学, 高階指数理論 (Novikov 予想, Baum–Connes 予想) に細分される. 創始者の Connes による本 [Con94] では巡回コホモロジー, スペクトル 3 つ組, C* 環や von Neumann 環についてもまとめられている. N. Higson–J. Roe の本 [HR00] では, K ホモロジー論 (KK 理論) と多様体の幾何との関連が詳述されている. 粗幾何学の導入としてもよい. Baum–Connes 予想については, R. Willett–G. Yu の本 [WY20] や A. Valette たちのサーベイ [GAJV] がある. 夏目利一–森吉仁志によるサーベイ [夏森 01] もよい.
- III 型 von Neumann 環の理論. 竹崎の本 [竹崎 83] で荷重の理論から冨田–竹崎理論を学ぶとよい. 標準形, 竹崎の双対定理, AFD 因子環の分類, 自己同型群の解析の他, 章末には楽しい解説もある. 山上滋の本 [山上 19] は非可換積分論を意識して書かれている. 梅垣–大矢–日合の本 [梅大日 03] では有界線型作用素を用いた冨田の定理の証明 (Rieffel–A. Van Daele による) が紹介されている. 他には, Ş. Strătilă–L. Zsidó の本 [SZ79, Str20] もよい. Connes の学位論文 [Con73] は, Arveson スペクトルの理論や Connes 自身の理論が丁寧に書かれていて読みやすい. 日合の本 [Hia21] は理論を概観するのによいだろう.
- 離散群と作用素環の関係. Brown–小澤の本 [BO08] が標準的入門書であろう. 作用素空間, C* 環, von Neumann 環がバランスよく配合されている. CP 写像や CB 写像の具体例も豊富である.
- C* テンソル圏の理論. テンソル圏の理論自体は昔からあるが, 代数的場の量子論や部分因子環論の発展を契機にして作用素環業界でも近年流行している. C* テンソル圏の教科書としては Neshveyev–L. Tuset による作用素環論的量子群の入門書 [NT13] がよい. 定義が明確に述べられ, 諸結果がわかりやすく導かれている. また Woronowicz によるコンパクト量子群の淡中–Krein 双対定理も示されている. 山下真の本 [山下 17] は量子群の幅広いトピックスを概観するのによい.

- 部分因子環の理論．因子環の包含 $N \subset M$ を研究する理論である．記念すべき Jones の論文 [Jon83] では，有名な $[M:N] \in \{ 4\cos^2(\pi/n) \mid n \in \mathbb{N},\ n \geqq 3\} \cup [4,\infty]$ などが示されている．続いてパラグループの発見があり，現在では部分因子環と C* テンソル圏のセットが重要だと認識されている．D. Evans–河東の本 [EK98] には Ocneanu のパラグループ理論の詳しい解説があり貴重である．
- 自由確率論．J. Mingo–R. Speicher の本 [MS17] がよい．組合せ論的側面を強調した A. Nica–Speicher の本 [NS06] も読みやすいだろう．ランダム行列の Wigner の半円則にも触れられている．
- 代数的場の量子論，量子統計力学，物性物理学．代数的場の量子論では荒木の本 [荒木 16] があり，Doplicher–Haag–Roberts 理論の他，物理的背景にも詳しい．他には H. Baumgärtel, R. Haag の本 [Bau95, Haa96] もある．最近の代数的場の量子論では部分因子環と C* テンソル圏も基本的な道具である．M. Bischoff たちの本 [BKLR15] はとくに Longo の Q システム（C* テンソル圏の Frobenius 環）について詳しい．量子統計力学では Bratteli–Robinson の本 [BR87, BR97] が有名である．和書では松井卓の本 [松井 14] がある．物性物理学ではトポロジカル相の研究が目覚ましく進展している．窪田陽介の本 [窪田 23] ではトポロジカル相の分類とバルク・境界対応について詳述されており，物理を表現する道具や言葉として，作用素環論が有効にはたらくことを目にすることができる．非可換幾何学や C* 環の K 理論を学ぶよいきっかけにもなるだろう．
- エルゴード理論．D. Kerr–H. Li の本 [KL16] が充実している．2000 年ごろから大発展した Popa の剛性理論にも触れられている．伊藤雄二–濱地敏弘の本 [伊浜 92] ではエルゴード理論の基礎，とくに軌道同値性や随伴流，さらに冨田–竹崎理論も解説されている．木田良才の本 [木田 24] は離散群のエルゴード作用の入門書である．[BO08] も合わせて読むとよいだろう．

参考文献

[Arv76] W. Arveson. *An invitation to C^*-algebras*. Graduate Texts in Mathematics, Vol. 39. Springer-Verlag, New York-Heidelberg, 1976.

[Bau95] H. Baumgärtel. *Operator algebraic methods in quantum field theory*. Akademie Verlag, Berlin, 1995.

[BKKO17] E. Breuillard, M. Kalantar, M. Kennedy, and N. Ozawa. C^*-simplicity and the unique trace property for discrete groups. *Publ. Math. Inst. Hautes Études Sci.*, Vol. 126, pp. 35–71, 2017.

[BKLR15] M. Bischoff, Y. Kawahigashi, R. Longo, and K.-H. Rehren. *Tensor categories and endomorphisms of von Neumann algebras—with applications to quantum field theory*, *Springer Briefs in Mathematical Physics*, Vol. 3. Springer, Cham, 2015.

[Bla98] B. Blackadar. *K-theory for operator algebras*, *Mathematical Sciences Research Institute Publications*, Vol. 5. Cambridge University Press, Cambridge, 1998.

[BO08] N. P. Brown and N. Ozawa. *C^*-algebras and finite-dimensional approximations*, *Graduate Studies in Mathematics*, Vol. 88. American Mathematical Society, Providence, RI, 2008.

[BR87] O. Bratteli and D. W. Robinson. *Operator algebras and quantum statistical mechanics. 1.* Texts and Monographs in Physics. Springer-Verlag, New York, 1987.

[BR97] O. Bratteli and D. W. Robinson. *Operator algebras and quantum statistical mechanics. 2.* Texts and Monographs in Physics. Springer-Verlag, Berlin, 1997.

[Con73] A. Connes. Une classification des facteurs de type III. *Ann. Sci. École Norm. Sup. (4)*, Vol. 6, pp. 133–252, 1973.

[Con90] J. B. Conway. *A course in functional analysis*, *Graduate Texts in Mathematics*, Vol. 9. Springer-Verlag, New York, 1990.

[Con94] A. Connes. *Noncommutative geometry.* Academic Press, Inc., San Diego, CA, 1994.

[Dav96] K. R. Davidson. *C^*-algebras by example*, *Fields Institute Monographs*, Vol. 6. American Mathematical Society, Providence, RI, 1996.

[Dix77] J. Dixmier. *C^*-algebras.* North-Holland Mathematical Library, Vol. 15. North-Holland Publishing Co., Amsterdam-New York-Oxford, 1977.

[Dix81] J. Dixmier. *von Neumann algebras*, *North-Holland Mathematical Library*, Vol. 27. North-Holland Publishing Co., Amsterdam-New York, 1981.

[Dou98] R. G. Douglas. *Banach algebra techniques in operator theory*, *Graduate Texts in Mathematics*, Vol. 179. Springer-Verlag, New York, 1998.

[Dun38] N. Dunford. Uniformity in linear spaces. *Trans. Amer. Math. Soc.*, Vol. 44, No. 2, pp. 305–356, 1938.

[EK98] D. E. Evans and Y. Kawahigashi. *Quantum symmetries on operator algebras.* Oxford Mathematical Monographs. The Clarendon Press, Oxford University Press, New York, 1998.

[FK89] H. Furstenberg and Y. Katznelson. Idempotents in compact semigroups and Ramsey theory. *Israel J. Math.*, Vol. 68, No. 3, pp. 257–270, 1989.

[GAJV] M. P. Gomez Aparicio, P. Julg, and A. Valette. The Baum-Connes conjecture: an extended survey. pp. 127–244.

[Haa96] R. Haag. *Local quantum physics.* Texts and Monographs in Physics. Springer-Verlag, Berlin, 1996.

[Hia21] F. Hiai. *Lectures on selected topics in von Neumann algebras.* EMS Series of Lectures in Mathematics. EMS Press, Berlin, 2021.

[HR00] N. Higson and J. Roe. *Analytic K-homology.* Oxford Mathematical Monographs. Oxford University Press, Oxford, 2000.

[Jon83] V. F. R. Jones. Index for subfactors. *Invent. Math.*, Vol. 72, No. 1, pp. 1–25, 1983.

[KK17] M. Kalantar and M. Kennedy. Boundaries of reduced C^*-algebras of discrete groups. *J. Reine Angew. Math.*, Vol. 727, pp. 247–267, 2017.

[KL16] D. Kerr and H. Li. *Ergodic theory.* Springer Monographs in Mathematics. Springer, Cham, 2016.

[KR] R. V. Kadison and J. R. Ringrose. *Fundamentals of the theory of operator algebras. Vol. I*, *Pure and Applied Mathematics*, Vol. 100. Academic Press, Inc., New York, 1983.

[KR86] R. V. Kadison and J. R. Ringrose. *Fundamentals of the theory of operator algebras. Vol. II*, *Pure and Applied Mathematics*, Vol. 100. Academic Press, Inc., Orlando, FL, 1986.

[KR91] R. V. Kadison and J. R. Ringrose. *Fundamentals of the theory of operator algebras. Vol. III.* Birkhäuser Boston, Inc., Boston, MA, 1991.

[KR92] R. V. Kadison and J. R. Ringrose. *Fundamentals of the theory of operator algebras. Vol. IV.* Birkhäuser Boston, Inc., Boston, MA, 1992.

[Lan95] E. C. Lance. *Hilbert C^*-modules*, *London Mathematical Society Lecture Note Series*, Vol. 210. Cambridge University Press, Cambridge, 1995.

[Mar21] A. Marrakchi. On the weak relative Dixmier property. *Proc. Lond. Math. Soc. (3)*, Vol. 122, No. 1, pp. 118–123, 2021.

[MS17] J. A. Mingo and R. Speicher. *Free probability and random matrices*, *Fields Institute Monographs*, Vol. 35. Springer, New York; Fields Institute for Research in Mathematical Sciences, Toronto, ON, 2017.

[Mur90] G. J. Murphy. *C^*-algebras and operator theory.* Academic Press, Inc., Boston, MA, 1990.

[Nam11] I. Namioka. Kakutani-type fixed point theorems: a survey. *J. Fixed Point Theory Appl.*, Vol. 9, No. 1, pp. 1–23, 2011.

[Nie80] O. A. Nielsen. *Direct integral theory*, *Lecture Notes in Pure and Applied Mathematics*, Vol. 61. Marcel Dekker, Inc., New York, 1980.

[NS06] A. Nica and R. Speicher. *Lectures on the combinatorics of free probability*, *London Mathematical Society Lecture Note Series*, Vol. 335. Cambridge University Press, Cambridge, 2006.

[NT13] S. Neshveyev and L. Tuset. *Compact quantum groups and their representation categories*, *Cours Spécialisés*, Vol. 20. Société Mathématique de France, Paris, 2013.

[Pau02] V. Paulsen. *Completely bounded maps and operator algebras*, *Cambridge Studies in Advanced Mathematics*, Vol. 78. Cambridge University Press, Cambridge, 2002.

[Ped89] G. K. Pedersen. *Analysis now*, *Graduate Texts in Mathematics*, Vol. 118. Springer-Verlag, New York, 1989.

[Ped18] G. K. Pedersen. *C^*-algebras and their automorphism groups.* Academic Press, London, 2018.

[PS98] G. Pólya and G. Szegő. *Problems and theorems in analysis. I.* Classics in Mathematics. Springer-Verlag, Berlin, 1998.

[RLL00] M. Rørdam, F. Larsen, and N. Laustsen. *An introduction to K-theory for C^*-algebras*, *London Mathematical Society Student Texts*, Vol. 49. Cambridge University Press, Cambridge, 2000.

[Roe17] J. Roe. *Notes on* C**-algebras.* AMS Open Math Notes, 2017.

[RS80] M. Reed and B. Simon. *Methods of modern mathematical physics. I.* Academic Press, New York, 1980.

[RS02] M. Rørdam and E. Størmer. *Classification of nuclear C^*-algebras. Entropy in operator algebras*, *Encyclopaedia of Mathematical Sciences*, Vol. 126. Springer-Verlag, Berlin, 2002.

[Rud91] W. Rudin. *Functional analysis.* International Series in Pure and Applied Mathematics. McGraw-Hill, Inc., New York, 1991.

[Sak98] S. Sakai. *C^*-algebras and W^*-algebras.* Classics in Mathematics. Springer-Verlag, Berlin, 1998.

[Str20] Ş. Strătilă. *Modular theory in operator algebras.* Cambridge-IISc Series. Cambridge University Press, Delhi, 2020.

[SZ79] Ş. Strătilă and L. Zsidó. *Lectures on von Neumann algebras.* Editura Academiei, Bucharest; Abacus Press, Tunbridge Wells, 1979.

[Tak02] M. Takesaki. *Theory of operator algebras. I*, *Encyclopaedia of Math-*

ematical Sciences, Vol. 124. Springer-Verlag, Berlin, 2002.

[Tak03a] M. Takesaki. *Theory of operator algebras. II*, *Encyclopaedia of Mathematical Sciences*, Vol. 125. Springer-Verlag, Berlin, 2003.

[Tak03b] M. Takesaki. *Theory of operator algebras. III*, *Encyclopaedia of Mathematical Sciences*, Vol. 127. Springer-Verlag, Berlin, 2003.

[Tit58] E. C. Titchmarsh. *The theory of functions.* Oxford University Press, Oxford, 1958.

[WO93] N. E. Wegge-Olsen. *K-theory and C^*-algebras.* Oxford Science Publications. The Clarendon Press, Oxford University Press, New York, 1993.

[WY20] R. Willett and G. Yu. *Higher index theory*, *Cambridge Studies in Advanced Mathematics*, Vol. 189. Cambridge University Press, Cambridge, 2020.

[Yos95] K. Yosida. *Functional analysis.* Classics in Mathematics. Springer-Verlag, Berlin, 1995.

[新井 14] 新井朝雄. ヒルベルト空間と量子力学. 共立出版, 2014.

[荒木 16] 荒木不二洋. 量子場の数理（岩波オンデマンドブックス）. 岩波書店, 2016.

[生中 07] 生西明夫・中神祥臣. 作用素環入門 II. 岩波書店, 2007.

[生中 17] 生西明夫・中神祥臣. 作用素環入門 I（岩波オンデマンドブックス）. 岩波書店, 2017.

[泉 21] 泉 正己. 数理科学のための関数解析学. サイエンス社, 2021.

[伊小 18] 伊藤清三・小松彦三郎 編. 解析学の基礎（岩波オンデマンドブックス）. 岩波書店, 2018.

[伊浜 92] 伊藤雄二・浜地敏弘. エルゴード理論とフォン・ノイマン環. 紀伊國屋書店, 1992.

[梅大日 03] 梅垣壽春・大矢雅則・日合文雄. 復刊 作用素代数入門—Hilbert 空間より von Neumann 代数. 共立出版, 2003.

[小澤 09] 小澤登高. 離散群と作用素環. 日本数学会 論説 61 巻 4 号, 2009.

[木田 10] 木田良才. 測度論的群論における剛性の研究. 日本数学会 論説 62 巻 4 号, 2010.

[木田 18] 木田良才. エルゴード群論. 日本数学会 論説 70 巻 4 号, 2018.

[木田 24] 木田良才. 離散群とエルゴード理論. 共立出版, 2024.

[窪田 23] 窪田陽介. 物性物理とトポロジー. サイエンス社, 2023.

[竹崎 83] 竹崎正道. 作用素環の構造. 岩波書店, 1983.

[竹之 04] 竹之内 脩. 函数解析（復刊）. 朝倉書店, 2004.

[辰馬 94] 辰馬伸彦. 位相群の双対定理. 紀伊國屋書店, 1994.

[長田 15] 長田まりゑ 他訳. 作用素環の数理—ノイマン・コレクション. ちくま学芸文庫, 2015.

[夏森 01] 夏目利一・森吉仁志. 作用素環と幾何学. 日本数学会, 2001.

[日柳 21] 日合文雄・柳 研二郎. ヒルベルト空間と線型作用素. オーム社, 2021.

[洞 17] 洞 彰人. 対称群の表現とヤング図形集団の解析学—漸近的表現論への序説. 数学書房, 2017.

[前田 07] 前田周一郎. 函数解析 POD 版. 森北出版, 2007.

[松井 14] 松井 卓. 作用素環と無限量子系. サイエンス社, 2014.

[宮島 05] 宮島静雄. 関数解析. 横浜図書, 2005.

[宮寺 18] 宮寺 功. 関数解析. ちくま学芸文庫, 2018.

[森田 17] 森田紀一. 位相空間論（岩波オンデマンドブックス）. 岩波書店, 2017.

[山上 19] 山上 滋. 量子解析のための作用素環入門. 共立出版, 2019.

[山下 17] 山下 真. 量子群点描. 共立出版, 2017.

索　引

【ア行】

【カ行】

【サ行】

【タ行】

【ナ行】

【ハ行】

【マ行】

【ヤ行】

【ラ行】

〈著者紹介〉

戸松　玲治（とまつ れいじ）

岐阜県土岐市出身
2006 年　東京大学大学院数理科学研究科 博士後期課程修了
　　　　博士（数理科学）
現　在　早稲田大学大学院教育学研究科数学教育専攻 教授
専　門　作用素環論

作用素環論入門

Introduction to Theory of Operator Algebras

2024 年 9 月 10 日　初版 1 刷発行
2024 年 12 月 10 日　初版 2 刷発行

著　者　戸松玲治　© 2024

発行者　南條光章

発行所　**共立出版株式会社**

〒112-0006
東京都文京区小日向 4-6-19
電話番号　03-3947-2511（代表）
振替口座　00110-2-57035
www.kyoritsu-pub.co.jp

印　刷　大日本法令印刷

製　本　ブロケード

一般社団法人
自然科学書協会
会員

検印廃止
NDC 415.5

ISBN 978-4-320-11566-8

Printed in Japan